EUL
VERLAG

WIRTSCHAFTSINFORMATIK

Herausgegeben von Prof. Dr. Dietrich Seibt, Köln, Prof. Dr. Hans-Georg Kemper, Stuttgart, Prof. Dr. Georg Herzwurm, Stuttgart, Prof. Dr. Dirk Stelzer, Ilmenau, und Prof. Dr. Detlef Schoder, Köln

Band 85
Jennifer Gursch
V-Modell® XT und Wissensmanagement – Konzept eines ganzheitlich integrierten Systems
Lohmar – Köln 2015 • 340 S. • € 63,- (D) • ISBN 978-3-8441-0409-7

Band 86
Christian Broser
Vertrauen für föderiertes Identitätsmanagement
Lohmar – Köln 2016 • 276 S. • € 58,- (D) • ISBN 978-3-8441-0457-8

Band 87
Raphaela Saitz
Entwicklung eines Rahmenkonzepts zur IT-basierten Unterstützung des Chancen- und Risikomanagements in Konzernen
Lohmar – Köln 2016 • 360 S. • € 64,- (D) • ISBN 978-3-8441-0465-3

Band 88
Norman Pelzl
Methodische Entwicklung von zukunftsorientierten Geschäftsmodellen im Cloud-Computing
Lohmar – Köln 2016 • 320 S. • € 68,- (D) • ISBN 978-3-8441-0466-0

Band 89
Philip Hollstein
Das maschinenorientierte Data Warehouse – IT-basierte Entscheidungsunterstützung in der wandlungsfähigen Produktion
Lohmar – Köln 2016 • 300 S. • € 66,- (D) • ISBN 978-3-8441-0472-1

Band 90
Marco Spohn
Konzeption und prototypische Umsetzung eines BI-Systems zur Unterstützung des IT-Change-Managements
Lohmar – Köln 2016 • 452 S. • € 82,- (D) • ISBN 978-3-8441-0481-3

JOSEF EUL VERLAG

Reihe: Wirtschaftsinformatik · Band 90

Herausgegeben von Prof. Dr. Dietrich Seibt, Köln, Prof. Dr. Hans-Georg Kemper, Stuttgart, Prof. Dr. Georg Herzwurm, Stuttgart, Prof. Dr. Dirk Stelzer, Ilmenau, und Prof. Dr. Detlef Schoder, Köln

Dr. Marco Spohn

Konzeption und prototypische Umsetzung eines BI-Systems zur Unterstützung des IT-Change-Managements

Mit einem Geleitwort von Prof. Dr. Hans-Georg Kemper, Universität Stuttgart

Bibliografische Information der Deutschen Nationalbibliothek

Die Deutsche Nationalbibliothek verzeichnet diese Publikation in der Deutschen Nationalbibliografie; detaillierte bibliografische Daten sind im Internet über <http://dnb.d-nb.de> abrufbar.

Dissertation, Universität Stuttgart, 2016

D 93

ISBN 978-3-8441-0481-3
1. Auflage Oktober 2016

JOSEF EUL VERLAG GmbH
Brandsberg 6
53797 Lohmar
Tel.: 0 22 05 / 90 10 6-6
Fax: 0 22 05 / 90 10 6-88
E-Mail: info@eul-verlag.de
http://www.eul-verlag.de

Bei der Herstellung unserer Bücher möchten wir die Umwelt schonen. Dieses Buch ist daher auf säurefreiem, 100% chlorfrei gebleichtem, alterungsbeständigem Papier nach DIN 6738 gedruckt.

Geleitwort

Die Informationstechnologie (IT) ist heute in nahezu allen Unternehmen eine unverzichtbare strategische Ressource, die es professionell zu planen, zu entwickeln und zu steuern gilt. Diese Aufgabe ist äußerst komplex und anspruchsvoll, da größere Unternehmen oder Konzernverbünde durchaus mehrere tausend Informationssysteme (IS) im Einsatz haben, die kontinuierlich an sich verändernde Rahmenbedingungen anzupassen sind. Zur Unterstützung dieser Aufgaben haben sich in Forschung und Praxis verschiedene Ansätze etabliert, von denen insbesondere ITIL (IT Infrastructure Library) eine herausragende Bedeutung erlangt hat. Dieser Ansatz versteht sich als „Best-Practice-Konzept“ und besteht aus mehreren IS-lebenszyklusorientierten Komponenten, wobei sich der Bereich „Service Transition“ gezielt mit der Zusammenstellung, der Implementierung, dem Testen und der Inbetriebnahme von Services auf der Basis der Geschäftsanforderungen beschäftigt. Einer der wesentlichen Prozesse ist hierbei das „Change-Management“, das vor allem die effiziente und risikoarme Anpassung von Business Services gewährleisten soll.

Diesem Themenbereich ist die Arbeit von Herrn Spohn gewidmet. Sie beschäftigt sich mit der Konzeption und der Entwicklung eines Business-Intelligence-Systems (BI-Systems) zur Unterstützung relevanter Entscheidungssituationen, um die Leistungsfähigkeit komplexer Change-Management-Ansätze sicherzustellen. Die Forschungsfrage definiert der Verfasser hierbei wie folgt: *„Wie können die Planung, Durchführung und Überwachung von Aktivitäten im Rahmen des Change-Management-Prozesses IT-basiert unterstützt werden?“*

Um diese Zielsetzung zu erreichen, erarbeitet Herr Spohn auf der Basis eines Praxisfalles ein unternehmensneutrales Fachkonzept und setzt dieses prototypisch in Form einer BI-Lösung um. Die anschließende Evaluation rundet die gelungene Systementwicklung ab und zeigt eindrucksvoll die praxisbezogene Verwendungsfähigkeit seines Ansatzes.

Stuttgart, im Mai 2016 Prof. Dr. Hans-Georg Kemper

Vorwort

Wie können Mehrfachentwicklungen verhindert werden? Wie kann die Systemstabilität nach Weiterentwicklungen sichergestellt werden? Wie kann mehr Transparenz über Kosten und Funktionalität von Änderungsanforderungen erreicht werden?

Mit diesen und ähnlichen Fragenstellungen wurde ich im Rahmen meiner beruflichen Tätigkeit im IT-Change-Management immer wieder konfrontiert. Gleichzeitig zeigte sich vielfach, dass die Beantwortung sehr stark vom personengebundenen Wissen einzelner Stakeholder abhängt. Trotz verschiedener unternehmensinterner Initiativen konnte hierfür keine zufriedenstellende Lösung gefunden werden, welche die Beantwortung derartiger Fragestellungen gesamtheitlich behandelt und eine Entscheidungsunterstützung bei den Aktivitäten des IT-Change-Managements bietet. Aus diesem Grund bildet dieses Themenfeld den Ausgangspunkt und gleichzeitig die Motivation für die Forschungsfrage der Arbeit.

Allerdings wäre es nicht möglich gewesen, dieser Fragestellung ganz allein nachzugehen. Deshalb möchte ich mich an dieser Stelle bei folgenden Personen bedanken:

An erster Stelle ist Herr Prof. Dr. Hans-Georg Kemper zu nennen, der das Promotionsvorhaben von vorneherein unterstützt hat und mir in dieser Zeit immer mit Rat und Tat zur Seite stand. Er hat mir jederzeit die notwendige Guidance gegeben, aber gleichzeitig auch die notwendige wissenschaftliche Freiheit, um das Thema adäquat bearbeiten zu können.

Weiterhin gilt mein Dank Herrn Prof. Dr. Georg Herzwurm für das Erstellen des Zweitgutachtens sowie Herrn Prof. Dr. Burkhard Pedell für die Übernahme des Prüfungsvorsitzes.

Bei Herrn Dr. Heiner Lasi möchte ich mich recht herzlich für die Begleitung der Arbeit und die vielen, fruchtbaren Diskussionen bedanken, welche die Ausführungen aus der Praxis immer wieder um die wissenschaftliche Tiefe ergänzt haben. Seine Ratschläge und die konstruktiven Verbesserungsvorschläge waren mir eine große Unterstützung.

Meinen Studienkollegen am Lehrstuhl für Allgemeine Betriebswirtschaftslehre und Wirtschaftsinformatik I (Business Intelligence) an der Universität Stuttgart möchte ich für den wertvollen – nicht allein fachlich geprägten – Austausch, die Motivation und die tolle Arbeitsatmosphäre während meiner Aufenthalte dort danken.

Sehr großer Dank gilt auch meinen Vorgesetzten im beruflichen Umfeld. Hier möchte ich mich insbesondere bei Herrn Martin Geisert für seine Unterstützung in allen Phasen der Arbeit bedanken. Weiterhin gilt mein Dank Herrn Bernd Steinborn für die Einräumung der notwendigen Freiheiten in der entscheidenden Entstehungsphase. Ohne die Unterstützung und das Verständnis wäre die Vollendung der Arbeit nicht möglich gewesen.

Darüber hinaus geht ein großes Dankeschön auch an die zahlreichen Interviewpartner für ihre Zeit und das Interesse an meinem Forschungsvorhaben. Sie haben elementar dazu beigetragen, dass ein wichtiger Meilenstein dieser Arbeit erreicht werden konnte.

Abschließend möchte ich mich auch ganz herzlich bei meinem privaten Umfeld bedanken. Insbesondere natürlich bei meinen Eltern, die mein Vorhaben von Anfang an unterstützt und begleitet haben. Sie haben dankenswerter Weise auch die Aufgabe des Korrekturlesens übernommen.

Herzlichen Dank auch an Kati für die vielen schönen Momente außerhalb von Beruf und Studium, die mir immer wieder neue Impulse gaben und es auf diese Weise ermöglicht haben, die Arbeit erfolgreich zu Ende zu bringen.

Stuttgart, im Mai 2016 Marco Spohn

Inhaltsübersicht

Inhaltsverzeichnis

Alle Abbildungen und Tabellen sind für eine verbesserte Darstellung unter folgendem Link als .zip-Datei abrufbar:
https://www.eul-verlag.de/pdf-wz/9783844104813-Abbildungen-und-Tabellen.zip

Abbildungsverzeichnis

Tabellenverzeichnis

Abkürzungsverzeichnis

ALMA .... Architecture-Level Modifiability Analysis
ARIS .... Architecture of Integrated Systems
ATAM .... Architecture Tradeoff Analysis Method
BI .... Business Intelligence
BPMN .... Business Process Model and Notation
CAB .... Change Advisory Board
CASE .... Computer Aided Software Engineering
C-DWH .... Core Data Warehouse
CI .... Configuration Item
CIM .... Computation Independent Model
CIMOSA .... Computer Integrated Manufacturing Open System Architecture
CMMI .... Capability Maturity Model Integration
CMS .... Content Management System
COBIT .... Control Objectives for Information and Related Technology
COCOMO .... Constructive Cost Model
CSF .... Critical Success Factor
DBMS .... Datenbankmanagementsystem
DML .... Data Manipulation Language
DMS .... Document Management System
DOLAP .... Desktop Online Analytical Processing
DSS .... Decision Support System
ECAB .... Emergency Change Advisory Board
eEPK .... erweiterte ereignisgesteuerte Prozesskette
EIS .... Execute Information System
EPK .... ereignisgesteuerte Prozesskette
ERM .... Entity Relationship Modell
ERP .... Enterprise Resource Planning

ETL .... Extraktion, Transformation, Laden

EUS .... Entscheidungsunterstützungssystem

FASMI .... Fast Analysis of Shared Multidimensional Information

FDD .... Feature Driven Development

FIS .... Führungsinformationssystem

GRAI-GIM .... Groupe de Recherche Architecture et Infrastructures Integrated Model

HOLAP .... Hybrides Online Analytical Processing

IEC .... International Electrotechnical Commission

IEM .... Integrated Enterprise Modeling

ISO .... International Organization for Standardization

IT .... Informationstechnologie

ITIL .... Information Technology Library

itSMF .... Information Technology Service Management Forum

IXP .... Industrial eXtreme Programming

KDD .... Knowledge Discovery in Databases

KI .... Knowledge Item

KPI .... Key Performance Indicator

MDA .... Model Driven Architecture

MDSD .... Model Driven Software Development

MDX .... Multidimensional Expression

MIS .... Managementinformationssystem, Management Information System

MOF .... Meta Object Facility

MOLAP .... Multidimensionales Online Analytical Processing

MSS .... Management Support System

MUS .... Managementunterstützungssystem

ODS .... Operational Data Store

OLA .... Operational Level Agreement

OLAP .... Online Analytical Processing

OLTP	Online Transaction Processing
OMG	Object Management Group
OPBI	Operational Business Intelligence
PERA	Purdue Enterprise Architecture
PIM	Platform Independent Model
PIR	Post Implementation Review
PSM	Platform Specific Model
PSP	Personal Software Process
RBAC	Role-Based Access Control
RfC	Request for Change
ROLAP	Relationales Online Analytical Processing
RUP	Rational Unified Process
SAAM	Software Architecture Analysis Method
SaaS	Software as a Service
SACM	Service Asset and Configuration Management
S-CMS	Configuration Management for Services
SDP	Service Design Package
SKMS	Service Knowledge Management System
SLA	Service Level Agreement
SPICE	Software Process Improvement and Capability Determination Model
SPoC	Single Point of Contact
SQL	Structured Query Language
SSAS	SQL Server Analysis Services
SSIS	SQL Server Integration Services
SSRS	SQL Server Reporting Services
STEP	Standard for the Exchange of Product Model Data
TQM	Totales Qualitätsmanagement
TSP	Team Software Process

UML .... Unified Modeling Language

WS-BPEL .... Web Services Business Process Execution Language

XMI .... XML Metadata Interchange

XML .... Extensible Markup Language

XP .... eXtreme Programming

XPS .... Expert System

Zusammenfassung

Informationssysteme unterliegen einem kontinuierlichen Wandel. Um in einer volatilen Geschäftswelt auf äußere Einflüsse und sich ändernde Rahmenbedingungen reagieren zu können, werden IT-Services angepasst und die dahinterliegenden Softwaresysteme adaptiert. Durch diese permanenten Weiterentwicklungen erhöht sich die Systemkomplexität. Somit werden mit zunehmendem Zeitverlauf Softwareanpassungen immer schwieriger und sind mit erhöhtem Zeitbedarf sowie steigenden Kosten verbunden.

Vor diesem Hintergrund ist es essentiell, jederzeit einen transparenten Überblick über die anfallenden Softwareänderungen zu haben sowie eine effektive und effiziente Bearbeitung von Systemanpassungen sicherzustellen. Rahmenwerke wie ITIL beschreiben Best-Practice-Ansätze, um mit derartigen Veränderungen umzugehen. Allerdings zeigen aktuelle Untersuchungen, dass es derzeit noch keine befriedigenden Konzepte für einen integrierten Gesamtansatz zur Planung, Durchführung und Überwachung von Änderungsanforderungen in Bezug auf die Informationsbedarfe des IT-Change-Managements gibt.

Aus diesem Grund besteht die Zielsetzung dieser Arbeit in der Konzeption einer IT-basierten Lösung, die es ermöglicht transparente, nachvollziehbare und fundierte Entscheidungen im Rahmen des IT-Change-Management-Prozesses zu treffen. Auf diese Weise können Aktivitäten eingeleitet werden, die dem Ausgangsproblem von erhöhtem Zeitbedarf und steigenden Kosten von Softwareanpassungen entgegenwirken und dazu beitragen, die Systemqualität zu erhalten.

Zur Erreichung der genannten Zielsetzung wird auf dem Lösungsweg der Arbeit zunächst eruiert, an welchen Stellen des IT-Change-Management-Prozesses die IT-Unterstützung verbessert werden kann und welche Akteure hiervon profitieren können. Anschließend werden die für eine adäquate Informationsversorgung notwendigen Informationen ermittelt. Dies wird durch eine Informationsbedarfsanalyse erreicht, welche sich in einen angebots- sowie einen nachfrageorientierten Part unterteilen lässt. Als wesentliches Element der nachfrageorientierten Informationsbedarfsanalyse wird eine qualitative empirische Untersuchung durchgeführt.

Die Ergebnisse der vorangehenden Analysen finden Eingang in die fachliche Anforderungserhebung an den Softwareänderungsprozess. Im Zuge dessen wird als ein elementares Artefakt der Arbeit ein Fachkonzept erstellt, welches die zuvor gewonnenen Erkenntnisse zusammenfasst. Die Modellierung des Fachkonzepts erfolgt in diesem Fall zunächst getrennt nach Funktions-, Daten-, Organisations- und Leistungssicht, bevor die einzelnen Sichten in einer Steuerungssicht zusammengeführt werden.

Auf Grundlage des erstellten Fachkonzepts wird anschließend eine Option zur Umsetzung ermittelt. Als integrierter Gesamtansatz kann in diesem Zusammenhang Business Intelligence als geeignete Lösungsmöglichkeit gelten. Auf dieser Basis wird die konzeptionelle Umsetzung beschrieben und als weiteres Artefakt der Arbeit anschließend das Datenverarbeitungskonzept hergeleitet. Ein wesentliches Element hieraus stellt das logische Datenmodell dar.

Anschließend erfolgt eine prototypische Realisierung mit Hilfe einer Business-Intelligence-Plattform. So wird die technische Umsetzbarkeit des Datenverarbeitungskonzepts demonstriert. Mit Hilfe von Evaluationsszenarien, die sich aus der empirischen Untersuchung ergeben, wird weiterhin dargelegt, dass sich grundlegende Informationsbedarfe des IT-Change-Management-Prozesses erfüllen lassen.

Anhand der dargestellten Vorgehensweise wird vor dem Hintergrund der Ausgangssituation verdeutlicht, wie die Planung, Durchführung und Überwachung von Aktivitäten im Rahmen des Change-Management-Prozesses IT-basiert unterstützt werden. Auf diese Weise können die zuvor genannten Potentiale einer effektiven und effizienten Bearbeitung von Softwareänderungen erschlossen werden. Die Erkenntnisse aus dieser Arbeit zeigen, dass Business Intelligence eine adäquate Entscheidungsunterstützung zur Durchführung dieser Aufgaben liefern kann.

Abstract

Information systems are subject to continuous change. In order to react to external influences and changing circumstances in a volatile business environment, it is necessary to adapt IT services and the underlying software systems. Through these continuous adaptations, the system complexity increases. As a consequence, software changes are getting more and more difficult with the passing of time and are associated with increased time requirements and rising costs.

Against this background, it is essential to have a transparent overview of the oncovered software changes and to ensure an effective and efficient handling of system adjustments. Frameworks such as ITIL describe best practice approaches to deal with this kind of changes. However, recent research suggests that there is currently no satisfactory concept for an integrated overall approach to planning, implementation and monitoring of change requests in relation to the information needs of IT change management.

For this reason, the objective of this thesis is the conception of an IT-based solution that enables transparent, comprehensible and well-grounded decisions in the context of the IT change management process. In this way, activities can be initiated, which counteract the initial problem of increased time requirements and rising costs of software modifications and help to preserve the system quality.

To achieve these objectives, on the approach of the thesis it is first elicited at which points of the IT change management process, the IT support can be improved and which actors can benefit from this. Subsequently, the information necessary for an adequate supply of information is determined. This is achieved by an information needs analysis, which can be subdivided into a supply- and a demand-driven part. As a key element of the demand-driven information needs analysis, a qualitative empirical study is carried out.

The results of the preceding analyzes are incorporated into the functional requirements elicitation of the software change process. In the course of this phase, a functional design is created as an elemental artifact of the work, summarizing the findings previously obtained. The modeling of the functional design is, in this case, first split into a function, a data, an organization and a performance view, before the individual views are combined in a control view.

On the basis of the functional design created an implementation approach is determined. In this context, Business Intelligence as an integrated overall approach can be considered as an appropriate solution option. Based on this, the conceptual implementation is described. Afterwards the technical design is derived as another artifact of the thesis. An essential element thereof represents the logical data model.

This is followed by a prototype implementation using a Business Intelligence platform. Thus the technical feasibility of the technical design is demonstrated. With the help of evaluation scenarios, which result from the empirical study, it is shown that fundamental information needs of the IT change management process can be met.

In the context of the initial situation, the given approach illustrates how planning, implementation and monitoring of activities within the change management process can be supported by IT. In this way, the aforementioned potentials of effective and efficient processing of software changes can be developed. The findings from this study show that business intelligence can provide an adequate decision support for performing these tasks.

1 Einleitung und Motivation

1.1 Motivation

Softwaresysteme unterliegen Änderungen. Dies ist bedingt durch die sich ständig wandelnden Anforderungen und Gegebenheiten in einer volatilen Geschäftswelt, in der Fusionen, Neugründungen und Umorganisationen an der Tagesordnung sind.[1] Auch führen technische Innovationen zu sich verändernden Geschäftsmodellen, in denen die Begriffe Zeit und Kosten eine elementare Rolle spielen. In gleichem Maße trägt die zunehmende Globalisierung der Märkte ihren Teil zur Veränderung bei.[2] Dies betrifft nicht nur die weltweiten Absatzmärkte, vielmehr findet auch eine Verlagerung der Produktionsstandorte statt.

Gleichzeitig kommt heutzutage aber kaum noch eine Organisation ohne Unterstützung durch Informationstechnologie (IT) aus; der Einsatz von Softwaresystemen nimmt immer weiter zu.[3] Dieser Sachverhalt drückt sich auch in der Tatsache aus, dass die IT-Budgets derzeit wieder steigen[4] und bei großen Konzernen durchaus ein Volumen im Milliardenbereich erreichen können.[5] Somit nimmt die IT sozusagen die Rolle des Nervensystems einer Organisation[6] ein und hat sich als ein Schlüsselfaktor für den Geschäftserfolg vieler Unternehmen erwiesen.[7] Je besser die Systeme die Geschäftsprozesse unterstützen, desto besser kann auch ein Unternehmen auf dem Markt konkurrieren. Dementsprechend ist Software zu einem wichtigen Erfolgsfaktor geworden, für viele Unternehmen mitunter gar zu einem Wettbewerbsvorteil.[8]

Um auf die äußeren Einflüsse und die sich modifizierenden geschäftlichen Rahmenbedingungen reagieren zu können, verändern sich IT-Dienstleistungen. Die zugehörigen Softwaresysteme – ganz gleich welcher Komplexität – müssen permanent adaptiert werden, um mit diesen Entwicklungen Schritt halten zu können. Jedoch kann jede einzelne Änderung potentiell zu einem Fehlverhalten des Systems führen.

---

1 Vgl. Doppler und Lauterburg (2008), S. 23.
2 Vgl. Doppler und Lauterburg (2008), S. 34 ff.
3 Vgl. Balzert (2009), S. 11 ff.
4 Vgl. Capgemini (2013).
5 Vgl. Ellermann und Röwekamp (2013).
6 Vgl. Manwani (2008), S. xiii.
7 Vgl. Manwani (2008), S. 12.
8 Vgl. hierzu Smith u.a. (2003), S. 28 sowie Gruhn u.a. (2006), S. 9.

Diese Gefahr ist umso größer, je älter das Softwaresystem ist. Im Laufe der Zeit neigt die ursprünglich konzipierte Struktur der Software mehr und mehr dazu, immer weiter zu degenerieren und es wird zunehmend schwieriger Anpassungen vorzunehmen.[9] Demzufolge steigen auch die Umsetzungszeiten und die damit einhergehenden Kosten.[10] Weitere Faktoren, die auf die Adaptionen von Softwaresystemen einen Einfluss haben, sind personelle Fluktuation sowie die Auslagerung der Softwareentwicklung.

Vor dem geschilderten Hintergrund ist es essentiell, über eine effektive und effiziente Verwaltung der Softwaresysteme zu verfügen. Hierzu gehört es, im Rahmen eines definierten IT-Change-Management-Prozesses einen transparenten Überblick über alle aktuellen Änderungsanforderungen sowie die bereits durchgeführten Softwareänderungen zu haben. Auf dieser Grundlage können Entscheidungen für zukünftige Anpassungen getroffen werden, um den geschilderten Faktoren hinsichtlich Zeit- und Kostenerhöhungen entgegenzuwirken sowie die Systemqualität zu erhalten bzw. zu verbessern. Darüber hinaus lassen sich Synergieeffekte erzielen, wenn mehrere gleichartige Änderungsanforderungen gebündelt, gemeinsam entwickelt, getestet und abschließend auf mehreren Systemen zur Verfügung gestellt werden. Erste Sondierungen von am Markt etablierten IT-Change-Management-Tools haben ergeben, dass derartige Fragestellungen derzeit noch nicht adäquat berücksichtigt werden.

1.2 Zielsetzung

Nach der Darstellung der Motivation, die dieser Arbeit zugrunde liegt, wird nachfolgend zunächst einmal die konkrete Ausgangssituation näher erläutert. Im selben Kontext werden anschließend einige Einflussfaktoren beschrieben, welche Auswirkungen auf den IT-Change-Management-Prozess haben und somit im weiteren Verlauf der Betrachtungen zu berücksichtigen sind. Vor diesem Hintergrund wird danach die konkrete Zielsetzung der vorliegenden Arbeit definiert. Hierauf folgt die Beschreibung der Forschungsfrage, bevor abschließend der durch die Beantwortung der Forschungsfrage erwartete Nutzen erläutert wird.

---

9 Vgl. Lindvall u.a. (2002), S. 77.
10 Vgl. Graves u.a. (2000), S. 653.

1.2.1 Ausgangssituation

Änderungen an IT-Services bzw. den zugrunde liegenden Softwaresystemen können aus zwei unterschiedlichen Richtungen initiiert werden. Auf der einen Seite finden innerhalb von Organisationen Veränderungen statt[11] oder diese werden durch neue gesetzliche Rahmenbedingungen ausgelöst. Da die Informationstechnologie vielfach als Wegbereiter zur Verbesserung von Abläufen verwendet wird, schlagen sich diese organisatorischen Anpassungen auch in den Adaptionen der unterstützenden Systeme nieder. Auf der anderen Seite können aber auch Anpassungen von Informationssystemen – insbesondere durch den technologischen Fortschritt – Auswirkungen auf die zugrunde liegenden Geschäftsmodelle haben. Somit besitzen diese Systeme gleichzeitig eine Unterstützungs- wie auch eine Gestaltungsfunktion.[12]

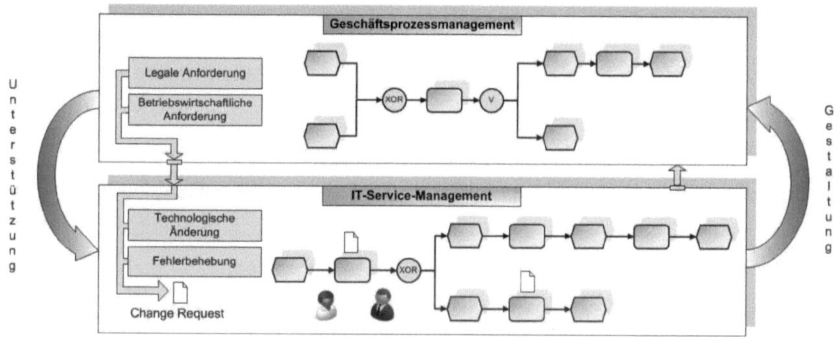

Abbildung 1: Ausgangssituation

Um die erfolgreiche Umsetzung eines Veränderungsprozesses zu gewährleisten, ist das Zusammenspiel zweier Ebenen notwendig. Auf der Ebene des Geschäftsprozessmanagements werden die zugrunde liegenden Prozesse sowie die zugehörigen organisatorischen Maßnahmen identifiziert und entsprechend modifiziert.[13] Die Ände-

[11] Vgl. Manwani (2008), S. 1. Siehe hierzu auch die Rahmenbedingungen und Treiber des Wandels bei Doppler und Lauterburg (2008), S. 23 ff.

[12] Vgl. Krcmar (2010), S. 399; in der Literatur findet sich für Bezeichnung der Unterstützungsfunktion oftmals auch der Begriff *align*, für die Gestaltung die Begrifflichkeit *enable*. Zum Thema Alignment von IT und Organisation siehe auch Masak (2006), S. 10 ff.

[13] Der Fokus des Geschäftsprozessmanagements liegt in der Identifikation, Gestaltung, Dokumentation, Implementierung, Steuerung und Verbesserung von Unternehmensabläufen. Hierbei werden sowohl technische als auch organisatorische Aspekte berücksichtigt (vgl. u.a. Wagner und Patzak (2007), S. 36 ff., Becker u.a. (2009a), S. 1 ff., Allweyer (2010), S. 89 ff., Burlton (2010), S. 8 ff., vom Brocke, Jan und Rosemann, Michael (2010), S. 1 f., Fischermanns (2013), S. 25 oder Ellringmann (2014), S. 69). Mit den Aufgaben, Maßnahmen und Tätigkeiten zur Anpassung dieser

rungen, die sich mit den Anpassungen von IT-Services beschäftigen, sind Teil des IT-Change-Managements. Der Untersuchungsbereich dieser Arbeit beschränkt sich auf die Tätigkeiten und Aufgaben dieser Ebene sowie die hierzu notwendigen Informationen.

1.2.2 Einflussfaktoren

Nachfolgend sollen basierend auf der Ausgangssituation einige Einflussfaktoren auf das IT-Change-Management beschrieben werden, die die Rahmenbedingungen sowie aktuelle Tendenzen in diesem Zusammenhang widerspiegeln und bei den weiteren Betrachtungen zu berücksichtigen sind. Hierzu gehören die Serviceorientierung der IT, die Softwareevolution, das Outsourcing in einem globalen Umfeld sowie das Wissensmanagement.

1.2.2.1 Serviceorientierung der IT

Mit der zunehmenden Etablierung des IT-Service-Managements wird die IT mehr und mehr als Dienstleister gesehen.[14] Dies spiegelt sich auch in den Kerngedanken des IT-Service-Managements wider, bei denen die IT als Servicelieferant und Produktionsfaktor gesehen wird.[15] Durch die Erbringung einer Dienstleistung entsteht ein Mehrwert beim Kunden, ohne dass dieser die Risiken für die Erbringung des Services zu tragen hätte.[16] Der Fokus bei der Etablierung eines serviceorientierten Ansatzes liegt in der Senkung der Kosten, der Steigerung der Qualität sowie einer hohen Zufriedenheit bei den Dienstleistungskonsumenten.[17]

Insgesamt gesehen ist die IT demzufolge eine fundamentale Stütze, wenn es darum geht die Tätigkeiten des Business zu unterstützen und kontinuierlich zu verbessern.[18] Dies erfordert eine optimale Abstimmung zwischen IT und Unternehmensstrategie.[19] Es wird erwartet, dass die Entwicklung der Serviceorientierung in allen Organisationsarten weiter zunehmen wird, da die erbrachten Dienste als integraler Bestandteil

---

Prozesse oder den dahinterliegenden Strukturen – insbesondere bei umfassenden organisatorischen oder inhaltlichen Veränderungen – beschäftigt sich allgemein das Change Management (vgl. u.a. Conner (1993), S. 87 ff., Baumöl (2008), S. 21 ff., Doppler und Lauterburg (2008), S. 89 ff., Steinle u.a. (2008), S. 9 ff., Lauer (2010), S. 3 ff. sowie Berger u.a. (2013), S. 37 ff.).

14 Vgl. Olbrich (2008), S. 3.
15 Vgl. Buchsein u.a. (2008), S. 5.
16 Vgl. Rance u.a. (2011), S. 15.
17 Vgl. Schiefer und Schitterer (2008), S. 12.
18 Vgl. Manwani (2008), S. 11.
19 Vgl. Earl (1996), S. 485 ff. sowie Krcmar (2010), S. 32 ff.

der Geschäftstätigkeiten gesehen werden und ihren Teil zur Wettbewerbsfähigkeit beitragen.[20]

1.2.2.2 *Softwareevolution*

Innerhalb von großen Softwaresystemen kommt es aufgrund von geänderten Rahmenbedingungen und äußeren Einflüssen zu Systemanpassungen.[21] Auf Basis dieser Rahmenbedingungen haben LEHMAN und BELADY insgesamt acht Gesetze definiert, von denen fünf im Kontext dieser Arbeit Relevanz besitzen und aus diesem Grund kurz näher vorgestellt werden sollen.[22]

- **Kontinuierliche Veränderung:** Softwaresysteme müssen sich kontinuierlich anpassen, ansonsten werden sie schrittweise weniger zufriedenstellend.
- **Zunehmende Komplexität:** Durch permanente Weiterentwicklungen erhöht sich die Komplexität eines Softwaresystems, wenn nicht entsprechende Gegenmaßnahmen getroffen werden, um diese zu reduzieren.
- **Erhaltung der Vertrautheit:** Da sich ein Softwaresystem weiterentwickelt, müssen auch alle beteiligten Personen wie Anwender, Entwickler oder Verkaufsmitarbeiter mit diesen Entwicklungen Schritt halten und den Inhalt und das Systemverhalten weiterhin beherrschen.
- **Anhaltendes Wachstum:** Die Funktionalität eines Softwaresystems muss fortwährend erhöht werden, um die Nutzerzufriedenheit über den Lebenszyklus hinweg aufrechtzuerhalten.
- **Sinkende Qualität:** Die Qualität eines Softwaresystems wird sinken, wenn dieses nicht ständig gewartet und an die Veränderungen des operativen Betriebs angepasst wird.

Gleichzeitig verkürzen sich auch die technologischen Änderungszyklen immer weiter, so dass ein zeitlicher Druck zur Anpassung bestehender Software entsteht.[23] Einher mit dieser Tatsache geht der Sachverhalt, dass der Anteil der Kosten für die Wartung und Adaptionen von existierenden Softwareprodukten in Bezug auf das gesamte zur Verfügung stehende Budget von 40% im Jahre 1970 auf mittlerweile über 90% angestiegen ist. Dieses Phänomen ist auch unter dem Begriff *Legacy Crisis* bekannt und

---

[20] Vgl. Clacy und Jennings (2007), S. 100.
[21] Vgl. Sommerville (2011), S. 234 ff.
[22] Vgl. hierzu Lehman (1996), Lehman u.a. (1997) oder Lehman u.a. (1998).
[23] Vgl. hierzu und im Folgenden die Ausführungen bei Gruhn u.a. (2006), S. 18.

führt dazu, dass immer weniger Geld für die Entwicklung neuer Systeme zur Verfügung steht.[24] Umso wichtiger erscheint vor diesem Hintergrund auch die permanente Anpassung der Systeme an die gegebenen Anforderungen, um die Divergenzen möglichst gering zu halten. Währenddessen muss jedoch auch die Wartbarkeit gewährleistet bleiben.

1.2.2.3 Outsourcing und Globalisierung

Um Kosten einzusparen und gleichzeitig die Risiken für den Betrieb von IT-Services zu minimieren, werden diese oftmals an externe Dienstleister ausgelagert.[25] Diese Entwicklung ist vor allem im Nicht-Kerngeschäft zu beobachten.[26] Insgesamt gesehen ist der Trend zum Outsourcing ungebrochen, die jährliche Steigerung des IT Outsourcing Marktes ist im Zeitraum zwischen 2005 und 2010 um jährlich 3,2% gestiegen; bis 2015 wird mit einem jährlichen Wachstum von 3,9% auf ein Gesamtvolumen von 730 Milliarden EUR gerechnet.[27]

Neben dem Outsourcing von kompletten IT-Services zeichnet sich in größeren Firmen ein weiterer Trend ab. So wird Software oftmals nicht mehr selbst entwickelt, sondern deren Entwicklung an Softwarehäuser vergeben.[28] Hierbei ist davon auszugehen, dass etwa 45% aller zu einem Softwareprodukt gehörenden Leistungen extern erbracht werden können.[29] Die Gründe für diese Art des Outsourcings können vielfältig sein; in erster Linie sind hierfür jedoch Kosteneinsparungen sowie eine höhere Flexibilität anzuführen.[30] Dabei kann man zwischen *Onshore*, *Nearshore* und *Offshore Outsourcing* sowie verschiedenen Mischformen unterscheiden.[31] *Onshore Outsourcing* ist auf lokale Dienstleister ohne große Unterschiede bezüglich der Entfernung oder der Zeitzone ausgerichtet, tendenziell ist dieses aufgrund der höheren Kostensätze im Vergleich zu festangestellten Mitarbeitern eher kurzfristiger Natur. Dahingegen ist das *Nearshore Outsourcing* mehr auf eine Kostenersparnis und somit auf eine längere Zeitspanne ausgerichtet. Hierbei sind aus deutscher Sicht insbe-

---

24 Vgl. Seacord u.a. (2003), S. 6.
25 Vgl. Heinrich u.a. (2014), S. 256.
26 Vgl. Meyer und Eul (2013), S. 72 f.
27 Vgl. Meyer und Eul (2013), S. 73.
28 Vgl. Herzwurm und Pietsch (2009), S. 3.
29 Vgl. Balzert (2009), S. 14.
30 Vgl. hierzu die Ausführungen bei Balzert (2008), S. 238 ff.
31 Vgl. hierzu und im Folgenden die Erläuterungen bei Balzert (2008), S. 250 f. sowie Heinrich u.a. (2014), S. 259 f.

sondere die osteuropäischen Märkte in Polen, Tschechien, Slowakei oder Russland interessant. Beim *Offshore Outsourcing* kommen im Wesentlichen die asiatischen Anbieter aus Indien, den Philippinen oder China bzw. aus amerikanischer Sicht auch Mexiko oder Brasilien zum Zuge. Dieses ist aufgrund der unterschiedlichen Zeitzonen, Kulturen und Entfernungen eher langfristig orientiert und mit der wachsenden Globalisierung der IT verbunden. Grundsätzlich lassen sich innerhalb eines typischen *Global Sourcing Projektes* – je nach Projektgröße und -dauer – Reduzierungen in Höhe von etwa 30% erreichen.[32]

1.2.2.4 Wissensmanagement

Wissen wird mittlerweile als wichtige Ressource innerhalb von Unternehmen betrachtet.[33] Die Bedeutung von Wissen geht sogar so weit, dass es als wichtiger Wettbewerbsfaktor anerkannt wird[34] und somit entscheidend zum Wettbewerbserfolg von Unternehmen beitragen kann. Die Gründe hierfür sind unterschiedlicher Natur.[35]

- **Expertenkompetenz:** Die am Markt erbrachten Leistungen erfordern eine zunehmende Wissensintensität, da häufig individuell auf Kunden zugeschnittene Produkte und Dienstleistungen angeboten werden.
- **Innovationen:** Die Produktlebenszyklen werden immer kürzer, ein hoher Innovationsgrad erfordert schnellere Reaktionszeiten.
- **Globalisierung:** Durch die zunehmende Globalisierung sind auch wissensintensive Prozesse weltweit verteilt. Somit sind Wissensquellen nicht nur auf einen Standort beschränkt.
- **Fluktuation:** Zunehmende Veränderungen der Humanressourcen haben Auswirkungen auf die Wissensbasis einer Organisation.

Unter dem Begriff Wissensmanagement wird die Entwicklung von Theorien, Methoden und Werkzeugen beim Umgang mit der Ressource Wissen diskutiert.[36] Das Ziel ist es hierbei, den genannten Herausforderungen auf systematische Weise zu begegnen.

---

32 Vgl. Konradin Verlag (2009), S. 11.
33 Vgl. Krcmar (2010), S. 623.
34 Vgl. Nonaka (1991), S. 96 f. oder Rehäuser und Krcmar (1996), S. 14 ff.
35 Vgl. hierzu Krcmar (2010), S. 624.
36 Vgl. hierzu die Beiträge in Bellmann u.a. (2002) sowie die Ausführungen in Kemper und Janke (2002).

Diese Sichtweise der Ressource Wissen lässt sich auch auf das IT-Change-Management übertragen, so dass die genannten Einflüsse auch in diesem Bereich bestehen und demzufolge auch berücksichtigt werden sollten.

1.2.3 Ziel der Arbeit

Die Zielsetzung dieser Arbeit leitet sich aus der beschriebenen Ausgangssituation von Softwareänderungen an bestehenden Softwaresystemen ab. Vor diesem Hintergrund soll ein Konzept erstellt werden, das beschreibt, wie das IT-Change-Management mit Hilfe einer IT-basierten Lösung unterstützt werden kann, um

- transparente,
- nachvollziehbare und
- fundierte

Entscheidungen zu treffen sowie die notwendigen Folgeaktivitäten einleiten zu können. Zu diesem Zweck soll zunächst einmal auf konzeptioneller Ebene ein Fachkonzept erstellt werden, welches die zuvor beschriebenen Einflussfaktoren und deren Auswirkungen auf das Change Management berücksichtigt. Auf Basis des Fachkonzepts soll ein Datenverarbeitungskonzept erstellt und dessen Umsetzbarkeit mit Hilfe einer prototypischen IT-Lösung partiell evaluiert werden. Hierfür werden einzelne Szenarien ausgewählt, die sich aus Schwerpunkten der durchzuführenden Experteninterviews sowie von den im Rahmen einer Softwareevaluation identifizierten Lücken in der Informationsversorgung ergeben.[37]

1.2.4 Forschungsfrage

Vor dem Hintergrund der zuvor dargestellten Zielsetzung der Arbeit lässt sich die Forschungsfrage wie folgt formulieren:

> Wie können die Planung, Durchführung und Überwachung von Aktivitäten im Rahmen des Change-Management-Prozesses IT-basiert unterstützt werden?

Aus fachlicher Sicht lassen sich hiermit die nachfolgend beschriebenen Teilfragen verbinden:

---

[37] Vgl. hierzu Abschnitt 4.2.

- **Teilfrage 1:** An welchen Stellen des Change-Management-Prozesses kann die IT-Unterstützung bei der Ausführung der in der Forschungsfrage genannten Tätigkeiten verbessert werden?
- **Teilfrage 2:** Welche Akteure können hierbei unterstützt werden?
- **Teilfrage 3:** Welche Informationen werden benötigt, um eine adäquate Informationsversorgung dieser Akteure in den identifizierten Prozessschritten sicherzustellen?

Weiterhin ergeben sich nach der Beantwortung der fachlichen Fragen offene Punkte, die für die IT-technische Umsetzung relevant sind:

- **Teilfrage 4:** Mit Hilfe welches Ansatzes kann eine Umsetzung der fachlichen Lösung erfolgen?
- **Teilfrage 5:** Wie sieht die konkrete informationstechnische Ausgestaltung für den gewählten Ansatz aus?

An die Beantwortung der Forschungsfrage einschließlich der genannten Teilfragen sind verschiedene Erwartungen hinsichtlich eines hieraus resultierenden Nutzens geknüpft. Diese werden im folgenden Abschnitt konkretisiert.

1.2.5 Erwarteter Wertbeitrag

Mit dem Einsatz einer IT-basierten Lösung zur Planung, Durchführung und Überwachung von Aufgaben im Change-Management-Prozess verbindet sich die Perspektive einer effektiven und effizienten Bearbeitung der an ein Softwaresystem gestellten Änderungsanforderungen – insbesondere im Umfeld von Großunternehmen mit sehr hohen Weiterentwicklungsaufwänden sowie heterogenen IT-Landschaften und -strukturen. Diese Erwartungen lassen sich in Form von verschiedenen Nutzenpotentialen[38] ausdrücken.

Für Nutzenpotentiale, die durch den Einsatz von Informationstechnologie entstehen, kann ein konkreter Lebenszyklus mit den Phasen Entstehung, Wachstum, Reife und

[38] Nutzenpotentiale sind nach Pümpin bestimmte vorteilhafte Konstellationen, die in der Umwelt, im Markt oder im Unternehmen vorhanden sein und erschlossen werden können (siehe hierzu Pümpin (1990), S. 47 sowie Pümpin und Amann (2005), S. 24). In ähnlicher Weise formuliert Bach (2000), S. 9 Nutzenpotentiale als aktuelles oder potentielles Feld unternehmerischer Tätigkeit, das für alle Anspruchsgruppen einen Mindestnutzen erwarten lässt. Die Definitionen implizieren demnach, dass es sich bei Nutzenpotentialen um einen möglichen Nutzen handelt, welcher bei der Umsetzung von bestimmten Maßnahmen in einen tatsächlich existierenden Nutzen umgewandelt wird.

Niedergang beschrieben werden.[39] Daraus resultiert, dass das Nutzenpotential zu Beginn noch relativ gering ist, aber mit zunehmendem Einsatz der Technologie und den wachsenden Erfahrungen hiermit immer weiter zunimmt. Ab einem gewissen Zeitpunkt stößt die Technologie jedoch an ihre Grenzen und ab dann nimmt auch das Nutzenpotential wieder ab.

Der Nutzen, der sich durch Umsetzung definierter Maßnahmen aus den Nutzenpotentialen ergibt, ist messbar.[40] Grundsätzlich kann Nutzen als Art und Umfang der Fähigkeit eines Gutes oder Systems zur Befriedigung eines Bedürfnisses beizutragen verstanden werden.[41] Hierbei sind in erster Linie die Präferenzen des Entscheidungsträgers entscheidend, welche die Höhe des Beitrags zur Bedürfnisbefriedigung determinieren.[42] Somit hat Nutzen einen stark subjektiven Charakter.[43] An dieser Stelle sollen jedoch lediglich die Nutzenpotentiale aufgezeigt werden, die Bestimmung des resultierenden Nutzens ist nicht Teil dieser Arbeit.

In der Literatur finden sich unterschiedliche Nutzenkategorien, die auf verschiedenen Klassifizierungskriterien beruhen.[44] Für den Anwendungsfall dieser Arbeit[45] scheint die Verwendung der Nutzenkategorien strategische Wettbewerbsvorteile, Produktivitätsverbesserung und Kostenersparnis sinnvoll.[46] Generell lässt sich allerdings fest-

39 Vgl. Pümpin und Amann (2005), S. 29.

40 Verfahren zur Nutzenbewertung werden u.a. in Nagel (1990), S. 71 ff. oder Geier (1999), S. 123 ff. vorgestellt.

41 Vgl. zu diesem Verständnis insbesondere Westphal (1984), S. 261, Harbrecht (1993), S. 272 sowie Antweiler (1995), S. 74.

42 Vgl. hierzu auch die Darstellung der unterschiedlichen Aspekte, die grundsätzlich zum Wertbeitrag der IT beitragen können, in Bartsch und Schlagwein (2010), S. 53 f.

43 Vgl. Krcmar (2010), S. 516.

44 Nagel (1990), S. 71 ff. unterscheidet beispielsweise Nutzenkategorien u.a. auf Basis von Kosten Parker u.a. (1988), S. 65 ff. nach Anwendungs- bzw. Einsatzgebieten der IT und Mertens u.a. (2012), S. 179 differenzieren nach der Quantifizierbarkeit. In ähnlicher Weise unterteilt Pietsch (2003), S. 14 Nutzen in die Kategorien quantifizierbar und nicht-quantifizierbar, hierbei lässt sich der quantifizierbare Nutzen noch in monetarisierbar und nicht-monetarisierbar klassifizieren. Bei Anselstetter (1986), S. 11 wird die Quantifizierbarkeit hinsichtlich technischer sowie ökonomischer Effekte gegliedert. Ebenso kann Nutzen nach Schumann (1992), S. 94 ff. in unternehmensinterne und externe oder nach Burger (1997), S. 96 f. auch in direkte, indirekte und strategische Effekte untergliedert werden.

45 Die Zielsetzung besteht in der Unterstützung des IT-Change-Managements durch ein Informationssystem. Für den Einsatz von Informationssystemen schlägt Nagel (1990), S. 28 f. diese Klassifikation vor.

46 Vgl. hierzu Nagel (1990), S. 31, Wieczorrek und Mertens (2011), S. 282 oder Krcmar (2010), S. 522. Die erwähnten Nutzenkategorien können beispielsweise durch die Zuordnung zu Anwendungen, zu Unternehmensebenen zur Bewertbarkeit oder zum Methodeneinsatz operationalisiert und dementsprechend bewertet werden.

stellen, dass in der Praxis die Nutzenkategorien nicht immer eindeutig abgegrenzt werden können und die Übergänge oftmals fließend sind. So können beispielsweise Systeme sowohl helfen Kosten einzusparen als auch dabei unterstützen die Produktivität zu erhöhen und hierdurch Wettbewerbsvorteile zu generieren.

In den nachfolgenden Unterabschnitten sollen die einzelnen Nutzenpotentiale, unterteilt in die genannten Kategorien und absteigend gemäß ihrer strategischen Relevanz geordnet, näher vorgestellt werden. In den letzten Jahrzehnten hat sich hierbei die Informationstechnologie in zunehmendem Maße als Medium zur Unterstützung der Wettbewerbsfähigkeit herauskristallisiert und wird nicht mehr allein zur Realisierung von Kostensenkungen eingesetzt.[47]

1.2.5.1 Nutzenpotentiale aus strategischen Wettbewerbsvorteilen

Informationsverarbeitung kann ein Erfolgsfaktor innerhalb eines Unternehmens sein – wahrscheinlich sogar die entscheidende strategische Waffe.[48] Ebenso zeigen auch empirische Studien, dass IT-Investitionen als entscheidender Erfolgsfaktor gesehen werden.[49] Dies setzt allerdings voraus, dass diese Projekte zum einen effektiv und zum anderen effizient sind. Mit dem Einsatz effizienter Informationssysteme geht auch eine positive Wirkung auf andere Erfolgsfaktoren eines Unternehmens einher. Aus diesem Grund wird durch eine langfristige Strategie der Einsatz von Informationssystemen zu einem wesentlichen Wettbewerbsvorteil; die Bedeutung der IT hat demzufolge in den letzten Jahren spürbar zugenommen.[50] Da aber insbesondere strategische Ziele wie Prozesseffektivität und -effizienz, Qualitätsverbesserungen in der Ablauforganisation oder das Wissensmanagement durch IT unterstützt werden können,[51] ist die IT durchaus in der Lage einen Wettbewerbsvorteil zu bieten. Dies

47 Vgl. Wyman (1985) sowie Herzwurm und Hanssen (2006), S. 12 f.
48 Vgl. Nagel (1990), S. 31.
49 Vgl. Buchta u.a. (2005), S. 17 ff.
50 Vgl. hierzu Nagel (1990), S. 15, Farbey u.a. (1993), S. 5, Bannister und Remenyi (2000), Nickerson (2001), S. 24, Brown und Hagel III (2003), S. 2, Strassmann (2003) oder Broadbent u.a. (2003). Allerdings gibt es hierzu auch kritische Stimmen, denn die zuvor genannten Quellen sind eine Reaktion auf den von CARR veröffentlich Beitrag „IT doesn't matter" (vgl. Carr (2003)), in welchem der strategische Wert der IT in Frage gestellt wird. Dies führte zu einer kontroversen Diskussion – ähnliche Meinungen wie CARR hinsichtlich des strategischen Werts der IT finden sich auch bei Hittleman (2003) oder Skaistis (2003). Einigkeit besteht jedoch in der Aussage, dass IT normalerweise keinen Unternehmenswert erzeugen kann – zu dieser These dokumentieren Brynjolfsson und Hitt (2000), S. 31 f. mit Hilfe einer empirischen Untersuchung, dass höhere Investitionen in die IT nicht automatisch den Unternehmenserfolg vergrößern.
51 Vgl. Buchta u.a. (2005), S. 23 ff. sowie Hirschmeier (2005), S. 2.

gilt vor allem im Hinblick auf die Integration von Prozessen über Abteilungen oder gar Unternehmensgrenzen hinweg. Im Allgemeinen sind strategische Wettbewerbsvorteile schwer quantifizierbar. Die strategische Bedeutung des Einsatzes von Informationstechnologie wird vorwiegend auf qualitative Art durchgeführt.[52]

Somit können sich bezogen auf den Anwendungskontext langfristig die nachfolgend beschriebenen Nutzenpotentiale zur Optimierung des Change Prozesses, zur Reduzierung der Abhängigkeit von personengebundenem Wissen sowie zur Verbesserung der Wartbarkeit und Pflege ergeben.

Optimierung des Change-Management-Prozesses

Im Rahmen des Change-Management-Prozesses sollen Änderungen eines Softwaresystems möglichst schnell und effizient umgesetzt werden, um dadurch die Handlungsfähigkeit des Unternehmens zu erhöhen. Davon ist in erster Linie die Entscheidungsvorbereitung und -findung für die Umsetzung einzelner Service Changes betroffen. So kann durch eine transparente, nachvollziehbare und fundierte Planung und Überwachung von einzelnen Änderungen der Durchlauf innerhalb des Change-Management-Prozesses optimiert werden. Hierzu ist es erforderlich, dass alle notwendigen Daten zur Verfügung gestellt werden, die für die Entscheidungsfindung relevant sind.[53] Ebenso sollen diese Daten insoweit aufbereitet vorliegen, dass sie für die spezifischen Anforderungen auswertbar sind und die im Rahmen des Entscheidungsprozesses aufkommenden Fragen beantworten werden können. Dies führt letztendlich zu einer Erhöhung der Qualität der Entscheidungsfindung und kann gleichzeitig deren Durchlaufzeit reduzieren.

Reduzierung der Abhängigkeit von personengebundenem Wissen

Daten zu Änderungsanforderungen im Change-Management-Prozess können in geeigneter Form erfasst und gespeichert werden. Damit repräsentieren diese Daten das Wissen[54] über einzelne Service Changes. Grundsätzlich sollte es somit das Ziel sein, den Anteil expliziten Wissens während des Change-Management-Prozesses zu

[52] Vgl. hierzu auch Stalk u.a. (1993) oder Ascari u.a. (1995), S. 8 ff.

[53] Welche Daten hierzu notwendig sind, wird im Rahmen der Informationsbedarfsanalyse im Rahmen von Kapitel 3 bestimmt.

[54] Unter Wissen wird in diesem Kontext „jede Form der Repräsentation von Teilen der realen oder gedachten (d.h. vorgestellten) Welt in einem materiellen Trägermedium verstanden“ (siehe Bode (1997), S. 458); vgl. ebenso auch die Ausführungen in Kapitel 3.1.1.

erhöhen und dadurch die Abhängigkeit vom impliziten Wissen einzelner Personen zu verringern.[55] Dies spielt insbesondere dann eine Rolle, wenn Schlüsselpersonen ihre Rollen oder Tätigkeiten verändern und in andere Unternehmensbereiche oder Organisationen wechseln. Hierdurch steht ein Großteil ihres Wissens nicht mehr unmittelbar zur Verfügung. Dies betrifft sowohl interne als auch externe Ressourcen. Im Falle des längerfristigen Einsatzes von externen Dienstleistern kann eine große Abhängigkeit vom Wissen derselben entstehen.[56]

Verbesserung der Wartbarkeit und Pflege

Durch die Speicherung von Informationen zu Changes kann die Wartbarkeit und Pflege der Software verbessert werden.[57] Dies betrifft neben den in den nachfolgenden Abschnitten beschriebenen Thematiken im Rahmen des Change-Management-Prozesses – Abhängigkeiten, Identifikation von Testfällen, Bündelung von Changes und Nutzung von bestehenden Lösungen – insbesondere auch den Bereich *Service Operation*. Hier kann durch eine gemeinsame Infrastruktur eine effektive und effiziente Fehlerbehebung sichergestellt werden.[58]

1.2.5.2 Nutzenpotentiale aus Produktivitätsverbesserung

Nutzenpotentiale können auch aus Produktivitätsverbesserungen resultieren.[59] Allerdings ist es in den meisten Fällen schwierig, eine positive Korrelation zwischen dem Einsatz von Informationstechnologie und der Erhöhung der Produktivität auf direkte Weise darzustellen[60], was teilweise auch von Studien bestätigt wird.[61] Dieser Sach-

[55] Explizites Wissen kann verbalisiert und artikuliert werden und ist zu definieren als beschreibbar, formalisierbar und zeitlich stabil. Außerdem wird es als standardisiert, strukturiert und methodisch in sprachlicher Form in Dokumentationen, Datenbanken o.ä. auffindbar charakterisiert (vgl. Bullinger u.a. (1997), S. 8). Da somit das Wissen auch außerhalb des Wissensträgers verfügbar ist, findet sich auch die Bezeichnung *disembodied knowledge* (vgl. Gluchowski u.a. (2008), S. 42). Dahingegen ist implizites Wissen nicht formalisierbar, liegt oftmals persönlich und kontextspezifisch vor und ist daher nur schwer kommunizierbar – aus diesem Grund wird es auch als *tacit knowledge* bezeichnet (vgl. Gluchowski u.a. (2008), S. 41 bzw. die Originalquellen Nonaka (1991), S. 98, Nonaka u.a. (1997), S. 71 ff., Heilmann (1999), S. 8 f. oder Lehner (2000), S. 236). Da diese Wissensart personengebunden ist und somit durch den Wissensträger verkörpert wird, bezeichnet man es häufig auch als *embodied knowledge* (vgl. Gluchowski u.a. (2008), S. 41).

[56] Vgl. hierzu auch die Ausführungen zum Outsourcing in Abschnitt 1.2.2.3.

[57] Zur Wartung und Pflege von Software siehe Kapitel 2.2.3.5.

[58] Der Bereich *Service Operation* steht allerdings nicht im Fokus der Arbeit, so dass hier schwerpunktmäßig das Change Management betrachtet werden soll.

[59] Hierbei ist unter Produktivität der mengenmäßige Ertrag im Verhältnis zum mengenmäßigen Faktorverbrauch zu verstehen (vgl. Krcmar (2010), S. 518). Bezogen auf die Arbeitsproduktivität stellt dies das Verhältnis zwischen Leistungsmenge und mengenmäßigem Arbeitseinsatz dar.

[60] Vgl. Stickel (2001), S. 99.

verhalt wird unter dem Begriff *Produktivitätsparadoxon der IT* zusammengefasst.[62] Andererseits gibt es auch Beispiele für einen überproportionalen Zusammenhang zwischen IT-Investitionen und Produktivität im Vergleich zu anderen Investitionen.[63] Die Wirkungen von IT-Investitionen werden deshalb oftmals über den strategischen Beitrag und das Ausnutzen von Potentialen bei der Geschäftsprozessgestaltung untersucht. Dafür ist eine Abstimmung des IT-Einsatzes mit den Geschäftsprozessen entscheidend.[64] Somit kann der Einsatz von Informationssystemen und die dadurch erreichten Produktivitäts- und Effektivitätssteigerungen zu qualitativen Verbesserungen sowohl bei Informations- als auch Entscheidungsprozessen führen.[65] Generell sind Produktivitätsverbesserungen auf Basis einer gewissen Größenordnung kalkulierbar.

Im Rahmen des Anwendungskontexts spielen insbesondere das Erkennen von Abhängigkeiten, die Transparenz zur Entscheidungsfindung sowie die Identifikation von Testfällen eine Rolle. Dies wird in den folgenden Abschnitten näher erläutert.

Erkennen von Abhängigkeiten

Für die Implementierung von Softwareänderungen ist es wichtig, funktionale und technische Abhängigkeiten in verschiedenen Schritten des Change-Management-Prozesses zu erkennen, um so die Auswirkungen auf das bestehende System besser abschätzen zu können. Durch die Darstellung der Abhängigkeiten entsteht ein Potential zur Verringerung der Durchlaufzeiten und hierdurch eine Verbesserung der Arbeitsproduktivität, da das Generieren der Daten systemtechnisch unterstützt wird und die Aufgabenträger sich auf die Ableitung der notwendigen Maßnahmen fokussieren können.

Transparenz bei der Entscheidungsfindung

Innerhalb des Change-Management-Prozesses sind verschiedene Entscheidungen zu treffen, welche die Umsetzung einer Änderungsanforderung anbelangen. Hierun-

61 Siehe hierzu Venkatraman und Zaheer (1990), Strassmann (1997a), S. 23 ff. oder Strassmann (1997b).

62 Das Produktivitätsparadoxon wird auf SOLOW zurückgeführt, welcher den Zusammenhang zwischen Informationstechnologie und Produktivität wie folgt zusammenfasst: „You can see the computer age everywhere but in the productivity statistics" (vgl. Solow (1987)).

63 Vgl. Brynjolfsson (1993).

64 Vgl. Picot u.a. (2008), S. 159 ff.

65 Vgl. Nagel (1990), S. 24 f.

ter fallen u.a. die zeitliche Planung, das Bilden von Entwicklungspaketen aufgrund von Abhängigkeiten oder die Kostenschätzung. Die Durchführung dieser Aktivitäten erfordert eine konsistente Datenbasis – oftmals auch aus unterschiedlichen Datenquellen. Auf dieser Grundlage können alle weiterführenden Entscheidungen durchgeführt werden.

Identifikation von Testfällen

Zur Umsetzung einer Systemänderung gehört auch die Durchführung adäquater Testfälle. Diese hängen wiederum eng mit der Systemfunktionalität zusammen. Aus diesem Grund ist es wichtig, die Einflüsse einer Änderung auf das System zu kennen, um daraus die entsprechenden Testfälle ableiten zu können. Das führt zu einer Erhöhung der Testqualität und letztendlich der Systemstabilität.

1.2.5.3 Nutzenpotentiale aus Kostenersparnissen

Der Nutzen, der sich aus Kostenersparnissen ergibt, kann direkt in monetären Einheiten ausgedrückt werden und ist deshalb, im Vergleich zu den zuvor vorgestellten Kategorien, am einfachsten quantifizierbar.[66] Allerdings erscheint der strategische Beitrag im Vergleich zu den Kategorien Produktivitätssteigerung und strategische Wettbewerbsvorteile geringer. Die erzielten Kosteneinsparungen finden zumeist direkt auf der operativen Ebene eines Unternehmens statt, in der Regel durch die Ausnutzung bestehender Rationalisierungschancen.

Für das Umfeld dieser Arbeit können Kostenersparnisse durch die Bündelung von Change Requests sowie die Nutzung bereits bestehender Lösungsansätze erreicht werden. Dies wird in den nachfolgenden Abschnitten näher ausgeführt.

Bündelung von Change Requests

Falls mehrere Change Requests von unterschiedlichen Antragsstellern denselben oder einen ähnlichen Inhalt besitzen, können diese zusammengefasst werden. Auf diese Weise werden zum einen Doppelentwicklungen vermieden und zum anderen Synergieeffekte bei der Umsetzung genutzt. Letzten Endes sollten diese Maßnahmen zu Kostenersparnissen führen. Durch eine frühzeitige Darstellung der jeweiligen Abhängigkeiten werden diese Zusammenhänge transparent gemacht.

---

[66] Vgl. Nagel (1990), S. 29.

Nutzung bestehender Lösungsansätze

Über den Lebenszyklus eines Systems hinweg kann es vorkommen, dass Änderungsanforderungen ähnlicher Natur sind oder im selben Kontext gestellt werden. In diesen Fällen kann eine bereits umgesetzte Implementierung als Referenz für einen neuen Change Request dienen. Die Nutzung des bereits bestehenden Lösungsansatzes führt zu Kosteneinsparungen, wenn eine bereits bestehende Entwicklung ganz oder teilweise wiederverwendet werden kann.

1.3 Vorgehensweise

Nachdem im vorangegangenen Kapitel zunächst das Ziel der Arbeit sowie der erwartete Nutzen beschrieben wurden, soll nun dargestellt werden, auf welche Weise man dieses Vorhaben erreichen kann. Hierzu wird der Betrachtungskontext zunächst einmal in ein wissenschaftliches Anwendungsgebiet eingeordnet, um danach kurz auf die bereits bestehenden Ansätze einzugehen, die diesem Anwendungsfeld zugrunde liegen. Die sich hieraus ergebenden, noch nicht ausreichend untersuchten Bereiche werden in Form von Forschungspotentialen im daran anschließenden Abschnitt thematisiert. Auf Basis der hierdurch gewonnenen Erkenntnisse lassen sich die bestehenden Ansätze sowie die Forschungspotentiale innerhalb des Bezugsrahmens der Arbeit darstellen. Im vorletzten Abschnitt dieses Kapitels wird das konkrete Forschungsdesign, welches sich in einen Forschungsansatz sowie die verwendeten -methoden unterteilen lässt, beschrieben. Abschließend wird im Rahmen dieses Kapitels noch die Gliederung der Arbeit näher erläutert.

1.3.1 Einordnung der Arbeit

Die Forschungsfrage legt nahe, dass der Einsatz von Informationssystemen einen Beitrag zur Erreichung der Zielsetzung dieser Arbeit liefern kann. Die grundsätzlichen Fähigkeiten von Informationssystemen bestehen darin, Dateneingaben zu erfassen, zu transformieren, zu speichern und – wenn notwendig – auswertbar zu machen.[67] Fasst man Informationssysteme etwas weiter, sind in dieser Definition nicht nur die maschinellen Komponenten, sondern auch die Personen, die mit dem System inter-

[67] Vgl. Ferstl und Sinz (2012), S. 1.

agieren, inkludiert. Somit fallen hierunter auch die Unterstützung und Koordination verschiedener Aufgabenträger und deren Aktivitäten.[68]

Die zugehörige Wissenschaft, die sich mit der Gestaltung rechnergestützter Informationssysteme in der Wirtschaft befasst, ist die Wirtschaftsinformatik.[69] Genauer gesagt ist die Wirtschaftsinformatik die Wissenschaft von Entwurf, Entwicklung, Einführung und Einsatz computergestützter betriebswirtschaftlicher Informationssysteme.[70] Die computergestützten Informationssysteme selbst sind ihrerseits das Vehikel, um betriebswirtschaftliche Anwendungskonzepte mit der Informationstechnik zu verbinden.[71] Ein wesentlicher Bestandteil dieser Sichtweise ist eine geeignete Informationsstruktur, die es verschiedenen Akteuren ermöglicht, notwendige Aufgaben innerhalb einer Unternehmung auszuführen.[72] In diesen Fällen kann die Wirtschaftsinformatik eine wirksame Unterstützung von Fach- und Führungskräften bieten.

Grundsätzlich lassen sich innerhalb der Wirtschaftsinformatik zwei verschiedene Ansätze unterscheiden – den gestaltungsorientierten und den verhaltensorientierten bzw. behavioristischen. Die Aufgaben der behavioristischen Forschung[73] liegen in der Bildung von IT-Artefakten sowie der Überprüfung von Theorien in diesem Kontext. Der gestaltungsorientierte Ansatz beschäftigt sich eher mit deren Konstruktion und Bewertung.[74] Geographisch gesehen ist der gestaltungsorientierte Ansatz vorzugsweise im zentral- und nordeuropäischen Raum verbreitet, der behavioristische mehr im angelsächsischen Raum zu finden.[75]

Wie bereits erwähnt, ist das Ziel dieser Arbeit die Erstellung eines Konzeptes zur IT-basierten Unterstützung des Change-Management-Prozesses. Konzepte wiederum

---

68 Vgl. Schwarzer und Krcmar (2004), S. 6.
69 Vgl. Hansen und Neumann (2009), S. 149.
70 Vgl. hierzu Scheer (1998), S. 1, Fink u.a. (2005), S. 6 oder Mertens u.a. (2012), S. 1.
71 Vgl. Scheer (1998), S. 4.
72 Vgl. Stahlknecht und Hasenkamp (2005), S. 440 ff.
73 Die zugehörige Forschungsdisziplin wird als *Information System Research* bezeichnet und kann als internationale Schwesterdisziplin der Wirtschaftsinformatik aufgefasst werden, hierzu Becker und Pfeiffer (2006), S. 2.
74 Vgl. Hevner u.a. (2004), S. 76. Hierbei werden im behavioristischen Ansatz eher naturwissenschaftliche Methoden eingesetzt, die konstruktionsorientierte Forschung orientiert sich an den Ingenieurswissenschaften. Die Grundsätze der beiden maßgeblichen Paradigmen erläutern March und Smith (1995).
75 Vgl. Winter (2008), S. 470, Otto und Österle (2010), S. 18, Österle u.a. (2010), S. 664 oder teilweise auch Frank (2006).

lassen sich der Klasse der Artefakte[76] zuordnen und dienen dazu Probleme innerhalb eines Bereichs zu beschreiben und gleichzeitig deren Lösung darzustellen.[77] Dies kann sowohl auf formale als auch informale Weise geschehen. Die Entwicklung von Artefakten ist Gegenstand des Forschungsgebiets der Artefaktekonstruktion (Design Science), welches sich der Konstruktionsforschung[78] (Science of Design) der gestaltungsorientierten Wirtschaftsinformatik zuordnen lässt.[79] Somit lässt sich die Arbeit anhand des beschriebenen Gestaltungsbereichs[80] ebenfalls in dieses Gebiet einordnen.

1.3.2 Bestehende Ansätze

Der Kontext dieser Arbeit bewegt sich in den bereits etablierten Feldern des IT-Service-Managements sowie der Softwareentwicklung. Die Anwendung und Verbreitung dieser beiden Gebiete belegen zahlreiche Veröffentlichungen, die hierzu erschienen sind.[81] Auch hat sich durch die zunehmende Verbreitung des IT-Service-Managements eine Dynamik entwickelt, die einen stetigen Wandel der eingesetzten Vorgehensweisen und Methoden mit sich bringt.

---

[76] Artefakte lassen sich als Innovationen, die Ideen, Verfahren, technische Möglichkeiten oder Produkte definierten, charakterisieren. Sie lassen sich u.a. unterscheiden in Konstrukte, Modelle, Methoden und Instanziierungen (vgl. hierzu auch, Hevner u.a. (2004), S. 77, vom Brocke und Buddendick (2006), S. 579, Vahidov (2006), Wilde und Hess (2007), S. 281). Das Forschungsziel, welches mit der Erstellung von Artefakten einhergeht, ist die Nützlichkeit (vgl. Hevner u.a. (2004), S. 76 f., Gericke und Winter (2009), S. 195 oder Becker und Pfeiffer (2006), S. 3). Hierbei beruht die Erstellung von Artefakten auf bestehenden Theorien, die durch Erfahrungen, die Kreativität oder die Problemlösungsfähigkeiten von Forschern erweitert oder modifiziert werden (vgl. Majchrzak u.a. (2002), S. 180 f., Hevner u.a. (2004), S. 76 oder Walls u.a. (1992), S. 38).

[77] Vgl. March und Smith (1995), S. 256.

[78] Die Prozesse Produkte und Rollen der Konstruktionsforschung werden in der zugehörigen Metawissenschaft, der Konstruktionswissenschaft, beschrieben (vgl. Winter (2008), S. 470) und bilden einen Leitfaden für den Forscher, um die notwendige Stringenz im Forschungsansatz zu gewährleisten.

[79] Vgl. Gericke und Winter (2009), S. 196. Die Begriffe Gestaltung und Konstruktion werden oftmals synonym verwendet (vgl. hierzu auch Wilde und Hess (2007), S. 281, Becker u.a. (2009b), S. 5 f.).

[80] Vgl. zur konkreten Beschreibung des Darstellungsbereichs auch die noch folgenden Ausführungen im Rahmen von Kapitel 1.3.4.2.

[81] Vgl. hierzu insbesondere auch die Ausführungen in Kapitel 2, bei denen auf die einschlägige Literatur verwiesen wird.

1.3.3 Forschungspotentiale

Sowohl die Softwareentwicklung als auch das IT-Service-Management bieten für sich gesehen verschiedene Rahmenmodelle oder Vorgehensweisen[82] und größtenteils auch eine dementsprechende Softwareunterstützung.[83] Darüber hinaus liegen dem IT-Service-Management verschiedene Teilbereiche und -prozesse[84] zugrunde, die jeweils einen definierten Aufgabenbereich besitzen und dazwischen definierte Schnittstellen haben. Dennoch konnten, basierend auf der in der Voranalyse identifizierten Problemstellung aus der Praxis,[85] zum aktuellen Zeitpunkt in der Literatur noch keine befriedigenden Konzepte identifiziert werden, die einen integrierten Gesamtansatz zur Planung, Durchführung und Überwachung von Änderungsanforderungen ausgerichtet auf die Informationsbedarfe des IT-Change-Managements abbilden. Hieraus ergeben sich weitere Forschungspotentiale, die im Rahmen dieser Arbeit behandelt werden.

Ein wesentliches Element bildet dabei die Informationsversorgung aus angrenzenden Bereichen. So setzt beispielsweise der Wunsch nach einer Serviceänderung vielfach eine Anpassung der zugrunde liegenden Software voraus. Hierdurch können sich bei einer vorliegenden organisatorischen Trennung von Geschäftsprozessmanagement als Ausführungsorgan der von diesem Bereich definierten Prozesse, IT-Service-Management als Anbieter von IT-Dienstleistungen sowie Software Engineering als verantwortlichem Bereich für die technologische Umsetzung der IT-Services Lücken in der Informationsversorgung ergeben.[86] Diese Informationsdefizite können jedoch nicht nur zwischen den genannten Bereichen entstehen, sondern auch innerhalb des IT-Service-Managements selbst – insbesondere auch innerhalb der *Service Transition*.[87] Nur durch die Schließung derselben sowie entsprechende Möglichkeiten zur

---

82 Grundsätzlich bietet das IT-Service-Management verschiedene Maßnahmen und Methoden (vgl. hierzu die Ausführungen in Kapitel 2.1), ebenso stehen innerhalb der Softwareentwicklung verschiedene Rahmen- und Prozessmodelle zur Verfügung (siehe hierzu auch Abschnitt 2.2.2).

83 Vgl. hierzu auch die Ergebnisse der Softwareevaluation für den Bereich *IT-Service-Management* in Kapitel 6.1.2.

84 Vgl. zu diesem Punkt den IT-Service-Lebenszyklus in Kapitel 2.1.1.

85 Siehe hierzu auch die Darstellung des Forschungsansatzes in Abschnitt 1.3.5.1.

86 Zur Darstellung der verschiedenen organisatorischen Ebenen und den jeweiligen Schnittstellen zwischen den einzelnen Bereichen siehe auch Abbildung 2.

87 Innerhalb der Service *Transition* können neben dem Change Management noch die Bereiche *Service Asset and Configuration Management*, *Transition Planning and Support*, *Release and Deployment Management*, *Service Validation and Testing*, *Change Evaluation* und *Knowledge*

Informationsauswertung können die in Abschnitt 1.2.5 dargestellten Potentiale ausgeschöpft werden.

1.3.4 Bezugsrahmen

Aus der Forschungsfrage sowie der anfangs erläuterten Ausgangssituation leitet sich der in Abbildung 2 dargestellte konzeptionelle Bezugsrahmen[88] der Arbeit ab.

Der Bezugsrahmen lässt sich in einen Untersuchungs- sowie einen Gestaltungsbereich unterteilen. Hierbei umfasst der Untersuchungsbereich alle Segmente, die im Rahmen von Analysetätigkeiten näher untersucht werden sollen.[89] Aus diesem Bereich leitet sich das betriebswirtschaftliche Erkenntnisziel[90] der Arbeit ab, welches sich mit der Untersuchung der in diesem Bereich vorhandenen Prozesse und der Identifikation der hieraus resultierenden Informationslücken beschreiben lässt. Der Untersuchungsbereich hat einen wesentlichen Einfluss auf den Gestaltungsbereich[91], der alles umfasst, was verändert werden kann und soll.[92] Mit dem Gestaltungsbereich lässt sich das in Kapitel 1.2.3 formulierte Gestaltungsziel[93] verknüpfen.

Management unterschieden werden, welche Informationen mit dem Change Management austauschen. Zu den jeweiligen Zielen und Aufgaben dieser Bereiche siehe auch die Ausführungen in Kapitel 2.1.2.

88 Allgemein wird unter einem konzeptionellen Forschungsrahmen ein Hilfsmittel zur Systematisierung, Ordnung sowie zur geistigen Durchdringung des Untersuchungsbereichs verstanden. Dies dient der graphischen Darstellung von theoretischen Konstrukten und deren Zusammenhängen (vgl. Wolf (2008), S. 37). In diesem Sinne ist auch der hier dargestellte Bezugsrahmen zu sehen.

89 Vgl. Haberfellner u.a. (2002), S. 30 f.

90 In den Wissenschaften werden die Elemente Erkenntnisobjekt, Erkenntnisziel und Methodologie unterschieden. Hierbei beschreibt ein Erkenntnisobjekt, was untersucht werden soll. Das Erkenntnisziel legt fest, warum untersucht werden soll und welche Zusammenhänge zwischen einzelnen Sachverhalten bestehen. Die Methodologie beschreibt, auf welche Weise die Untersuchungen zur Erkenntnisgewinnung durchgeführt werden (vgl. hierzu Peters und Brühl (2005), S. 1 ff. sowie Heinrich (2000), S. 8 und Becker u.a. (2003), S. 12 für eine Konkretisierung in Bezug auf die Wirtschaftsinformatik).

91 Hierbei wird unter einem Gestaltungsbereich eine gedankliche Zusammenfassung verschiedener Gestaltungsmaßnahmen bzw. -instrumente verstanden, mit Hilfe derer der zugrunde liegende Betrachtungsgegenstand entsprechend geformt werden kann (vgl. hierzu Stelzer (1998), S. 97).

92 Vgl. Haberfellner u.a. (2002), S. 31.

93 Mit Gestaltungszielen ist die Veränderung bestehender oder die Schaffung neuer Sachverhalte verknüpft (vgl. Frank (1997), S. 32 ff., Heinrich (2000), S. 8, Becker u.a. (2003), S. 12, Becker u.a. (2004), S. 346, Bucher u.a. (2009), S. 70). Hierbei wird auf die Ergebnisse einer erkenntniszielgeleiteten Forschung zurückgegriffen.

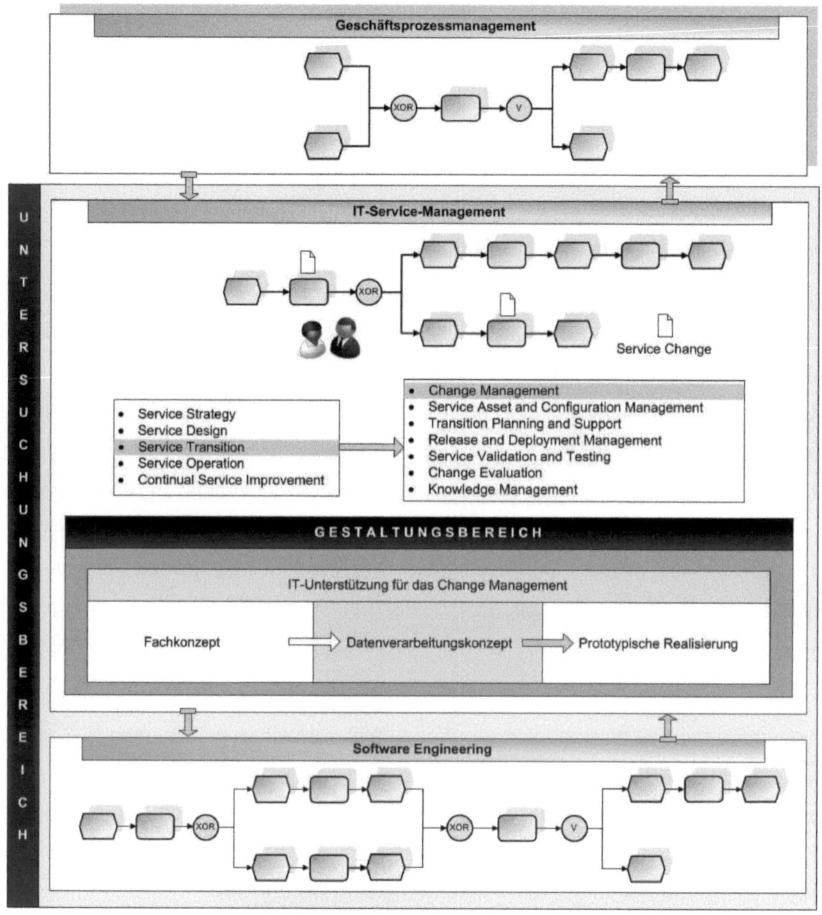

Abbildung 2: Bezugsrahmen der Arbeit

1.3.4.1 Untersuchungsbereich

Zum Untersuchungsbereich dieser Arbeit gehören zum einen das IT-Service-Management, zum anderen das Software Engineering. Innerhalb des IT-Service-Managements lassen sich anhand des IT-Service-Lebenszyklus verschiedene Bereiche unterscheiden.[94] Auf Basis der Ausgangssituation und der Zielsetzung der Arbeit ist insbesondere der Bereich *Service Transition* relevant. Die Service Transition lässt

[94] Vgl. hierzu Abschnitt 2.1.1.

sich erneut in verschiedene Teilprozesse unterteilen, bei denen der Fokus auf das Change Management gelegt wird. Grundsätzlich lassen sich jedoch die Schnittstellen zu den anderen Prozessen nicht gänzlich vernachlässigen, so dass diese als Teil des Untersuchungsbereichs gesehen werden können. Der zweite größere Teil des Untersuchungsbereichs lässt sich im Software Engineering finden. Hierbei spielen insbesondere die zu erstellenden Artefakte und der Informationsaustausch zwischen Change Management und Software Engineering eine maßgebliche Rolle.

Dahingegen soll der Bereich Geschäftsprozessmanagement, der sich mit den prozessualen und organisatorischen Änderungen im Sinne eines gesamtheitlichen Change Managements beschäftigt, nicht Teil des Untersuchungsbereichs sein. Zwar entstehen hier Wechselwirkungen, da Änderungen aus diesem Bereich als Eingabegrößen Auswirkungen auf den IT-Change-Management-Prozess haben können oder andersherum Service-Changes die Geschäftsprozesse beeinflussen. Jedoch sollen an dieser Stelle lediglich die vom IT-Change-Management nachgefragten Informationen berücksichtigt werden. Darüber hinaus wird von klar abgegrenzten Verantwortlichkeiten ausgegangen, so dass der Gestaltungsbereich hiervon nicht maßgeblich beeinflusst wird.

Grundsätzlich sind bei der Definition des Untersuchungsbereichs zwei wesentliche Einschränkungen zu berücksichtigen. Dies betrifft zum einen den Bereich IT-Service-Management. Hierfür stehen verschiedene Rahmenwerke und Best Practices zur Unterstützung der Serviceorientierung der IT zur Verfügung; jedoch hat sich mit der *Information Technology Library* ein De-facto-Standard etabliert, auf welchem aus diesem Grund der Fokus der Betrachtungen gelegt werden soll.[95]
Zum anderen kann die Größe der zu betrachtenden Unternehmen ein relevantes Kriterium darstellen.[96] Da der im Rahmen dieser Arbeit durchgeführte spezifische Teil der Informationsbedarfsanalyse in einem Großunternehmen stattfand, ist davon auszugehen, dass vergleichbare Rahmenbedingungen am ehesten in Unternehmen der-

[95] Vgl. hierzu die Erläuterungen in Kapitel 2.1.

[96] Grundsätzlich lassen sich Unternehmen auf Basis verschiedener Kriterien wie Arbeitnehmeranzahl, Umsatzerlöse, steuerlicher Gewinn etc. in die Kategorien Kleinst- bzw. Kleinunternehmen, Mittlere Unternehmen und Großunternehmen unterscheiden.

selben Kategorie anzutreffen sind.[97] Aus diesem Grund sollen im Kontext dieser Arbeit Großunternehmen im Mittelpunkt der Betrachtungen stehen.[98]

1.3.4.2 Gestaltungsbereich

Der Gestaltungsbereich innerhalb des Anwendungsfelds der Wirtschaftsinformatik umfasst u.a. den Entwurf und die Realisierung von Informationssystemen. Im konkreten Fall soll hierbei ein Fachkonzept, ein daraus resultierendes partielles Datenverarbeitungskonzept sowie eine prototypische Realisierung einzelner Anwendungsszenarien in Bezug auf den vorgegebenen Kontext erstellt werden. Das Konzept unterstützt den Change-Management-Prozess sowie die hieran beteiligten Personen und lässt sich deshalb in Bezug auf den Untersuchungsbereich auf der Ebene des IT-Service-Managements anordnen.[99]

1.3.5 Forschungsdesign

Die gestaltungsorientierte Wirtschaftsinformatik zielt auf eine hohe Bedeutung für die betriebliche Praxis ab.[100] Andererseits wird ihr insbesondere im Vergleich zur behavioristischen Sichtweise teilweise unterstellt, eine geringe wissenschaftstheoretische Reflexivität oder weniger methodische Strenge aufweisen zu können.[101] Vor diesem Hintergrund sind in den letzten Jahren einige Rahmenwerke bzw. Forschungsmodelle entstanden, die sich dem Ziel, mehr methodische Stringenz zu erreichen, widmen.[102] Insbesondere das Memorandum der Wirtschaftsinformatik[103] hat in diesem

---

97 Vgl. hierzu u.a. die IT-Kennzahlen hinsichtlich IT-Mitarbeiter, IT-Anwender oder IT-Budget bei Ellermann und Röwekamp (2013).

98 Zur Klassifikation soll hierbei der Empfehlung der Kommission der Europäischen Gemeinschaften vom 6. Mai 2003 gefolgt werden, die als Großunternehmen Betriebe mit mehr als 249 Mitarbeitern oder einem Umsatz von über 50 Mio. EUR ansieht (vgl. Statistisches Bundesamt (2014)).

99 Vgl. hierzu die Darstellung in Abbildung 1.

100 Vgl. Buhl und König (2007).

101 Vgl. hierzu die Erkenntnisse in Heinrich (2005), S. 110 ff.

102 Für den gestaltungsorientierten Ansatz schlagen beispielsweise Hevner u.a. (2004) ein Rahmenwerk mit sieben Richtlinien vor, welches beschreibt, wie eine derartige Forschung durchgeführt werden sollte. Ebenso beschreiben Vaishnavi und Kuechler (2007), S. 59 f. ein allgemeines Forschungsmodell, welches sich in die verschiedenen Phasen Problemerkenntnis, Verbesserungsvorschlag, Lösungsentwicklung, Evaluierung und Schlussfolgerung unterteilen lässt. Die einzelnen Phasen werden hierbei iterativ durchlaufen.

103 Vgl. hierzu Österle u.a. (2010). Das Memorandum wurde von zehn Autoren verfasst und derzeit sind weitere 111 Professoren aus dem deutschsprachigen Raum als Mitunterzeichner aufgeführt.

Kontext eine weite Verbreitung erhalten. Aus diesem Grund orientiert sich auch der Forschungsansatz[104] dieser Arbeit hieran.

1.3.5.1 Forschungsansatz

Der im Memorandum der Wirtschaftsinformatik vorgestellte Erkenntnisprozess unterscheidet die Phasen Analyse, Entwurf, Evaluation und Diffusion. Die grundsätzliche Vorgehensweise ist in Abbildung 3 dargestellt. Hierbei ist das Ziel der Analyse die Beschreibung einer Problemsituation sowie deren Einflussfaktoren.[105] Im gegebenen Fall stammt die Problemstellung der Arbeit aus der Praxis[106] und wurde im Rahmen einer Voranalyse mit Hilfe von teilnehmenden Beobachtungen[107] sowie Gruppendiskussionen[108] konkretisiert. Teil dieser Voruntersuchung war auch die Berücksichti-

[104] Der Forschungsansatz wird hier in Anlehnung an den von Hevner u.a. (2004), S. 79 f. benutzten Begriff *Research Framework* als konzeptioneller Rahmen zur Darstellung der Vorgehensweise verwendet.

[105] Siehe hierzu auch die für den Kontext dieser Arbeit relevante Ausgangssituation in Abschnitt 1.2.1, die Darstellung der bestehenden Ansätze in Kapitel 1.3.2 sowie die Einflussfaktoren auf das IT Change Management in Abschnitt 1.2.2.

[106] Zur Identifikation der Problemstellung wurde vom Autor der Arbeit eine Voruntersuchung für ein weltweit betriebenes Enterprise *Resource Planning-System* (ERP-System) bei einem international tätigen Unternehmen durchgeführt. Vgl. hierzu auch die Ausführungen im Rahmen von Kapitel 4.1.1.1.

[107] Wissenschaftliche Beobachtungen sind Systematisierungen eines alltäglichen Vorgehens und richten sich auf das Erfassen von Ablauf und Bedeutung einzelner Handlungen und Handlungszusammenhänge (vgl. hierzu und im Folgenden Jahoda und Cook (1975), Friedrichs (1990), S. 269 ff., Kromrey (2009), S. 327 ff., Häder (2010), S. 299 ff. sowie Lamnek (2010), S. 498 ff.). Generell werden bei der Beobachtung Prozesse und Verhaltensabläufe einbezogen, die sich permanent verändern. Dies bedeutet, dass Beobachtungen am selben Beobachtungsgegenstand nicht in derselben Form wiederholt werden können und direkt vom Beobachtungssubjekt interpretiert werden müssen. Somit ist die Beobachtung ein subjektives Verfahren, wenn auch die intersubjektive Nachprüfbarkeit mit Hilfe von technischen Hilfsmitteln zur Aufzeichnung der beobachteten Situation verbessert werden kann. In der Literatur werden verschiedene Arten oder Varianten der Beobachtung unterschieden – u.a. können die Dimensionen verdeckt bzw. offen, teilnehmend oder nicht teilnehmend, systematisch oder unsystematisch, natürliche bzw. künstliche und Selbstbeobachtung vs. Fremdbeobachtung differenziert werden. Die im Rahmen der Arbeit durchgeführte Methode kann als offene, teilnehmende, unsystematische, natürliche Fremdbeobachtung klassifiziert werden. Diese wurde durch das Verfahren der Gruppendiskussion ergänzt, um die gewonnenen Beobachtungserkenntnisse zu komplettieren und zu fundieren.

[108] Die Gruppendiskussion kann als nicht-standardisierte, mündliche Befragung klassifiziert werden (vgl. hierzu und zu den nachfolgenden Erläuterungen Niessen (1977), S. 46 ff., Friedrichs (1990), S. 246 ff., Kromrey (2009), S. 363 ff., Häder (2010), S. 268 ff., Lamnek (2010), S. 372 ff. und Bohnsack (2014), S. 107 ff.). Hierbei verzichten nicht-standardisierte Befragungen vollständig auf Fragebögen, es können jedoch Stichworte im Vorhinein notiert werden. Grundsätzlich sind der Anwendung dieser Methode Grenzen gesetzt, die in der Offenheit der Methode und dem geringen Grad der Standardisierung begründet liegen (siehe hierzu auch Mangold (1960), S. 27 f. und Friedrichs (1990), S. 246 f.). Allerdings kann die Gruppendiskussion als explorative Methode dazu genutzt werden, Untersuchungen mit besser standardisierten Methoden vorzubereiten oder zu ergänzen. Zu diesem Zweck soll die Gruppendiskussion auch im Rahmen dieser Arbeit angewendet werden, nämlich zur Identifikation eines Problemfeldes, welches im Rahmen weiterer Untersu-

gung einer unternehmensinternen Softwareevaluation, welche zu dem Schluss kam, dass die derzeit am Markt verfügbaren Softwarelösungen das beschriebene Themenfeld nicht ausreichend abdecken können.[109] Die Voranalyse ist jedoch nicht Bestandteil dieser Arbeit, sondern diente zur systematischen Identifikation eines Problemfelds aus der Praxis, zur Generierung von notwendigem Vorwissen[110] über den Untersuchungsbereich sowie als Ausgangspunkt für die sich daran anschließende Literaturanalyse.

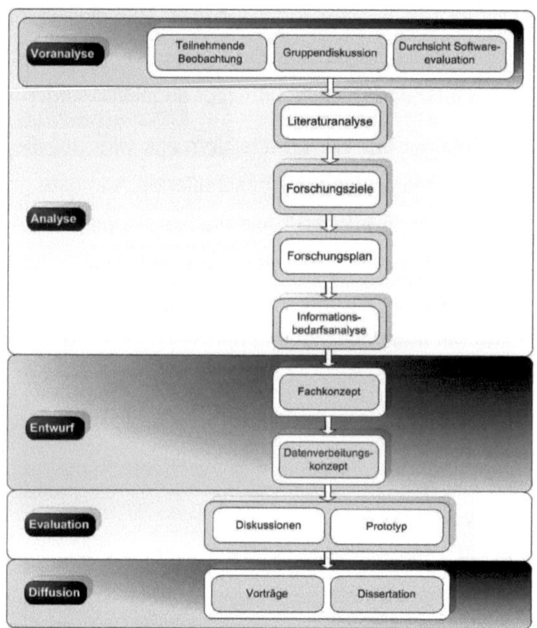

Abbildung 3: Forschungsansatz

Die Literaturanalyse stellt demnach den eigentlichen Einstiegspunkt für die Analysephase im Rahmen dieser Arbeit dar. Ihr Ziel ist es, das gegebene Problemfeld in einen wissenschaftlichen Kontext einzuordnen und eventuelle Lösungsansätze zu identifizieren. Aus diesen Erkenntnissen können Forschungspotentiale ermittelt wer-

chungen noch näher abgegrenzt und spezifiziert wird. Hierbei ergänzt die Gruppendiskussion das Verfahren der teilnehmenden Beobachtung.

109 Die Ergebnisse aus dem unternehmensinternen Projekt zur Softwareevaluation liegen dem Autor vor.

110 Vgl. hierzu auch Kelle und Kluge (2010), S. 30 ff.

den, die sich in der Zielsetzung der Arbeit sowie der Forschungsfrage konkretisieren.[111] Auf Grundlage der gestellten Zielsetzung kann ein Forschungsplan erstellt werden, welcher beschreibt, wie die Erstellung der benötigten Artefakte erfolgt bzw. wie bereits bestehende Artefakte verbessert werden können.[112] Hierzu können verschiedene Verfahrensweisen und -methoden eingesetzt werden, im konkreten Fall eignet sich die Durchführung einer Informationsbedarfsanalyse.

Die Erstellung der beschriebenen Artefakte auf Basis der zu begründenden Methoden ist wiederum Teil der Entwurfsphase.[113] Somit werden in diesem Fall die Ergebnisse der Informationsbedarfsanalyse als Grundlage für ein Fachkonzept genutzt, aus welchem dann ein Datenverarbeitungskonzept abgeleitet wird.

Innerhalb des Memorandums der Wirtschaftsinformatik wird auf die Rigorosität Bezug genommen, die eine Überprüfung der geschaffenen Artefakte gegenüber der zu Beginn festgelegten Zielsetzung erfordert. Aus diesem Grund wird im Rahmen dieser Arbeit eine Evaluation des Konzepts mit Hilfe eines partiellen Prototyps, der die Umsetzbarkeit einzelner relevanter Szenarien beinhaltet, durchgeführt. Weiterhin sind Diskussionen mit Experten aus Wissenschaft und Praxis Teil der Evaluation.

Die Diffusion, die innerhalb der gestaltungsorientierten Wirtschaftsinformatik angestrebt wird, erfolgt zum einen über Fachvorträge mit einem entsprechenden Teilnehmerkreis, zum anderen über die abschließende Veröffentlichung der Dissertation.

1.3.5.2 Forschungsmethoden

Die Forschungsmethoden werden gemäß der Forschungsziele im Forschungsplan als Teil der Analysephase des Erkenntnisprozesses festgelegt. Im gegebenen Fall ist das Ziel der Arbeit die Erstellung eines Konzepts zur IT-basierten Unterstützung des Change-Management-Prozesses. Da dieses Artefakt noch nicht vorhanden ist, sondern einem Entwicklungsprozess unterliegt, eignen sich hierzu vorwiegend Methoden der qualitativen Sozialforschung[114] unter Berücksichtigung ihrer spezifischen Merk-

[111] Vgl. hierzu die Abschnitte 1.2.3 sowie 1.2.4.
[112] Vgl. Österle u.a. (2010), S. 667.
[113] Vgl. Österle u.a. (2010), S. 667.
[114] Dies entspricht einer induktiven Vorgehensweise zur Ableitung von Forschungsergebnissen aus Phänomenen der sozialen Realität und deren Interpretation (vgl. Lamnek (1995), S. 130 ff.). Grundsätzlich können auch im gestaltungsorientierten Ansatz der Wirtschaftsinformatik Vorgehensweisen verfolgt werden, die eher dem behavioristischen Paradigma zuzuordnen sind. Bei-

male[115] sowie vorgeschlagener Gütekriterien[116]. Diese kommen im Rahmen der als Teil dieser Arbeit durchgeführten Informationsbedarfsanalyse zum Tragen; die genaue Anwendung der jeweiligen Methode in diesem Zusammenhang wird aus diesem Grund an den betreffenden Stellen innerhalb von Kapitel 3 erläutert.

---

spielsweise zeigen Becker und Pfeiffer (2006), dass der verhaltens- und der gestaltungsorientierte Ansatz eine gemeinsame Schnittmenge hinsichtlich der Forschungsergebnisse und -aktivitäten besitzen und deshalb nicht als dichotom verstanden werden. Ein allgemeines Rahmenwerk zur Verwendung von Forschungsmethoden – unabhängig von der Forschungsdisziplin – leitet Frank (2006) her.

115 Die Merkmale, die den Ansätzen *qualitativer Sozialforschung* zugrunde liegen, sind nach Mayring (2002), S. 25 ff. sowie Wrona (2006) die Einzelfallbezogenheit, Offenheit, Methodenkontrolle, Vorverständnis, Ganzheit, argumentative Verallgemeinerung, Induktion und Quantifizierbarkeit. Die Einzelfallbezogenheit besagt hierbei, dass einzelne Beispielsituationen tiefgreifend untersucht und analysiert werden, um später beispielsweise durch eine Typenbildung Rückschlüsse auf die Allgemeinheit ziehen zu können. Die Offenheit bezieht sich auf die Anpassbarkeit der verwendeten Methoden sowie der theoretischen Strukturen auf Basis neuer Erkenntnisse im Zuge des Forschungsprozesses, während die Methodenkontrolle das Verfahren zur Erkenntnisgewinnung sowie die jeweiligen Einzelschritte und Teilergebnisse dokumentiert. Da die Interpretation der Forschungsergebnisse sehr stark vom Vorverständnis des Forschungsprozesses abhängt, sind die Vorkenntnisse zu Beginn offenzulegen. Das Prinzip der Ganzheit besagt, dass der Untersuchungsgegenstand im qualitativen Paradigma als Ganzes untersucht werden soll, da sonst Komplexitätsreduktionen stattfinden, welche die Untersuchungsergebnisse beeinträchtigen können. Mit Hilfe der argumentativen Verallgemeinerung werden Erkenntnisse aus einem Bereich explizit explikativ unter Beschreibung der Rahmenumstände für andere Bereiche generalisiert. Die Induktion innerhalb des qualitativen Forschungsansatzes lässt die Generierung von Hypothesen ausdrücklich zu, wobei aus einzelnen Beobachtungen Erkenntnisse gewonnen werden, die dann mit Hilfe weiterer Untersuchungen zu bestärken sind. Durch die Quantifizierbarkeit werden Anknüpfungspunkte zum quantitativen Paradigma hergestellt, um eine spätere Verallgemeinerbarkeit erreichen zu können.

116 Grundsätzlich können für die *qualitative Forschung* Gütekriterien definiert werden, die eine Beurteilung der Qualität der Ergebnisse zulassen. Allerdings besteht in der Literatur weder hinsichtlich der zu verwendeten Gütekriterien selbst Einigkeit noch über ihre Anwendung im konkreten Kontext (vgl. hierzu auch Borchardt und Göthlich (2007), S. 44 ff., Bortz und Döring (2006), S. 326 ff. mit weiteren Quellenangaben, Lamnek (2010), S. 127 ff. oder Steinke (2013)). Mayring (2002) schlägt die Gütekriterien Verfahrensdokumentation, argumentative Interpretationsabsicherung, Regelgeleitetheit, Nähe zum Gegenstand, kommunikative Validierung sowie Triangulation vor. Hierbei soll durch die Verfahrensdokumentation die intersubjektive Nachvollziehbarkeit der Vorgehensweise gewährleistet werden, durch argumentative Interpretationsabsicherungen werden die Ergebnisse und deren Herleitung oder Interpretationen explikativ begründet. Die Regelgeleitetheit beschreibt die Anwendung von Verfahrensregeln zur Durchführung des Forschungsprozesses sowie die Definition sequentieller Arbeitsschritte – dies kann jedoch zu Konflikten mit dem Prinzip der Offenheit führen (vgl. Mayring (2002), S. 145 f., Lamnek (2010), S. 131 f.). Durch das Gütekriterium der Nähe zum Gegenstand werden die natürliche Umgebung sowie alle damit zusammenhängenden Sachverhalte des Untersuchungsgegenstands berücksichtigt. Mit Hilfe der kommunikativen Validierung erfolgt eine Rückkopplung der Interpretation oder der Forschungsergebnisse in Bezug auf den Untersuchungsgegenstand. Die Triangulation dient dazu Ergebnisse abzusichern und gründlicher zu erfassen. Hierbei können Daten-, Methoden-, Theorien bzw. Forschertriangulation unterschieden werden (vgl. Denzin (2009), S. 301 ff. sowie Lamnek (2010), S. 142).

1.3.6 Gliederung

Der Aufbau der Arbeit orientiert sich im Wesentlichen an dem zuvor vorgestellten Forschungsdesign und versucht die Teilfragen der Forschungsfrage nacheinander zu beantworten. Im Rahmen von Kapitel 1 werden die grundlegende Motivation, einschließlich der zugrunde liegenden Rahmenbedingungen und des erwarteten Nutzens, die Zielsetzung der Arbeit und die Vorgehensweise zur Erreichung ebenjener Absicht erörtert. Kapitel 2 beschäftigt sich anschließend mit den Grundlagen der betroffenen Bereiche IT-Service-Management sowie Software Engineering. Zusätzlich wird eine kurze Einführung in den Themenbereich Business Intelligence gegeben, welcher im Laufe von Kapitel 6 zum Tragen kommt. In Kapitel 3 wird daraufhin untersucht, welche Informationen zur adäquaten Informationsversorgung bei der Durchführung von Aktivitäten im IT-Change-Management- Prozess notwendig sind. Zu diesem Zweck werden Informationsbedarfe erhoben – die Grundlagen sowie die geplante Vorgehensweise hierzu bilden den Einstieg des Kapitels, bevor in den weiteren Abschnitten auf die konkreten Erkenntnisse eingegangen wird. Die Ergebnisse lassen sich nach Art der durchgeführten Analyse, d.h. angebots- oder nachfrageorientiert, gliedern. Als Teil der nachfrageorientierten Analyse wird eine Expertenbefragung durchgeführt. Deren Erkenntnisse werden im Rahmen von Kapitel 4 näher erläutert. Kapitel 5 widmet sich der Beantwortung des fachlichen Teils der Forschungsfrage[117] im Rahmen eines Fachkonzepts zur Unterstützung des IT-Change-Management- Prozesses. Hierzu wird auf die Grundlagen aus Kapitel 2 sowie die Ergebnisse der Informationsbedarfsanalyse aus den Kapiteln 3 und 4 Bezug genommen. Grundsätzlich lässt sich das Fachkonzept in eine Organisations-, eine Funktions-, eine Daten-, eine Leistungs- sowie eine Steuerungssicht gliedern. Auf Basis des Fachkonzepts erfolgt die Umsetzung desselben innerhalb eines Datenverarbeitungskonzepts in Kapitel 6. Bevor dieses jedoch erstellt wird, werden zunächst einmal aktuelle Softwarewerkzeuge untersucht, die eine Unterstützung des IT-Service-Managements bieten. Ziel ist es zu erkennen, ob bzw. zu welchem Grad die im Fachkonzept dargestellten Anforderungen bereits durch existierende Tools abgedeckt werden. Auf Grundlage der Erkenntnisse dieser Untersuchung wird anschlie-

[117] Vgl. hierzu die Teilfragen aus fachlicher Sicht, welche in Abschnitt 1.2.4 vorgestellt wurden.

ßend erörtert, wie Business Intelligence in diesem Umfeld eingesetzt werden kann. Hierzu wird ein entsprechender Lösungsansatz vorgestellt.

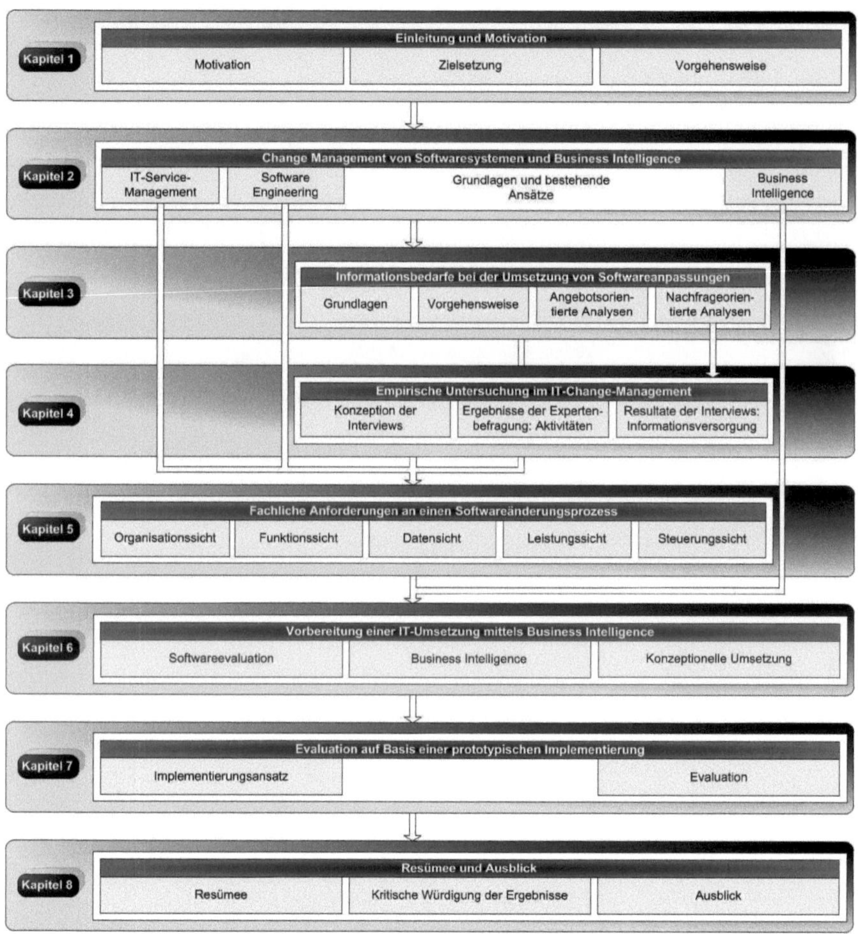

Abbildung 4: Gliederung der Arbeit

In Kapitel 7 wird dieses Konzept dann mit Hilfe eines partiellen Prototyps hinsichtlich der Umsetzbarkeit evaluiert. Hierzu wird zunächst der gewählte Implementierungsansatz beschrieben, bevor einige ausgewählte Evaluationsszenarien detailliert werden.

Das abschließende Kapitel 8 fasst den Gang der Arbeit sowie die gewonnenen Erkenntnisse noch einmal zusammen und gibt einen kurzen Ausblick auf weiteren Forschungsbedarf.

2 Change Management von Softwaresystemen und Business Intelligence

Den Ausgangspunktpunkt für die Ausführungen dieses Kapitels bildet der zuvor dargestellte Untersuchungsbereich der Arbeit, welcher das Problemfeld in wissenschaftliche Bereiche einordnet. Das Ziel ist es nun, die Begriffe und Terminologien des Untersuchungsfeldes zu definieren und auf diese Weise ein einheitliches Verständnis zu generieren.[118] Die dazu verwendete wissenschaftliche Methodik ist die Literaturanalyse[119].

Somit sind im Kontext dieser Arbeit zunächst einmal die Bereiche IT-Service-Management sowie Software Engineering zu fokussieren. Hier liegt die Konzentration auf dem Change Management von Softwaresystemen, damit die Beantwortung der ersten beiden Teilfragen der Forschungsfrage unterstützt werden kann.[120] Dies spielt insbesondere bei der Erstellung des Fachkonzepts eine wesentliche Rolle. Im weiteren Verlauf soll dann eine Einführung in den Bereich Business Intelligence gegeben werden, welcher für das zu erstellende Datenverarbeitungskonzept zum Tragen kommt.

2.1 IT-Service-Management

Allgemein gesprochen ist IT-Service-Management ein prozessorientierter Ansatz große IT-Systeme zu verwalten. Dabei konzentriert sich das IT-Service-Management mehr auf die Erbringung und Unterstützung qualitativ hochwertiger Services als auf die Technologie der dahinterliegenden Systeme.[121] Somit ist die grundlegende Zielsetzung des IT-Service-Managements die Unterstützung von Geschäftsprozessen durch das Planen und Bereitstellen sowie die Optimierung der zugehörigen IT-

---

118 Vgl. Riesenhuber (2007), S. 5.

119 Grundsätzlich stellt die Literaturanalyse nach diesem Verständnis eine Methode dar, die aufzeigt, auf welche Weise Forschungen miteinander zusammenhängen und in welchen Bereichen auf bereits bestehende Ergebnisse zurückgegriffen werden kann (vgl. hierzu Shaw (1995), S. 326). Damit einher geht der Nachweis, dass die beschriebenen Forschungslücken noch nicht ausreichend untersucht wurden (vgl. Hart (1998), S. 18 sowie Levy und Ellis (2006), S. 183).

120 Vgl. hierzu auch noch einmal Abschnitt 1.2.4. Konkret sollen hier die grundsätzlichen Aktivitäten innerhalb des Change-Management-Prozesses identifiziert werden, um im späteren Verlauf die Informationsbedarfe herausfinden zu können. Weiterhin sollen in dieser Phase auch die am Change-Management-Prozess beteiligten Personen ermittelt werden.

121 Vgl. Clacy und Jennings (2007), S. 98.

Leistungen.[122] Der Hauptfokus bei der Erbringung einer Leistung liegt darauf, einen Mehrwert für den Kunden zu schaffen und ihn bei der Erfüllung seiner Aufgaben oder Ziele zu unterstützen.

Grundsätzlich stehen zur Umsetzung eines effektiven IT-Service-Managements verschiedene Best Practices wie die *Information Technology Library* (ITIL), *Control Objectives for Information and Related Technology* (COBIT)[123] und Rahmenwerke wie ISO 20000[124] zur Verfügung.[125]

Aufgrund der Vielfalt an unterschiedlichen Ansätzen widmet sich das *Information Technology Service Management Forum* (itSMF) als globale, unabhängige und nichtkommerzielle Organisation der kontinuierlichen Weiterentwicklung des IT-Service-Managements. Mittlerweile hat sich ITIL als De-facto-Standard innerhalb von itSMF sowie darüber hinaus etabliert und wird häufig sogar als Synonym für IT-Service-Management verwendet.[126] Aus diesem Grund werden sich auch im Rahmen dieser Arbeit alle weiteren Ausführungen auf diesen Standard, genauer die aktuelle ITIL 2011 Edition[127], beziehen.

Zentrales Element innerhalb von ITIL ist der IT-Service-Lebenszyklus, welcher im Zuge des folgenden Abschnitts 2.1.1 kurz vorgestellt wird. Er gibt einen Überblick über die einzelnen Phasen eines Services. Für den Kontext dieser Arbeit ist insbesondere der Bereich *Service Transition* relevant, da diesem gemäß ITIL das Change Management zugeordnet wird. Aus diesem Grund erfolgt in Kapitel 2.1.2 zunächst eine Einführung in die einzelnen Bereiche der *Service Transition*, bevor in Abschnitt 2.1.3 das Change Management näher erläutert wird.

---

[122] Vgl. Buchsein u.a. (2008). Die Begriffe Leistung und Dienstleistung werden in diesem Kontext synonym verwendet.

[123] Zur detaillierten Darstellung dieses Ansatzes sei an dieser Stelle auf Information Systems Audit and Control Association (2012) oder auch Harmer (2014), S. 37 ff verwiesen.

[124] Zur Übersicht über die Vorgaben nach ISO 20000 siehe auch van Bon, Jan (2006), Dohle u.a. (2009) oder Rovers und Chittenden (2013). Zur Entstehung der Richtlinien sowie zu deren Einflussfaktoren siehe auch Galup u.a. (2009), S. 125.

[125] Eine Übersicht über weitere existierende Ansätze bieten beispielsweise Böh und Mayer in Böh und Meyer (2004), S. 103 ff., Hochstein und Hunziker in Hochstein und Hunziker (2004), S. 138 ff., van Bon und Verheijen (2006), S. 3 oder Unger (2011), S. 76.

[126] Vgl. hierzu van Bon (2008), S. 152, Johannsen und Goeken (2011), S. 228 oder Hoppen und Victor (2008), S. 199.

[127] Vgl. für den Bereich *Service* Transition Rance u.a. (2011).

2.1.1 IT-Service-Lebenszyklus

Die IT-Services und somit auch die Best Practices nach ITIL unterliegen einem Lebenszyklus, der sich in die fünf Bereiche *Service Strategy*, *Service Design*, *Service Transition*, *Service Operation* und *Continual Service Improvement* untergliedern lässt. Jede dieser Phasen schafft einen Wert für den laufenden Geschäftsbetrieb, auch wenn für einen Nutzer eigentlich nur der Betrieb innerhalb der *Service Operation* sichtbar ist. Der gesamte Lebenszyklus ist in Abbildung 5 dargestellt, die einzelnen Phasen zusammen mit ihren Werten und Zielen sollen in den folgenden Abschnitten näher betrachtet werden.

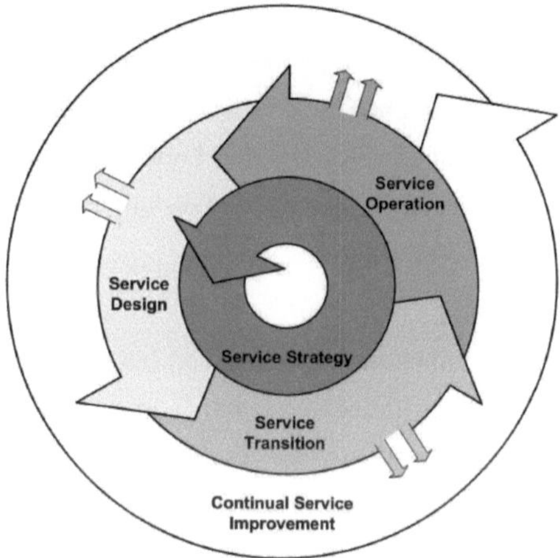

Abbildung 5: IT-Service-Lebenszyklus[128]

2.1.1.1 Service Strategy

Die *Service Strategy* bildet den Kern des in Abbildung 5 dargestellten Service Lebenszyklus. Hier hat jeder Service, der innerhalb eines Unternehmens oder einer Organisation angeboten wird, seinen Ursprung. Um die Wertschöpfung eines Services zu optimieren, ist es essentiell, die strategischen Ziele der Organisation sowie die Bedürfnisse der Anwender zu kennen. Neben der Definition der Services selbst macht es sich die *Service Strategy* auch zur Aufgabe, die Grundlagen für die Richtlinien und Prozesse über den ITIL Service Lebenszyklus hinweg zu beschreiben. Die *Service Strategy* ist verantwortlich dafür, dass die Kosten und Risiken für das gesam-

[128] Quelle: eigene Darstellung, modifiziert übernommen aus Rance u.a. (2011), S. 3.

te Dienstleistungsportfolio kontrollierbar bleiben. Insgesamt soll mit der Erbringung der Serviceleistungen nicht nur die operative Effektivität gewährleistet werden, sondern eine signifikante Erhöhung der Leistungsfähigkeit einhergehen.

2.1.1.2 Service Design

Innerhalb des *Service Designs* werden die zuvor entwickelten Strategien in Pläne zur Umsetzung transformiert.[129] Im Mittelpunkt stehen dabei die Geschäftsziele, die durch die Erbringung einer Serviceleistung unterstützt werden können. Bei der Umsetzung sollten allerdings auch die IT-strategischen Ansprüche erfüllt werden, insbesondere was Architektur, Prozess und Dokumentation der IT-Services angeht. Insgesamt gesehen gehört zum *Service Design* also ein konsistenter Ansatz über alle Aktivitäten und Prozesse hinweg. Das Ergebnis der *Service Design* Phase ist das sogenannte *Service Design Package* (SDP), welches Details zu dem Service und alle Anforderungen an die zukünftigen Phasen des Lebenszyklus enthält. Das *Service Design* ist sowohl für die Erstellung von neuen Leistungen als auch die Anpassung bereits existierender Services relevant.

2.1.1.3 Service Transition

Die *Service Transition* unterstützt eine Organisation bei der Planung von Serviceänderungen und der zugehörigen Inbetriebnahme.[130] Insbesondere soll sichergestellt werden, dass Leistungen, die in der *Service Strategy* definiert und im *Service Design* entworfen wurden, nach der Umsetzung in der *Service Transition* innerhalb der *Service Operation* in Betrieb genommen werden können. Hierzu gehört es auch auftretenden Risiken für neue, geänderte oder eingestellte Services zu steuern sowie Sorge dafür zu tragen, dass die angebotene Serviceleistung die von Seiten des Geschäftsbetriebs erwartete Funktionalität erbringt. Deshalb ist ein fundiertes Wissen über die bereitgestellten Leistungen notwendig. Wenn die Erstellung oder Wartung des zu erbringenden Services an einen externen Dienstleister ausgelagert wurde, trägt die *Service Transition* die Verantwortung für die Auswahl des Dienstleisters und übernimmt die Kommunikation mit diesem. Die Prozesse, die diesem Bereich zugrunde liegen, werden in Kapitel 2.1.2 noch einmal detailliert beschrieben.

---

[129] Vgl. Hunnebeck u.a. (2011), S. 4.
[130] Vgl. Rance u.a. (2011), S. 4.

2.1.1.4 Service Operation

Das Ziel der *Service Operation* ist es, den Anwendern im Vorhinein festgelegte Services zur Verfügung zu stellen.[131] Hierzu gehören sämtliche Anwendungen sowie die hierfür notwendige Technologie und Infrastruktur. Durch den Betrieb müssen zum einen die Ziele des Business unterstützt werden, zum anderen aber auch die Kosten und die Qualität der angebotenen Leistungen optimiert werden. Somit ist die Voraussetzung ein effektiver und effizienter Betrieb der zur Verfügung gestellten Services.[132]

Innerhalb der *Service Operation* fungiert der Service Desk als *Single Point of Contact* (SPoC) für die Anwender und ist somit die alleinige Anlaufstelle für jegliche Anfragen in Form von Service Requests oder Fehlermeldungen im Rahmen des Incident Managements.[133]

2.1.1.5 Continual Service Improvement

Die Aufgabe des *Continual Service Improvements* ist die fortwährende Evaluation und Bewertung der bestehenden Services.[134] Das Ziel ist die Verbesserung der Qualität und des Reifegrads des gesamten IT-Service-Management-Lebenszyklus. Dies geschieht im Sinne einer Prozess- und Kosteneffektivität. Eine kontinuierliche Verbesserungspolitik ist notwendig, da sich auch die Anforderungen auf Seiten des Geschäftsbetriebs im Zeitverlauf ändern und folglich eine Anpassung der erbrachten Serviceleistungen zur Folge haben. Das *Continual Service Improvement* bezieht sich auf alle Bereiche des Lebenszyklus.

2.1.2 Service Transition

Aufgrund der Bedeutung für die Themenstellung der Arbeit wird an dieser Stelle die *Service Transition* konkreter beleuchtet. Dieser Bereich unterstützt, wie Abbildung 6 zeigt, die Phasen *Design und Entwicklung* sowie *Go Live & Early Live* eines neuen oder geänderten Services. Innerhalb der *Service Transition* können die Teilprozesse *Transition Planning and Support*, *Release and Deployment Management*, *Service Validation and Testing* und *Change Evaluation* sowie *Knowledge Management* un-

[131] Vgl. Steinberg u.a. (2011), S. 4.
[132] Vgl. Steinberg u.a. (2011), S. 22 ff.
[133] Vgl. Buchsein u.a. (2008), S. 42.
[134] Vgl. Lloyd u.a. (2011), S. 4.

terschieden werden.[135] Weiterhin werden die Bereiche *Change Management*, *Service Asset and Configuration Management* sowie *Knowledge Management* bei ITIL im Rahmen der *Service Transition* beschrieben. Im Gegensatz zu den zuvor genannten Teilprozessen unterstützen diese jedoch den kompletten Lebenszyklus eines Services, angefangen vom Design und der Entwicklung bis hin zum eigentlichen Live Betrieb.

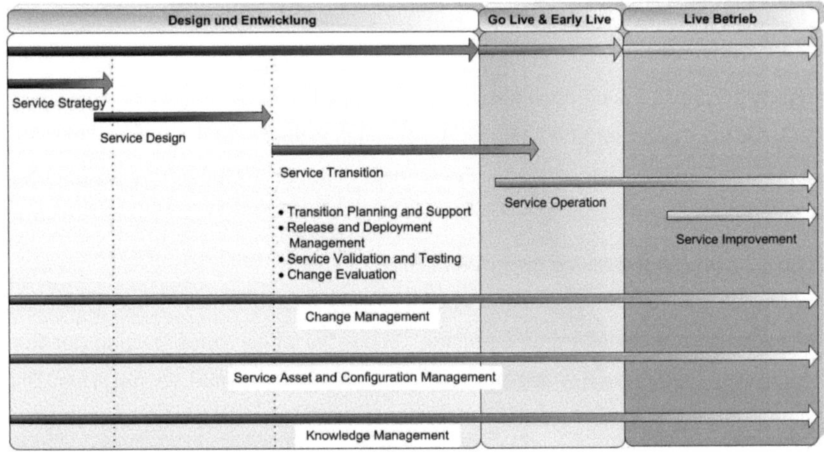

Abbildung 6: IT-Service-Lebenszyklus und -Prozesse[136]

Nachfolgend werden die einzelnen Bereiche und ihre Abhängigkeiten zueinander näher vorgestellt.

2.1.2.1 Change Management

Im Rahmen des Change Managements werden standardisierte Methoden und Verfahren eingesetzt, die es ermöglichen die gestellten Änderungsanforderungen effizient zu bearbeiten.[137] Ziel ist es den Nutzen für den Anwender zu maximieren und das Risiko für Einschränkungen des Geschäftsbetriebs möglichst gering zu halten. Weiterhin ist es die Aufgabe des Change Managements, alle Änderungen zu erfassen, evaluieren, autorisieren, priorisieren, planen, testen, implementieren, dokumen-

[135] Vgl. hierzu und im Folgenden Rance u.a. (2011), S. 51 ff. – die Bezeichnungen der einzelnen Phase wurden hierbei unverändert der zugehörigen deutschen Übersetzung entnommen.
[136] Quelle: eigene Darstellung, in Anlehnung an Buchsein u.a. (2008), S. 20 sowie Hunnebeck u.a. (2011), S. 50.
[137] Vgl. Rance u.a. (2011), S. 60 ff.

tieren und prüfen. Jede Änderung, die einen Einfluss auf die Systemkonfiguration hat, muss in Abstimmung mit dem *Service Asset and Configuration Management* (SACM) erfasst werden. Der genaue Prozessablauf innerhalb des Change Managements wird innerhalb Abschnitt 2.1.3 näher vorgestellt.

2.1.2.2 Service Asset and Configuration Management

Dieser Prozess soll durch die Bereitstellung von Konfigurationsinformationen zur Effektivität und Effizienz des IT-Service-Managements beitragen.[138] Mit Hilfe dieser Informationen soll es möglich sein, in jedem Bereich des IT-Service-Managements die Entscheidungsfindung zu unterstützen. Das kann beispielsweise bei der Genehmigung von Changes, der Autorisierung von Releases oder der Behebung von Incidents oder Problems eine Rolle spielen. Um dies zu ermöglichen, müssen zunächst einmal die notwendigen *Configuration Items* (CI) bestimmt und beschrieben werden. CIs können sowohl physische als auch virtuelle Elemente sein – beispielsweise ein physischer Server oder ein virtuelles Netzwerk. Die Steuerung und Kontrolle der einzelnen CIs erfolgt durch das Change Management.[139] Die Informationen zu einzelnen Konfigurationselementen und deren Beziehungen untereinander können in einem *Configuration Management System* (S-CMS)[140] gespeichert werden. Je nach Umfang kann dasselbe auch Informationen zu Incidents, Problems, Changes und Releases oder personenbezogene Daten zu Mitarbeitern, Lieferanten und Anwendern enthalten.

2.1.2.3 Transition Planning and Support

Die Phase *Transition Planning and Support* beinhaltet die Planung und Koordination aller Ressourcen, die für die Überführung einer Anforderung aus dem *Service Design* in die *Service Operation* notwendig sind.[141] Ein wesentlicher Bestandteil ist hierbei alle notwendigen Aktivitäten zu identifizieren, diese zeitlich zu planen und die verantwortlichen Personen festzulegen. Insbesondere ist eine Abstimmung mit den von

---

[138] Vgl. Rance u.a. (2011), S. 89 ff.
[139] Vgl. Buchsein u.a. (2008), S. 33.
[140] In der Literatur findet sich für Configuration Management System oftmals die Abkürzung CMS (vgl. auch Rance u.a. (2011), S. 92). Um Verwechslungen mit dem im Verlauf des Kapitels 2.3.3.4 einzuführenden *Content Management System* (CMS) oder dem im Bereich des Software Engineering gebräuchlichen Begriff des *Software Configuration Management Systems* (SCMS) auszuschließen, soll im Rahmen dieser Arbeit die Abkürzung S-CMS für ein *Configuration Management System für Services* verwendet werden.
[141] Vgl. Rance u.a. (2011), S. 51 ff.

den Änderungen betroffenen Geschäftsbereichen eine wesentliche Tätigkeit. Dazu gehört ebenso die Identifikation möglicher Risiken sowie die Festlegung einer Strategie, wie diese zu handhaben sind.

2.1.2.4 Release and Deployment Management

Ein Release stellt eine Sammlung mehrerer Änderungsanforderungen dar, welche in eine Produktionsumgebung gebracht werden soll.[142] Die Aufgabe des *Release and Deployment Managements* ist es diese Releases zu planen, zu koordinieren und letztendlich live gehen zu lassen. Zu diesem Zweck ist eine Abstimmung insbesondere mit dem operativen Geschäftsbetrieb notwendig, um hier keine negativen Effekte in Kauf nehmen zu müssen. Das *Release and Deployment Management* erfolgt unmittelbar vor der Phase der *Service Operation* und schafft durch die Inbetriebnahme des Services einen Mehrwert für die Anwender. Zu den Aufgaben dieser Phase gehört es auch, den Endnutzern einen Wissenstransfer über die korrekte Benutzung des Services zukommen zu lassen.

2.1.2.5 Service Validation and Testing

Das Ziel dieser Phase ist es durch einen strukturierten Validations- und Testprozess die Qualität eines neu entwickelten oder geänderten Services sicherzustellen, um so die Anforderungen des Business erfüllen zu können.[143] Hierzu ist zu prüfen, ob der Service der im Design definierten Spezifikation entspricht.[144] Durch sorgfältiges Testen soll die Anzahl der im Live-Betrieb auftretenden Incidents und Problems minimiert werden. Mit Hilfe dieser Maßnahme kann eine effektive Nutzung der Services gewährleistet sowie die Zufriedenheit der Anwender erhöht werden. Weiterhin können auch die Kosten bei der Fehlerbehebung reduziert werden.

2.1.2.6 Change Evaluation

Die *Change Evaluation* stellt eine konsistente und standardisierte Methode zur Bestimmung der Performanz eines geänderten oder neu implementierten Services zur Verfügung.[145] Diese Vorgehensweise bietet die Möglichkeit zur Abweichungsanalyse

---

[142] Vgl. Rance u.a. (2011), S. 114 ff.
[143] Vgl. Rance u.a. (2011), S. 150 ff.
[144] Vgl. Hunnebeck u.a. (2011), S. 303 ff. Die Anforderungen, das Design sowie die Akzeptanzkriterien für einen neuen oder geänderten Service werden im *Service Design Package (SDP)* festgehalten. Dieses dient als Basis für die spätere Service Validierung.
[145] Vgl. Rance u.a. (2011), S. 175 ff.

zwischen erwarteter und tatsächlicher Performanz des Changes innerhalb der angedachten Infrastruktur. Auf Basis der Analyse können existierende Abweichungen genauer untersucht, verwaltet und gesteuert werden. Die Evaluation einer Änderung sollte an mehreren Stellen des Change-Management-Prozesses vorliegen, beispielsweise nach dem Design und vor der Inbetriebnahme in der Produktionsumgebung. Auf Grundlage der Analyseergebnisse können die weiteren Maßnahmen zur Umsetzung des Services durch das Change Management abgeleitet werden. Daher ist es nötig, dass möglichst exakte Informationen zur Entscheidungsfindung vorliegen.

2.1.2.7 Knowledge Management

Das *Knowledge Management* übernimmt die Aufgabe Informationen, Erfahrungen und Ideen zur Verfügung zu stellen, um auf konkrete Situationen innerhalb des Service Lebenszyklus entsprechend reagieren und die richtigen Entscheidungen treffen zu können.[146] Dies betrifft alle Phasen von der Konzeption über die Umsetzung bis zur Inbetriebnahme und Verbesserung. In jeder dieser Entwicklungsstadien sind Entscheidungen notwendig, die sehr stark vom Wissen über die aktuelle Situation, von den Konsequenzen oder Alternativen abhängen. Informationen, welche die jeweilige Entscheidungsfindung unterstützen können, werden über das *Knowledge Management* verwaltet. Hierzu wird häufig ein *Service Knowledge Management System* (SKMS) eingesetzt.

2.1.3 Change Management

Nachdem zuvor der Fokus auf der gesamten *Service Transition* gemäß dem Verständnis nach ITIL gelegt wurde, ist das Ziel dieses Abschnittes, die wesentlichen Begriffe, Rollen und Abläufe des Change-Management-Prozesses näher darzustellen.

Änderungsanforderungen an ein IT-System werden im Regelfall im Rahmen eines Change-Management-Prozesses bearbeitet.[147] Zur Beantragung einer Serviceänderung oder zum Hinzufügen eines neuen Services wird zunächst einmal eine formelle Änderungsanforderung, auch als *Request for Change* (RfC) oder Change Request

[146] Vgl. Rance u.a. (2011), S. 181 ff.
[147] Vgl. hierzu und im Folgenden Rance u.a. (2011), S. 60 ff.

bezeichnet, erstellt. Ein Change Request mündet letztendlich – nach der Autorisierung durch das Change Management – in die Anpassung eines Konfigurationselements. Die Hauptaufgabe des Change Managements ist nun die Verwaltung sämtlicher Änderungen an einem Konfigurationselement, egal ob physisch oder virtuell. Ein Change nach der ITIL-Definition bezeichnet das Hinzufügen, Modifizieren oder Entfernen von allem, das einen Einfluss auf die IT-Services haben kann. Hierzu gehören auch Architekturen, Dokumentationen oder Prozesse.[148]

2.1.3.1 Motive für Änderungsanforderungen

Grundsätzlich können Änderungsanforderungen aus verschiedenen Beweggründen gestellt werden.[149] Neben äußeren Einflüssen durch legale Anforderungen, die sich aus Gesetzesänderungen oder externen Audits ergeben und sich dann auf das Softwaresystem auswirken können, gehören dazu auch betriebswirtschaftliche Gründe. Hier sind in erster Linie Effizienzsteigerungsbemühungen durch die Erhöhung des Nutzens für den Geschäftsbetrieb oder eine Kostensenkung zu nennen. Aber auch technische Anforderungen, die beispielsweise durch ein Upgrade auf eine neue Komponentenversion einer Standardsoftware oder Adaptionen an der Infrastruktur entstehen, sind dabei anzuführen. Ebenso können auch die Anpassungsmaßnahmen durch Fehlerbehebungen genannt werden. Neben den Beweggründen können Changes auch nach Ausgangspunkten klassifiziert werden. Demzufolge haben strategische Änderungen größtenteils ihren Ursprung in der *Service Strategy*. Verbesserungen oder Anpassungen an bestehenden Services werden in der Regel aus den Bereichen *Service Design* oder *Continual Service Improvement* eingebracht, Fehlerbeseitigungen werden oftmals durch die *Service Operation* initiiert.

2.1.3.2 Terminologie Change, Change Request und Change Record

Im Rahmen des Change-Management-Prozesses sind die Begriffe *Change*, *Change Request* oder *Change Record* essentielle Elemente. Jedoch sind diese oftmals schwer voneinander zu trennen und der Übergang ist fließend. Um die Verwendung

[148] Vgl. Rance u.a. (2011), S. 61.
[149] Vgl. hierzu und im Folgenden Rance u.a. (2011), S. 61 ff.

der Begrifflichkeiten im Kontext dieser Arbeit einordnen zu können, wird an dieser Stelle erläutert, was sich dahinter jeweils verbirgt.[150]

Change

Unter einem Change ist das Hinzufügen, Ändern oder Entfernen von IT-Services zu verstehen. Hierbei bezieht sich der Umfang auf sämtliche Konfigurationselemente und schließt auch die Architektur, Dokumentation oder die zugehörigen Prozesse mit ein. Im Folgenden wird der Begriff Änderung synonym zu Change verwendet.

Change Request

Mit Change Request ist allein ein formeller Änderungsantrag gemeint, nicht jedoch die eigentliche Serviceänderung selbst. Zum Antrag gehören sämtliche Details zur vorgeschlagenen Änderung.

Change Record

Für jeden Änderungsantrag wird ein Change Record angelegt, welcher über den kompletten Lebenszyklus hinweg gültig ist. In diesem Datensatz werden sämtliche zu einer Änderung gehörende Informationen abgespeichert, selbst wenn die Änderungsanforderung zu einem späteren Zeitpunkt abgelehnt wird. Aus dem Change Record sollten auch die Konfigurationselemente abgeleitet werden können, auf welche der Change einen Einfluss hat. Der Datensatz selbst kann entweder in einem S-CMS oder einem SKMS hinterlegt werden.

2.1.3.3 Change-Typen

Wie bereits in Abschnitt 2.1.2.1 beschrieben, ist die allgemeine Zielsetzung des Change Managements, alle Änderungen innerhalb eines kontrollierten Prozesses durchzuführen, um das Risiko und die Auswirkungen auf den Geschäftsbetrieb zu minimieren. Hierdurch sollen die Ausfallzeiten des Systems reduziert, die Durchlaufzeit für die Serviceänderung verringert und insgesamt Kosten gespart werden. Vor diesem Hintergrund lassen sich verschiedene Arten von Changes differenzieren, welche jeweils eine eigene Behandlung innerhalb des Change Managements erfordern. Grundsätzlich können hierbei Standard, normale und Emergency Changes unterschieden werden.[151]

[150] Vgl. zur Abgrenzung von Change, Change Request und Change Record auch Rance u.a. (2011), S. 65.

[151] Vgl. Rance u.a. (2011), S. 65.

Standard Changes

Standard Changes werden vorab vom Change Management autorisiert, da ein standardisiertes Verfahren zur Umsetzung vorliegt.[152] Dabei kann es sich beispielsweise um Softwareupdates an Standardsoftware, Installation von Software aus einer genehmigten Liste oder kleine Änderungen an Systemeinstellungen handeln. Für jeden Standard Change sollte es ein definiertes Verfahren mit den durchzuführenden Schritten für die Umsetzung, die Voraussetzungen zur Implementierung sowie auch die Dokumentation geben. Grundlegende Bedingung für eine Vorabfreigabe durch das Change Management ist, dass das Risiko für die Umsetzung und den Betrieb in all diesen Fällen als klein angesehen werden kann. Das Budget hierfür muss ebenfalls vorab genehmigt sein, bevor die Umsetzung initiiert werden kann.

Emergency Changes

Emergency Changes, auch Notfall-Changes genannt, dienen ausschließlich der Fehlerbehebung bei einem IT-Service und entstehen in aller Regel aus einem zugrunde liegenden Incident.[153] Deshalb sollten diese Notfalländerungen so schnell wie möglich umgesetzt werden, um die drohenden negativen Einflüsse eines Systemfehlers auf den Geschäftsbetrieb gering zu halten. Ist eine Autorisierung des Changes notwendig, erfolgt diese durch das Emergency Change Advisory Board (ECAB).[154] Notfall-Changes bedürfen einer sorgfältigen Planung und Konzeption zur Umsetzung, da sämtliche durch diese Anpassung verursachten Nebenwirkungen bedacht werden müssen. Hiervon betroffen ist auch die Testplanung. Aufgrund der Dringlichkeit einer derartigen Änderung erfolgt die Dokumentation in diesen Fällen vielfach erst nachgelagert.

Normale Changes

Alle Änderungen, die nicht die Kriterien für einen Emergency oder Standard Change erfüllen, können als normale Changes angesehen werden.[155] Der Bedarf nach einem normalen Change kann sowohl auf Seiten der Business Partner als auch der IT, bei-

---

[152] Vgl. Rance u.a. (2011), S. 67 f.
[153] Vgl. Rance u.a. (2011), S. 82 ff.
[154] Zu den grundsätzlichen Aufgaben des Change Advisory Boards (CAB) siehe Abschnitt 2.1.3.5.
[155] Vgl. hierzu und im Folgenden Rance u.a. (2011), S. 65 ff.

spielsweise aus dem Problem Management[156] heraus, entstehen. Die Umsetzung der Änderungsanforderung ergibt sich aus dem vorgegebenen, unternehmensindividuellen Change-Management-Prozess. Die Freigabe zur Implementierung erfolgt hierbei durch die Change Genehmigungskompetenz bzw. das Change Advisory Board (CAB).[157] Innerhalb der Klassifizierung *normaler Change* wird noch einmal zwischen Minor und Major Changes unterschieden. Hierbei zeichnen sich Major Changes durch die umfassenden organisatorischen und finanziellen Auswirkungen aus. Ebenso sind oftmals größere Risiken bei der Umsetzung und eine schwierigere Rückkehr zum Ursprungszustand bei einem Fehlschlagen der Änderung charakteristisch. Diese Kriterien treffen bei Minor Changes im Regelfall nicht zu – oftmals können Minor Changes auch außerhalb des Change-Management-Prozesses umgesetzt werden. In diesen Fällen ähnelt das Verfahren den Standard Changes. Für Major Changes ist im Regelfall zusätzlich zum Änderungsantrag eine umfassende Begründung für die Umsetzung aus finanzieller und organisatorischer Sichtweise erforderlich. Die exakte Definition, wann ein Change als Major oder Minor Change zu behandeln ist und welche Prozessschritte jeweils zu durchlaufen sind, wird allerdings durch die jeweiligen Unternehmen selbst bestimmt.

Neben der Klassifizierung in Major und Minor Changes kann man Änderungsanforderungen auch noch anhand ihrer Priorität unterscheiden.[158] Sie entscheidet hierbei über die Bearbeitungsreihenfolge. Anforderungen mit der höchsten Prioritätsstufe werden als Urgent Changes bezeichnet und sollten schnellstmöglich in Betrieb genommen werden. Dies kann auch außerhalb des nächsten, regulären Major Releases sein.[159] Im Gegensatz zu den zuvor beschriebenen Emergency Changes resultieren Urgent Changes jedoch nicht aus einem Fehler, sondern aus einer grundsätzlichen Anforderung der Geschäftspartner. Die Umsetzung der Änderung soll garantieren, dass das Business keine negativen Folgen – ausgelöst durch die Nichtverfügbarkeit eines neuen Services oder einer Serviceänderung – in Kauf nehmen muss.

[156] Vgl. hierzu auch Steinberg u.a. (2011), S. 112 ff. Das Problem Management ist Teil der *Service Operation* innerhalb des ITIL Lebenszyklus und zuständig für die Behandlung von Problems. Problems selbst werden definiert als kausale Ursache für einen oder mehrere Incidents.

[157] Vgl. hierzu Abschnitt 2.1.3.5.

[158] Vgl. Rance u.a. (2011), S. 76.

[159] Vgl. hierzu den folgenden Abschnitt 2.1.3.4.

2.1.3.4 Releases

Änderungen an bestehenden oder die Einführung von neuen Services geschehen häufig in Form von Releases.[160] Hierin können mehrere Changes gebündelt und gemeinsam in Betrieb genommen werden. Dies dient dazu, Risiken für Service Änderungen sowie die Kosten hierfür zu minimieren.[161] Dabei können Major Releases, Minor Releases und Emergency Releases unterschieden werden.[162]

Major Release

Ein Major Release umfasst im Allgemeinen große Funktionalitätsänderungen und substituiert oftmals vorhergehende temporäre Lösungen. Weiterhin setzt es vorhergehende Minor Releases oder Notfallbehebungsmaßnahmen außer Kraft.

Minor Release

Im Rahmen eines Minor Releases werden kleinere Funktionalitätsänderungen in Betrieb genommen. Es ersetzt die vorhergehenden Notfallbehebungsmaßnahmen.

Emergency Release

Mit Hilfe von Emergency Releases werden Notfalländerungen für bekannte Fehler eingespielt. Außerdem können auf diese Weise sehr dringende Anforderungen aus dem operativen Geschäftsbetrieb umgesetzt werden.

2.1.3.5 Rollen im Change Management

Grundsätzlich unterscheidet ITIL verschiedene Rollen innerhalb der *Service Transition* und insbesondere auch im *Change Management*.[163] Diese sind allerdings eher als Richtlinien zu sehen; die konkrete Ausgestaltung des Rollenmodells hängt sehr stark von der jeweiligen Organisation ab, in der der Change-Management-Prozess etabliert ist. Vielfach erscheint es notwendig, einzelne Rollen von einer einzigen physischen Person einnehmen zu lassen. Umgekehrt kann es aber auch dazu kommen, dass eine Rolle von mehreren Personen ausgefüllt wird. Weiterhin kann eine Person Aktivitäten in mehreren Prozessen innerhalb der *Service Transition* oder sogar übergreifend in einem der anderen Bereiche *Service Strategy*, *Service Design*, *Service Operation* oder *Continual Service Improvement* ausführen. Die Ausgestaltung der

[160] Vgl. hierzu auch Abschnitt 2.1.2.4.
[161] Vgl. Rance u.a. (2011), S. 115 f.
[162] Vgl. Rance u.a. (2011), S. 53 f.
[163] Vgl. Rance u.a. (2011), S. 223 ff.

jeweiligen Tätigkeiten hängt sehr stark vom individuellen Unternehmen ab. Relevante Einflussfaktoren für die Umsetzung sind hierbei die Unternehmensgröße, die Organisationsstruktur oder die räumliche Verteilung. Dennoch sollen die generischen Rollen aus der Prozessdarstellung nach ITIL und die zugehörigen Aufgaben innerhalb des Change-Management-Prozesses kurz erläutert werden.[164]

Change Initiator

Der Change Initiator – im weiteren Verlauf der Arbeit auch als Antragssteller bezeichnet – identifiziert die Änderungsbedarfe an existierenden Services oder erstellt Anforderungen an neu zu entwickelnde Funktionalitäten. Als Teil dieser Aufgabe ist es notwendig, die Change Requests zu erstellen und einzureichen. Gegebenenfalls sollten auch die CAB-Meetings besucht werden, um weitere Hintergrundinformationen zu einer bestimmten Änderungsanforderung geben zu können. Weiterhin sollte im Change-Management-Prozess zu festgelegten Zeitpunkten geprüft werden, ob der Change seiner Spezifikation entspricht.

Change Management

Innerhalb des Change Managements lassen sich unterschiedliche Verantwortlichkeiten darstellen, welche im Folgenden näher beschrieben werden.

- **Prozesseigner Change Management:** Die Hauptaufgabe des Change-Management-Prozesseigners ist die Definition des Change Modells und der Entwurf der zugehörigen Abläufe inklusive der Genehmigungsschritte und -hierarchien. Da der Change-Management-Prozess eng mit den anderen Prozessen der *Service Transition* zusammenhängt, gehört hierzu auch die Zusammenarbeit mit den angrenzenden Bereichen wie beispielsweise *Release and Deployment Management* oder *Service Validation and Testing.*
- **Prozessmanager Change Management:** Der Prozessmanager für das Change Management plant und steuert den Support für den Change-Management-Prozess und die eingesetzten Softwarewerkzeuge. Daneben pflegt er die Zeitplanung für einzelne Changes und koordiniert die geplanten Ausfallzeiten einzelner Services. Auf operativer Ebene koordiniert er die Schnittstellen mit den anderen Bereichen der *Service-Transition.*

[164] Vgl. hierzu und zu den folgenden Erläuterungen Rance u.a. (2011), S. 227 ff.

- **Change Practitioner:** Nach dem Eingang eines Änderungsantrags ist es die Aufgabe des *Change Practitioners* zunächst einmal die Zeitplanung für die Umsetzung gemeinsam mit den Geschäftspartnern festzulegen. Innerhalb des Umsetzungsprozesses kontrolliert und überwacht er die einzelnen Aktivitäten und prüft deren Ergebnis. Weiterhin legt er den Change Request zur formellen Prüfung bei der Change Evaluation und zur Implementierungsfreigabe der Change Genehmigungskompetenz vor. Ebenso kommuniziert der *Change Practitioner* sämtliche mit einem Change Request in Verbindung stehende Entscheidungen an die entsprechenden Parteien.

Change Genehmigungskompetenz

Die Hauptaufgaben der Change Genehmigungskompetenz liegen in der Bewertung von Änderungsanforderungen und einer formellen Autorisierung zur Umsetzung. Werden die Changes nach Einfluss und Risiko in verschiedene Kategorien eingeteilt – beispielsweise Standard Change, Minor Change, Major Change – können verschiedene Change Genehmigungskompetenzen verantwortlich für die Freigabe sein. In diesem Fall sind dann unterschiedliche Hierarchieebenen involviert.

Eng mit der Change Genehmigungskompetenz hängt auch das zuvor erwähnte CAB zusammen. Dieses ist je nach Organisationsform ein beratendes Gremium zur Freigabe von Änderungsanforderungen oder gleichzusetzen mit der Change Genehmigungskompetenz.[165] Für den weiteren Kontext dieser Arbeit wird diesbezüglich keine Unterscheidung getroffen, so dass das CAB fortan der Change Genehmigungskompetenz entspricht und sämtliche Aufgaben dieses Gremiums wahrnimmt. Innerhalb des zugehörigen Personenkreises können wiederum folgende Unterscheidungen getroffen werden:

- **Change-Advisory-Board-Vorsitzender:** Je nach Struktur des CABs übernehmen eine oder mehrere Person(en) aus dem Change Management den Vorsitz innerhalb dieser Organisation. Die Aufgaben des CAB-Vorsitzenden sind zunächst einmal die Festlegung der CAB-Mitglieder für die einzelnen Sitzungen, die Planung der CAB-Meetings, das Versenden der Einladungen und

[165] Vgl. zur Darstellung des CABs allgemein Buchsein u.a. (2008), S. 33, Schiefer und Schitterer (2008), S. 92 sowie Rance u.a. (2011), S. 80.

der Vorsitz innerhalb des jeweiligen CAB-Termins. Hierzu müssen die zu besprechenden Change-Anträge ausgewählt und im Vorhinein verteilt werden. Gegebenenfalls sind auch Statistiken zu umgesetzten oder fehlgeschlagenen Meetings vorzubereiten. Gibt es ein ECAB, wird dieses für Emergency RfCs nach einer festgelegten Prozedur einberufen.

- **Change-Advisory-Board-Mitglied:** Teilweise ist dies auch personenabhängig, so dass einige CAB-Mitglieder über die Freigabe einer Änderungsanforderung entscheiden dürfen, andere beratende Funktionen haben. Eng mit dieser unternehmensindividuellen Sichtweise sind auch die Aufgaben eines CAB-Mitglieds verbunden. Zu den generellen Aktivitäten gehört unabhängig von der jeweiligen Sichtweise jedoch die Teilnahme an den CAB-Meetings, die Vertretung der jeweiligen Interessensgruppe im CAB, die Vorbereitung der Change Requests für das jeweilige Meeting und gegebenenfalls das Einholen einer Expertenrückmeldung zur Beurteilung. Darüber hinaus sollten die CAB-Mitglieder die erfolgreich umgesetzten, fehlgeschlagenen und abgelehnten Change Requests sowie die jeweiligen Zeitplanungen der aktuellen Änderungsanforderung begutachten und einschätzen. Ebenso gehören geplante Ausfallzeiten zu den relevanten Themen, über die die CAB-Mitglieder informiert werden sollen.

2.1.3.6 Change-Management-Prozess

Die konkrete Ausgestaltung eines Change-Management-Prozesses hängt von verschiedenen Faktoren ab und ist wie die Rollengestaltung auch unternehmensindividuell festgelegt.[166] Ein allgemein gehaltener Change-Management-Prozess gemäß ITIL ist in der nachfolgenden Abbildung 7 dargestellt.

Organisationsspezifische Ausprägungen dieses Prozesses können sich sowohl in den Aktivitäten innerhalb der einzelnen Prozessschritte als auch bei den Genehmigungsschritten und Freigabehierarchien unterscheiden. Weiterhin betrifft dies auch die Festlegung, welche Änderungsanforderungen beispielsweise die Kriterien für einen Urgent oder Standard Change erfüllen und somit den Folgeprozess beeinflussen

[166] Vgl. hierzu auch die Einflussgrößen zur Rollengestaltung im vorhergehenden Abschnitt 2.1.3.5.

– beispielsweise sind Standard Changes präautorisiert, Urgent Changes werden in der Regel außerhalb eines Releases umgesetzt.[167]

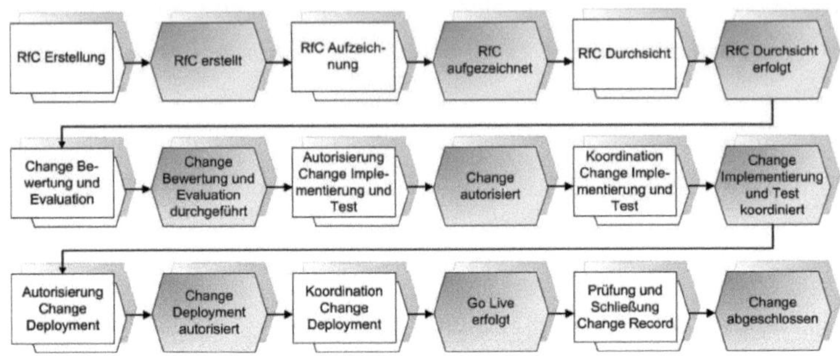

Abbildung 7: Change-Management-Prozess[168]

RfC Erstellung

Wie eingangs erwähnt, können Änderungsanforderungen aus diversen Beweggründen gestellt werden.[169] Demzufolge variieren auch die Antragssteller.[170] Dies können einzelne Personen oder organisatorische Gruppen sein, sowohl von Seiten der Geschäftsbereiche als auch von der IT. Die Parameter, die bei der Change Request Erstellung zu berücksichtigen sind, hängen von der Art des Changes – Emergency Change, Standard Change oder normaler Change – ab und müssen über den kompletten Lebenszyklus hinweg gepflegt sowie gegebenenfalls aktualisiert werden. Weiterhin steuern sie die Behandlung des Changes und haben somit auch Einfluss auf die Bearbeitungs- und Genehmigungsschritte.[171]

RfC Aufzeichnung

Die Aufzeichnung eines Changes Requests kann grundsätzlich über Papierformulare, E-Mails oder ein webbasiertes Eingabeformular geschehen.[172] Dies ist wieder abhängig von der Organisation, in der der Change-Management-Prozess etabliert ist. Essentiell ist jedoch, dass alle RfCs zur Identifikation eine eindeutige Nummer bekommen. Ebenso ist zu berücksichtigen, dass sich Änderungsanforderungen bei-

[167] Vgl. hierzu auch noch einmal 2.1.3.3.
[168] Quelle: eigene Darstellung, in Anlehnung an Rance u.a. (2011), S. 70.
[169] Vgl. hierzu Kapitel 2.1.3.1.
[170] Vgl. hierzu und im Folgenden Rance u.a. (2011), S. 69 ff.
[171] Vgl. auch die Ausführungen zu den Change Typen im Rahmen von Abschnitt 2.1.3.3, insbesondere im Hinblick auf die dahinterliegenden Unterschiede im Prozess.
[172] Vgl. Rance u.a. (2011), S. 71 ff.

spielsweise auch aus dem Problem Management ergeben können. Die zugehörige Referenz sollte in diesen Fällen ebenfalls vermerkt werden. Idealerweise geschieht dies bereits durch eine Software zur Unterstützung des IT-Service-Managements, in der auch alle durchzuführenden Prozessschritte vermerkt werden können.[173] Der Einsatz einer Software stellt ebenfalls sicher, dass keine unautorisierten Personen Änderungsanforderungen stellen.

RfC Durchsicht

Bei der *RfC Durchsicht* wird der Änderungsantrag zunächst einmal nach formellen Kriterien geprüft. Hierbei werden Change Requests aussortiert, die diesen Vorgaben nicht entsprechen – beispielsweise weil Antragsformulare nicht vollständig ausgefüllt sind oder keine Kostenübernahmeerklärung vorliegt. Weiterhin sollte bereits in dieser Phase ein Abgleich erfolgen, ob die Anforderungen eine Wiederholung von früheren Change Requests sind – unabhängig davon, inwieweit diese bereits genehmigt bzw. abgelehnt sind oder sich noch in der Diskussion befinden. Ebenso muss eine Einschätzung getroffen werden können, ob die Änderungen grundsätzlich umsetzbar sind. In derartigen Fällen kommt es zu einer Ablehnung des Änderungsantrags, welche dem Antragssteller zusammen mit einer entsprechenden Begründung mitgeteilt wird. Falls ein Eskalationsprozess definiert ist, hat er nun seinerseits die Möglichkeit einen Widerspruch gegen die Ablehnung einzulegen. Danach wird die Situation auf der nächsthöheren Management Ebene noch einmal dargestellt und eine Entscheidung über die weitere Bearbeitung herbeigeführt.[174]

Change Bewertung und Evaluation

Änderungen, die einen signifikanten Einfluss auf das System haben, sollten durch einen formellen Evaluationsprozess bewertet werden. Hierfür hat ITIL einen eigenen Evaluationsprozess[175] vorgesehen, kleinere Änderungen können dahingegen vom Change Management selbst bewertet werden. Zur Bewertung eines Change Requests gehören u.a. die Beurteilung des Nutzens für das Business, die Beurteilung der Folgen einer Implementierung sowie das Festlegen der Erwartungen an die Systemperformanz. Darüber hinaus werden Risiken, die durch die Implementierung ent-

[173] Vgl. hierzu beispielsweise auch die in Kapitel 6.1.2 vorgestellten IT-Service-Management-Tools.
[174] Vgl. Rance u.a. (2011), S. 73.
[175] Vgl. Rance u.a. (2011), S. 175 ff.

stehen können, zunächst einmal identifiziert und in einem zweiten Schritt wird versucht jene zu verringern. Die Gesamtergebnisse der Einzelbewertungen können in einem Evaluationsbericht zusammengefasst werden, auf Basis dessen eine Autorisierung der Implementierung erfolgen kann.

Die Bearbeitungsreihenfolge der Change Requests hängt von der Priorität der Änderungsanforderung ab, welche zunächst vom Antragssteller vorgegeben wird. Jedoch kann das Change Management die Prioritäten nach eigener Maßgabe entsprechend anpassen. Hierfür sind insbesondere der Nutzen oder im Falle einer Fehlerbehebung die negativen Einflüsse auf das System ausschlaggebend.

Während dieser Phase erfolgt auch eine Planung der Änderung. Diese stellt sicher, dass alle notwendigen Aufgaben zur Umsetzung identifiziert und von einem festgelegten Verantwortlichen innerhalb eines definierten Zeitfensters erledigt werden. Abhängige Änderungen werden in einem Release gebündelt. Die Planung der Releases hängt eng mit den Vorgaben der Geschäftspartner zusammen, da es nicht ratsam erscheint, Systemänderungen in kritischen Geschäftsphasen umzusetzen. Generell vereinfachen vorabgestimmte Change- und Release-Fenster die Planungen. Die Aufgabe des Change Managements ist es, für jede einzelne Änderung einen Umsetzungsplan zu erstellen und diesen an die entsprechende Zielgruppe zu verteilen. Zusammen mit dem Serviceanbieter werden dementsprechend auch die Nichtverfügbarkeiten eines Services geplant und kommuniziert.

Neben der Planung der Umsetzung wird in diesem Stadium auch festgelegt, wie ein Fallback-Szenario aussehen könnte, falls die Änderung fehlschlägt. Hierbei ist auch zu berücksichtigen, wie eine vorhergehende Systemversion wieder aktiviert werden kann.[176]

Autorisierung Change Implementierung und Test

Die Umsetzung einer Änderungsanforderung und die anschließenden Tests erfordern eine formale Freigabe durch eine Change Genehmigungskompetenz. Die Zusammensetzung dieses Gremiums hängt sehr stark von der Unternehmensorganisation sowie den zugrunde liegenden Strukturen ab. Des Weiteren können auch der Umfang einer Änderung, finanzielle Auswirkungen oder Implementierungsrisiken den

[176] Vgl. Rance u.a. (2011), S. 73 ff.

Teilnehmerkreis und somit auch die involvierten Führungsebenen beeinflussen. Für abgelehnte Änderungen kann ein Eskalationsprozess mit der Möglichkeit definiert werden, die nächsthöhere Genehmigungsinstanz einzubeziehen.[177]

Koordination Change Implementierung und Test

Nach der Freigabe durch die Change Genehmigungskompetenz müssen die Implementierung der Änderungen sowie die nachfolgenden Tests koordiniert werden. Die eigentliche Umsetzung erfolgt mit Hilfe der relevanten technischen Gruppen. Sind die Changes Teil eines Releases, nimmt im Regelfall das Release Management diese Aufgabe wahr. Bei allen anderen Änderungen ist das Change Management verantwortlich. Um die einzelnen Aufgaben besser überwachen zu können, bietet es sich an Arbeitsaufträge zu bilden und diese den einzelnen an der Entwicklung beteiligten Gruppen zur Umsetzung zuzuweisen. Für die Durchführung der notwendigen Tests nimmt das Change Management eine Aufsichtsfunktion wahr und koordiniert den Ablauf. Weiterhin leitet es bei auftretenden Schwierigkeiten die entsprechenden Maßnahmen ein.[178]

Autorisierung Change Deployment

Nach der Umsetzung einer Änderung sollte noch einmal eine Evaluation des Designs, der Implementierung sowie der Tests erfolgen. Dies dient dazu sicherzustellen, dass eventuelle Risiken gehandhabt werden können und die erwartete Performanz den Anforderungen des Business entspricht. Bei größeren Änderungen erfolgt eine formale Bewertung innerhalb des *Change-Evaluation-Prozesses*[179], bei weniger signifikanten Anpassungen übernimmt diese Aufgabe das Change Management. Basierend auf diesen Einschätzungen kann eine formelle Freigabe der Change Genehmigungskompetenz gegeben werden. Falls diese nicht erfolgen kann, müssen gegebenenfalls Nachbesserungen im Design oder in der Implementierung vorgenommen und diese wiederum zur Genehmigung vorgelegt werden. Dieser Vorgang kann iterativ wiederholt werden. Daneben wird in diesem Schritt mit der Freigabe des Changes auch das finale Deployment Datum festgelegt.[180]

---

[177] Vgl. Rance u.a. (2011), S. 78 f.
[178] Vgl. Rance u.a. (2011), S. 79.
[179] Vgl. Rance u.a. (2011), S. 175 ff.
[180] Vgl. Rance u.a. (2011), S. 79.

Koordination Change Deployment

Die Koordination des Change Deployments erfolgt normalerweise über das *Release and Deployment Management.*[181] Bei kleineren Änderungen, die nicht Teil eines Releases sind, übernimmt diese Aufgabe das Change Management. Generell hat das Change Management die Verantwortung, dass die Änderungen wie geplant in Betrieb genommen werden, und übernimmt hierfür zusammen mit dem Release and Deployment Management die koordinierende Rolle. Weiterhin ist es die Aufgabe des Change Managements im Falle eines fehlerhaften Deployments die Fallback-Lösungen bereitstellen zu können. Grundsätzlich ist das Deployment mit den betroffenen Business-Einheiten abgestimmt, um einen negativen Einfluss auf den Geschäftsbetrieb zu vermeiden.[182]

Prüfung und Schließung Change Record

Vor der Schließung eines Changes wird noch einmal eine Prüfung der Änderungen durchgeführt. Dies wird bei größeren Systemänderungen wieder im Rahmen des *Change-Evaluation-Prozesses*[183] vollzogen, bei weniger signifikanten Anpassungen übernimmt diese Aufgabe das Change Management. Insbesondere wird in diesem Stadium noch einmal die erwartete Systemperformanz mit der tatsächlichen abgeglichen. Weiterhin werden alle mit dieser Änderung in Verbindung stehenden Incident- oder Problem-Tickets zusammengefasst und gemeinsame Bewertungen zusammen mit allen Stakeholdern[184] durchgeführt. Nach Ablauf einer bestimmten Zeitspanne ist es die Aufgabe des Change Managements noch einmal alle Änderungen zu prüfen und zu evaluieren. Dies dient dazu festzustellen, ob die ursprünglich mit der Umsetzung der Änderung erwarteten Ziele tatsächlich eingetreten sind. Ebenso ist die Zufriedenheit der Anwender und aller Stakeholder ein Evaluationskriterium. Die Ergebnisse dieser Evaluation werden im CAB besprochen und gegebenenfalls auch kor-

[181] Vgl. hierzu auch noch einmal Abschnitt 2.1.2.4.

[182] Vgl. Rance u.a. (2011), S. 79.

[183] Vgl. Rance u.a. (2011), S. 175 ff.

[184] Stakeholder sind in diesem Kontext als Interessensvertreter zu sehen. Hierunter werden alle Personen und Organisationen verstanden, die Interesse an einer Softwareentwicklung haben und selbst von dieser bzw. dem Einsatz eines Softwaresystems betroffen sind (vgl. Balzert (2009), S. 455). In ähnliche Richtung tendieren vorangehende Definitionen bei Macaulay (1996), S. 32 oder Glinz und Wieringa (2007), S. 19.

rektive Maßnahmen eingeleitet. Fällt die Evaluation positiv aus, kann der Change Record formell geschlossen werden.[185]

2.2 Software Engineering

Das Anwendungsgebiet bzw. die Wissenschaft, die sich mit der Erstellung der Software beschäftigt, wird als Software Engineering bezeichnet.[186] Im deutschen Sprachgebrauch findet auch oftmals das Pendant Softwaretechnik seine Anwendung. Hierbei kann nach POMPERGER und PREE Software Engineering als „praktische Anwendung wissenschaftlicher Erkenntnisse für die wirtschaftliche Herstellung und den wirtschaftlichen Einsatz qualitativ hochwertiger Software" gesehen werden.[187]

Der Softwareerstellungsprozess reicht von der Anforderungsanalyse über die Gestaltung, Programmierung und Architektur von Programmen bis hin zur Qualitätssicherung.[188] Insgesamt gesehen unterteilt sich die Softwaretechnik als Teil der praktischen Informatik in die Teilgebiete Softwareentwicklung, Softwaremanagement und Softwarequalitätsmanagement.[189] Hierbei obliegt der Softwareentwicklung das Planen, Definieren, Entwerfen sowie die Realisation eines Softwareprodukts auf Basis von Kundenanforderungen. Die Planung, Organisation, Leitung und Kontrolle des Entwicklungsprozesses wird im Rahmen des Softwaremanagements durchgeführt. Um die Softwarequalität sicherstellen zu können, wird oftmals ein entwicklungsbegleitendes Softwarequalitätsmanagement etabliert.

2.2.1 Softwaresysteme

Als Software können im engeren Sinne zunächst einmal Computerprogramme, deren Dokumentation sowie die zugehörigen Daten bezeichnet werden.[190] Ferner stellt ein System einen Ausschnitt aus einer realen oder gedanklichen Welt dar und setzt sich allgemein aus einzelnen Gegenständen und darauf aufbauenden Strukturen zusam-

---

[185] Vgl. Rance u.a. (2011), S. 79 f.
[186] Vgl. Balzert (2009), S. 17.
[187] Vgl. Pomberger und Pree (2004), S. 5. Alternative Abgrenzungen finden sich beispielsweise in Boehm (1986), S. 13, Ludewig und Lichter (2013), S. 46 f. mit weiteren Definitionen und Quellenangaben oder Sommerville (2011), S. 7.
[188] Vgl. hierzu die fokussierte Definition der Softwaretechnik in Balzert (2009), S. 19.
[189] Vgl. hierzu und im Folgenden Balzert (2009), S. 18 ff.
[190] Vgl. hierzu auch Hesse u.a. (1984), S. 204 sowie IEEE Computer Society (1990).

men.[191] Demzufolge besteht ein Softwaresystem aus einem oder mehreren strukturierten Softwarekomponenten und -elementen.[192] Hierbei sind Elemente Systemteile, die nicht weiter untergliedert werden können. Strukturen hingegen können aus mehreren Elementen bestehen. Die Organisation und Beziehungen der einzelnen Elemente sowie deren Verhalten werden durch die Systemarchitektur beschrieben. Die Beziehungen selbst können an Bedingungen geknüpft sein.[193]

Grundsätzlich stellt jedes Softwaresystem durch seine Einzelkomponenten den Anwendern eine definierte Funktionalität zur Verfügung.[194] Demzufolge können unter dem Begriff Funktionalität sämtliche Funktionen eines Softwaresystems oder einer -komponente subsumiert werden. Hierbei beschreibt eine Funktion klar definierte Tätigkeiten und Aufgaben innerhalb eines gegebenen Kontextes. Mit Hilfe von Funktionen können Eingabe- in Ausgabedaten verwandelt oder Strukturen und Inhalte von Informationen verändert werden.

Vielfach wird der Begriff Software jedoch weiter gefasst und geht über die enge Definition eines Computerprogramms samt der Dokumentation und den zugehörigen Daten hinaus. In diesem Sinne wird Software als umfassender Begriff für Softwaresysteme und Softwareprodukte gesehen – dabei spiegelt die Verwendung des Begriffs Softwaresystem zumeist die Sicht der Entwickler wider; die Sicht des Endkunden oder Anwenders findet sich eher in der Beschreibung als Softwareprodukt wieder. Im Rahmen dieser Arbeit soll Software von innen, aus Sicht eines Softwareentwicklers, betrachtet werden, weshalb die Verwendung von Software in diesem Kontext Softwaresysteme meint.

2.2.2 Rahmen- und Prozessmodelle

Um die Softwareentwicklung in einem festgelegten organisatorischen Rahmen ablaufen zu lassen, existieren verschiedene Prozessmodelle auf unterschiedlichen Ebenen – angefangen von der Unternehmensebene über die Projekt- und Teamebene

[191] Vgl. Hesse u.a. (1984), S. 204 ff.
[192] Vgl. hierzu und im Folgenden Balzert (2009), S. 4.
[193] Vgl. Gruhn u.a. (2006), S. 23.
[194] Vgl. hierzu und im Folgenden Balzert (2009), S. 27.

bis hin zu einzelnen Mitarbeitern.[195] Abhängig von der betrachteten Ebene lassen sich Rahmen- und Prozessmodelle differenzieren.

2.2.2.1 *Rahmenmodelle*

Werden Ziele zur Prozessdurchführung und Qualitätssicherung auf Unternehmensebene definiert, kann man dies als Rahmenmodell bezeichnen.[196] Bei den Rahmenmodellen werden Prozesse in Kategorien eingeteilt und die damit verbundenen Merkmale und Tätigkeiten beschrieben.[197] Tendenziell legen Rahmenmodelle eher die Ziele fest, beschreiben aber nicht, wie diese operational erreicht werden können. Zu den Rahmenmodellen gehören beispielsweise das *Capability Maturity Model Integration* (CMMI)[198] für die Bereiche Softwareentwicklung, Systementwicklung und den Softwarekauf[199] sowie das *Software Process Improvement and Capability Determination Model* (SPICE)[200], welches als Rahmenmodell zur Evaluation und Verbesserung von Softwareprozessen verwendet werden kann und auch unter ISO/IEC 15504) bekannt ist.[201] Darüber hinaus ist das ISO 9000-Modell[202] als Sammlung von Normen zur Erhöhung des innerbetrieblichen Qualitätsbewusstseins branchenübergreifend relevant. Des Weiteren existiert mit dem totalen Qualitätsmanagement (TQM)[203] ein umfassendes Konzept zur Qualitätsverbesserung innerhalb eines Unternehmens. Die genannten Modelle können auch als Referenzmodelle für Organisationen und Unternehmen dienen.[204]

2.2.2.2 *Prozessmodelle*

Prozess- und Qualitätsmodelle betrachten eher die Projektebene, legen Aktivitäten zu Phasen zusammen und beschreiben den Ablauf der aufeinanderfolgenden Schritte inklusive der einzuhaltenden Qualitätsrichtlinien. Grundsätzlich können nach

---

195 Vgl. Lindvall und Rus (2000), S. 15.
196 Vgl. Balzert (2008), S. 565.
197 Vgl. Wallmüller (2007), S. 6.
198 Vgl. Kneuper (2007), S. 11 ff.
199 Vgl. Balzert (2008), S. 565 ff.
200 Vgl. u.a. Mellis u.a. (1998), S. 109 ff. und Hörmann u.a. (2006), S. 7 ff.
201 Vgl. Balzert (2008), S. 582 ff.
202 Vgl. u.a. Mellis u.a. (1998), S. 71 ff.
203 Vgl. u.a. Herzwurm u.a. (1995), S. 259 ff., Mellis u.a. (1998), S. 20 ff. sowie Balzert (2008), S. 601 ff.
204 Vgl. Balzert (2008), S. 565.

BALZERT Basismodelle, monumentale Modelle und agile Modelle unterschieden werden.[205]

Basismodelle

Prozess- und Qualitätsmodelle beschreiben Prozessabläufe und Qualitätsprüfungen – insbesondere im Vergleich zu den nachfolgend beschriebenen monumentalen Modellen – relativ grobgranular.[206] Im Laufe der Zeit entwickelten sich hierbei verschiedene Ausprägungen, die unterschiedliche Anforderungen berücksichtigen. Zu den Basismodellen gehört das sequentielle Modell, welches die Phasen Spezifikation, Entwurf und Implementierung strikt nacheinander ausführt.[207] Das Wasserfallmodell erweitert das sequentielle Modell um Rückkopplungen zu vorhergehenden Phasen.[208] Beim nebenläufigen Modell wird die strikte Sequenzialität der einzelnen Phasen aufgebrochen und ein gewisser Grad an Parallelität angestrebt, um die Zeitausnutzung zu verbessern.[209] Beim inkrementellen Modell werden einzelne Teilprodukte erstellt, die für sich allerdings schon einsatzfähig sind.[210] Der evolutionäre Ansatz entwickelt als Ausgangspunkt für ein Softwareprodukt lediglich die Kernanforderungen. Darauf aufbauend werden die zusätzlichen Anforderungen in erweiterten Versionen zur Verfügung gestellt.[211] Das V-Modell integriert die Qualitätssicherung in die Softwareentwicklung und ist eine Erweiterung des Wasserfallmodells.[212]

Monumentale Modelle

Unter monumentalen Modellen – auch schwer oder schwergewichtig genannt – versteht man umfassende Modelle, die Prozesse und Qualitätsprüfungen in detaillierten, formalen Schritten festlegen.[213] Da nicht alle der beschriebenen Regularien auf jede Projektsituation zutreffen, können die Modelle durch Tailoring auf den individuellen Fall angepasst werden. Dies kann sowohl vor Projektstart im Rahmen des statischen Tailoring als auch während eines Projekts durch dynamisches Tailoring geschehen.

---

205 Vgl. Balzert (2008), S. 516 f.
206 Vgl. Balzert (2008), S. 515.
207 Vgl. Benington (1987), S. 305 ff., Cockburn (2007), S. 164 sowie Balzert (2008), S. 518 f.
208 Vgl. Royce (1987) sowie Balzert (2008), S. 519 ff.
209 Vgl. Balzert (2008), S. 522 ff.
210 Vgl. Balzert (2008), S. 526 ff.
211 Vgl. Balzert (2008), S. 529 ff.
212 Vgl. Boehm (1984), Balzert (2008), S. 553 ff. sowie die Erläuterungen im noch folgenden Kapitel 2.2.4.3.
213 Vgl. Highsmith (2000), S. 5 f., Fowler (2001) sowie Balzert (2008), S. 619 ff.

Zu den Vertretern der monumentalen Modelle können beispielsweise das *V-Modell XT*[214] als Erweiterung des allgemeinen V-Modells[215] oder das *Rational Unified Process-Modell* (RUP-Modell)[216] für die objektorientierte Softwareentwicklung gezählt werden. Beide Modelle decken die Unternehmensebene bis zur Mitarbeiterebene ab. Dahingegen ist der *Team Software Process* (TSP)[217] als weiterer Vertreter der monumentalen Modelle nur auf Teamebene anwendbar, der *Personal Software Process* (PSP)[218] hingegen deckt die Mitarbeiterebene ab. Beide Modelle greifen Konzepte aus dem CMMI-Modell auf.

Agile Modelle

Agile Modelle bilden konzeptionell den Gegenpart zu den monumentalen Modellen. Demzufolge werden die innerhalb dieses konzeptionellen Rahmens verwendeten Prozesse leichtgewichtige oder leichte Prozesse genannt.[219] Hier steht die Entwicklung von Prototypen und lauffähigen Teilen eines Zielsystems im Vordergrund und es werden möglichst wenige Dokumente verwendet.[220] Während monumentale Modelle teilweise auch die Unternehmensebene einbeziehen, decken agile Modelle hauptsächlich die Projekt-, Team- und Individualebene mit ab. Generell erfolgt eine stabile Planung aufgrund des flexiblen Ansatzes nur jeweils für einen kurzen Zeitraum und eine einzelne Iteration – folglich ist eine langfristige, detaillierte Planung schwierig. Die grundlegenden Konzepte für die agilen Prozessmodelle wurden im *Manifest agiler Softwareentwicklung*[221] festgehalten, welches auf den Grundideen von KENT BECK aus dem Jahre 1999 beruht.[222]

Zu den agilen Entwicklungsmodellen gehört das *eXtreme Programming* (XP)[223], welches eine direkte Interaktion zwischen Softwareentwickler und Anwender vorsieht.

---

214 Vgl. Balzert (2008), S. 620 ff.
215 Vgl. Balzert (2008), S. 553 ff. sowie die Ausführungen zu den Softwaretests in Abschnitt 2.2.4.3.
216 Vgl. Balzert (2008), S. 637 ff.
217 Vgl. u.a. Humphrey (1998b), Webb und Humphrey (1999), Humphrey (2000), S. 15 ff., Davis und Mullaney (2003) oder Balzert (2008), S. 648 ff.
218 Vgl. Humphrey (1995), Humphrey (1996), Humphrey (1997), Humphrey (1998a) oder Balzert (2008), S. 641 ff.
219 Vgl. Balzert (2008), S. 517.
220 Vgl. hierzu auch Balzert (2008), S. 651.
221 Vgl. Beck u.a. (2001) sowie auch Fowler und Highsmith (2001) und Hanser (2010), S. 9 f.
222 Vgl. Beck (2000), S. 53 ff.
223 Vgl. Abrahamsson u.a. (2002), S. 18 ff., Highsmith (2002), S. 297 ff., Balzert (2008), S. 654 ff. oder Hanser (2010), S. 13 ff.

Hierbei entsteht kein Pflichtenheft, sondern es werden Anforderungen in Teilprodukten umgesetzt und im Rahmen eines Abnahmetests bestätigt. Auf Basis der Erfahrungen mit XP im industriellen Umfeld wurde *Industrial eXtreme Programming* (IXP) entwickelt.[224] Im Gegensatz zum originären XP-Ansatz wird bei IXP ein rudimentäres Pflichtenheft, was auch als Projektskizze bezeichnet wird, eingesetzt. Ebenso werden die Ergebnisse des Akzeptanztests in Kurzform notiert. Ein iteratives, inkrementelles Prozessmodell für die modellgetriebene, objektorientierte Softwareentwicklung stellt das *Feature Driven Development* (FDD)[225] dar. In dieselbe Kategorie von Prozessmodellen kann auch *Scrum*[226] eingeordnet werden. Bei dieser Vorgehensweise werden definierte Anforderungen in Form von festen Sprintzyklen umgesetzt. Zu den agilen Verfahren gehört auch die *Crystal-Familie*[227]. Hier wird ein Prozessbausteinkasten zur Verfügung gestellt, aus dem sich ein konkretes Verfahren abhängig von Kriterien wie Teamgröße oder Risikoklasse des Projektes zusammensetzen lässt. Teile der Crystal-Familie sind beispielsweise *Crystal Orange*, *Crystal Orange Web* oder auch *Crystal Clear*. Letzteres kann insbesondere als Rahmen für Projekte mit zwei bis sechs Mitgliedern eingesetzt werden.

2.2.3 Softwarelebenszyklus

Softwaresysteme durchlaufen einen Lebenszyklus, welcher aus unterschiedlichen Phasen besteht. Dies ist in Abbildung 8 verdeutlicht.[228] Der Zyklus beginnt in der Regel mit der Beschreibung der Anforderungen im Rahmen der Spezifikation und enthält die weiteren Phasen *Entwurf*, *Implementierung* sowie *Installation*.[229] Die Phase *Betrieb* schließt dann den Kreis. Im Folgenden sollen die notwendigen Schritte innerhalb der einzelnen Phasen des Lebenszyklus näher beschrieben werden.

[224] Vgl. hierzu und im Folgenden Balzert (2008), S. 660 ff.
[225] Vgl. Abrahamsson u.a. (2002), S. 47 ff., Highsmith (2002), S. 269 ff., Roock (2007), Luca (2007) sowie Balzert (2008), S. 667 ff.
[226] Vgl. Rising und Janoff (2000), Abrahamsson u.a. (2002), S. 27 ff., Highsmith (2002), S. 241 ff., Schwaber (2004), S. 5 ff., Balzert (2008), S. 674 ff., Hanser (2010), S. 61 ff., Linz (2013), S. 9 ff. oder Maximini (2013), S. 3 ff.
[227] Vgl. Abrahamsson u.a. (2002), S. 36 ff., Highsmith (2002), S. 261 ff., Cockburn (2007), S. 335 ff. oder Hanser (2010), S. 47 ff.
[228] Vgl. Balzert (2011b), S. 1.
[229] Die einzelnen Phasen im Lebenszyklus hängen eng mit dem verwendeten Ansatz zur Softwareentwicklung zusammen. Aus diesem Grund kann die Ausprägung des Lebenszyklus variieren.

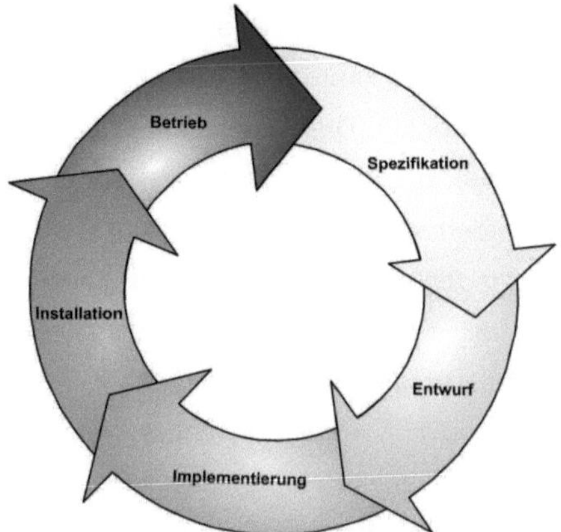

Abbildung 8: Softwarelebenszyklus[230]

2.2.3.1 *Spezifikation*

Die Spezifikation besteht grundsätzlich aus zwei Teilphasen, die sequentiell ablaufen. Zuerst wird das Anforderungsdokument erstellt und hierauf basierend eine fachliche Lösung modelliert.

Anforderungsdokument

Das Anforderungsdokument ist auch unter den Namen Anforderungsspezifikation oder Produktspezifikation bekannt. Zur Erstellung der Spezifikation müssen alle Anforderungen in Zusammenarbeit mit den betroffenen Stakeholdern ermittelt und zusammengefasst werden.[231] Dazu ist es im ersten Schritt notwendig, die Stakeholder zu ermitteln und generell zu klären, wer in welchem Umfang Anforderungen an das Softwareprodukt stellen darf. Unter Stakeholdern sollen in diesem Kontext alle Beteiligten, Betroffenen und Nutzer des Softwareprodukts verstanden werden.[232] Neben der Identifikation der Stakeholder ist auch die Bestimmung des Umfelds essentiell für den Erfolg des Softwareprojektes – hierzu gehört auch die Berücksichtigung und Dokumentation aller relevanten Normen und gesetzlichen Grundlagen.

Teilweise entstehen anstelle einer einzelnen Anforderungsspezifikation in dieser Phase auch zwei Dokumente. Dies geschieht beispielsweise in solchen Fällen, in

[230] Eigene Darstellung, modifiziert übernommen aus Balzert (2011b), S. 1.
[231] Vgl. Balzert (2009), S. 444 ff.
[232] Vgl. Balzert (2009), S. 504 f.

denen eine Entwicklung ausgeschrieben wird, oder zum Zwecke einer internen Wirtschaftlichkeitsbetrachtung. Hierbei kann dann zwischen einem Lasten- und einem Pflichtenheft unterschieden werden. Das Lastenheft enthält sämtliche Leistungsforderungen und Lieferumfänge, die von einem potentiellen Auftragnehmer innerhalb einer Ausschreibung gefordert werden;[233] es wird vom Auftraggeber allein erstellt. Auf Basis des Lastenheftes fertigt der selektierte Auftragnehmer dann, gegebenenfalls in Zusammenarbeit mit dem Auftraggeber, das Pflichtenheft an. Dieses beschreibt die detaillierte Umsetzung der Anforderungen aus dem Lastenheft.[234]

Grundsätzlich lassen sich innerhalb einer Anforderungsspezifikation funktionale und nichtfunktionale Anforderungen unterscheiden. Die funktionalen Anforderungen beschreiben die geforderten Leistungen und Verhaltensweisen des Softwaresystems.[235] Im Vordergrund stehen hierbei die Interaktionen mit dem System sowie die Restriktionen und Zusicherungen. Dahingegen definieren die nichtfunktionalen Anforderungen die Qualität, in der die funktionalen Anforderungen erbracht werden müssen.[236] Vielfach können nichtfunktionale Anforderungen direkt den funktionalen Anforderungen zugeordnet werden. Zu den nichtfunktionalen Anforderungen gehören u.a. Sicherheit, Verfügbarkeit oder Performanz. Während sich funktionale Anforderungen oftmals semi-formal, beispielsweise mit Hilfe von Anwendungsfalldiagrammen, beschreiben lassen, bleibt für nichtfunktionale Anforderungen häufig nur die Möglichkeit der natürlichsprachlichen Formulierung.

Fachliche Lösung

Auf Basis eines vorliegenden Pflichtenhefts kann ein formales Produktmodell für das zu entwickelnde System erstellt werden.[237] Der Modellbegriff ist in der Softwaretechnik unterschiedlich definiert,[238] stellt jedoch im Wesentlichen eine vereinfachte Dar-

---

[233] Vgl. VDI-Gesellschaft Produktion und Logistik (12/2001), S. 2 oder DIN 69901-5:2009-01, S. 9 (beispielsweise in DIN e.V. (2013), S. 153).

[234] Vgl. VDI-Gesellschaft Produktion und Logistik (12/2001), S. 2 oder DIN 69901-5:2009-01, S. 10 (beispielsweise in DIN e.V. (2013), S. 154).

[235] Vgl. Schienmann (2002), S. 127.

[236] Vgl. Schienmann (2002), S. 132.

[237] Vgl. Balzert (2009), S. 448.

[238] Allgemein kann ein Modell als „vereinfachende und abstrahierende Darstellung eines Realitätsausschnitts, anhand dessen die wichtigsten Eigenschaften eines Originals erkannt, verstanden und analysiert werden können" gesehen werden (vgl. Simoneit (1998), S. 97). Weitere Definitionen und Sichtweisen finden sich u.a. bei Kosiol (1961), S. 319 ff., Weizenbaum (1978), S. 202, Scheer (1990), S. 157, Jost (1993), S. 12, Hars (1994), S. 11, Nonnenmacher (1994), S. 23, Becker

stellung des Systems dar, um bestimmte Eigenschaften besser illustrieren zu können. Innerhalb der fachlichen Lösung können die folgenden Artefakte unterschieden werden:[239]

- **Analysemodell:** Innerhalb des Analysemodells lassen sich eine statische, eine dynamische und eine logische Sichtweise unterscheiden.[240] Die statische Sicht[241] bildet Systemstrukturen ab, die dynamische Sicht[242] übernimmt die Darstellung von Funktionsflüssen und die logische Sicht[243] stellt Kontrollstrukturen innerhalb des Systems dar.
- **Prototyp:** Grundsätzlich werden bei der Prototyperstellung Oberflächenprototypen sowie Pilotsysteme differenziert. Oberflächenprototypen stellen an sich ein ablauffähiges System dar, bei dem die graphische Benutzeroberfläche be-

(1995), S. 135, Mertins und Jochem (1997), S. 23, Schütte (1998), S. 40 ff., Schlagheck (2000), S. 53, VDI-Gesellschaft Produktion und Logistik (12/2010), S. 3, Erzen (2001), S. 13, vom Brocke (2003), S. 16, Hubwieser und Aiglstorfer (2004), S. 3, Hansen und Neumann (2009), S. 274, Abts, Dietmar und Mülder, Wilhelm (2010), S. 239, Ferstl und Sinz (2012), S. 22 f. oder Alpar u.a. (2014), S. 17 f. Zum Modellverständnis innerhalb der Wirtschaftsinformatik siehe auch die Ausführungen bei Thomas (2005).

239 Vgl. Balzert (2009), S. 448.

240 Vgl. Balzert (2009), S. 565.

241 Zur Abbildung der statischen Systemsicht stehen beispielsweise der Funktionsbaum (vgl. u.a. Scheer (1998), S. 19 ff., Scheer (2001), S. 23 ff., Lehmann (2008), S. 30 ff., Allweyer (2010), S. 158 ff. bzw. Seidlmeier (2010), S. 16 f.) zur Darstellung von Vorgängen, das Data Dictionary (vgl. u.a. Connolly u.a. (2002), S. 106 oder Rob u.a. (2008), S. 83 f.) oder das Entity Relationship Modell (vgl. beispielsweise Chen (1976), Chen (1977), Scheer (1998), S. 31 ff., Scheer (2001), S. 71 ff. oder Ferstl und Sinz (2012), S. 145 ff.) zur Beschreibung der Datensicht zur Verfügung.

242 Die dynamische Systemsicht kann beispielsweise durch die Darstellung eines Datenflussdiagramms bzw. -plans (vgl. u.a. DeMarco (1979), S. 47 ff., Schmidt (1999), S. 76 ff., Specker (2005), S. 88 ff., Stahlknecht und Hasenkamp (2005), S. 259 f., Winkelhofer (2005), S. 209 ff., Bobrik und Trier (2007), S. 90 ff. bzw. Goll (2011), S. 195 ff.) oder eines Sequenzdiagramms (vgl. beispielsweise Jeckle (2004), S. 323 ff., Balzert (2011a), S. 81 ff., Kecher (2011), S. 343 ff. bzw. Seidl u.a. (2011), S. 117 ff.) abgebildet werden. Weiterhin können auch Geschäftsprozessmodelle in Form von *Business Process Model and Notation* (BPMN, vgl. hierzu u.a. Freund und Rücker (2012), S. 8 ff., Göpfert und Lindenbach (2013), S. 1 ff., Stiehl (2012), S. 29 ff. oder Object Management Group (2014b)), ereignisgesteuerten Prozessketten (vgl. die Literaturangaben bei den Ausführungen zur Steuerungssicht in Kapitel 5.5), Folgeplänen bzw. Flussdiagrammen (vgl. u.a. Mangler (2006), S. 214 ff., Schönenberg (2010), S. 159, Klimmer (2011), S. 159 ff. bzw. Fischermanns (2013), S. 260 ff.), semantischen Objektmodellen (vgl. beispielsweise Ferstl und Sinz (1990), Ferstl und Sinz (1991), Ferstl und Sinz (1995) bzw. Ferstl und Sinz (2012), S. 194 ff.) oder in Gestalt der *Web Services Business Process Execution Language* (WS-BPEL, vgl. dazu u.a. Weerawarana u.a. (2005), S. 313 ff., Juric u.a. (2006), S. 17 ff., Juric u.a. (2010), S. 13 ff. oder Lessen u.a. (2011), S. 53 ff.) dargestellt werden.

243 Zur Beschreibung der Systemlogik können u.a. Struktogramme (vgl. die Darstellung als Nassi-Shneiderman-Diagramm in der DIN 66261:1985-11 oder auch bei Nassi und Shneiderman (1973), Yoder und Schrag (1978), Baeumle-Courth und Schmidt (2012), S. 87 ff. bzw. Böttcher und Kneißl (2012), S. 143 ff.), Petrinetze (vgl. hierzu u.a. Petri (1962), S. 1 ff., Peterson (1981), S. 1 ff., Baumgarten (1996), S. 11 ff., Reisig (2010), S. 1 ff. oder van der Aalst und Stahl (2011), S. 65 ff.) oder Zustandsautomaten bzw. -diagramme (vgl. beispielsweise Balzert (2011a), S. 87 ff., Kecher (2011), S. 293 ff. bzw. Seidl u.a. (2011), S. 91 ff.) verwendet werden.

reits realisiert wurde – allerdings stehen hierbei nur Funktionalitätsausschnitte und nicht die komplette Funktionalität zur Verfügung. Bei Pilotsystemen wird aus den vorhandenen Entwicklungsstufen des Prototyps das fertige Endprodukt entwickelt. Somit stellt das Pilotsystem schon den Kern der Entwicklung dar.

- **Benutzerhandbuch:** Das Benutzerhandbuch kann als Bedienungsanleitung für die Anwender gesehen werden. Es ist auf die jeweilige Anwendergruppe zugeschnitten und beschreibt das System aus Anwendersicht.

Aufwandsschätzung

Auf Basis der Anforderungsbeschreibung kann bereits eine erste Aufwandsschätzung erstellt werden – auch wenn dies in Bezug auf ein Softwareentwicklungsprojekt zu einem relativ frühen Zeitpunkt ist.[244] Mit Hilfe des Aufwands können auch die zu erwartenden Kosten abgeschätzt werden, da der Personalaufwand im Regelfall den größten Anteil an den Gesamtkosten einnimmt. Somit dient die Bestimmung des Aufwands insbesondere dazu, die Größenordnung der Entwicklungskosten zu kennen und daraufhin die Entscheidung zu treffen, ob die Implementierung durchgeführt oder gestoppt werden soll. Gegebenenfalls kann auch eine Priorisierung der Anforderungen vorgenommen werden mit dem Ziel die Entwicklungsumfänge und dementsprechend auch die Kosten zu reduzieren.

Zur Bestimmung der Aufwände können verschiedene Verfahren zum Einsatz kommen. Ihnen allen ist gemein, dass sie auf Erfahrungen aus vorherigen Projekten beruhen.[245] Somit ist es wichtig, die Daten aus vergangenen Entwicklungen zu erheben, um eine Grundlage für die Abschätzung von zukünftigen Implementierungen zu haben. Gibt es hierzu keine systembasierte Datenbasis, ist das Wissen der Mitarbeiter ein entscheidender Faktor. Zu den Verfahren, die wesentlich auf Vergangenheitserfahrungen aufbauen, zählen u.a. die *Analogiemethode*[246], die *Expertenschätzung*[247], die *Bottom-Up-Methode*[248], die *Prozentsatzmethode*[249] oder *Faustregeln*[250].

---

[244] Vgl. hierzu Balzert (2009), S. 515 ff.
[245] Vgl. Balzert (2009), S. 522.
[246] Vgl. u.a. Biethahn u.a. (2000), S. 363 ff., Feyhl und Fehyl (2004), S. 145, Jerala (2005), S. 2268 f., Burghardt (2008), S. 176 f., Balzert (2009), S. 523, Drews und Hillebrand (2010), S. 161 ff., Hummel (2011), S. 24 ff. oder Wieczorrek und Mertens (2011), S. 261.
[247] Vgl. Jerala (2005), S. 265 f., Balzert (2009), S. 523 f. und Hummel (2011), S. 26 ff.

Etwas umfangreicher, aber auch teilweise elaborierter, sind algorithmische Verfahren wie die *Function-Points-Methode*[251] oder das *Constructive Cost Model* (COCOMO) II[252].

Zeitplanung

Neben dem Aufwand spielt auch die Entwicklungsdauer eine entscheidende Rolle für ein Softwareprojekt. Grundsätzlich ist für die Entwicklungsdauer die Produktivität der Organisation und die Qualität des Zielprodukts ein entscheidendes Kriterium. Die erwartete Entwicklungsdauer bildet die Grundlage für die Zeitplanung. Allerdings ist die Entwicklungsdauer nicht direkt mit der Projektdauer identisch, denn je mehr Personen an einem Projekt beteiligt sind, desto höher wird der Kommunikationsaufwand und -overhead.[253] Wesentlich für die Bestimmung der Zeitplanung ist auch die Zuordnung von Mitarbeitern mit einem entsprechenden Qualifikationsprofil zu einzelnen Phasen oder Aktivitäten wie Spezifikation, Entwurf, Implementierung und Test sowie deren Verfügbarkeit für das vorgesehene Projekt.[254] Weiterhin spielt der Grad der Parallelisierung von Aufgaben eine essentielle Rolle bei der Festlegung des Zeitplans.

2.2.3.2 Entwurf

Nach SOMMERVILLE beinhaltet der Softwareentwurf zunächst einmal die Beschreibung der Struktur der zu implementierenden Software.[255] Hierzu sind insbesondere auch die Systemdaten, die Systemkomponenten sowie die zugehörigen Schnittstellen und teilweise auch die zu verwendenden Algorithmen zu zählen. Im Regelfall entsteht der Entwurf nicht in einem Schritt direkt aus der Anforderungsspezifikation, sondern vielmehr iterativ. Auch wird innerhalb des Entwurfs häufig zwischen Grob- und Feinentwurf unterschieden.[256] Im Grobentwurf, auch als High-Level-Design be-

[248] Vgl. Balzert (2009), S. 524 f.
[249] Vgl. Biethahn u.a. (2000), S. 369 f., Feyhl und Fehyl (2004), S. 146, Burghardt (2008), S. 180 oder Balzert (2009), S. 525 f.
[250] Vgl. Balzert (2009), S. 526 f.
[251] Vgl. Albrecht (1979), Biethahn u.a. (2000), S. 373 ff., Balzert (2009), S. 527 ff., Hummel (2011), S. 26 ff., Wieczorrek und Mertens (2011), S. 265 ff. oder Poensgen (2012), S. 5 ff.
[252] Vgl. Boehm u.a. (2000), S. 1 ff., Burghardt (2008), S. 192 ff., Balzert (2009), S. 536 ff. oder Hummel (2011), S. 74 ff.
[253] Vgl. Brooks (1995), S. 16 ff.
[254] Vgl. Balzert (2008), S. 404 sowie DeMarco (2007), S. 83 ff.
[255] Vgl. Sommerville (2011), S. 148.
[256] Vgl. Balzert (2011b), S. 6.

zeichnet, wird die globale Softwarearchitektur festgelegt. Das Design von Subsystemen und Komponenten ist Teil des Feinentwurfs. Je nach Einsatzzweck und Anforderungen können hierbei verschiedene Entwurfsmuster zum Einsatz kommen – Entwürfe für Echtzeitsoftware, objektorientierte Entwürfe oder auch Entwürfe für Benutzeroberflächen. Die Entwurfsmuster gehen jeweils auf die unterschiedlichen Ansprüche an die Entwürfe ein und versuchen diese im Entwurfsmodell abzudecken.

Generell können in Bezug auf den generischen Entwurfsprozess verschiedene Aktivitäten unterschieden werden – u.a. der Schnittstellenentwurf oder der Komponentenentwurf.[257] Eine wesentliche Voraussetzung zur Beschreibung des zu erstellenden Systems ist jedoch die Entwicklung einer Architektur. Die Architektur stellt die Verbindung zwischen der Anforderungsspezifikation auf der einen sowie dem Entwurf und der daraus resultierenden Implementierung auf der anderen Seite dar.[258] Dies trifft insbesondere dann zu, wenn die Spezifikation schon mit Hilfe von formalen Beschreibungssprachen erstellt wurde. In diesem Fall gibt es Überschneidungen, da die Spezifikation nicht grundlegend losgelöst von der späteren Architektur entwickelt wird. Die Architektur stellt insgesamt gesehen also eine vereinfachte Darstellung und gleichzeitig die Dokumentation für ein zu entwickelndes System dar, auf Basis derer sämtliche Kommunikation und Entscheidungen geführt werden. Unabhängig von der konkreten Ausprägung können Softwarearchitekturen in einem generischen Architekturrahmen beschrieben werden.[259] Ein Beispiel hierfür ist die *Architecture of Integrated Systems* (ARIS)[260]. Außerdem stehen für bestimmte Anwendungsfelder bereits Referenzarchitekturen zur Verfügung, die gewisse Aspekte dieser Domäne be-

[257] Vgl. Sommerville (2011), S. 39 f.
[258] Vgl. Sommerville (2011), S. 148 f.
[259] Vgl. Sinz (2002), S. 1056 ff.
[260] Vgl. hierzu u.a. Scheer (1998), S. 4 ff. oder Scheer (2001), S. 1 ff. Weitere Referenzarchitekturen sind beispielsweise auch die *Computer Integrated Manufacturing Open System Architecture* (CIMOSA), vgl. hierzu u.a. Esprit Consortium Amice (1993), Vernadat (1996), S. 40 ff. oder Matthes (2011), S. 82 ff.), *Groupe de Recherche Architecture et Infrastructures Integrated Model* (GRAI-GIM), vgl. u.a. Doumeingts u.a. (1993), S. 102 ff., Doumeingts u.a. (1996), Chen u.a. (1997) oder Matthes (2011), S. 136 ff.), *Integrated Enterprise Modeling* (IEM), vgl. u.a. Spur u.a. (1993), S. 60 ff., Mertins und Jochem (1997), S. 24 f. bzw. Tissot und Crump (2006)), *Purdue Enterprise Reference Architecture* (PERA), vgl. u.a. Williams (1992), S. 2 ff., Williams (1994), Vernadat (1996), S. 55 ff. oder Matthes (2011), S. 174 ff.), ZACHMAN (vgl. u.a. Zachman (1987), Sowa und Zachman (1992), Matthes (2011), S. 210 ff. oder Whelan und Meaden (2012), S. 209 ff.) oder LISA (vgl. Schmidt (1996), S. 69 f., Schmidt (1999), S. 3 f. bzw. Moormann und Schmidt (2006), S. 100 f.). Auf eine umfassende Darstellung soll an dieser Stelle aber verzichtet werden, weitere Architekturen werden beispielsweise in Matthes (2011) beschrieben.

reits von vorneherein berücksichtigen und somit die Qualität bei der Erstellung des Entwurfs erhöhen können.[261]

2.2.3.3 *Implementierung*

Im Rahmen der Implementierung werden auf Grundlage des zuvor erstellten Entwurfs lauffähige Programme erzeugt. Hierbei berücksichtigt die Implementierung die Vorgaben aus dem Entwurf und verfeinert diese entsprechend. Dies geschieht u.a. durch die Auswahl von geeigneten Programmiersprachen, Datenbanksystemen oder Netzwerkprotokollen, welche sich in den meisten Fällen nach der Art der Entwurfsmethode bestimmen lassen. So wird bei einem objektorientierten Entwurf im Regelfall auch eine objektorientierte Programmiersprache zum Einsatz kommen, bei einem relationalen Datenbankentwurf ein ebensolches Datenbanksystem. Falls der Ausgangsentwurf bereits in detaillierte Form vorliegt, kann mit Hilfe von Werkzeugen für das *Computer Aided Software Engineering* (CASE)[262] ein rudimentärer Programmcode teilweise automatisch erzeugt werden. Grundsätzlich hängt die Vorgehensweise bei der Implementierung aber sehr stark vom verwendeten Prozess- und Qualitätsmodell ab.[263]

Zu den konkreten Aufgaben der Implementierungsphase gehört auch die Konzeption von Datenstrukturen und Algorithmen, was oftmals als Modul- bzw. Systemkomponentenentwurf bezeichnet wird. Weiterhin sind die Strukturierung der Programme, die Umsetzung der Konzepte in die zu verwendende Programmiersprache sowie die Dokumentation durch Kommentare im Quellcode und die Tests der erstellten Programme Teile der Implementierungsphase.[264] Die Dokumentation ist ein integraler Bestandteil einer Implementierung, um die Intentionen des Programms zu beschreiben und einzelne Programmschritte darzustellen. Neben der Beschreibung werden auch Verwaltungsinformationen wie Programmautor oder die Versionsnummer erfasst. Insgesamt entstehen in der Implementierungsphase somit im Wesentlichen zwei Artefakte – die Quellprogramme samt zugehöriger Dokumentation sowie die Testpläne

---

261 Vgl. Sommerville (2011), S. 171 oder Ludewig und Lichter (2013), S. 450 ff.
262 Vgl. zur vertiefenden Darstellung u.a. die verschiedenen Beiträge in Barker (1991), Balzert (1992), Fuggetta (1993), Herzwurm (1993), S. 8 ff. oder Herzwurm (1994).
263 Vgl. Balzert (2011b), S. 492.
264 Vgl. Balzert (2011b), S. 492 f.

und -protokolle. Auf die im Einzelnen durchzuführenden Tests soll in Kapitel 2.2.4.3 im Detail eingegangen werden.

2.2.3.4 *Installation*

Nachdem eine Software erstellt und erfolgreich getestet wurde, erfolgt die Installation und Verteilung.[265] Durch die Installation wird ein vorhandenes Computersystem konfiguriert und zur Ausführung vorbereitet. Dies geschieht durch das Kopieren der Software einschließlich aller benötigten Komponenten auf das entsprechende System. Um dies zu ermöglichen, muss die Software zuvor entsprechend verteilt und zur Verfügung gestellt werden. Häufig wird dieser Vorgang auch als Software-Distribution bezeichnet. Fasst man die Verteilung und Installation einer Software als eine einzige Aktivität zusammen, findet oftmals die Begrifflichkeit Deployment Anwendung.[266] Die Einführung einer bestimmten Software in einem Unternehmen wird in diesem Zusammenhang als Rollout betitelt. Hierzu gehören die Einrichtung des Softwaresystems in der Zielumgebung ebenso wie die zugehörigen Anwenderschulungen und letztendlich die Inbetriebnahme.

2.2.3.5 *Betrieb*

Nach der Softwareerstellung befindet sich das Softwareprodukt im laufenden Betrieb.[267] In dieser Phase muss die Anwendung kontinuierlich gepflegt und gewartet werden.[268] Dies dient dazu, die Software an die sich ändernden Gegebenheiten ihrer Umwelt anzupassen. Vor allem im amerikanischen Sprachraum werden die Begriffe Wartung und Pflege unter dem Sammelbegriff Maintenance zusammengefasst.[269] Um allerdings die Analogie zum Incident und Change Management aufrechterhalten zu können, sollen die beiden Begriffe im Rahmen dieser Arbeit getrennt betrachtet werden.

---

[265] Vgl. Balzert (2011b), S. 521 ff.
[266] Vgl. Balzert (2011b), S. 523.
[267] Innerhalb der Betriebsphase lassen sich grundsätzlich nach Rajlich und Bennett (2000) noch die Teilphasen *Initial Development*, *Evolution*, *Servicing*, *Phaseout* und *Closedown* unterscheiden. Im Rahmen dieser Arbeit soll die Betriebsphase jedoch nicht weiter unterteilt werden.
[268] Vgl. Balzert (2011b), S. 530.
[269] Beispielsweise verstehen Lehman und Belady (1985) unter Maintenance alle Softwareänderungen, die nach der ersten Installation eines Programms durchgeführt werden. Diese Sichtweise findet sich beispielsweise auch bei Sommerville (2011), S. 242 und Ludewig und Lichter (2013), S. 566.

Wartung

Wartung bedeutet, ein nach der Inbetriebnahme auftretendes Fehlverhalten des Softwaresystems zu beseitigen.[270] Somit ist es die Hauptaufgabe der Softwarewartung, die auftretenden Fehlerursachen zu erkennen und zu beheben. Hierzu gehören sowohl Fehler, die bereits während der ursprünglichen Softwareentwicklung aufgetreten sind, als auch solche, die durch Fehlerbehebungen oder Weiterentwicklungen entstanden sind. Grundsätzlich ist diese Art der Tätigkeit schlecht planbar, da Fehler unvorhergesehen auftreten.

Eine weitere Aktivität, die im Rahmen der Wartung stattfindet, ist die Optimierung des bestehenden Softwaresystems. Darunter fallen die Verbesserung der Systemleistung durch Monitoring, Tuning, Reduzierung des Speicherbedarfs oder grundsätzliche Restrukturierungsmaßnahmen.

Pflege

Pflege heißt in diesem Zusammenhang, ein Produkt an geänderte Rahmenbedingungen anzupassen oder aufgrund neuer Anforderungen weiterzuentwickeln.[271] Dies bedeutet eine Änderung in allen Elementen, angefangen von der Spezifikation über den Entwurf bis hin zur eigentlichen Implementierung. Auslöser für die Änderungen oder Erweiterungen können sowohl aus technischer als auch betrieblicher Hinsicht bedingt sein. Technisch gesehen findet hierbei ein Reengineering des Systems statt. Voraussetzung hierfür ist eine existierende Systemdokumentation oder die Durchführung eines Reverse Engineerings.[272]

2.2.4 Softwarequalität

Die Softwarequalität definiert, in welchem Umfang eine Software die an sie gestellten Anforderungen erfüllt.[273] Ein wesentliches, wenn auch nicht das einzige, Qualitätsmerkmal ist hierbei die Fehlerfreiheit eines Softwareprodukts. Ein elementares Ziel der Softwareentwicklung ist es nämlich, ein möglichst fehlerfreies Softwareprodukt zu

---

[270] Vgl. Balzert (2011b), S. 533.

[271] Vgl. Balzert (2011b), S. 537.

[272] Beim Reverse Engineering werden ausgehend von einem im Einsatz befindlichen Softwaresystem die Dokumentationen auf höheren Abstraktionsebenen abgeleitet oder die Dokumentationen derselben Abstraktionsebene verbessert (vgl. hierzu Balzert (2011b), S. 538).

[273] Vgl. hierzu die Ausführungen bei Sommerville (2011), S. 655 ff., Spillner und Linz (2012), S. 11 ff. sowie Ludewig und Lichter (2013), S. 65 ff.

erstellen.[274] Darüber hinaus existieren allerdings auch weitere Qualitätsaspekte wie die Anwenderfreundlichkeit, die Wartbarkeit oder Portabilität einer Software.[275] Grundsätzlich lässt sich Qualität in diesem Zusammenhang als Gesamtheit von Eigenschaften und Merkmalen eines Produkts sehen, die sich auf deren Eignung zur Erfüllung gegebener Erfordernisse bezieht.[276] Zur Sicherstellung der Softwarequalität können Qualitätsmodelle eingesetzt werden, welche bestimmte Qualitätsmerkmale in Teilmerkmale untergliedern und mit Hilfe von Indikatoren messbar machen.[277] Auf Basis der Messbarkeit können Skalen definiert und Qualitätsstufen festgelegt werden.[278]

Für ein konkretes Softwareprodukt oder auch einzelne Teilprodukte des Softwareentwicklungsprozesses sollte eine Qualitätszielbestimmung durchgeführt werden.[279] Diese führt zur Festlegung der Qualitätsziele, aus denen sich die Qualitätsanforderungen ergeben. Die Qualitätsanforderungen legen anzuwendende Qualitätsmerkmale und die zu erreichenden Qualitätsstufen für die Teilprodukte fest. Somit ergeben sich aus den Qualitätsanforderungen Auswirkungen auf den Softwareentwicklungsprozess. Die Überprüfung, ob die festgelegten Qualitätsanforderungen innerhalb des Softwareentwicklungsprozesses auch tatsächlich eingehalten wurden, erfolgt im Rahmen des Qualitätsmanagement, das synonym auch als Qualitätssicherung bezeichnet wird.[280]

Die Qualitätssicherung kann grundsätzlich parallel zu den Entwicklungsschritten auf Basis der erstellten Artefakte durchgeführt werden. Dies ist in Abbildung 9 veranschaulicht. Hier werden die Qualitätsanforderungen an die jeweiligen Artefakte des

[274] Vgl. Balzert (2008), S. 459.
[275] Vgl. Balzert (2008), S. 462 ff. oder Ludewig und Lichter (2013), S. 68.
[276] In Anlehnung an die in DIN 55350-11:2008-05 (vgl. z.B. DIN e.V. (2010), S. 10 f.) sowie DIN EN ISO 9000:2005-12 (vgl. z.B. DIN e.V. (2010), S. 126 ff.) verwendete Definition von Qualität als „Grad, in dem ein Satz inhärenter Merkmale Anforderungen erfüllt". Merkmale sind in diesem Kontext als kennzeichnende Eigenschaften zu sehen, eine Anforderung wird als „Erfordernis oder Erwartung, das oder die festgelegt, üblicherweise vorausgesetzt oder verpflichtend ist" verstanden. Diese Sichtweise geht von einem produktorientierten Qualitätsbegriff aus, die prozessorientierte Komponente zur Überprüfung der Einhaltung von zuvor definierten Qualitätsmerkmalen wird in diesem Kontext vernachlässigt (vgl. zur Unterscheidung von produkt- und prozessorientiertem Qualitätsmanagement auch Herzwurm und Mikusz (2008)).
[277] Vgl. Balzert (2008), S. 461 oder Ludewig und Lichter (2013), S. 69 f.
[278] Vgl. Balzert (2008), S. 471 f.
[279] Vgl. Balzert (2008), S. 472.
[280] Vgl. Balzert (2008), S. 475.

Softwareentwicklungsprozesses innerhalb der Qualitätsplanung bestimmt und im Qualitätssicherungsplan festgehalten.[281]

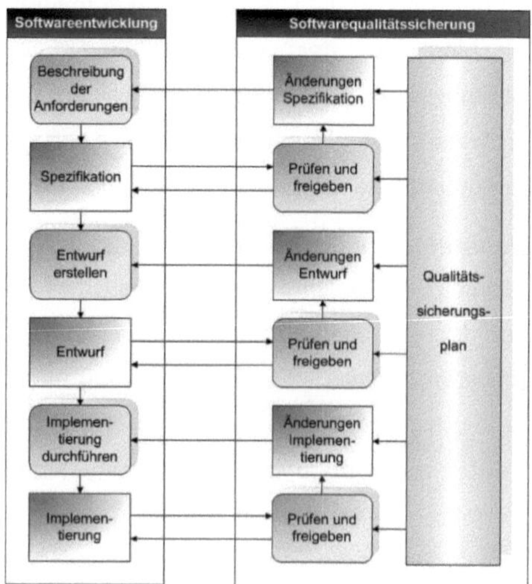

Abbildung 9: Softwareentwicklung und Qualitätssicherung[282]

Auf Seiten der Softwarequalitätssicherung finden sich drei Prüfungsphasen für die Artefakte Spezifikation, Entwurf und Implementierung. In den folgenden Abschnitten sollen nun die Aktivitäten dieser Phasen näher erläutert werden.

2.2.4.1 Anforderungsanalyse und -abnahme

Die Spezifikation ist die Grundlage für alle weiteren Entwicklungstätigkeiten und sollte deshalb einer sorgfältigen Prüfung unterzogen werden.[283] Dies sollte im Rahmen einer Analyse und einer Validierung der Anforderungen geschehen. Bei natürlichsprachlichen Anforderungen erfolgt die Analyse manuell – eingesetzte Verfahren können hierbei beispielsweise *Inspektionen*[284], *Reviews*[285] oder auch *Walkthroughs*[286] sein. Die Validierung hat zum Ziel zu erkennen, ob die Anforde-

[281] Vgl. Rombach (1993), S. 269 f.
[282] Quelle: eigene Darstellung, modifiziert übernommen aus Balzert (2008), S. 488.
[283] Vgl. hierzu und im Folgenden Balzert (2009), S. 513 f.
[284] Vgl. u.a. Fagan (1976), Gilb u.a. (1993), S. 31 ff., Balzert (2008), S. 496 ff., VDI-Gesellschaft Produktion und Logistik (12/2010), S. 16 ff., Spillner und Linz (2012), S. 82 oder Rösler u.a. (2013), S. 16.
[285] Vgl. u.a. Balzert (2008), S. 507 ff., Spillner und Linz (2012), S. 82 ff. oder Rösler u.a. (2013), S. 14.
[286] Vgl. Balzert (2008), S. 510 ff. sowie Rösler u.a. (2013), S. 15 f.

rungsspezifikation das zu erstellende Softwareprodukt richtig beschreibt.[287] Dies gestaltet sich insofern schwierig, als dass zu diesem Zeitpunkt weder das Produkt selbst noch weitere auf der Anforderungsbeschreibung aufbauende Dokumente existieren. Deshalb ist eine Möglichkeit der Validierung, die Anforderungsbeschreibung allen Stakeholdern zukommen zu lassen und dann in einem gemeinsamen Review zu prüfen.[288] Zum Abschluss der Analyse und Validierung sollte eine formelle Freigabe des Anforderungsdokuments stehen.

2.2.4.2 Qualitätssicherung des Entwurfs

Ein wesentlicher Bestandteil der Qualitätssicherung des Entwurfs ist die Überprüfung der zugrunde liegenden Architektur. Aufgrund der immensen Bedeutung der Architektur für ein Softwaresystem sollte die Qualitätssicherung als integraler Bestandteil der Entwicklung selbst und nicht erst nach der Fertigstellung erfolgen. Hierzu stehen verschiedene Möglichkeiten zur Verfügung, zum einen können quantitative, zum anderen fragebasierte Verfahren unterschieden werden[289]. Bei den quantitativen Verfahren wird versucht, die Maße für die Erreichung einer Qualitätsanforderung zu bestimmen. Im Gegensatz dazu erfolgt bei den fragebasierten Verfahren die Analyse anhand von Fragen und Antworten. Zu dieser Art der Vorgehensweise gehören auch szenariobasierte Verfahren, die beschreiben, wie ein System auf den Eintritt eines bestimmten Ereignisses reagiert. Die Szenarien können mit allen identifizierten Stakeholdern definiert und simuliert werden, so dass die Softwarequalität bereits in einem frühen Stadium und nicht erst bei den noch folgenden Softwaretests erhöht werden kann. Vertreter der szenariobasierten Vorgehensweise sind beispielsweise die *Software Architecture Analysis Method* (SAAM)[290], die *Architecture-Level Modifiability Analysis* (ALMA)[291] oder die *Architecture Tradeoff Analysis Method* (ATAM)[292].

---

287 Vgl. Balzert (2009), S. 514.
288 Vgl. Balzert (2008), S. 507 ff.
289 Vgl. Balzert (2011b), S. 487.
290 Vgl. u.a. Kazman u.a. (1994), Clements u.a. (2008), S. 21 ff., Pomberger und Pree (2004), S. 162 ff. oder Siedersleben (2004), S. 92 ff.
291 Vgl. u.a. Lassing u.a. (2002) bzw. Bengtsson u.a. (2004).
292 Vgl. u.a. Kazman u.a. (1998), Kazman u.a. (1999), Bass u.a. (2012), S. 400 ff. oder Clements u.a. (2008), S. 43 ff.

2.2.4.3 Softwaretests

Die Qualitätssicherung eines Softwaresystems kann auf unterschiedliche Weise erfolgen. Grundsätzlich lassen sich zunächst einmal statische und dynamische Verfahren unterscheiden.[293] Hierbei kennzeichnen sich die statischen Techniken dadurch, dass keine Ausführung der Software erfolgt, sondern eine Analyse der vorliegenden Artefakte vorgenommen wird.[294] Zu diesem Zweck können die bereits im vorherigen Abschnitt 2.2.4.1 erwähnten Techniken Inspektion, Review oder auch Walkthrough zum Einsatz kommen. Dahingegen kommen bei den dynamischen Verfahren Testobjekte mit entsprechend aufbereiteten Daten zur Ausführung. Dabei sind Testobjekte eigenständig testbare Programme oder Programmteile und ergeben sich aus der Aufteilung der Anwendung in funktionale Teilbereiche.[295] Oftmals entspricht diese Aufteilung auch der anwendungsseitigen Gliederung in Module, Komponenten oder Subsysteme.

Da dynamische Softwaretests eine große Verbreitung in der Praxis haben, soll auf diese noch einmal näher eingegangen werden. Grundsätzlich wird unter Testen die – auch mehrfache – Ausführung eines Programms auf einem Rechner mit dem Ziel, Fehler zu finden verstanden.[296] Hierbei ist ein Fehler eine Nichterfüllung einer definierten Anforderung. Somit können Systemfehler durch Abgleich von Ist-Verhalten mit dem in der Spezifikation beschriebenen Soll-Zustand ermittelt werden.[297] Zur systematischen Identifikation von Fehlern werden Testfälle ausgeführt, wobei innerhalb eines Testfalls die Eingabedaten wie auch die erwarteten Ergebnisse festgelegt werden. Mehrere Testfälle und deren Sequenz bilden ein Testszenario.

Testverfahren lassen sich nach unterschiedlichen Merkmalen klassifizieren.[298] Zunächst einmal kann man funktionale und nichtfunktionale Tests differenzieren.[299] Funktionale Tests prüfen das Systemverhalten, Ziel ist ein Abgleich zwischen den

---

[293] Vgl. Liggesmeyer (2009), S. 37 f.
[294] Vgl. Spillner und Linz (2012), S. 81.
[295] Vgl. Vivenzio und Vivenzio (2013), S. 46.
[296] Vgl. Ludewig und Lichter (2013), S. 480.
[297] Vgl. Spillner und Linz (2012), S. 7.
[298] Beispielsweise kategorisieren Ludewig und Lichter (2013), S. 489 ff. Testverfahren u.a. nach Aufwand für Vorbereitung und Archivierung, Komplexität des Prüflings, getesteten Eigenschaften oder nach beteiligten Rollen.
[299] Vgl. hierzu auch die Analogie zu funktionalen und nichtfunktionalen Anforderungen in Kapitel 2.2.3.1.

funktionalen Anforderungen und dem tatsächlich beobachteten Systemverhalten.[300] Nichtfunktionale Tests konzentrieren sich auf die Qualitätseigenschaften eines Systems wie beispielsweise Performanz, Benutzerfreundlichkeit, Stabilität oder Wartbarkeit.[301] Allerdings sollte in diesen Fällen vorher präzise definiert werden, wie sich das System im Einzelfall zu verhalten hat.

Neben funktionalen und nichtfunktionalen Tests kann man auch die Sequenz im Lebenszyklus differenzieren. Hierbei können Entwickler-, Integrations-, System- und Abnahmetests unterschieden werden.[302] Diese Gliederung ist auch im V-Modell sichtbar, welches grundsätzlich zunächst einmal die Verifikation und Validierung der Softwareteilprodukte beinhaltet und in Abbildung 10 skizziert ist.[303]

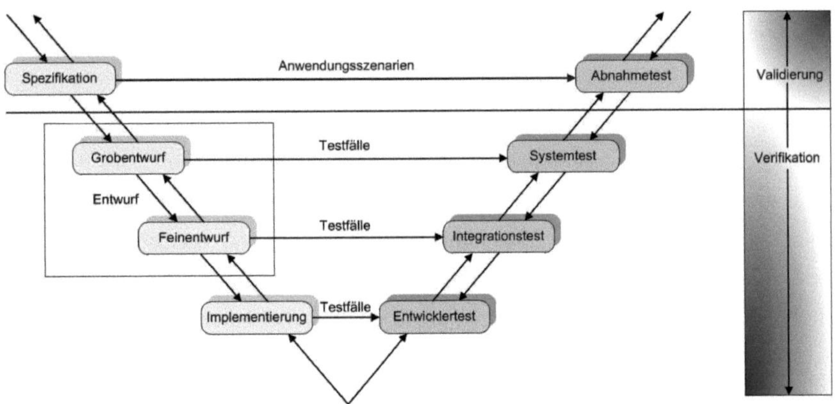

Abbildung 10: V-Modell der Softwareentwicklung

Die Verifikation meint die Übereinstimmung der Spezifikation mit der Software, die Validierung die Eignung der Software bezogen auf ihren Einsatzzweck. Im V-Modell werden weiterhin die einzelnen Phasen der Umsetzung den zuvor genannten Tests gegenübergestellt. Das konkrete Ziel der Spezifikation ist es, Anwendungsszenarien zu entwerfen, die als Basis für den Abnahmetest dienen sollen. Während der Erstellung des Entwurfs werden neben der Architektur auch Testszenarien für den System-

300 Vgl. Spillner und Linz (2012), S. 72 ff.
301 Vgl. Spillner und Linz (2012), S. 74 ff.
302 Vgl. Ludewig und Lichter (2013), S. 491.
303 Vgl. hierzu Balzert (2008), S. 553 f., Spillner und Linz (2012), S. 41 f. oder Vivenzio und Vivenzio (2013), S. 7.

bzw. Integrationstest erstellt, die bei den jeweiligen Tests zur Anwendung kommen. Dasselbe gilt für die Implementierung, bei der Testfälle für einzelne Systemkomponenten entworfen werden. Die Testfälle selbst können mit Hilfe von Testkatalogen verwaltet werden, welche Testkonfigurationen nebst den zugehörigen Testfällen in strukturierter Form enthalten.[304]

Grundsätzlich bauen Entwickler-, Integrations-, System- und Abnahmetest aufeinander auf. So ist beispielsweise die Voraussetzung für die Durchführung der Systemtests, dass die unterschiedlichen Komponenten einzeln wie auch integrativ reibungslos funktionieren. Dies muss von den Softwareentwicklern in Zusammenarbeit mit den Systemanwendern bestätigt werden. Nachfolgend sollen die einzelnen Testphasen noch einmal detaillierter vorgestellt werden.

Entwicklertest

Diese Testphase erhält ihren Namen vor dem Hintergrund der Tatsache, dass die Tests in einer entwicklungsnahen Umgebung stattfinden und teilweise, wenn keine separaten Testteams gebildet werden, von den Entwicklern selbst durchgeführt werden.[305] Grundsätzlich werden im Rahmen der Entwicklertests kleinere, überschaubare Softwareeinheiten auf ihre Funktionsfähigkeit geprüft. Je nach verwendeter Programmiersprache können dies beispielsweise Klassen, Module, Units oder allgemein Komponenten sein und entsprechend werden auch die jeweiligen Tests bezeichnet.[306]

Integrationstest

Um sicherzustellen, dass neben den Einzelkomponenten auch das Zusammenspiel mehrerer Softwarebestandteile funktioniert, führen die Entwickler Integrationstests durch. Hierdurch sollen insbesondere Schnittstellenfehler aufgedeckt werden. Die integrativen Szenarien lassen sich zum einen aus dem Entwurf, zum anderen auch aus schnittstellenübergreifenden Anwendungsfällen ableiten.[307]

---

[304] Vgl. hierzu Naumann (2009), S. 187 f.
[305] Vgl. Spillner und Linz (2012), S. 47.
[306] Vgl. Linz (2013), S. 45 ff. und Vivenzio und Vivenzio (2013), S. 11.
[307] Vgl. Spillner und Linz (2012), S. 52 ff. sowie Linz (2013), S. 85 ff.

Systemtest

Im Verlauf des Systemtests wird das Softwaresystem zum ersten Mal aus Anwendersicht betrachtet. Das System sollte zum Zeitpunkt der Durchführung in allen Einzelteilen auf einer relativ produktionsnahen Umgebung zur Verfügung stehen. Entsprechend sollten auch alle späteren Konfigurationseinstellungen vorgenommen werden. Ziel der Systemtests ist es zu prüfen, ob alle funktionalen sowie auch nichtfunktionalen Anforderungen vollständig umgesetzt wurden. Im Rahmen der Betrachtung von nichtfunktionalen Anforderungen kann insbesondere auch die Durchführung eines Performanztests zur Bestimmung des Antwortzeitverhaltens des Systems beinhaltet sein. Hieraus können wiederum Änderungen der Systemkonfiguration resultieren.[308]

Abnahmetest

Der Abnahmetest wird ebenfalls durch den Anwender durchgeführt und findet zumeist unmittelbar vor der Inbetriebnahme des Softwaresystems statt.[309] Teilweise wird der Abnahmetest auch als Akzeptanztest bezeichnet, da er sowohl die vertragliche Akzeptanz durch einen Auftraggeber als auch die Akzeptanz der Anwender widerspiegelt. Während des Tests werden in erster Linie integrative Szenarien, also komplette Geschäftsabläufe, getestet. Die Basis für den Anwender zur Nachvollziehbarkeit der Testergebnisse bildet in diesem Fall die Spezifikation.

Wird kein komplett neues Softwaresystem erstellt, sondern erfolgen nur Anpassungen, ist insbesondere die Durchführung eines Regressionstests essentiell. Dieser soll bestätigen, dass durch die durchgeführten Änderungen keine unerwünschten Seiteneffekte entstehen.[310] Auf diese Weise wird sichergestellt, dass die nicht von den Anpassungen betroffenen Programme wie zuvor definiert – und durch vorherige Abnahmetests bestätigt – funktionieren.[311] Grundsätzlich sind Regressionstests nicht an die Abnahmetests gekoppelt, sondern können auf allen Ebenen, also auch während der Entwickler- oder Systemtests, stattfinden.

[308] Vgl. Spillner und Linz (2012), S. 60 ff. und Linz (2013), S. 117 ff.
[309] Vgl. hierzu und im Folgenden Spillner und Linz (2012), S. 63 ff. oder Vivenzio und Vivenzio (2013), S. 14.
[310] Vgl. IEEE Computer Society (1990).
[311] Vgl. Spillner und Linz (2012), S. 76 f.

2.2.5 Softwareänderungen

Der Softwarelebenszyklus beschreibt die Phasen von der initialen Systemspezifikation bis hin zum Betrieb.[312] Während des laufenden Betriebs kann es im Rahmen der Wartung zu einem Änderungsbedarf am ursprünglichen System kommen. Somit ist die Systemweiterentwicklung ein evolutionärer Prozess. Weiterhin müssen diese Änderungen gesteuert und verwaltet werden.

2.2.5.1 Evolutionsprozess

Generell können Softwareänderungen nach der eigentlichen Inbetriebnahme eines Systems aus verschiedenen Gründen initiiert werden.[313] Zum einen sind eventuell Fehlerbehebungen notwendig, die beim ursprünglichen Testen nicht entdeckt wurden. Zum anderen kann es zu Anpassungen im Systemumfeld wie beispielsweise bei der Systemhardware oder dem zugrunde liegenden Betriebssystem kommen, welche eine Anpassung der Software unvermeidlich werden lassen. Darüber hinaus entstehen auch auf Seiten des Geschäftsbetriebs kontinuierlich neue Anforderungen, die eine Systemadaption zur Folge haben. Diese Art der Systemänderung stellt im Regelfall das größte Volumen dar; in diese Kategorie entfallen etwa zwei Drittel aller Anpassungen.[314]

Somit endet auch der Softwarelebenszyklus nicht mit dem Betrieb, sondern es erfolgt eine permanente Weiterentwicklung des Softwaresystems. Dies resultiert in einer Anpassung in allen Systemelementen, angefangen von der Spezifikation über den Entwurf bis hin zur Implementierung.

2.2.5.2 Change-Management

Wie auf Seiten des IT-Service-Managements gibt es auch bei der Softwareentwicklung einen definierten Change-Management-Prozess, nach dem Softwareänderungen bearbeitet werden.[315] Die Ausgestaltung des Prozesses und die durchzuführenden Schritte auf Seiten der Entwicklung und der Qualitätssicherung hängen von der jeweiligen Organisation, dem zugrunde liegenden Prozessmodell und in gewisser Weise auch vom System selbst ab. Grundsätzlich kann der Entwicklungsansatz zwi-

---

[312] Vgl. hierzu noch einmal Abschnitt 2.2.3.
[313] Vgl. Sommerville (2011), S. 242 f.
[314] Vgl. Sommerville (2011), S. 244.
[315] Vgl. hierzu die Darstellungen des Change Managements im Bereich der Softwareentwicklung bei Balzert (2008), S. 439 ff. oder Sommerville (2011), S. 685 ff.

schen initialer Entwicklung und dem späteren Anpassungsprozess variieren – so kann XP für die Softwarewartung eingesetzt werden, während ein planungsbasierter Ansatz zur Erstentwicklung verwendet wurde.[316]

2.2.5.3 *Konfigurationsmanagement*

Eng verbunden mit dem Change Management ist das Konfigurationsmanagement, welches sich mit Methoden, Prozessen und Werkzeugen zur Verwaltung von sich ändernden Softwaresystemen beschäftigt.[317] Mit Hilfe des Konfigurationsmanagements sollen festgelegte Teile eines Softwareprodukts – die Konfigurationselemente – über den kompletten Lebenszyklus transparent dargestellt werden und alle Änderungen an diesem nachvollziehbar sein. Hierbei kann eine Konfigurationsmanagementsoftware unterstützen, welche sämtliche Informationen zu Konfigurationselementen in einer Datenbasis für alle Entwickler zugänglich bereitstellt. Diese Vorgehensweise hilft bei der Entscheidung, welche Systemkomponenten bei der Umsetzung einer Änderungsanforderung angepasst werden müssen und welche Komponentenversionen jeweils technisch miteinander harmonieren. Im Allgemeinen werden sämtliche Systemversionen gespeichert und ein Rückgriff auf vorherige Versionen sollte zu einem späteren Zeitpunkt immer noch möglich sein.

2.2.5.4 *Versionsmanagement und Releases*

Um auf eine frühere Version zurückgehen zu können, ist ein Versionsmanagement notwendig. Eine Voraussetzung hierfür ist, dass alle Softwareelemente eindeutig identifizierbar sind.[318] Eine Version wird dann durch den Zustand des jeweiligen Elements zu einem bestimmten Zeitpunkt charakterisiert. Ersetzt eine neue Version eine vorhergehende, wird dies häufig als Revision bezeichnet.

In Bezug auf Systemversionen spricht man oftmals auch von Releases. Hierunter sind für Anwender freigegebene Versionen einer Software zu verstehen.

2.2.6 Modellgetriebene Softwareentwicklung

Modellgetriebene Softwareentwicklung (*Model Driven Software Development*, MDSD) ist ein Oberbegriff für Techniken, die aus formalen Modellen automatisiert

---

316 Vgl. hierzu auch die Erfahrungen in Poole und Huisman (2001).
317 Vgl. Balzert (2008), S. 440 f. und Sommerville (2011), S. 682 f.
318 Vgl. Balzert (2008), S. 434 f.

lauffähige Software erzeugen.[319] Die Gründe für die Anwendung dieser Techniken liegen insbesondere in der Möglichkeit, auf einer höheren Abstraktionsebene in Form von Modellen programmieren zu können.[320] Hierdurch kann von konkreten Objekten einer bestimmten Programmiersprache abstrahiert werden. Insgesamt gesehen soll die modellgetriebene Softwareentwicklung zu einer Verbesserung der Softwarequalität, zur Wiederverwendbarkeit von bereits existierenden Artefakten und hiermit zu einer höheren Entwicklungseffizienz führen. Dies wird dadurch erreicht, dass die so erstellten Systeme eine einheitliche, getestete und dokumentierte Architektur umsetzen.[321]

Als Standardisierungsvariante der *Object Management Group* (OMG)[322] zum Thema MDSD kann die *Model Driven Architecture* (MDA) aufgefasst werden.[323] Diese unterliegt als konzeptionelle Spezialisierung von MSDS allerdings einigen Einschränkungen, beispielswese wird die Darstellung der Modelle durch die *Unified Modeling Language* (UML)[324] angeregt.[325] Insgesamt verfolgt der MDA-Ansatz die Grundidee, Softwarespezifikationen unabhängig von der späteren technischen Umsetzung beschreiben zu können.[326] Auf diese Weise werden in einem solchen modellgetriebenen Ansatz die Modelle zu Artefakten erster Klasse. Sie allein genügen zur Erstellung eines Softwaresystems. Somit erfolgt hierdurch der Wandel von einem deskriptiven zu einem präskriptiven Einsatz der Modelle im Rahmen des Entwicklungsprozesses.

Innerhalb des MDA-Ansatzes können verschiedene Abstraktionslevel unterschieden werden:[327]

---

319 Vgl. Stahl (2007), S. 11. Teilweise wird MDSD auch kürzer, aber unpräziser, als *Model Driven Development* (MDD) bezeichnet.

320 Vgl. hierzu auch Stahl (2007), S. 13.

321 Vgl. Stahl (2007), S. 16.

322 Die OMG ist ein internationales, nichtkommerzielles Konsortium mit offener Mitgliedschaft und wurde im Jahre 1989 gegründet. Sie widmet sich der Entwicklung von Integrationsstandards für Unternehmen für ein weites Feld an Technologien und Industriezweige (vgl. Object Management Group (2014a)).

323 Vgl. Stahl (2007), S. 5.

324 Vgl. hierzu u.a. Jeckle (2004), S. 9 ff., Balzert (2011a), S. 4 ff., Seidl u.a. (2011), S. 11 ff. oder Kecher (2011), S. 15 ff.

325 Vgl. Stahl (2007), S. 36.

326 Vgl. hierzu und im Folgenden Gruhn u.a. (2006), S. 20 f.

327 Vgl. Gruhn u.a. (2006), S. 27, Petrasch und Meimberg (2006), S. 100 ff. oder Kleppe u.a. (2003), S. 6 f.

- **Computation Independent Model (CIM):** Dieses Modell beschreibt die Anforderungen an das zu erstellende System sowie seine Umwelt. Hierbei wird auf das domänenspezifische Vokabular zurückgegriffen. Diese Sicht ist vollständig unabhängig von der späteren Implementierung. Das CIM wird auch als Business Model oder Domain Model bezeichnet.
- **Platform Independent Model (PIM):** Inhalt des plattformunabhängigen Modells ist die Systemstruktur und -funktionalität. Diese werden unabhängig von den späteren Implementierungsdetails dargestellt. Somit wird kein Vorgriff auf die technische Plattform gegeben.
- **Platform Specific Model (PSM):** Das plattformspezifische Modell entsteht aus dem PIM durch Ergänzung von Informationen, die plattformabhängig sind. Aus dem PSM wird im Regelfall die eigentliche Implementierung abgeleitet, sofern hierzu alle notwendigen Informationen zur Verfügung stehen.

Ein wesentlicher Kerngedanke beim Übergang von den abstrakten zu den technologiespezifischen Modellen ist die automatische Durchführung der Modelltransformation.[328] Diese geschieht mit Hilfe so genannter Transformationswerkzeuge, welche die Transformationen auf Basis von festgelegten Regeln durchführen.

Zur Beschreibung der jeweiligen Metamodelle kann die *Meta Object Facility* (MOF) der OMG genutzt werden.[329] Sie dient dazu Modelle von einer Applikation zur anderen zu übertragen oder diese in einem Speicher ablegen zu können.[330] Als Austauschformat dient hierbei *XML Metadata Interchange* (XMI). Dieses kann als Mapping zwischen den MOF-Strukturen auf die *Extensible Markup Language* (XML)[331] aufgefasst werden.[332]

2.3 Business Intelligence

Business Intelligence (BI) hat sich mittlerweile als Begriff für IT-Lösungen zur Unterstützung von Managementaufgaben etabliert. Die genaue Abgrenzung des Begriffs wird im folgenden Abschnitt dargestellt. Anschließend wird ein allgemeiner Ord-

[328] Vgl. Gruhn u.a. (2006), S. 21.
[329] Vgl. Kleppe u.a. (2003), S. 131 ff. oder Gruhn u.a. (2006), S. 31.
[330] Vgl. Object Management Group (2014c).
[331] Vgl. u.a. Ray (2001), S. 2 ff., Erlenkötter (2008), S. 11 ff., Skulschus und Wiederstein (2008), S. 25 ff. oder Vonhoegen (2013), S. 23 ff.
[332] Vgl. Gruhn u.a. (2006), S. 91.

nungsrahmen vorgestellt, bevor in den weiteren Unterkapiteln die zugehörigen Elemente näher detailliert werden.

2.3.1 Begriffsklärung

Bevor konkret auf eine generische BI-Architektur eingegangen wird, soll an dieser Stelle zunächst einmal auf die verschiedenen Sichtweisen von Business Intelligence Bezug genommen werden. Zu diesem Zweck wird zunächst einmal die Historie erläutert, das Begriffsverständnis erörtert sowie der Einsatzbereich samt den unterschiedlichen Anwendergruppen vorgestellt.

2.3.1.1 Historie

Bereits seit den 1960er Jahren, mit dem Beginn der kommerziellen Nutzung der elektronischen Datenverarbeitung, wurden Versuche unternommen Managementaufgaben durch computerbasierte Anwendungssysteme zu unterstützen.[333] Aus den ersten wenig erfolgreichen Ansätzen entwickelten sich im Laufe der Zeit Informations- und Kommunikationssysteme, die dem Anspruch einer Managementunterstützung gerecht wurden. In den 1980er Jahren etablierte sich für Systeme dieser Art der Sammelbegriff *Management Support Systems* (MSS).[334] Klassische Ausprägungen von MSS sind beispielsweise *Management Information Systems* (MIS)[335], *Decision Support Systems* (DSS)[336] und *Executive Information Systems* (EIS)[337]. Während in der Wissenschaft die Verwendung des Begriffs Management Support System noch gebräuchlich ist, hat sich in der betrieblichen Praxis seit Mitte der 1990er Jahre mehr

333 Vgl. hierzu und im Folgenden Kemper u.a. (2010), S. 1.

334 Morton versteht unter diesem Ansatz „the use of information technologies to support management" (vgl. Scott Morton (1984), S. 18)). Im deutschen Sprachgebrauch findet sich anstelle der Verwendung von MSS auch der Begriff *Managementunterstützungssystem* (MUS).

335 Vgl. u.a. Chatterjee (2010), S. 1 ff., O'Brien und Marakas (2011), S. 434 ff., Haag und Cummings (2013), S. 3 ff., Laudon und Laudon (2013), S. 77 ff., Alpar u.a. (2014), S. 30 f. oder Sousa und Oz (2014), S. 15 ff. Im Deutschen findet sich häufig die analoge Bezeichnung *Managementinformationssystem* (MIS).

336 Vgl. u.a. Sprague Jr. (1980), Holsapple und Whinston (1996), S. 5 ff., Marakas (1999), S. 3 ff., Schmidt (1999), S. 23 f., Power (2002), S. 1 ff., Power (2008) oder Alpar u.a. (2014), S. 31 f. Hierbei wird der deutsche Begriff *Entscheidungsunterstützungssystem* (EUS) oftmals synonym angewandt.

337 Vgl. u.a. Barrow (1990), Watson und Frolick (1992), Rainer Jr und Watson (1995), Schmidt (1999), S. 18 bzw. Alpar u.a. (2014), S. 35 f. In der deutschsprachigen Literatur wird für DSS auch die Bezeichnung *Führungsinformationssystem* (FIS) verwendet.

und mehr die Verwendung des Terminus Business Intelligence durchgesetzt.[338] Dies wurde primär durch Überlegungen der *Gartner Group* forciert.[339]

2.3.1.2 Begriffsabgrenzung

Der Begriff Business Intelligence wird in der Literatur nicht einheitlich verwendet, sondern beinhaltet unterschiedliche Aspekte und Schwerpunkte. So identifiziert beispielsweise Mertens im Jahre 2002 sieben unterschiedliche Ansichten von Business Intelligence.[340] Auch bei der Suche nach einem Analogon für das Wort *Intelligence* im deutschen Wortschatz zeigen sich je nach Auffassung verschiedene Varianten – im Folgenden soll der Sichtweise gefolgt werden, die *Intelligence* im Sinne von Information interpretiert, die es zu generieren, speichern, recherchieren, analysieren, interpretieren und verteilen gilt.[341] Weiterhin kann als Grundkonsens der verschiedenen Sichtweisen von Business Intelligence der entscheidungsunterstützende Charakter hervorgehoben werden.[342] Insgesamt soll für das Verständnis von Business Intelligence im Rahmen dieser Arbeit die Definition von KEMPER zugrunde gelegt werden:

> „Business Intelligence (BI) bezeichnet einen integrierten, unternehmensspezifischen, IT-basierten Gesamtansatz zur betrieblichen Entscheidungsunterstützung."[343]

Diese Definition impliziert dadurch, dass ein integrierter Gesamtansatz und nicht einzelne Systeme fokussiert werden, zwei wesentliche Aspekte. Zum einen decken nach diesem Verständnis Business Intelligence Anwendungssysteme nur einen Teilaspekt eines Business Intelligence Gesamtansatzes ab. Zum anderen dienen Business Intelligence Werkzeuge – wie beispielsweise Softwaretools zum Aufbau von

---

338 Vgl. Kemper u.a. (2010), S. 2. Der Begriff *Business Intelligence* selbst wurde allerdings schon im Jahr 1958 von HANS-PETER LUHN verwendet und geht auf Überlegungen der *Gartner Group* zurück (vgl. Hilbert und Schönbrunn (2008), S. 162 oder Becker u.a. (2011), S. 223).

339 Vgl. Anandarajan u.a. (2004), S. 18 f.

340 Vgl. Mertens (2002), S. 4.

341 Vgl. hierzu Kemper u.a. (2010), S. 8. In ähnlicher Weise sehen Hansen und Neumann (2009), S. 1016 *Intelligence* als Wissen, das durch die Erfassung, Integration, Speicherung, Analyse und Interpretation geschäftsrelevanter Informationen generiert wird. Synonym für *Intelligence* können in diesem Zusammenhang auch die Begriffe Einsicht oder Verständnis gesehen werden. Das Verständnis bezieht sich hierbei sowohl auf die Ausgangssituation innerhalb des jeweiligen Umfelds sowie der relevanten Ursache- und Wirkungsbeziehungen.

342 Vgl. Gluchowski u.a. (2008), S. 89 f.

343 Vgl. Kemper u.a. (2010), S. 9.

Data Warehouses oder Portale – ausschließlich als Entwicklungshilfe von Business Intelligence Anwendungen und haben somit lediglich mittelbaren Charakter.

Nähert man sich der Abgrenzung von Business Intelligence über Konzepte und Technologien, kann der in Abbildung 11 dargestellte, zweidimensionale Ordnungsrahmen seine Anwendung finden. Hier wird zwischen einem engen, einem analyseorientierten und einem weiten BI-Verständnis unterschieden.[344]

Enges BI-Verständnis

Das BI-Verständnis i.e.S. umfasst lediglich den Teil von Applikationen, die eine unmittelbare Entscheidungsunterstützung durch die Aufbereitung und Präsentation von vorliegendem Datenmaterial bieten. Hierzu gehören beispielsweise das *Online Analytical Processing* (OLAP) sowie die zuvor erwähnten MIS bzw. EIS.

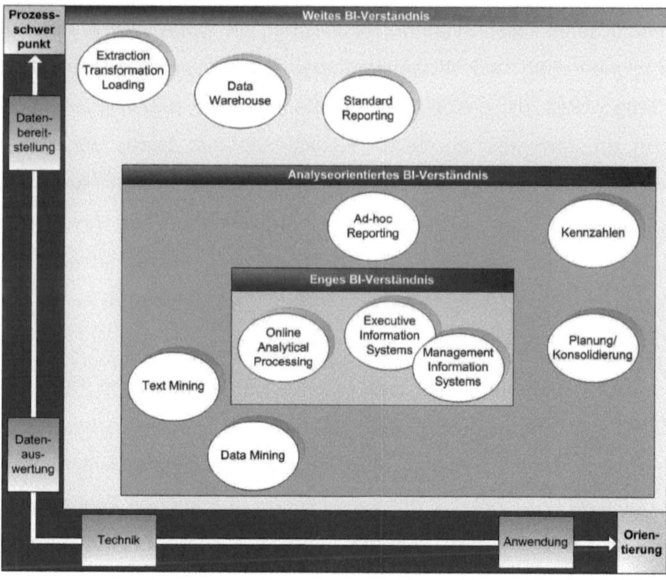

Abbildung 11: Sichtweisen auf Business Intelligence[345]

[344] Vgl. Kemper u.a. (2010), S. 3 ff. sowie Gluchowski u.a. (2008), S. 90 ff.

[345] Quelle: eigene Darstellung, modifiziert übernommen aus Gluchowski (2001), S. 7. Vgl. hierzu auch Kemper u.a. (2010), S. 4.

Analyseorientiertes BI-Verständnis

Im analyseorientierten BI-Verständnis steht die zielgerichtete, modell- und methodenbasierte Aufbereitung von Datenmaterial im Vordergrund. Hierbei haben die Entscheider oder Entscheidungsvorbereiter einen direkten Zugriff auf die interaktiven Systemfunktionalitäten und können diese entsprechend ihrer Ziele nutzen. Neben den OLAP-Werkzeugen oder MIS und EIS gehören hierzu insbesondere Data-Mining- sowie Text-Mining-Produkte, Generatoren zur Erstellung von Ad-hoc-Berichten, Systeme zur Planung und Konsolidierung sowie die darauf basierenden Applikationen.[346]

Weites BI-Verständnis

Nach dem BI-Verständnis i.w.S. können unter Business Intelligence alle direkt oder indirekt zur Entscheidungsunterstützung eingesetzten Anwendungen verstanden werden. Hierzu zählen alle Systemkomponenten, die operatives Datenmaterial zur Informationsgenerierung und Wissensaufbereitung speichern. Diese Komponenten bieten die Möglichkeit, die gespeicherten Datenumfänge auszuwerten und in aufbereiteter Form zur Verfügung zu stellen. Konkret umfasst dieses Begriffsverständnis also alle Werkzeuge zum Extrahieren, Transformieren und Laden von Daten – kurz ETL-Tools[347] – sowie Data Warehouses und analyseorientierte Anwendungen. Da sich diese Sichtweise in Wissenschaft und Praxis zu etablieren scheint,[348] soll auch in dieser Arbeit das BI-Verständnis i.w.S. zugrunde gelegt werden.

2.3.1.3 Einsatzbereich

Innerhalb von Unternehmen lassen sich leitende und ausführende Tätigkeiten unterscheiden.[349] Diese Differenzierung geht auf die Definition der Arbeitsleistung nach Gutenberg zurück, welcher unter dispositiver Arbeitsleistung Aktivitäten subsumiert, „die mit der Leitung und Lenkung der betrieblichen Vorgänge in Zusammenhang stehen".[350] Dahingegen sind Tätigkeiten, die unmittelbar mit der Leistungserstellung, der Leistungsverwertung und mit finanziellen Aufgaben verbunden sind, operativer Natur. Analog zur Arbeitsleistung können nach demselben Klassifikationsschema auch In-

[346] Vgl. Jung und Winter (2000), S. 10 ff. sowie Gluchowski u.a. (2008), S. 90.
[347] Zur Erklärung des ETL-Prozesses vgl. auch die Ausführungen im Rahmen von Kapitel 2.3.3.
[348] Vgl. Gluchowski und Kemper (2006), S. 14.
[349] Vgl. Gluchowski und Kemper (2006), S. 13.
[350] Vgl. Gutenberg (1983), S. 3.

formationssysteme in dispositive und operative Systeme gegliedert werden,[351] ebenso werden die zugrunde liegenden Daten in operativ und dispositiv unterteilt.[352] Hierbei werden die operativen Daten größtenteils von *Online-Transaction-Processing-Systemen* (OLTP-Systemen) erzeugt, die dispositiven Daten werden von entscheidungsunterstützenden Systemen als Grundlage verwendet.

Für den dispositiven Faktor der Arbeitsleistung hat sich in der Zwischenzeit der Begriff Management etabliert.[353] Dementsprechend kann Management als zielorientierte Gestaltung von sozialen Systemen aufgefasst werden[354] und umfasst in Bezug auf ein Unternehmen sämtliche Tätigkeiten zur Planung, Organisation und Kontrolle betrieblicher Leistungsprozesse. Diesem Verständnis liegt eine tätigkeitsbezogene Definition auf Basis eines Funktionsansatzes zugrunde.[355] Hiernach ist der Terminus Management durch die Funktionen und Prozesse zur Steuerung des Leistungsprozesses charakterisiert, während der institutionelle Managementbegriff eher die Führungs- und Leitungsfunktionen einzelner Personengruppen hervorhebt. Innerhalb der funktionalen Sichtweise des Managements lassen sich weiterhin – zumindest gedanklich – Sach- und Führungsaufgaben unterscheiden.[356] Hier beschäftigen sich die Führungsaufgaben im Wesentlichen mit dem Informieren, Instruieren und Motivieren der Mitarbeiter. Dahingegen ist im Rahmen der Sachaufgaben tendenziell eher die Anwendung von Problemlösungssystematiken und -techniken zur Entscheidungsvorbereitung auf Basis von planungs- und steuerrelevanten Informationen zu finden. Somit kann Management in diesem Zusammenhang als Transformation von Informationen in korrespondierende Aktionen aufgefasst werden.[357]

---

351 Vgl. Kemper u.a. (2010), S. 15.

352 Zur weiteren Unterscheidung der Charakteristika von operativen und dispositiven Daten siehe auch Christmann (1996), S. C822.07 oder Kemper u.a. (2010), S. 16.

353 Vgl. Gluchowski u.a. (2008), S. 14.

354 Vgl. Wild (1982), S. 32 oder Mag (1992), S. 60.

355 Vgl. hierzu Albrecht (1993), S. 14, Bleicher (1993), S. 1271 f., Staehle u.a. (1999), S. 71, Steinmann u.a. (2013), S. 6 ff.

356 Vgl. hierzu u.a. Wild (1982), S. 33 oder Mag (1992), S. 60. In der Praxis treten beide Funktionen häufig zusammen auf, dennoch kann die Unterscheidung von Sach- und Personalfunktion als gedankliche Strukturierung verstanden werden (vgl. Blohm u.a. (1988), S. 167 sowie Albrecht (1993), S. 15).

357 Vgl. Greschner und Zahn (1992), S. 9.

2.3.1.4 Anwendergruppen

Business Intelligence basierende Lösungen lassen sich in allen Unternehmensbereichen und über verschiedene Hierarchieebenen hinweg einsetzen.[358] Daher richtet sich der Adressatenkreis sowohl an die verschiedenen Managementebenen als auch an Fachanwender in unterschiedlichen funktionalen Aufgabengebieten. Prinzipiell lassen sich jedoch unabhängig vom konkreten Anwendungsfeld die Nutzergruppen Informationskonsument, Analytiker und Spezialist unterscheiden.[359]

Informationskonsument

Informationskonsumenten greifen vorwiegend auf standardisierte Berichte zurück, welche berechtigungstechnisch voneinander abgegrenzt sind. Diese werden in periodischen Abständen aktualisiert. Weitergehende Analysen und Strukturänderungen in den Datenbeständen sind im Regelfall nicht notwendig, grafische Visualisierungen unterstützen die Ausführung von bestimmten Aufgaben.

Analytiker

Analytiker sind tendenziell eher mit der Lösung von un- oder semistrukturierten Problemen konfrontiert. Demzufolge benötigen sie zur Erfüllung ihrer Aufgaben die Möglichkeit, sich frei im vorliegenden Datenraum zu bewegen und mit Hilfe grafischer Optionen eigene Sichten zu generieren. Hierzu werden die angebotenen Systemfunktionalitäten genutzt, allerdings keine eigenen Modelle oder Methoden entwickelt.

Spezialist

Spezialisten sind häufig mit komplizierten Aufgabenstellungen konfrontiert, zu deren Lösung weitreichende Analysen notwendig sind. Um dies zu erreichen, können statistische Verfahren oder Data-Mining-Algorithmen verwendet sowie eigene Lösungsverfahren entwickelt werden. Dies setzt einen Zugriff auf den Datenbestand und die Kenntnis über dessen Strukturen und Beziehungen voraus.

---

[358] Vgl. hierzu Gluchowski u.a. (2008), S. 105 sowie Kemper u.a. (2010), S. 10.

[359] Vgl. hierzu und im Folgenden Gluchowski u.a. (2008), S. 105 ff. sowie ergänzend Chamoni u.a. (2005), S. 11 ff. Dahingegen findet sich in Wieken (1999), S. 36 f. die Unterscheidung Knopfdruckanwender, Gelegenheitsanwender, Fachbenutzer, Berichtsentwickler sowie Data-Mart-Administratoren. Außerdem lassen sich bei Behme und Mucksch (1997), S. 10 f. Datenbankanwender, Datenbankspezialisten, Anwendungsprogrammierer und Nichtprogrammierer differenzieren.

2.3.2 Ordnungsrahmen

Im Business Intelligence Ansatz lassen sich auf generischem Level – unabhängig von der konkreten unternehmensspezifischen Ausgestaltung – verschiedene Schichten differenzieren.[360] Kemper u.a. stellen diese Struktur innerhalb eines dreischichtigen BI-Ordnungsrahmens dar. Innerhalb des Ordnungsrahmens[361] können die Ebenen Datenbereitstellung, Informationsgenerierung und -distribution sowie Informationszugriff unterschieden werden, zudem werden schematisch auch die vorgelagerten, operativen Datenquellen skizziert. Die einzelnen Komponenten des hier abgebildeten Ordnungsrahmens sollen in den folgenden Abschnitten näheren beschrieben werden.

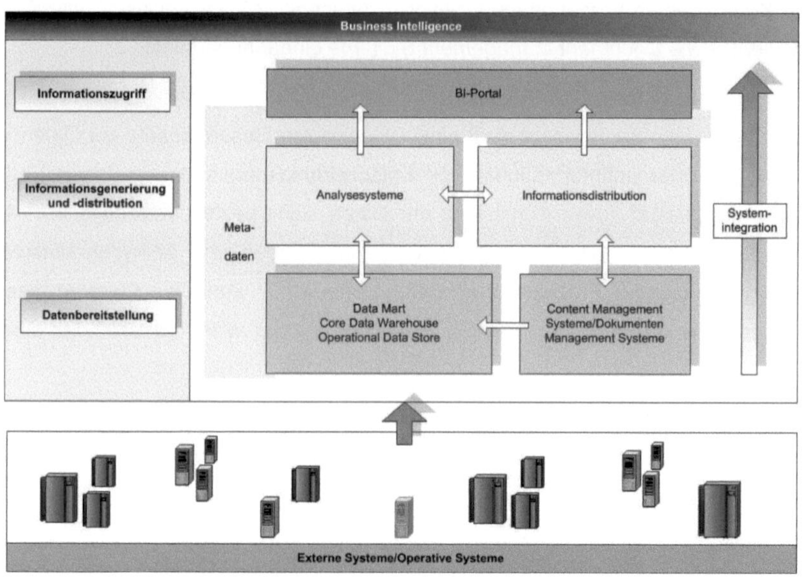

Abbildung 12: Business Intelligence Ordnungsrahmen[362]

[360] Vgl. Gluchowski u.a. (2008), S. 109.

[361] Nach Meise (2001), S. 62 lässt sich ein Ordnungsrahmen wie folgt definieren: „Ein Ordnungsrahmen gliedert als relevant deklarierte Elemente und Beziehungen eines Originals auf einer hohen Abstraktionsebene nach einer gewählten Strukturierungsweise in einer beliebigen Sprache. Der Zweck eines Ordnungsrahmens besteht darin, einen Überblick über das Original zu vermitteln und bei einer Einordnung von Elementen und Beziehungen untergeordneter Detaillierungsebenen deren Bezüge zu anderen Elementen und Beziehungen des Ordnungsrahmens offen zu legen."

[362] Quelle: eigene Darstellung, modifiziert übernommen aus Kemper und Baars (2006), S. 10 oder Kemper u.a. (2010), S. 11 bzw. Kemper u.a. (2013), S. 23.

2.3.3 Datenbereitstellung

Die Datenbereitstellung ist ein wesentlicher Gesichtspunkt beim Aufbau von Business Intelligence Systemen.[363] Sie hat die Aufgabe, die benötigten Daten aus den Quellsystemen zu generieren und konsistent zu speichern. Die vorgelagerten Datenquellen können sowohl strukturierte als auch unstrukturierte Daten enthalten.[364] Innerhalb des BI-Ordnungsrahmens erfolgt die Bereitstellung von strukturierten Daten größtenteils durch Data Warehouse Konzepte, während unstrukturierte Daten zumeist in *Content Management Systemen* oder *Document Management Systemen* abgelegt werden.[365] Aus diesem Grund wird in den folgenden Abschnitten 2.3.3.1 bis 2.3.3.3 zunächst eine Detailierung der Data Warehouse Konzepte und aller zugehörigen Komponenten vorgenommen, bevor in Abschnitt 2.3.3.4 auf die *Content Management* sowie *Document Management Systeme* eingegangen wird.

2.3.3.1 Data Warehouse Konzepte

Das Data Warehouse Konzept stellt einen integrativen Gesamtansatz zur Datenhaltung für Managementinformationen zur Entscheidungsunterstützung dar, mit Hilfe dessen die Qualität sowie Konsistenz der Daten sichergestellt werden soll.[366] Auf dieser Basis können alle weitergehenden Auswertungen und Analysen entscheidungsunterstützender Prozesse durchgeführt werden.[367] Zentrales Element dieses Ansatzes bildet der von INMON geprägte Begriff des *Data Warehouses*[368]. Mit einem

---

363 Vgl. Gluchowski u.a. (2008), S. 117.

364 Strukturierte Daten zeichnen sich dadurch aus, dass sie durch ein striktes Schema hinsichtlich ihrer logischen oder physischen Struktur beschreibbar sind. Dies ist bei unstrukturierten Daten nicht gegeben, da das Strukturschema nicht offensichtlich ist (vgl. Abiteboul (1997), S. 1, Abiteboul u.a. (1999), S. 1 f. oder Arasu und Garcia-Molina (2003), S. 337).

365 Vgl. Kemper u.a. (2010), S. 12 oder Kemper u.a. (2013), S. 23.

366 Vgl. Mucksch und Behme (1997), S. 34. Weitere Definitionen, Charakteristika und Sichtweisen finden sich u.a. in Holthuis (1999), S. 72 f., Gabriel u.a. (2000), S. 76 ff., Inmon (2005), S. 29 ff., Jung und Winter (2000), S. 3 f., Mucksch (2006), S. 130 ff. oder Bauer und Günzel (2013), S. 7 f. Vereinzelt lassen sich in der Literatur als Synonyme zum Data Warehouse Konzept auch die Begriffe *Atomic Database*, *Business Information Resource*, *Data Supermarket*, *Decision Support System Foundation*, *Information Warehouse* und *Reporting Database* identifizieren. Jedoch konnten diese sich nicht flächendeckend verbreiten (vgl. Holthuis (1999), S. 71 sowie Gluchowski u.a. (2008), S. 118).

367 Vgl. Mucksch u.a. (1996), S. 422 f.

368 Vgl. Mucksch und Behme (1997), S. 35; Kemper u.a. (2010), S. 19. Der Aufbau und das Design eines Data Warehouses werden in Inmon (2005), S. 71 ff. beschrieben. Wesentliche Merkmale eines Data Warehouses sind durch die Themenorientierung, die Integration, die Nicht-Volatilität und den Zeitraumbezug gegeben (vgl. Inmon (2005), S. 29 oder Mucksch und Behme (1997), S. 37 ff., Holthuis (1999), S. 73, Jung und Winter (2000), S. 4 f., Kemper u.a. (2010), S. 19 bzw. Bauer und Günzel (2013), S. 7 f.).

Data Warehouse i.e.S. wird eine von operationalen Systemen isolierte Datenbank umschrieben.[369] Es kann als unternehmensweite Datenbasis für alle Ausprägungen managementunterstützender Systeme dienen und enthält alle entscheidungsunterstützenden Daten. Je nach Implementierung kann ein Data Warehouse als Kommunikationsplattform über Abteilungs- und teilweise auch Unternehmungsgrenzen hinweg fungieren.[370] Idealerweise dient das Data Warehouse aufgrund seiner aufwändigen Harmonisierungsaktivitäten als organisationsweite Vertrauensbasis („Single Point of the Truth"). Die Integration geht sogar so weit, dass im Idealfall unternehmensweit nur eine Datenbasis existiert, die die Informationsbedarfe verschiedener Anwendergruppen abdeckt.[371] Hierdurch soll ein einheitlicher Informationszugriff gewährleistet werden.[372]

2.3.3.2 *Data Warehouse Architektur und Komponenten*

Zur Umsetzung eines Data Warehouse Konzeptes können unterschiedliche Architekturvarianten zum Einsatz kommen.[373] Zum einen mögen hierbei historisch gewachsene Gegebenheiten von BI-Landschaften innerhalb eines Unternehmens eine Rolle spielen, zum anderen können aber auch konkrete gestalterische Aktivitäten zur Etablierung einer geeigneten Unterstützung von Managementaufgaben einen Einfluss auf den Bauplan der Data Warehouse basierten Lösung haben.[374]

Eine allgemeine Architektur eines Data Warehouse-Ansatzes – ergänzt um einen *Operational Data Store* – findet sich bei Kemper.[375] Diese Architekturvariante wird als Hub-and-Spoke-Ansatz bezeichnet, wobei das Core Data Warehouse die Rolle der Nabe einnimmt und die unabhängigen Data Warehouses die Speichen darstellen. Dies ist in Abbildung 13 verdeutlicht.

---

[369] Die strikte Trennung von den operationalen Daten und Systemen ist ein wesentliches Charakteristikum für ein Data Warehouse (vgl. Mucksch und Behme (1997), S. 34).

[370] Vgl. hierzu und im Folgenden Gluchowski u.a. (2008), S. 124.

[371] Vgl. hierzu die Definition eines Data Warehouses nach Martin und Maur (2001), S. 105 als „geordnete, funktions- und unternehmensübergreifende, an Geschäftsobjekten, z.B. Kunde, orientierte Datensammlung über Zeithorizonte von mehreren Jahren" sowie Gluchowski u.a. (2008), S. 118.

[372] Vgl. Alan Radding (1995), S. 53 f.

[373] Vgl. Gluchowski u.a. (2008), S. 125.

[374] Eine ausführliche Vorstellung verschiedener Ansätze findet sich beispielsweise in Kemper u.a. (2010), S. 22 ff. oder Gluchowski u.a. (2008), S. 130 inklusive weiterer Literaturangaben.

[375] Vgl. Kemper u.a. (2010), S. 24 f.

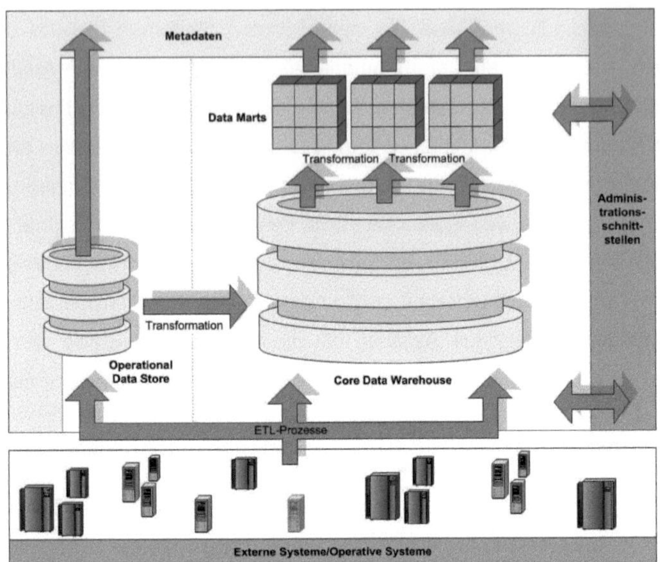

Abbildung 13: Data Warehouse Architektur mit Operational Data Store[376]

Im Folgenden werden die einzelnen Architekturkomponenten sowie deren Aufgaben innerhalb des *Hub-and-Spoke-Ansatzes* näher erläutert.

Core Data Warehouse

Ein *Core Data Warehouse* (C-DWH) – teilweise auch als *Enterprise Data Warehouse* tituliert – ist ein separates Datenbanksystem, welches losgelöst von den operativen Systemen ein auf betriebliche Entscheidungsträger ausgerichtetes Informationsangebot enthält.[377] Die Daten hierfür stammen aus operativen internen oder externen Quellsystemen,[378] die Datenablage erfolgt im Regelfall kategorisiert nach Themen. Dies kann sowohl an anwendungs- als auch auswertungsorientierten Gesichtspunkten orientiert sein. Weiterhin kann das Datenmaterial im C-DWH verschiedene Verdichtungsstufen von sehr detailliert bis hoch aggregiert umfassen. Endanwender können über verschiedene Abfragewerkzeuge auf das Datenmaterial zugreifen, grafische Benutzeroberflächen vereinfachen diese Analysen.[379]

[376] Quelle: eigene Darstellung, vgl. Kemper u.a. (2010), S. 25.
[377] Vgl. Gluchowski u.a. (2008), S. 128.
[378] Vgl. Kemper u.a. (2010), S. 25.
[379] Vgl. Kemper u.a. (2010), S. 39 f. sowie Gluchowski u.a. (2008), S. 128.

Data Mart

Ein *Data Mart*[380] enthält Datenextrakte für eine bestimmte Klasse von Applikationen. Die Datenextrakte können anwendungs- oder funktionsbereichsspezifisch festgelegt werden und stehen im Regelfall nur einem eingeschränkten Benutzerkreis zur Verfügung.[381] Üblicherweise wird der Datenbestand aus dem C-DWH extrahiert.[382] Der Aufbau von *Data Marts* erfolgt vor dem Hintergrund der Leistungsoptimierung, da hierdurch umfangreiche Datenbestände problembezogen schneller und flexibler analysiert werden können als im C-DWH direkt.[383]

Operational Data Store

Ein *Operational Data Store* (ODS) enthält harmonisierte Detaildaten aus verschiedenen operativen Quellsystemen.[384] Hierbei ist die zeitliche Reichweite der Daten jedoch von begrenzter Natur; der Datenbestand genügt jedoch, um die operativen Anforderungen an ein Berichtswesen größtenteils abzudecken. Im Gegensatz zum operativen Reporting sind die Daten innerhalb des ODS schon bereichsübergreifend vereinheitlicht, verdichtet und entsprechend multidimensional aufbereitet. Aufgrund dieser Tatsache eignet sich das Datenmaterial auch zur Befüllung des Data Warehouses.

Metadaten

Metadaten sind Daten, die für die Analyse, den Entwurf, die Konstruktion und die Nutzung eines Informationssystems erforderlich sind.[385] Es lassen sich hierbei *fachliche* sowie *technische Metadaten* unterscheiden.[386] Die fachlichen Metadaten richten sich direkt an die Endanwender. Sie können Kommentare, Verantwortlichkeiten oder Definitionen enthalten und werden häufig manuell erfasst. Dahingegen stellen technische Metadaten Informationen über die Datenstrukturen der gespeicherten *Data*

---

[380] Vgl. Anahory und Murray (1997), S. 69 f. zur Darstellung von *Data Marts* im Allgemeinen.

[381] Vgl. Kemper u.a. (2010), S. 41.

[382] Vgl. Kemper u.a. (2010), S. 26.

[383] Vgl. Gluchowski u.a. (2008), S. 129.

[384] Vgl. hierzu und im Folgenden Mucksch und Behme (1997), S. 42 f., Inmon u.a. (2000), S. 218 f., Kemper und Lee (2003), S. 233, Chamoni u.a. (2005), S. 30, Mucksch (2006), S. 136, Gluchowski u.a. (2008), S. 131 sowie Kemper u.a. (2010), S. 26.

[385] Vgl. Thomas Vetterli u.a. (2000), S. 58, Vaduva und Vetterli (2001), S. 273, Jossen u.a. (2013), S. 340 sowie Kemper u.a. (2010), S. 47.

[386] Vgl. hierzu und im Folgenden Behme und Mucksch (1997), S. 59 ff., Wieken (1999), S. 205 ff., Kemper (1999), S. 224 ff., Gluchowski u.a. (2008), S. 123 sowie Kemper u.a. (2010), S. 48 ff. Fachliche Metadaten werden dabei teilweise auch als betriebswirtschaftliche Metadaten bezeichnet.

Warehouse- oder *Operational Data Store-Daten* bereit und erlauben strukturierte Auswertungsmöglichkeiten über die Zusammenhänge innerhalb der dispositiven Datenhaltung. Diese Daten können zumeist automatisiert ermittelt werden.

Berechtigungsstrukturen

Wie bei operativen Systemen muss auch für ein Data Warehouse der Zugriff auf die zugrunde liegenden Daten geregelt werden.[387] Insbesondere vor dem Hintergrund von Datenschutzgesichtspunkten sollte ein dediziertes Berechtigungskonzept entworfen und eingesetzt werden. Im Regelfall erfolgt dies rollenbasiert und ist unter dem Schlagwort *Role-Based Access Control* (RBAC) bekannt.[388]

Administrationsschnittstellen

Unter Administrationsschnittstellen sind systemgestützte Zugänge für technische oder betriebswirtschaftliche Spezialisten zu verstehen.[389] Sie erleichtern die Pflege und Wartungsaktivitäten beim Data Warehouse und werden konzeptionell beim Aufbau berücksichtigt.[390] Es können in diesem Zusammenhang technische und fachliche bzw. betriebswirtschaftliche Administrationsschnittstellen unterschieden werden.[391] Die technischen Administrationsschnittstellen dienen der Einrichtung, Modifikation oder Erweiterung der bestehenden Datenextraktionsstrukturen sowie der direkten Datenmanipulation. Über die fachlichen Administrationsschnittstellen werden beispielsweise auch die semantischen Datenoperationen – wie eine Harmonisierung – durchgeführt.[392]

2.3.3.3 Datenübernahmeprozess

Ein Datawarehouse kann mit Daten aus verschiedenen operativen Quellsystemen befüllt werden, welche oftmals eine relativ heterogene Struktur aufweisen. Hierbei sind zunächst einmal zwei Schritte wichtig – das initiale Laden des Data Warehouses

---

[387] Vgl. hierzu und im Folgenden Bhatti u.a. (2008), Blanco u.a. (2008), Kimball u.a. (2009), S. 215 ff., Gluchowski u.a. (2008), S. 105 f., Blanco u.a. (2009), S. 675, Ferrari (2009), S. 10 sowie Kemper u.a. (2010), S. 54 ff.

[388] Vgl. Ferraiolo u.a. (1995), Coyne (1996) und Neumann und Strembeck (2002).

[389] Vgl. Kemper u.a. (2010), S. 26.

[390] Vgl. hierzu u.a. Kimball u.a. (2009), S. 567 ff., Kemper u.a. (2010), S. 56 ff., Behme u.a. (2013b), S. 526 ff., Dittmar und Vavouras (2013), S. 539 ff., Pieringer und Scholz (2013), S. 544 ff. und Schäfer und Witschnig (2013), S. 561 ff.

[391] Vgl. hierzu und im Folgenden Kemper u.a. (2010), S. 57 f.

[392] Vgl. die Erklärungen zur Transformation der Daten im folgenden Kapitel 2.3.3.3.

sowie die Definition eines kontinuierlichen Übernahmeprozesses, welcher aktualisierte Daten aus den Vorsystemen in das Data Warehouse übernimmt.

Insgesamt gesehen ist die Übernahme von Daten aus einem operativen Quellsystem in das Data Warehouse ein dreistufiger Prozess, welcher aufgrund der Bezeichnung der einzelne Teilphasen *Extraktion*, *Transformation* und *Laden* auch als ETL-Prozess apostrophiert wird. Dies ist in Abbildung 14 dargestellt. Innerhalb der drei Prozessphasen werden verschiedene Bearbeitungs- und Transportschritte durchgeführt.[393] Nur wenn diese erfolgreich abgeschlossen sind, ist sichergestellt, dass die Daten in der gewünschten Form und Qualität im Data Warehouse vorliegen. Die zugehörigen Aufgaben werden im Folgenden näher beschrieben.[394]

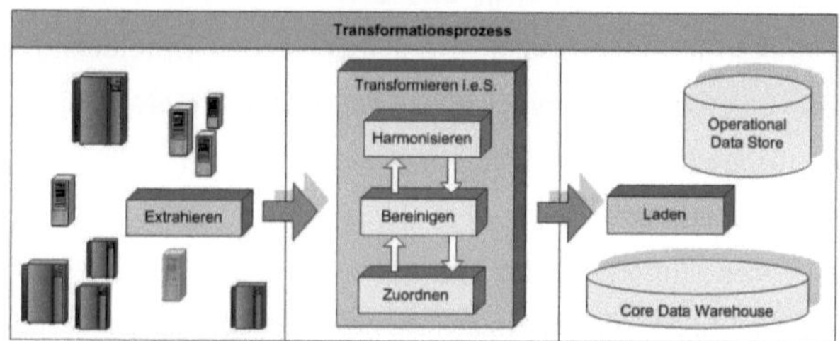

Abbildung 14: Transformationsprozess – ETL[395]

Datenextraktion aus Quellsystemen

Im ersten Schritt des ETL-Prozesses werden die für das Data Warehouse notwendigen Daten identifiziert. Dies geschieht mit Hilfe von Filtervorschriften der Daten aus zumeist heterogenen Quellsystemen.[396] Hierzu ist eine Beschreibung der Quelldatenstruktur notwendig; weiterhin müssen geeignete Zugriffsverfahren auf das Vorsystem bestehen. Bei inkrementellen Updates müssen in diesem Schritt außerdem die Daten identifiziert werden, die sich seit dem letzten Ladevorgang verändert haben. Dies kann beispielsweise mit Hilfe eines Zeitstempels oder der Speicherung der Daten in einem separaten Speicherbereich erfolgen.[397]

---

393 Vgl. hierzu auch die Ausführungen bei Kemper (2000), S. 114 ff.
394 Die weiteren Ausführungen beziehen sich auf Gluchowski u.a. (2008), S. 135 ff.
395 Quelle: eigene Darstellung, modifiziert übernommen aus Gluchowski u.a. (2008), S. 134.
396 Vgl. Kemper u.a. (2010), S. 28.
397 Darüber hinaus existieren auch noch weitere Möglichkeiten, beispielsweise die Auswertung der Datenbank-Logdateien, die Protokollierung der relevanten Datenbanktransaktionen, der Vergleich von Schnappschüssen zu verschiedenen Zeitpunkten sowie die Modifikation von Anwendungspro-

Transformation der Daten

Nach der Datenextraktion müssen diese entsprechend aufbereitet werden, was unter Transformation i.e.S. verstanden wird.[398] Grundsätzlich lassen sich hierbei mehrere Teilschritte unterscheiden, welche sequentiell oder teilweise auch parallel durchgeführt werden können.

- **Zuordnen:** In diesem Prozessschritt werden Daten aus unterschiedlichen Quellsystemen mit einem Informationsobjekt verknüpft. Dies dient dazu, die einzelnen Charakteristika dieses Objektes im Zielsystem konsolidiert betrachten zu können.
- **Bereinigen:** Bei der Bereinigung des Datenbestands werden syntaktische und semantische Fehler aufgedeckt und eliminiert. Hierbei sind unter syntaktischen Mängeln formelle Fehler in der technischen Darstellung der Daten zu verstehen, beispielsweise hinsichtlich des Datenformats. Dahingegen betreffen semantische Mängel die betriebswirtschaftlichen Inhalte wie fehlende oder unstimmige Datenwerte.[399]
- **Harmonisieren:** Innerhalb der Harmonisierung werden die gefilterten Daten zusammengeführt. Es lassen sich hierbei Maßnahmen zur syntaktischen sowie zur betriebswirtschaftlichen Harmonisierung unterscheiden. Bei der syntaktischen Harmonisierung wird versucht Heterogenitäten der unterschiedlichen Quellsysteme zu beseitigen sowie die Verwendung von synonymen oder homonymen Begriffen[400] zu beachten. Die betriebswirtschaftliche Harmonisierung hat zum einen den Abgleich und die Vereinheitlichung von Kennziffern innerhalb einer Unternehmung im Fokus, zum anderen wird hier auch die notwendige Granularität des Datenmaterials festgelegt.[401]

grammen (vgl. hierzu Holthuis (1999), S. 89 ff., Wieken (1999), S. 191 f. sowie Gluchowski u.a. (2008), S. 13 ff.).

398 In der Literatur konnte sich hierfür kein einheitliches Begriffsverständnis etablieren. Der Teilvorgang ist auch unter den Begriffen *Datenveredlung*, *Datenaufbereitung* oder *Data Scrubbing* bekannt (vgl. Kemper (1999), S. 210).

399 Vgl. zu diesem Abschnitt auch Bange (2006), S. 92 ff., Gluchowski u.a. (2008), S. 138 sowie Kemper u.a. (2010), S. 28 ff.

400 Synonyme werden hierbei als Attribute mit unterschiedlichen Namen, aber dennoch derselben Bedeutung, verstanden. Umgekehrt besitzen Homonyme zwar denselben Attributnamen, haben aber gleichwohl eine unterschiedliche Bedeutung (vgl. hierzu Kemper und Finger (2006), S. 122 oder Kemper u.a. (2010), S. 34).

401 Vgl. zu diesen Ausführungen auch Gluchowski u.a. (2008), S. 137 und Kemper u.a. (2010), S. 32 ff.

Laden der Daten in das Zielsystem

Das Laden der Daten in das Data Warehouse umfasst neben dem physischen Transport der Daten auch die Berechnung von betriebswirtschaftlichen Kenngrößen. Hierzu gehört neben der Aggregation von Daten auch die Bestimmung weiterer unternehmensspezifischer Kennzahlen, welche ebenfalls in der Datenbasis gespeichert werden. Dieser Vorgang wird häufig unter dem Begriff Datenanreicherung subsumiert.[402]

2.3.3.4 Content Management und Document Management

Content Management Systeme (CMS) verwalten im Regelfall Informationsobjekte mit unterschiedlichen elektronischen Darstellungsformen. Hierzu gehören beispielsweise Texte, Grafiken, Bilder, Videos oder Audiodateien. Demgegenüber werden in einem *Document Management System* (DMS) zumeist unstrukturierte, digitalisierte Daten bereitgestellt. Diese Systeme verfügen in aller Regel über Funktionen zur Archivierung, Klassifikation mit Hilfe von Schlagwörtern, Versionierung und Visualisierung.[403]

Beiden Systemarten ist gemein, dass sie die Speicherung größerer Volumina an unstrukturierten Daten unterstützen und zum Support des Wissensmanagements eingesetzt werden können.[404] Sowohl CMS als auch DMS können im Kontext von Business Intelligence zwei verschiedene Aufgaben erfüllen. Auf der einen Seite können sie zur Datenbereitstellung verwendet werden, so dass auf die hier abgelegten Daten mit Hilfe von Analyseverfahren wie beispielsweise *Information Retrieval* oder *Text Mining* zugegriffen werden kann. Auf der anderen Seite können über diese Systeme auch Informationen zur Verfügung gestellt werden. Bei einer Verwendung in diesem Sinne sind CMS und DMS der Distributionsschicht innerhalb des BI-Ordnungsrahmens zuzuordnen.[405] Insgesamt gesehen kommt einem CMS bzw. DMS bei einer

---

[402] Vgl. zu diesem Abschnitt Gluchowski u.a. (2008), S. 139 f. sowie Kemper u.a. (2010), S. 37 f.

[403] Vgl. hierzu und im Folgenden Kemper u.a. (2010), S. 145 ff.

[404] Zur Definition des Wissensbegriffs siehe auch die Ausführungen im Rahmen von Kapitel 3.1.1. Unter Knowledge Management oder Wissensmanagement wird in diesem Zusammenhang die Summe aller organisatorischen und technischen Maßnahmen zur Dokumentation, Speicherung und Distribution von Wissen verstanden (vgl. Hansen und Neumann (2009), S. 576 f.).

[405] Vgl. Abbildung 12. Im Rahmen der Distributionsfunktion von CMS oder DMS im Kontext von BI können verschiedene Funktionalitäten unterschieden werden. Hierzu zählen u.a. eine Zugriffssteuerung auf BI Inhalte durch Benutzerberechtigungen oder Check In- und Check Out-Mechanismen, eine Workflowsteuerung für Freigabeprozesse dieser Inhalte, eine Versionierung oder eine Steuerung des Lebenszyklus der abgelegten Inhalte (vgl. hierzu auch Baars (2006), S. 414 ff., Gronau u.a. (2009), S. 164 ff sowie S. 218 ff.) oder Götzer u.a. (2014), S. 79 ff.

kombinierten Betrachtung von strukturierten, semi- und unstrukturierten Daten im Kontext einer integrierten BI-Lösung eine hohe Bedeutung zu.[406]

2.3.4 Informationsgenerierung und -distribution

Nachdem in den vorhergehenden Abschnitten die Datenbereitstellung mit Hilfe von Data Warehouse Konzepten sowie Content oder Dokumenten Management Systemen erläutert wurden, widmet sich dieses Kapitel der Informationsgenerierung aus diesen Daten sowie der anschließenden Distribution.

2.3.4.1 Analysesysteme und Implementierungsansätze

Analysesysteme werden häufig auch als analytisches System oder analyseorientierte Systeme bezeichnet und dienen dazu, Daten in einen anwendungsorientierten Kontext zu überführen.[407]

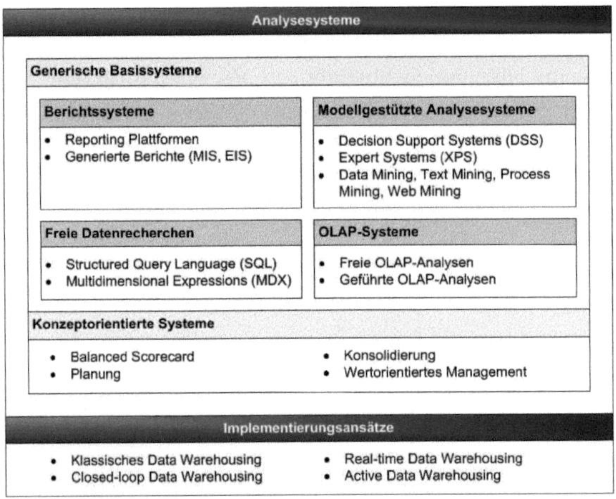

Abbildung 15: Analysesysteme und Implementierungsansätze[408]

Hierzu gehört auch die spezifische Aufbereitung und Präsentation der Daten.[409] Grundsätzlich lassen sich Analysesysteme aufgrund verschiedener Sichtweisen

406 Vgl. Becker u.a. (2002), S. 245 f., Klesse u.a. (2003), S. 118 ff., Bange (2004), S. 115 ff. sowie Priebe u.a. (2003), S. 281 ff.
407 Vgl. Kemper u.a. (2010), S. 85.
408 Quelle: eigene Darstellung, modifiziert übernommen aus Kemper u.a. (2010), S. 90.
409 Vgl. Seufert und Oehler (2009), S. 15.

klassifizieren.[410] Unterscheidet man auf Basis der funktionalen Ausrichtung, kann zwischen generischen Basissystemen sowie konzeptorientierten Systemen differenziert werden. Grundsätzliche stehen zur Anbindung der genannten Systeme an die Datenbereitstellung verschiedene Implementierungsansätze zur Verfügung. Dieser Sachverhalt wird in Abbildung 15 bildlich dargestellt. In den folgenden Abschnitten werden zunächst die generischen Basissysteme näher erläutert, bevor auf die konzeptorientierten Systeme eingegangen wird. Danach werden die verschiedenen Implementierungsansätze beschrieben.

Generische Basissysteme

Unter *generischen Basissystemen* werden in diesem Kontext Systeme verstanden, die eigenständig nutzbare BI-Komponenten enthalten. Diese Komponenten können dann in einem BI-Anwendungssystem zusammengeführt werden. Im Einzelnen lassen sich hierbei Berichtssysteme, modellgestützte Analysesysteme, die freie Datenrecherche oder Ad-hoc Analysesysteme unterscheiden.

- **Berichtssysteme:** Diese Art der Basissysteme stellt eine technische Lösung zur Erzeugung und Darstellung von Berichten[411] in elektronischer Form dar.[412] Es lassen sich interaktive Reporting-Plattformen wie auch Systeme unterscheiden, die über definierte Zugänge vordefinierte Berichte zur Verfügung stellen. Mit Hilfe von Reporting-Plattformen kann man interaktiv eigene Berichte definieren, die auf den Daten der dispositiven Datenbasis beruhen. Die Berichte können dann betriebsintern über das Intranet verteilt werden. Über MIS oder EIS werden hauptsächlich vordefinierte Berichte auf möglichst einfache Weise abgerufen, gegebenenfalls erweitert und dann vielfach in ausgedruckter Form zur Verfügung gestellt.[413]

---

[410] Eine klassische Unterscheidung ist hierbei beispielsweise die Trennung von modell- und berichtsorientierten Systemen, welche sich direkt den einzelnen Managementebenen zuordnen lassen (vgl. Kemper (1999), S. 232 ff.). Weiterhin können insbesondere BI-Analysesysteme hinsichtlich ihrer Anwendungsgebiete wie z.B. Customer Relationship Management, Supply Chain Management oder entsprechend den organisatorischen Einheiten wie Controlling, Marketing oder Vertrieb differenziert werden (vgl. Kemper u.a. (2010), S. 86 ff.).

[411] Zur detaillierten Darstellung von Berichten sei an dieser Stelle auf die Ausführungen im Rahmen von Abschnitt 2.3.5.1 verwiesen.

[412] Vgl. Gluchowski u.a. (2008), S. 206.

[413] Vgl. hierzu die Ausführungen in Kemper u.a. (2010), S. 129 ff.

- **Modellgestützte Analysesysteme:** Das Anwendungsfeld von modellgestützten Analysesystemen liegt in komplexen, häufig algorithmenbasierten Auswertungen.[414] Zu dieser Systemkategorie gehören die bereits erwähnten DSS[415], *Expert Systems* (XPS)[416], aber auch Analysesysteme zum *Data Mining*, *Text Mining*, *Process Mining*[417] oder *Web Mining*[418]. Auf die beiden erstgenannten Bereiche wird im Rahmen von Kapitel 2.3.4.3 aufgrund der Relevanz für diese Arbeit noch einmal näher eingegangen.
- **Freie Datenrecherche:** Die freie Datenrecherche macht sich die Verwendung einer Datenmanipulationssprache[419] zunutze, um die vorliegenden dispositiven Daten gemäß ihres Verwendungsbedarfs zur Anzeige zu bringen. Hierbei wird im relationalen Kontext häufig auf die *Structured Query Language* (SQL)[420] zurückgegriffen, die in der Zwischenzeit auch die Anforderungen an multidimensionale Datenstrukturen abdeckt. Daneben hat sich die Abfrage-

---

[414] Die Anwendung dieser fortgeschrittenen Techniken zur Informationsauswertung ist auch unter dem Begriff *Advanced Analytics* bekannt (vgl. Bose (2009), S. 156). Dementsprechend werden auch die zugehörigen Systeme mit diesem Begriff bezeichnet (vgl. Kemper u.a. (2010), S. 110).

[415] DSS werden aufgrund ihrer algorithmischen Orientierung zur Entscheidungsunterstützung bei un- bzw. semistrukturierten Problemen eingesetzt (vgl. Kemper u.a. (2010), S. 111). Die Entwicklung von DSS erfolgte in verschiedene Richtungen, so dass hiermit einher auch verschiedene Definitionsansätze einhergehen. Allgemein akzeptiert ist jedoch die Sichtweise, die unter einem DSS ein interaktives modell- und formelbasiertes System versteht, welches sich von seiner Funktionalität auf einzelne Aufgaben oder Aufgabenklassen beschränkt (vgl. Gluchowski u.a. (2008), S. 63 f. sowie Mertens und Meier (2009), S. 12 f.).

[416] XPS werden auch als *Expertensysteme* oder *wissensbasierte Systeme* bezeichnet und sind ein Teilgebiet des Forschungsbereichs der *künstlichen Intelligenz.* Sie versuchen das Fachwissen von Experten in die Problemlösungsmechanismen mit einzubeziehen und hierfür domänenspezifische Lösungen zur Verfügung zu stellen (vgl. Kemper (1999), S. 45 ff.).

[417] Der Fokus des *Process Mining* liegt in der Analyse von Prozessen. Hierzu werden Protokolldaten zur Rekonstruktion von Prozessen verwendet. Dies erfolgt auf Basis eines integrierten Verzeichnisses für Prozessdaten (vgl. Zur Muehlen (2001), S. 555 ff., van der Aalst und Weijters (2004) oder van der Aalst u.a. (2007)).

[418] Das *Web Mining* beschäftigt sich mit der Analyse von webbasierten Inhalten. Insgesamt gesehen können drei verschiedene Schwerpunktbereiche differenziert werden. Im Einzelnen sind dies *Web Log Mining* mit dem Fokus auf Protokolldateien, *Web Content Mining* mit dem Schwerpunkt der Analyse von HTML Dateien sowie *Web Structure Mining* mit dem Hintergrund der Analyse von Webseitenverlinkungen (vgl. Kosala und Blockeel (2000), S. 3 f., Bensberg und Schultz (2001), S. 680, Graubner-Müller (2011), S. 31 ff. sowie Liu (2011), S. 7).

[419] Eine *Datenmanipulationssprache* (engl. Data Manipulation Language, DML) dient zum Abfragen, Einfügen, Ändern oder Löschen von Daten innerhalb eines Datenbanksystems. Sie wird vom jeweiligen *Datenbankmanagementsystem* (DBMS) bereitgestellt (vgl. Elmasri und Navathe (2014), S. 35 f. sowie Lackes und Siepermann (2014)).

[420] Vgl. Elmasri und Navathe (2014), S. 34 f.

sprache MDX (Multidimensional Expressions) als De-facto-Industriestandard für multidimensionale Abfragen herauskristallisiert.[421]

- **Ad-hoc Analysesysteme:** Mit Ad-hoc Analysesystemen bringt man in erster Linie den von CODD u.a.[422] geprägten Begriff OLAP in Verbindung.[423] OLAP gewährleistet ein dynamisches Navigieren in multidimensionalen Datenräumen. Aufgrund der Bedeutung dieses Analyseansatzes sollen die hierfür notwendigen Grundlagen in Kapitel 2.3.4.2 separat diskutiert werden.

Konzeptorientierte Systeme

Konzeptorientierte Systeme decken im Gegensatz zu den zuvor vorgestellten generischen Basissystemen im Allgemeinen einen umfangreichen betriebswirtschaftlichen Funktionsbereich ab. Die Konzepte sind im Wesentlichen unternehmensspezifisch zu sehen und in den meisten Fällen an die konkreten Gegebenheiten des Einsatzumfelds anzupassen. In diese Systemkategorie gehören u.a. die Anwendungen zur IT-technischen Unterstützung der *Balanced Scorecard*, der Planung, der Konsolidierung oder des wertorientierten Managements.[424]

Implementierungsansätze

Während Data Warehouses in den 1990er Jahren eher zu planerischen Zwecken eingesetzt wurden, werden sie heutzutage auch zur Unterstützung im operativen Bereich eingesetzt.[425] In diesem Zusammenhang entwickelt sich die Datenaktualität zu einem zeitkritischen Faktor, was die Zielerreichung von Unternehmen angeht.[426] Dies führt zur Forderung nach einer Echtzeit-Unternehmung.[427] Im Zuge dessen haben sich verschiedene Implementierungsansätze für BI-Anwendungssysteme herauskristallisiert; es können hierbei u.a. das *klassische Data Warehousing*, *Closed Loop Data*

---

421 Vgl. Kemper u.a. (2010), S. 97.
422 Vgl. Codd u.a. (1993a), S. 87.
423 Vgl. hierzu auch das enge BI-Verständnis in Abschnitt 2.3.1.2.
424 Vgl. hierzu auch Gluchowski u.a. (2008), S. 223 ff. oder Kemper u.a. (2010), S. 131 ff. sowie die dort aufgeführten Literaturangaben zur detaillierten Darstellung der jeweiligen betriebswirtschaftlichen Konzepte.
425 Die Anforderung, die Abwicklung des Tagesgeschäfts möglichst in Echtzeit zu unterstützen, wird oftmals unter dem Stichwort *Operational Business Intelligence* (OPBI) zusammengefasst. Vgl. hierzu auch White (2005), Eckerson (2007), S. 7, Bauer und Schmid (2009) oder Gluchowski u.a. (2009).
426 Vgl. Gluchowski u.a. (2008), S. 336 oder Kemper u.a. (2010), S. 90 ff.
427 Vgl. Fleisch und Österle (2013), S. 4.

Warehousing, *Active Data Warehousing* und das *Real-time Data Warehousing* unterschieden werden:[428]

- **Klassisches Data Warehousing:** Bei dieser Vorgehensweise werden Daten aus Vorsystemen in periodischen Abständen mit Hilfe von ETL-Prozessen in die dispositive Datenhaltung übernommen.
- **Closed Loop Data Warehousing:** Der *Closed-Loop-Ansatz* beschreibt einen geschlossenen Kreislauf zwischen operativen und dispositiven Systemen. Bei jenem werden die existierenden Datenbestände in operativen oder dispositiven Systemen durch Ergebnisse der Datenanalyse inhaltlich ergänzt.[429] Auf diese Weise ergeben sich Potentiale zur Optimierung der operativen Abläufe.[430]
- **Active Data Warehousing:** Im Rahmen des *Active Data Warehousings* wird eine stärkere Entscheidungsunterstützung in operativen Prozessen angestrebt. Das Ziel hierbei ist es, sich wiederholende Entscheidungssituationen automatisch lösen zu können und dadurch eine gewisse Anzahl von definierten Aktionen zu automatisieren.[431]
- **Real-time Data Warehousing:** Das Ziel des *Real-time Data Warehousings* ist die Bereitstellung von zeitkritischen Informationen mit einer vernachlässigbaren Latenzzeit.[432] In diesem Fall wird der periodisch angelegte ETL-Prozess für die gewünschten Datenumfänge durch eine Integration von operativen Daten in das Data Warehouse ersetzt.[433]

2.3.4.2 Online Analytical Processing

Wie bereits im Zusammenhang mit den Ad-hoc Analysesystemen erwähnt, wurde der Begriff des *Online Analytical Processing* von CODD u.a. im Jahre 1993 geprägt und als innovativer Ansatz zur Datenanalyse in multidimensionalen Räumen be-

[428] Vgl. hierzu und im Folgenden die Ausführungen in Kemper u.a. (2010), S. 92 ff.
[429] Vgl. Gluchowski u.a. (2008), S. 348.
[430] Vgl. Kemper und Lee (2002).
[431] Vgl. Schrefl und Thalhammer (2000), S. 34 f., Brobst (2002), S. 15 f., Karakasidis u.a. (2005), S. 28, Polyzotis u.a. (2007), S. 476 sowie Kemper u.a. (2010), S. 94.
[432] Vgl. zum Thema Hintergründe und Anforderungen an eine Echtzeitökonomie auch Linthicum (2001), S. 3 ff.
[433] Vgl. hierzu Ruh u.a. (2000), S. 24 ff., Kaib (2002), S. 81 ff. sowie Brobst (2005), S. 153.

schrieben. In seiner ersten Ausprägung wurde OLAP über 12 Kriterien definiert,[434] welche im Laufe der Zeit im Rahmen aufkommender Diskussionen von verschiedenen Wissenschaftlern auf etwa 300 erweitert wurden.[435] Ab 1995 haben sich dann die Eigenschaften *Geschwindigkeit*, *Analyse*, *geteilte Nutzung*, *Multidimensionalität* und *Information* als prägnante Charakterisierung eines Analysekonzepts herauskristallisiert.[436]

Multidimensionale Datenräume

Innerhalb von multidimensionalen Datenräumen können Fakten, Dimensionen und Hierarchien unterschieden werden.[437]

- **Fakten:** Faktdaten sind im Regelfall numerische Werte und stellen zumeist betriebswirtschaftliche Kennzahlen dar.
- **Dimensionen:** Die Dimensionen gestatten eine Gruppierung, Analyse und Auswertung von Fakten auf Basis von definierten Sichten.
- **Hierarchien:** Diese erlauben die Betrachtung von Fakten auf verschiedenen Verdichtungsstufen entlang eines vorgegebenen Konsolidierungspfades.

Zur Umsetzung der multidimensionalen Struktur eines Datenraums eignen sich verschiedene Schemata. Eine im relationalen Kontext vielfach verwendete Struktur ist das Star-Schema, welches sich aus einer Faktentabelle und mehreren Dimensionen zusammensetzt.[438] Werden dieselben Dimensionstabellen für mehrere Faktentabellen verwendet, entstehen sogenannte Galaxien, welche mehrere Stars integrieren. Häufig eingesetzt wird neben dem Star- auch das Snowflake-Schema. Diese versucht die beim Star-Schema beobachteten Performanznachteile durch eine Teilung der Dimensionstabellen zu optimieren – im extremsten Fall bis hin zur vollständigen Normalisierung.[439]

---

[434] Vgl. Codd u.a. (1993b).

[435] Vgl. Kemper u.a. (2010), S. 100 oder Bauer u.a. (2013), S. 118.

[436] Diese Kriterien wurden von PENDSE und CREETH 1995 unter dem Begriff *Fast Analysis of Shared Multidimensional Information*, kurz FASMI), postuliert (vgl. hierzu u.a. Pendse und Creeth (1995) nach Jahnke u.a. (1996), S. 321, Totok (2000), S. 61 f. oder Kemper u.a. (2010), S. 100 sowie Pendse (2002)). Während die Kriterien selbst anerkannt sind, hat sich das Akronym FASMI nie auf breiter Ebene durchsetzen können (vgl. Gluchowski u.a. (2008), S. 148.

[437] Vgl. Kemper u.a. (2010), S. 101 ff.

[438] Vgl. u.a. Holthuis (1999), S. 196 f., Gluchowski u.a. (2008), S. 282 ff., Kemper u.a. (2010), S. 68 oder Behme u.a. (2013a), S. 244 ff.

[439] Vgl. u.a. McClanahan (1997), S. 70, Kurz (1999), S. 164 ff., Gluchowski u.a. (2008), S. 287, Kemper u.a. (2010), S. 70 ff. und Behme u.a. (2013a), S. 243 f.

Multidimensionale Datenräume werden auch als *Hypercubes* oder kurz *Cubes* bezeichnet. Zur Datenanalyse können in diesem Zusammenhang verschiedene Operationen wie beispielsweise Pivotierung, Drill-Down, Slice oder Dice genutzt werden.[440]

Umsetzungskonzepte

Die Umsetzung von OLAP-Konzepten erfolgt in den meisten Fällen basierend auf einer Client-Server-Architektur.[441] Somit ist die Anzeige der Daten für den Anwender auf Client-Seite losgelöst von der Datenhaltung, welche zumeist auf Serverseite erfolgt. Grundsätzlich können alle erdenklichen und technisch umsetzbaren Möglichkeiten zu Datenhaltung genutzt werden, tendenziell werden in der Praxis allerdings multidimensionale oder relationale Verfahren verwendet. Vier mögliche Konzepte werden nachfolgend kurz näher beleuchtet.

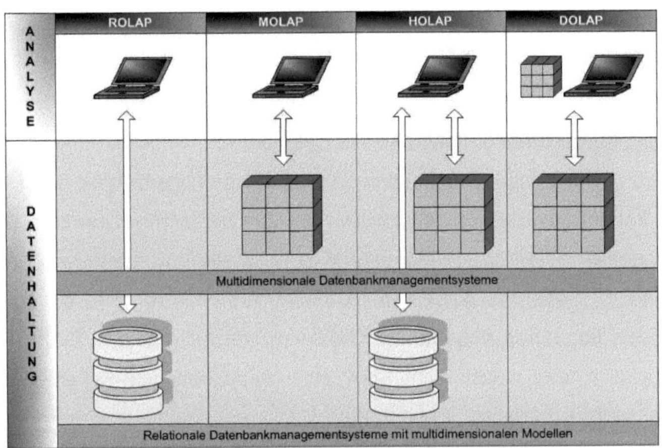

Abbildung 16: Umsetzung von OLAP-Konzepten[442]

- **Relationales OLAP (ROLAP):** Dieses Umsetzungskonzept verwendet ein klassisches, relationales Datenbanksystem zur Speicherung der Daten, welche in Form eines Star- oder Snowflake-Schemas organisiert sind. Es ist auf

440 Ein Übersicht über mögliche Operationen in multidimensionalen Datenräumen sowie deren Bedeutung finden sich u.a. bei Holthuis (1997), S. 145 ff., Lehner (2003), S. 74 f., Gluchowski u.a. (2008), S. 169 ff. sowie Kemper u.a. (2010), S. 101 ff.

441 Vgl. hierzu und im Folgenden Kemper u.a. (2010), S. 106.

442 Quelle: eigene Darstellung, in Anlehnung an Kemper u.a. (2010), S. 107.

ein hohes Datenvolumen bei großen Benutzerzahlen ausgelegt und garantiert eine sehr hohe Stabilität und Sicherheit.

- **Multidimensionales OLAP (MOLAP):** Bei diesem Konzept kommen multidimensionale Datenbanken zum Einsatz, welche die Speicherung von ebensolchen Datenstrukturen unterstützen. Hierbei stehen Performanz und Flexibilität im Vordergrund.
- **Hybrides OLAP (HOLAP):** Dieser Ansatz versucht die Vorteile des relationalen und des multidimensionalen OLAP zu vereinen. So werden bei sehr stark aggregierten Datenbereichen mit geringem Datenvolumen und einer überschaubaren Anzahl von Anwendern meist MOLAP-Techniken verwendet. Bei Analysen mit einem sehr hohen Detaillierungsgrad kommt die relationale Datenhaltung zum Einsatz.[443]
- **Desktop OLAP (DOLAP):** Diese Umsetzung kann als Variante des MOLAP-Ansatzes gesehen werden. Die Datenspeicherung erfolgt ebenfalls in einer multidimensionalen Struktur, allerdings werden die Daten auf Client-Seite abgelegt. Durch diese Verfahrensweise ist keine Verbindung zu einem zentralen Server notwendig, um Auswertungen durchführen zu können.[444]

2.3.4.3 Knowledge Discovery in Databases

Unter dem Begriff *Knowledge Discovery in Databases* (KDD) wird ein Prozessrahmen zur Wissensentdeckung aus vorliegenden Rohdaten verstanden.[445] Dieser umfasst sowohl Selektion und Aufbereitung der Datenquelle als auch die eigentliche Datenanalyse sowie die nachgelagerte Interpretation der Ergebnisse und das Ableiten des Wissens. Die Datenanalyse wird häufig mit dem Begriff Data Mining gleichgesetzt.[446] In dieser zentralen Prozessphase werden Beziehungsmuster innerhalb des Datenbestands erkannt und durch logische und funktionale Abhängigkeiten be-

[443] Vgl. Kaser und Lemire (2006), S. 2305.
[444] Vgl. Hönig (1998), S. 180 ff., Lusti (1998), S. 296 f. und Schinzer (2000), S. 415 f.
[445] Vgl. Düsing (2006), S. 242 ff. oder Sharafi (2013), S. 51 f.
[446] Vgl. Fayyad u.a. (1996), S. 39, Adriaans und Zantinge (1998), S. 5, Goebel und Gruenwald (1999), S. 21, Alpar und Niedereichholz (2000), S. 3 f., Säuberlich (2000). Allerdings finden sich auch Quellen, die Data Mining bzw. die deutsche Übersetzung Datenmusterkennung nicht explizit vom Begriff Knowledge Discovery unterscheiden (vgl. Bissantz und Hagedorn (2009), S. 139 oder Runkler (2009), S. 2 f.).

schrieben.[447] Hierauf soll im folgenden Abschnitt noch einmal näher eingegangen werden, bevor sich dann der Fokus von strukturierten Daten auf un- oder semistrukturierten Daten verschiebt. Zur Analyse derartiger Inhalte können eigene Verfahren verwendet werden, die unter dem Begriff Text Mining subsumiert werden.

Data Mining

Die grundsätzliche Aufgabe des Data Mining nach dem hier zugrunde liegenden Verständnis besteht in der Extraktion von Datenmustern mit Hilfe von Algorithmen. Hierbei können abhängig von der konkreten Aufgabenstellung eine einzelne oder mehrere Methode(n) in Kombination verwendet werden. Insgesamt gesehen ist Data Mining ein interdisziplinärer Forschungsansatz, welcher sich Methoden der Statistik, der künstlichen Intelligenz und der Mathematik bedient.[448]

Allgemein lassen sich die verwendeten Algorithmen[449] nach ihrer Problemkategorisierung in Beschreibungs- und Prognoseprobleme unterscheiden.[450]

- **Beschreibungsprobleme:** Bei dieser Kategorie liegt eine bekannte Menge an Daten vor, welche mit verschiedenen Algorithmen auf unterschiedliche Art- und Weise strukturiert werden kann. Beschreibungsprobleme lassen sich weiter unterteilen in die Unterkategorien Deskription, Abweichungsanalyse, Assoziation und Gruppenbildung.
- **Prognoseprobleme:** Bei Prognoseproblemen wird versucht eine Aussage über unbekannte Merkmalsausprägungen zu treffen. An dieser Stelle können Klassifikationsprobleme sowie Wirkungsprognosen differenziert werden.

Text Mining

Für die zuvor beschriebenen Probleme des Data Mining ist es erforderlich, dass die Daten in strukturierter Form vorliegen. Dies ist jedoch nicht immer gegeben, da sich viele Informationen in semi-strukturierter Form in Freitextfeldern, E-Mails oder ande-

---

[447] Vgl. Fayyad u.a. (1996), S. 39, Adriaans und Zantinge (1998), S. 47 ff., Bensberg und Schultz (2001), S. 679, Düsing (2006), S. 252 ff. oder Han u.a. (2012), S. 243 ff.

[448] Vgl. Alpar und Niedereichholz (2000), S. 5, Bange (2006), S. 107, Kemper u.a. (2010), S. 114 oder Gluchowski u.a. (2008), S. 193.

[449] Grundsätzlich lässt sich eine große Anzahl an Algorithmen identifizieren, um Datenbestände im Sinne des Data Mining zu analysieren (vgl. hierzu auch die Darstellungen in Krahl u.a. (1998), S. 59 ff., Schweizer (1999), S. 57 ff., Alpar und Niedereichholz (2000), S. 9 ff., Beekmann und Chamoni (2006), S. 264 ff., MacLennan u.a. (2009), S. 215 ff. oder Runkler (2009), S. 55 ff.).

[450] Vgl. hierzu und im Folgenden Fayyad u.a. (1996), S. 44 f. oder Hippner und Wilde (2001), S. 63 f.

ren Textdokumenten wiederfinden.[451] Um diese Inhalte zu analysieren, kann auf entsprechende Funktionalitäten des Text Mining zurückgegriffen werden.[452] Text Mining wird häufig in Verbindung zu Data Mining gesehen und somit als spezielle Ausprägung hiervon betrachtet.[453]

Die Analyse von Texten unterliegt einer definierten Abfolge von Schritten, welche nachfolgend dargestellt ist.

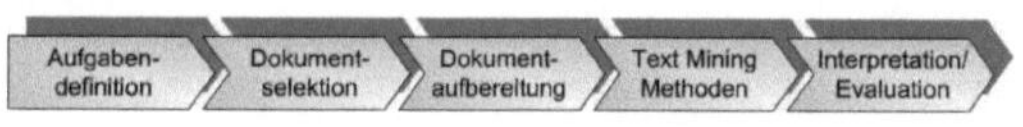

Abbildung 17: Text Mining Prozess

Dabei werden zunächst die Problemstellung und die mit dem Text Mining verbundenen Ziele definiert. Im nächsten Schritt, der Dokumentselektion, ist es erforderlich, die potentiell relevanten Inhalte aus der Gesamtzahl der zur Verfügung stehenden Dokumente einzuschränken. Im Rahmen der Dokumentenaufbereitung soll die Bedeutung von Textinhalten maschinell erkennbar gemacht werden.[454] Diese Verfahren sind unter dem Begriff *Natural Language Processing* bekannt und beinhalten beispielsweise die Elimination von bestimmten Wörtern, die Ableitung von Wortstämmen oder das Erkennen von Synonymen.[455] Nach diesen Voranalysen können die eigentlichen Verfahren des Text Mining zum Einsatz kommen, welche von der Grundidee den im vorherigen Abschnitt beschriebenen Problemklassen des Data Mining entsprechen. Nach Abschluss dieser Analysen obliegt es dem Anwender die entstehenden Ergebnisse zu interpretieren und zu evaluieren. Im letzten Schritt des Prozesses werden die erreichten Analyseergebnisse auf den konkreten Anwendungsfall bezogen.[456]

---

451 Vgl. Gluchowski u.a. (2008), S. 195 oder Kemper u.a. (2010), S. 117 f.

452 Ein Überblick über gebräuchliche Verfahren von Text Mining mitsamt den jeweiligen Anwendungsgebieten findet sich beispielsweise in Gerstl u.a. (2001), Weiss u.a. (2005), Zanasi, Alessandro (2005), Felden (2006) oder Hippner und Rentzmann (2006b).

453 Vgl. Bohnacker u.a. (2002), S. 438.

454 Vgl. Gerstl u.a. (2001), S. 38.

455 Ausführliche Beschreibungen von in diesem Kontext verwendeten Techniken findet sich u.a. bei Sullivan (2001), S. 31 ff., Milic-Frayling (2005), S. 11 ff., Weiss u.a. (2005), S. 18 ff., Feldman und Sanger (2007), S. 57 ff., Fortuna u.a. (2009), S. 30 f. oder Chakrabarti u.a. (2009).

456 Eine Beschreibung von konkreten Anwendungsfeldern findet sich hierbei u.a. in Gerstl u.a. (2001), S. 46 ff., Weiss u.a. (2005), S. 157 ff., Zanasi (2005a), Politi (2005), de' Rossi (2005), Casoni (2005), Zanasi (2005b), Grivel (2005), Kockelkorn und Scheffer (2005), Wives u.a. (2005), Lebeth u.a. (2005), Fluck u.a. (2005), Neri (2005), Peters (2005), Ananyan (2005) oder Hippner und Rentzmann (2006a).

2.3.5 Informationszugriff

Der Informationszugriff auf BI-Inhalte kann auf unterschiedliche Arten und mit Hilfe verschiedener Medien geschehen. Ein grundlegendes Ziel ist es in diesem Kontext, die angebotenen Informationen in integrierter Weise darzustellen. Gleichzeitig müssen aber auch die unterschiedlichen Rollen der Anwender berücksichtigt werden, die eine Personalisierung der Informationen aufgrund des Aufgabenprofils notwendig machen. Nachfolgend werden die Möglichkeiten eines Informationszugriffs mit Hilfe von Berichten, Dashboards und Portalen näher vorgestellt.

2.3.5.1 Berichte

Berichte können als Dokumente verstanden werden, die verschiedene Informationen bezogen auf einen spezifischen Untersuchungszweck zusammenfügen und in aufbereiteter Form zur Verfügung stellen.[457] Sie dienen dazu, Planungs- und Kontrollinformationen zu publizieren und die entsprechenden Steuerungsmaßnahmen einzuleiten.[458] Die Erstellung und Weiterleitung der Berichte ist Teil des Berichtswesens.[459] Grundsätzlich lassen sich Berichte nach verschiedenen Kriterien klassifizieren.[460] Geschieht die Aufbereitung und Präsentation in elektronischer Form, wird die zugehörige technische Lösung als Berichtssystem bezeichnet. Charakteristisch ist in diesem Fall, dass die Standardberichte auf Basis der zuvor definierten Berichtsstrukturen in periodischen Abständen weitestgehend automatisiert erzeugt werden. Somit nimmt der Berichtsempfänger – im Wesentlichen sind dies Informationskonsumenten – in diesem Fall eine eher passive Rolle ein. Dahingegen werden aperiodisch erstellte Berichte häufig als Früherkennung und zur Abweichungsanalyse eingesetzt.[461] In konkreten Entscheidungssituationen oder in weiteren Fällen akuten Informationsbedarfs ist oftmals die Verwendung eines Bedarfsberichts erforderlich. Da dessen

---

[457] Vgl. Gluchowski u.a. (2008), S. 205 ff.

[458] Vgl. Horváth (2011), S. 534.

[459] Vgl. Bragg (2009), S. 685 ff. sowie Horváth (2011), S. 540.

[460] Beispielsweise kann eine Unterscheidung nach dem Zweck, dem Inhalt, der Zeit, der Form oder den zur Erstellung oder Verwendung beteiligten Instanzen erfolgen (vgl. hierzu u.a. Blohm (1982), S. 868 f., Koch (1994), S. 59, Totok (2000), S. 26, Gluchowski u.a. (2008), S. 207 f., Horváth (2011), S. 535 f., Küpper u.a. (2013), S. 236 ff. sowie Weber und Schäffer (2014), S. 230).

[461] Aus diesem Grund werden aperiodische Berichte häufig auch als Abweichungsberichte bezeichnet und dienen als Kontrollsystem zur Identifikation von Differenzen zu einem definierten Sollwert (vgl. Gluchowski u.a. (2008), S. 210, Mertens und Meier (2009), S. 66 ff., Horváth (2011), S. 536 oder Küpper u.a. (2013), S. 232).

Struktur für den konkreten Einzelfall nicht vorhersehbar ist, erfordert die Erstellung eines solchen Bedarfsberichts zusätzlichen Aufwand.[462]

2.3.5.2 *Dashboards*

Das Ziel von Dashboards besteht in der Bereitstellung von zentralen und komprimierten Inhalten vorzugsweise in visueller, intuitiv verständlicher Form.[463] Hierzu dienen in erster Linie grafische Darstellungen von Anzeigeinstrumenten wie Tachometern oder Landkartenübersichten oder die farbliche Markierung von wesentlichen Informationen. Charakteristisch für Dashboards sind demzufolge eine komprimierte Darstellung der Inhalte, die Konzentration auf die wesentlichen Informationen sowie eine auf die Belange von bestimmten Personen oder -gruppen zugeschnittene Ausprägung des Dashboards.[464] Grundsätzlich können Dashboards sowohl auf strategischer als auch auf taktischer oder operativer Ebene eingesetzt werden. Jedoch variieren dabei Einsatzzweck und Aggregationsebene sowie der zeitliche Fokus der dargestellten Informationen. So werden strategische Dashboards vielfach als Plattform zur Kommunikation und Kollaboration genutzt, taktische Dashboards dienen tendenziell eher der Analyse und operative Dashboards der Überwachung von Prozessen.

2.3.5.3 *Portale*

Portalsysteme bieten eine einheitliche, individualisierte Zugriffsmöglichkeit auf Informationen und dienen als zentrale Anlaufstelle für die Anwender.[465] Im Wesentlichen beruhen Portallösungen heutzutage auf Webtechnologien, so dass eine Anzeige – wie häufig auch im Falle der zuvor beschriebenen Dashboards – im Webbrowser erfolgt.

Generell lassen sich verschiedene Arten von Portalen unterscheiden;[466] der Kernansatz eines Portals ist jedoch in allen Fällen eine Zusammenführung von unterschied-

---

[462] Vgl. Blohm (1973), S. 731, Gluchowski u.a. (2008), S. 210, Horváth (2011), S. 542 sowie Küpper u.a. (2013), S. 232 f.

[463] Vgl. Gluchowski u.a. (2008), S. 215 f.

[464] Vgl. Few (2013), S. 26 ff. Zur Darstellung der verschiedenen Charakteristika von Dashboards siehe auch Few (2013), S. 65.

[465] Vgl. Gluchowski u.a. (2008), S. 214 ff., Hansen und Neumann (2009), S. 811 oder Kemper u.a. (2010), S. 154 ff.

[466] Bei Davydov (2001), S. 137 f. oder Kemper u.a. (2010), S. 154 ff. werden beispielsweise nach dem Empfängerkreis öffentliche, persönliche und Unternehmsportale unterschieden. In der Literatur finden sich jedoch auch andere Gruppierungen, so differenzieren Hansen und Neumann (2009), S. 810 ff. Unternehmensportale, Dienstportale und Portale für spezielle Endgeräte.

lichen Inhalten sowie Applikationen unter einer gemeinsamen Oberfläche, so dass hierdurch ein zentrales Informationsangebot entsteht. Der statische Inhalt kann durch Analyseanwendungen ergänzt werden, welche einem Systembenutzer die Möglichkeit zur weiteren Datenverarbeitung bieten.[467] Innerhalb der Integrationsfunktion von Portalen kommt insbesondere eine kombinierte Such- und Navigationsfunktionalität zum Tragen, welche die Informationsrecherche unterstützt und einer Informationsüberfrachtung entgegenwirkt.[468]

Durch die Anmeldung am Portal kann die Anpassung der Darstellung von Inhalten und der Portalinhalte individuell oder rollenbasiert gesteuert werden.[469]

Im weiteren Verlauf der Arbeit werden nun die relevanten Informationsbedarfe im IT-Change-Management-Prozess ermittelt. Hierzu wird insbesondere auf die zuvor beschriebenen Grundlagen zum IT-Service-Management und zum Software Engineering zurückgegriffen.

---

[467] Vgl. Bange (2004), S. 149.

[468] Vgl. Becker u.a. (2002), S. 255 f. sowie Priebe u.a. (2003), S. 281 ff.

[469] Ein wesentliches Merkmal von Portalen ist das *Single-Sign-On-Prinzip*, welches einem Anwender erlaubt mit einer einzigen Anmeldung auf mehrere angebundene Systeme zuzugreifen. Darüber hinaus können die Inhalte durch eine rollenbasierte oder individuelle Personalisierung festgelegt werden (vgl. Schackmann und Schü (2001), S. 623 f.). Bei der rollenbezogenen Personalisierung entscheidet die Zuordnung zu einer oder mehreren Rollen über die Zugriffsberechtigungen. Die individuelle Personalisierung erfolgt auf Ebene eines einzelnen Anwenders und kann generell explizit oder implizit durchgeführt werden. Während bei einer expliziten Personalisierung der Benutzer die Darstellung und die angezeigten Inhalte selbst steuern kann, werden innerhalb der impliziten Personalisierung individuelle Nutzerprofile erstellt und hieraus die anzuzeigenden Inhalte aufgrund von Nutzungsdaten ermittelt.

3 Informationsbedarfe bei der Umsetzung von Softwareanpassungen

Informationen sind Mangelware.[470] Dies liegt grundsätzlich nicht daran, dass insgesamt gesehen zu wenige Daten zur Verfügung stehen, sondern vielmehr wie aus der Fülle der vorliegenden Daten die für einen bestimmten Kontext notwendigen Informationen gewonnen werden können.[471] Daten stellen nämlich für einen Entscheidungsträger genau dann Informationen dar, wenn sie zweckdienlich, also für eine konkrete Aufgabenstellung relevant sind.[472] Die Aufgabenschwerpunkte liegen insbesondere auf der Planung, der Vorbereitung sowie der Durchführung von Handlungen und Entscheidungen.[473] Somit hängt auch die Qualität betrieblicher Entscheidungen auf allen Ebenen von der Güte der verfügbaren Informationen ab[474] – diese wiederum, sofern die Daten aus computergestützten Informationssystemen gewonnen werden, von der Qualität der gespeicherten Daten.

Heutzutage wird Information als Produktions- und somit auch als Wettbewerbsfaktor angesehen und hat sich folglich in die klassischen, aus den Wirtschaftswissenschaften bekannten, Produktionsfaktoren eingereiht.[475] Aus diesem Grund erscheint eine Analyse der Informationsbedarfe zweckmäßig; die Beschreibung einer solchen Informationsbedarfsanalyse im Bereich des IT-Change-Managements ist somit Gegenstand dieses Kapitels. Hierdurch soll die dritte Teilfrage der ursprünglichen Forschungsfrage beantwortet werden, die sich damit beschäftigt, welche Informationen für eine adäquate Informationsversorgung der am IT-Change-Management-Prozess beteiligten Personen benötigt werden.[476]

Um dies zu erreichen, werden zunächst einmal im Rahmen der Grundlagen im Abschnitt 3.1 die notwendigen Begrifflichkeiten definiert, bevor in Kapitel 3.1.3.4 die Vorgehensweise der durchgeführten Informationsbedarfsanalyse vorgestellt wird.

470 Vgl. hierzu und im Folgenden Adriaans und Zantinge (1998), S. 2 sowie Malik (2006), S. 350.
471 In dieser Sichtweise wird davon ausgegangen, dass Informationen auf Daten in gespeicherter Form basieren. Grundsätzlich können Information jedoch auch durch Beobachtung übertragen werden (vgl. hierzu Voß und Gutenschwager (2001), S. 24).
472 Vgl. Krcmar (2010), S. 19.
473 Vgl. Voß und Gutenschwager (2001), S. 8 f.
474 Vgl. Eppler (2003), S. 205.
475 Vgl. hierzu noch einmal Fußnote 494.
476 Vgl. hierzu auch noch einmal Abschnitt 1.2.4.

Diese lässt sich in einen angebots- und einen nachfrageorientierten Teil untergliedern, die Resultate dieser Analysen werden anschließend in den Kapiteln 3.3 sowie 3.4 erläutert.

3.1 Grundlagen

Im Rahmen der Grundlagen soll zunächst einmal der Informationsbegriff im Verständnis der Betriebswirtschaftslehre näher erläutert werden,[477] bevor danach kurz auf die Eigenschaften von Informationen eingegangen wird. Im anschließenden Abschnitt wird dann der Informationsbedarfsbegriff definiert und mit der Zielsetzung dieser Arbeit verknüpft. Im letzten Abschnitt zu den Grundlagen des Informationsbedarfs werden verschiedene Techniken zur Ermittlung desselben betrachtet.

3.1.1 Informationsbegriff in der Betriebswirtschaftslehre

Der Begriff Information lässt sich etymologisch aus dem lateinischen Begriff *informatio* ableiten, was so viel bedeutet wie Auskunft oder Vorstellung.[478] Im Anwendungsfeld der Betriebswirtschaftslehre wurde dem Informationsbegriff im Laufe der Zeit eine zunehmende Bedeutung beigemessen.[479] Aus diesem Grund haben sich unterschiedliche Definitionen gebildet, die versuchen den Informationsbegriff zu spezifizieren und verschiedene Aspekte zu berücksichtigen. Allerdings hat sich bislang kein generell anerkanntes Bild herauskristallisiert, was durch zahlreiche Definitionsvarianten belegt wird.[480] Ein häufig gewählter Ansatz zur Begriffsklärung erfolgt über die Semiotik, also die Lehre von Zeichen und Zeichenreihen. Hierbei können die Aspekte *Syntaktik*[481], *Sigmatik*[482], *Semantik*[483] und *Pragmatik*[484] unterschieden werden.[485] Vor

---

477 Grundsätzlich existieren verschiedene Definitionsansätze für den Begriff *Information*, welche auf unterschiedlichen Sichtweisen beruhen (vgl. hierzu u.a. auch Struckmeier (1997), S. 4 f. mit weiteren Quellenangaben oder Voß und Gutenschwager (2001), S. 19 ff.). Eine relativ weit gehaltene Definition dessen, was unter Information zu verstehen ist, liefert auch Spinner: „Information als inhaltlicher Kernbestandteil des Wissens besteht in der auf vielfältige Weise (in Worten, Bildern, Gesten u. dgl.) ausdrückbaren Deklaration dessen, was – behauptungsgemäß, angeblich, mutmaßlich, fälschlich – ‚der Fall ist (war, sein wird, sein könnte)', und zwar durch Angabe der ausgeschlossenen Alternativen im Möglichkeitsraum einer bestimmten ‚Welt'". (vgl. Spinner (1998), S. 16 f.). Diese Sichtweise ist nicht eingeschränkt auf ein bestimmtes Anwendungsgebiet. An dieser Stelle soll jedoch der Fokus auf die betriebswirtschaftliche Sicht gelegt werden.

478 Vgl. Krcmar (2010), S. 16.

479 Vgl. Krcmar (2010), S. 19.

480 Vgl. hierzu u.a. Wittmann (1959), S. 14, Völz (1994), S. 9, Beiersdorf (1995), S. 24 mit weiteren Quellen, Hübner (1996), S. 3 sowie Bode (1997), S. 459.

481 Auf syntaktischer Ebene werden Zeichen eines Sprachsystems sowie ihre Beziehungen zueinander betrachtet. Hier wird die Struktur festgelegt, nach der die Zeichen angeordnet werden können.

dem Hintergrund der Semiotik – insbesondere durch die Berücksichtigung des pragmatischen Aspekts – kann auch die folgende Definition von WITTMANN gesehen werden:

> „Information ist zweckorientiertes Wissen, also solches Wissen, das zur Erreichung eines Zweckes, nämlich einer möglichst vollkommenen Disposition eingesetzt wird.“[486]

In dieser Definition wird der Begriff der Information mit Hilfe des Wissens beschrieben. Allerdings finden sich in der Literatur wiederum unterschiedliche Definitionen von Wissen.[487] Eine relativ weit gefasste Definition liefert BODE:

> „Wissen ist jede Form der Repräsentation von Teilen der realen oder gedachten (d.h. vorgestellten) Welt in einem materiellen Trägermedium.“[488]

Als Trägermedien können hierbei Bücher und digitale Datenspeicher, aber auch das menschliche Gehirn fungieren.[489] Grundsätzlich kann man zwischen implizitem bzw. tazitem und explizitem Wissen unterscheiden.[490] Hierbei ist das explizite Wissen solches, das kodifizierbar ist und in eine systematische Ausdrucksform gebracht werden kann. Implizites Wissen hingegen ist personengebundenes und kontextabhängiges Wissen, welches nur schwer formalisierbar ist. Somit kann eigentlich nur explizites Wissen zu einer Information werden.[491]

---

482 Die *Sigmatik* beschäftigt sich mit der Bezeichnung von Objekten und beschreibt die Beziehungen zwischen Zeichen und beschriebenem Gegenstand.

483 Die semantische Ebene fügt der *Sigmatik* eine inhaltliche Bedeutung hinzu. Dabei können einzelne Objekte unterschiedliche inhaltliche Bedeutungen haben.

484 In der *Pragmatik* wird die Beziehung zwischen Zeichen und deren Verwender beschrieben (vgl. Lehner u.a. (2008), S. 36). Dabei ist die Absicht, die ein Sender durch Übermitteln von Informationen an einen Empfänger verfolgt, maßgeblich.

485 Vgl. zu diesen Ausführungen Voß und Gutenschwager (2001), S. 28 oder Krcmar (2010), S. 18.

486 Vgl. Wittmann (1959), S. 14.

487 Vgl. hierzu u.a. Wild (1982), S. 119, Pfeiffer (1990), S. 6 f., Amelingmeyer und Strahringer (1999), S. 83, Davenport und Prusak (2000), S. 5, Voß und Gutenschwager (2001), S. 10 oder Alpar u.a. (2014), S. 8.

488 Vgl. Bode (1997), S. 458.

489 Vgl. Strauch (2002), S. 65.

490 Vgl. hierzu und im Folgenden Nonaka und Takeuchi (1995), S. 8, Krcmar (2010), S. 626 ff. oder Voß und Gutenschwager (2001), S. 10.

491 Vgl. hierzu Voß und Gutenschwager (2001), S. 10. Vor diesem Hintergrund sind auch die in Kapitel 1.2.2.4 geschilderten Ausführungen zum Wissensmanagement zu sehen, insbesondere auch im Hinblick auf eine volatile Wissensbasis einer Unternehmung durch Veränderungen bei den Humanressourcen.

Aus der genannten Informationsdefinition von WITTMANN lässt sich ableiten, dass Informationen messbar sein müssen, um ihren Wert in Bezug auf die Erreichung eines bestimmten Zweckes ermitteln zu können und die Informationen untereinander vergleichbar zu machen.[492] Hierzu kann eine Nutzenskala herangezogen werden, wobei der Nutzen einer Information in Anlehnung an VON WEIZSÄCKER wie folgt definiert werden kann:

> „Der Nutzen einer Information für eine Person kann definiert werden als Aufwand, den sie bereit ist zu betreiben, um gewünschte Information zu beschaffen."[493]

Aus dieser Auffassung geht hervor, dass sich der Nutzen einer bestimmten Information nur individuell personenbezogen ermitteln lässt. Somit müsste – bezogen auf den Kontext dieser Arbeit – jede am Change-Management-Prozess beteiligte Person in der Lage sein, den individuellen Nutzen einer Information zu beurteilen. Grundsätzlich sollte also der Nutzen einer Information umso höher sein, desto besser sie zur Erfüllung einer vorgegebenen Aufgabe dient. Andererseits können Informationen einen kostenadäquaten Wert haben und dadurch als Investition gesehen werden.[494] Sie unterliegen somit einer Kosten-Nutzen-Analyse.[495]

Die Ermittlung derjenigen Informationen, die zur Erfüllung dieser Aktivitäten benötigt werden, führt zum Begriff des *Informationsbedarfsbedarfs*, welcher im folgenden Kapitel 3.1.2 eingeführt wird.

---

[492] Zur Darstellung der allgemeinen Eigenschaften von Informationen sowie für die folgenden Ausführungen zu Nutzen und Kosten siehe auch 0.

[493] Vgl. Weizsäcker (2002).

[494] Dies ist insbesondere dann relevant, wenn man die grundsätzliche Sichtweise von Informationen als Produktionsfaktor im betrieblichen Leistungserstellungsprozess berücksichtigt (vgl. hierzu u.a. Adriaans und Zantinge (1998), S. 2, Schwarze (1998), S. 29 f. mit weiteren Quellenangaben, Mertens und Wieczorrek (2000), S. 9 oder Krcmar (2010), S. 19 f.). Unter gewissen Voraussetzungen können Informationen sogar als Wirtschaftsgut betrachtet werden (vgl. Bode (1993), S. 60 ff.).

[495] Vgl. auch die Diskussionen zum Informationsnutzen und den entstehenden Kosten in Hirsch (1968), Wild (1971), Spaetling (1972) oder Zur Nieden (1972).

3.1.2 Informationsbedarfsbegriff

Die Voraussetzung für die Initiierung einer zielgerichteten Nachfrage nach Informationen bildet der *Informationsbedarf*.[496] Eine weit verbreitete Definition des Informationsbedarfs liefern PICOT u.a.:

> „Der Informationsbedarf wird definiert als Art, Menge und Qualität der Informationen, die eine Person zur Erfüllung ihrer Aufgaben in einer bestimmten Zeit benötigt. Er ist in vielen Fällen nur vage bestimmbar und hängt vor allem von den zugrunde liegenden Aufgabenstellungen, den angestrebten Zielen und den psychologischen Eigenschaften des Entscheidungsträgers ab." [497]

Die Feststellung des Informationsbedarfs ist die Grundlage für die Informationsbeschaffung sowie die Informationsverarbeitung.[498] Neben dem Informationsinhalt ist hierbei situationsabhängig auch die Darstellungsform zu berücksichtigen – beispielsweise können Inhalte auf graphische, tabellarische oder textuelle Weise präsentiert werden.[499]

In der Literatur wird oftmals zwischen *objektivem* und *subjektivem Informationsbedarf* unterschieden, allerdings existieren zwei verschiedene Sichtweisen, was das Verständnis von objektivem und subjektivem Informationsbedarf anbelangt.[500]
In der ersten Perspektive ist der *objektive Informationsbedarf* der für die Aufgabenerfüllung erforderliche Bedarf.[501] Der *subjektive Informationsbedarf* ermittelt sich aus der Perspektive eines Aufgabenträgers und stellt dessen Informationsbedürfnis dar. Objektiver und subjektiver Informationsbedarf müssen nicht deckungsgleich sein; so können Abweichungen beispielsweise aus mangelnder Qualifikation des Aufgabenträgers resultieren. Es ist nun das Ziel, den subjektiven dem objektiven Informationsbedarf anzunähern.

---

496 Vgl. Beiersdorf (1995), S. 27.
497 Vgl. Picot u.a. (2003), S. 81.
498 Vgl. Beiersdorf (1995), S. 27.
499 Vgl. Voß und Gutenschwager (2001), S. 134.
500 Vgl. hierzu und im Folgenden auch die Vorarbeiten in Koch u.a. (2013), S. 215 f sowie Koch (2014), 30 ff.
501 Vgl. zu dieser Sichtweise auch Szyperski (1980), S. 905, Greschner und Zahn (1992), S. 17 f., Janssen (1997), S. 150, Michelson (2001), S. 22 f., Fink u.a. (2005), S. 74, Krcmar (2010), S. 63 sowie Heinrich u.a. (2014), S. 461.

In der zweiten Perspektive hängt die Klassifikation in objektiven und subjektiven Informationsbedarf vom Aufgabentyp und dabei insbesondere vom Merkmal der Strukturiertheit einer Aufgabe ab.[502] In diesem Kontext lassen sich strukturierte und unstrukturierte Aufgaben unterscheiden. Bei strukturierten Aufgaben ist der Lösungsweg eindeutig und die Ursache-Wirkungsbeziehung bekannt. Aus diesem Grund kann mit zunehmender Strukturiertheit der Aufgabe eine immer höhere Automatisierung der Aufgabenerfüllung erreicht werden.[503] Bei unstrukturierten Aufgaben ist die Ursache-Wirkungsbeziehung nicht eindeutig, somit können verschiedene Lösungswege eingeschlagen werden, welche zum selben Ergebnis kommen können, jedoch nicht zwangsläufig müssen. Demzufolge hängen Lösungsweg und -resultat explizit vom Aufgabenträger ab. Zusammenfassend kann also festgestellt werden, dass bei strukturierten Aufgaben der Informationsbedarf objektiv ermittelbar ist (objektiver Informationsbedarf), bei unstrukturierten jedoch vom Aufgabenträger abhängt (subjektiver Informationsbedarf). Dieser zweiten Sichtweise soll im weiteren Verlauf der Arbeit gefolgt werden.

3.1.3 Techniken zur Ermittlung des Informationsbedarfs

Nachdem im vorherigen Abschnitt der Informationsbedarfsbegriff und das zugrunde liegende Verständnis erläutert wurde, soll in diesem Unterkapitel auf die Techniken zur Ermittlung desselben eingegangen werden. Jene sind zunächst einmal unabhängig von den im vorangehenden Abschnitt beschriebenen Sichtweisen zu sehen. In Zusammenhang mit der Ermittlung des Informationsbedarfs wird häufig auch der Begriff Informationsbedarfsanalyse verwendet, welcher wie folgt definiert werden kann:

> „Unter Informationsbedarfsanalyse subsumieren wir jene Verfahren und Methoden, die geeignet sind diejenigen Informationen zu ermitteln, die für die Lösung konkreter betriebswirtschaftlicher Aufgaben im Rahmen eines Unternehmens erforderlich sind.“[504]

[502] Vgl. zu dieser Betrachtungsweise auch Brockhoff (1983), S. 54, Picot und Franck (1992), S. 891 ff., Gemünden (1993), S. 1727 f., Schwarz u.a. (2001), Stelzer (2001), S. 238, Seidenschwarz (2003), S. 286 f. sowie Navrade (2008), S. 71.
[503] Vgl. Greschner und Zahn (1992), S. 21 und Koch u.a. (2013), S. 215.
[504] Vgl. Koreimann (1976), S. 65.

Das generelle Ziel einer Informationsbedarfsanalyse liegt in der „Identifizierung aller für eine optimale Aufgabenerfüllung erforderlichen Informationen."[505] Allerdings können mit Hilfe einer Informationsbedarfsanalyse im Regelfall keine Ad-hoc Informationsbedarfe erfasst werden.[506]
Generell lassen sich in der Literatur verschiedene Methoden[507] zur Bestimmung des Informationsbedarfs ermitteln. So unterscheidet beispielsweise KOREIMANN[508] 20, BEIERSDORF[509] sogar 28 verschiedene Methoden. Diese lassen sich nach unterschiedlichen Kriterien klassifizieren.[510]

Folgt man der Sichtweise des Informationsmanagements, kann man grundsätzlich zunächst einmal zwischen Informationsnachfrage und -angebot zur Bestimmung des Informationsbedarfs differenzieren.[511] Hierbei ist das Informationsangebot durch die zur Verfügung gestellten bzw. die vorhandenen Informationen gekennzeichnet, die Informationsnachfrage durch die von einem Stelleninhaber subjektiv gewünschten Informationen.[512] Idealtypisch – gemäß der Definition des Informationsbedarfs – entspräche die Informationsnachfrage bereits dem Informationsbedarf.[513] Es ist jedoch zu berücksichtigen, dass Informationsnachfrager ihre Informationsbedarfe oftmals sowohl quantitativ als auch qualitativ nicht ausreichend konkretisieren können, was zu Inkongruenzen zwischen Informationsnachfrage und Informationsbedarf führt.

Schematisch kann der Zusammenhang zwischen Informationsangebot, -nachfrage und -bedarf demnach wie in Abbildung 18 dargestellt werden.

505 Vgl. Schwarze (1998), S. 90.
506 Zur Erfüllung des spontanen, individuellen Informationsbedarfs sind flexible Systeme notwendig (vgl. hierzu auch Schwarze (1998), S. 106).
507 Eine Methode wird hierbei als detaillierte, systematische Handlungsvorschrift verstanden, wie unter Berücksichtigung bestimmter Prinzipien ein vorgegebenes Ziel erreicht werden kann (vgl. Voß und Gutenschwager (2001), S. 141).
508 Vgl. Koreimann (1976), S. 61 ff.
509 Vgl. Beiersdorf (1995), S. 75.
510 So findet sich in der Literatur beispielsweise die Unterscheidung subjektive, objektive und gemischte Verfahren (vgl. Schneider (1990), S. 237, Voß und Gutenschwager (2001), S. 141 ff., Krcmar (2010), S. 64 ff.) oder eine Klassifizierung anhand der Vorgehensweise in Selbst- bzw. Fremdermittlung sowie, partizipative und kollektive Ermittlung (vgl. Beiersdorf (1995), S. 71 f.). Überdies lassen sich Differenzierungen in deduktive und induktive Methoden bzw. in integrierte und isolierte Methodenkomponenten erkennen (vgl. Stroh (2010), S. 25, Horváth (2011), S. 313 ff. sowie Küpper u.a. (2013), S. 222).
511 Vgl. Schwarze (1998), S. 88 f., Voß und Gutenschwager (2001) sowie Krcmar (2010), S. 63 f.
512 Vgl. Schwarze (1998), S. 88.
513 Vgl. hierzu und im Folgenden Schwarze (1998), S. 88 f.

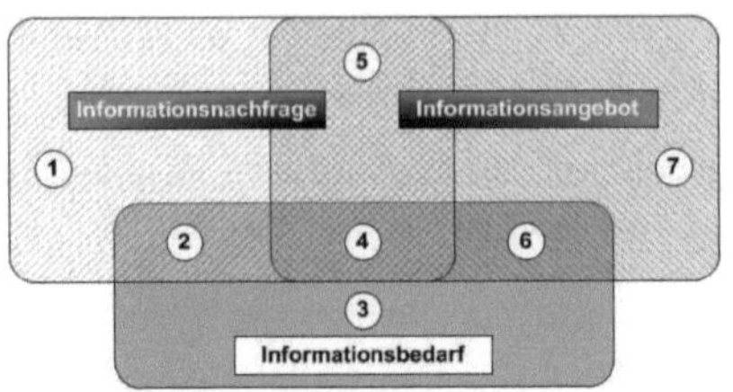

Abbildung 18: Informationsbedarf, -angebot und -nachfrage[514]

Insgesamt gesehen kann man in diesem Kontext sieben Sektoren unterscheiden, welche sich wie folgt charakterisieren lassen:

- **Sektor 1:** Dieser Bereich umfasst alle nachgefragten, aber nicht angebotenen und auch nicht benötigten Informationen.
- **Sektor 2:** Hierunter fallen alle nachgefragten und benötigten Informationen, die aber nicht angeboten werden.
- **Sektor 3:** In diesem Sektor sind alle notwendigen, aber weder nachgefragten noch angebotenen Informationen enthalten.
- **Sektor 4:** Dieser Bereich wird als effizient bezeichnet, da er alle nachgefragten, benötigten und auch angebotenen Informationen beinhaltet.
- **Sektor 5:** Hier sind alle Informationen enthalten, die angefragt und angeboten, aber nicht benötigt werden.
- **Sektor 6:** In diesen Bereich fallen alle Informationen, die angeboten und benötigt, allerdings nicht nachgefragt werden.
- **Sektor 7:** Dieser Sektor beinhaltet die angebotenen, allerdings weder benötigten noch nachgefragten Informationen.

Auf die Auswirkungen dieser Trennung zwischen Informationsangebot, -nachfrage und -bedarf sowie die Unterteilung in verschiedene Sektoren wird bei der Darstellung der Vorgehensweise zur Informationsbedarfsermittlung in Kapitel 3.2 näher eingegangen.

Der Fokus besteht in der Identifikation der Informationsbedarfe aus Sektor 4, in welchem sich Informationsangebot sowie -nachfrage überschneiden. Dies geschieht im

[514] Quelle: eigene Darstellung, modifiziert übernommen aus Schwarze (1998), S. 89.

Sinne einer Kosten-Nutzen-effizienten Lösung.[515] Allerdings sollten die Sektoren 2 und 6 nicht grundsätzlich vernachlässigt werden, da im Rahmen dieser Arbeit lediglich eine Einzelfallstudie durchgeführt wurde.

Nachfolgend sollen einige grundlegende Techniken[516] und Methoden, die zur Ermittlung des Informationsbedarfs dienen, näher vorgestellt werden. Die Auswahl beschränkt sich auf eine Anzahl von Verfahren, die bei der Bestimmung des Informationsbedarfs im IT-Change-Management-Prozess im Kontext dieser Arbeit hilfreich sein können. Die konkrete Anwendung dieser Vorgehensweisen soll in Abschnitt 3.2 beschrieben werden.

3.1.3.1 Dokumentenanalyse

Bei der Dokumentenanalyse geht es darum, grundlegende Dokumente hinsichtlich des sich aus ihnen ergebenden Informationsbedarfs für die Erfüllung einer konkreten Aufgabe zu analysieren.[517] Sie basiert auf vergangenheitsorientierten Informationen und es ist nicht ersichtlich ob diese Daten für eine zukunftsbasierte Aussage ausreichend sind.[518] Dies ist der Hauptgrund dafür, warum die Dokumentenanalyse nur in Kombination mit weiteren Methoden zur Informationsbedarfsermittlung eingesetzt werden sollte. Grundsätzlich versucht diese Vorgehensweise den Objektivitätsgrad einer Informationsbedarfsanalyse dadurch zu erhöhen, dass subjektive Faktoren weitestgehend ausgeschlossen werden.

3.1.3.2 Input-Output-Prozessanalyse

Ziel der Input-Output-Prozessanalyse ist die Erstellung eines Modells, aus dem der Informationsbedarf eines individuellen Entscheidungsprozesses und damit auch des

[515] Aus den Eigenschaften von Informationen geht hervor, dass diese einen Nutzen besitzen, die Beschaffung dieser Informationen allerdings auch mit Kosten verbunden ist (vgl. hierzu noch einmal die Ausführungen in Abschnitt 3.1.1). Somit tritt in diesem Zusammenhang ein Optimierungsproblem auf, welches unter Berücksichtigung von Nutzen und Kosten versucht die Informationsversorgung zu optimieren. Hierbei kann es zu einer partiellen Informationsunterversorgung kommen. Dieser Fall tritt ein, wenn die Kosten für die Bereitstellung der Informationen höher sind als der hieraus resultierende Nutzen (vgl. Schwarze (1998), S. 89).

[516] Hierbei werden Techniken als elementare Lösungs- und Beschreibungsverfahren verstanden (vgl. Schmidt (1999), S. 53), die als Bestandteile von Methoden von diesen verwendet werden (vgl. Schmidt (1999), S. 1).

[517] Vgl. hierzu und im Folgenden Beiersdorf (1995), S. 84, Struckmeier (1997), S. 33 sowie Mayring (2002), S. 46 ff. jeweils mit weiteren Quellenangaben.

[518] Vgl. Strauch (2002), S. 72.

Entscheidungsträgers abgeleitet werden kann.[519] Die Vorgehensweise hierzu stammt von WILD.[520] Im Rahmen der Analyse werden die informationsverarbeitenden Einheiten hinsichtlich der Aufnahme, Verarbeitung und Abgabe von Informationen untersucht.[521] Die Informationen selbst stammen von denselben und werden nach der Verarbeitung an andere Einheiten abgegeben. Hierdurch entsteht ein Netzwerk von informationsverarbeitenden Knoten, welches als Matrix dargestellt werden kann. Ebenso können auch die Ein- und Ausgabegrößen der einzelnen informationsverarbeitenden Einheiten tabellarisch gespeichert und ausgewertet werden. Insgesamt gesehen dient das Modell dazu, alle Vorgänge und deren Bearbeitung integriert zu betrachten und den Informationsbedarf zu strukturieren.[522] Allerdings gerät dieses Modell bei unstrukturierten Aufgaben, deren Bearbeitung sehr stark vom Aufgabenträger abhängt, an seine Grenzen. Hier können nur im Nachhinein umfangreiche Analysen mit dem Ziel durchgeführt werden, die Informationsverarbeitung zu entschlüsseln.[523]

3.1.3.3 Anwendungsanalyse

Unter einer Anwendungsanalyse versteht KOREIMANN die „Summe aller systematisch aufeinander abgestellten Verfahren und Methoden, die darauf ausgerichtet sind, eine Datenbankorganisation so zu etablieren, dass mehrere Anwendungen Zugriffsmöglichkeiten zur gemeinsamen Datenbasis besitzen".[524] Zur Erstellung dieser gemeinsamen Datenbasis müssen zunächst einmal die angebundenen Anwendungen und deren Prozesse sowie die zugehörigen Datenstrukturen bekannt sein. Darüber hinaus sind die Informationswünsche der Anwender relevant. Diese Größen können durch eine Aufnahme des Ist-Zustandes ermittelt und daraus kann anschließend eine optimale Datenbankstruktur abgeleitet werden. Allerdings ergeben sich im Rahmen dessen rekursive Effekte, da die Datenstruktur wieder Einfluss auf die Organisation haben kann.

---

[519] Vgl. Koreimann (1976), S. 124.
[520] Vgl. Wild (1970).
[521] An dieser Stelle soll nur auf die grundsätzliche Idee der Input-Output-Prozessanalyse eingegangen werden. Zur vollständigen Darstellung der Vorgehensweise sei auf die zuvor genannten Quellen Wild (1970) oder Koreimann (1976), S. 127 ff. verwiesen.
[522] Vgl. Koreimann (1976), S. 136.
[523] Vgl. Koreimann (1976), S. 137.
[524] Vgl. Koreimann (1976), S. 117.

3.1.3.4 Interviewtechnik

Innerhalb der empirischen Sozialforschung ist die Befragung eine der am häufigsten verwendeten Methoden zur Informationsermittlung.[525] Grundsätzlich können verschiedene Befragungsarten unterschieden werden, die sich in nicht standardisierte, teilstandardisierte und vollstandardisierte Befragungen untergliedern.[526] Hierbei sind die Fragen bei einer vollstandardisierten Befragung explizit vorformuliert und die Reihenfolge dieser Fragen steht im Vorhinein fest. Das teilstandardisierte Interview besteht größtenteils aus offenen Fragen und wird mit Hilfe eines Fragebogengerüsts durchgeführt, während das nicht-standardisierte Interview vollständig auf dieses verzichtet.[527] Jede dieser Befragungsarten lässt sich wieder unterscheiden in eine mündliche sowie eine schriftliche Befragung, weiterhin können Einzel- und Gruppenbefragungen differenziert werden.

Basierend auf der Zielsetzung den Informationsbedarf und die Entscheidungsgrundlagen einzelner Entscheidungsträger innerhalb des IT-Change-Management-Prozesses zu eruieren erscheint im Kontext dieser Arbeit eine teilstandardisierte, mündliche Einzelbefragung adäquat. Diese wird auch als Leitfadengespräch oder Intensiv- bzw. Tiefeninterview bezeichnet und ist den qualitativen Interviews zuzurechnen. Qualitative Interviews können einen angemessenen Rahmen bieten, unter denen der Befragte bereit ist, seine Vorstellungen über die „Zusammenhänge in der sozialen Wirklichkeit in der Gründlichkeit, Ausführlichkeit, Tiefe und Breite darzustellen, zu erläutern und zu erklären, so dass sie [...] eine brauchbare Interpretationsgrundlage bilden können".[528]

Als Zielgruppe zur Erhebung der Informationsbedarfe bieten sich mögliche Anwender eines Informationssystems an.[529] Bei dieser Vorgehensweise erfolgt die Durchführung der Interviews als direktes Zusammenspiel zwischen Systemgestalter und potentiellem -anwender[530]. Inhaltlich werden die Interviewpartner zu ihren Aufgaben und Tätigkeiten im betreffenden Arbeitsumfeld befragt. Daneben wird die Zusam-

---

[525] Vgl. Kromrey (2009), S. 336.
[526] Vgl. Kromrey (2009), S. 365 sowie Häder (2010), S. 192.
[527] Vgl. Kromrey (2009), S. 365.
[528] Vgl. Lamnek (2010), S. 316.
[529] Vgl. Koreimann (1976), S. 92.
[530] Vgl. Shaw und Atkins (1970), S. 107 f.

menarbeit mit anderen untersucht,[531] da auf diese Weise Informations- und Kommunikationsprozesse ausgelöst werden. Die Voraussetzung für die Durchführung von Interviews ist, dass die Interviewer über entsprechende Fachkenntnisse des Interviewinhalts verfügen[532]. Weiterhin ist die Auswahl der entsprechenden Interviewpartner entscheidend für den Erfolg der Interviews.[533] Zu berücksichtigen ist außerdem, dass sich potentielle Systemanwender oftmals unklar über ihre Anforderungen sind oder diese nicht explizit konkretisieren können – hierfür kann eine Vielzahl von kognitiven, kommunikativen oder motivationalen Ursachen herangezogen werden.[534] Grundsätzlich ist mit der Durchführung von Interviews auch immer ein hoher Zeitaufwand verbunden,[535] was sich letztendlich auch monetär bemerkbar macht.

3.1.3.5 Aufgaben- und Problemanalyse

Bei dieser Methode wird über die Aufgaben und Probleme, die ein Aufgabenträger hat, auf den Informationsbedarf geschlossen.[536] Hierzu werden diese in Tätigkeitsschritte gegliedert und mit Hilfe von Datenflussdiagrammen die Eingangs- und Ausgangsgrößen skizziert. Zur Durchführung dieser Methode sind detaillierte Fachkenntnisse erforderlich.

3.2 Vorgehensweise zur Informationsbedarfsanalyse

Nachdem in den vorangehenden Abschnitten die grundlegenden Begrifflichkeiten definiert und einige Techniken zur Informationsbedarfsanalyse vorgestellt wurden, stellt sich nun die Frage, welche Vorgehensart sich im konkreten Kontext eignet, um sowohl den objektiven als auch den subjektiven Informationsbedarf, welcher zur Erfüllung von Aufgaben im IT-Change-Management-Prozess notwendig ist, auf geeignete Weise zu ermitteln.[537]

---

531 Vgl. Acker (1966), S. 20.
532 Vgl. Beiersdorf (1995), S. 85.
533 Vgl. hierzu auch Meuser und Nagel (1991), S. 442 ff., Girtler (1992), S. 50 f., Kromrey (2009), S. 380, Lamnek (2010), S. 317 f.
534 Vgl. Goeken (2006), S. 243.
535 Vgl. Beiersdorf (1995), S. 85.
536 Vgl. hierzu und im Folgenden Beiersdorf (1995), S. 76 sowie ergänzend auch Schneider (1990), S. 235 f., Voß und Gutenschwager (2001), S. 146 f., Strauch (2002), S. 72, Krcmar (2010), S. 66 sowie Heinrich u.a. (2014), S. 465.
537 Vgl. hierzu auch Koreimann (1976), S. 159.

Basierend auf den zuvor dargestellten Charakteristika von Informationsangebot und -nachfrage lassen sich zwei gegensätzliche Herangehensweisen ermitteln: Nebenprodukt- sowie Nullansatz.[538] Hierbei stellt der Nebenproduktansatz eine Form der Angebotsorientierung dar, die versucht einem Entscheider ein umfassendes Informationsangebot in Form von Berichten zur Verfügung zu stellen. Diese Berichte bestehen aus verdichteten Daten als Nebenprodukt der eingesetzten operativen Systeme. Das Ziel ist es dabei, das Informationsangebot so groß zu halten, dass die Informationsbedarfe jedes individuellen Anwenders durch die zur Verfügung gestellten Informationen eine adäquate Entscheidungsgrundlage für verschiedene Entscheidungsträger bedeuten. Allerdings besteht in diesem Fall die Gefahr einer Informationsproliferation, weshalb dieser Ansatz bereits bei der ersten Generation von MSS als unzureichend verworfen wurde. Im Gegensatz dazu verfolgt der Nullansatz eine nachfrageorientierte Strategie. Hier ist davon auszugehen, dass ein Entscheidungsträger nur mit unstrukturierten Aufgaben[539] oder Entscheidungen zu tun hat.[540] Im Kontext dieser Arbeit ist ein Entscheidungsträger und die Strukturiertheit der zugehörigen Aufgaben allerdings zunächst einmal unabhängig von jeglichen Hierarchiestufen – also im Sinne einer funktionalen Managementsichtweise[541] – zu sehen.[542] Aus der Perspektive des Nullansatzes verlieren Standardberichte ihre Existenzberechtigung, da die Aufgaben unstrukturiert sind. Somit sind in diesem Fall die Informationsbedarfe jeweils individuell zu klären. Dies hat den Nachteil, dass nicht auf die Erfahrungen aus Standardberichten zurückgegriffen werden kann, welche bei der Problemerkennung helfen können und eine generelle Sensibilisierung der jeweiligen Thematik schaffen. Überdies ist die Ermittlung des individuellen Informationsbedarfs mit ungleich höherem Aufwand verbunden als die Anwendung eines Standardberichts.

[538] Vgl. hierzu und im Folgenden Schwarze (1998), S. 100 f. und Voß und Gutenschwager (2001), S. 133.

[539] Vgl. hierzu auch noch einmal die Definition und Sichtweise des Informationsbedarfsbegriffs in Kapitel 3.1.2.

[540] Vgl. Voß und Gutenschwager (2001), S. 133. Hierbei beschränken sich die Autoren allerdings auf Führungskräfte als Entscheidungsträger.

[541] Vgl. hierzu noch einmal die Ausführungen im Rahmen von Kapitel 2.3.1.3.

[542] Grundsätzlich hat sich die Sichtweise etabliert, dass dem operativen Bereich eines Unternehmens eher strukturierte Aufgaben zugeordnet werden. Dies bedeutet, dass je höher die Hierarchiestufe innerhalb der Organisation wird, desto mehr nimmt der Strukturierungsgrad der Aufgaben ab (vgl. Kemper (1999), S. 36 f.).

Die Zielsetzung bei der Ermittlung der Informationsbedarfe im IT-Change-Management ist es, die angebotenen, nachgefragten und benötigten Informationen zur Erfüllung der im Prozess definierten Aufgaben zu kennen.[543] Dies entspricht dem effizienten Bereich der Darstellung in Abbildung 18 und verspricht den größten Kosten-Nutzen-Effekt. Um diesen Bereich zu identifizieren, soll nun versucht werden, ein Verfahren zu entwickeln, welches die angebotenen und nachgefragten Informationen gleichermaßen berücksichtigt und aus der Schnittmenge den Informationsbedarf, d.h. die Menge der benötigten Informationen zur Erfüllung der Aufgaben im IT-Change-Management, ableitet. Aus diesem Grund wird an dieser Stelle die Verwendung eines kombinierten angebots- und nachfrageorientierten Ansatzes verfolgt. Dessen Ziel ist es, die Kernideen einer Angebots- sowie Nachfrageorientierung zu vereinen und gleichzeitig die genannten Nachteile einer rein nebenprodukt- bzw. nullansatz-orientierten Vorgehensweise zu kompensieren.

Hierbei sind jeweils zwei Ebenen zu berücksichtigen. Auf generischer Ebene findet eine Analyse von Informationsangebot bzw. -nachfrage unternehmensübergreifend statt. Dies geschieht in erster Linie auf Basis von allgemeingültig formulierten Beschreibungen von Prozessen oder Abläufen. Innerhalb der spezifischen Schicht finden sich die Ergebnisse einer unternehmensindividuellen Analyse aus einem Anwendungsfall.[544] Die Resultate hieraus gilt es in die generischen Konzepte einfließen zu lassen und diese hierdurch gegebenenfalls zu ergänzen. Durch die Zusammenführung von Informationsangebot und -nachfrage ergibt sich der Informationsbedarf, welcher sich dann in Kapitel 5 in einem Fachkonzept zur Unterstützung des IT-Change-Management-Prozesses wiederfindet. Die Zusammenhänge innerhalb dieser Konstellation sind in Abbildung 19 skizziert.

[543] Vgl. hierzu noch einmal die Ausführungen in Kapitel 3.1.3.

[544] Die unternehmensindividuelle Analyse wurde im aus der Voruntersuchung bekannten Unternehmen durchgeführt. Vgl. hierzu noch einmal Fußnote 106 sowie die Beschreibung des Umfelds innerhalb von Abschnitt 4.1.1.1.

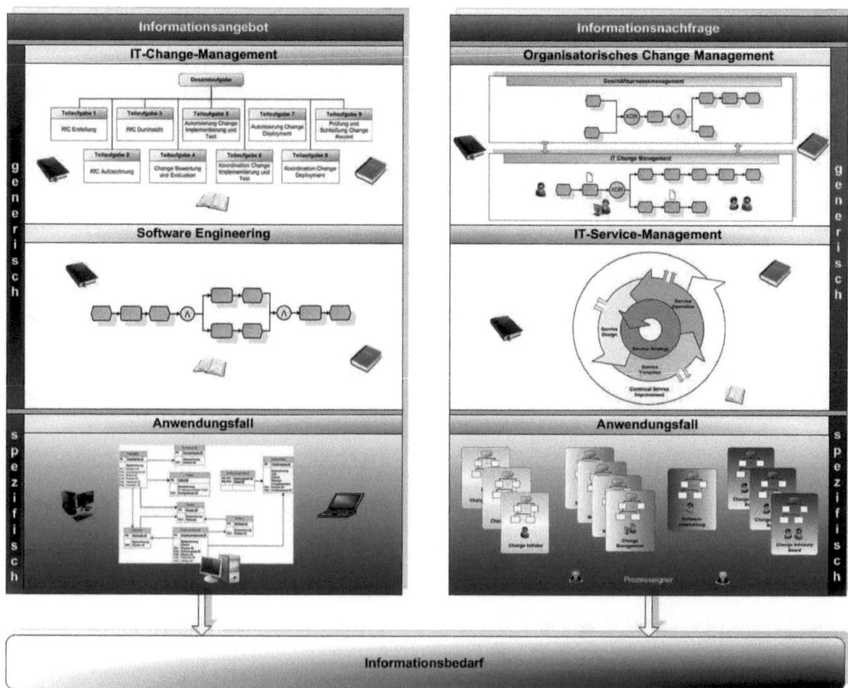

Abbildung 19: Vorgehensweise zur Informationsbedarfsermittlung

Grundsätzlich stellt sich hierbei nun die Frage, welche der zur Verfügung stehenden Methoden sich für den konkreten Kontext dieser Arbeit unter Berücksichtigung der Methodik qualitativer Sozialforschung[545] eignen, um sowohl den subjektiven als auch den objektiven Informationsbedarf, der zur Erfüllung der Aufgaben im IT-Change-Management-Prozess notwendig ist, auf geeignete Weise zu ermitteln. Hierzu wurden im vorangehenden Abschnitt 3.1.3 einige Methoden zur Bestimmung des Informationsbedarfs vorgestellt. Dabei ist allerdings zu berücksichtigen, dass die alleinige Anwendung einer einzelnen, singulären Methode Schwächen aufweisen kann, was im Rahmen der jeweiligen Methodencharakterisierung in den Unterkapiteln 3.1.3.1 bis 3.1.3.5 bereits angedeutet wurde. Um bei diesem Umstand Abhilfe zu schaffen,

[545] Vgl. hierzu auch noch einmal die Ausführungen in Kapitel 1.3.5.2.

kann im Sinne einer Methodentriangulation[546] eine Kombination mehrerer Methoden zur Anwendung kommen.[547] Die konkrete Vorgehensweise hierzu wird für die angebotsorientierten Analysen im Rahmen von Kapitel 3.3, für die nachfrageorientierten Analysen in Kapitel 3.4 vorgestellt.

3.3 Angebotsorientierte Analysen

Bei den angebotsorientierten Analysen lassen sich in erster Linie zwei verschiedene Ansätze zur Identifikation des Informationsangebots finden. Diese kommen vor allem bei der Erstellung von Data Warehouses zum Einsatz.[548] Zum einen können existierende Informationsquellen, insbesondere die Datenmodelle von bestehenden operativen Systemen, untersucht werden.[549] Dies setzt allerdings die Vollständigkeit eines Datenmodells voraus, was in der Praxis nicht immer gegeben ist.[550] Ferner beruht die Vorgehensweise auf einer Analyse des Ist-Zustandes und berücksichtigt keine zukünftigen Informationsbedarfe.[551] Zum anderen können die zugrunde liegenden Geschäftsprozesse analysiert und die daraus resultierenden Informationsbedarfe abgeleitet werden. Die Notwendigkeit eines solchen Ansatzes beschreibt KIMBALL[552]; BÖHNLEIN und ULBRICH[553] sowie KALDEICH und OLIVEIRA E SÁ[554] stellen konkrete Ansätze hierfür vor.

Auf Basis der genannten Ansätze zur Daten- und Prozessanalyse lässt sich die Vorgehensweise zur Bestimmung der Informationsbedarfe im IT-Change-Management

546 Ziel der Methodentriangulation ist es, im Vergleich zur alleinigen Verwendung von singulären Methoden die Erkenntnismöglichkeiten erweitern und vervollständigen zu können (vgl. Denzin (2009), S. 300 sowie Flick (2013), S. 311).

547 Vgl. Koreimann (1976), S. 167, Rosenhagen (1994), S. 276, Holten (1999), S. 122 sowie Struckmeier (1997), S. 30. Teilweise werden innerhalb einer Informationsbedarfsanalyse auch nur einzelne Methodenkomponenten verwendet, welche jedoch im Zusammenspiel einen integrierten Ansatz bilden (vgl. hierzu auch Stroh (2010), S. 26).

548 Vgl. hierzu die Übersicht über Entwicklungsmethoden für Data Warehouses in Böhnlein und Ulbrich-vom Ende (2000), S. 5 f.

549 Vgl. hierzu die Vorgehensweisen bei Anahory und Murray (1997), S. 38 f., Böhnlein und Ulbrich-vom Ende (2000), S. 6, Golfarelli u.a. (1998), Golfarelli und Rizzi (1999), Kaldeich und Oliveira e Sá (2004), S. 537 oder Inmon (2005), S. 79 ff.

550 Vgl. Böhnlein und Ulbrich-vom Ende (2000), S. 6.

551 Vgl. Strauch (2002), S. 83.

552 Die Ermittlung der Anforderungen an ein BI-System erfolgt in einer direkten Interaktion mit den Anwendern. Dies geschieht auf zwei Ebenen: Auf Makroebene wird die generelle Ausrichtung mit dem Management festgelegt, auf Mikroebene werden dann die detaillierten Anforderungen zur Unterstützung der Geschäftstätigkeiten erhoben (vgl. Kimball u.a. (2009), S. 63 ff.).

553 Vgl. Böhnlein und Ulbrich-vom Ende (2000).

554 Vgl. Kaldeich und Oliveira e Sá (2004).

ableiten. Zunächst wird eine Prozessanalyse durchgeführt. Hierbei sind zwei verschiedene Perspektiven relevant. Als erstes soll der IT-Change-Management-Prozess näher betrachtet und die sich daraus ableitenden Informationsangebote bestimmt werden. Darüber hinaus ist ebenso der Softwareentwicklungsprozess von Bedeutung – in diesem Zusammenhang spielen insbesondere diejenigen Phasen, bei denen es zu einem Austausch von Daten zwischen Softwareentwicklung und IT-Change-Management kommt, eine elementare Rolle. Die Resultate leiten sich aus den Beschreibungen der relevanten Fachliteratur ab. Des Weiteren wird im Kontext des Anwendungsfalls eine Datenanalyse auf Basis der in diesem Umfeld existierenden Softwarelösungen durchgeführt. Hierdurch sollen insbesondere die Informationen bestimmt werden, die zur Bearbeitung eines Change Requests über den kompletten Lebenszyklus hinweg erfasst werden.

3.3.1 IT-Change-Management

Im Verlauf des IT-Change-Management-Prozesses entstehen in den einzelnen Prozessschritten vielschichtige Informationen. Dies beginnt mit der RfC Erstellung und endet nach der Prüfung und Schließung des Change Records. An der Informationsgenerierung sind in diesem Kontext unterschiedliche Personen beteiligt. Die zentrale Instanz, an der sämtliche Informationen über den gesamten Lebenszyklus eines Changes hinweg sowie aus Gründen der Historisierung auch darüber hinaus vorgehalten werden, bildet die Change Dokumentation. Welche konkreten Informationen vorliegen, hängt von der unternehmensspezifischen Ausgestaltung des ITIL-Prozesses ab. Dennoch gibt das Rahmenwerk selbst einige Beispiele, welche Informationen im Verlaufe des Lebenszyklus entstehen können. Eine auf dieser Basis erstellte Übersicht findet sich im Anhang B.1 sowie in den zugehörigen Darstellungen der Anhänge B.2 und B.3.

Hinsichtlich der methodischen Vorgehensweise zur Informationsbedarfsermittlung erfolgt eine Analyse des Change-Management-Prozesses nach ITIL anhand der Darstellung in der Literatur basierend auf einer Dokumentenanalyse.

3.3.2 Software Engineering

Aus der Softwareentwicklung entstehen Artefakte, die als Informationsgrundlage verwendet werden können. Allerdings hängt die Art und Anzahl der erstellten Erzeugnisse stark vom verwendeten Rahmen- bzw. Prozessmodell und letztendlich auch vom zugrunde liegenden Qualitätsmodell ab.[555] Daher soll an dieser Stelle eine Orientierung am allgemeinen Softwarelebenszyklus erfolgen und die in den einzelnen Phasen erstellten Artefakte kurz erläutert werden – die methodische Basis hierfür bildet wiederum eine Dokumentenanalyse.

3.3.2.1 Spezifikation

Innerhalb der Spezifikationsphase werden im Wesentlichen ein Anforderungsdokument, die fachliche Lösung, wenn möglich eine Aufwandsschätzung sowie eine vorläufige Zeitplanung erstellt.[556] Informationen, die im Pflichtenheft als einem Teil der in der Spezifikationsphase zu generierenden Dokumente enthalten sind, werden in Anhang C.1 detailliert abgebildet. Hierzu gehören neben den Metadaten des Dokuments insbesondere auch die Rahmenbedingungen sowie die Anforderungen an das zu erstellende System.[557] Diese werden in Anhang C.2 separat aufgeführt.

3.3.2.2 Entwurf

Die Entwurfsphase lässt sich oftmals in zwei Schritte gliedern. Innerhalb des Grobentwurfs wird eine grundsätzliche Architektur festgelegt. Sie dient als Grundlage für die Festlegung der softwaretechnischen Infrastruktur, weil sich mit deren Hilfe die benötigten Infrastrukturkomponenten identifizieren lassen.[558] Im späteren Feinentwurf wird die grobe Architektur in einzelne Subsysteme und Komponenten untergliedert.[559] Insgesamt entstehen somit in dieser Phase eine physische Systemarchitektur, eine Softwarearchitektur sowie die Beschreibung der Verteilung der einzelnen Artefakte auf die technische Infrastruktur.[560] Grundsätzlich hängen hierbei der Aufbau und Umfang der Architekturdokumentation stark vom verwendeten Prozess- und Qualitätsmodell ab.[561] Geht man von einer UML-Darstellung aus, lassen sich phy-

[555] Vgl. hierzu auch die Grundlagen aus den Abschnitten 2.2.2 sowie 2.2.4.
[556] Vgl. Kapitel 2.2.3.1.
[557] Grundsätzlich lassen sich nach Glinz (2008), S. 35 funktionale Anforderungen, Leistungsanforderungen, spezifische Qualitätsanforderungen sowie Randbedingungen und Einschränkungen unterscheiden. Die Leistungsanforderungen sind in dem in Anhang C.1 dargestellten Pflichtenheft nicht enthalten.
[558] Vgl. Balzert (2011b), S. 484.
[559] Vgl. Abschnitt 2.2.3.2.
[560] Vgl. Balzert (2011b), S. 6.
[561] Vgl. Balzert (2011b), S. 482.

sisch vorhandene Elemente als Artefakte modellieren.[562] Bei einer objektorientierten Anwendungsmodellierung kommen vorwiegend Elemente wie Klassen, Objekte, Attribute oder Assoziationen zum Tragen.[563]

3.3.2.3 Implementierung

Die Aufgabe der Implementierung ist es, auf Basis des definierten und abgestimmten Entwurfs lauffähige Programme zu erzeugen.[564] Neben dem eigentlichen Programmcode stehen insbesondere die Metainformationen eines Programms sowie die Dokumentationskommentare als Informationsangebot zur Auswertung zur Verfügung. Eine konkrete Ausgestaltung dieser Informationen wird in Anhang C.4 gegeben.

3.3.2.4 Softwaretests

Im Rahmen der Softwaretests – ganz gleich ob Entwickler-, Integrations-, System- oder Abnahmetests – werden verschiedene Phasen durchlaufen. Dies beginnt bei der Planung, geht über die Testfallerstellung und -durchführung bis zum finalen Testbericht.[565] Parallel hierzu findet die Testüberwachung statt, die die jeweilig erzielten Fortschritte dokumentiert. In den einzelnen Stufen des Testzyklus werden verschiedene Dokumente generiert.[566] Hierzu gehören u.a. ein Testplan samt den notwendigen Testfällen sowie gegebenenfalls auch ein Testskript. Weiterhin können Testberichte mit aussagekräftigen Fehlermeldungen erstellt sowie eine übergreifende Testberichtserstattung etabliert werden. Beispiele zu den beschriebenen Dokumenten finden sich in den Anhängen C.5, C.6, C.7 sowie C.8.

3.3.3 Anwendungsfall (Softwareanalyse)

Als weiterer Teil der angebotsorientierten Vorgehensweise zur Identifikation des Informationsbedarfs im Change-Management-Prozess wurde eine Softwareanalyse der im Umfeld der Vorstudie eingesetzten Softwarewerkzeuge durchgeführt.[567] Zu diesem Zweck wurden zum einen die Informationen untersucht, die in einem Tickettool zur Unterstützung dieses Prozesses hinterlegt werden können. Innerhalb der

---

[562] Vgl. Balzert (2011b), S. 9.

[563] Vgl. hierzu die Darstellung des objektorientierten Metamodell in Anhang C.3.

[564] Vgl. Abschnitt 2.2.3.3.

[565] Vgl. Vivenzio und Vivenzio (2013), S. 18.

[566] Vgl. hierzu auch IEEE Computer Society (2008) zu den internationalen Standards zur Software Testdokumentation nach IEEE 829.

[567] Vgl. hierzu auch die Aussagen zu den operativen Systemen aus der Expertenbefragungen in Abschnitt 4.3.1.1.

Softwarelösung wurden insbesondere die Daten, die in Change Requests sowie in den daraus abgeleiteten Change-Tickets oder Tasks gespeichert werden, dezidiert analysiert. Die einzelnen Datenfelder zu Change Requests, Changes und Tasks werden detailliert in den Anhängen 0, D.1.2 und D.1.3 beschrieben. Zum anderen wurden auch die Dokumente untersucht, die in einem separaten DMS abgelegt werden. Eine Übersicht hierüber findet sich in Anhang D.2. Zusätzlich wurde in diesem Zusammenhang auch eine Softwareeigenentwicklung zur Unterstützung des IT-Change-Management-Prozesses untersucht, die neben den zuvor beschriebenen Daten weitergehende Informationen zu einzelnen RfCs enthält. Sie speichert insbesondere tiefergehende Daten zur Kostenanalyse sowie zu den jeweiligen Personenaufwänden. Die Darstellung der einzelnen Daten findet sich in Anhang D.3.

Die Vorgehensweise ist abgeleitet aus den Kerngedanken der Anwendungsanalyse. Allerdings soll hierbei eine reziproke Verfahrensweise Anwendung finden. Es ist nicht das Ziel, eine gemeinsame Datenbasis zu erstellen, sondern von einer solchen auf die zugehörigen Informationsbedarfe zu schließen. Die Analyseergebnisse im betrachteten Umfeld ergaben, dass im verwendeten Tickettool nur die für den konkreten Einsatzzweck relevanten Module genutzt werden. Darüber hinaus enthält das DMS nur Inhalte gemäß spezieller Anforderungen, die sich aus dem Change-Management-Prozess ergeben. Die zuvor erwähnte Eigenentwicklung wurde auf Basis der Bedarfe des entsprechenden Nutzergremiums ausgerichtet und enthält somit ein Informationsangebot, welches auf die Bedürfnisse der beteiligten Personen ausgerichtet ist. Vor diesem Hintergrund erscheinen die Herangehensweise zur Ermittlung des Informationsangebots und die daraus gezogenen Rückschlüsse auf den Informationsbedarf als angemessen.

3.4 Nachfrageorientierte Analysen

Nachfrageorientierte Analysen beruhen auf den individuellen Informationsbedarfen einzelner Entscheidungsträger. Sie versuchen die Informationsnachfrage als Teilmenge des subjektiven Informationsbedarfs zu ermitteln.[568] Somit stehen diese im Fokus der Betrachtung zur Ermittlung des individuellen Informationsbedarfs, welcher als die von einem einzelnen Entscheidungsträger zur optimalen Aufgabenerfüllung

[568] Vgl. Picot u.a. (2003), S. 81 und Krcmar (2010), S. 63.

benötigten Informationen gesehen werden kann.[569] Darüber hinaus existiert aber auch ein globaler Informationsbedarf innerhalb einer Organisation, der die Informationen zur optimalen Zielerreichung unter Berücksichtigung gegebener Ressourcen umfasst.

Auf organisationsübergreifender Ebene ist es das Ziel alle Informationen zu ermitteln, die zur weiteren Planung und Entscheidungsvorbereitung von anderen Prozessen innerhalb des IT-Service-Managements nachgefragt werden. Zu diesem Zweck werden die Schnittstellen des IT-Change-Managements zum organisatorischen Change Management untersucht. Ferner werden innerhalb des IT-Service-Managements die Abhängigkeiten zum *Release and Deployment Management* sowie zum Bereich *Service Validation and Testing* durchleuchtet. Hierbei kommen einzelne Elemente der Dokumentenanalyse sowie der Input-Output-Prozessanalyse zum Tragen.

Ausgehend vom Ansatz der Null-Methode[570] und der Sichtweise, dass individuelle Entscheidungsträger individuelle Informationsbedarfe besitzen, werden danach im Anwendungsfall verschiedene Gruppen von Entscheidungsträgern mit Hilfe einer Interviewtechnik befragt.[571] Die Ergebnisse ergänzen die zuvor ermittelten Resultate aus den Dokumentenanalysen sowie der Input-Output-Prozessanalyse.

3.4.1 Organisatorisches Change Management

Im Rahmen des organisatorischen Change Managements gibt es Vorgaben von Seiten des Business, die einen Einfluss auf die Implementierung von Softwareänderungen haben. Hierbei sollte es eine enge Integration mit den einzelnen Projektteams geben, um Informationen zu Changes sowie den jeweiligen Zielen auszutauschen und innerhalb der Organisation zu verbreiten.[572] In diesem Zusammenhang seien insbesondere die Umsetzungszeitleisten, die gewünschten Go-Live-Termine, geschäftskritische Phasen für Downtimes, Verfügbarkeit von Stakeholdern etc. genannt. Dies alles dient dazu, eine reibungslose Umsetzung der jeweiligen Änderungen zu ermöglichen.

---

[569] Vgl. hierzu und im Folgenden Schwarze (1998), S. 89.

[570] Vgl. Kapitel 3.1.3.4.

[571] Vgl. hierzu Poe u.a. (1998), S. 135 ff. sowie Böhnlein und Ulbrich-vom Ende (2000), S. 4.

[572] Vgl. Rance u.a. (2011), S. 85.

Methodisch wird zur Analyse des Informationsbedarfs die existierende Change-Management-Prozessbeschreibung nach ITIL herangezogen. Hieraus werden die jeweiligen Aufgaben identifiziert und die sich ergebende Informationsnachfrage im Hinblick auf die Geschäftspartner analysiert. Somit stellt diese Vorgehensweise eine Kombination aus einer Dokumentenanalyse sowie einer Input-Output-Prozessanalyse dar.

3.4.2 IT-Service-Management

Innerhalb des IT-Service-Managements gibt es einen engen Austausch mit allen Bereichen des ITIL-Lebenszyklus, um eine inhaltlich abgestimmte Serviceänderung in Betrieb nehmen zu können. Dies betrifft sowohl die Phasen *Service Strategy*, *Service Design*, *Service Operation* als auch das *Continual Service Improvement*. Darüber hinaus sind aber auch innerhalb der *Service Transition*, zu welcher der Change-Management-Prozess gezählt werden kann, enge Abstimmungen mit den Teilbereichen *Service Asset and Configuration Management*, *Transition Planning and Support*, *Release and Deployment Management*, *Service Validation and Testing*, *Change Evaluation* sowie dem *Knowledge Management* notwendig. Beispiele für die jeweiligen Informationen aus den einzelnen Phasen sind hierbei im Anhang B.4 beschrieben.

Methodische Grundlage für diese Vorgehensweise bildet abermals die Dokumentenanalyse auf generischer Basis.

3.4.3 Anwendungsfall (Expertenbefragung)

Die hier durchgeführte Expertenbefragung basiert im ersten Schritt auf der in Kapitel 3.1.3.4 beschriebenen Interviewtechnik. Hierzu werden zum einen die möglichen Anwender eines Informationssystems direkt nach ihren Informationsbedarfen interviewt, zum anderen Mitarbeiter im direkten Tätigkeitsumfeld befragt, um weitere, ergänzende Merkmale erheben zu können.[573]

Grundsätzlich können jedoch bei Befragungen verschiedene Schwierigkeiten auftreten, die bei der Analyse berücksichtigt werden müssen. Zum einen fällt es oftmals

[573] Vgl. Schneider (1990), S. 234 sowie Krcmar (2010), S. 65.

schwer, den benötigten Informationsbedarf konkret zu äußern.[574] Zum anderen kann eine mangelnde Bereitschaft von Entscheidungsträgern auftreten, ihren persönlichen Entscheidungsprozess und die Motive hierfür komplett offenzulegen.[575] Um den geschilderten Problematiken entgegenzuwirken, wird zur Erhebung des Informationsbedarfs neben der Interviewtechnik auch eine Aufgaben- und Problemanalyse angewendet. Dies dient dazu, neben der direkten Ermittlung des Informationsbedarfs über die Befragung auch eine zweite Informationsquelle zu haben. Damit wird über die im Rahmen der Befragung angesprochenen Aufgaben und Probleme auf den jeweiligen Informationsbedarf der entsprechenden Person geschlossen. Auf diese Weise wird eine Kombination von induktiver und deduktiver Vorgehensweise erreicht.[576] Mit Hilfe dieser Methodentriangulation soll dem Umstand entgegengetreten werden, dass Interviewteilnehmer als potentielle Systemanwender ihre Informationsbedarfe nicht adäquat äußern können.[577] Der konkreten Vorgehensweise und dem Aufbau der durchgeführten Interviews ist Kapitel 4 gewidmet.

574 Vgl. Böhnlein und Ulbrich-vom Ende (2000), S. 3.

575 Vgl. Kaldeich und Oliveira e Sá (2004), S. 538.

576 Bei der induktiven Vorgehensweise, zu der die Befragung zählt, werden Informationsträger direkt analysiert. Der deduktive Ansatz, dem die Aufgaben- und Problemanalyse zuzurechnen ist, leitet die Informationsbedarfe u.a. aus den Entscheidungsproblemen und Aufgaben einer Unternehmung ab (vgl. Kendzia (2010), S. 101 sowie Küpper u.a. (2013), S. 222 ff.).

577 Vgl. hierzu auch noch einmal Abschnitt 3.1.3.4.

4 Empirische Untersuchung im IT-Change-Management

Die Expertenbefragung in diesem Kontext wurde als Teil der nachfrageorientierten Informationsbedarfsanalyse durchgeführt. Sie dient hierbei zwei Zielen: Zum einen sollen die im Change-Management-Prozess durchgeführten Aktivitäten ermittelt, zum anderen die Informationsbedarfe zur Durchführung dieser Aufgaben erhoben werden.

Die Darstellung der Expertenbefragung erfolgt hierbei in drei Teilen. Zunächst werden in Kapitel 4.1 die Rahmenbedingungen und Vorüberlegungen zur Interviewdurchführung sowie die Vorgehensweise bei der abschließenden Auswertung erläutert. Danach werden in Kapitel 4.2 die Ergebnisse der Expertenbefragungen detailliert und die zugrunde liegenden Tätigkeiten herausgearbeitet. Kapitel 4.3 widmet sich anschließend der Informationsversorgung, die die Aufgaben im Rahmen des IT-Change-Management-Prozesses unterstützt. Weiterhin werden die vorherrschenden Informationsbedürfnisse der einzelnen Interviewpartner ermittelt.

4.1 Konzeption der Interviews

Im konzeptionellen Teil dieses Kapitels wird die Vorgehensweise bei der Vorbereitung, Durchführung und Auswertung der Expertenbefragung beschrieben.

4.1.1 Vorüberlegungen zur Interviewgestaltung

Die Vorüberlegungen zur Konzeption der Expertenbefragungen beziehen sich zunächst darauf, ein passendes Umfeld zur Durchführung der Interviews zu ermitteln. In diesem lassen sich dann geeignete Interviewpartner identifizieren. Anschließend wird in diesem Abschnitt ein Bezugsrahmen für die Interviews vorgestellt, bevor auf die Entwicklung des Interviewleitfadens eingegangen wird.

4.1.1.1 Umfeld der Expertenbefragung

Die Prämisse zur Durchführung der Leitfadengespräche war die Identifikation eines Umfeldes, in dem eine ITIL-konforme Ausprägung des Change-Management-Prozesses eingesetzt wird. Dies erfolgt aufgrund der Tatsache, dass sich die im Kontext dieser Arbeit verwendeten Grundlagen auf das IT-Service-Management nach ITIL beziehen. Außerdem erschien es sinnvoll, nur eine einzige Ausprägung des Change-Management-Prozesses zu untersuchen. Damit wird die Vergleichbarkeit der Interviews bei der Auswertung gewährleistet und es entstehen keine verzerrenden Effekte durch unterschiedliche Prozessgrundlagen. Auf diese Weise erfolgte die Konzeption der Interviews als Einzelfallstudie.[578]

Mit Hilfe der durchgeführten Voranalyse[579] konnte ein zur Realisierung der Studie geeigneter Bereich erkannt werden. Dieser ist organisatorisch einer IT-Abteilung zugeordnet und beschäftigt sich mit dem Change Management eines ERP-Systems innerhalb eines international agierenden Industrieunternehmens. Der Konzern beschäftigt weltweit über 250.000 Mitarbeiter und hat einen Umsatz von mehr als 120 Milliarden EUR. Der zentral organisierten IT gehören hierbei ca. 5.000 Personen an; in gleicher Dimension bewegt sich die Gesamtzahl der betriebenen Applikationen zur Unterstützung der Geschäftsabläufe. Das dafür notwendige IT-Budget befindet sich derzeit in einer Größenordnung von etwa 2,5 Milliarden EUR.

Das genannte ERP-System deckt die Bereiche Einkauf, Vertrieb, Finanzen und Controlling ab. Es wird in über 150 Gesellschaften des Konzerns in über 20 Ländern weltweit eingesetzt. Hierbei entstehen jährlich etwa 650 Änderungsanforderungen in den Landesgesellschaften, was zu einem Entwicklungsaufwand von ungefähr 17.000 Personentagen und Kosten von ca. 6 Millionen EUR führt. Die Umsetzung der Systemanpassungen erfolgt in drei Releases pro Jahr. Über die komplette Entwicklungskette hinweg sind ca. 150 Personen an der Vorbereitung, Durchführung und Abnahme der Softwareänderungen beteiligt. Organisatorisch werden zu diesem Zweck pro Jahr etwa 30 Entwicklungs- bzw. Rolloutprojekte parallel durchgeführt.

Nachdem das beschriebene Umfeld identifiziert war, galt es sich mit den Gegebenheiten in diesem Bereich vertraut zu machen. Dies dient dazu, die Antworten der In-

[578] Generell dienen Fallstudien zur Untersuchung von komplexen, ganzheitlichen Untersuchungseinheiten. In der Literatur werden die Begriffe Einzelfallstudie, Einzelfallanalyse, Fallmethode, Kasuistik oder Case Study häufig synonym verwendet (vgl. hierzu u.a. Mayring (2002), S. 42, Kromrey (2009), S. 504, Häder (2010), S. 350 oder Lamnek (2010), S. 272 f.). Der Charakter einer Einzelfallstudie lässt sich nach Goode und Hatt (1975), S. 300 folgendermaßen beschreiben: „Die Einzelfallstudie ist […] keine besondere Technik. Sie ist vielmehr eine bestimmte Art, das Forschungsmaterial so zu ordnen, dass der einheitliche Charakter des untersuchten, sozialen Gegenstands erhalten bleibt. Anders ausgedrückt ist die Einzelfallstudie ein Ansatz, bei dem jede soziale Einheit als ein Ganzes angesehen wird".

[579] Vgl. hierzu noch einmal die Darstellung des Forschungsdesigns in Kapitel 1.3.5.1.

terviewpartner in einen Entscheidungskontext stellen zu können.[580] Die hierzu notwendigen Vorkenntnisse stammen zum einen aus den Diskussionen und Beobachtungen der Vorstudie, zum anderen wurden Prozessdokumentationen zur Verfügung gestellt, welche einen Abgleich zwischen der unternehmensspezifischen Implementierung des Change-Management-Prozesses und der generischen Definition nach ITIL erlaubten.[581] Darüber hinaus wurde eine Analyse der unterstützenden Softwarewerkzeuge vorgenommen.

4.1.1.2 Interviewpartner

Mit Hilfe einiger Vorgespräche konnten potentielle Interviewpartner im ausgewählten Umfeld identifiziert werden.[582] Diese nehmen die im Change-Management-Prozess nach ITIL beschriebenen Rollen *Change Initiator, Change Management* und *Change Advisory Board* ein.[583] Überdies wurden neben den erwähnten Rollen auch noch die Prozesseigner des Change-Management-Prozesses befragt. Die Intention hierbei war, dass diese als Personen im direkten Tätigkeitsumfeld – aber nicht direkt am operativen Prozess beteiligt – weitere, ergänzende Informationen aus einem übergeordneten Blickwinkel liefern können. Darüber hinaus konnte auch noch eine Person aus dem Bereich Software Engineering als Gesprächspartner gewonnen werden. Somit wurden zur Durchführung der Befragungen insgesamt fünf relevante Personengruppen mit insgesamt 12 Interviewpartnern identifiziert. Hierbei vertraten drei Personen die Rolle des Change Initiators, drei Personen das Change Management, zwei Personen den Change-Management-Prozess als Prozesseigner, drei Personen die Change Genehmigungskompetenz und – wie erwähnt – eine Person den Bereich

---

[580] Zum Wissenserwerb über einen betrachteten Weltausschnitt können grundsätzlich verschiedene Quellen wie Bücher, Referenzhandbücher oder Fallstudien hierangezogen werden. Daneben können auch Befragungen von Personen und Organisationseinheiten im entsprechenden Umfeld durchgeführt werden. Vgl. hierzu und im Folgenden auch Partridge und Hussain (1995), S. 169 ff. sowie Voß und Gutenschwager (2001), S. 134 f.

[581] Vgl. hierzu auch noch einmal die Bedeutung des Vorverständnisses im Rahmen des qualitativen Paradigmas aus Abschnitt 1.3.5.2.

[582] Die Auswahl der Interviewpartner entscheidet über die Art und Qualität der Information, die zur Verfügung gestellt werden. Hierbei ist zu berücksichtigen, wer über die Informationen verfügt und wer am ehesten bereit und in der Lage ist, diese präzise zu geben (vgl. Gläser und Laudel (2010), S. 117 sowie Lamnek (2010), S. 351 f.).

[583] Vgl. hierzu auch noch einmal 2.1.3.5. In der Darstellung des Prozessflusses für einen normalen Change wird keine Unterscheidung mehr zwischen den Rollen *Prozessmanager Change Management* und *Change Practitioner* gemacht, sondern generell der Begriff Change Management verwendet (vgl. Rance u.a. (2011), S. 70). Dieser Sichtweise soll hier gefolgt werden und unter der Rolle *Change Management* alle operativen Aufgaben subsumiert werden, die für die beiden genannten Rollen im Change-Management-Prozess anfallen.

Software Engineering. Die befragten Experten hatten im Durchschnitt insgesamt 18 Jahre (Median 20 Jahre) Berufserfahrung und waren größtenteils in einem ähnlichen oder vergleichbaren Umfeld tätig. In Bezug auf das konkrete System konnte bei allen befragten Personen mindestens fünf Jahre Erfahrung in diesem Umfeld angeführt werden. Weiterhin repräsentierten die Interviewpartner auch unterschiedliche hierarchische Ebenen – so konnten Interviewpartner sowohl aus der operativen Ebene als auch aus dem unteren sowie mittleren Management gewonnen werden.

Für die unterschiedlichen Personengruppen haben sich jeweils unterschiedliche Gesprächsleitfäden ergeben.[584]

4.1.1.3 Bezugsrahmen der Interviews

Aufgrund der Vorüberlegungen sowie der für das Experteninterview relevanten Personengruppen lässt sich der Bezugsrahmen wie in Abbildung 20 skizzieren. Aus einer Gesamtaufgabe, die in diesem Kontext die IT-Change-Management-Aktivitäten darstellen, können verschiedene Teilaufgaben abgeleitet werden.[585] Diese Teilaufgaben sind im konkreten Fall wiederum an die Definition der Prozessschritte im Change-Management-Prozess nach ITIL angelehnt, berücksichtigen aber auch gleichzeitig unternehmensspezifische Besonderheiten.

Verantwortlich für die konkrete Ausgestaltung der Prozesse sind in diesem Fall die Prozesseigner, welche die Rahmenbedingungen und die erwarteten Ergebnisse aus jeder einzelnen Tätigkeit festlegen. Auf Basis der Prozessgrundlage, die durch die formelle Beschreibung der Teilaufgaben gegeben ist, legen die individuellen Aufgabenträger – hier bei den einzelnen Teilaufgaben mit ihrer Rollenbezeichnung dargestellt – ihre Aufgabenbündel fest. Diese können je nach Art der Änderungsanforderung variieren. Aus den jeweiligen Aufgabenbündeln lassen sich dann wiederum Elementaraufgaben ableiten, welche die kleinste sinnvolle Gliederungseinheit dar-

[584] Siehe hierzu auch Kapitel 4.1.1.4.

[585] Generell ist nach Kosiol (1976), S. 42 eine Gesamtaufgabe ein Aufgabenkomplex, also eine konstruierte Menge von einzelnen Teilaufgaben. Die Gesamtaufgabe einer Unternehmung ist eng mit deren Endziel, also den am Markt erbrachten Leistungen, verknüpft. Jedoch sind zur Erfüllung der Marktleistung weitere vor- oder nebengelagerte Tätigkeiten, also ebenjene Teilaufgaben, notwendig. Die jeweiligen Teilaufgaben lassen sich im Rahmen eines Induktionsprozesses im Hinblick auf die Gesamtaufgabe einer Unternehmung ableiten. In diesem Kontext ist die Gesamtaufgabe jedoch bezogen auf einen konkreten Teilbereich – also den Change-Management-Prozess für ein bestimmtes Softwaresystem. Somit stellt die Gesamtaufgabe für diesen konkreten Bereich eine Teilaufgabe für die Gesamtaufgabe der entsprechenden Unternehmung dar.

stellen. Zur Erfüllung der Elementaraufgaben sind erneut unterschiedliche Informationsbedarfe notwendig.[586]

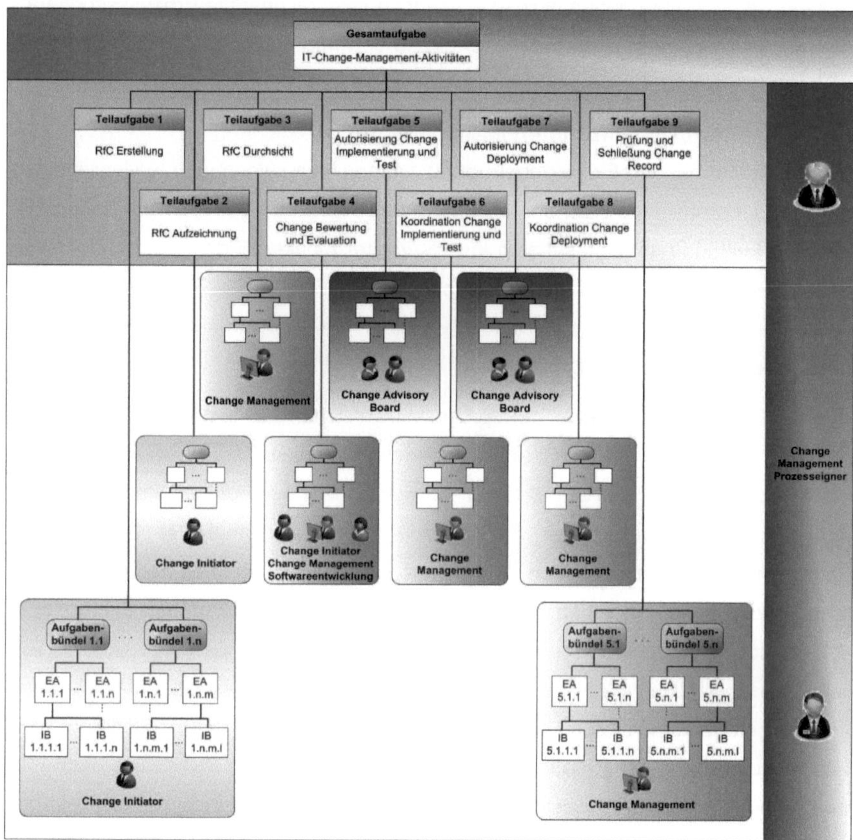

Abbildung 20: Bezugsrahmen der Interviews

Ziel der Expertenbefragungen ist es nun mit Hilfe der verschiedenen Aufgabenträger herauszufinden, welche Aufgabenbündel bei der Durchführung eines vorgegebenen Prozessablaufs durchgeführt und welche Informationen zur Ausführung benötigt werden. Wie zuvor erwähnt, existiert eine Beschreibung der Aktivitäten auf Ebene der Teilaufgaben; die konkrete Ausgestaltung der Aufgabenbündel kann jedoch nur mit Hilfe der Interviews ermittelt werden. Einhergehend mit dieser Analyse sollen

[586] Vgl. Koch u.a. (2013), S. 224 oder Koch (2014), S. 203.

auch die Elementaraufgaben eruiert werden. Diese werden letzten Endes den Vorgaben sowie Erfahrungen der Prozesseigner gegenübergestellt, um ein konsistentes Gesamtbild über alle Ebenen hinweg – sowohl horizontal über die Prozessschritte als auch vertikal von den Teilaufgaben bis hin zu den Informationsbedarfen – zu erhalten.

4.1.1.4 Entwicklung des Interviewleitfadens

Zur Durchführung der Expertenbefragung wurden verschiedene Interviewleitfäden verwendet, deren Fragen sich im Anhang in den Abschnitten E.1 bis E.4 finden lassen. Der Leitfaden selbst lässt sich jeweils in drei Blöcke gliedern, wobei der erste und letzte Teil für alle Befragungsskizzen gleich ist. Nach den Fragen zur Person wird im ersten Teil noch auf die aktuell verwendeten Systeme zur Deckung des Informationsbedarfs eingegangen.

Im zweiten Teil des Interviews, dem prozessspezifischen Teil, unterscheiden sich die Leitfragen je nach Rolle im Change-Management-Prozess.[587] Dieser Abschnitt ist explizit auf die einzelnen Aufgaben der befragten Personen ausgerichtet. Zur Erstellung des prozessspezifischen Teils wurde zunächst einmal der ITIL-Change-Management- Prozess analysiert. Im zweiten Schritt wurde die unternehmensspezifische Prozessimplementierung herangezogen und die dort vorhandenen Schritte dem Ablauf nach ITIL gegenübergestellt, so dass ein Abgleich möglich war. Um das Expertenwissen nutzen zu können, wurden die Leitfragen auf Basis der unternehmensspezifischen Implementierung entwickelt. Ziel war es, die gewonnenen Erkenntnisse bei der Auswertung der Ergebnisse wieder auf die generische Sichtweise nach ITIL zurückzuführen[588] und schlussendlich in ein Fachkonzept zu überführen. Da die Prozesseigner keine operativen Aufgaben im Change-Management-Prozess wahrnehmen, setzen sich deren Leitfragen im prozessspezifischen Teil aus den übrigen drei Leitfäden zusammen und bilden somit eine Klammer um die beteiligten Rollen. Der Fokus bei der Befragung sollte hierbei eher auf der Identifikation einer idealtypischen Prozessausführung liegen als auf der konkreten operativen Durchführung.

[587] Da sich die Experten in ihrem spezifischen Wissen und der jeweiligen Beteiligung am zu rekonstruierenden Prozess sowie den hieraus resultierenden Aufgaben unterscheiden, scheinen verschiedene Leitfragen ein geeigneter Weg zur Ermittlung der relevanten Informationen zu sein (vgl. hierzu auch Gläser und Laudel (2010), S. 117).

[588] Vgl. hierzu auch die detaillierte Vorgehensweise zur Auswertung der Interviews in Kapitel 4.1.3.

Der dritte Teil der Befragung wurde wiederum für alle Interviewpartner gleich gestaltet. Er beschäftigt sich mit den Verbesserungspotentialen hinsichtlich der Informationsversorgung sowie der Informationsbereitstellung.

4.1.2 Durchführung der Expertenbefragungen

Im Rahmen dieses Abschnitts wird der Ablauf zur Realisierung der Tiefeninterviews dargestellt. Hierzu wird zunächst die Vorbereitungsphase beschrieben, bevor auf die tatsächliche Durchführung der Befragungen eingegangen wird.

4.1.2.1 Vorbereitung der Interviews

Nach der Festlegung der Rollen für die Expertenbefragungen wurden die Gesprächsleitfäden entsprechend entworfen. Danach wurde der Kontakt zu den im Vorgespräch identifizierten Interviewpartnern[589] hergestellt und eine kurze Einführung in den Zweck und den Kontext der Interviews gegeben. Bei allen angefragten Personen lag die Bereitschaft vor als Interviewpartner zu fungieren, so dass die Durchführung der Interviews im betreffenden Unternehmen arrangiert werden konnte.[590] Aus logistischen Gründen wurden für zwei Interviews Telefongespräche vereinbart, zwei weitere Befragungen fanden auf Englisch statt.

4.1.2.2 Ablauf der Interviews

Die Durchführung der Interviews erfolgte im Zeitraum vom 03.01.2013 bis zum 14.02.2013. Die Interviewdauer war inklusive der Intervieweinführung zwischen 60 Minuten für die Rollen *Change Initiator* und *Change Advisory Board* und 90 Minuten für die Rollen *Change Management*, *Change Management Prozesseigner* sowie *Softwareentwicklung* vorgesehen.

Die Gespräche selbst konnten durchgehend digital aufgezeichnet werden. Fernerhin wurden wesentliche Stichpunkte zu einzelnen Aussagen handschriftlich in die dafür vorgesehenen Abschnitte innerhalb des Gesprächsleitfadens notiert, um gegebenenfalls auf ein Gedächtnisprotokoll zurückgreifen zu können.

---

[589] Vgl. hierzu auch noch einmal Abschnitt 4.1.1.

[590] Nach Lamnek (2010), S. 354 sind die örtlichen Gegebenheit so zu wählen, dass sie den Befragten vertraut und alltäglich sind. Girtler formuliert diese Aussage in folgenden Worten: „Um wirklich gute Interviews zu bekommen, muß man [...] in die Lebenswelt dieser betreffenden Menschen gehen und darf sie nicht in Situationen interviewen, die ihnen unangenehm oder fremd sind" (vgl. Girtler (1992), S. 151).

4.1.3 Vorgehensweise zur Interviewauswertung

Die Interviewauswertung ist eng an die bei MEUSER und NAGEL[591] vorgestellte Vorgehensweise angelehnt und verlief in folgenden Stufen:

- **Wiedergabe des Gesprächs:** Im ersten Schritt erfolgte die Wiedergabe der Gesprächsinhalte auf Basis der Tonaufzeichnungen aus den Befragungen in eigenen Worten, allerdings eng an den Aussagen der Interviewpartner angelehnt. Hierbei wurde die Chronologie des Gesprächsinhalts eingehalten, eine Kürzung des Inhalts oder Raffung von bestimmten Themen fand zu diesem Zeitpunkt noch nicht statt.
- **Bildung von Überschriften:** Ziel bei der Bildung von Überschriften ist die Identifikation gleichartiger Themen und deren Bündelung unter einem Oberbegriff. Dies gelang aufgrund der chronologischen Stringenz, mit der die Interviews durchgeführt werden konnten, sowie der einheitlichen Begrifflichkeiten, die sich aus einem gemeinsamen Prozessverständnis ergeben, auf einfache Weise. Es kam während dieser Phase kaum zu Kürzungen oder Auslassung von Themenkomplexen, da die Interviews zum größten Teil als gelungen[592] anzusehen sind und es keine wesentlichen Abweichungen vom festgelegten Interviewrahmen gab.

  Nach der Bildung gemeinsamer Überschriften wurden die Interviews den Befragten noch einmal zur Durchsicht übergeben und die Möglichkeit eingeräumt, das Verständnis und den Kontext der Aussagen zu überprüfen und gegebenenfalls zu korrigieren.[593] Diese Option wurde von zehn Befragten in Anspruch genommen. Es wurden in sechs Fällen kleinere Anpassungen vorgenommen, d.h. Botschaften abgeschwächt oder auch prägnanter formuliert. In

[591] Vgl. Meuser und Nagel (1991), S. 455 ff.

[592] Das Gelingen eines Interviews kann sich anhand verschiedener Indikatoren zeigen. Ein Anzeichen für das Gelingen kann die Begeisterung sein, die der Forscher beim Experten entfaltet und diesen animiert, seine Sicht der Dinge in unterschiedlichsten Darstellungsformen wie Typisierung, Rekonstruktion, Interpretation, Kommentierung oder Exemplifizierung darzulegen. Eine weitere, wenn auch bei näherer Betrachtung kritisch zu sehende, Form des Gelingens stellt die Situation dar, in der der Experte ein Interesse an einem Gedankenaustausch entwickelt (vgl. hierzu Meuser und Nagel (1991), S. 450).

[593] Diese Vorgehensweise ist Teil der kommunikativen Validierung zur Absicherung der Interpretationsergebnisse, vgl. hierzu die Darstellung der Gütekriterien der qualitativen Sozialforschung in Abschnitt 1.3.5.2.

zwei Fällen erfolgte eine schriftliche Bestätigung, in zwei weiteren Fällen eine mündliche Bestätigung der getätigten Stellungnahmen.

- **Thematischer Vergleich:** Innerhalb dieser Phase lag der Fokus zum ersten Mal nicht auf einem einzelnen Interview, sondern auf der Gesamtheit aller zu diesem Thema durchgeführten Interviews. Hierzu wurden die Überschriften aus der vorherigen Phase herangezogen, gleiche oder ähnliche Themen zusammengestellt und mit Hilfe einer neuen Überschrift kategorisiert. Dies gelang durch die Zusammenfassung aller Einzelaussagen in einer Tabelle, welche nach einheitlichen Themenkomplexen gegliedert war. Innerhalb der Tabelle wurden die Aussagen der einzelnen Interviewpartner einander gegenüberstellt. Auf diese Weise konnte eine Gesamtaussage für die einzelnen Themen abgeleitet werden. Allerdings bezieht sich die hierbei verwendete Terminologie immer noch auf die Wortwahl der Interviewpartner.
- **Soziologische Konzeptualisierung:** Auf dieser Ebene wurden die interview- und kontextspezifischen Begriffe eliminiert und durch die gängigen Fachtermini – vorwiegend aus ITIL sowie dem Bereich Software Engineering – ersetzt. Hierdurch konnten Anknüpfungspunkte zu den betreffenden Themenfeldern in der Literatur gefunden werden.
- **Theoretische Generalisierung:** In der letzten Phase der Interviewauswertung wurde auf bereits existierende Theorien Bezug genommen und hierdurch eine Verknüpfung von Sinnzusammenhängen auf generalisierter Ebene erreicht. Die Darstellung erfolgt im Zuge der Erstellung des Fachkonzepts in Kapitel 5. Dabei werden alle durch die Informationsbedarfsanalyse hergeleiteten Komponenten zusammengeführt und mit den existierenden Best Practices in Zusammenhang gebracht.

Somit entsprechen die nachfolgend dargestellten Ergebnisse der Expertenbefragungen den Resultaten auf der Stufe der soziologischen Konzeptualisierung.

4.2 Ergebnisse der Expertenbefragung: Aktivitäten

Wie bereits erwähnt, sind die Erkenntnisse der Expertenbefragungen Teil der nachfrageorientierten Analyse zur Informationsbedarfsermittlung im IT-Change-Management. Im Rahmen dieses Abschnitts sollen zunächst einmal die durchgeführten Prozessschritte und die zugehörigen Teilaufgaben ermittelt werden, bevor im folgenden Kapitel 4.3 auf die Informationsbedarfe eingegangen wird. Die Gliederung orientiert sich sehr stark an der Struktur des Change-Management-Prozesses nach ITIL[594]. Somit können die einzelnen Prozessschritte aus ITIL und den Expertenbefragungen einander gegenübergestellt werden.

Die umfangreicheren Teilkapitel dieses Abschnitts unterliegen einem einheitlichen Aufbau. So werden zunächst die am jeweiligen Prozessschritt beteiligten Personen beschrieben. Danach werden die Motive bzw. Ziele bei der Ausführung der zugrunde liegenden Tätigkeiten dargestellt, bevor die jeweiligen Aufgaben selbst beschrieben werden. Abschließend erfolgt eine Einordnung der jeweiligen Aktivitäten in das durch ITIL gebildete Rahmenwerk, so dass im Sinne einer soziologischen Konzeptualisierung die relevanten Anknüpfungspunkte auf einfache Weise identifiziert werden können.

Ehe nun jedoch die Ergebnisse der Expertenbefragungen entlang der einzelnen Prozessschritte detailliert dargestellt werden, fasst die Arbeit zunächst einmal einige wesentliche Feststellungen zusammen. Diese ergeben sich aus der Gesamtanalyse aller Interviewpartner – unabhängig von der jeweiligen Rolle oder einer konkreten Aktivität innerhalb des Change-Management-Prozesses.

- **Individuelle Change Requests:** Änderungsanforderungen im betrachteten Arbeitsumfeld sind zu einem sehr hohen Prozentsatz individuell, auch wenn Gemeinsamkeiten bestehen. Somit ergeben sich je Change Request unterschiedliche Elementaraufgaben zur Erfüllung von Aufgabenbündeln, selbst wenn beide Änderungsanforderungen von derselben Person bearbeitet werden.
- **Unstrukturierte Aufgaben:** Zum größten Teil handelt es sich bei den Aktivitäten innerhalb des IT-Change-Management-Prozesses um unstrukturierte Aufgaben oder Aufgaben mit unstrukturierten Anteilen. Hierbei ist die Ursache-Wirkungs-Beziehung nicht bekannt und der Informationsbedarf ist lediglich subjektiv erfassbar, er hängt somit vom jeweiligen Aufgabenträger ab.
- **Variierende Elementaraufgaben:** Unterschiedliche Personen führen eine definierte Rolle im Rahmen des Change-Management-Prozesses aus – je nach

[594] Vgl. Abschnitt 2.1.3.6.

dem variieren auch die durchgeführten Elementaraufgaben sowie die damit zusammenhängenden Informationsbedarfe.

- **Unterschiedliche Informationsbedarfe:** Dieselbe Elementaraufgabe kann gegebenenfalls ebenso verschiedene Informationsbedarfe aus unterschiedlichen Informationsbedarfskomponenten haben – insbesondere auch, was den koordinativen Informationsbedarf angeht.[595]

4.2.1 RfC Erstellung

Die RfC Erstellung stellt die erste Stufe zur Erstellung eines Change Requests dar. Hierzu werden zunächst einmal die Systemanforderungen gesammelt und aufbereitet.

4.2.1.1 Beteiligte Personen

Generell können Change Requests von verschiedenen Bereichen eingebracht werden. Somit können die Antragssteller Teil einer IT-Abteilung sein, die für das Softwareprodukt oder die IT-Infrastruktur zuständig ist, oder einem der diversen Geschäftsbereiche angehören, die das System als Anwender nutzen. Bei den Geschäftsbereichen lassen sich erneut lokale und zentrale Einheiten unterscheiden.

4.2.1.2 Motive

Je nach Antragssteller variieren auch die Motive für die Erstellung eines Change Requests. Aus Sicht der IT spielen beim Produktmanagement Faktoren wie Performanz oder Sicherheit eine Rolle. Aus dem Blickwinkel der Infrastruktur kommen Änderungsanforderungen an der Hardware zum Tragen. Die klassischen Gründe für die Erstellung eines Change Requests aus den Geschäftsbereichen sind in erster Linie gesetzliche Vorgaben, sich ändernde betriebliche Rahmenbedingungen sowie Optimierungsvorgaben und Effizienzsteigerungen. Generell wird der Hauptteil der Change Requests von Seiten der Geschäftsbereiche gestellt und es ist das Ziel der IT, diese schnellstmöglich umzusetzen, um die operativen Einheiten zu unterstützen. Generell erfolgt in diesem Fall eher ein passives Produktmanagement. Somit werden die Anforderungen nicht aktiv eruiert und in neuen Softwareversionen ausgeliefert,

[595] Vgl. zur Darstellung der verschiedenen Informationsbedarfskomponenten Koch u.a. (2013), S. 223 f.

sondern es erfolgt eine bedarfsgesteuerte Umsetzung von innerbetrieblichen Anforderungen.

Softwareanpassungen lassen sich danach unterscheiden, ob die Anforderungen IT-technischer oder betriebswirtschaftlicher Natur sind. Darüber hinaus können im gegebenen Kontext auch lokale und zentrale Änderungsanforderungen differenziert werden. Durch Zentralisierungsbemühungen ist es gegeben, dass Änderungsanforderungen Requests mehr und mehr zentralseitig gestellt werden.

Lokale Anforderungen

Unter lokalen Anforderungen werden in diesem Zusammenhang alle Änderungen verstanden, die nur für eine bestimmte Nutzergruppe – beispielsweise eine Landesgesellschaft – relevant sind. Hierbei handelt es sich im Wesentlichen um betriebswirtschaftliche Erfordernisse, da die IT-technischen Änderungen über zentrale Einheiten gesteuert werden.

Zentrale Anforderungen

Zentrale Änderungsanforderungen werden über eine Zentraleinheit eingereicht. Gründe für die zentrale Erstellung eines Change Requests können hierbei sein:

- **Strategie:** Die Geschäftsstrategie sieht die zentrale Weiterentwicklung einer Funktionalität vor.
- **Gesetzgebung:** Äußere Einflüsse wie sich ändernde gesetzliche Rahmenbedingungen machen eine Systemanpassung notwendig.
- **Verbesserungspotentiale:** Änderungsanforderungen ergeben sich aus Diskussionen mit Nutzergruppen oder der IT.
- **Audit:** Interne oder externe Revisionen entdecken Schwachstellen im System, die beseitigt werden müssen.

4.2.1.3 Aufgaben

Für die Erstellung einer Änderungsanforderung sind verschiedene Aktivitäten notwendig. Diese können jedoch von Fall zu Fall variieren. Das hängt davon ab, ob es sich um eine lokale oder zentrale Anforderung handelt. Darüber hinaus spielt auch der Erfahrungsschatz der einzelnen Mitarbeiter eine wesentliche Rolle.

Suche Systemlösung

Für lokale Änderungsanforderungen einer spezifischen Nutzergruppe kontaktiert in der Regel der entsprechende operative Bereich den verantwortlichen IT-Bereich und definiert eine Systemanforderung. Die verantwortliche IT kann nun untersuchen, ob es hierzu bereits eine systemseitige Lösung oder manuelle Workarounds gibt. Hierzu muss das existierende System auf seine Möglichkeiten hin untersucht werden, gegebenenfalls auch mit Hilfe des Internets. Ist auf diesem Wege nicht ersichtlich, dass bereits eine Lösung für die Anforderung existiert, wird ein Change Request eröffnet.

Ermittlung vergleichbarer Anforderungen

Bevor ein neuer Change Request eröffnet wird, wird teilweise zunächst einmal geprüft, ob es vergleichbare Ansätze in der Vergangenheit gab – in Bezug auf dasselbe System oder aber auch systemübergreifend für Systeme auf derselben technischen Plattform. Zu diesem Zweck wird zum einen auf das eigene Wissen zurückgegriffen, zum anderen auf die Erfahrung von Kollegen. Ebenso kann die Historie aller Change Requests manuell durchsucht werden.

Konsolidierung Änderungsbedarfe

Bei der Erstellung von zentralen Change Requests übernimmt der Zentralbereich die Koordination der einzelnen Nutzergruppen und konsolidiert die Anforderungen.

Beschreibung Anforderungen

Die Anforderungsbeschreibung für Änderungen an den Geschäftsprozessen erfolgt in den Geschäftsbereichen. Dies geschieht in textueller Form, wobei es grundsätzlich wünschenswert wäre die Prozessanforderungen in einheitlicher Notation grafisch darstellen zu lassen. Es gibt eine Beschreibung aller Geschäftsprozesse auf Basis einer ereignisgesteuerten Prozesskette (EPK) im Rahmen der ARIS Methode. Auf diese wird jedoch bei der Beschreibung der Prozessänderungen nicht verwiesen.

Generell variiert der Detaillierungsgrad der Anforderungsbeschreibung sehr stark – es können sowohl Change Requests auf sehr hohem Abstraktionsniveau als auch sehr detaillierte Änderungsanträge identifiziert werden. In diesem Schritte sollte der Geschäftsprozess umfangreich beschrieben, eine technische Lösung jedoch erst zu einem späteren Zeitpunkt definiert werden.

Beschreibung Auswirkungen

Innerhalb der Vorlage für die Erstellung eines formalen Änderungsantrags ist eine Sektion enthalten, in der die Auswirkungen der Implementierung zu beschreiben sind. Dazu zählen auf der einen Seite die erwarteten Funktionalitäten und die hierdurch erreichten Nutzeneffekte, auf der anderen Seite die negativen Folgen für die Anwender, falls die Systemänderung nicht durchgeführt wird.

Definition Testfälle

Im derzeitigen Prozessmodell werden Testfälle im Rahmen der Phase Change Bewertung und Evaluation von der Softwareentwicklung erstellt. Allerdings kann es auch vorteilhaft sein, die Testfälle direkt bei der Formulierung des Änderungsantrags zu definieren. Das war in der Vergangenheit der Fall. Auf diese Weise werden die entsprechenden Szenarien und erwarteten Ergebnisse direkt vom Geschäftspartner bestimmt. Außerdem kann diese Vorgehensweise als Prüfschleife sowie als Qualitätsmaßstab für die Anforderungsbeschreibung dienen und dem Change Management helfen die Anforderungen besser zu verstehen. Im Zuge der weiteren Bearbeitung können die vom Antragssteller beschriebenen Testfälle um weitere Szenarien ergänzt werden.

Bestimmung Budget

Oftmals ist es notwendig, die Kosten für einen Change Request für die Budgetplanung im Vorhinein – also bevor die offiziellen Kostenschätzungen vorliegen – zu berücksichtigen. Ob dies erfolgen kann, hängt zum einen von der Komplexität der Anforderung ab. Zum anderen ist in sehr starkem Maße die Erfahrung des Antragsstellers relevant, um einen Kostenrahmen auf Basis von vergleichbaren Anforderungen aus der Vergangenheit schätzen zu können. In den meisten Fällen kann allerdings eine Kostenschätzung nur mit Hilfe der IT bestimmt werden. Eine systemseitige Unterstützung oder ein methodisches Vorgehen hierzu existiert nicht.

Erstellung Business Case

Änderungsanträge besitzen im Regelfall keinen Business Case. Dies wäre allerdings ein wünschenswertes Bewertungskriterium – insbesondere bei größeren Systemanpassungen. Hiermit könnte die Wirtschaftlichkeit einer Änderung bewertet und diese im weiteren Verlauf priorisiert werden.

Erstellung Änderungsantrag

Der formelle Änderungsantrag setzt sich aus verschiedenen Dokumenten zusammen. Hierzu gehören u.a. die Anforderungsbeschreibung, die Testfälle oder ein Business Case.

4.2.1.4 Einordnung in ITIL

Nach der Einordnung der zuvor beschriebenen Tätigkeiten ergibt sich die nachfolgend dargestellte Übersicht. Die Aktivitäten sind hierbei in der Reihenfolge ihrer Ausführung innerhalb des Change-Management-Prozesses dargestellt.

RfC Erstellung	
ITIL 2011	**Expertenbefragung**
	Suche Systemlösung
	Ermittlung vergleichbarer Anforderungen
	Konsolidierung Änderungsbedarfe
Beschreibung Anforderungen	Beschreibung Anforderungen
	Beschreibung Auswirkungen
	Definition Testfälle
	Bestimmung Budget
	Erstellung Business Case
	Erstellung Änderungsantrag

Tabelle 1: Einordnung in ITIL – RfC Erstellung

Somit findet nur die Beschreibung der Anforderungen eine direkte Entsprechung in ITIL, die restlichen Punkte werden in dieser Form nicht erwähnt.

4.2.2 RfC Aufzeichnung

Die Erstellung der RfCs übernehmen die Antragssteller mit Hilfe eines Softwarewerkzeuges, welches den kompletten Lebenszyklus des Änderungsantrags begleitet. Dem Ticket werden alle zuvor erstellten Dokumente beigefügt.

RfC Aufzeichnung	
ITIL 2011	**Expertenbefragung**
Erstellung Change Record	Erstellung Change Record
Hinzufügen Referenzdokumente	Hinzufügen Referenzdokumente

Tabelle 2: Einordnung in ITIL – RfC Aufzeichnung

Bei der Einordnung in ITIL ergeben sich anhand dieser Übersicht keine wesentlichen Differenzen in der Vorgehensweise.

4.2.3 RfC Durchsicht

Change Requests werden im Umfeld der Expertenbefragungen an einer zentralen Annahmestelle vom Change Management entgegengenommen und dort nach formellen Kriterien geprüft und differenziert. Dies betrifft zunächst die Vollständigkeit des Antragsdokuments sowie die Prüfung der Finanzierungsübernahme anhand des eingeplanten Budgets. Danach muss betrachtet werden, ob die Anforderung zum definierten Funktionsumfang des Systems passt. Auf diese Weise wird eine Klassifikation des Inhalts der Änderungsanforderung vorgenommen. Ist eines der festgelegten Kriterien nicht erfüllt, erfolgt eine Rückmeldung an den Antragssteller und die Rückgabe der Änderungsanforderung. In einem weiteren Schritt wird dann untersucht, ob die Change Requests zu einem spezifischen Implementierungsprojekt gehören oder inwieweit aufgrund der Anforderungsbeschreibung Abhängigkeiten zu aktuellen oder zu Change Requests aus der Vergangenheit ersichtlich sind. Zur weiteren Bearbeitung wird anschließend eine Klassifikation in gesetzlich bedingte und in betriebliche Anforderungen vorgenommen sowie die Dringlichkeit der gewünschten Änderung bestimmt.

Somit ergibt sich die sequentielle Einordnung der Aktivitäten in ITIL wie folgt:

RfC Durchsicht	
ITIL 2011	**Expertenbefragung**
Prüfung Vollständigkeit	Prüfung Vollständigkeit
Prüfung Finanzierungsübernahme	Prüfung Finanzierungsübernahme
	Klassifikation Inhalt
Information Antragssteller	Information Antragssteller
Prüfung Abhängigkeiten	Prüfung Abhängigkeiten
	Festlegung Kategorie
	Prüfung Dringlichkeit

Tabelle 3: Einordnung in ITIL – RfC Durchsicht

Es sind hierbei grundsätzlich keine wesentlichen Unterschiede in der Vorgehensweise zu erkennen, jedoch werden in den Experteninterviews die Punkte zur Klassifikation des Inhalts, zur Festlegung der Kategorie einer Änderungsanforderung sowie die Prüfung der Dringlichkeit explizit herausgestellt.

4.2.4 Change Bewertung und Evaluation

Die *Change Bewertung und Evaluation* stellt in diesem Kontext eine Qualitätskontrolle für alle Änderungsanträge dar. Aufgrund der im Rahmen dieses Prozessschritts durchgeführten Prüfungen kann eine Freigabeempfehlung abgeleitet werden, die die Grundlage für die Autorisierung der Change Implementierung bildet.

4.2.4.1 Beteiligte Personen

Zur Ausführung der Aktivitäten dieser Prozessphase wird ein Expertengremium eingesetzt. Es besteht aus Vertretern des Fachbereichs, des Change-Managements sowie der Softwareentwicklung. In diesem Rahmen werden sämtliche Änderungsanforderungen diskutiert und in Bezug auf ihre Umsetzbarkeit bewertet.

4.2.4.2 Zielsetzung

Das Ziel des Expertengremiums ist es, ein gemeinsames Verständnis der im RfC beschriebenen Anforderungen zu erreichen. Dadurch sollen die Konsequenzen einer Umsetzung sowie die Folgen einer Nichtimplementierung verstanden werden, bevor im nächsten Schritt Lösungsansätze diskutiert werden und die technische Umsetzung vorbereitet wird.

4.2.4.3 Aufgaben

Im Einzelnen werden zur Erreichung der zuvor beschriebenen Zielsetzung verschiedene Aktivitäten durchgeführt. Die Aussagen aus den Experteninterviews lassen sich in die nachfolgend beschriebenen Teilschritte untergliedern.

Festlegung Bearbeitungsreihenfolge

Nach der *RfC Durchsicht* wird ein Change Request dem Change Management zugewiesen. Dort wird ein verantwortlicher Change Manager bestimmt. Dieser Change Manager beginnt nun mit einer ersten inhaltlichen Überprüfung der Anforderungen, offene Punkte und Fragen hierzu werden festgehalten. Zur weiteren Bearbeitung wird dann das Expertengremium einberufen.

Parallel zu diesen Tätigkeiten widmet sich auch ein Team aus der Softwareentwicklung den Änderungsanforderungen. Hierzu stehen je nach Bereich des Change Requests unterschiedliche Verantwortliche zur Verfügung, welche aufgrund ihrer Erfahrungen in der entsprechenden Thematik sowie der aktuellen Arbeitsbelastung mit der weiteren Bearbeitung betraut werden. Die Aufgabe der Softwareentwicklung ist es zunächst einmal die Verständlichkeit der Anforderung zu prüfen, Lücken im Verständnis werden notiert.

Danach finden alle weiteren Diskussionen im Expertengremium statt. Hier wird zunächst eine Bearbeitungsreihenfolge festgelegt, welche sich anhand der Prioritätsstufen ermitteln lässt. Abhängigkeiten zwischen einzelnen Change Requests können die zeitliche Sequenz der Abarbeitung beeinflussen. Zeichnen sich bei der Bearbeitung der Änderungsanforderungen Kapazitätsengpässe ab, kann die Priorität eines Change Requests auch ein Stück weit vom CAB bestimmt werden.

Konkretisierung Business Szenario

Das Expertengremium hat die Aufgabe ein gemeinsames Verständnis der Anforderung zu erreichen. Zu diesem Zweck wird zunächst der geschäftliche Hintergrund überprüft, die Gründe für die Eröffnung des Change Requests finden sich in der Beschreibung. Ebenso wird auch auf die negativen Konsequenzen auf Seiten des Business Partners hingewiesen, falls die Implementierung abgelehnt wird. Bei offenen Fragen erfolgt eine Kontaktaufnahme mit dem Antragssteller. Im Regelfall wird die Anforderungsbeschreibung im Nachhinein nicht mehr angepasst, sondern das gemeinsam erarbeitete Verständnis direkt im Grobkonzept verarbeitet. Daher kann es zu Asynchronitäten zwischen Anforderungsdokument und Grobkonzept kommen.

Neben dem Verständnis der eigentlichen Anforderung ist es ebenfalls wichtig den gesamten Kontext und das Umfeld zu kennen. Hier können sich auf Prozessebene schon sehr früh Abhängigkeiten oder identische Änderungsbedarfe herauskristallisieren. Dies betrifft sowohl Abhängigkeiten zu anderen existierenden Anforderungen als auch zu bereits umgesetzten Funktionalitäten. Im Idealfall kann an dieser Stelle festgestellt werden, ob eine Änderungsanforderung bereits im System umgesetzt wurde. Das Expertengremium prüft gleichfalls, ob Änderungsanforderungen Auswirkungen auf das Gesamtsystem haben oder sich auf eine bestimmte Nutzergruppe einschränken lassen.

Im Rahmen der Expertendiskussion wird zudem der ökonomische Nutzen eines Change Requests erörtert, auch wenn dieser im Regelfall keinen Business Case besitzt. Bei kostengünstigeren Alternativen werden die Antragssteller hierauf aufmerksam gemacht. Generell wird die grundsätzliche Finanzierung von Änderungen geklärt, bevor das Grobkonzept erstellt wird. Die Freigabe eines Change Requests muss im Konsens aller Parteien – Fachbereich, Change Management sowie Softwareentwicklung – erfolgen.

Diskussion Lösungsansatz

Auf Basis der vorangehenden Konkretisierung der Geschäftsvorfälle, die für die Softwareänderung relevant sind, wird ein erster Lösungsweg diskutiert. Diese Diskussion bildet die Basis für ein funktionales und technisches Grobkonzept. In Einzelfällen können im Rahmen der Expertendiskussion auch bereits existierende Systemlösungen identifiziert werden, welche über ein Anwendertraining vermittelt werden. Für die Expertendiskussionen werden Protokolle verfasst, die die Ergebnisse der Diskussionen widerspiegeln und im DMS abgelegt werden.

Erstellung Grobkonzept

Das Grobkonzept stellt eine Detaillierung der Anforderungen dar und beschreibt auf hohem Abstraktionslevel deren Umsetzung in der bestehenden Systemlandschaft. Es lässt sich in einen funktionalen sowie einen technischen Teil gliedern.

Zur Erstellung des Grobkonzepts muss zunächst einmal sichergestellt werden, dass die zur Bearbeitung notwendigen Ressourcen vorhanden sind. Zu diesem Zweck wird eine Kapazitätsplanung durchgeführt.[596] Wenn die Ressourcenfrage geklärt und ein Verantwortlicher mit der Anfertigung des Grobkonzepts betraut wurde, analysiert dieser zunächst einmal die notwendigen Änderungen des Systems im Detail. Hierzu werden mehrere Schritte durchgeführt. Grundsätzlich wird zunächst geprüft, ob eine Funktionalität bereits verfügbar ist und durch eine Änderung der Systemkonfiguration zugänglich gemacht werden kann. Ist dies nicht der Fall, wird untersucht, ob ein existierendes Codefragment entsprechend erweitert werden kann. Sind diese beiden Optionen nicht möglich, muss ein neues individuelles Programm erstellt werden. Der jeweils zu wählende Ansatz wird für jeden Fall individuell entschieden und verifiziert. Generell wird beim Erstellen des Designs versucht, eine skalierbare und flexible Lö-

[596] Vgl. hierzu auch den Punkt *Kapazitätsplanung* in Abschnitt 4.2.5.3.

sung zu erstellen, die entsprechend erweitert werden kann. Aus diesem Grund wird ein entsprechend hoher Aufwand in der Designphase betrieben.

Innerhalb des Grobkonzepts werden auch Zugriffsberechtigungen festgelegt. Darüber hinaus werden eventuelle Systemrisiken ermittelt und entschieden, ob ein Performanztest ausgeführt werden sollte. Dies hat beispielsweise Einfluss auf die Planung der Testphasen.

Freigabe Grobkonzept

Sobald die Softwareentwicklung die Erstellung des Grobkonzepts abgeschlossen hat, obliegt es dem Fachbereich und dem Change Management zu prüfen, ob es dem Konsens aus dem Expertengremium entspricht. Ist dies der Fall, kann eine formelle Freigabe erfolgen.

Identifikation Abhängigkeiten

Zeigen sich während der Designphase Abhängigkeiten zu anderen Change Requests, müssen diese entsprechend berücksichtigt werden. Zu diesem Zweck wird für jede Änderung eine Auswirkungsanalyse durchgeführt. Dies dient dazu, negative Einflüsse auf existierende Funktionalitäten auszuschließen oder durch sorgfältiges Testen zu reduzieren. Grundsätzlich können funktionale und technische Abhängigkeiten unterschieden werden:

- **Funktionale Abhängigkeiten:** Während der Bearbeitung einer Änderungsanforderung ist es wichtig zu wissen, ob es ähnliche Change Requests von unterschiedlichen Change Initiatoren mit vergleichbarem Sachverhalt gibt oder gab. Ist dies der Fall, erscheint weiterhin relevant, ob diese Änderungsanforderungen bereits implementiert oder – beispielsweise aufgrund fehlender technischer Umsetzbarkeit – abgelehnt wurden. Dies geschieht vor dem Hintergrund eine einheitliche Lösung zu implementieren, Synergieeffekte bei der Umsetzung von Change Requests zu nutzen oder die Wiederverwendung bereits existierender Funktionalitäten sicherstellen zu können.
- **Technische Abhängigkeiten:** Um Dependenzen zwischen Implementierungsobjekten bei der Umsetzung berücksichtigen zu können, müssen diese frühzeitig bekannt sein. In einigen Fällen gehen die Abhängigkeiten bereits aus der Anforderungsbeschreibung hervor; teilweise treten sie allerdings frühestens während der Implementierungsphase oder gar erst beim Testen zu

Tage. Dies gilt insbesondere für die Sachverhalte, bei denen unterschiedliche Expertengremien die Änderungsanforderungen beurteilt haben.

Um die Abhängigkeiten auf technischer Ebene erkennen zu können, müssen die zu den Implementierungsobjekten gehörigen Systemfunktionalitäten sowie die zugrunde liegenden Prozesse identifiziert werden.

Allgemein können Abhängigkeiten zu anderen Change Requests auf Prozessebene durch interne Diskussionen mit allen Parteien meist frühzeitig erkannt werden. Hier werden zu einem großen Teil auch redundante oder konträre Anforderungen entdeckt und funktionale Abhängigkeiten identifiziert. Eine Schwierigkeit besteht allerdings in der Identifikation gleichartiger Anforderungen aus der Vergangenheit oder in der Darstellung von Abhängigkeiten zu Bereichen außerhalb des Change-Managements – beispielsweise zum Incident oder Problem Management. Dies ist derzeit nur möglich, wenn die beurteilenden Personen über Jahre hinweg im selben Umfeld geblieben sind. Auch die Zuordnung von technischen Objekten zu Geschäftsprozessen hängt sehr stark von der Erfahrung der Entwickler ab. Unterstützend werden teilweise Systemanalysen durchgeführt, um festzustellen, inwieweit existierende Lösungen genutzt werden können oder gegebenenfalls angepasst werden müssen. Weiterhin besteht die Möglichkeit zur Recherche innerhalb der einzelnen Change Request Dokumentationen. Beide Optionen stellen allerdings manuelle Tätigkeiten dar, welche unter Umständen sehr zeitaufwändig sind. Es stehen dafür keine systemseitigen Lösungen, beispielsweise in Form einer Konfigurationsdatenbank, zur Verfügung. Aus diesem Grund ist es nicht möglich, Abhängigkeiten systematisch auszuwerten oder anzuzeigen. Um durch rein personenbezogene Kenntnisse keinen Nachteil zu haben und personellen Fluktuationen entgegenwirken zu können, ist es in diesem Kontext wichtig, implizites in explizites Wissen zu verwandeln.

Wenn für Change Requests funktionale oder technische Abhängigkeiten identifiziert werden können, kommt das Konzept der Bündelung ins Spiel. Hierzu werden dann einzelne Entwicklungspakete kreiert und die Änderungen gemeinsam bereitgestellt. Somit determinieren Abhängigkeiten auch den Zeitpunkt des Deployments und sind relevant für die Change Planung.

Neben der Möglichkeit, Change Requests auf Basis eines Einzelsystems zu konsolidieren, bestehen darüber hinaus auch Ansätze der Zusammenarbeit über Systemgrenzen hinweg. Derartige Potentiale ergeben sich insbesondere für Systeme auf derselben technischen Plattform. Hierdurch kann durch die Bestrebungen bestehende Infrastrukturen wiederzuverwenden, zu harmonisieren und dadurch Verbesserungspotentiale auszuschöpfen ein Multiplikatoreffekt entstehen. Ein Ansatz ist im beschriebenen Kontext durch den Aufbau eines systemübergreifenden Softwareentwicklungsteams gegeben.

Prüfung Auswirkungen Architektur

Die Auswirkungen einer Änderungsanforderung auf die bestehende Systemarchitektur sind vom Expertengremium zu evaluieren. Treten hierbei Widersprüche zu bestehenden Richtlinien auf, müssen diese in geeigneter Form dargestellt werden. Die Problematik wird dann im Rahmen des CAB-Meetings diskutiert.

Prüfung Auswirkungen Betrieb

Werden bei der Beurteilung eines Change Requests Risiken für die Umsetzung oder den späteren Betrieb erkannt, werden sie herausgearbeitet. Dies erfolgt nicht anhand einer standardisierten Vorgehensweise, sondern ist vielmehr individuell auf den Einzelfall bezogen. Ziel ist es hierbei eine Mitigation der Risiken zu erreichen. Des Weiteren müssen zusätzlich entstehende Betriebskosten oder resultierende Einsparungen evaluiert werden. An dieser Stelle sind gesamtheitlich die entstehenden Kosten für die IT sowie der Nutzen für die Systemanwender zu betrachten.

Definition Fallback-Strategie

Abhängig vom Einzelfall werden für einzelne Change Requests auch Fallback-Lösungen erstellt und diese frühzeitig im Design und bei der Implementierung berücksichtigt. In den meisten Fällen finden diese Klärungen allerdings nicht während den Anforderungsdiskussionen statt, sondern werden von der Softwareentwicklung im Zuge der Umsetzung aufgegriffen.

Ergänzung Testfälle

Die vom Antragssteller bereitgestellten Testfälle können anhand des Grobkonzepts um weitere Szenarien ergänzt werden. Hierbei sind insbesondere technische Aspekte relevant. Weiterhin spielen Fragen zur Systemperformanz im Zuge der Lasttests eine Rolle.

Bestimmung Aufwand und Kosten

Auf Basis der Anforderungsdiskussionen und der erörterten Lösungsansätze kann von den beteiligten Experten oftmals schon sehr frühzeitig eine Einschätzung über die Größenordnung von Aufwand und Kosten getroffen werden. Somit können die entstehenden Aufwände bei der Budgetplanung der Antragssteller berücksichtigt werden. Eine abschließende Kostenschätzung – insbesondere bei größeren Entwicklungsumfängen – wird allerdings erst gegeben, wenn das Design erstellt ist. Diese wird von der Softwareentwicklung bereitgestellt und bewegt sich in diesem Stadium in einer Größenordnung, bei der sich je nach Anwendungsfall Abweichungen von +/-50% ergeben. Die Kostenschätzung wird mit den Erwartungen aus dem Expertengremium abgeglichen und dementsprechend verifiziert.

Evaluation Change Request

Wenn die zuvor beschriebenen Prüfungen erfolgreich abgeschlossen sind, kann ein Change Request für die Freigabe im CAB vorbereitet werden. Hierzu werden die entsprechenden Dokumente zusammengestellt.

Planung Change

Eine allererste zeitliche Planung für einen Change Request findet bereits während der Anforderungsdiskussion auf Basis der Prioritätsstufen und der hieraus abgeleiteten Bearbeitungsreihenfolge statt. Auf Grundlage einer ersten inhaltlichen Analyse der Anforderungsbeschreibung nehmen erfahrene Entwickler eine grobe Schätzung des Aufwands vor. Aus dieser Aufwandsschätzung können zunächst einmal eine vorläufige Release-Zuordnung sowie ein Termin, wann das CAB final hierüber entscheiden sollte, abgeleitet werden. Diese Meilensteine bilden die Grundlagen für eine erste zeitliche Planung, welche mit der Erstellung des Grobkonzepts detailliert und gegebenenfalls adaptiert wird. Change Requests, die zu einem Projekt mit festem Go-Live-Datum gehören, sind über eine Projektkennung identifizierbar und werden in einem separaten Projektplan dargestellt. Im Regelfall erfolgt hier jedoch eine Implementierung innerhalb eines Releases.

4.2.4.4 Einordnung in ITIL

Die Verortung der zuvor beschriebenen Einzelaktivitäten in die Phase *Change Bewertung und Evaluation* gemäß ITIL 2011 ergibt demnach folgendes Bild:

Change Bewertung und Evaluation	
ITIL 2011	**Expertenbefragung**
	Festlegung der Bearbeitungsreihenfolge
Beurteilung Change Request	Beurteilung Change Request
Konkretisierung Business Szenario	Konkretisierung Business Szenario
	Diskussion Lösungsansatz
	Erstellung Grobkonzept
	Freigabe Grobkonzept
	Identifikation Abhängigkeiten
Prüfung Auswirkung Architektur	Prüfung Auswirkung Architektur
Prüfung Auswirkung Betrieb	Prüfung Auswirkung Betrieb
Definition Fallback-Strategie	Definition Fallback-Strategie
	Ergänzung Testfälle
	Bestimmung Aufwand und Kosten
Evaluation Change Request	Evaluation Change Request
Planung Change	Planung Change

Tabelle 4: Einordnung in ITIL – Change Bewertung und Evaluation

Insbesondere werden die Festlegung der Bearbeitungsreihenfolge für die Änderungsanforderungen, die intensive Diskussion der Lösungsansätze mit der Erstellung und Freigabe eines Grobkonzepts sowie die Identifikation von Abhängigkeiten zwischen Change Requests in ITIL nicht explizit beschrieben. Diesen Punkten wurde jedoch in den Experteninterviews für den hier betrachteten Kontext eine große Bedeutung eingeräumt. Ferner lassen sich Aktivitäten zur Ergänzung der vorhandenen Testfälle sowie zur Bestimmung von Aufwand und Kosten aus den Befragungen unmissverständlich identifizieren; beide Punkte werden in ITIL 2011 jedoch nicht in dieser Form beschrieben.

4.2.5 Autorisierung Change Implementierung und Test

Auf Grundlage der vorhergehenden Prüfungen wird eine Freigabeempfehlung erstellt, welche zur Entscheidungsvorlage für die Autorisierung eines Changes Requests dient.

4.2.5.1 Beteiligte Personen

Die Freigabe der Change Requests wird durch das CAB durchgeführt, welches sich aus Vertretern der Business Partner sowie der IT zusammensetzt. Im Umfeld der Befragungen ist das CAB gleichzusetzen mit der Change Genehmigungskompetenz, was bedeutet, dass alle Mitglieder genehmigungsberechtigt sind.[597]

4.2.5.2 Zielsetzung

Generell ist es das Ziel des CABs Transparenz über den Status einzelner Change Requests zu schaffen und die Beweggründe zu deren Einschätzung offenzulegen. In diesem Zusammenhang steht immer die Absicht im Vordergrund gemeinsam zu Entscheidungen zu kommen und auf diese Weise ein Commitment bei allen handelnden Partnern herzustellen. Deshalb wäre es wichtig, einen Gesamtüberblick über den Prozess zu haben, was sich jedoch derzeit aufgrund eingeschränkter Möglichkeiten beim Reporting als schwierig gestaltet.

4.2.5.3 Aufgaben

Das CAB hat im Rahmen des Change-Management-Prozesses mehrere verschiedenartige Aufgaben, die zu unterschiedlichen Zeitpunkten im Lebenszyklus eines Change Requests anfallen. Weitestgehend können diese in den gemeinsamen CAB-Sitzungen besprochen und ausgeführt werden. Die dafür notwendigen Meetings finden zu einem vorab festgelegten Termin in einem zweiwöchigen Turnus statt.

Vorbereitung CAB-Meeting

Zur Vorbereitung des CAB-Meetings wird vom Change Management eine Liste mit allen zu diskutierenden Change Requests versendet. Auf Basis dieser Übersicht bereiten die CAB-Mitglieder die Themenkomplexe vor und leiten ihre Freigabeempfehlung ab. Bei Unklarheiten werden gegebenenfalls Vertreter des Expertengremiums hinzugezogen. Wenn die Bedenken im Vorfeld nicht abschließend geklärt werden können, sind die entsprechenden Punkte direkt im CAB-Meeting zu adressieren.

Prüfung Change Evaluation

Change Requests, deren Grobkonzept erfolgreich abgeschlossen wurde und bei denen es keine Klärungsbedarfe aus den Vorprozessen gibt, werden dem CAB in re-

[597] Vgl. hierzu auch noch einmal die Unterscheidung zwischen beratenden und genehmigungsberechtigten CAB-Mitgliedern in Abschnitt 2.1.3.5.

gelmäßigen Abständen vorgelegt. Hierzu sind im Vorfeld die zu diskutierenden Change Requests zu versenden. Auf Basis dieser Übersicht bereiten die einzelnen CAB-Mitglieder die Themenkomplexe vor und leiten ihre Freigabeempfehlung auf Grundlage der Bewertungen aus den Vorprozessen ab. In diesem Kontext sind die nachfolgend beschriebenen Kriterien zugrunde gelegt.

- **Standardisierung:** Bei allen Änderungsanforderungen von einzelnen Anwendergruppen wird zunächst einmal von Seiten des zentralen Fachbereichs geprüft, ob diese mit den Standardisierungsbestrebungen einhergehen oder sich konträr zur vorgegebenen strategischen Ausrichtung positionieren. Ist Letzteres der Fall, wird die Freigabe nicht befürwortet und eine entsprechende Begründung angegeben.
- **Dringlichkeit:** Als ein Bewertungskriterium zur Beurteilung eines Change Requests kann zunächst einmal dessen Dringlichkeit gesehen werden. Dies ist insbesondere relevant für die Zuordnung zu einem Release und die zugehörige Umsetzungszeitleiste. Neben den regulären Changes, also denjenigen, die im Rahmen eines Releases in Betrieb zu nehmen sind, werden auch alle Emergency Changes besprochen. Das beschriebene Vorgehen kann auch retrospektiv erfolgen, falls Änderungsanträge aufgrund der Dringlichkeit bereits vor der eigentlichen CAB-Sitzung freigegeben wurden.
- **Abhängigkeiten:** Für die Freigabe eines RfCs im CAB werden Abhängigkeiten zwischen Änderungen dargestellt, sofern sie existieren. Ebenso werden einzuhaltende Implementierungsreihenfolgen herausgearbeitet und präsentiert. Dies geschieht insbesondere bei größeren oder komplexeren Themen, zu denen es unterschiedliche Einschätzungen gibt. Allerdings ist die Vorgehensweise bisher auf den konkreten Einzelfall zugeschnitten.
- **Auswirkungen Architektur:** Falls sich aus der Bewertung des Expertengremiums ergibt, dass eine Entwicklung aus architektonischer Sicht nicht sinnvoll eingestuft werden kann, ist dies dem CAB transparent und verständlich darzustellen. In den meisten Fällen ist allerdings davon auszugehen, dass entsprechende Themen bereits vor der eigentlichen CAB-Sitzung mit den entsprechenden Experten geklärt werden können.

- **Auswirkungen Betrieb:** Mögliche Risiken bei der Umsetzung einer Änderungsanforderung werden dem CAB vorgestellt; ebenso gibt es Erläuterungen zu den Maßnahmen der Mitigation. Außerdem werden die Betriebskosten errechnet und den resultierenden Nutzeneffekten gegenübergestellt. Diese Faktoren fließen in die Freigabeentscheidung ein.

Gibt es Unklarheiten bei der Erstellung einer Freigabeempfehlung, werden die Vertreter des Expertengremiums zur Beurteilung hinzugezogen. Wenn sich dennoch die Bedenken im Vorfeld nicht abschließend klären lassen oder die Freigabeempfehlungen einzelner CAB-Mitglieder voneinander abweichen, werden die entsprechenden Punkte direkt im CAB-Meeting adressiert und dort diskutiert.

Die geschilderte Vorgehensweise und die Bewertungskriterien zur Freigabe von Change Requests sind für alle Änderungsanforderungen gleich – unabhängig davon, ob diese aus der Linienfunktion heraus entstehen oder im Rahmen von Projekten erhoben werden. Tendenziell kann man weiter davon ausgehen, dass eine Ablehnung in diesem Stadium recht selten vorkommt, da die entsprechenden Vorprüfungen durch das Expertengremium bereits erfolgt sind.

Des Weiteren dient das CAB in diesem Prozessschritt auch als Eskalationsgremium, falls sich Themen im Rahmen der Expertendiskussionen nicht klären lassen oder grundsätzlich konträre Auffassungen bestehen. Generell sollte dies aber die Ausnahme darstellen, da die entsprechenden Prüfungen im Vorhinein durchgeführt werden. Daher ist das CAB kein Entscheidungsgremium mehr, sondern eine Bestätigung dessen, was durch den vorgelagerten Prozess antizipiert wurde.

Diskussion Nutzen

Der aus einem Change Request resultierende Nutzen oder mögliche Effizienzsteigerungen werden derzeit nur in wenigen Fällen explizit hervorgehoben. Demzufolge stellen diese beiden Faktoren auch nur bedingt ein Bewertungskriterium dar. Grundsätzlich ist die Gegenüberstellung von Aufwand und Nutzen in erster Linie für den Antragssteller selbst relevant und muss auch von diesem beurteilt werden. Allerdings wäre es bei größeren Projekten oder im Falle einer Priorisierung von Change Requests sinnvoll einen Business Case oder zumindest eine Plausibilisierung für die Änderungsanforderung zu haben.

Kontrolle Finanzierungsübernahme

Generell muss zur Freigabe eines Change Requests dessen Finanzierung auf Basis einer soliden Schätzung gesichert sein. Wenn das zur Verfügung stehende Budget begrenzt ist, ist hier im Vorhinein abzuschätzen, welche Änderungsanforderungen im laufenden Geschäftsjahr anstehen werden. Hieraufhin ist die Budgetplanung auszurichten. Größere Projekte stehen in den meisten Fällen frühzeitig fest, so dass entsprechende Mittel allokiert werden können. Gegebenenfalls ist es unabdingbar das zur Verfügung stehende Budget noch einmal anzupassen, um unterjährig handlungsfähig zu bleiben.

Festlegung Zieltermin

Generell ist es das Ziel des CABs die Umsetzungszeit einer Systemänderung möglichst gering zu halten. Aus diesem Grund ist zu prüfen, ob eine Umsetzung mit dem nächstmöglichen Release geschehen kann.

Abgleich Kapazitäten

Auf Basis der getroffenen Release-Zuordnungen erfolgt ein Kapazitätsabgleich zwischen benötigten und geplanten Ressourcen für die Softwareentwicklung. Dies geschieht mit Hilfe einer graphischen Darstellung zur Kapazitätsauslastung. Werden mehr Ressourcen benötigt, als zur Verfügung stehen, ist es die Aufgabe der Business Partner Anforderungen entsprechend zu priorisieren.

Neben den Change Requests, die zur Implementierung freigegeben werden müssen, bekommt das CAB auch eine Übersichtsliste aller sonstigen Änderungsanforderungen. Hierbei geht es darum, den Status einer Änderungsanforderung nachvollziehen zu können und auftretende Probleme frühzeitig zu erkennen. Eine besondere Rolle spielen in diesem Kontext die Bearbeitungszeiten. Sobald absehbar ist, dass ein höheres Volumen an Änderungsanforderungen in die Change Request Pipeline gelangt, als ursprünglich geplant, muss eine Priorisierung auf Seiten der Business Partner vorgenommen werden. Da diese im Vorhinein die Kapazitätsbedarfe mitbestimmt haben, können zusätzliche Anforderungen nicht mehr ohne Weiteres aufgenommen werden.

Durchführung Priorisierung

Priorisierungen werden – wie zuvor beschrieben – durchgeführt, wenn sich abzeichnet, dass die bereitgestellten Ressourcen für das tatsächlich benötigte Entwicklungsvolumen nicht ausreichen. Dann ist es die Aufgabe der Business Partner die Dringlichkeit ihrer Anforderungen entsprechend zu bewerten und zu einer gemeinsamen Einschätzung der Sachverhalte zu kommen. Bei der Priorisierung ist zu berücksichtigen, welche Auswirkungen auf den Geschäftsbetrieb entstehen, falls eine Änderung nicht wie gewünscht live geht. Darüber hinaus ist in diesem Zusammenhang relevant, welche Einsparungen durch den Change Request entstehen oder ob es sich um eine gesetzlich bedingte Änderung handelt.

Da die Change Requests sequentiell nach der Reihenfolge der Fertigstellung des Grobkonzepts im CAB besprochen werden, kann es sein, dass in einigen Fällen eine Priorisierung im Nachhinein – also nach einer originären Release-Zuweisung – erfolgen muss.

Freigabe Change Request

Nachdem die zuvor beschriebenen Prüfungen abgeschlossen sind und die Release-Zuordnung erfolgt ist, wird ein Change Request formell freigegeben. Diese Autorisierung wird mit Hilfe der eingesetzten Change-Management-Software protokolliert. Danach kann die Umsetzung der Änderungsanforderung durchgeführt werden.

4.2.5.4 Einordnung in ITIL

Nach der Einordnung der beschriebenen Tätigkeiten in das Framework nach ITIL 2011 ergibt sich folgende Darstellung, wobei die Aktivitäten in sequentieller Reihenfolge aufgeführt sind:

Autorisierung Change Implementierung und Test	
ITIL 2011	**Expertenbefragung**
	Vorbereitung CAB-Meeting
Prüfung Change Evaluation	Prüfung Change Evaluation
	Diskussion Nutzen
	Kontrolle Finanzierungsübernahme
	Festlegung Zieltermin
	Abgleich Kapazitäten
	Durchführung Priorisierung
Freigabe Change Request	Freigabe Change Request

Tabelle 5: Einordnung in ITIL – Autorisierung Change Implementierung und Test

Die in den Interviews identifizierte Aufgabe zur Vorbereitung des CAB-Meetings wird in ITIL 2011 nicht weiter detailliert. Die Prüfung der Change Evaluation nimmt sowohl in der Befragung als auch bei ITIL eine elementare Rolle ein. Darüber hinaus wurden in den Interviews noch einmal explizit die Nutzendiskussion für die Änderungsanforderungen sowie die Überprüfung der Finanzierungsübernahme als Prüfungskriterien für das CAB herausgestellt. Auch die Zeitplanung sowie die nachgelagerten Aktivitäten zum Kapazitätsabgleich und die eventuell notwendige Priorisierung der Change Requests spiegeln sich nur in den Aussagen der Interviewpartner wider. Die formelle Freigabe eines Change Requests ist wiederum Bestandteil beider Informationsquellen.

4.2.6 Koordination Change Implementierung und Test

Die Umsetzung einer Systemänderung kann beginnen, sobald die Autorisierung des CABs durchgeführt wurde.

4.2.6.1 Beteiligte Personen

An den in dieser Phase durchgeführten Tätigkeiten sind insgesamt drei verschiedene Personengruppen beteiligt. Die Softwareentwicklung übernimmt im Wesentlichen die operativen Tätigkeiten zur Umsetzung der Änderungsanforderung, dem Change Management obliegt die Überwachung und Koordination der einzelnen Phasen und die Antragssteller sind essentiell für die Abnahme der Tests.

4.2.6.2 Aufgaben

Bis die Implementierung einer Änderungsanforderung als abgeschlossen betrachtet werden kann, müssen unterschiedliche Tätigkeiten ausgeführt werden. Diese werden in den folgenden Abschnitten in chronologischer Reihenfolge beschrieben.

Übergabe Implementierung

Nach der Freigabe eines Change Requests durch das CAB werden die Erstellung des Feinkonzepts, die eigentliche Implementierung sowie die Durchführung der Entwicklertests von der Softwareentwicklung übernommen. Hierzu erfolgt eine formelle Übergabe vom Change-Management, bei der alle bisher erstellten und zur Umsetzung der Systemänderung notwendigen Dokumente übergeben werden.

Planung Change

Nachdem die Übergabe der Änderungsanforderung erfolgt ist, wird im ersten Schritt die ursprüngliche Grobplanung aus der Phase *Change Bewertung und Evaluation* verfeinert. Ziel ist es, eine konkrete Planung für den Aufwand und die damit verbundene Zeitleiste zur Verfügung zu stellen. Die Zeitplanung wird anhand der im CAB getroffenen Release-Zuordnung und der zugehörigen Meilensteine erstellt. Somit erfolgt im Regelfall eine Rückwärtsplanung auf Basis der Prioritäten und Entwicklungsumfänge mit dem Ziel den vereinbarten Go-Live-Termin einhalten zu können.
Ist auf Basis der Anforderung ersichtlich, dass aus einem Change Request mehrere Aufgabenpakete entstehen, muss dies bei der Planung entsprechend berücksichtigt und die Verantwortlichkeiten demgemäß festgelegt werden. Dieser Fall tritt insbesondere dann auf, wenn mehrere Systeme beteiligt sind. Weiterhin sind bei der Planung Abhängigkeiten zwischen mehreren Änderungsanforderungen sowie die Konsolidierungsaktivitäten zu beachten.

Anhand der zu erwartenden Entwicklungsumfänge sind die notwendigen Ressourcen zu identifizieren; außerdem ist ein Kapazitätsplan zu erstellen. Für große Änderungsanforderungen werden dedizierte Ressourcen bereitgestellt, bei kleineren Anforderungen erfolgt die Bearbeitung mehrerer Themen im Regelfall parallel. Ebenso wird versucht, bei großen Umfängen oder komplexen Entwicklungen frühzeitig mit der Umsetzung zu beginnen, während kleinere Systemanpassungen je nach Arbeitslast und Entwicklungsfortschritt in Phasen mit geringerer Auslastung bearbeitet werden können. Hierbei berücksichtigt die Planung jeweils ein Wechselspiel zwischen der eigentlichen Entwicklung sowie den Entwicklertests, welche iterativ zu Anpassungen im Quellcode und darauf basierend zu erneuten Tests führen können. Für die Erstellung einer validen Planung sind somit die Auslastung der Entwickler, die Meilensteine des Releases, der Parallelisierungsgrad der Entwicklung sowie der Umfang der Entwicklertests für das Fertigstellungsdatum zu berücksichtigen.

Erstellung Feinkonzept

Das Feinkonzept stellt eine Detaillierung des Grobkonzepts dar und wird eigenständig von der Softwareentwicklung erstellt. Es ergänzt das Design um technische Aspekte und bildet die Grundlage für die weitere Umsetzung der Änderungsanforderung.

Freigabe Feinkonzept

Das Feinkonzept muss durch das Change Management freigegeben werden. Dieser Schritt ist als Qualitätskontrolle zu sehen und notwendig, um die Anforderungen im System implementieren zu können.

Durchführung Change Implementierung

Die eigentliche Change Implementierung wird eigenständig von der Softwareentwicklung vorgenommen. Hierzu können mehrere Arbeitspakete mit unterschiedlichen Aufgaben und Verantwortlichen gebildet werden. Treten während der Umsetzungsphase Schwierigkeiten oder technische Abhängigkeiten auf, wird dies von der Softwareentwicklung an den verantwortlichen Change Manager gemeldet und es erfolgt eine Abstimmung über die weitere Vorgehensweise.

Überwachung Change Implementierung

Im Rahmen des Umsetzungsprozesses einer Änderungsanforderung sehen verschiedene Parteien die Notwendigkeit, den Status der jeweiligen Änderungen nachzuvollziehen und gegebenenfalls ihrerseits Aktivitäten einzuleiten. Aus diesem Grund spielt die Überwachung und Nachvollziehbarkeit des Change Request Status eine wichtige Rolle, zumal die Change Implementierung tendenziell die längste Zeitspanne ohne direkte Interaktion zwischen den beteiligten Parteien darstellt. Auf der einen Seite hat das Change Management ein hohes Interesse den jeweiligen Fortschrittsgrad der Änderung zu kennen; auf der anderen Seite besitzen aber auch die Softwareentwicklung sowie die Change Initiatoren einen Informationsbedarf hinsichtlich des Entwicklungsstatus. In diesem Kontext sind die benötigten Informationen jedoch unterschiedlicher Natur.

Die Schwerpunkte des Change Managements liegen bei der Beurteilung der Kostensituation sowie der regelmäßigen Kontrolle der Zeitleiste einzelner Change Requests. Dies dient dazu die notwendigen Folgeaktivitäten einzuleiten zu können. Neben den zur Verfügung stehenden Softwarewerkzeugen werden vielfach noch individuelle Listen oder Tabellen zur Statusüberwachung eingesetzt.

Auch die Softwareentwicklung hält eigene Auswertungen und Statistiken vor, um die große Anzahl an Änderungsanforderungen überwachen zu können. Diese Berichte enthalten mehr Informationen, als in der Change-Management-Software abgebildet ist. Beispielsweise erfolgt eine detaillierte Überwachung des Fortschritts einzelner

Entwicklungspakete. Weiterhin werden alle auftretenden Fehler protokolliert und analysiert – angefangen vom Grobkonzept über das Feinkonzept bis hin zu den anschließenden Tests Die Antragssteller müssen den Fortschritt einer Softwareänderung aktiv einholen, es erfolgt keine Information, wenn der nächste Bearbeitungsschritt erreicht ist. Dies hat zur Folge, dass die Change Initiatoren nicht über Statusänderungen Bescheid wissen – es sei denn es stehen unmittelbare Aktionen für die betreffende Partei an. In diesen Fällen werden automatische E-Mails versandt.

Durchführung Entwicklertest

Nach Abschluss der Change Implementierung werden gemäß dem definierten Prozess verschiedene Testzyklen durchlaufen. Dies beginnt unmittelbar im Anschluss an die Implementierung mit den Entwicklertests, welche von der Softwareentwicklung vorgenommen werden. Hierzu wird für jeden einzelnen Entwicklertest eine bestimmte Anzahl von Testfällen geplant und durchgeführt. Die Testfälle selbst werden, wie zuvor beschrieben, bereits in der Phase *Change Bewertung und Evaluation* erstellt. Dabei sind bei Abhängigkeiten von Change Requests die einzuhaltenden Sequenzen zu berücksichtigen. Die durchgeführten Entwicklertests werden mit Ergebnissen und Screenshots dokumentiert und dem verantwortlichen Change Manager zur Verfügung gestellt. Dieser hat nun die Aufgabe, die Testdokumentation nachzuvollziehen und die Ergebnisse zu prüfen. Grundsätzlich ist es für einen Change Manager allerdings nicht ersichtlich, wie viele Fehler während der Entwicklertests auftraten; auf Seiten der Softwareentwicklung selbst wird dies hingegen zumindest für größere Entwicklungsumfänge protokolliert.

Koordination Entwicklertest

Die koordinierenden Tätigkeiten im Rahmen der Entwicklertests werden durch das Change Management vorgenommen. Hierzu gehören u.a. die Abstimmungen mit den Change Initiatoren, die Sicherstellung der Systemverfügbarkeiten oder auch die Bereitstellung von eventuell benötigten Schnittstellendateien.

Durchführung Integrationstest

Die Integrationstests stellen die zweite Stufe innerhalb der Testzyklen dar. Hier werden Geschäftsprozesse von Anfang bis Ende getestet – gegebenenfalls auch über Systemgrenzen hinweg. Die Durchführung der Integrationstests übernimmt die Softwareentwicklung, ebenso die Dokumentation der Ergebnisse. Nach abgeschlossener

Qualitätsprüfung erfolgt eine Freigabe zum Systemtest durch das Change-Management.

Koordination Integrationstest

Wie auch bei den Entwicklertests übernimmt das Change Management bei den Integrationstests die koordinierende Rolle. Dies zeigt sich insbesondere bei der Abstimmung mit beteiligten Partnersystemen sowie den zugehörigen Dienstleistern.

Durchführung Systemtest

Die jeweiligen Antragssteller der Änderungsanforderungen führen die Systemtests durch. Zu diesem Zweck nimmt der zuständige Change Manager Kontakt zum Antragssteller auf und bittet diesen die erforderlichen Tests bis zu einem vorgegebenen Fälligkeitstermin zu vollziehen. Als Grundlage für die durchzuführenden Testfälle dient die Change Dokumentation, in der die im Rahmen der Entwickler- und Integrationstest durchgeführten Szenarien hinterlegt sind. Darüber hinaus kann es aber auch noch weitere Szenarien geben, die von den Geschäftspartnern als notwendig erachtet und deshalb während der Systemtests berücksichtigt werden. Es gibt hierzu allerdings keine Basis in Form von vorgefertigten Testkatalogen.

Leider ist es nicht immer gegeben, dass Antragssteller frühzeitig Transparenz über den Stand der Entwicklung und die einhergehenden Fälligkeitstermine haben. Aus diesem Grund kommt es oftmals zu einem Verzug in der Zeitplanung. Es ist wichtig zu wissen, wann die einzelnen Changes zum Testen verfügbar sind und bis wann der Systemtest abgeschlossen werden muss. Auf diese Weise kann sichergestellt werden, dass die entsprechenden Aktivitäten frühzeitig eingeleitet werden können.

Koordination Systemtest

Die Systemtests werden vom Change Manager im Auge behalten. Idealerweise erhält er einen Überblick über die Testfälle anhand des Testplans und ebenso auch ein Testprotokoll. Allerdings werden weder die Testfälle selbst noch die Ergebnisse systemtechnisch gespeichert, was die Nachvollziehbarkeit erschwert. Treten während der Systemtests Fehler auf, erfolgt eine Rückmeldung an das Change-Management. Dieses ermittelt die Fehlerursache und leitet gegebenenfalls eine Beschreibung an die Softwareentwicklung weiter. Die Softwareentwicklung kümmert sich dann um die Fehlerbehebung. Bei größeren Projekten werden zur Nachverfolgung der aufgetretenen Fehler eigene Listen geführt.

Ist innerhalb der vorgegebenen Zeitleiste für die Systemtests kein Fortschritt ersichtlich, obliegt es dem Change Manager, Kontakt mit dem Antragssteller aufzunehmen und die weitere Vorgehensweise zu besprechen. Dies gilt ebenso für den Fall, dass Fehler nicht rechtzeitig bis zum avisierten Meilenstein behoben werden können.

Die finale Freigabe der Systemtests und die Bestätigung, dass sich die entwickelte Funktionalität wie gewünscht verhält, erfolgt durch den Antragssteller. Ob zwischen den tatsächlichen Resultaten der Tests und der Freigabe eine Plausibilität gegeben ist, wird manuell durch das Change Management geprüft.

Durchführung Abnahmetest

Während die zuvor erwähnten Testarten auf einen einzelnen Change bezogen waren, werden die Abnahme- bzw. Akzeptanztests für ein gesamtes Release durchgeführt. Sie beinhalten in erster Linie integrative Szenarien, welche über mehrere Programmkomponenten und auch Systemgrenzen hinweg laufen können.

Zur Erstellung von Testfällen wird von den Beteiligten auf die Erfahrung und die Kenntnis im betreffenden Umfeld zurückgegriffen. Dies trifft auch auf die Ermittlung der im Rahmen eines Regressionstests benötigten Testfälle zu. Es gibt aber kein Standardtestverzeichnis, auf das zurückgegriffen werden kann. Jedoch können teilweise Unterlagen aus einzelnen Projekten eingesehen werden, die entsprechende Szenarien enthalten und somit als Basis zur Erstellung neuer Testfälle dienen können. Allerdings schließt dies nicht aus, dass einzelne Szenarien, die getestet werden sollten, übersehen werden.

Falls beim Testen Fehler auftreten, werden diese per E-Mail an das Change Management gemeldet und von dort an die Softwareentwicklung weitergeleitet. Bei größeren Problemen werden entsprechende Maßnahmen definiert, um die Stabilität des Releases gewährleisten zu können.

Koordination Abnahmetest

Die Koordination der Abnahmetests wird im Wesentlichen vom Change Management übernommen. Die Tests selbst werden von den Anwendergruppen jedoch autark durchgeführt. Hierbei erfolgt nur in seltenen Fällen eine Rückmeldung über den Status, so dass vom Change Management keine gesamtheitlichen Aussagen über die Granularität oder Qualität der durchgeführten Tests gemacht werden können.

Treten während der Tests jedoch Fehler auf, die an das Change Management zu melden sind, werden diese in einer separaten Liste protokolliert. Darüber hinaus wird der Status der Bearbeitung festgehalten.

4.2.6.3 Einordnung in ITIL

Nach der Einordnung der einzelnen Tätigkeiten in die Phase *Koordination Change-Implementierung und Test* nach ITIL 2011 ergibt sich die Darstellung aus Tabelle 6. Nach der Übergabe der Änderungsanforderung zur Implementierung wird im Kontext der Expertenbefragung zunächst eine Detailplanung für jeden einzelnen Change vorgenommen. Danach erfolgen die Erstellung und die Freigabe des Feinkonzepts. Diese Tätigkeiten werden in ITIL nicht explizit aufgeführt. Die anschließenden Aktivitäten zur eigentlichen Implementierung des Changes sowie die Überwachung des Status finden sich wiederum sowohl in ITIL 2011 als auch im Umfeld der Experteninterviews. Während ITIL die Durchführung und Koordination der Testaktivitäten nicht weiter untergliedert, lassen die Ergebnisse der Befragungen Rückschlüsse auf verschiedene Testzyklen mit jeweils unterschiedlichem Fokus zu.

Koordination Change Implementierung und Test	
ITIL 2011	**Expertenbefragung**
Übergabe Implementierung	Übergabe Implementierung
	Planung Change
	Erstellung Feinkonzept
	Freigabe Feinkonzept
Durchführung Change Implementierung	Durchführung Change Implementierung
Überwachung Change Implementierung	Überwachung Change Implementierung
Durchführung und Koordination Testaktivitäten	Durchführung Entwicklertest
	Koordination Entwicklertest
	Durchführung Integrationstest
	Koordination Integrationstest
	Durchführung Systemtest
	Koordination Systemtest
	Durchführung Abnahmetest
	Koordination Abnahmetest

Tabelle 6: Einordnung in ITIL – Koordination Change Implementierung und Test

4.2.7 Autorisierung Change Deployment

Die Freigabe eines Changes zum Deployment erfolgt nach erfolgreicher Umsetzung sowie einer positiven Rückmeldung im Rahmen der durchgeführten Tests.

4.2.7.1 Beteiligte Personen

Die Autorisierung wird vom Change Advisory Board im Rahmen des CAB-Meetings vorgenommen. Hierzu bereitet das Change Management eine Liste mit sämtlichen Systemänderungen vor.

4.2.7.2 Aufgaben

Im Rahmen des Prozessschritts zur Autorisierung des Change Deployments werden insgesamt zwei Einzelaktivitäten ausgeführt. Zum einen werden die Testergebnisse der Abnahmetests geprüft, zum anderen erfolgt eine Vorschau auf die kommenden Releases, um die notwendigen Kapazitäten ermitteln zu können.

Prüfung Testergebnisse

Nach Abschluss des Abnahmetests geben die Anwendergruppen eine Freigabeempfehlung für ein spezielles Release, welches sämtliche Systemänderungen enthält. Da die Testergebnisse nicht umfassend protokolliert werden, gibt es allerdings keinen direkt ersichtlichen Zusammenhang zwischen den Testergebnissen und der Freigabe eines Releases. Die Freigabeempfehlungen werden vom CAB zur Kenntnis genommen; hieraus wird anschließend die Autorisierung für das Release abgeleitet.

Planung Kapazitäten

Bevor Change Requests zur Umsetzung kommen, müssen die hierfür notwendigen Ressourcen geplant werden. Dies geschieht im Rahmen eines gemeinsamen Abstimmungsprozesses zwischen Geschäftspartnern und IT Management. Hierbei werden sowohl anstehende Projekte als auch der erwartete Entwicklungsumfang an Changes aus der Linie berücksichtigt. Zur Abschätzung des Gesamtvolumens werden Projektbedarfe ermittelt sowie Vergangenheitswerte aus vorangegangenen Releases berücksichtigt. Diese Gesamtübersicht wird mit den Business Partnern evaluiert und dient als Vorlage für die weitere Detailplanung der benötigten Kapazitäten. Im Rahmen der Freigabe von Change Requests zur Umsetzung werden die hierzu notwendigen Ressourcen mit den aktuell vorhandenen abgeglichen. Tritt ein Delta auf, stellt sich die Frage, ob dieses durch das Hinzuziehen weiterer Ressourcen reduziert werden kann. Grundsätzlich kann dies vierteljährlich mit entsprechender Vorlaufzeit erfolgen. Nach der gemeinsamen Abstimmung zwischen Geschäftspartnern und IT-Change-Management sind die zur Verfügung stehenden Kapazitäten gedeckelt.

4.2.7.3 Einordnung in ITIL

Ordnet man die in den Experteninterviews beschriebenen Aktivitäten in das Rahmenwerk von ITIL 2011 ein, erhält man gemäß der Sequenz der einzelnen Aktivitäten folgende Übersicht:

Koordination Change Implementierung und Test	
ITIL 2011	**Expertenbefragung**
Evaluation Change	Evaluation Change
Prüfung Testergebnisse	Prüfung Testergebnisse
Check Implementierung	
Prüfung Design	
Erstellung Evaluationsbericht	
Prüfung Evaluationsergebnisse	
	Planung Kapazitäten

Tabelle 7: Einordnung in ITIL – Autorisierung Change Deployment

Hieraus ist ersichtlich, dass die in ITIL beschriebenen Aktivitäten umfangreicher sind. Im Kontext der Expertenbefragung werden im Rahmen der Change Evaluation lediglich die Testergebnisse geprüft. Dahingegen erfolgen in den Best Practices nach ITIL zusätzliche Checks hinsichtlich der Implementierung und des Designs. Überdies wird ein detaillierter Evaluationsberichts erstellt, welcher die Autorisierung des Deployments unterstützt. Die Planung der Kapazitäten zur Bereitstellung der notwendigen Ressourcen für die nachfolgenden Releases findet sich dahingegen nur im Umfeld der Expertenbefragungen.

4.2.8 Koordination Change Deployment

Das Deployment von Change Requests auf der Produktivumgebung findet derzeit in drei Releases pro Jahr statt, in welchen einzelne Änderungsanforderungen gebündelt werden. Die Koordination und Vorbereitung des Go Lives übernimmt in diesen Fällen das Change-Management.

Falls während dieser Phase ein Szenario eintritt, welches eine Fallback-Lösung erfordert, wird diese mit den Geschäftspartnern diskutiert. Hierfür werden die Anregungen aus den früheren Design- und Implementierungsphasen aufgegriffen.
Nach der Gegenüberstellung der einzelnen Aktivitäten aus ITIL 2011 und den Tiefeninterviews ergibt sich die nachfolgende Darstellung:

Koordination Change Deployment	
ITIL 2011	**Expertenbefragung**
Planung Deployment	Planung Deployment
Präparation Fallback-Lösung	Präparation Fallback-Lösung
Durchführung Go Live	Durchführung Go Live

Tabelle 8: Einordnung in ITIL – Koordination Change Deployment

Hieraus wird ersichtlich, dass in der Durchführung der Einzelaktivitäten keine fundamentalen Unterschiede existieren.

4.2.9 Prüfung und Schließung Change Record

Nach dem Versionsrollout erfolgt eine Nachbetrachtung des Releases von Seiten des Change-Managements und der Softwareentwicklung. Infolgedessen werden auch alle Incidents erfasst und einer sorgfältigen Prüfung unterzogen. Hierbei werden die Grundursachen im Detail analysiert und die aufgetretenen Fehler auf spezifische Change Requests oder Deployment-Aktivitäten zurückgeführt. Dies ist hilfreich, um ähnliche Szenarien zukünftig zu vermeiden.

Werden die Aufgaben, die im Kontext der Expertenbefragung durchgeführt werden, den in ITIL 2011 beschriebenen Aktivitäten gegenübergestellt, ergibt sich das in Tabelle 9 dargestellte Bild. Hieraus wird erkennbar, dass im Umfeld der Expertenbefragungen weniger Tätigkeiten durchgeführt werden. In erster Linie hängt dies damit zusammen, dass kein formaler Change Review Prozess etabliert ist, welcher die Erstellung des Evaluationsberichts, die eigentliche Evaluation sowie einen abschließenden Review des Changes beinhaltet. Vielmehr werden die Changes geschlossen, wenn keine gravierenden Incidents mehr existieren.

Prüfung und Schließung Change Record	
ITIL 2011	**Expertenbefragung**
Erstellung Evaluationsbericht	
Evaluation Change	
Review Change	
Prüfung Zielerreichung	
Abgleich Ressourcen	
Prüfung Zeitleiste	
Prüfung Kosten	
Abgleich Deployment-Plan	
Bewertung Fallback-Lösung	
Schließung Change Record	Schließung Change Record

Tabelle 9: Einordnung in ITIL – Prüfung und Schließung Change Record

4.3 Resultate der Interviews: Informationsversorgung

Im zweiten Teil zu den Ergebnissen aus den Experteninterviews werden die Aussagen zum Thema Informationsversorgung reflektiert. Die Beschreibung der derzeit im betreffenden Kontext eingesetzten Informationsquellen und Systeme findet sich in Kapitel 4.3.1. Im anschließenden Abschnitt 4.3.2 werden dann die Informationsbedarfe aus Sicht der Interviewpartner dargestellt, bevor in Kapitel 4.3.3 Vorschläge zu einer verbesserten Bereitstellung der benötigten Informationen erläutert werden.

4.3.1 Informationen und Systeme

Im ersten Teil der Interviews wurden die Befragten gebeten, alle eingesetzten Systeme zu nennen und die hinterlegten Systeme kurz darzustellen. Weiterhin war es wichtig, den Informationsaustausch zwischen den Prozessbeteiligten zu charakterisieren.

4.3.1.1 Operative Systeme

Während der Interviews ließen sich insgesamt fünf operative Systeme identifizieren, die im Zusammenhang mit der Bearbeitung und Umsetzung von Change Requests stehen. Dies reicht von einer Software zur Unterstützung des IT-Service-Management-Prozesses über ein Tool zur Festlegung des IT-Bebauungsplans bis hin zu einer Softwareeigenentwicklung, die die Informationsbedürfnisse im IT-

Change-Management-Prozess abdeckt. Die Systeme sind, bis auf eine Ausnahme, nicht miteinander vernetzt und speichern teilweise redundante Daten oder Dokumente.

Wesentliche Aufgabe der eingesetzten Softwarewerkzeuge ist es, den Bearbeitungsstand der Change Requests sowie die nachfolgenden Bearbeitungsschritte darstellen zu können und die Kostentransparenz zu gewährleisten. Grundsätzlich bieten die eingesetzten Softwarewerkzeuge rudimentäre Auswertungsmöglichkeiten, teilweise werden allerdings nicht alle benötigten Daten erfasst. Aus diesem Grund werden neben den operativen Systemen weitere lokale Dokumente zur Überwachung des Implementierungsfortschritts eingesetzt und um Kommentare zu den jeweiligen Änderungsanforderungen ergänzt. Dies dient als Gedächtnisstütze zur weiteren Bearbeitung.

Grundsätzlich werden die Systeme nur auf der operativen Ebene bzw. beim unteren Management eingesetzt, die Informationsversorgung des mittleren Managements erfolgt über direkte Kommunikation oder eigens aufbereitete Dokumente.

4.3.1.2 Dokumentenmanagement

Die Speicherung von Dokumenten, die sich über den Lebenszyklus eines Changes hinweg ergeben, erfolgt über mehrere Systeme und Ablageorte hinweg. Zur Konsolidierung wird ein DMS verwendet, welches die relevanten Change Dokumentationen in einer vorgegebenen Struktur enthält.

Neben der zentralen Ablagestruktur werden aber von fast allen befragten Personen noch weitere lokale Dokumente gespeichert. Hierbei handelt es sich im Wesentlichen um Systemdokumentationen oder Trainingsunterlagen.

4.3.1.3 Kommunikationskanäle

Die Kommunikation zu Change-relevanten Themen erfolgt in den meisten Fällen über E-Mails, welche zum jeweiligen Change-Ticket abgelegt werden. Die wesentlichen Ergebnisse aus mündlichen Vereinbarungen werden ebenfalls im Change Record hinterlegt. Somit steht grundsätzlich eine Historie aller Vorgänge zur Verfügung.

4.3.1.4 Wissensmanagement

Während der Interviews zeigt sich quer über die verschiedenen Rollen hinweg, dass sehr stark auf Vergangenheitserfahrungen zurückgegriffen wird. Personenbezogenes

Wissen ist somit ein elementarer Bestandteil sowohl bei der Erstellung als auch bei der Bearbeitung von Änderungsanträgen. Die Erfahrungswerte werden größtenteils nicht gespeichert oder sind schlecht auffindbar. Der Grund hierfür sind eingeschränkte Such- und Auswertungsmöglichkeiten sowie unterschiedliche, unabhängige Speicherorte.

4.3.2 Informationsbedarfe

Die Informationsversorgung im IT-Change-Management-Prozess und die hierdurch abgeleiteten Entscheidungen nehmen eine elementare Rolle für den Erfolg bei der Implementierung einer Änderungsanforderung ein. Im Zuge der Befragung zeigte sich, dass in verschiedenen Bereichen Verbesserungspotentiale hinsichtlich der Informationsversorgung vorhanden sind. Diese Potentiale sind gleichzeitig als individuelle Informationsbedarfe der einzelnen Aufgabenträger im Kontext einer nachfrageorientierten Informationsbedarfsanalyse zu sehen.[598]

Insgesamt ergeben sich die identifizierten Informationsbedarfe zum einen direkt aus den Befragungen, zum anderen wird mit Hilfe einer Aufgaben- und Prozessanalyse indirekt auf diese geschlossen. Hierbei sind die Informationsbedarfe nicht immer direkt an einzelne Aktivitäten zu knüpfen, sondern beziehen sich vielmehr auf die generell unterstützenden Funktionalitäten zur Planung, Steuerung und Kontrolle innerhalb des Change-Management-Prozesses.[599] Der Schritt zur Ermittlung der Informationsbedarfe ist ein wesentlicher Bestandteil zur Definition einer systemtechnischen Lösung, mit Hilfe derer die Informationsversorgung innerhalb des IT-Change-Management-Prozesses sichergestellt werden kann.

4.3.2.1 Planung

In den Planungsphasen für eine Änderungsanforderung werden die Zeitleisten, die zur Umsetzung benötigten Ressourcen sowie die damit verbundenen Kosten ermittelt. Die Planung sollte für alle am Prozess beteiligten Parteien zugänglich sein und die einzelnen Schritte und Aktivitäten transparent darlegen.

---

[598] Vgl. hierzu auch noch einmal die Ausführungen in Kapitel 3.4.

[599] Somit sind diese Aktivitäten im Sinne einer funktionalen Managementsichtweise (vgl. hierzu noch einmal Kapitel 2.3.1.3) zu sehen.

Zeitplanung

Die Zeitplanung stellt einen essentiellen Bestandteil für die Umsetzung einer Änderungsanforderung dar. Hierbei ist die Definition von einzelnen Meilensteinen hilfreich, die die Phasen im Lebenszyklus einer Änderungsanforderung abbilden können. Die gesamte Planung ist auf die feststehenden Zeitleisten eines Releases auszurichten.

Kapazitätsplanung

Bei der Kapazitätsplanung werden die intern benötigten Ressourcen geplant. Allerdings kam es beim verwendeten Vorhersagemodell in der Vergangenheit zu deutlichen Abweichungen zu den tatsächlich benötigten Ressourcen. Aus diesem Grund muss die Qualität der Datenbasis erhöht werden, um eine höhere Verlässlichkeit zur Bestimmung der zukünftig benötigten Entwicklungskapazitäten zu ermöglichen.

Kostenplanung

Für eine Kosten- und Budgetplanung wäre es sinnvoll die Historie reflektieren zu können. Auf diese Weise kann ein gewisser Kostenüberblick über vergangene Changes geschaffen werden; hierdurch können abermals Erfahrungswerte gewonnen werden. Dies kann als Hintergrundinformation zur Beurteilung von Kosten zukünftiger Systemänderungen hilfreich sein.

4.3.2.2 Steuerung

Im Rahmen der Steuerung der Umsetzung von Change Requests lassen sich aus den Interviews insbesondere Verbesserungspotentiale hinsichtlich der Ermittlung von funktionalen und technischen Abhängigkeiten, zur Ableitung der notwendigen Testfälle sowie zur Risikominimierung beim Deployment eines Releases identifizieren.

Funktionale Abhängigkeiten

Funktionale Abhängigkeiten zwischen einzelnen Änderungsanforderungen können aufgrund der Erfahrungen einzelner Change Manager erkannt werden. Allerdings ist es das Ziel, implizites Wissen in explizites zu transformieren. Hierzu müsste eine Wissensplattform aufgebaut werden, welche zum derzeitigen Zeitpunkt noch nicht existiert. Auch wenn Aufbau und Wartung einer solchen Plattform eine Herausforderung darstellen, kann sie eine große Hilfe darstellen, da hierdurch Zusammenhänge zwischen Change Requests sichtbar gemacht werden können. Dies steht in Verbindung zum übergeordneten Ziel, Funktionalitäten über verschiedene Anwendergruppen hinweg zu konsolidieren und zu harmonisieren.[600]

Technische Abhängigkeiten

In Bezug auf technische Abhängigkeiten spielt insbesondere die Zuordnung von Implementierungsobjekten zu Geschäftsprozessen eine elementare Rolle. Aus diesem Grund wäre hierfür ein Verzeichnis, welches die Geschäftsprozesse den technischen Objekten zuordnet, sehr hilfreich.[601]

Testfallermittlung

Zur Beschreibung von Testfällen wäre es zunächst einmal sinnvoll, einen Katalog an Standardtestfällen zu besitzen. Dieser könnte als Referenz für weitere zu erstellende Testfälle dienen und das Risiko minimieren, relevante Testszenarien zu übersehen.[602]

Weiterhin ist es – wie im vorherigen Abschnitt zu den technischen Abhängigkeiten beschrieben – essentiell, eine Zuordnung von Implementierungsobjekten zu Geschäftsprozessen zu haben. Dieses Verzeichnis bildet das Herzstück zur Testfallermittlung – insbesondere auch bei der Durchführung der Regressionstests.[603] Im ersten Schritt zur Auswahl der relevanten Testfälle werden demnach die zu testenden Objekte granular identifiziert. Sind die von einem Change Request betroffenen Objekte bekannt, muss eine klare logischen Beziehung zwischen Prozess, Funktionalität, Objekt, Testfall und Testskript hergestellt werden. Hierbei ist es wichtig, die komplette Abhängigkeitskette darzustellen, um dann anhand der einzelnen Interdependenzen die entsprechenden Testfälle ableiten und das zugehörige Portfolio an Testskripten ausführen zu können.

Risikominimierung beim Deployment

Changes werden im Rahmen von Releases auf dem Produktivsystem zur Verfügung gestellt. Vor diesem Hintergrund ist die Einteilung in Releases als Bündelung von

[600] Vgl. hierzu auch die Ausführungen zum Punkt funktionale Abhängigkeiten in Kapitel 4.2.4.3.
[601] Vgl. hierzu die Aussagen aus den Expertenbefragungen zum Punkt technische Abhängigkeiten innerhalb von Abschnitt 4.2.4.3.
[602] Vgl. die Erläuterungen zur Generierung der Testfälle als Teil der RfC Erstellung in Abschnitt 4.2.1.3. Darüber hinaus ist in diesem Kontext Kapitel 4.2.4.3 bezüglich der Ergänzung der zuvor erstellten Testfälle relevant.
[603] Vgl. hierzu die nachfolgenden Ausführungen zur *Risikominimierung beim* Deployment.

Aufgaben und Aktivitäten zu sehen, die es einfacher machen, das Risiko für die IT zu managen. Jedoch steht im Gegensatz dazu eine volatile Geschäftswelt, aus der sich Änderungsanforderungen an bestehende Systeme und der Wunsch nach einer schnellstmöglichen Umsetzung ergeben. Es ist nun die Aufgabe der IT diese Erfordernisse bestmöglich zu unterstützen. Allerdings stehen sich in diesem Punkt die Interessen der IT (Risikominimierung durch lange Release-Zyklen) und der Geschäftspartner (schnellstmögliche Umsetzung einer Anforderung) diametral gegenüber. Somit ist die zentrale Frage, wie man die Anzahl der Releases erhöhen kann, so dass bei gleichen Kosten eine schnellere Umsetzung gewährleistet wird ohne das operative Risiko und die Aufwände der Geschäftspartner – insbesondere durch Regressionstestaktivitäten – zu vergrößern. Entscheidend ist hierbei die Identifikation geeigneter Informationen und Mechanismen, dieses Ziel zu unterstützen. Beispielsweise kann eine teilweise Automatisierung der Regressionstests helfen, die Aufwände zu verringern. Hierzu müssten zunächst einmal die relevanten Testfälle eruiert werden, um das Risiko für das Gesamtsystem zu verringern.

4.3.2.3 Kontrolle

Ein wesentlicher Bestandteil der identifizierten Verbesserungspotentiale bezieht sich auf die Überwachung der Systemänderungen über den kompletten Lebenszyklus hinweg. Hier konnten verschiedene Bereiche erkannt werden, bei denen ein erhöhtes Informationsbedürfnis vorherrscht und die eine größtenteils standardisierte Systemlösung erforderlich machen.

Überwachung des Zeitplans

Momentan gibt es wenig Transparenz über den Bearbeitungsstand der einzelnen Change Requests. Aus diesem Grund ist es das Ziel, die einzelnen Bearbeitungsphasen über den kompletten Lebenszyklus hinweg nachvollziehbar darzustellen und den Status der Änderungsanforderungen sichtbar zu machen. Hieraus können die entsprechenden Folgeaktivitäten für die einzelnen Handlungsverantwortlichen abgeleitet werden.

Kostenüberwachung

Bezogen auf die Administration von Change Requests wäre eine Gesamtkostenbetrachtung hilfreich, die neben externe Leistungen auch interne Verrechnungskosten beinhaltet. Generell sollte es schon zu einem frühen Zeitpunkt, also bereits während der Erstellung des Feinkonzepts, eine Evaluierung der Kosten geben. Hierzu kann ein Ampelsystem implementiert werden, welches die Kosten anhand des Fortschrittgrades der Entwicklung an bestimmten Planwerten misst. Somit ist frühzeitig ersichtlich, wenn der Kostenrahmen nicht mehr ausreicht und entsprechende Maßnahmen ergriffen werden müssen. Diese Kostenerfassung sollte in Entwicklungs- und Betriebskosten unterteilbar sein und als Basis für die Rechnungsstellung wie auch -prüfung dienen.

Change Request Historie

Insgesamt gesehen ist es notwendig, eine Übersicht über die komplette Historie von Change Requests vorliegen zu haben. Hieraus soll hervorgehen, welche Prozesse, Programme oder Implementierungsobjekte als Teil einer Änderungsanforderung modifiziert wurden. Daneben soll ersichtlich sein, welche konkreten Anpassungen vorgenommen wurden. Dies ist in mehrerer Hinsicht relevant. Zum einen kann bereits während der Diskussion im Expertengremium herausgefunden werden, ob es in der Vergangenheit ähnliche oder konträre Anforderungen von verschiedenen Parteien gab. Dies unterstützt die Einschätzung der Änderungsanforderung. Zum anderen kann die Change Request Historie auch eine Rolle im Sinne eines Problem Managements spielen. Hierzu ist es notwendig die Anzahl an Änderungen bei einzelnen Implementierungsobjekten zu kennen und daraus gegebenenfalls Schwachstellen im System zu erkennen, welche zu einem Re-Design führen. Auf diese Weise kann diese Analyse als Basis für die Qualitätssicherung gesehen werden. Die Change Request Historie sollte demzufolge sowohl die prozessuale als auch die technische Ebene berücksichtigen.

Frühindikation

Verbesserungspotentiale hinsichtlich einer Informationsversorgung lassen sich auch in Bezug auf das Thema Frühindikation finden. Im Rahmen dessen sollten zunächst einmal die Fälligkeitstermine und anstehende Aktivitäten für einen Change angezeigt werden, so dass sich darauf basierend Aktionsmöglichkeiten schaffen lassen. Damit wäre es möglich, frühzeitig auf die Ansprechpartner zuzugehen und mit diesen über anstehende Aufgaben zu sprechen. Auf diese Weise kann die Einhaltung der Zeitleiste aktiv sichergestellt werden.

Testüberwachung

Die Softwareentwicklung protokolliert für bestimmte Entwicklungsumfänge die während der Entwickler- und Integrationstests auftretenden Fehler.[604] Allerdings werden diese dem Change Management nicht zur Verfügung gestellt.

Die Ergebnisse der System- oder Abnahmetests werden weitestgehend nicht erfasst, deshalb ist eine Auswertung nicht möglich.[605] Aus diesem Grund sollte eine Möglichkeit zur Nachverfolgung und Statusüberwachung etabliert werden, die es dem Change Management ermöglicht die Resultate der Tests einsehen und auswerten zu können.

Historie der Anforderungen (Scope Creep)

Bei Change Requests ist es wichtig eine Möglichkeit zu haben, die Änderungshistorie nachzuvollziehen. Oftmals kommen in späteren Phasen wie bei der Erstellung des Grob- bzw. Feinkonzepts, während der Implementierung oder sogar erst beim Testen neue Anforderungen hinzu. Demzufolge müssen die zuvor erstellten Dokumente überarbeitet werden und es ist erforderlich die komplette Historie entsprechend konsistent vorzuhalten. Auch die verbundenen Änderungen des Aufwands sollten erfasst werden, so dass dies im Falle von signifikanten Änderungen transparent dargestellt werden kann.

Kapazitätsabgleich

Weitere Handlungsbedarfe bestehen bei der Kapazitätsplanung bzw. dem Abgleich zwischen vorhandenen Kapazitäten und benötigten Ressourcen. Die Allokation der geplanten Ressourcen sollte transparent erfolgen und sowohl die intern als auch extern benötigten Kapazitäten berücksichtigen.

Durchlaufzeiten der Changes

Die Verbesserung der Time-to-Market ist ein wesentlicher Aspekt bei der Umsetzung von Änderungsforderungen. Aus diesem Grund ist es essentiell Transparenz über die Durchlaufzeiten einzelner Change Requests zu haben, um strukturelle Problemfelder zu erkennen und entsprechend auf diese reagieren zu können.

---

[604] Vgl. die Erklärungen aus den Befragungen zur Durchführung der Entwicklertests in Abschnitt 4.2.6.2.

[605] Vgl. die Aussagen aus den Experteninterviews in den Abschnitten zur Koordination der System- bzw. Abnahmetests im Rahmen von Kapitel 4.2.6.2.

Die Time-to-Market und die transparente Darstellung der Liegezeiten sind insbesondere auch für das CAB relevant. Hier werden zu Projekten gehörige Änderungsanforderungen auf Management Ebene diskutiert, denn Probleme oder überdurchschnittlich lange Bearbeitungszeiten können einen Einfluss auf die Go-Live-Termine haben.

Nachbereitung der Releases

Zur Nachbereitung einzelner Releases ist es wichtig über Statistiken zu verfügen. Hierdurch sollte es möglich sein die aktuelle Situation zu reflektieren. Beispielsweise sollten die Change Requests, die aufgrund zeitlicher Verzögerungen ein festgelegtes Release nicht erreicht haben, näher betrachtet werden können. Weiterhin ist es wichtig, die Bearbeitungszeiten innerhalb der einzelnen Prozessphasen zu kennen, um daraus Rückschlüsse auf den Change-Management-Prozess ziehen zu können. Die Übersicht sowie die Transparenz, was mit einzelnen Change Requests passiert ist und warum, gibt wesentliche Anhaltspunkte darüber, an welcher Stelle der Change-Management-Prozess verbessert werden kann.

Dokumentationsbeschreibung

Bezüglich der Change Request Dokumentation ist es notwendig, eine Beschreibung von Funktionalitäten, Objekten und Tabellen zu haben und diese auffindbar zu hinterlegen. Darüber hinaus sollten die Inhalte eines Releases samt der zugehörigen Changes sowie den Änderungsbeschreibungen zentral gespeichert werden.

Ebenso ist auch eine Beschreibung von bestehenden Schnittstellen zu anderen Systemen essentiell. Hier ist bei Weiterentwicklungen oftmals die Notwendigkeit gegeben, die Schnittstellenstruktur und die dahinterliegenden Daten zu kennen.

4.3.2.4 Zusammenfassung

In der nachfolgend dargestellten Übersicht lassen sich die Informationsbedarfe aus den einzelnen Phasen Planung, Steuerung und Kontrolle noch einmal komprimiert aggregieren. Sie werden im Rahmen des Fachkonzepts bei der Funktionssicht sowie insbesondere bei der Erstellung der Datensicht wieder aufgegriffen.

Aufgabe	Informationsbedarf
Planung	
Zeitplanung	Welche Meilensteine existieren bei der Umsetzung eines Change Requests?

Aufgabe	Informationsbedarf
Kapazitätsplanung	Welche Ressourcen werden zur Implementierung einer Änderungsanforderung benötigt?
Kostenplanung	Welche Kosten entstanden in der Vergangenheit bei der Implementierung von Change Requests?
Steuerung	
Funktionale Abhängigkeiten	Welche funktionalen Abhängigkeiten bestehen zwischen Änderungsanforderungen?
Technische Abhängigkeiten	Welche Geschäftsprozesse sind von Änderungen an bestimmten technischen Objekten betroffen?
Testfallermittlung	Welche Testfälle müssen durchgeführt werden?
Risikominimierung beim Deployment	Welche Änderungsanforderungen können in einem Release gebündelt werden? Welche Testfälle müssen hierzu ausgeführt werden?
Kontrolle	
Überwachung des Zeitplans	Welchen Fortschritt hat ein Change Request?
Kostenüberwachung	Wie entwickeln sich die Kosten während der Implementierung?
Change Request Historie	Welche Objekte und Prozesse wurden jeweils durch die einzelnen Change Requests verändert?
Frühindikation	Welche Aktivitäten stehen bei der Bearbeitung einer Änderungsanforderung als nächstes an?
Testüberwachung	Wie ist das Ergebnis eines bestimmten Tests? Welche Fehler traten hierbei auf?
Historie der Anforderungen (Scope Creep)	Welche Änderungen der Anforderungen gab es im Lebenszyklus eines Change Requests? Wie haben sich die Kosten deshalb verändert?
Kapazitätsabgleich	Welche Ressourcen werden zur Umsetzung einer Systemänderung benötigt? Welche Kapazitäten stehen zur Verfügung?
Durchlaufzeiten der Changes	Wie sind die Durchlaufzeiten der Änderungsanforderungen? Welche Liegezeiten bestehen?
Nachbereitung der Releases	Welche Change Requests konnten nicht fristgerecht umgesetzt werden? Wie waren die Bearbeitungszeiten hierbei?
Dokumentationsbeschreibung	Wo findet sich die vollständige Dokumentation zu den Änderungsanforderungen?

Tabelle 10: Informationsbedarfe im Umfeld der Expertenbefragungen

4.3.3 Informationsbereitstellung

Zum Oberbegriff Informationsbereitstellung wurden die Interviewpartner hinsichtlich der Häufigkeit der Informationsaktualisierung sowie der gewünschten Form der Darstellung und Informationsaufbereitung befragt. Weiterhin war in diesem Themenblock relevant, ob Zugriffsberechtigungen auf die Informationen notwendig sind und in welchen Sprachen die Informationsbereitstellung erfolgen soll. Die hieraus resultierenden Erkenntnisse können für die Gestaltung einer IT-Lösung genutzt werden.

4.3.3.1 Aktualisierungszeitraum

Die Frage, wie oft die zur Verfügung stehenden Informationen aktualisiert werden sollen, lässt sich nicht eindeutig beantworten, sondern hängt von der Art der zur Verfügung gestellten Daten ab. Planungsdaten, die nur vierteljährlich berücksichtigt werden, bedürfen keiner tagesaktuellen Änderung. Somit können für einzelne Datenbestände aus den operativen Systemen je nach Einsatzzweck längere Aktualisierungsfristen definiert werden. Werden jedoch Statusanzeigen in der Endphase eines Projektes benötigt, wäre eine tägliche Aktualisierung aber wünschenswert. Generell gibt es also je nach Art der Informationen und wie oft diese benötigt werden, unterschiedliche Sichtweisen. Als kleinster gemeinsamer Nenner ist jedoch festzustellen, dass eine tägliche Aktualisierung generell ausreichen würde. Eine Bereitstellung der Daten in Realtime ist demnach nicht erforderlich.

4.3.3.2 Form

Die gewünschte Form der Informationsbereitstellung lässt sich auf Basis der durchgeführten Interviews – ebenso wie der zuvor erwähnte Aktualisierungszeitraum – nicht eindeutig ermitteln, sondern hängt vom Verwendungszweck ab. Hier gibt es verschiedene Möglichkeiten über Berichte in E-Mails oder einen direkten Zugriff auf ein Informationssystem. Auch die gewünschte Darstellungsform variiert von der Präsentation in Form von Listen hin zu einer grafischen Aufbereitung bestimmter Themen.

Auf Ebene des CABs werden tendenziell eher starre Standardberichte, gegebenenfalls mit entsprechender grafischer Aufbereitung, bevorzugt. Auf diese steht eine gemeinsame Informationsgrundlage für die anstehenden CAB-Sitzungen zur Verfügung. Auf operativer Ebene entstehen hingegen auch Ad-hoc-Informationsbedürfnisse, die flexible Strukturen zur Informationsrecherche voraussetzen. Wichtig ist für alle im Prozess involvierten Personen, dass die Informationen zentral bereitgestellt werden und nicht dezentral über mehrere Informationsquellen verteilt sind.

E-Mail

E-Mails eignen sich in zweierlei Hinsicht zur Informationsverteilung. Zum einen können hierüber vordefinierte Berichte in regelmäßigen Abständen mit anwenderspezifischen Informationen verschickt werden. Dies betrifft in erster Linie Daten in aggregierter Form. Dabei hängt es von der Art der Information ab, ob dies täglich, wöchentlich, monatlich oder halbjährlich geschieht. Zum anderen können mit Hilfe von E-Mails auch spezifische Erinnerungen über anfallende Aktivitäten versendet werden. Hier stehen insbesondere kritische Aktivitäten wie beispielsweise Kostenüberschreitungen oder näherkommende Termine im Fokus.

System

Neben vordefinierten Berichten sollte es generell die Möglichkeit geben, dass geschulte Anwender sich spontan Informationen aus einem zentral bereitgestellten System beschaffen können. Hierzu könnte eine Dashboard-basierte Anwendung genutzt werden, über die sämtliche Informationen abgerufen und verschiedene Berichte und Grafiken sowie inhaltliche Details angezeigt werden können. Überdies sollte die Option bestehen, die generierten Berichte nach Bedarf auf die individuellen Bedürfnisse anzupassen.

4.3.3.3 Informationsabgrenzung

Zunächst einmal ist festzustellen, dass alle Interviewpartner eine gemeinsame Informationsplattform als wünschenswert erachten. Gleichzeitig ist in diesem Fall eine Abgrenzung der Informationen auf die einzelnen Bedürfnisse notwendig. Es gibt einige Inhalte, die für alle Anwender relevant sind wie beispielsweise die Zuordnung von Change Requests zu einzelnen Releases. Darüber hinaus gibt es aber auch solche Daten, die nur für spezielle Nutzergruppen einsehbar sein sollten. Dies betrifft u.a. die Kosten für einzelne Change Requests, aber auch die zahlreichen technische Details. Diese Informationen sind zur Steuerung der Entwicklung notwendig, können andererseits aber auch zu Unklarheiten oder Fehlinterpretationen bei bestimmten Anwendergruppen führen. Somit lassen sich gemäß dem Change-Management-Prozess spezifische Nutzergruppen wie die Antragssteller, das Change-Management, das CAB oder die Softwareentwicklung identifizieren. Die zur Bearbeitung einer Änderungsanforderung notwendigen Informationen sollen demzufolge zielgruppenrelevant eingeteilt und berechtigungstechnisch abgegrenzt werden.

4.3.3.4 Sprache

Da ein solches Informationssystem im Kontext der Expertenbefragung in einem internationalen Umfeld eingesetzt wird, sollten die Informationen auf Englisch verfügbar sein. Um jedoch die Kosten für die Datenpflege in Grenzen zu halten, sollte keine Übersetzung in eine spezifische Landessprache erfolgen. Es ist davon auszugehen, dass in diesem Kontext alle relevanten Personen Englisch beherrschen.

Auf Basis dieser Erkenntnisse, der vorangegangenen Literaturrecherche in Kapitel 2 sowie den Resultaten der Informationsbedarfsanalyse aus Kapitel 3 kann im nächsten Schritt das Fachkonzept abgeleitet werden.

5 Fachliche Anforderungen an einen Softwareänderungsprozess

Innerhalb dieses Kapitels werden die fachlichen Anforderungen an den IT-Change-Management-Prozess erhoben und in Form eines Fachkonzepts zusammengefasst. Dieses stellt allgemein eine „(semi-)formale, implementierungsunabhängige Beschreibung einer betriebswirtschaftlichen Konzeption“[606] dar, deren Ziel es ist, den anwendungsbezogenen Nutzen aufzuzeigen. Im konkreten Fall soll mit Hilfe des Fachkonzepts der fachliche Teil der Forschungsfrage[607], welcher die ersten drei Teilfragen beinhaltet, beantwortet werden. Hier wird auf die Vorarbeiten der vorhergehenden Kapitel zurückgegriffen.[608] So werden die Antworten auf die ersten beiden Teilfragen mit Hilfe der Grundlagen aus den Kapiteln 2.1 sowie 2.2 sowie den Ergebnissen aus den Expertenbefragungen aus Abschnitt 4.2 gegeben. Zur Klärung der dritten Teilfrage werden die Resultate der angebots- als auch der nachfrageorientierten Informationsbedarfsanalyse aus den Kapiteln 3.3 sowie 3.4 integriert. Hierzu werden zunächst die generischen Ebenen berücksichtigt und dann die Erkenntnisse der spezifischen Bereiche aufgenommen.[609]

Das Konzept ist sehr stark auf die Beschreibung des Change-Management-Prozesses nach ITIL als De-facto-Standard für das IT-Service-Management ausgerichtet und wird auf allgemeiner Ebene – unabhängig von einer konkreten unternehmensspezifischen Ausgestaltung – dargestellt. Außerdem orientiert sich die Softwareentwicklung an den klassischen Basismodellen und einer sequentiellen Vorgehensweise.[610] Innerhalb des Fachkonzepts lassen sich gemäß des ARIS-Konzepts verschiedene Sichten unterscheiden: Organisations-, Funktions-, Daten-, Leistungs-

606 Vgl. Rautenstrauch und Schulze (2001), S. 227.

607 Vgl. hierzu noch einmal Abschnitt 1.2.4.

608 Vgl. hierzu auch die Gliederung und Konzeption der Arbeit in Kapitel 1.3.6.

609 Vgl. hierzu auch noch einmal die Darstellung zur Vorgehensweise bei der Informationsbedarfsanalyse in Kapitel 3.2.

610 Dies stellt keine grundsätzliche Einschränkung für die Verwendung von Softwarevorgehensmodellen dar. Jedoch haben die unterschiedlichen Prinzipien bei der Softwareentwicklung einen Einfluss sowohl auf die durchgeführten Prozessschritte als auch auf die Art der zur Verfügung stehenden Dokumente und Informationen. Aus diesem Grund kann das Fachkonzept bei der Verwendung von monumentalen oder agilen Modellen im Bereich Software Engineering von der hier dargestellten Vorgehensweise abweichen.

sowie Steuerungssicht.[611] Auf Basis dieser Unterteilung erfolgt auch die Gliederung des Kapitels in die einzelnen Abschnitte.

5.1 Organisationssicht

Generell beschreibt die fachliche Organisationssicht die Aufbauorganisation einer Unternehmung inklusive der Kommunikations- und Weisungsbeziehungen.[612] Die Aufbauorganisation enthält zunächst einmal unterschiedliche Organisationseinheiten und kann sowohl auf Typebene als auch durch konkrete Instanzen abgebildet werden. Allgemein ist eine Organisationseinheit eine aufgabenbezogene Zusammenfassung von Stellen oder mehreren untergeordneten Organisationseinheiten.[613] Eine Stelle wiederum stellt die Zusammenfassung von Teilaufgaben zum Aufgabenbereich einer Person dar.[614] Mehrere Stellen mit gleichen Kompetenzen oder einer gleichen Teilmenge von Kompetenzen können zu Rollen zusammengefasst werden.[615] Die Kompetenzen sind in diesem Zusammenhang als Zuständigkeiten und Befugnisse zu verstehen.[616] Nach diesem Verständnis legen die Rollen die Anforderungen fest, die ein Anwendungssystem als Aufgabenträger erfüllen muss.[617]

Für den hier zu betrachtenden IT-Change-Management-Prozess können die Rollen *Change Initiator*, *Change-Management*, *Softwareentwicklung* und *Change Advisory Board* unterschieden werden, welche – bis auf die Softwareentwicklung – dem Change-Management-Prozess nach ITIL entstammen.[618] Die Softwareentwicklung wird nicht explizit als eigene Rolle erwähnt, entspricht jedoch im Kontext dieser Arbeit den technischen Gruppen, die gemäß ITIL die Umsetzung eines Changes vornehmen.[619] Aufgrund ihrer Bedeutung für den Fokus der Arbeit wird sie in das Rollenmodell aufgenommen.

---

611 Diese Sichtweise basiert auf ARIS (vgl. hierzu Scheer (1998), S. 19 ff. oder Scheer (2001), S. 21 ff.) und soll in diesem Kontext als Blaupause zur Erstellung des Fachkonzepts dienen.

612 Vgl. Scheer (2001), S. 53 f.

613 Vgl. Rupietta (1993), S. 29.

614 Vgl. Wöhe und Döring (2013), S. 104 ff. Eine Stelle existiert auch unabhängig von einer konkreten Besetzung mit einer Person.

615 Vgl. Freund und Götzer (2008).

616 Vgl. Croft und Lefkowitz (1988), S. 105 sowie Rupietta (1993), S. 29.

617 Vgl. hierzu Esswein (1994).

618 Vgl. noch einmal Abschnitt 2.1.3.5.

619 Vgl. hierzu auch die Ausführungen zu *Koordination Change Implementierung und Test* in Kapitel 2.1.3.6 sowie die Darstellung in ITIL 2011 bei Rance u.a. (2011), S. 79.

Die einzelnen Rollen werden im Folgenden aus organisatorischer Sicht näher vorgestellt. Aufgrund der Tatsache, dass die Aufbauorganisation unternehmensspezifisch ist, wird an dieser Stelle nur eine kurze Beschreibung der einzelnen Rollen vorgenommen; es erfolgt somit keine Darstellung innerhalb eines Organigramms.

5.1.1 Change Initiator

Der Initiator leitet die Eröffnung eines Change Requests ein.[620] Initiatoren können Einzelpersonen oder Gruppen sein und aus verschiedenen Bereichen kommen. So ist es möglich, dass Change Requests von Seiten unterschiedlicher Geschäftspartner aufgrund sich ändernder betrieblicher oder legaler Rahmenbedingungen gestellt werden. Ebenso können auch auf Seiten der IT Anforderungen entstehen, u.a. aus dem Problem Management heraus. Oftmals sind an der Formulierung einer geschäftlichen Anforderung Personen aus dem Geschäftsbereich wie auch der IT beteiligt.

5.1.2 Change-Management

Das Change Management übernimmt die Koordination der Change Requests von der Erfassung über die Implementierung bis hin zur Schließung des Change Records.[621] Je nach Größe der Organisation und der Art der Leistungserbringung ist auch das Change Management unterschiedlich aufgestellt.[622] Hiervon hängen in hohem Maße die Anzahl der notwendigen Personen zur Erfüllung der Aufgaben im Change Management sowie die Zuordnung dieser Aufgaben zu den verantwortlichen Personen ab.

5.1.3 Softwareentwicklung

Nach BALZERT hat die (technische) Softwareentwicklung die Aufgabe ein Produkt zu planen, zu definieren, zu entwerfen und zu realisieren.[623] Das System muss nach den Kundenanforderungen umgesetzt sein und die geforderten Qualitätseigenschaf-

---

[620] Vgl. hierzu die Erläuterungen zum *Change Initiator* in Kapitel 2.1.3.5 sowie die Ausführungen im Rahmen der Experteninterviews in den Abschnitt 4.2.1 und 4.2.2.

[621] Vgl. die Erklärungen zur Rollenverteilung im Change Management in Abschnitt 2.1.3.5 sowie die Schilderungen der Aktivitäten aus den Befragungen in den Kapiteln 4.2.3, 4.2.4, 4.2.6, 4.2.8 und 4.2.9.

[622] Vgl. Schiefer und Schitterer (2008), S. 94.

[623] Vgl. Balzert (2009), S. 19 sowie die einführenden Erläuterungen zum Software Engineering in Kapitel 2.2.

ten erfüllen. Nach der Inbetriebnahme muss das erstellte Softwareprodukt gepflegt und gewartet werden. Wartung heißt in diesem Fall, ein Fehlverhalten der Software so zu beheben, dass die Spezifikation erfüllt ist. Die Weiterentwicklung und Anpassung an geänderte Rahmenbedingungen oder neue Anforderungen werden als Pflege des Softwareprodukts bezeichnet. Für beide Tätigkeiten wird die Unterstützung der Softwareentwicklung benötigt.

5.1.4 Change Advisory Board

Das Change Advisory Board ist in diesem Kontext ein Gremium, das mit der Change Genehmigungskompetenz nach ITIL gleichzusetzen ist.[624] Es setzt sich aus verschiedenen Personen zusammen.[625] Dazu gehören üblicherweise Vertreter der Anwender, der Fachabteilungen, der Produktverantwortlichen oder Lieferanten. Die Zusammensetzung eines CABs kann je nach Change Request variieren. Ebenso ist es möglich, dass in größeren Organisationen verschiedene CABs mit unterschiedlichen Aufgabenbereichen existieren.[626] Es ist jedoch wichtig, dass in diesem Fall eine Abstimmung der einzelnen Bereiche erfolgt, sobald sich Abhängigkeiten zwischen den Aufgabenbereichen zeigen.

5.2 Funktionssicht

Innerhalb dieses Kapitels werden die Funktionen, die in der Ablauffolge des Change-Management-Prozesses ausgeführt werden müssen, näher beschrieben. Funktionen werden in der Literatur teilweise auch als Vorgänge, Tätigkeiten, Aktivitäten oder Aufgaben bezeichnet.[627] Im Rahmen dieser Arbeit sollen die genannten Begriffe synonym verwendet werden. Die einzelnen Funktionen oder Aufgaben können aus einem zugrunde liegenden Geschäftsprozess abgeleitet werden,[628] da ein Geschäftsprozess eine Abfolge von Aufgaben darstellt. Die Aufgaben selbst können über meh-

---

[624] Vgl. noch einmal den Punkt *Change Genehmigungskompetenz* in Abschnitt 2.1.3.5 sowie die für den Kontext dieser Arbeit getroffene Annahme, das CAB mit der Change Genehmigungskompetenz gleichzusetzen.

[625] Vgl. hierzu auch noch einmal die Erläuterungen zu den CAB-Mitgliedern und dem CAB-Vorsitzenden im Rahmen der Rollen im Change Management unter dem Oberbegriff *Change Genehmigungskompetenz* in Abschnitt 2.1.3.5 sowie die Ausführungen zu den Expertenbefragungen in den Kapiteln 4.2.5 und 4.2.7.

[626] Vgl. Rance u.a. (2011), S. 80.

[627] Vgl. Scheer (2001), S. 21.

[628] Vgl. Hammer und Champy (1998), S. 44 f.

rere Organisationseinheiten verteilt sein.[629] Generell werden in der Funktionssicht Vorgänge beschrieben, die Input- in Outputleistungen überführen.[630]

Die Ableitung der im Rahmen dieser Arbeitet betrachteten Funktionen bzw. Aufgaben ergibt sich zunächst einmal aus dem in Kapitel 2.1.3.6 dargestellten Change-Management-Prozess. Aktivitäten, die in den Experteninterviews beschrieben sind, werden im Sinne einer theoretischen Generalisierung[631] in den Prozessablauf integriert. Die folgende Eingliederung basiert auf der in Kapitel 4.2 für die jeweiligen Funktionen getroffenen *Einordnung in ITIL*. Abschließend wird für die Aufgaben, die einen Bezug zum Software Engineering haben, die entsprechende Referenz zu den in Kapitel 2.2 beschriebenen Grundlagen hergestellt.

Eine Gesamtdarstellung der Funktionssicht findet sich in Anhang F.1. Im Folgenden werden die Prozessschritte des Change-Management-Prozesses detailliert vorgestellt.

5.2.1 RfC Erstellung

Bei der Erstellung eines Change Requests können je nach Art und Umfang der Anforderung verschiedene Aktivitäten ausgeführt werden.[632]

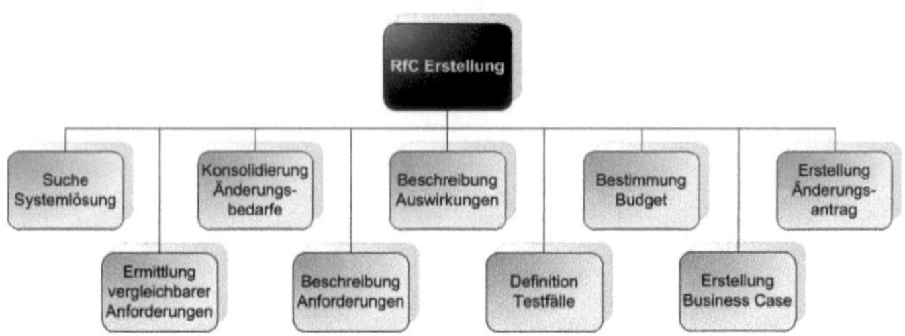

Abbildung 21: Funktionssicht RfC Erstellung

Hierbei kann es u.a. Antragssteller aus einem lokalen Fachbereich, einem zentralen Fachbereich oder einem eher technischen Umfeld geben.[633] Abhängig hiervon be-

---

629 Vgl. Österle (1995), S. 85 ff.
630 Vgl. Scheer u.a. (2006), S. 30.
631 Vgl. hierzu noch einmal den Ansatz zur Interviewauswertung in Abschnitt 4.1.3.
632 Vgl. die Ausführungen zur *RfC Erstellung* in Abschnitt 2.1.3.6 sowie Rance u.a. (2011), S. 69 ff.
633 Vgl. hierzu die Darstellung zum Prozessschritt *RfC Erstellung* innerhalb des Change-Management-Prozesses in Abschnitt 2.1.3.6 sowie die Ergebnisse der Interviews aus Abschnitt 4.2.1.

stimmen sich die durchgeführten Funktionen[634] – beispielsweise haben kleinere technische Änderungen tendenziell keinen Business Case, bei größeren funktionalen Änderungen kann dies aber je nach Betriebskontext gefordert sein.

- **Suche Systemlösung:** In einem ersten Schritt kann zunächst untersucht werden, ob das bestehende System die Anforderungen bereits abdeckt. Dies kann durch eine Analyse der Systemdokumentation erfolgen.[635]
- **Ermittlung vergleichbarer Anforderungen:** Es kann passieren, dass Anwendergruppen ähnliche Änderungsanträge bereits gestellt haben. Besteht eine Suchfunktionalität können die identifizierten gleichartigen Anforderungen bei der Beschreibung neuer Change Requests referenziert oder als Grundlage verwendet werden. Diese Funktionalität wird tendenziell von zentralen Bereichen ausgeführt, deren Aufgabe es ist, Funktionalitäten zu konsolidieren.[636]
- **Konsolidierung Änderungsbedarfe:** Bestehen Anforderungen von mehreren Geschäftspartnern, die von einem Zentralbereich umgesetzt werden sollen, müssen diese konsolidiert werden. Hierbei werden generelle Vorgehensweisen definiert und Leitlinien verankert.[637]
- **Beschreibung Anforderungen:** Ist nicht ersichtlich, dass die bestehenden Anforderungen derzeit durch das System abgedeckt werden können, müssen die gewünschten Änderungen detailliert beschrieben werden. Hierbei handelt es sich zunächst einmal um eine textuelle Anforderungsbeschreibung. Im Falle einer Prozessänderung kann diese durch eine möglichst einfache, aber einheitliche Prozessdarstellung in grafischer Form ergänzt oder durch ein formales Produktmodell detailliert werden.[638]
- **Beschreibung Auswirkungen:** Die Darstellung der Auswirkungen eines Change Requests umfasst zwei Perspektiven. Zum einen können die Effekte,

---

[634] Vgl. hierzu die Beschreibung der einzelnen Aufgaben aus den Expertenbefragungen in Abschnitt 4.2.1.3.

[635] Vgl. hierzu die Vorgehensweise bei lokalen Anforderungen unter dem Punkt *Suche Systemlösung* innerhalb der Interviews aus Abschnitt 4.2.1.3.

[636] Vgl. die Beschreibung hinsichtlich der *Ermittlung vergleichbarer Anforderungen* im Rahmen der Expertenbefragungen in Kapitel 4.2.1.3.

[637] Vgl. hierzu die Aussagen aus den Experteninterviews zum selben Thema in Abschnitt 4.2.1.3.

[638] Vgl. auch die Ausführungen zur *RfC Erstellung* in Abschnitt 2.1.3.6, die Punkte *Anforderungsdokument* und *fachliche Lösung* aus Kapitel 2.2.3.1 sowie die Aussagen aus den Experteninterviews zum Thema *Beschreibung Anforderungen* in Kapitel 4.2.1.3.

die durch eine Implementierung der Änderungsanforderungen entstehen, beschrieben werden; dies betrifft insbesondere die Nutzenaspekte, die hieraus entstehen. Zum anderen müssen aber auch die Folgen einer Nichtimplementierung und die daraus resultierenden Auswirkungen auf die Anwender dargestellt werden.[639]

- **Definition Testfälle:** Bei der Erstellung eines Change Requests sollten bereits die ersten Testfälle und die erwarteten Resultate aus Sicht der Geschäftspartner definiert werden. Dies erhöht zum einen die Qualität bei der Beschreibung der Anforderungen, zum anderen gibt es der IT wertvolle Hinweise für das Verständnis der geforderten Änderung.[640]
- **Bestimmung Budget:** Bei der Erstellung des Change Requests kann es sich als sinnvoll erweisen, einen ersten Kostenrahmen für die Umsetzung der Änderung im Blick zu haben. Dieser kann beispielsweise aufgrund von Vergangenheitsdaten ähnlicher oder wiederkehrender Anforderungen ermittelt werden und betrifft wieder eher zentrale Einheiten. Auf der anderen Seite kann ein definiertes Budget auch als Limit gesehen werden, an dem sich der Umfang der Anforderungen zu orientieren hat.[641]
- **Erstellung Business Case:** Eine Wirtschaftlichkeitsrechnung ist von Nutzen, wenn es um die Priorisierung der Umsetzung einer Änderungsanforderung geht. Stehen nicht genügend Ressourcen für die Umsetzung bereit und handelt es sich um eine Anforderung, die aus betriebswirtschaftlichen Gründen umgesetzt werden soll, kann dies ein Entscheidungskriterium für die Implementierungsreihenfolge sein.[642]
- **Erstellung Änderungsantrag:** Nachdem in den vorherigen Phasen einzelne Dokumente wie die Anforderungsbeschreibung, die Testfälle oder ein Busi-

[639] Vgl. die Erläuterungen aus den Tiefeninterviews zur Aufgabe *Beschreibung Auswirkungen* in Abschnitt 4.2.1.3.

[640] Vgl. die Erläuterungen in Kapitel 2.2.4.3, die Zusammenfassung der Befragungsergebnisse zur *Definition Testfälle* in Abschnitt 4.2.1.3 sowie zum Punkt *Testfallermittlung* in Kapitel 4.3.2.2.

[641] Vgl. hierzu den Punkt *Aufwandsschätzung* auf Basis der Spezifikation im Rahmen von Kapitel 2.2.3.1 und die Ausführungen der Expertenbefragungen zu ebenjenem Punkt in Abschnitt 4.2.1.3 sowie zur *Kostenplanung* in Abschnitt 4.3.2.1.

[642] Vgl. die Aussagen aus den Expertenbefragungen zum Thema *Erstellung Business Case* in Kapitel 4.2.1.3.

ness Case erstellt wurden, werden diese als Teil des Änderungsantrags zusammengefasst.[643]

5.2.2 RfC Aufzeichnung

Bei der *RfC Aufzeichnung* wird der Änderungsantrag formell beim Change Management eingereicht.[644]

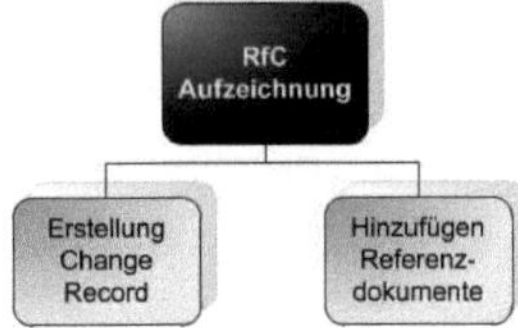

Abbildung 22: Funktionssicht RfC Aufzeichnung

Dies geschieht im Regelfall durch eine zugrunde liegende IT-Service-Management-Software. Hierbei werden zwei Teilschritte unterschieden:

- **Erstellung Change Record:** Zunächst einmal wird ein Change Request über einen definierten Eingangskanal eingereicht. Hierdurch werden alle zur weiteren Bearbeitung notwendigen Daten zur Verfügung gestellt. Der Änderungsantrag erhält eine eindeutige Identifikationsnummer, mit Hilfe derer die Bearbeitungsschritte und der Status nachvollzogen werden können.
- **Hinzufügen Referenzdokumente:** Wie im vorherigen Abschnitt 5.2.1 dargestellt, können bei der RfC Erstellung weitere Dokumente wie eine Auswirkungsanalyse oder ein Business Case angelegt werden. Diese sind als Teil des Änderungsantrags dem Change Record hinzuzufügen und fließen in die Bewertung des Change Requests durch das Change Management ein.

5.2.3 RfC Durchsicht

Nachdem ein Change Request gestellt wurde, prüft das Change Management zuerst einige formelle Kriterien, bevor eine vollständige inhaltliche Bewertung stattfindet.[645] Genügen die formellen Aspekte nicht den definierten Ansprüchen, kann ein Change Requests bereits in diesem Stadium abgelehnt werden.

[643] Vgl. hierzu die Aussagen zu diesem Punkt aus den Tiefeninterviews in Abschnitt 4.2.1.3.
[644] Vgl. hierzu und im Folgenden die Grundlagen zur *RfC Aufzeichnung* in Kapitel 2.1.3.6 sowie die Aussagen aus den Befragungen innerhalb von Abschnitt 4.2.2.
[645] Vgl. hierzu und im Folgenden die Ausführungen zur *RfC Durchsicht* im Rahmen der Grundlagen in Abschnitt 2.1.3.6 sowie die Aussagen aus den Experteninterviews in Kapitel 4.2.3.

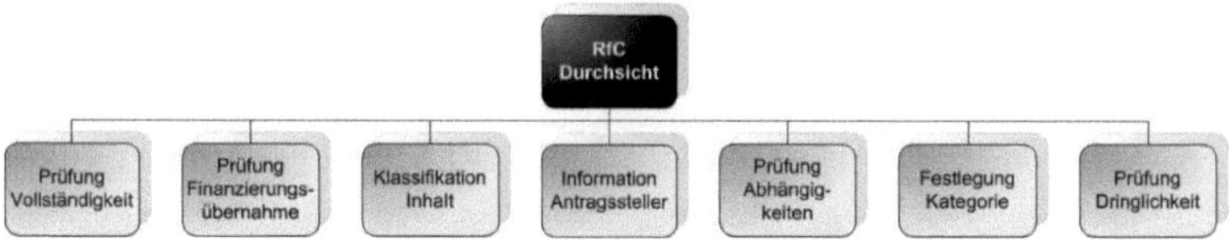

Abbildung 23: Funktionssicht RfC Durchsicht

Im Einzelnen werden im Rahmen der *RfC Durchsicht* folgende Gesichtspunkte überprüft:

- **Prüfung Vollständigkeit:** Hierbei wird festgestellt, ob alle zur Bearbeitung des Change Requests notwendigen Felder inhaltlich vollständig ausgefüllt wurden. Darüber hinaus wird geprüft, ob die benötigten Referenzdokumente hinzugefügt wurden.
- **Prüfung Finanzierungsübernahme:** Die Klärung der Finanzierung ist elementar für die weitere Vorgehensweise. Durch die Umsetzung der Änderungsanforderung fallen Aufwände und gegebenenfalls Kosten an, deren Übernahme in einem frühen Stadium geklärt sein sollte.
- **Klassifikation Inhalt:** Die Klassifikation des RfCs umfasst einen Grobüberblick über die inhaltlichen Anforderungen. Hierbei wird beispielsweise geprüft, ob die Änderungen mit dem vom Systemeigner festgelegten Aufgabenbereich des Systems übereinstimmen. Darüber hinaus kann festgelegt werden, welcher Change Manager sich aufgrund seiner Expertise inhaltlich mit dem beschrieben Änderungsantrag auseinandersetzen sollte.
- **Information Antragssteller:** Die Change Initiatoren werden in verschiedenen Fällen darüber in Kenntnis gesetzt, dass ihr Änderungsantrag nicht weiter bearbeitet werden kann. Dies kann aufgrund unvollständiger Dokumentation oder einer nicht vorhandenen Finanzierungsübernahme passieren. Des Weiteren werden die Antragssteller informiert, falls der Inhalt der Änderungsanforderung nicht mit der funktionalen Ausrichtung des Systems in Einklang zu bringen ist. In diesen Fällen kann entweder eine Nachbesserung des Änderungsantrags erfolgen oder der Change Request geschlossen werden.
- **Prüfung Abhängigkeiten:** Diese Aktivität umfasst eine allererste Grobprüfung, ob es einen ähnlichen oder gleichen Change Request in der Vergangenheit schon einmal gab. Falls eine Dependenz aus der Anforderungsbe-

schreibung ersichtlich ist, gilt es den Status der abhängigen Änderungsanforderung festzustellen und danach die weiteren Arbeitsschritte einzuleiten. Diese variieren je nachdem, ob der ursprüngliche Änderungsantrag abgelehnt wurde, sich noch in der Umsetzung befindet oder bereits vollständig implementiert ist.[646]

- **Festlegung Kategorie:** Die Kategorie eines Change Requests legt fest, ob es sich um eine gesetzliche, eine betriebliche oder eine IT-Anforderung handelt. Dies kann bei der Priorisierung im Falle von Kapazitätsrestriktionen eine Rolle spielen. Weiterhin ist relevant, ob es sich um einen einzelnen Change Request handelt oder dieser aus einem Projekt stammt und demzufolge zu einer Gruppe von Änderungsanforderungen gehört.
- **Prüfung Dringlichkeit:** Bei der Prüfung der Dringlichkeit werden insbesondere das gewünschte Go-Live-Datum und die vom Antragssteller ausgewählte Dringlichkeitsstufe berücksichtigt. Hierdurch kann später bei der *Change Bewertung und Evaluation* im Zusammenspiel mit der Kategorie eine erste Bearbeitungsreihenfolge festgelegt werden.

5.2.4 Change Bewertung und Evaluation

Nach einer ersten formellen Beurteilung eines Change Requests folgt die inhaltliche Bewertung und Evaluation.[647]

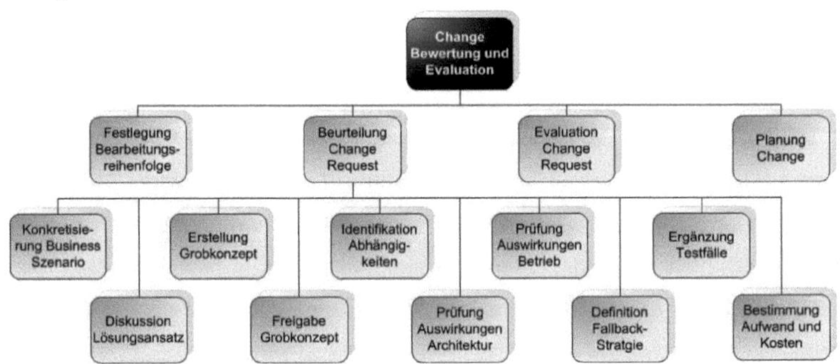

Abbildung 24: Funktionssicht Change Bewertung und Evaluation

[646] Vgl. hierzu auch die Aussagen aus den Expertenbefragungen zum Thema *Funktionale Abhängigkeiten* in Kapitel 4.3.2.2.

[647] Vgl. die Erläuterungen zur *Change Bewertung und Evaluation* innerhalb des Grundlagenkapitels 2.1.3.6.

Hierzu gehören eine Analyse der Auswirkungen und die Bestimmung der dadurch entstehenden Risiken für das System. Demgegenüber kann der Nutzen gestellt werden, der durch die Umsetzung der Änderungsanforderung entsteht. Je nach Organisation des Change-Management-Prozesses können an der Bewertung und Evaluation eines Change Requests verschiedene Personen beteiligt sein. Darunter finden sich Vertreter des IT-Service-Managements, der zentralen bzw. lokalen Fachbereiche oder der Softwareentwicklung. Gemäß der Größe und des Umfangs des Changes kann es auch einen eigenen Prozess zur Change Evaluation geben, der einen formellen Ablauf der Evaluierung sowie eine zugehörige Dokumentation vorschreibt. Unabhängig davon, ob die Change Evaluation als eigenständiger Prozess oder im Rahmen des Change Managements durchgeführt wird, ist es das Ziel eine Freigabeempfehlung an das CAB aussprechen zu können. Um dies zu erreichen, werden innerhalb dieser Phase die folgenden Tätigkeiten ausgeführt:

- **Festlegung Bearbeitungsreihenfolge:** Die Festlegung der Bearbeitungsreihenfolge erfolgt anhand der Priorisierung der einzelnen Change Requests.[648] Sie leitet sich aus der Dringlichkeit der Änderungsanforderung, deren Auswirkungen sowie der Change-Kategorie ab. Ein erste Einordnung der Dringlichkeit wird bereits vom Antragssteller festgelegt und bei der *RfC Durchsicht* berücksichtigt.[649] Aufgrund der tiefergehenden Analysen bezüglich der Auswirkungen und Abhängigkeiten während der Change Bewertung kann diese vom Change Management geändert werden.[650]
- **Beurteilung Change Request:** Zur Beurteilung eines Change Requests werden verschiedene Einzelprüfungen durchgeführt und dokumentiert. Daran können mehrere Organisationseinheiten oder Personen beteiligt sein, die mit Hilfe ihrer Expertise und Erfahrung die zugrunde liegenden Sachverhalte einschätzen können.
    - **Konkretisierung Business-Szenario:** Wird ein Change Request aus betriebswirtschaftlichen Gründen gestellt, ist es zunächst einmal wich-

[648] Vgl. hierzu und im Folgenden auch Rance u.a. (2011), S. 76 sowie die Erläuterungen aus den Tiefeninterviews im Rahmen der Aktivität *Festlegung Bearbeitungsreihenfolge* in Kapitel 4.2.4.3.
[649] Vgl. hierzu den Punkt *Prüfung Dringlichkeit* im Rahmen der *RfC Durchsicht* in Kapitel 5.2.3.
[650] Vgl. hierzu auch den Punkt *Festlegung Bearbeitungsreihenfolge* aus den Interviewergebnissen in Abschnitt 4.2.4.3.

tig, die Hintergründe hierzu zu erörtern. Dies kann mit Hilfe eines existierenden Geschäftsprozessmodells erfolgen und die Änderungen können mit Bezug zu diesem diskutiert werden. Bereits in dieser Phase sind auch die Auswirkungen auf eventuelle, zentralseitig gesteuerte Standardisierungsbemühungen zu prüfen und die Auswirkungen hierauf zu evaluieren.[651]

- **Diskussion Lösungsansatz:** Auf Basis der Anforderungen können erste funktionale oder technische Lösungsansätze mit den beteiligten Experten besprochen werden. Diese bilden die Vorstufe für das spätere Grobkonzept und sollten im Konsens getroffen werden.[652]
- **Erstellung Grobkonzept:** Das Grobkonzept beinhaltet eine funktionale und technische Lösung für den gestellten Change Request. Hierdurch ist eine Einordnung der Änderungsanforderung in den Systemkontext möglich.[653]
- **Freigabe Grobkonzept:** Nach der Erstellung des Grobkonzepts muss dieses dahingehend geprüft werden, ob es den vorgegebenen Anforderungen entspricht. Auf Basis dessen kann im Rahmen der IT Governance[654] ein Abgleich mit existierenden Richtlinien und Vorgaben

---

[651] Vgl. hierzu die Erläuterungen zur Anforderungsanalyse in Abschnitt 2.2.4.1 und die Kommentare aus den Befragungen zur *Konkretisierung Business Szenario* in Kapitel 4.2.4.3.

[652] Vgl. die Aussagen der Experten zum Thema *Diskussion Lösungsansatz* in Abschnitt 4.2.4.3.

[653] Vgl. hierzu die Grundlagen zum Entwurf aus Kapitel 2.2.3.2 und die Aussagen aus den Experteninterviews zum Punkt *Erstellung Grobkonzept* in Abschnitt 4.2.4.3.

[654] Der Aspekt der IT-Governance kommt in erster Linie dann zum Tragen, wenn Aktivitäten zur Softwareentwicklung fremdvergeben sind oder nicht direkt von den Systemeignern erbracht werden. Vor diesem Hintergrund kann IT-Governance als IT-bezogene Spezialisierung der Corporate Governance gesehen werden (vgl. Meyer u.a. (2003), S. 445 bzw. Bloem u.a. (2005), S. 11). Hierbei kann Corporate Governance als verantwortliche, auf langfristige Wertschöpfung ausgerichtete Organisation der Unternehmensleitung sowie -kontrolle aufgefasst werden (vgl. Witt (2000), S. 159 mit weiteren Quellenangaben und Rosen (2001), S. 283). Demzufolge lassen sich unter IT-Governance Grundsätze, Verfahren und Maßnahmen subsumieren, welche sicherstellen sollen, dass die Geschäftsziele durch die eingesetzte IT unterstützt, die Ressourcen verantwortungsvoll eingesetzt und die potentiellen Risiken entsprechend kontrolliert werden (vgl. Meyer u.a. (2003), S. 445). Den Zusammenhang zwischen Corporate Governance und IT-Governance stellt auch das Governance Institute in seiner Definition aus dem Jahr 2003 her: „IT governance is the responsibility of the board of directors and executive management. It is an integral part of enterprise governance and consists of the leadership and organisational structures and processes that ensure that the organisation's IT sustains and extends the organisation's strategies and objectives" (vgl. IT Governance Institute (2003), S. 10). Weitere Definitionen und Sichtweisen der IT-Governance finden sich u.a. bei Weill und Ross (2004), S. 2, Bloem u.a. (2005), S. 10 ff., Fröhlich und Glasner (2007), S. 29 oder Johannsen und Goeken (2011), S. 22 ff.

durchgeführt werden. Erst nach der Freigabe des Grobkonzepts werden die nachfolgenden Schritte in die Wege geleitet.[655]

- **Identifikation Abhängigkeiten:** Während der Konkretisierung des Business Szenarios oder auch bei der Erstellung des Grobkonzepts können sich funktionale oder technische Abhängigkeiten zu anderen Change Requests zeigen. Diese müssen bei der weiteren Bearbeitung berücksichtigt werden. Als Konsequenz kann das dazu führen, dass mehrere Change Requests zusammengefasst und als Paket bearbeitet werden. Ebenso kann aber auch eine sequentielle Reihenfolge determiniert werden. Ein solcher Sachverhalt ist bei der Planung eines Change Requests zu berücksichtigen.[656]
- **Prüfung Auswirkungen Architektur:** Bei der Erstellung des Grobkonzepts wird ein architektonischer Vorschlag zur Umsetzung der Änderungsanforderung gemacht. Er muss unter Umständen im Hinblick auf die zugrunde liegenden Architekturrichtlinien noch einmal verifiziert und abgenommen werden. Dies trifft insbesondere dann zu, wenn die Erstellung des Grobkonzepts an externe Partner vergeben wurde.[657]
- **Prüfung Auswirkungen Betrieb:** Auf Basis der Anforderungsbeschreibung und des Grobkonzepts sind die Auswirkungen auf den operativen Betrieb ersichtlich. Hierbei muss entschieden werden, ob die notwendigen Ressourcen wie zusätzliche Personen oder Systeme, Strukturen und Kompetenzen vorliegen, um die spätere Wartung im Rahmen der *Service Operation*[658] zu übernehmen.[659]
- **Definition Fallback-Strategie:** Für den Fall von unvorhergesehenen Komplikationen sollte eine Fallback-Strategie definiert werden. Hier

[655] Vgl. hierzu die Ausführungen zur Qualitätssicherung des Entwurfs in Abschnitt 2.2.4.2 sowie den Punkt *Freigabe Grobkonzept* aus den Expertenbefragungen in Abschnitt 4.2.4.3.

[656] Vgl. die Aussagen aus den Tiefeninterviews zur *Identifikation Abhängigkeiten* in Kapitel 4.2.4.3 sowie zu den Punkten *Funktionale Abhängigkeiten* und *Technische Abhängigkeiten* in Abschnitt 4.3.2.2. Überdies sind in diesem Kontext die Ausführungen zur *Change Request Historie* sowie zur *Dokumentationsbeschreibung* in Kapitel 4.3.2.3 relevant.

[657] Vgl. hierzu die Aussagen zur *Prüfung Auswirkungen Architektur* aus den Befragungen in Abschnitt 4.2.4.3.

[658] Im Bereich *Service Operation* werden auftretende Fehlverhalten des Systems im Rahmen des Incident Managements behandelt und behoben, vgl. hierzu Steinberg u.a. (2011), S. 83 ff.

[659] Vgl. hierzu die Expertenaussagen bezüglich des Themas *Prüfungen Auswirkungen Betrieb* im Rahmen von Kapitel 4.2.4.3.

kann festgelegt werden, ob eine Änderung in unabhängige Teilpakete gegliedert werden kann, die dann in zeitlich versetzten Phasen live gehen können. Dabei muss wiederum die Abhängigkeit zu anderen Changes berücksichtigt werden. Weiterhin können manuelle Workarounds beschrieben werden, welche eine spätere Umsetzung des Change Requests ermöglichen.[660]

- **Ergänzung Testfälle:** Die bei der Erstellung des Change Requests vom Antragssteller gelieferten Testfälle sind gegebenenfalls noch vom Change Management hinsichtlich IT-technischer Gesichtspunkte zu ergänzen. Hierzu gehören auf Basis des Grobkonzepts die Berücksichtigung technischer Objekte, die aus Sicht des Change Initiators nicht ersichtlich sind, oder die Definition von Stresstests.[661]
- **Bestimmung Aufwand und Kosten:** Während der Phase der Change-Bewertung sollte bereits eine grobe Klassifikation der Änderungsumfänge in klein, mittel oder groß möglich sein, um auf diese Weise eine erste Schätzung des Kostenrahmens vornehmen zu können. Diese beiden Schätzgrößen werden durch die Erstellung des Grobkonzepts verfeinert, so dass eine fundierte Kosten- und Aufwandsschätzung für die Freigabeempfehlung des Change Requests vorliegt.[662]

- **Evaluation Change Request:** Basierend auf den Einzelbewertungen der zuvor beschriebenen Punkte kann eine Freigabeempfehlung für die Umsetzung des Change Requests abgeleitet werden. Das Change Management ist verantwortlich, diese Evaluation durchzuführen und dann dem CAB zur Autorisierung der Änderungsanforderung vorzulegen.[663]
- **Planung Change:** Zur Planung eines Change Requests gehört die Festlegung von einzelnen Teilpaketen und deren Verantwortlichen. Hierbei sind

[660] Vgl. hierzu die Ausführungen zum Fehlerkorrekturplan in Rance u.a. (2011), S. 78 sowie den Punkt *Definition Fallback-Strategie* als Teil der Tiefeninterviews in Kapitel 4.2.4.3.

[661] Vgl. hierzu noch einmal Kapitel 5.2.1 zum Punkt *Definition Testfälle* sowie die Aussagen der Experten zur *Ergänzung Testfälle* in Abschnitt 4.2.4.3 sowie zur *Testfallermittlung* in Kapitel 4.3.2.2.

[662] Vgl. hierzu noch einmal die allgemeine Vorgehensweise zum Thema *Aufwandsschätzung* im Rahmen von Kapitel 2.2.3.1 sowie die Punkte *Bestimmung Aufwand und Kosten* in Kapitel 4.2.4.3 und *Kostenplanung* in Abschnitt 4.3.2.1 zu den Expertenaussagen.

[663] Vgl. hierzu auch Rance u.a. (2011), S. 75 f. sowie die Ausführungen in den Tiefeninterviews zum Punkt *Evaluation Change Request* in Kapitel 4.2.4.3.

funktionale Abhängigkeiten zwischen Änderungsanforderungen zu berücksichtigen. Auf Basis der Aufwandsschätzung ist eine Planung der Zeitleiste möglich. In den meisten Fällen werden Change Requests innerhalb von Releases gruppiert. Somit orientiert sich die Zeitleiste an der Release Planung und den zugehörigen Meilensteinen.[664]

5.2.5 Autorisierung Change Implementierung und Test

Die formelle Autorisierung der Change Implementierung wird durch das CAB durchgeführt.[665]

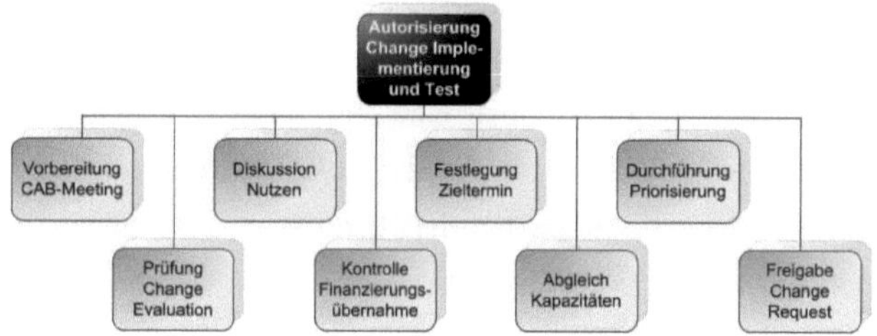

Abbildung 25: Funktionssicht Autorisierung Change Implementierung und Test

Die hierbei beteiligten Personen können je nach Art (Emergency Change, normaler Change), Kategorie (betriebswirtschaftlich, rechtlich oder IT-technisch) oder Auswirkungen des Change Requests unterschiedlich sein. Ebenso kann die Form der Freigabe variieren. Kleinere Änderungen können in den meisten Fällen über ein Umlaufverfahren per E-Mail oder eine kurze Telefonkonferenz autorisiert werden. Dahingegen ist bei größeren Änderungsanforderungen, bei denen es Diskussionsbedarf gibt, wahrscheinlich ein persönliches Treffen oder zumindest eine Videokonferenz vorzuziehen.

- **Vorbereitung CAB-Meeting:** Zur Vorbereitung des CAB-Meetings werden die Freigabeempfehlungen sowie die Ergebnisse der *Change Bewertung und Evaluation* aufbereitet und an die CAB-Mitglieder verteilt. Die Resultate der vorhergehenden Prüfungen werden hierbei in komprimierter Form dargestellt.

---

664 Vgl. hierzu Rance u.a. (2011), S. 76 f., die Ausführungen zum Thema *Zeitplanung* in Kapitel 2.2.3.1 sowie die Expertenaussagen zum Thema *Planung Change* in Abschnitt 4.2.4.3 und zu den Punkten *Zeitplanung* und *Kostenplanung* in Kapitel 4.3.2.1.

665 Vgl. hierzu noch einmal die Grundlagen zur *Autorisierung Change Implementierung und Test* im Rahmen von Kapitel 2.1.3.6.

Basierend hierauf können sich die CAB-Mitglieder einen Gesamtüberblick verschaffen und ihre Einschätzungen vornehmen.[666]

- **Prüfung Change Evaluation:** Während dieses Schritts erfolgt die eigentliche Prüfung der Evaluationsergebnisse. Falls es bei der zuvor durchgeführten Bewertung von einzelnen Prüfungsschritten Uneinigkeit gibt,[667] sollte an dieser Stelle eine inhaltliche Diskussion mit allen Stakeholdern geführt werden.[668]
- **Diskussion Nutzen:** Aus der Bewertung des Change Requests sollte insbesondere bei betriebswirtschaftlichen oder IT-technischen Anforderungen der Nutzen der Änderung hervorgehen – bei gesetzlich bedingten Changes ist dies weniger relevant. Die Darstellung des Nutzens ist essentiell für die Freigabe zur Implementierung. Muss eine Priorisierung von Change Requests vorgenommen werden, sollte der Nutzen quantifizierbar sein.[669]
- **Kontrolle Finanzierungsübernahme:** Um garantieren zu können, dass die Finanzierung eines Change Requests gesichert ist, wird an dieser Stelle noch einmal geprüft, welche Organisationseinheit für die Kostenübernahme verantwortlich ist. Zeigt sich an dieser Stelle, dass die Kosten über den ursprünglichen Erwartungen liegen und das insgesamt zur Verfügung stehende Budget nicht ausreicht, kann die weitere Bearbeitung des Change Requests gestoppt werden. In diesem Fall würden keine weiteren Entwicklungskosten mehr anfallen, eine Wiederaufnahme wäre zu einem späteren Zeitpunkt möglich. Alternativ kann es zu einer Priorisierung von Change Requests kommen, so dass der zur Verfügung stehende Budgetrahmen nicht überschritten wird. In diesem Fall würden Entwicklungen in nachfolgende Perioden verlagert und die Budgetsituation zu diesen Zeitpunkten erneut geprüft werden. [670]

---

[666] Vgl. hierzu die Aussagen aus den Expertenbefragungen zum Thema *Vorbereitung CAB-Meeting* in Abschnitt 4.2.5.3.

[667] Ein Konsens bei der Beurteilung kann nicht immer erreicht werden, insbesondere die im vorherigen Abschnitt 5.2.4 beschriebenen Prüfungen zu den Standardisierungsabsichten unter dem Punkt *Konkretisierung Business Szenario* sowie die Themenpunkte *Prüfung Auswirkungen Architektur* und *Prüfung Auswirkungen Betrieb* können kontroverse Ansichten bewirken.

[668] Vgl. hierzu auch Rance u.a. (2011), S. 75 f. sowie den gleichnamigen Punkt aus den Experteninterviews in Kapitel 4.2.5.3.

[669] Vgl. hierzu den Themenpunkt *Diskussion Nutzen* aus den Befragungen in Abschnitt 4.2.5.3.

[670] Vgl. die Aussagen zum Punkt *Kontrolle Finanzierungsübernahme* aus den Experteninterviews in Abschnitt 4.2.5.3.

- **Festlegung Zieltermin:** Ein Vorschlag zur Zeitplanung und dem zugrunde liegenden Zieltermin wird vom Change Management vorbereit. Hiermit verbindet sich auch ein Zielrelease. Ein Change Request muss nicht immer sofort umgesetzt werden. Falls es entsprechende Gründe gibt, kann auch ein weit in der Zukunft liegendes Release als Zieltermin festgelegt und die weitere Bearbeitung dadurch hinausgezögert werden.[671]
- **Abgleich Kapazitäten:** Zur Bestätigung des Zieltermins muss ein Kapazitätsabgleich zwischen benötigten und vorhandenen Ressourcen erfolgen. Hierzu ist auf der einen Seite der Aufwand für einen einzelnen Change Request oder eine Gruppe zusammenhängender Änderungsanforderungen notwendig, welcher vom Change Management geliefert wird. Auf der anderen Seite steht pro Release ein vorher definierter Kapazitätsumfang zur Umsetzung des Changes bereit. Ist der Aufwand für die Umsetzung einer Änderung zu hoch, muss eine Priorisierung erfolgen.[672]
- **Durchführung Priorisierung:** Die Priorisierung von Änderungsanforderungen erfolgt auf Grundlage der zuvor durchgeführten Change-Bewertung anhand von definierten Kriterien innerhalb des CABs. Hierzu können beispielsweise die Dringlichkeit der Anforderung, die Kategorie – betriebswirtschaftliche, rechtliche oder IT-technische Anforderung – oder der zu erzielende Nutzen zählen.[673]
- **Freigabe Change Request:** In diesem Schritt erfolgt die formelle Freigabe oder Ablehnung einer Änderungsanforderung, welche entsprechend protokolliert wird. Die Autorisierung bildet die Grundlage für die Ausführung der nachfolgenden Aktivitäten.[674]

[671] Vgl. hierzu die Erläuterungen zum Versionsmanagement in Abschnitt 2.2.5.4 sowie das Thema *Festlegung Zieltermin* innerhalb der Befragungen in Kapitel 4.2.5.3.

[672] Vgl. hierzu den Punkt *Abgleich Kapazitäten* im Rahmen der Tiefeninterviews von Kapitel 4.2.5.3 sowie die weiteren Erläuterungen zum Thema *Kapazitätsabgleich* in Abschnitt 4.3.2.3.

[673] Vgl. hierzu auch die Ergebnisse der Expertenbefragung zur *Durchführung Priorisierung* in Abschnitt 4.2.5.3.

[674] Vgl. Rance u.a. (2011), S. 78 f. sowie die Ausführungen innerhalb der Expertenbefragungen in Kapitel 4.2.5.3.

5.2.6 Koordination Change Implementierung und Test

Nach der Freigabe zur Entwicklung übernimmt das Change Management die Aufgabe der Koordination der Change Implementierung und der zugehörigen Tests.[675]

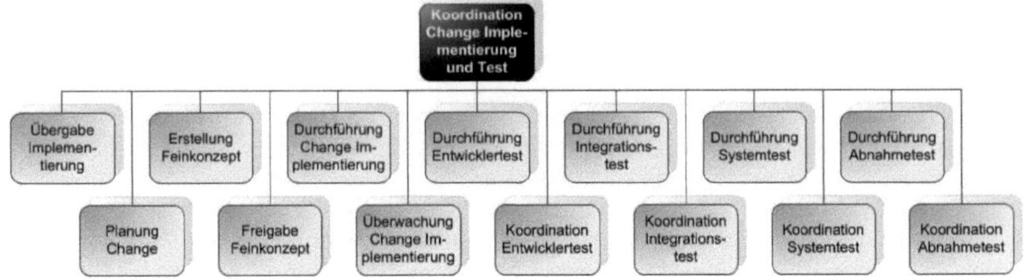

Abbildung 26: Funktionssicht Koordination Change Implementierung und Test

Bei Änderungen, die im Rahmen von Releases umgesetzt werden, erfolgt eine Abstimmung mit dem Release und Deployment Management.[676] Insgesamt können hierbei die folgenden Einzelaktivitäten unterschieden werden:

- **Übergabe Implementierung:** Nach der Change Autorisierung durch das CAB leitet das Change Management die Änderungen zur Umsetzung an die technischen Teams weiter. Formell können zu diesem Zweck einzelne Arbeitspakete gebildet werden, die es ermöglichen den Stand der Umsetzung nachzuvollziehen. Bei größeren Softwareentwicklungen ist neben der eigentlichen Implementierung auch die Erstellung eines Feinkonzepts Teil der Umsetzung. Dieses muss gegebenenfalls vor dem Beginn der Umsetzung noch einmal vom Change Management verifiziert werden.[677]
- **Planung Change:** Die einzelnen Arbeitspakete für die Umsetzung einer Change Implementierung und die daraus resultierenden Teilphasen müssen in Zusammenarbeit mit den technischen Teams geplant werden. Dies kann beispielsweise mit Hilfe von Netzplänen[678] erfolgen. An dieser Stelle sind sequentielle Abhängigkeiten von aufeinander aufbauenden Arbeitspaketen zu

[675] Vgl. auch die Grundlagen zur *Koordination Change Implementierung und Test* in Kapitel 2.1.3.6.
[676] Vgl. Rance u.a. (2011), S. 79.
[677] Vgl. hierzu Abschnitt 2.2.3.3 sowie die Resultate der Expertenbefragung zum gleichnamigen Thema in Kapitel 4.2.6.2.
[678] Vgl. u.a. Al-Ani (1971), S. 12 ff., Küpper u.a. (1975), S. 92 ff., Mangler (2006), S. 224 ff., Balzert (2008), S. 396 ff., Burghardt (2008), S. 245 ff., Sauer (2009), S. 97 ff. oder DIN 69900:2009-01 (beispielsweise in DIN e.V. (2013), S. 1 ff.).

berücksichtigen und die für die Entwicklung notwendigen Ressourcen bereitzustellen.[679]

- **Erstellung Feinkonzept:** Als Teil der Implementierungsphase wird auf Basis des Grobkonzepts ein detailliertes Feinkonzept durch die Softwareentwicklung erstellt. Hierin werden die benötigten Subsysteme und Komponenten beschrieben.[680]
- **Freigabe Feinkonzept:** Das erstellte Feinkonzept sollte vom Change Management noch einmal eingehend hinsichtlich seiner Umsetzbarkeit geprüft und anschließend zur Umsetzung freigegeben werden.[681]
- **Durchführung Change Implementierung:** Die eigentliche Implementierung der Änderungsanforderung beginnt nach der Freigabe des Feinkonzepts. Hierzu wird zunächst eine Planung für die Umsetzung erstellt, bevor die lauffähigen Codezeilen programmiert werden. Diese Aufgaben werden traditionell von der Softwareentwicklung übernommen.[682]
- **Überwachung Change Implementierung:** Der Status und der Fortschritt einer Systemänderung sollte während der Implementierungsphase aus verschiedenen Perspektiven überwacht werden. So ist es beispielsweise notwendig, die einzelnen Arbeitspakete und deren Bearbeitungsstatus nachvollziehen zu können. Außerdem ist die Überwachung der angefallenen Kosten ein Teil dieser Aktivität.[683] Aus den unterschiedlichen Informationen kann der Gesamtstatus für einen Change Request abgeleitet werden. Hieraus lassen sich wiederum die notwendigen Folgeschritte initiieren.[684] Des Weiteren können eventuelle Risiken für die Einhaltung der Planung identifiziert werden.[685]

---

679 Vgl. hierzu die Erläuterungen zur *Zeitplanung* in Kapitel 2.2.3.1 und die Ausführungen aus den Experteninterviews zum Thema *Planung Change* in Abschnitt 4.2.6.2 sowie zum Punkt *Zeitplanung* in Kapitel 4.3.2.1.

680 Vgl. hierzu die Grundlagen zum Entwurf in Kapitel 2.2.3.2 sowie die Erklärungen aus den Experteninterviews zum Thema *Erstellung Feinkonzept* in Abschnitt 4.2.6.2.

681 Vgl. die Ausführungen zur Qualitätssicherung des Entwurfs in Abschnitt 2.2.4.2 sowie die Erläuterungen der Experten zum Punkt *Freigabe Feinkonzept* in Kapitel 4.2.6.2.

682 Vgl. hierzu noch einmal Abschnitt 2.2.3.3 sowie die Befragungsergebnisse aus den Interviews zum Punkt *Durchführung Change Implementierung* in Kapitel 4.2.6.2.

683 Vgl. hierzu den Punkt *Kostenüberwachung* aus den Experteninterviews in Kapitel 4.3.2.3.

684 Vgl. die Ausführungen zur *Frühindikation* aus den Tiefeninterviews in Abschnitt 4.3.2.3.

685 Vgl. die Darstellungen zum Punkt *Überwachung Change Implementierung* aus den Befragungen in Abschnitt 4.2.6.2.

- **Durchführung Entwicklertest:** Für die Softwareentwicklung werden im Allgemeinen Entwicklertests in der Entwicklungsumgebung durchgeführt.[686] Diese werden im Regelfall durch die Entwicklungsteams selbst koordiniert.[687]
- **Koordination Entwicklertest:** Treten bei der Durchführung der Entwicklertests Abhängigkeiten zu anderen Arbeitspaketen – beispielsweise beim Aufbau einer neuen Infrastruktur, Entwicklungen von Schnittstellen bei anderen Systemen etc. – auf, obliegt es dem Change Management diese Aufgaben zu koordinieren. Überdies dient das Change Management als Kontrollinstanz für die Qualität der durchgeführten Tests.[688]
- **Durchführung Integrationstest:** Während des Integrationstests werden im Gegensatz zum vorherigen Entwicklertest nicht mehr nur einzelne Funktionalitäten, sondern eher Prozessabläufe und systemübergreifende Szenarien getestet. Somit stehen besonders die Schnittstellen im Fokus.[689]
- **Koordination Integrationstest:** Die im Rahmen der Integrationstests auftretenden Fehler müssen gegebenenfalls mit dem Change Management abgestimmt werden – hauptsächlich in den Fällen, bei denen eine Koordination mit angebundenen Systemen notwendig ist. Ferner sollte der Status des Testfortschritts ersichtlich sein.[690]
- **Durchführung Systemtest:** Nach Abschluss der Entwickler- und Integrationstests werden die Systemtests vom Antragssteller auf einer integrierten, weitgehend produktionsnahen Testumgebung durchgeführt.[691] An diese Testumgebung sind oftmals auch weitere Drittsysteme angeschlossen. Ziel hierbei ist es festzustellen, ob die zur Verfügung gestellte Funktionalität den spezifizierten Anforderungen entspricht. Dabei kann auch der Abgleich zwischen den bei der Change Request Erstellung vom Change Initiator gelieferten Testfällen in-

---

[686] Vgl. hierzu auch Spillner und Linz (2012), S. 45 oder Vivenzio und Vivenzio (2013), S. 12.

[687] Vgl. den gleichnamigen Punkt aus den Grundlagen zu den Softwaretests in Abschnitt 2.2.4.3 sowie als Teil der Experteninterviews in Kapitel 4.2.6.2.

[688] Vgl. hierzu den Punkt *Entwicklertest* in Kapitel 2.2.4.3 sowie die Ausführungen aus den Expertenbefragungen zum Thema *Durchführung Integrationstest* in Abschnitt 4.2.6.2 und zum Punkt *Testüberwachung* in Kapitel 4.3.2.3.

[689] Vgl. hierzu die Ausführungen zum Integrationstest in Abschnitt 2.2.4.3 sowie die Erläuterungen zum Punkt *Durchführung Integrationstest* im Rahmen der Interviews in Kapitel 4.2.6.2.

[690] Vgl. die Ergebnisse der Befragungen zum gleichnamigen Punkt in Abschnitt 4.2.6.2 sowie zum Thema *Testüberwachung* in Kapitel 4.3.2.3.

[691] Vgl. Spillner und Linz (2012), S. 60 f. oder Vivenzio und Vivenzio (2013), S. 13.

klusive der erwarteten Ergebnisse mit den tatsächlichen Resultaten der Testumgebung hilfreich sein.[692]

- **Koordination Systemtest:** Treten hierbei unerwartete Ergebnisse oder offensichtliche Fehler auf, erfolgt eine Rückmeldung an das Change-Management. Ist der Change Request einem Release zugeordnet, gibt es im Regelfall einen definierten Meilenstein, an dem die Systemtests erfolgreich abgeschlossen werden sollten.[693]
- **Durchführung Abnahmetest:** Vor dem Go Live eines Releases findet der Abnahmetest durch die Anwender statt. Im definierten Testzeitraum werden hauptsächlich die Geschäftsprozessabläufe von Anfang bis Ende getestet und mit den Definitionen der Spezifikation abgeglichen. Ein wesentliches Element des Abnahmetests bilden die Regressionstestfälle, welche sicherstellen sollen, dass durch die Softwareanpassungen keine unerwarteten Auswirkungen auf die bestehende Systemfunktionalität entstehen. Hierbei kann eine Testautomatisierung unterstützen.[694]
- **Koordination Abnahmetest:** Im Rahmen der Abnahmetests auftretende Fehler werden an das Change Management berichtet und entsprechend korrigiert. Es sollte überdies möglich sein, den Stand des Testfortschritts sowie der Fehlerbehebungen erkennen zu können.[695]

5.2.7 Autorisierung Change Deployment

Bevor der Go Live eines Change Requests im Rahmen eines Releases erfolgen kann, ist die Freigabe des CABs erforderlich.[696] Dies ist im Regelfall ein formaler Akt, bedeutet jedoch letztendlich die notwendige Autorisierung für die Inbetriebnahme der Änderung. Werden Change Requests im Rahmen eines Releases freigegeben und

---

[692] Vgl. hierzu zum einen Kapitel den Punkt *Systemtest* in Kapitel 2.2.4.3, zum anderen die Aussagen aus den Befragungen zum Thema *Durchführung Systemtest* in Abschnitt 4.2.6.2.

[693] Vgl. die Grundlagen zu den Softwaretests aus Abschnitt 2.2.4.3. Außerdem sind in diesem Kontext die Ergebnisse aus den Experteninterviews zu ebenjenem Punkt in Kapitel 4.2.6.2 sowie zum Thema *Testüberwachung* in Abschnitt 4.3.2.3 relevant.

[694] Vgl. hierzu die Erläuterungen zur generellen Vorgehensweise bei Abnahmetests in Kapitel 2.2.4.3 sowie die Aussagen der Experteninterviews zum Thema *Durchführung Abnahmetest* in Abschnitt 4.2.6.2.

[695] Vgl. hierzu die Resultate der Expertenbefragungen zum gleichnamigen Punkt in Abschnitt 4.2.6.2 sowie zum Thema *Testüberwachung* in Kapitel 4.3.2.3.

[696] Vgl. die Ausführungen zum Prozessschritt *Autorisierung Change Deployment* in Kapitel 2.1.3.6.

dadurch für das Deployment autorisiert, ist dies gleichfalls der Auftakt für die kommenden Release Deployments. Im Zuge dessen sollte hierbei auch die Kapazitätsplanung berücksichtigt werden.

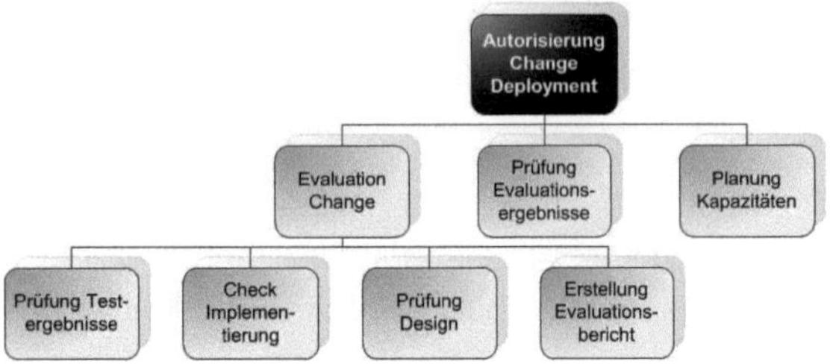

Abbildung 27: Funktionssicht Autorisierung Change Deployment

Insgesamt gesehen fallen demzufolge während der Phase der Autorisierung des Change Deployments folgende Aufgaben an:

- **Evaluation Change:** Im Rahmen der *Change Evaluation* ist es die Aufgabe des Change-Managements noch einmal dezidiert auf die Testergebnisse, die Implementierung und das Design einzugehen. Dies dient dazu die Risiken für den Go Live zu minimieren.[697] Für größere Change Requests gibt es dazu einen eigenen Bericht, der als Teil des eigenständigen *Change-Evaluation-Prozesses* erstellt wird. Im Allgemeinen werden folgende Punkte explizit geprüft:
  - **Prüfung Testergebnisse:** Es sollte eine Übersicht über die Testergebnisse erfolgen. Dabei ist neben der Beurteilung der Resultate aus den funktionalen sowie integrativen Tests insbesondere auch die Systemperformanz essentiell und sollte mit der Erwartungshaltung der Geschäftspartner abgeglichen werden.[698]
  - **Check Implementierung:** Eine Prüfung der Implementierung ist insbesondere dann notwendig, wenn die tatsächliche Systemperformanz hinter der erwarteten zurückbleibt. Generell sollte die Implementierung aber auch im Hinblick auf Go-Live-Risiken überprüft werden.[699]

[697] Vgl. hierzu auch noch einmal die Erläuterungen zum Thema *Risikominimierung beim Deployment* aus den Tiefeninterviews in Kapitel 4.3.2.2.
[698] Vgl. Rance u.a. (2011), S. 79 sowie den Punkt *Prüfung Testergebnisse* innerhalb der Expertenbefragung in Abschnitt 4.2.7.2.
[699] Vgl. Rance u.a. (2011), S. 79.

  - **Prüfung Design:** Analog zur Implementierung dient auch die Evaluation des Designs zur Minimierung von Systemrisiken vor der Inbetriebnahme. Schwachstellen im Design können nämlich ebenso Auslöser für eine schlechte Systemperformanz sein.[700]
  - **Erstellung Evaluationsbericht:** Der Evaluationsbericht fasst die Ergebnisse der Change Evaluation zusammen und dient dem CAB als Entscheidungsgrundlage für die Freigabe zum Deployment.[701]

- **Prüfung Evaluationsergebnisse:** Für größere Änderungsanforderungen wird dem CAB ein Evaluationsbericht mit den Ergebnissen der Change Evaluation vorgelegt. Hierauf basierend kann eine finale, formelle Autorisierung erfolgen.[702]
- **Planung Kapazitäten:** Während der Freigabe des Deployments sollte eine Vorschau auf zukünftige Releases getroffen werden. Hierzu können zum einen die Erfahrungen der Vergangenheit hinsichtlich einer Kapazitätsauslastung vorhergehender Releases sowie zum anderen auch zukünftig erwartete Change Request Umfänge berücksichtigt werden. Dabei spielen insbesondere größere Entwicklungsprojekte eine Rolle, die häufig im Vorhinein feststehen und deren Zeitleiste absehbar ist. Die Aufgabe zur Bestimmung der notwendigen Kapazitäten erfolgt in Zusammenarbeit zwischen den Fachbereichen hinsichtlich der erwarteten Projekte sowie dem Change Management bezüglich der daraus resultierenden Änderungsumfänge. Die Darstellung der Projekte und Change-Request-Umfänge bilden die Grundlage für die Freigabe einer Kapazitätsplanung durch das CAB und dienen als Eingangsgröße für das Release Management.[703]

700 Vgl. Rance u.a. (2011), S. 79.
701 Vgl. Rance u.a. (2011), S. 79.
702 Vgl. Rance u.a. (2011), S. 79.
703 Vgl. hierzu die Aussagen aus der Expertenbefragung zum Thema *Planung Kapazitäten* in Kapitel 4.2.7.2 sowie zu den Punkten *Kapazitätsplanung* in Abschnitt 4.3.2.1 und *Kapazitätsabgleich* in Kapitel 4.3.2.3.

5.2.8 Koordination Change Deployment

Die Aufgabe des Change-Managements ist es sicherzustellen, dass die Änderungsanforderungen wie geplant in Betrieb genommen werden können.[704]

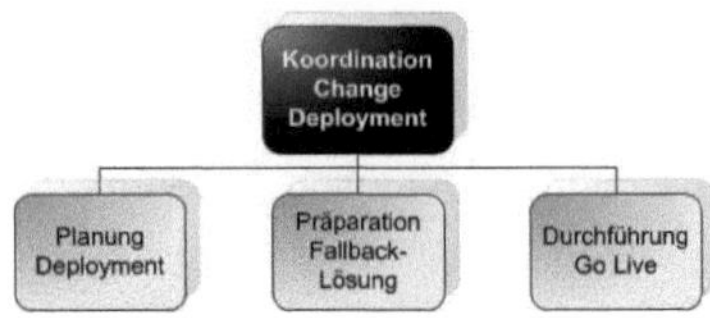

Abbildung 28: Funktionssicht Koordination Change Deployment

Hierzu muss der Go Live in Zusammenarbeit mit dem Release und Deployment Management abgestimmt und die notwendigen Aktivitäten sollten entsprechend koordiniert werden.

- **Planung Deployment:** Das exakte Go Live Datum für eine Änderung muss mit den Geschäftspartnern abgestimmt werden, um sicherzustellen, dass die Auswirkungen auf den operativen Betrieb reduziert werden. Diese Aufgabe wird vom Change Management übernommen. Es koordiniert dann zusammen mit dem Release und Deployment Management die genaue Vorgehensweise beim Go Live. Hierzu gehört auch die Abstimmung mit dem operativen Support zur schnellen Behebung von Incidents nach der Inbetriebnahme des neuen oder geänderten Services.[705]
- **Präparation Fallback-Lösung:** Auf Basis der während der Change Bewertung definierten Fallback-Strategie[706] kann nun eine konkrete Fallback-Lösung definiert werden. Falls es nach dem Go Live zu einem unvorhergesehenen Fehlverhalten des Systems kommt, kann diese unter möglichst geringem Einfluss auf den operativen Betrieb umgesetzt werden. Die verantwortlichen Personen, die eine Umsetzung der Fallback-Lösung initiieren können, sollten explizit benannt sein.[707]

[704] Vgl. die Ausführungen zum Thema *Koordination Change Deployment* in Abschnitt 2.1.3.6 sowie Kapitel 2.2.3.4 zur Vorgehensweise beim Software Engineering.
[705] Vgl. hierzu die Ergebnisse der Expertenbefragungen aus Kapitel 4.2.8.
[706] Vgl. die in Abschnitt 5.2.4 dargestellte Aktivität zur Erstellung einer Fallback-Strategie.
[707] Vgl. auch die Aussagen aus den Tiefeninterviews in Kapitel 4.2.8.

- **Durchführung Go Live:** Diese Aktivität beinhaltet das finale Deployment eines Changes. Dies geschieht meistens in Form von Releases.[708]

5.2.9 Prüfung und Schließung Change Record

Bevor ein Change Request komplett geschlossen wird, sollte es eine abschließende Evaluation sowie einen Change Review geben.[709]

Abbildung 29: Funktionssicht Prüfung und Schließung Change Record

Die Evaluation wird abhängig von der Größe der Änderung vom Change Management selbst durchgeführt oder entstammt dem *Change-Evaluation-Prozess*. An der finalen Bewertung des Change Requests sollten alle Stakeholder beteiligt sein. Nach Ablauf eines definierten Zeitraums sollte dann der Change Review vollzogen werden. Dies dient dazu festzustellen, ob die Ziele, die mit der Umsetzung der Änderung verbunden waren, erreicht wurden oder gegebenenfalls Verbesserungspotentiale für zukünftige Systemerweiterungen bestehen.

- **Erstellung Evaluationsbericht:** Die finale Evaluation beurteilt noch einmal die Systemperformanz sowie die durch die Änderung entstandenen Systemrisiken. Idealerweise kann dies für alle beteiligten Personen in einem kurzen Bericht übersichtlich dargestellt werden. Hierzu gehören auch alle Incidents, die in Verbindung mit der Änderung zu bringen sind.[710]
- **Evaluation Change:** Auf Grundlage der Informationen, die im Evaluationsberichts enthalten sind, können die Stakeholder darüber entscheiden, ob der Status des Change Records auf *abgeschlossen* gesetzt werden kann.[711]

---

[708] Vgl. hierzu Kapitel 2.2.3.4 sowie die Ausführungen in den Expertenbefragungen aus Abschnitt 4.2.8.

[709] Vgl. hierzu die Erläuterungen zur *Prüfung und Schließung Change Record* in Kapitel 2.1.3.6.

[710] Vgl. Rance u.a. (2011), S. 79 f.

[711] Vgl. Rance u.a. (2011), S. 79 f.

- **Review Change:** Nach einem definierten Zeitraum sollten Change Requests im Rahmen des CABs noch einmal besprochen werden. Dies kann in Form eines *Post Implementation Reviews* (PIR) erfolgen; die Grundlage hierfür ist der Evaluationsbericht.[712] Generell sollten bei der Durchsicht der Änderung die nachfolgenden Punkte berücksichtigt werden – nach Prüfung dieser Faktoren kann der Change Record final geschlossen werden.[713]
  - **Prüfung Zielerreichung:** Die Zielerreichung gibt an, ob die Erwartungen, die mit der Umsetzung eines Change Requests verbunden waren, erreicht werden konnten. Hierzu gehören insbesondere die Zufriedenheit der Geschäftspartner und die Anzahl der aufgetretenen Fehler, die einen Einfluss auf den operativen Betrieb hatten. Weiterhin sollte die Systemperformanz berücksichtigt werden.[714]
  - **Abgleich Ressourcen:** In der Nachbetrachtung eines Change Requests können die letztendlich benötigten Ressourcen mit den ursprünglich geschätzten verglichen werden. Falls diese gravierend voneinander abweichen, können hieraus die entsprechenden Rückschlüsse gezogen werden – beispielsweise ob das Schätzmodell adäquat genug ist oder sich durch ständig ändernde Anforderungen höhere Kapazitätsbedarfe ergeben haben.[715]
  - **Prüfung Zeitleiste:** Für die Umsetzung eines Change Requests wird eine Zeitplanung erstellt. Wird diese nicht eingehalten, kann das aus verschiedenen Gründen geschehen. Ziel des Reviews ist es nun, die Abweichungen bei den Zielterminen zu erkennen und die Ursachen hierfür zu erfahren. Lassen sich solche Abweichungen bereits bei der Vorbereitung für das Review-Meeting erkennen, sollte das Change Management eine entsprechende Kausalkette vorbereiten.[716]

---

[712] Vgl. zu diesem Thema auch die Aussagen aus den Experteninterviews hinsichtlich der *Historie der Anforderungen (Scope Creep)*, der *Durchlaufzeiten der Changes* sowie zur *Nachbereitung der Releases* in Abschnitt 4.3.2.3.

[713] Vgl. hierzu auch Rance u.a. (2011), S. 79 f.

[714] Vgl. Rance u.a. (2011), S. 80.

[715] Vgl. Rance u.a. (2011), S. 80 sowie insbesondere auch die Punkte *Historie der Anforderungen (Scope Creep)* und *Nachbereitung der Releases* aus Kapitel 4.3.2.3.

[716] Vgl. Rance u.a. (2011), S. 80 und die Anmerkungen zur *Nachbereitung der Releases* aus den Tiefeninterviews in Abschnitt 4.3.2.3.

- **Prüfung Kosten:** Neben Abweichungen bei Ressourcen und Zeit sind für das CAB insbesondere auch die Kostendifferenzen relevant. Die Gründe hierfür können vielfältig sein – u.a. verursachen eine Verschiebung der Zeitleiste, außerplanmäßig benötigte Ressourcen oder zusätzliche Anforderungen Kostenabweichungen.[717]
- **Abgleich Deployment-Plan:** Gab es während eines Go Lives Abweichungen zum vorher definierten Deployment-Plan, werden diese von den Entwicklern notiert. Sie können wertvolle Hinweise für nachfolgende Implementierungen und die Gestaltung der zugehörigen Deployment Pläne liefern.[718]
- **Bewertung Fallback-Lösung:** Falls eine Fallback-Lösung zum Einsatz kommt, sollte sie Berücksichtigung im finalen Review finden und ihre Wirksamkeit bewertet werden.[719]

- **Schließung Change Record:** Nach einer erfolgreichen Umsetzung und dem Abschluss der zuvor beschriebenen Aktivitäten wird der Change Record formell geschlossen.[720]

5.3 Datensicht

Innerhalb der Datensicht werden Datenobjekte und deren Beziehungen zueinander beschrieben. Die einzelnen Objekte werden von Funktionen genutzt und verändert.[721] Die Ermittlung der benötigten Datenobjekte ergibt sich aus der Beschreibung der Funktionssicht sowie insbesondere auch durch die in Kapitel 4.3.2 ermittelten Informationsbedarfe der verschiedenen Rollen im IT-Change-Management-Prozess. Zur fachlichen Beschreibung der Daten genügt im Allgemeinen die Typebene, eine Darstellung der einzelnen Ausprägungen ist allerdings ebenfalls möglich.[722]

[717] Vgl. Rance u.a. (2011), S. 80. Weiterhin sind in diesem Kontext die Aussagen zur *Historie der Anforderungen (Scope Creep)* und *Nachbereitung der Releases* aus Kapitel 4.3.2.3 zu erwähnen.
[718] Vgl. Rance u.a. (2011), S. 80.
[719] Vgl. Rance u.a. (2011), S. 80.
[720] Vgl. Rance u.a. (2011), S. 80.
[721] Vgl. Scheer (2001), S. 67 ff.
[722] Vgl. Scheer (2001), S. 77.

Die Darstellung des Fachkonzepts zur Datensicht kann mit Hilfe eines *Entity-Relationship-Modells*, kurz ERM, erfolgen.[723] Es enthält in den sogenannten Entities alle abstrakten oder realen Dinge des Betrachtungsausschnitts.[724] Die Eigenschaften der Entities werden durch Attribute beschrieben, zwei oder mehr Entities können über Beziehungen miteinander verbunden sein. Hierbei gibt die Kardinalität oder Komplexität an, wie viele andere Entities einem bestimmten Entity zugeordnet werden können. Die Komplexität kann auch mit Hilfe von Ober- und Untergrenzen definiert werden.[725] Diese Form soll auch im Rahmen dieser Arbeit zur Anwendung kommen. Aus darstellungstechnischen Gründen werden die Attribute einzelner Entitäten erst im Datenverarbeitungskonzept hinzugefügt.

Die Gliederung der Datensicht erfolgt nach einzelnen zusammenhängenden Aspekten, wobei die dargestellten Teilmodelle untereinander sehr stark vernetzt sind und nur aus Gründen der Übersichtlichkeit in getrennten Unterkapiteln beschrieben werden – ein Gesamtmodell zur Datensicht findet sich jedoch in Anhang F.2. Auf die Berührungspunkte zwischen den einzelnen Unterkapiteln wird in den jeweiligen Abschnitten explizit eingegangen.

Zunächst einmal wird in Abschnitt 5.3.1 das zentrale Objekt Change modelliert. An dieser Stelle werden die Zusammenhänge zu einzelnen Dokumenten hergestellt, die für die Erstellung und Analyse eines Change Requests erforderlich sind. Basierend auf diesen Grundzusammenhängen wird im folgenden Unterkapitel 5.3.2 auf die softwaretechnischen Abhängigkeiten der einzelnen Systemkomponenten und den dazugehörigen Architekturelementen eingegangen. Daran anschließend erfolgen in Abschnitt 5.3.3 die Beschreibungen der durchzuführenden Softwaretests und die Zusammenhänge der einzelnen Testelemente, insbesondere in Bezug auf die Abhängigkeit zwischen auszuführendem Testfall und dahinterliegender Systemfunktionalität. Abschließend wird in Kapitel 5.3.4 auf die Daten eingegangen, die zur Planung und Überwachung eines Changes notwendig sind.

---

723 Vgl. hierzu Chen (1976).

724 Vgl. hierzu und im Folgenden Scheer (1998), S. 31 ff.

725 Vgl. Schlageter und Stucky (1983), S. 50 f., Webre (1983), S. 175 ff. sowie Scheer (1998), S. 41.

5.3.1 Change

Aus Datensicht lassen sich die Informationen und Zusammenhänge zwischen einem Change Request, einem Change Record, dem eigentlichen Change sowie allen zugehörigen Dokumenten wie in Abbildung 30 dargestellt beschreiben.

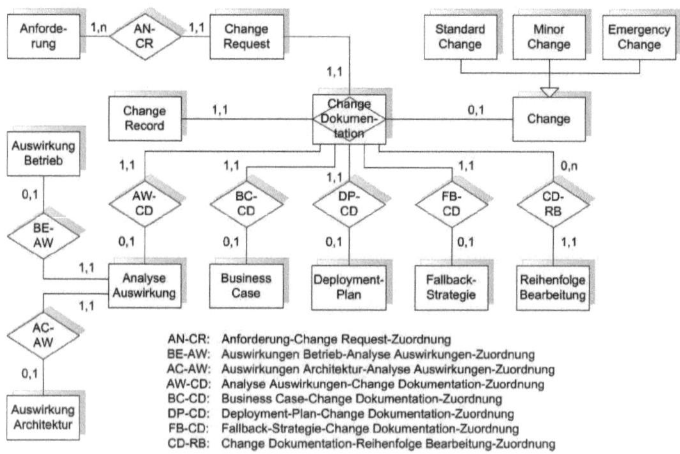

Abbildung 30: Datensicht Change

Innerhalb eines Change Requests werden Änderungsanforderungen an ein existierendes Softwaresystem beschrieben. Mit der Einreichung des Change Requests im Rahmen des definierten Change-Management-Prozesses wird gleichzeitig auch ein Change Record angelegt, der alle spezifischen Informationen zur Änderungsanforderung enthält. Nach der Freigabe durch das CAB wird der resultierende Change abgeleitet. Somit resultiert nicht jeder Change Request automatisch in einem Change, was durch die zugehörige 0,1-Kardinalität ausgedrückt werden soll. Ein Change lässt sich danach spezifizieren, ob die Umsetzung der Anforderung in einem Major, Minor und Emergency Change mündet.

Zentrales Objekt des dargestellten Datenmodells ist die Change Dokumentation. Hierin sind alle strukturierten und semi- oder unstrukturierten Daten, die eine Änderungsanforderung oder den hieraus abgeleiteten Change betreffen, zusammengefasst. Die strukturierten Daten können mit Hilfe einer Datenbanktabelle erfasst, die semi- und unstrukturierten Daten in Textdokumenten oder semistrukturierten Dateien, beispielsweise im XML-Format, hinterlegt werden.

Zur Change Dokumentation kann eine Auswirkungsanalyse gehören, die sich wiederum in einen Teil zur Beschreibung der Folgen für den operativen Betrieb sowie einen Teil zur Darstellung der Auswirkungen auf die bereits existierende Systemarchitektur gliedert. Darüber hinaus kann gegebenenfalls ein Business Case existieren, der die Wirtschaftlichkeit der Änderung beschreibt. Für fundamentale Änderungen sollte auch eine Fallback-Strategie definiert werden.

Weiterhin wird jeder Change in die Bearbeitungsreihenfolge eingegliedert und gemäß dieser Ablaufordnung weiter bearbeitet.

5.3.2 Softwareentwicklung

Die Datensicht zur Softwareentwicklung stellt die Abhängigkeiten von verschiedenen Einzelobjekten im Kontext eines Softwaresystems dar.[726] Darauf basierend soll es möglich sein, Zusammenhänge zwischen einzelnen Change Requests sowie eine Historie über sämtliche Entwicklungsanforderungen abbilden zu können. Die zugehörige Übersicht ist in Abbildung 31 dargestellt. Um die Lesbarkeit zu erhöhen, wurde diese in die Bereiche A, B und C unterteilt, welche nachfolgend beschrieben werden.

Bereich A

Ausgangspunkt für eine Softwareänderung bildet der bereits aus dem vorherigen Abschnitt 5.3.1 bekannte Zusammenhang zwischen Change Request, Change und Change Record, welcher mitsamt den zugehörigen Dokumenten im uminterpretierten Entitytyp *Change Dokumentation* zusammengefasst wird. Neben den bereits erwähnten Dokumenten Analyse Auswirkungen, Business Case, Deployment-Plan und Fallback-Strategie gehört zur Change Dokumentation auch die Spezifikation. Von einer Spezifikation können mehrere Versionen existieren, jedoch kann sich jedes Spezifikationsdokument nur auf eine Systemänderung beziehen. In der Spezifikation selbst sind im Regelfall mehrere Anforderungen beschrieben, welche sich in funktionale und nichtfunktionale Anforderungen untergliedern lassen. Bei funktionalen Anforde-

[726] Die Grundidee bei der Darstellung der Abhängigkeiten zwischen den einzelnen Objekten der Softwareentwicklung basiert auf der modellgetriebenen Softwareentwicklung. Diese gewährleistet eine durchgängige Darstellung verschiedener Abstraktionsebenen und erlaubt hierdurch die Transformation vom abstrakten zum technologiespezifischen Modell. In ähnlicher Weise sollen die Zusammenhänge zwischen den Objekten der Softwareentwicklung abgebildet werden. Hierdurch werden die Ableitungen von der generischen Ebene, also der Anforderungsspezifikation, bis zur konkreten technischen Implementierung dargestellt.

rungen existiert eine eindeutige Beziehung zu einem Geschäftsprozess, wobei umgekehrt nicht jeder Geschäftsprozess sich auch in einer Änderungsbeschreibung wiederfinden muss.

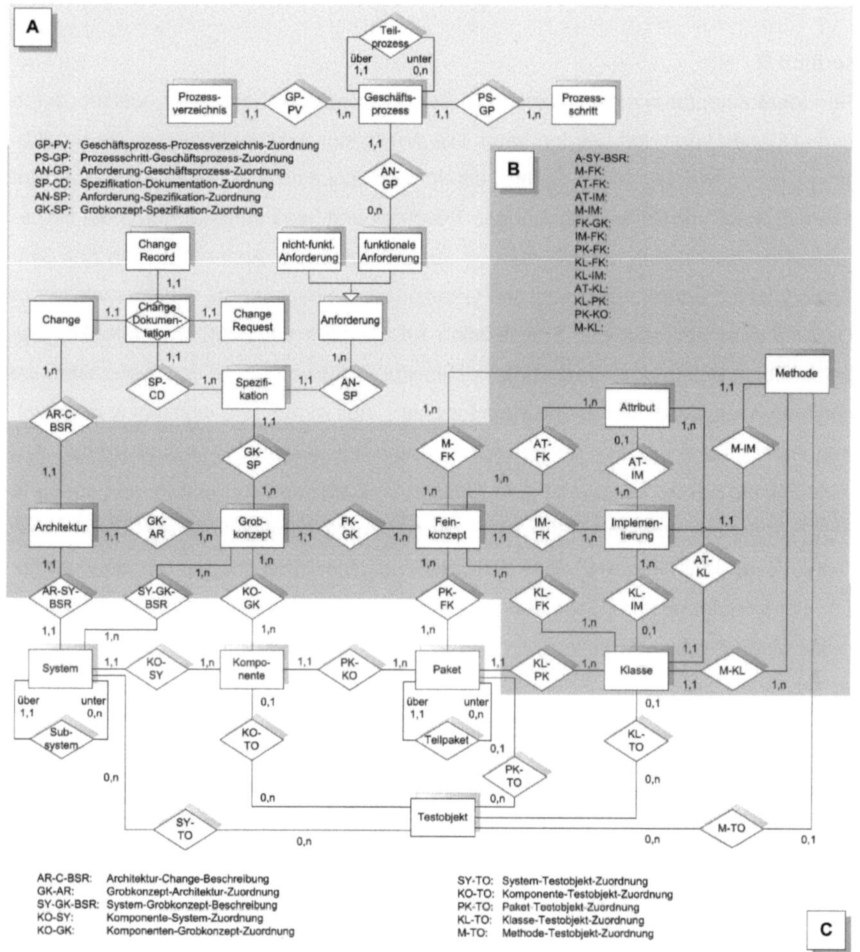

Abbildung 31: Datensicht Softwareentwicklung

Geschäftsprozesse können aus mehreren Teilprozessen bestehen und somit untergeordnete Subprozesse besitzen. Jeder (Teil-)Prozess kann nun selbst wieder in einzelne Prozessschritte untergliedert werden, welche in dieser Sichtweise die geringstmögliche Granularität zur Unterteilung darstellen. Die Geschäftsprozesse können in einem Prozessverzeichnis zusammengefasst werden, in dem die einzelnen Prozesse themenspezifisch gegliedert werden. In ihrer Gesamtheit enthalten die Prozessverzeichnisse somit einen Überblick über sämtliche Prozesse des zugrunde liegenden Softwaresystems.

Bereich B

Bei jedem Change wird ein Bezug zur Systemarchitektur hergestellt, welche durch einen Change verändert werden kann. Die Architektur beschreibt hierbei die Strukturen eines Softwaresystems. Somit besteht eine eineindeutige Beziehung zwischen einem System und seiner zugehörigen Beschreibung, was im ERM durch die Beziehung *Architektur-System-Beschreibung* ausgedrückt wird. Änderungen an der Systemarchitektur werden innerhalb des Grobkonzepts beschrieben, welches wiederum die Anforderungen aus der Spezifikation umzusetzen versucht. Das Grobkonzept beschreibt in erster Linie die globale Architektur inklusive der auf der Systemseite zu verwendenden Subsysteme und Komponenten. Aus einem Grobkonzept lassen sich mehrere Versionen eines Feinkonzepts ableiten. Im Feinkonzept selbst werden einzelne Pakete sowie die zugehörigen Klassen im Detail definiert und in eine konkrete Implementierung überführt. Eine Implementierung ist dabei jeweils auf Ebene einer Klasse, einer Methode oder eines Attributs möglich. Hierbei können mehrere Versionen eines Implementierungsobjekts entstehen, ein Implementierungsobjekt ist jedoch immer eindeutig einem Feinkonzept und einem Entwickler[727] zuordenbar.

Bereich C

Ein Softwaresystem kann aus mehreren Subsystemen bestehen. Jedes dieser Einzelsysteme lässt sich in mindestens eine Komponente gliedern. Die Komponenten selbst bestehen aus mehreren Paketen, die sich je nach Systemkontext hierarchisch in einzelne Teilpakete unterteilen lassen. Die Teilpakete setzen sich im Rahmen einer objektorientierten Beschreibung aus einzelnen Klassen zusammen, welche durch ihre Attribute und Methoden charakterisiert sind. Zusammengeführt werden System-

[727] Die Darstellung eines Entwicklers im ERM-Modell kann durch Zuordnung des Entitytyps *Person* mit entsprechendem Personenprofil erfolgen (vgl. hierzu Kapitel 5.3.4). Auf dieselbe Weise können auch Verantwortliche für die Erstellung von Spezifikation, Grob- und Feinkonzept determiniert werden.

beschreibung und die eigentliche -änderung im Entitytyp *Implementierung*, welcher als zentrales Objekt sämtliche Informationen zu einer Softwareänderung beinhaltet. Systeme, Komponenten, Pakete, Klassen oder Methoden können optional einem oder mehreren Testobjekten zugeordnet werden, zu denen jeweils verschiedene durchzuführende Testfälle hinterlegt werden. Diese Vorgehensweise wird im folgenden Abschnitt 5.3.3 näher erläutert.

5.3.3 Softwaretests

Für einen Change werden verschiedene Tests durchgeführt – das betrifft zunächst einmal den Entwickler- sowie den Integrationstest, welche eigenständig von der Softwareentwicklung durchgeführt werden. Den Systemtest gestaltet dahingegen der Change Initiator. Hiermit sind die Tests, die sich auf einen einzelnen Change Request beziehen, abgeschlossen und ein Change kann einem Release zugeordnet werden. Ein Release lässt sich spezifizieren als Major, Minor oder Emergency Release. Nach dem hier zugrunde liegenden Verständnis werden die Abnahmetests im Rahmen eines solchen Releases im Zusammenspiel mit anderen Changes durchgeführt. Somit lässt sich generell jeder Tests anhand des jeweiligen Changes bzw. Releases eineindeutig zuordnen. Zu einem Test gehören mehrere Testfälle, welche individuell definiert werden und durch einen Testplan einem bestimmten Test zugeordnet werden können.

Die Testfälle selbst werden innerhalb eines Testkatalogs zusammengefasst und können innerhalb verschiedener Tests zum Einsatz kommen. Ein Testfall besteht im Allgemeinen aus verschiedenen Testschritten, welche die jeweilig durchzuführenden Aktionen sowie Ein- und Ausgabedaten innerhalb eines Testfalls beschreiben. Treten während der Abarbeitung eines Testplans Fehler auf, können diese mitsamt einer Fehlerbeschreibung und dem -bearbeitungsstatus erfasst werden. Des Weiteren können diese dem jeweiligen Testschritt eines Testfalls zugeordnet werden. Dies geschieht innerhalb des Beziehungstyps *Fehler-Testschritt-Zuordnung*, welcher durch seine Zuordnung zum uminterpretierten Entitytyp *Testschritt-Testfall-Zuordnung* sämtliche relevanten Informationen enthält.

Testfälle können unter entsprechenden Rahmenbedingungen automatisiert werden, so dass in diesen Fällen ein Bezug zu einem oder mehreren Testskripten hergestellt werden kann. Hinter jedem Testfall liegt ein Testobjekt, welches als technisches Konstrukt fungiert, um eine Zuordnung von Testfällen zu Funktionen, Systemen, Komponenten, Paketen, Klassen oder Methoden zu erreichen.[728]

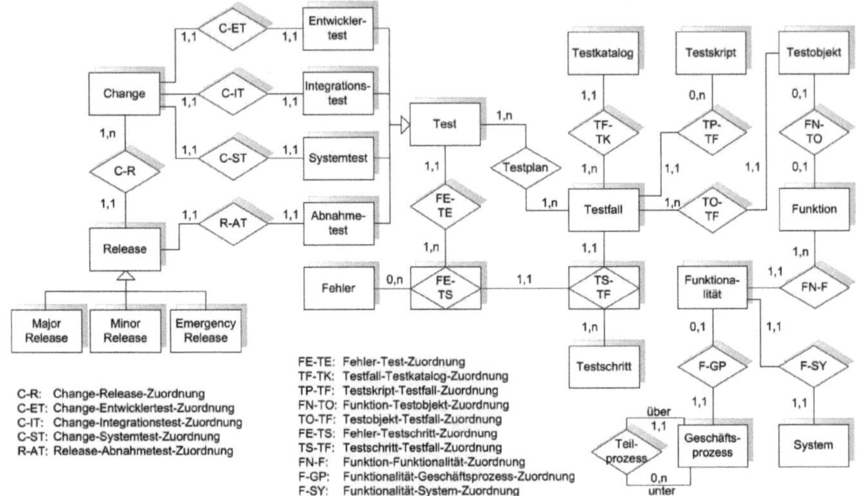

Abbildung 32: Datensicht Softwaretests

In diesem Kontext stellen Funktionen die Benutzerfunktionalitäten dar, also diejenigen Teile eines Softwaresystems, die für den Benutzer sichtbar und nutzbar sind.[729] Somit können mit Hilfe dieser Zuordnung im Wesentlichen die funktionalen Anforderungen an ein Softwaresystem getestet werden. Im Gegensatz dazu ist ebenjene Zuordnung bei nichtfunktionalen Anforderungen im vorliegenden Modell nicht möglich. Die Gesamtheit aller einzelnen Funktionen ergibt die Systemfunktionalität, welche wiederum eineindeutig die Fähigkeiten des zugrunde liegenden Softwaresystems beschreibt. Die Funktionalität eines Systems lässt sich genau einem Geschäftsprozessmodell zuordnen. Umgekehrt kann es aber Geschäftsprozesse geben, die nicht systemseitig abgebildet werden. Die Darstellung der Geschäftsprozesse bildet die Verbindung zur im vorherigen Abschnitt 5.3.2 beschriebenen Sicht auf die Softwareentwicklung.

[728] Vgl. auch Kapitel 5.3.2.
[729] Vgl. hierzu auch noch einmal die Ausführungen im Rahmen von Kapitel 2.2.1.

5.3.4 Change Planung und Überwachung

Um einen Change über den kompletten Lebenszyklus hinweg steuern zu können, muss dieser zunächst entlang verschiedener Zieltermine wie beispielsweise der Erstellung von Grob- und Feinkonzept, der Implementierung oder den Tests geplant werden. Danach ist es möglich die Planwerte mit den tatsächlichen Fertigstellungsdaten abzugleichen. Um dies zu erreichen, wird jedem Change der Entitytyp *Zeit* zugeordnet, welcher sich in die Entities *Zeit Plan* und *Zeit Ist* unterteilen lässt. Die Zuordnung der Plan- bzw. Ist-Zeiten zu einem spezifischen Change ist eindeutig, umgekehrt kann jeder Change jedoch mehrere Versionen einer Zeitplanung besitzen. Weiterhin können Meilensteine mehrfach durchlaufen werden. Dies geschieht in Fällen, bei denen sich zu einem späteren Zeitpunkt noch Änderungen ergeben. In diesem Fall existieren mehrere Versionen einer Realisierungszeitleiste, von denen jedoch nur die letzte aktiv sein kann. Für jeden Change gibt es im Regelfall einen Verantwortlichen, dies ist durch die Personenzuordnung angezeigt. Eine Person kann ihrerseits für mehrere Changes verantwortlich zeichnen. Darüber hinaus kann sich ein Change in mehrere Arbeitsaufträge gliedern. Den Arbeitsaufträgen können wiederum Aufgaben zugeordnet werden. Die Zuordnung von Aufgaben zu einem Arbeitsauftrag bzw. einem Arbeitsauftrag zu einem Change ist eindeutig. Sowohl für die Aufgaben als auch für die Arbeitsaufträge gibt es erneut Verantwortliche, was durch die Zuordnung des Entitytyps *Person* skizziert ist.

Zur Darstellung der Freigabeempfehlung für das CAB anhand der einzelnen Bewertungskriterien wird der Entitätstyp *Freigabestatus* eingeführt.[730] Hierdurch können der Stand der Freigabe sowie das zugehörige Datum der Freigabe oder Ablehnung sichtbar gemacht werden. Da eine Versionierung der Freigaben möglich sein soll, können einem Change Request mehrere Entitäten vom Typ *Freigabestatus* zugeordnet werden. Hier darf jedoch lediglich eine Version aktiv sein. Die Zuordnung eines Freigabestatus zu einem Change Request ist eindeutig.

Die Personen können wieder je nach ihrem Aufgabenprofil und ihrer Qualifikation einzelnen Personenprofilen zugeordnet werden. Die Personenprofile enthalten neben den genannten Eigenschaften auch noch die Tagessätze. Auf diese Weise können

[730] Vgl. hierzu auch die Abschnitte 4.6.6.3 sowie 4.6.6.4.

mit Hilfe der Zuordnung des benötigten Aufwandes für einen Change – sowohl für den geplanten als auch den tatsächlichen – die entstehenden Kosten abgeleitet werden. Der Aufwand selbst sollte nach den benötigten Personenprofilen sowie den einzelnen Phasen des Lebenszyklus eines Changes untergliedert werden.

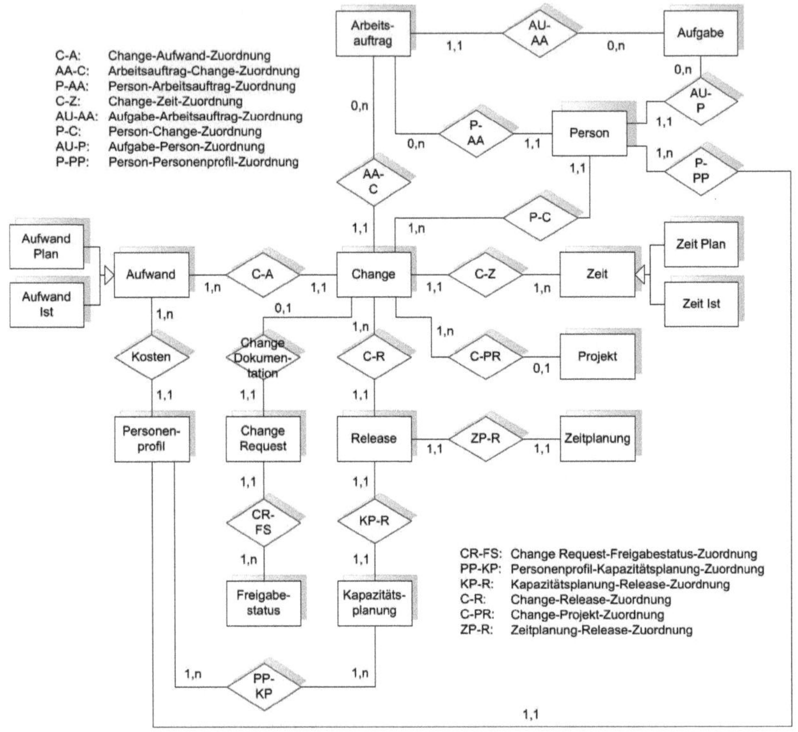

Abbildung 33: Datensicht Change Planung und Überwachung

Jeder Change wird einem Release zugeordnet, im Rahmen dessen die Umsetzung erfolgen soll. Das Release selbst hat eine feste Zeitplanung mit definierten Eckdaten. Um die entsprechenden Changes umsetzen zu können, muss für ein Release eine Kapazitätsplanung erfolgen. Hierzu wird im Vorhinein die benötigte Anzahl an Personen mit einem bestimmten Personenprofil einem Release zugeordnet.

Überdies können Changes im Rahmen von definierten Projekten umgesetzt werden. Ein Projekt fasst wiederum einen oder mehrere Changes zusammen.

5.4 Leistungssicht

Leistungen können als Ergebnisse von Prozessen gesehen werden, gleichzeitig aber auch als Veranlasser zur Prozessausführung.[731] Insgesamt umfasst der Leistungsbegriff verschiedene Detailierungsebenen wie auch Leistungsarten. Hierzu gehören beispielsweise Sach- und Dienstleistungen.[732] In der Literatur wird anstelle von Leistung teilweise auch der Begriff Produkt verwendet.[733] Somit kann ein Produkt als Leistung oder Gruppe von Leistungen aufgefasst werden, die von Stellen außerhalb des jeweilig betrachteten Fachbereichs benötigt werden.[734] In dieser Definition ist insbesondere auch der Austausch von innerbetrieblichen Leistungen enthalten. Generell werden in der Leistungssicht alle materiellen und immateriellen Input- und Outputleistungen betrachtet.[735]

Sachleistungen können in Form von Produktmodellen beschrieben werden, beispielsweise durch den *Standard for the Exchange of Product Model Data* (STEP)[736]. Allgemein basieren Produktmodelle auf den Grundlagen der Datenmodellierung und besitzen somit eine enge Verbindung zur Datensicht. Dies zeigt sich auch in dem in dieser Arbeit vorgestellten Modell, bei dem einzelne Objekte sowohl im Rahmen der Leistungssicht als auch in der Datensicht aus unterschiedlichen Perspektiven beschrieben werden.

Für den Change-Management-Prozess sind die erbrachten Leistungen in Abbildung 34 dargestellt. Das Endprodukt ist hier ein Change, bei dessen Umsetzung weitere, eigenständige Produkte entstehen. Diese lassen sich in die Kategorien Dokumentation, Evaluation, Planung und Implementierung untergliedern. Unter Dokumentation werden hierbei sämtliche, für die direkte Umsetzung eines Changes relevanten Hilfsmittel und Beschreibungen subsumiert. Zur Evaluation gehören alle Produkte, die im Rahmen der Bewertung von Änderungsanforderungen in einzelnen Prozessschritten erforderlich sind.

---

[731] Vgl. hierzu Scheer (2001), S. 93 sowie Scheer u.a. (2006), S. 21
[732] Vgl. Scheer u.a. (2006), S. 21 ff.
[733] Vgl. Scheer (2001), S. 34.
[734] Vgl. Kommunale Gemeinschaftsstelle für Verwaltungsmanagement (KGSt) (1994), S. 11.
[735] Vgl. Scheer u.a. (2006).
[736] Vgl. u.a. Anderl u.a. (1993), S. 14 ff. oder Arlt u.a. (2000), S. 39 ff.

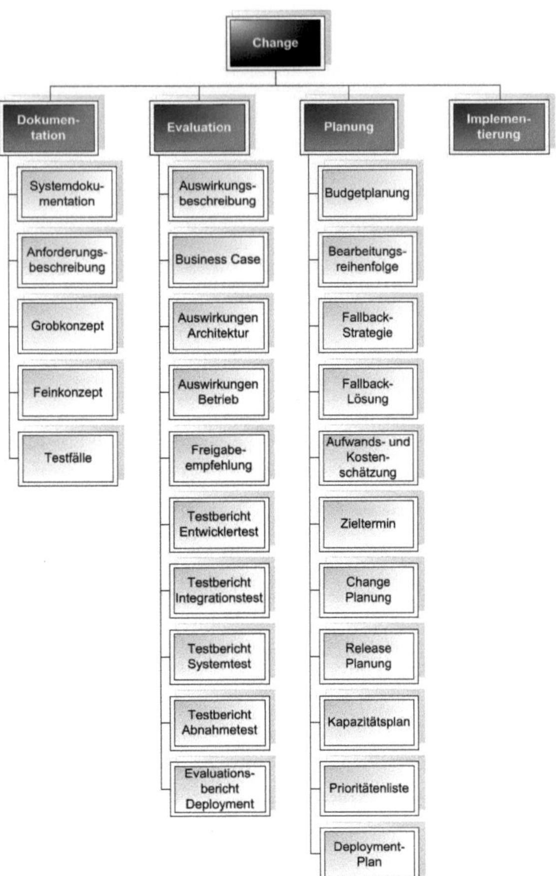

Abbildung 34: Leistungssicht Change

In die Kategorie Planung fallen alle Erzeugnisse, die die Umsetzung einer Systemänderung durch Vorgaben inhaltlicher, zeitlicher oder budgettechnischer Art unterstützen. Die Gesamtheit aller Maßnahmen zur systemtechnischen Umsetzung einer Änderungsanforderung bildet dann das letzte Teilprodukt, welches als Implementierung bezeichnet wird.

5.5 Steuerungssicht

In der Steuerungssicht werden die zuvor aus Gründen der Komplexitätsreduktion einzeln betrachteten Sichten wieder in einem einheitlichen Modell zusammengeführt[737]. Dies kann auf verschiedene Arten und mit Hilfe unterschiedlicher Modelle geschehen.[738] Auf diese Weise ist es beispielsweise möglich, die Zuordnung von Funktionen zu Organisationseinheiten in einem Funktions-Organisationsdiagramm abzubilden.[739]

Generell kann jede einzelne Sicht als Ausgangspunkt für die Gesamtbetrachtung genutzt werden.[740] Zur Modellierung des Change-Management-Prozesses soll die Funktionssicht in den Vordergrund gestellt und somit zur Zusammenführung der einzelnen Sichten die *erweiterte ereignisgesteuerte Prozesskette* (eEPK) verwendet werden.[741]

Die Gliederung der Steuerungssicht erfolgt analog den einzelnen Schritten der Funktionssicht aus Kapitel 5.2, ergänzt aber zusätzliche Informationen aus der Daten- und Organisationssicht und stellt somit einen konkreten Prozessablauf dar. Eine Gesamtdarstellung der Steuerungssicht findet sich in Anhang F.3.

5.5.1 RfC Erstellung

Der Ausgangspunkt für die Erstellung eines Change Requests ist der Bedarf nach einer neuen Funktionalität, die durch das Softwaresystem abgedeckt werden soll. Die entsprechenden Funktionen, die in dieser Phase ausgeführt werden, wurden bereits im Rahmen der Funktionssicht in Kapitel 5.2.1 detailliert. Im ersten Schritt des Prozessablaufs werden – im Regelfall getrieben vom Change Initiator, häufig aber auch in Abstimmung mit dem Change Management – die Möglichkeiten des Systems untersucht. Hierzu kann die Systemdokumentation verwendet werden. Eventuell entwickelt sich aus dieser Analyse bereits eine nutzbare Lösung. Andernfalls bleibt die Möglichkeit mit Hilfe einer Anforderungsbeschreibung vergleichbare Funktionalitäten oder Anforderungen zu identifizieren. Diese Option bietet sich insbesondere dann an, wenn es zentrale Fachbereiche gibt, deren Aufgabe es ist, Funktionalitäten zu konsolidieren. So können in diesem Stadium bereits Ähnlichkeiten zu bereits existierenden

---

737 Vgl. Scheer (1998), S. 102 sowie Scheer (2001), S. 47.

738 Vgl. hierzu auch die Darstellungen zur Modellierung der Beziehungen zwischen den einzelnen Sichten in Scheer (2001), S. 102 ff.

739 Vgl. Scheer (2001), S. 103.

740 Vgl. Scheer (2001), S. 170.

741 Zur vertiefenden Darstellung der Elemente einer EPK bzw. eEPK siehe u.a. Keller u.a. (1992), Scheer (1998), S. 49 ff., Scheer (2001), S. 125 ff. oder Staud (2001), S. 59 ff.

Systemfunktionen oder aktuellen Änderungsanträgen erkannt werden. Dies geschieht mit Hilfe der zugehörigen Kurzbeschreibungen der Änderungsanforderungen.

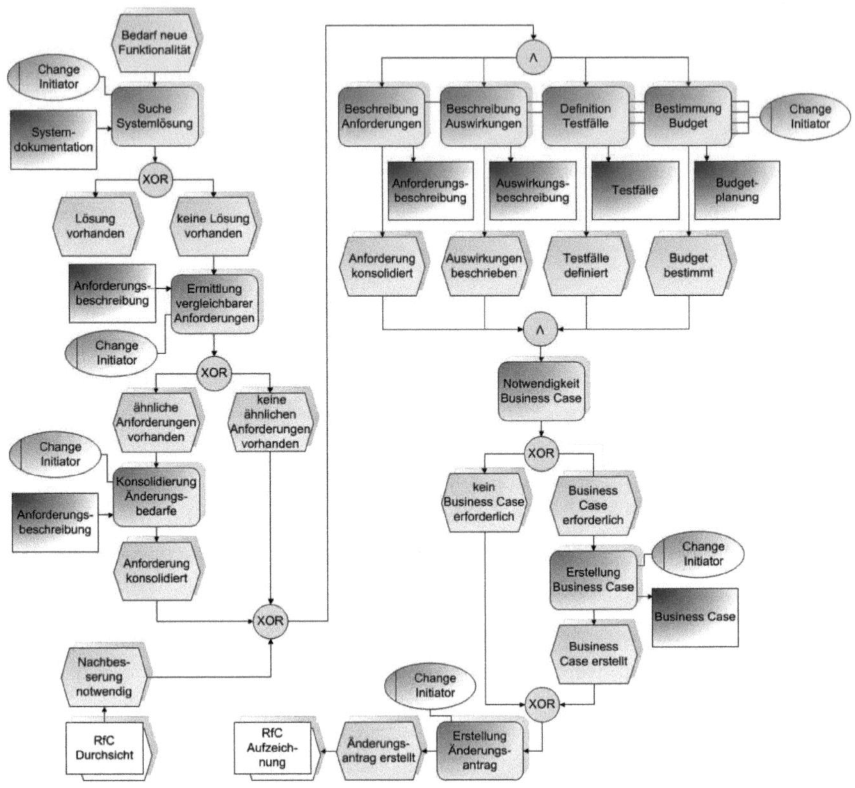

Abbildung 35: Steuerungssicht RfC Erstellung

Falls es in der Vergangenheit schon ähnliche Anforderungen gab, können diese als Ausgangspunkt für die Neuentwicklung herangezogen werden. Gibt es in der aktuellen Pipeline noch Change Requests, die noch nicht vollständig umgesetzt wurden, können die entsprechenden Anforderungen auf Basis der Anforderungsbeschreibungen zusammengefasst und die Implementierung kann konsolidiert werden. Hierzu wird, wie auch für den Fall, dass keine ähnliche Anforderung identifiziert wurde, ein neuer Change Request erstellt.

Der Vorgang zur eigentlichen Change Request Erstellung besteht aus mehreren parallelen Teilschritten, die allesamt von der Rolle *Change Initiator* ausgeführt werden.

Diese Schritte werden sowohl für neue Änderungsanforderungen als auch für Nachbesserungen aus der Phase *RfC Durchsicht* durchgeführt. Hier existiert bereits eine Vorlage zu den entsprechenden Dokumenten, die nur noch einmal gemäß den Anforderungen des Change-Managements angepasst werden muss. Zur Erstellung eines Change Requests erfolgt zunächst einmal die Beschreibung der Anforderungen an die neue oder geänderte Systemfunktionalität. Daneben sollten die Auswirkungen für eine Implementierung bzw. Nichtimplementierung dargestellt sowie die funktionalen Testfälle beschrieben werden. Außerdem ist eine grobe Indikation für das zur Verfügung stehende Budget festzulegen. In allen Schritten werden die jeweiligen Ergebnisse dokumentiert, so dass sie als Grundlage für die spätere Beurteilung des Change Requests durch das Change Management herangezogen werden können. Je nach betrieblichen Vorgaben kann es notwendig werden, dass ein Business Case zur Beurteilung der Wirtschaftlichkeit zu erstellen ist; dies wird dann ebenfalls als Teilumfang der Änderungsanforderung dokumentiert. Nachdem die beschriebenen Schritte erfolgreich durchlaufen wurden, kann der RfC erstellt werden und der Übergang in die Phase *RfC Aufzeichnung* erfolgt.

5.5.2 RfC Aufzeichnung

Sobald der RfC erstellt ist, kann die Anlage eines Change Records beginnen. Dies geschieht direkt über ein Softwaretool oder einen anderen definierten Eingangskanal und liegt in der Hand des Antragsstellers. Bei der Erstellung des Change Records wird eine eindeutige Identifikationsnummer erzeugt, unter der der Change jederzeit identifiziert werden kann. Nach der Kreierung des Change Records fügt der Change Initiator die Referenzdokumente hinzu, die bei der RfC Erstellung angelegt wurden. Im Einzelnen sind dies die Anforderungs- sowie die Auswirkungsbeschreibung, die Testfälle, die Budgetplanung und – wenn vorhanden – der Business Case.

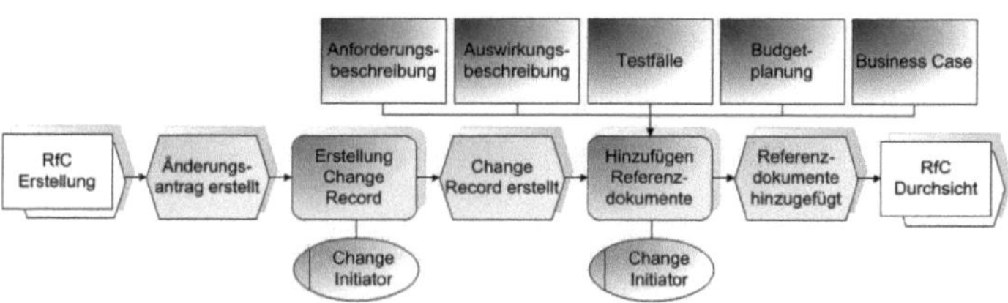

Abbildung 36: Steuerungssicht RfC Aufzeichnung

5.5.3 RfC Durchsicht

Nachdem der Change Request aufgezeichnet ist und alle Referenzdokumente hinzugefügt wurden, prüft das Change Management im ersten Schritt formell die Vollständigkeit.

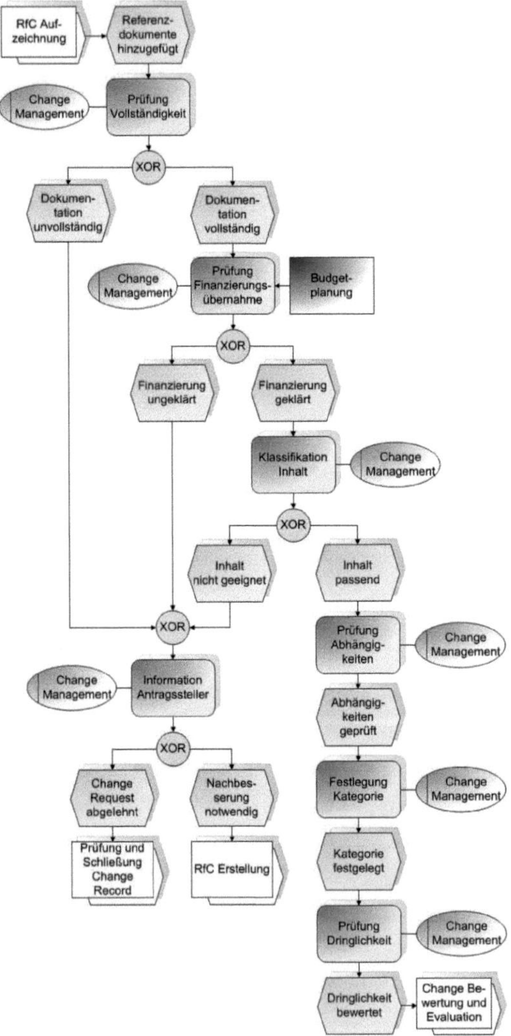

Abbildung 37: Steuerungssicht RfC Durchsicht

Wenn diese Prüfung erfolgreich war, ist zu klären, ob eine Finanzierungsübernahme für die Änderungsanforderung vorliegt.

Daran schließt sich anhand der Anforderungsbeschreibung eine inhaltliche Prüfung des Change Requests durch das Change Management an. Wenn der Inhalt der gewünschten Softwareänderung nicht zum Systemkontext passt, wird der Antragssteller durch das Change Management informiert. Dies geschieht ebenfalls, wenn in den vorherigen Schritten die Finanzierungsübernahme nicht gegeben ist oder die Vollständigkeitsprüfung fehlschlägt. Je nach Art der fehlenden Informationen kommt es zu einer direkten Ablehnung der Änderungsanforderung oder es wird die Möglichkeit zur Nachbesserung eingeräumt. Wird ein Change Request abgelehnt, wird im nächsten Schritt der Change Record geschlossen. Falls es zu Nachbesserungen kommt, kann der Prozess – abhängig davon, welche Informationen fehlen – durch ein Zurückgehen in die Phase *RfC Erstellung* fortgesetzt werden.

Ist im positiven Fall sowohl die Vollständigkeit des Änderungsantrags gegeben, die Finanzierungsübernahme gewährleistet und der Change Request passt inhaltlich in den Systemkontext, erfolgt eine allererste Prüfung auf Abhängigkeiten zu Änderungsanforderungen aus der Vergangenheit. Danach wird die Einordnung in eine Change-Kategorie vorgenommen, bevor das Change Management im letzten Bearbeitungsschritt die im Änderungsantrag festgelegte Dringlichkeitsstufe verifiziert.

5.5.4 Change Bewertung und Evaluation

Nachdem während der *RfC Durchsicht* die Dringlichkeit bewertet wurde, legt das Change Management in der Phase *Change Bewertung und Evaluation* anhand dieser Einstufung, den Auswirkungen sowie der Kategorie der Änderungsanforderung eine erste Bearbeitungsreihenfolge für die in der Pipeline befindlichen Änderungsanforderungen fest. In dieser Reihenfolge werden nachfolgend die Change Requests bearbeitet. Im ersten Schritt ist es das Ziel des Change-Managements den geschäftlichen Hintergrund und die Business Szenarien des Change Requests zu verstehen. Ist dieses Verständnis geschaffen, können erste Lösungsansätze zwischen Change Initiator, Change Management und der Softwareentwicklung diskutiert werden. Wurde eine Übereinkunft getroffen, kann mit der Erstellung eines Grobkonzepts durch die Softwareentwicklung begonnen werden.

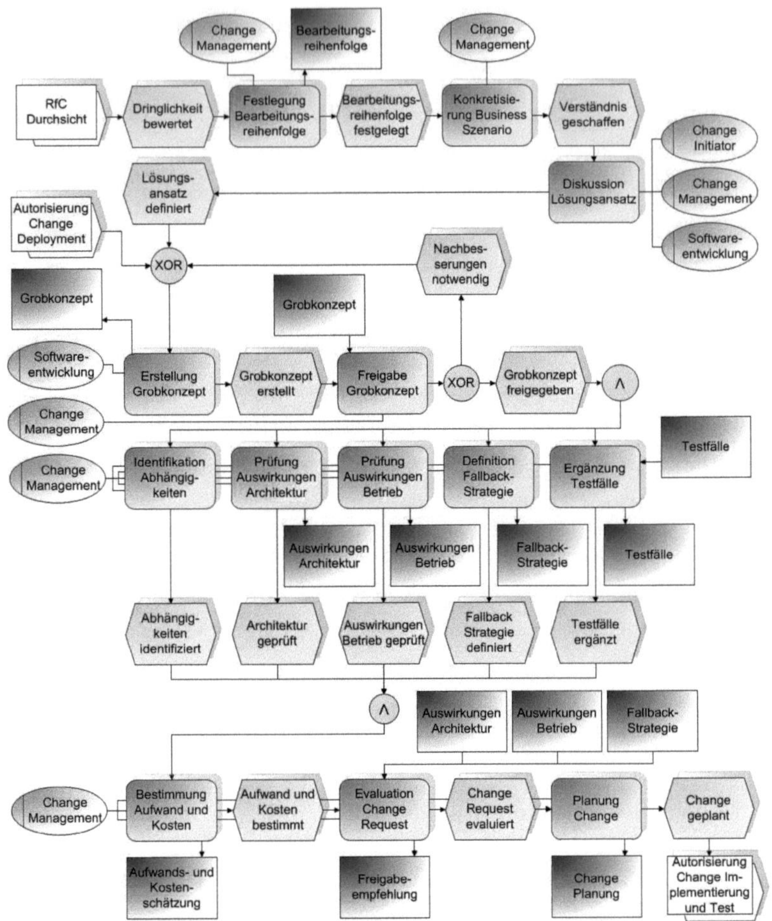

Abbildung 38: Steuerungssicht Change Bewertung und Evaluation

Das Grobkonzept muss durch das Change Management abgenommen werden. Falls es nicht direkt freigegeben wird, werden notwendige Anpassungen durch die Softwareentwicklung vorgenommen. Sobald die Freigabe erteilt worden ist, leitet das Change Management die weiteren Aktivitäten ein. Zum einen werden Abhängigkeiten zu anderen Change Requests identifiziert, was Auswirkungen auf die Planung hat. Zum anderen wird auch die Architektur gemäß existierender Architekturvorschriften geprüft, gegebenenfalls werden Diskrepanzen vermerkt. Parallel zu diesem Vorgang werden auch die Auswirkungen auf den operativen Betrieb untersucht und in einem separaten Dokument zusammengefasst.

Darüber hinaus ist es die Aufgabe des Change-Managements sich an dieser Stelle Gedanken über eine generelle Fallback-Strategie zu machen. Ebenso müssen die Testfälle, die vom Change Initiator aus funktionaler Sicht geliefert werden, um die Perspektive des Change Managements ergänzt werden. Die Ergebnisse der einzelnen Arbeitsschritte werden dann in den entsprechenden Dokumenten vermerkt.

Sind die beschriebenen Tätigkeiten erfolgreich beendet, kann das Change Management auf Basis des Grobkonzepts, der Anzahl der durchzuführendenden Testfälle sowie der Auswirkungen auf den operativen Betrieb des Systems eine erste gesamtheitliche Aufwands- und Kostenschätzung abgeben. Aus der Gesamtbetrachtung der Änderungsanforderung lässt sich eine Freigabeempfehlung für das CAB ableiten, was im Rahmen der Change Evaluation vonstattengeht. Im nächsten Schritt wird eine Change-Planung durch das Change Management erstellt; in diesem Zug werden dann die einzelnen Teilpakete und Verantwortlichkeiten definiert. Außerdem erfolgt ein Vorschlag zur Release-Zuordnung.

5.5.5 Autorisierung Change Implementierung und Test

Im ersten Schritt der *Autorisierung Change Implementierung und Test* erfolgt die Vorbereitung des CAB-Meetings durch das Change Management. Hierzu werden die aus den vorherigen Bearbeitungsschritten erhaltenen Informationen zusammengefasst und für das CAB in entsprechender Form aufbereitet.

In der eigentlichen CAB-Sitzung werden dann drei Prüfungen sequentiell durchgeführt. Zunächst einmal wird die Freigabeempfehlung, die bei der Evaluation des Changes entstanden ist, geprüft. Ist diese positiv, wird im nächsten Schritt der Nutzen, der aus der Implementierung resultiert, erörtert. Hierzu wird die Anforderungsbeschreibung und, falls vorhanden, auch der Business Case zu Rate gezogen. Wird die Umsetzung als sinnvoll empfunden, wird im nächsten Schritt die Finanzierung begutachtet. Ist diese oder eine der beiden vorgehenden Prüfungen zur Freigabeempfehlung oder dem Nutzen negativ, wird – direkt im jeweiligen Bearbeitungsschritt – die weitere Bearbeitung des Change Requests abgelehnt. In diesem Fall wird der

Change Request vom Change Management geschlossen. Verlaufen alle Prüfungen jedoch positiv, legt das CAB einen Zieltermin zur Umsetzung fest.

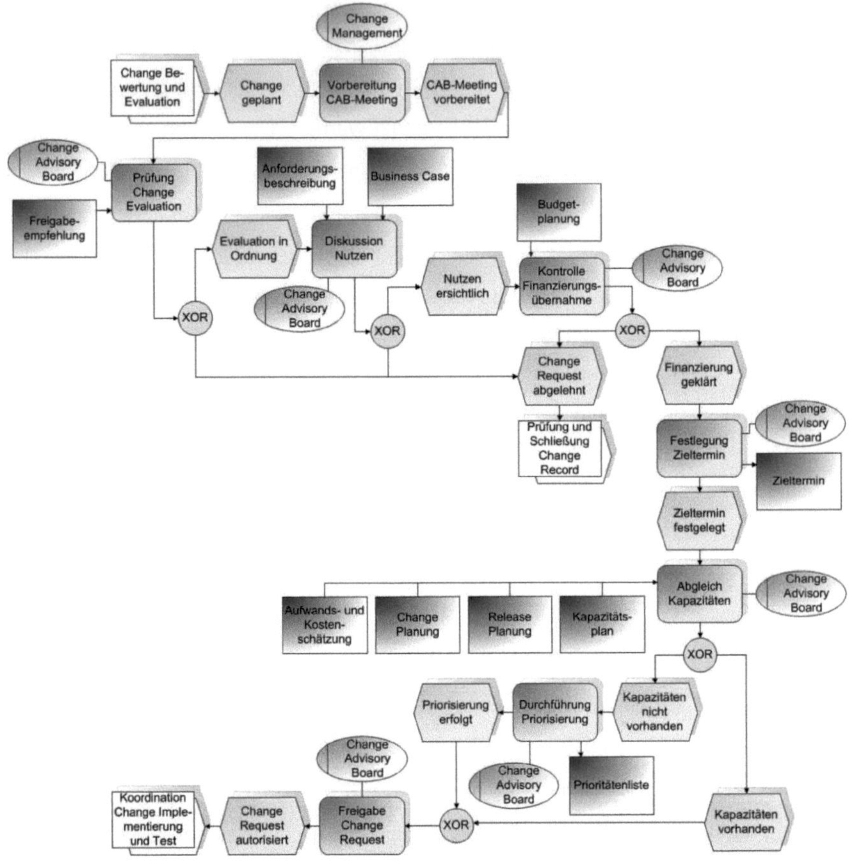

Abbildung 39: Steuerungssicht Autorisierung Change Implementierung und Test

Im nächsten Schritt erfolgt ein Abgleich zwischen den für den Change benötigten und den für ein Release noch vorhandenen Kapazitäten. Hierzu werden die Change und Release Planung, die Aufwandsschätzung sowie der Kapazitätsplan zu Rate gezogen. Sind ausreichend Ressourcen zur Umsetzung vorhanden, kann der Change Request freigegeben werden. Ansonsten muss zunächst eine Priorisierung für die Changes innerhalb des Releases durchgeführt werden. Zu diesem Zweck wird eine

Prioritätenliste erstellt. Nach durchgeführter Priorisierung kann ein Change Request dann ebenfalls zur Umsetzung freigegeben werden.

5.5.6 Koordination Change Implementierung und Test

Nach der Autorisierung der Implementierung übergibt das Change Management formal den Change Request zur Umsetzung an die Softwareentwicklung. Weiterhin werden in diesem Teilprozess auch die Nachbesserungen aus der Phase *Prüfung und Schließung Change Record* aufgenommen.

Im ersten Schritt erstellen Change Management und Softwareentwicklung eine gemeinsame Planung auf Basis der zuvor festgelegten Zieltermine und Prioritäten. Sobald diese ausgearbeitet wurde, kann die Softwareentwicklung mit der Anfertigung des Feinkonzepts beginnen. Grundlage hierfür bildet das Grobkonzept. Nach der Erstellung des Feinkonzepts muss es anschließend vom Change Management freigegeben werden. Eventuell sind an dieser Stelle Nachbesserungen nötig, so dass die Erstellung des Feinkonzepts als iterativer Prozess gesehen werden kann. Dies schließt Anpassungen in vorherigen Dokumenten wie dem Grobkonzept mit ein, so dass nicht explizit in diese Prozessschritte zurückgegangen werden muss. Wenn das Feinkonzept vom Change Management freigeben wurde, kann die eigentliche Implementierung auf Basis des Feinkonzepts durch die Softwareentwicklung beginnen. Der Vorgang wird parallel vom Change Management, den Change Initiatoren sowie der Softwareentwicklung selbst überwacht. Hierbei stehen den einzelnen Parteien unterschiedliche Informationen zur Verfügung.

Nach Abschluss der Umsetzung erfolgen die Entwicklertests durch die Softwareentwicklung, welche gegebenenfalls vom Change Management koordiniert werden. Für die Entwicklertests werden die zuvor erstellten Testfälle verwendet und im Testbericht die Ausführungsergebnisse zusammengefasst.

Die anschließenden Integrationstests werden ebenfalls von der Softwareentwicklung durchgeführt und vom Change Management entsprechend koordiniert. Wie schon beim Entwicklertest werden die hierfür vorgesehenen Testfälle ausgewählt und als Ergebnis wird ein entsprechender Testbericht generiert.

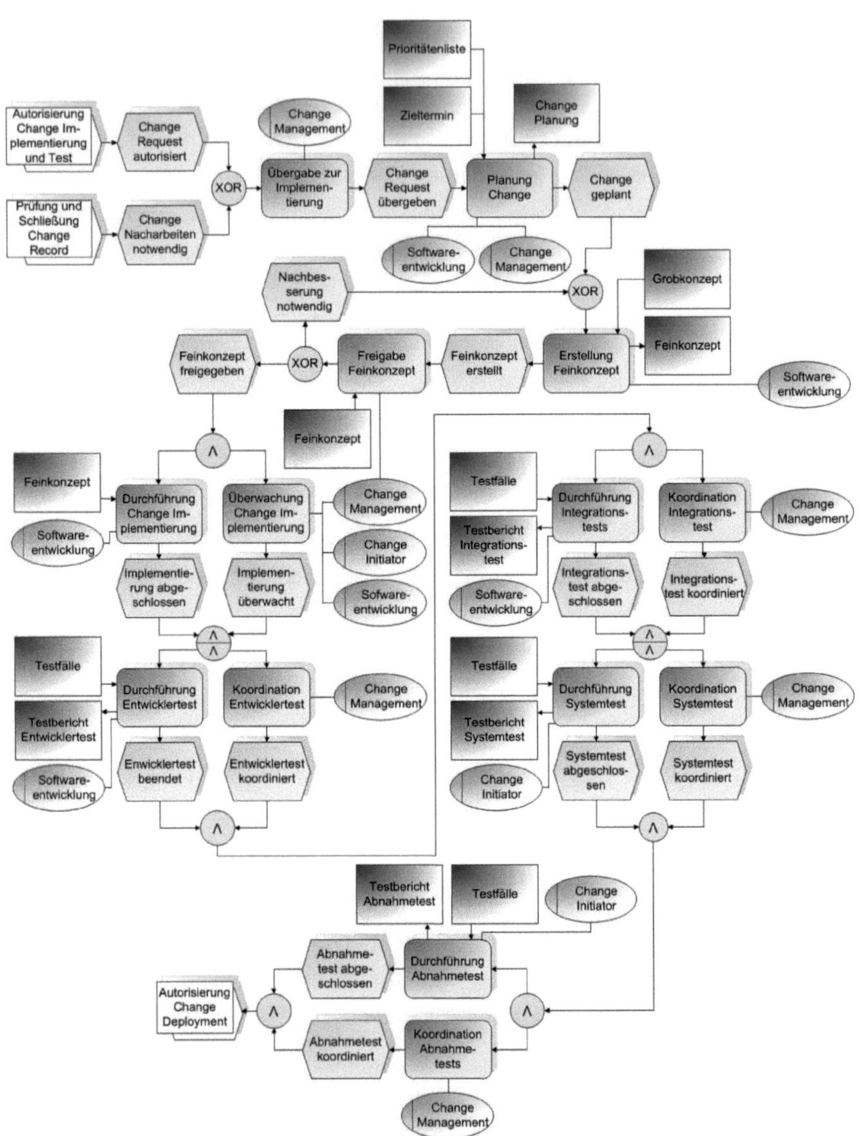

Abbildung 40: Steuerungssicht Koordination Change Implementierung und Test

Nach erfolgreichem Abschluss der Integrationstests kann der Change Initiator die Systemtests auf Basis der erstellten Testfälle durchführen. Wie bei den vorherigen

Testphasen steht auch hier das Change Management koordinierend zur Seite und übernimmt die Abstimmung mit allen notwendigen Parteien. Hierzu gehört auch der Abgleich mit der Planung. Das Ergebnis der Systemtests ist wiederum ein entsprechender Testbericht.

Analog zu den Systemtests werden auch die Abnahmetests von den Antragsstellern durchgeführt und vom Change Management koordiniert. Dabei liegt der Fokus allerdings auf einem Release als Gesamtheit und es stehen im Regelfall eigene Testfälle zur Verfügung. Somit werden komplette Geschäftsabläufe integrativ sowie regressiv geprüft, um unerwartete Seiteneffekte zu vermeiden.

Die Ergebnisse der Abnahmetests werden abermals in einem eigenen Dokument festgehalten. Nach erfolgreichem Abschluss dieser Tests kann die Übergabe zur Autorisierung für das Deployment erfolgen.

5.5.7 Autorisierung Change Deployment

Auf Grundlage der Ergebnisse des Abnahmetests kann über das Deployment eines Changes innerhalb eines Releases entschieden werden. Hierfür prüft das Change Management zunächst die vorliegenden Testergebnisse, insbesondere diejenigen des Abnahmetests, die Implementierung selbst und auch noch einmal das Design auf eventuelle Schwachstellen – hauptsächlich in Fällen, bei denen während der Tests Probleme hinsichtlich der Systemperformanz aufgetreten sind. Sobald diese Prüfungen abgeschlossen sind, erstellt das Change Management einen zusammenfassenden Evaluationsbericht. Der Evaluationsbericht dient als Basis für das Change-Deployment-Meeting der CAB-Mitglieder, welches aus zwei Gründen einberufen wird: Zum einen wird hier der Evaluationsbericht im Detail geprüft und daraus eine Freigabe oder Ablehnung für das Deployment abgeleitet, zum anderen wird in diesem Meeting auch eine Kapazitätsplanung für das nächste Release durchgeführt. Diese ist allerdings nicht zwingendermaßen immer Bestandteil jedes Change-Deployment-Meetings.

Nach der Freigabe eines Change Requests für das Deployment erfolgt ein Übergang in die nächste Phase. Bei einer negativen Entscheidung wird eine erneute Bearbeitung im Prozess *Change Bewertung und Evaluation* durchgeführt, die entweder zu einer Überarbeitung hinsichtlich Design und Implementierung oder schlussendlich zu einer generellen Ablehnung des Changes führen kann.

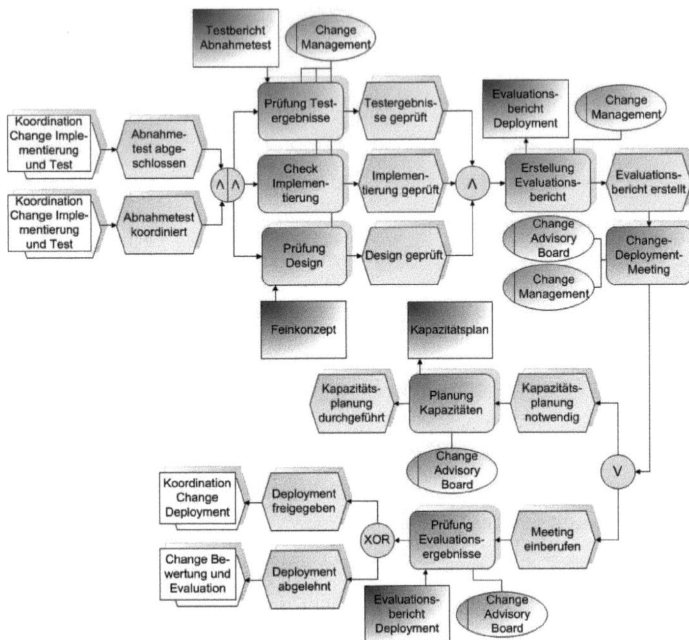

Abbildung 41: Steuerungssicht Autorisierung Change Deployment

5.5.8 Koordination Change Deployment

Nach der Freigabe des Changes für das Deployment übernimmt das Change Management zwei Aufgaben. Zum einen erstellt es in Zusammenarbeit mit dem Deployment-Team eine Planung des Go Lives, zum anderen bereitet es eine Fallback-Lösung für den Fall vor, dass es zu unvorhergesehenen Schwierigkeiten kommt. Sind diese Punkte erfolgreich abgeschlossen, kann der Go Live erfolgen. Hierbei ist das Change Management lediglich in unterstützender Form tätig, die eigentlichen Aktivitäten werden vom Deployment Management durchgeführt. Als Grundlage für den Go Live dient der gemeinsam erarbeitete Deployment-Plan.

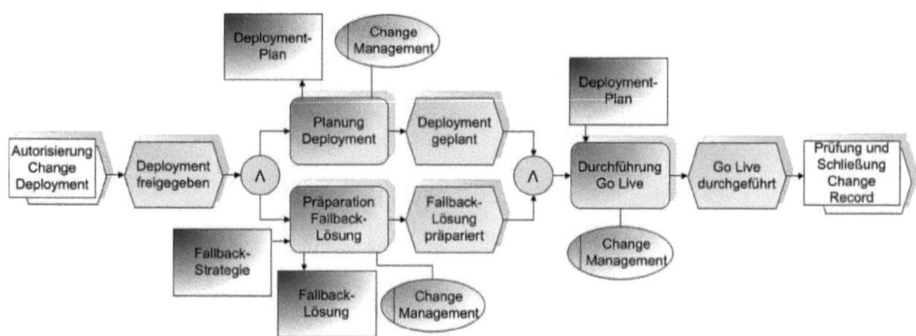

Abbildung 42: Steuerungssicht Koordination Change Deployment

5.5.9 Prüfung und Schließung Change Record

Nach der Inbetriebnahme einer Systemänderung wird im Rahmen der Phase *Prüfung und Schließung Change Record* zunächst ein Evaluationsbericht hinsichtlich der Systemperformanz sowie eventueller, durch den Change entstandener Risiken erstellt. Bei kleineren Änderungen führt diese Aufgabe das Change Management selbst durch, für komplexe Systemänderungen entstehen die Beurteilungen im Rahmen des *Change-Evaluation-Prozesses.*[742] Auf Grundlage des Evaluationsberichts bewerten das Change Management sowie der Change Initiator den Erfolg der Umsetzung. Werden hierbei gravierende Schwachstellen festgestellt, kommt es zu einer Überarbeitung der durchgeführten Systemänderung.

Es bietet sich an, einige Zeit nach der Inbetriebnahme der Änderung einen Change Review mit den CAB-Mitgliedern durchzuführen. In diesem Fall bereitet das Change-Management auf Basis des Evaluationsberichts einen Termin vor, in der die gesammelten Erkenntnisse durch das CAB diskutiert werden können. Als Teil des Change Reviews wird auch die Frage erörtert, inwieweit die Ziele, die der Antragssteller mit der Implementierung der Änderung verbunden hat, erreicht wurden. Weiterhin ist relevant, ob die geplanten Ressourcen ausreichend waren und die zugrunde liegende Zeitplanung eingehalten werden konnte. Damit hängt ebenfalls zusammen, ob die Kosten sich im Rahmen der Kostenschätzung bewegt haben oder diese überschritten wurden.

[742] Vgl. hierzu noch einmal die Abschnitte 2.1.3.6 zur Vorgehensweise bei der Prüfung und Schließung eines Change Records nach ITIL sowie Kapitel 2.1.2.6 zum *Change-Evaluation-Prozess.*

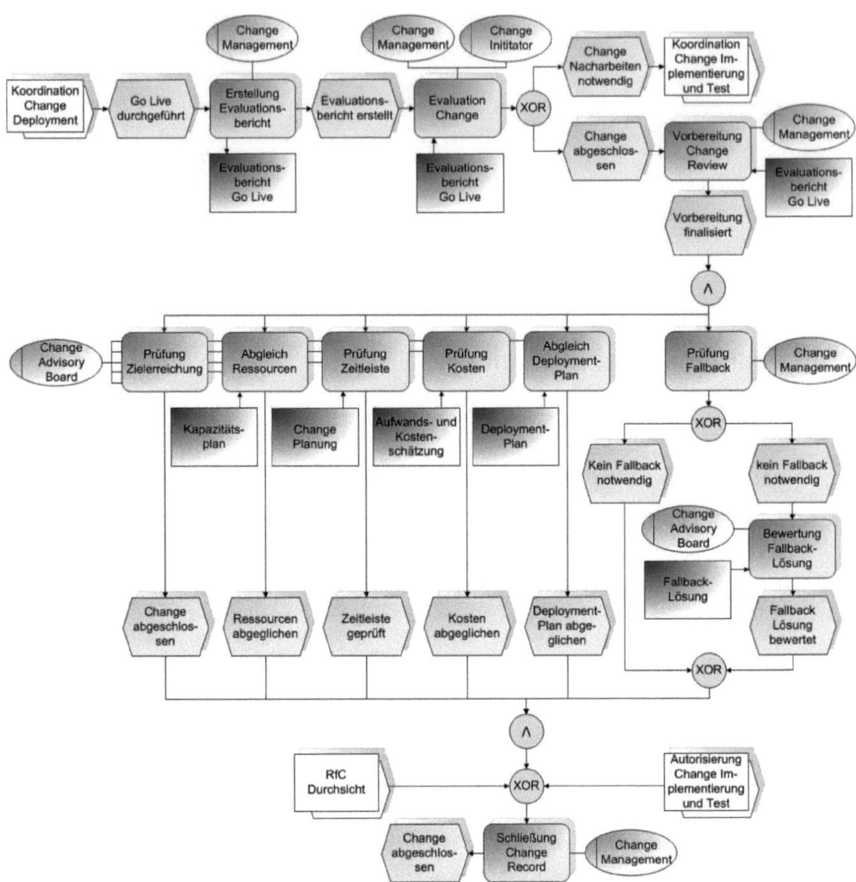

Abbildung 43: Steuerungssicht Prüfung und Schließung Change Record

Darüber hinaus erfolgt eine Überprüfung des Deployment-Plans. Hierdurch werden Abweichungen zwischen geplanter und tatsächlicher Durchführung des Deployments ermittelt. Falls eine Fallback-Lösung zum Einsatz kam, fließt diese ebenfalls in die Gesamtbewertung mit ein. Nach der abschließenden Bewertung durch das CAB kann der Change Record vom Change Management geschlossen werden.

Das Fachkonzept und insbesondere die Steuerungssicht, welche die einzelnen Sichten vereint, bilden die Grundlage zur Erstellung eines Datenverarbeitungskonzepts. Dieses wird im Rahmen des folgenden Kapitels 6 dargestellt.

6 Vorbereitung einer IT-Umsetzung mittels Business Intelligence

Nachdem im vorangegangenen Kapitel 5 versucht wurde, den fachlichen Teil der Forschungsfrage zu beantworten, sollen nun die Teilfragen vier und fünf, die für die IT-technische Umsetzung relevant sind, adressiert werden.[743] Zu diesem Zweck wird in Kapitel 6.1 zunächst einmal eine Softwareevaluation durchgeführt, welche versucht, die bereits existierenden Möglichkeiten zur Deckung von Informationsbedarfen mit Hilfe von Werkzeugen aus dem Bereich IT-Service-Management darzustellen. Um die Anforderungen an eine gesamtheitliche Abdeckung des identifizierten Informationsbedarfs innerhalb der einzelnen Prozessschritte des IT-Change-Management Prozesses sicherstellen zu können, sind weitere Optionen notwendig. Somit ist Gegenstand von Kapitel 6.2 die Beantwortung der Frage, warum Business Intelligence ein geeigneter Ansatz zur Umsetzung der zuvor definierten fachlichen Lösung sein kann. Daneben soll mit Hilfe einer generischen BI-Architektur dargestellt werden, auf welche Weise die Umsetzung erfolgen kann. Die konkrete Ausgestaltung der einzelnen Ebenen dieser Architektur wird im Rahmen der konzeptionellen Umsetzung in Form eines Datenverarbeitungskonzepts[744] innerhalb von Kapitel 6.3 beschrieben.

6.1 Softwareevaluation

Gemeinhin wird unter einer Evaluation die gezielte Bewertung von materiellen oder immateriellen Gegenständen unter Rückgriff auf Kriterien und Verfahren, deren Angemessenheit erläutert oder begründet werden sollte, verstanden.[745] Dementsprechend kann die Softwareevaluation als Analyse und Bewertung von Softwaresystemen gekennzeichnet werden.[746] DUMSLAFF u.a. unterscheiden bei ihrem Vorgehensmodell zur Softwareevaluation zwischen einer modellabhängigen und einer modell-

[743] Vgl. hierzu die Ausführungen zur Forschungsfrage in Kapitel 1.2.4.

[744] Für den Begriff des Datenverarbeitungskonzepts wird im Kontext dieser Arbeit das Verständnis von SCHEER zugrunde gelegt. Dabei überträgt ein Datenverarbeitungskonzept die Begriffswelt des Fachkonzepts in die Kategorien, die für eine datenverarbeitungstechnische Umsetzung sorgen können (vgl. Scheer (1998), S. 15). Zu diesem Zweck wird auf generelle Konzepte der Informationstechnik zurückgegriffen ohne auf konkrete Produkte oder Systeme eingeschränkt zu sein (vgl. Scheer (1998), S. 64). Jedoch treten gegenüber dem Fachkonzept, welches sich in erster Linie auf die fachliche Verständlichkeit fokussiert, informationstechnische Aspekte wie Datenspeicherung und -verarbeitung in den Betrachtungswinkel.

[745] Vgl. House (1993), S. 1 oder Frank (2000), S. 36.

[746] Vgl. Dumslaff u.a. (1994), S. 89.

unabhängigen Untersuchung der Software.[747] Innerhalb der modellabhängigen Softwareevaluation werden die Funktionen, die dem Anwender zur Verfügung stehen, betrachtet. Diese werden dann im Hinblick auf das Anwendungsgebiet der Software beurteilt, wobei das Anwendungsgebiet selbst in möglichst formaler Weise mit Hilfe eines Modells dargestellt ist. Somit bildet das Modell des Anwendungsgebietes den Vergleichsmaßstab für die Bewertung der unterschiedlichen Softwareprodukte. In der modellunabhängigen Softwareevaluation ist demgegenüber kein spezielles Modell des Anwendungsbereichs vonnöten, sondern es wird auf bereits existierende, allgemeine Ansätze zurückgegriffen. Generell wird bei der modellunabhängigen Softwareevaluation die Benutzerschnittstelle bewertet.

Ziel ist es nun, mit Hilfe einer modellabhängigen Softwareevaluation herauszufinden, inwieweit existierende Softwarelösungen durch ihr Leistungsspektrum das im Fachkonzept beschriebene Modell des Change-Management-Prozesses unterstützen. Insbesondere sollen durch diese Herangehensweise auch die durch die nachfrageorientierten Analysen ermittelten Anforderungen an den Change-Management-Prozess berücksichtigt werden. Hierzu soll in den folgenden Abschnitten zunächst das Vorgehen beschrieben werden, bevor verschiedene Softwarewerkzeuge im Detail vorgestellt werden und abschließend eine Übersicht über die Evaluationsergebnisse gegeben wird.

6.1.1 Vorgehensweise

Bei einer ganzheitlichen Bewertung von Softwaresystemen sind nach OPPERMANN und REITER die Faktoren Benutzer, Aufgabe und Computer relevant, die sich – wie in Abbildung 44 illustriert – in einer wechselseitigen Beziehung befinden.[748] Hierbei stehen die Beziehungen für unterschiedliche Aspekte, die im Rahmen einer Softwareevaluation berücksichtigt werden sollen. Die Aufgabenbewältigung als Verbindung zwischen einer Aufgabe und einem Benutzer drück aus, inwieweit ein Anwender in der Lage ist, die ihm gestellten Aufgaben mit Hilfe der Software zu erfüllen oder in welchem Umfang ihn die Anwendung bei der Ausführung behindert. Diese Prüfung erfolgt mit Hilfe von zuvor festgelegten Kriterien. Die Funktionalität eines Systems

[747] Vgl. Dumslaff u.a. (1994), S. 89 ff.
[748] Vgl. Oppermann und Reiterer (1994), S. 337.

gibt an, ob die Software aufgabenrelevant und -angemessen ist. Hierdurch kann demnach bestimmt werden, in welchem Ausmaß Aufgaben durch ein Softwarewerkzeug unterstützt werden können. Daneben ist in diesem Kontext die Fragestellung relevant, ob der Anwender durch Umgestaltung des Systems eine bessere Aufgabenerfüllung erreichen kann. Im Rahmen der dargestellten Beziehung zwischen Computer und Benutzer wird der Interaktionsaufwand zwischen diesen beiden Elementen gemessen. Dies geschieht anhand von festgelegten Merkmalen wie der Messung der ergonomischen Qualität oder der Bestimmung des Aufwands, der zum Erlernen der Systemfunktionalität erforderlich ist.

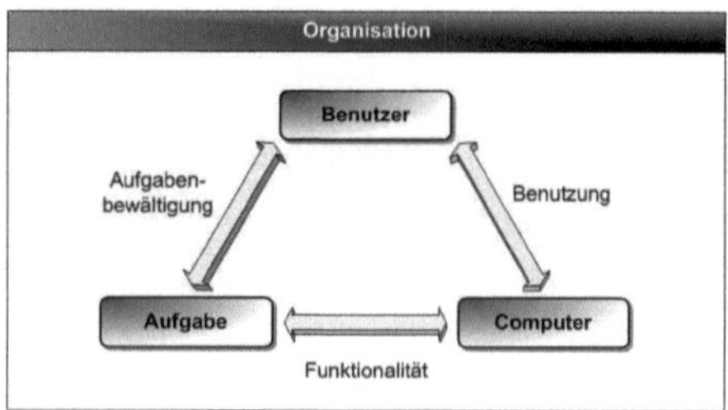

Abbildung 44: Elemente Softwareevaluation[749]

Im Rahmen der hier durchgeführten Softwareevaluation liegt der alleinige Fokus auf der Bewertung der Funktionalität. Es liegt in der Zielsetzung begründet zu ermitteln, inwieweit die Aufgaben im Rahmen des Change-Management-Prozesses aktuell softwaretechnisch unterstützt werden. Um dies zu erreichen, werden zunächst einmal im folgenden Abschnitt 6.1.2 geeignete Softwarelösungen identifiziert. Danach werden diese im Hinblick auf ihre Aufgabenrelevanz und -angemessenheit bezüglich der Aktivitäten des Change-Management-Prozesses, welche in Kapitel 5.2 herausgearbeitet wurden, bewertet. Die Auswertungsergebnisse finden sich dann in Abschnitt 6.1.3.

6.1.2 Softwaretools für das IT-Service-Management

Mit der Implementierung der ITIL-Prozesse in den Unternehmen steigt auch der Wunsch der Unterstützung dieser Prozesse durch adäquate Softwarelösungen, da gerade in großen Konzernen eine Vielzahl von Prozessen existiert, die untereinander

[749] Quelle: eigene Darstellung, in Anlehnung an Oppermann und Reiterer (1994), S. 337.

eine große Abhängigkeit aufweisen. Gleichzeitig gibt es aber auch eine beachtliche Anzahl an Werkzeugen, die diese Prozesse unterstützen können. Für den im Kontext dieser Arbeit betrachteten Anwendungsbereich bei großen Konzernen[750] haben sich auf Grundlage von Marktspiegeln[751] die Produkte *IBM SmartCloud Control Desk*, *CA Nimsoft Service Desk*, *BMC Remedy IT Service Management Suite* sowie *HP Service Manager* als geeignet herauskristallisiert. Diese werden im Folgenden näher vorgestellt.

6.1.2.1 IBM SmartCloud Control Desk

Eine integrierte Servicemanagementlösung bietet *IBM SmartCloud Control Desk*. Hierin sind verschiedene Service-Management-Prozesse abgebildet – beispielsweise Incident Management, Problem Management, Configuration Management, Asset Management oder auch Change und Release Management.[752] Grundsätzlich wird der Change-Management-Prozess innerhalb dieser Anwendung workflowbasiert unterstützt, so dass die einzelnen Arbeitsschritte systembasiert abgearbeitet und nachvollzogen werden können. Je nach Art des Changes – Standard-, Normal- oder Notfall-Change – stehen unterschiedliche Arbeitsabläufe zur Verfügung.

6.1.2.2 CA Nimsoft Service Desk

Eine weitere Anwendung, die auf den IT-Service-Management-Prinzipien beruht, ist durch *CA Nimsoft Service Desk* gegeben. Dieses Produkt wird als Teil des *CA IT Management SaaS* (Software as a Service) angeboten und stellt eine integrierte Plattform für die Endanwender dar.[753] Mit Hilfe von Workflows können verschiedene Service-Requests wie Incidents, Problems oder Changes bearbeitet werden. *CA Nimsoft* bietet ebenso einige Zusammenarbeitsmöglichkeiten wie ein Chatwerkzeug oder ein Forum, in dem Beiträge verfasst und kommentiert werden können.

---

[750] Vgl. die Darstellung des Untersuchungsbereichs in Abschnitt 1.3.4.1 und die dort thematisierte Fokussierung auf Großunternehmen.

[751] Vgl. hierzu u.a. Computerwoche (2013), Gartner (2014) oder CIO (2014). Hier finden sich Übersichten über die vorhandenen Softwarelösungen im Bereich IT-Service-Management sowie deren Unterteilung in Anwendungen für Großunternehmen sowie den Mittelstand. Es ist zu erwähnen, dass die ausgewählten Werkzeuge auf hohe Anwenderzahlen und große Datenmengen ausgelegt sind und sich im Regelfall für Unternehmen des Mittelstands nicht sonderlich eignen. Dies ist mit den wirtschaftlich nicht zu rechtfertigenden Kosten für Implementierung und Betrieb zu begründen.

[752] Vgl. hierzu die Produktbeschreibung der derzeit aktuellen Version 7.5.1 auf IBM (2014).

[753] Vgl. die Produktbeschreibung der Version 7.13.8 unter CA Nimsoft (2014b).

Die Bearbeitung von Changes wird workflowbasiert durchgeführt, hierbei können verschiedene Workflows fußend auf dem Change-Typ hinterlegt werden. Ebenso können unterschiedliche Freigabestrategien – alle Genehmiger müssen freigeben, ein einzelner Genehmiger kann den gesamten Change ablehnen etc. – definiert werden.

Die *CA Nimsoft Service Desk* Lösung bietet den Anwendern je nach Benutzerprofil die Möglichkeit eine vordefinierte Auswahl an Standardberichten über Tickets, Configuration Items oder Knowledge Artikel einzusehen, Ad hoc Berichte für Incidents und Problems zu erzeugen sowie Dashboards zu generieren.[754]

6.1.2.3 BMC Remedy IT Service Management Suite

Das Ziel der *BMC Remedy IT Service Management Suite* ist es, eine Lösung für das IT-Service-Management zur Verfügung zu stellen, welche die ITIL Prozesse wie u.a. Incident Management, Problem Management oder Change Management miteinander verbindet und weitestgehend automatisiert. Durch die integrierten Prozesse – insbesondere beim Change und Release Management – sollen durch menschliche Fehler ausgelöste, ungeplante Ausfallzeiten reduziert und hierdurch Kosten gesenkt werden.[755]

Im Wesentlichen wird der Change-Management-Prozess durch einen Lebenszyklus abgebildet, welcher je nach Art des Changes unterschiedliche Stationen durchläuft und von unterschiedlichen Personen bearbeitet wird[756].

6.1.2.4 HP Service Manager

Der *HP Service Manager* unterstützt Organisationen dabei, ihre IT Infrastruktur ganzheitlich zu verwalten.[757] Hierzu wird der komplette Lebenszyklus eines Services abgebildet und durch die Prozesse Incident und Problem Management, aber auch Change und Release Management begleitet. Standardmäßig werden verschiedene Workflows angeboten, die auf den in ITIL definierten Prozessabläufen basieren. Auf diese Weise können die am Service Prozess beteiligten Personen, das Wissen, die

---

[754] Vgl. CA Nimsoft (2013) sowie CA Nimsoft (2014a).
[755] Vgl. BMC (2014a).
[756] Vgl. die Produktbeschreibung der Version 8.1 unter BMC (2014b).
[757] Vgl. die Dokumentation *Processes and Best Practices* des *HP Service Managers* in der Version 9.33 unter HP (2014).

Informationen und Dokumentationen, die Prozesse sowie die zugehörige Infrastruktur gehandhabt werden.

Im Rahmen des Change Managements stehen ebenfalls verschiedene Change-Prozesse zur Verfügung – beispielsweise für normale Anpassungen oder Notfalländerungen. Außerdem können hier verschiedene Kategorien wie Anpassungen am Netzwerk, an der Software oder an der Hardware unterschieden werden.

6.1.3 Evaluationsergebnisse

Auf Basis der vorliegenden Softwaredokumentationen können die Funktionalitäten der einzelnen IT-Service-Management-Tools einander gegenübergestellt werden. Eine detaillierte Übersicht hierzu ist in H aufgeführt. Um eine Bewertung der Softwarewerkzeuge in Hinblick auf die im Rahmen der Kapitel 3 und 4 ermittelten Informationsbedarfe zu erreichen, werden folgende Kriterien angelegt:

o	Diese Funktionalität wird grundsätzlich von der Software unterstützt, jedoch sind hierzu weitere Informationen zur Ausführung nötig und die durchzuführenden Aufgaben sind manuell zu erledigen.
+	Ein Großteil der zur Durchführung der jeweiligen Aktivität vorhandenen Informationen ist vorhanden, teilweise müssen diese jedoch aus anderen Quellen ergänzt werden.
++	Zur Durchführung dieser Aufgabe sind alle notwendigen Informationen vorhanden, so dass die Ausführung derselben systemtechnisch sehr gut unterstützt werden kann oder teilweise sogar automatisiert ist.

Tabelle 11: Kriterien zur Softwareevaluation

Anhand dieser Einordnungen ergibt sich die in der nachfolgenden Abbildung dargestellte Bewertung der einzelnen Softwaretools im Hinblick auf die Unterstützung des IT-Change-Management-Prozesses:

	IBM SmartCloud Control Desk	CA Nimsoft Service Desk	BMC Remedy IT Service Management Suite	HP Service Manager
RfC Erstellung				
Suche Systemlösung	o	o	o	o
Ermittlung vergleichbarer Anforderungen	+	+	+	+
Konsolidierung Änderungsbedarfe	o	o	o	o
Beschreibung Anforderungen	+	+	+	+
Beschreibung Auswirkungen	+	o	o	o
Definition Testfälle	o	o	o	o
Bestimmung Budget	o	o	o	o
Erstellung Business Case	o	o	o	o
Erstellung Änderungsantrag	++	++	++	++
RfC Aufzeichnung				
Erstellung Change Record	++	++	++	++
Hinzufügen Referenzdokumente	++	++	++	++
RfC Durchsicht				
Prüfung Vollständigkeit	++	++	++	++
Prüfung Finanzierungsübernahme	+	+	+	+
Klassifikation Inhalt	+	+	+	+
Information Antragssteller	++	++	++	++
Prüfung Abhängigkeiten	++	+	+	+
Festlegung Kategorie	++	++	++	++
Prüfung Dringlichkeit	++	++	++	++
Change Bewertung und Evaluation				
Festlegung Bearbeitungsreihenfolge	++	+	++	++
Beurteilung Change Request				
Konkretisierung Business Szenario	+	+	+	+
Diskussion Lösungsansatz	o	o	o	o
Erstellung Grobkonzept	o	o	o	o
Freigabe Grobkonzept	++	++	++	++
Identifikation Abhängigkeiten	++	+	+	+
Prüfung Auswirkungen Architektur	+	o	++	++
Prüfung Auswirkungen Betrieb	+	o	++	++
Definition Fallback-Strategie	o	o	o	+
Ergänzung Testfälle	o	o	o	o
Bestimmung Aufwand und Kosten	++	o	+	+
Evaluation Change Request	++	o	o	o
Planung Change	++	+	+	++
Autorisierung Change Implementierung und Test				
Vorbereitung CAB Meeting	++	++	++	++
Prüfung Change Evaluation	+	+	+	+
Diskussion Nutzen	o	o	o	o
Kontrolle Finanzierungsübernahme	o	o	o	o
Festlegung Zieltermin	++	++	++	++
Abgleich Kapazitäten	o	o	o	o
Durchführung Priorisierung	+	+	+	++
Freigabe Change Request	++	++	++	++
Koordination Change Implementierung und Test				
Übergabe Implementierung	++	+	+	++
Planung Change	++	+	++	++
Erstellung Feinkonzept	o	o	o	o
Freigabe Feinkonzept	++	++	++	++
Durchführung Change Implementierung	++	o	+	+
Überwachung Change Implementierung	++	++	++	++
Durchführung Entwicklertest	o	o	o	o
Koordination Entwicklertest	+	+	+	+

	IBM SmartCloud Control Desk	CA Nimsoft Service Desk	BMC Remedy IT Service Management Suite	HP Service Manager
Durchführung Integrationstest	o	o	o	o
Koordination Integrationstest	+	+	+	+
Durchführung Systemtest	o	o	o	o
Koordination Systemtest	+	+	+	+
Durchführung Abnahmetest	o	o	o	o
Koordination Abnahmetest	+	+	+	+
Autorisierung Change Deployment				
Change Evaluation				
Prüfung Testergebnisse	o	o	o	+
Check Implementierung	o	o	o	o
Prüfung Design	o	o	o	o
Erstellung Evaluationsbericht	o	o	o	o
Prüfung Evaluationsergebnisse	o	o	o	o
Planung Kapazitäten	o	o	o	o
Koordination Change Deployment				
Planung Deployment	++	+	++	++
Präparation Fallback-Lösung	o	o	++	+
Durchführung Go Live	o	o	o	o
Prüfung und Schließung Change Record				
Erstellung Evaluationsbericht	o	o	o	o
Evaluation Change	++	+	++	++
Review Change				
Prüfung Zielerreichung	o	o	o	o
Abgleich Ressourcen	o	o	o	o
Prüfung Zeitleiste	+	o	+	+
Prüfung Kosten	+	o	+	+
Abgleich Deployment Plan	o	o	o	o
Bewertung Fallback-Lösung	o	o	o	+
Schließung Change Record	++	++	++	++

Abbildung 45: Ergebnisse Softwareevaluation

Grundsätzlich lässt sich hierbei festhalten, dass alle untersuchten Softwarelösungen die operativen Prozesse auf Basis von ITIL, COBIT oder weiteren Best-Practices sehr gut unterstützen – insbesondere auch den Change-Management-Prozess, der im Fokus dieser Arbeit steht. Hierbei können in der Gestaltung unternehmensspezifischer Ausprägungen durchaus Anpassungen an den Workflows vorgenommen werden, so dass flexible Lösungen entstehen. Außerdem bieten die vorgestellten Werkzeuge eine weitgehende Integration der verschiedenen ITIL Bereiche wie *Service-Transition* oder *Service-Operation* an, so dass ein durchgängiger Informationsfluss möglich ist. Teilweise ist auch die Integration mit weiteren, ergänzenden Softwareprodukten möglich, so dass die bestehende Funktionalität erweitert werden kann – wie beispielsweise im Falle von BMC mit Hilfe der *IT Business Management Suite*.

Bei allen vorgestellten Tools bestehen jedoch nur geringe Möglichkeiten den individuellen Informationsbedarf abzudecken, der zur Durchführung von bestimmten Aufgaben im Rahmen der Umsetzung einer Änderungsanforderung notwendig ist. Teilweise existieren Standardreports, die Auskünfte über den Stand von Tickets geben oder Auswertungen auf Basis von definierten Leistungsindikatoren[758] durchführen können. Diese sind aber für die Ansprüche der Endanwender nur begrenzt individuell anpassbar. Auch wird es schwierig, Statistiken anhand von definierten Kriterien über verschiedene Aggregationsebenen hinweg zu generieren und folglich sowohl die Sicht auf einzelne Tickets als auch über die Zusammenfassungen zu erzeugen. Die graphische und tabellarische Darstellung von Informationen ist ebenso beschränkt.

Darüber hinaus werden z.B. für Freigaben Informationen aus anderen Bereichen – beispielsweise der Softwareentwicklung oder dem Kostencontrolling – benötigt, für die nicht unbedingt eine Integration der operativen Werkzeuge in das IT-Service-Management erforderlich ist. Somit liegen in den vorgestellten Anwendungen jeweils nur partielle Informationen vor. Aus diesem Grund dienen diese Tools insgesamt gesehen eher zur Erleichterung der operativen Tätigkeiten denn als integrierte Systeme zur Entscheidungsunterstützung oder -vorbereitung.

6.2 Business Intelligence

Zur Beantwortung der Forschungsfrage – insbesondere der vierten Teilfrage – ist auf Basis der gegebenen Kontextfaktoren ein integriertes Gesamtkonzept zur IT-basierten Entscheidungsunterstützung notwendig. Diese Folgerung lässt sich aus mehreren Rahmenbedingungen ableiten. So besteht der Untersuchungsbereich der Arbeit aus den Anwendungsgebieten IT-Change-Management sowie Software Engineering.[759] Aus der Informationsbedarfsanalyse innerhalb der Kapitel 3.3 (angebotsorientiert) und 3.4 (nachfrageorientiert) sowie insbesondere den Ausführungen zur Expertenbefragung in Kapitel 4 ergibt sich die Tatsache, dass vielfach mehrere Informationssysteme zur Unterstützung der operativen Tätigkeiten eingesetzt werden. Hieraus resultiert eine relativ heterogene Datenstruktur, im selben Moment aber auch eine umfangreiche Informationsbasis, die sowohl strukturierte als auch unstrukturierte Daten enthält. Gleichzeitig wachsen die Anforderungen an die Transparenz und

[758] Leistungsindikatoren (Key Performance Indicators, KPIs) dienen als Qualitätsparameter zur Steuerung und Überwachung von Prozessen oder Systemen (vgl. Olbrich (2008), S. 262 oder Schiefer und Schitterer (2008), S. 10).

[759] Vgl. Abschnitt 1.3.4.1.

Nachvollziehbarkeit von Entscheidungen innerhalb des Change-Management-Prozesses. Damit einher geht auch eine Steigerung der Ansprüche an die entscheidungsvorbereitenden Aktivitäten zur Planung und Kontrolle einzelner Prozessaktivitäten oder generell zur Informationsversorgung der beteiligten Akteure. Dies kann von isolierten Systemen nicht mehr im gewünschten Umfang geleistet werden, was eine integrierte Lösung zur Generierung, Speicherung, Analyse und Recherche sowie Distribution von Informationen notwendig macht. An dieser Stelle kann nun auf Business Intelligence zurückgegriffen werden, welches sich per Definition als integrierter IT-basierter Gesamtansatz zur betrieblichen Entscheidungsunterstützung versteht.[760]

Business-Intelligence-Ansätze können lediglich unternehmensspezifisch konkretisiert werden.[761] Somit soll in den nachfolgenden Kapiteln versucht werden, einen relativ generischen Rahmen für den Einsatz von BI im Kontext von IT-Change-Management zu erstellen. Die Darstellung dieses Ansatzes erfolgt gemäß des BI-Ordnungsrahmens nach KEMPER in den Schichten *Datenbereitstellung*, *Informationsgenerierung* und *-distribution* sowie *Informationszugriff*.[762] Die Spezifika der einzelnen Ebenen werden in den folgenden Abschnitten erläutert.

6.3 Konzeptionelle Umsetzung

Die Darstellung der konzeptionellen Umsetzung des Lösungsansatzes erfolgt entlang der unterschiedlichen Schichten der zugrunde liegenden BI-Architektur. Hierdurch wird die fünfte Teilfrage der Forschungsfrage adressiert. Zu diesem Zweck werden zunächst die Quellsysteme erläutert, bevor auf die verwendeten Verfahren zur Datenanalyse eingegangen wird. Anschließend sollen die Informationsbereitstellung auf Basis einer webbasierten Lösung sowie die notwendigen Administrationsschnittstellen zur Pflege der Infrastruktur erklärt werden.

6.3.1 Externe Systeme und operative Systeme

Die externen und operativen Systeme enthalten den Datenbestand, der im Umfeld der zu analysierenden Change Requests entsteht. Es können hierbei verschiedene

---

[760] Vgl. hierzu die Begriffsabgrenzung von Business Intelligence in Abschnitt 2.3.1.2.

[761] Dies ist auf die hier zugrunde liegende Definition von BI als integrierten, unternehmensspezifischen, IT-basierten Gesamtansatz zurückzuführen, vgl. hierzu auch noch einmal Abschnitt 2.3.1.2.

[762] Vgl. hierzu die Darstellung des BI-Ordnungsrahmen in Kapitel 2.3.2.

Systeme zum Einsatz kommen, die je nach Einsatzzweck unterschiedliche Funktionen erfüllen und demzufolge mehrere Aufgabenträger unterstützen. Als Beispiele seien Ticketsysteme für das IT-Service-Management, CASE- oder MDSD-Tools zur Unterstützung der Softwareentwicklung, Kostenrechnungssysteme zur Erfassung aller angefallenen Kosten, Qualitätssicherungssysteme zur Unterstützung bei der Durchführung von Softwaretests oder auch Projektplanungswerkzeuge zur Festlegung von Projektzeitleisten genannt. Die Übernahme des Datenbestands aus den operativen Systemen in die Datenbereitstellungsebene des hier vorgestellten BI-Ansatzes erfolgt mit Hilfe von definierten ETL-Prozessen auf Basis der vorliegenden Datenstrukturen.[763] Ein Teil der Datenübernahme ist auch die Analyse von unstrukturierten Texten mit Hilfe von Text-Mining-Ansätzen.[764] Hierbei werden aus den textuellen Beschreibungen Schlüsselwörter extrahiert und im Data Warehouse hinterlegt.[765]

6.3.2 Datenbereitstellung

Mit Hilfe der Datenbereitstellung kann die qualitative, quantitative und zeitliche Informationsversorgung für die Entscheidungsträger aller Ebenen verbessert werden.[766] Dies wiederum geschieht im Sinne der Ausschöpfung der in Kapitel 1.2.5 identifizierten Nutzenpotentiale.

6.3.2.1 Umsetzungskonzept

Die Bereitstellung der notwendigen Daten beruht auf zwei wesentlichen Speicherkomponenten. Den ersten Teil stellt eine integrierte Datenbasis in Form eines C-DWHs dar. Diese beinhaltet strukturierte Daten und basiert auf einem relationalen Datenbankmodell. Somit wird an dieser Stelle ein ROLAP-Ansatz verwendet;[767] die zugehörigen Datenstrukturen sind Gegenstand des folgenden Kapitels 6.3.2.2. Auf Basis des C-DWHs können für die einzelnen Anwenderrollen *Change Initiator*, *Change Management*, *Softwareentwicklung* und *Change Advisory Board* spezifische *Data Marts* definiert werden, die auf die jeweiligen Aufgaben dieser Anwendergruppen ausgerichtet sind. Die zweite wesentliche Speicherkomponente ist ein kombinier-

---

763 Vgl. die Darstellung der Datenübernahme in Kapitel 2.3.3.3.

764 Vgl. hierzu auch die generelle Vorgehensweise beim Text Mining in Kapitel 2.3.4.3.

765 Vgl. dazu die Beschreibung zum Thema *Cluster* innerhalb des Implementierungsansatzes in Abschnitt 7.2.3.2.

766 Vgl. Mucksch und Behme (1997), S. 36 ff.

767 Vgl. hierzu auch die Ausführungen im Abschnitt *Umsetzungskonzepte* innerhalb von Kapitel 2.3.4.1.

tes CMS und DMS, welches zur Ablage von un- oder semistrukturierten Daten eingesetzt wird. Hier können Dokumentationen und weiterführende Informationen zu einzelnen Changes hinterlegt werden. Die Daten selbst liegen in unstrukturierter Form vor, jedoch werden notwendige Metainformationen aus dem CMS bzw. DMS im C-DWH gespeichert und sind somit dort auswertbar.

Werden auf der Ebene des Informationszugriffs Daten zu bestimmten Change Requests ergänzt, können diese ins Data Warehouse übernommen werden.[768] Das geschieht im Sinne eines Closed-Loop-Ansatzes,[769] allerdings erfolgt im Unterschied zur Vorgehensweise beim klassischen *Closed Loop Data Warehousing* die Rückführung der operativen Daten nicht mehr in die operativen Systeme selbst, sondern direkt ins Data Warehouse. Eine derartige Verfahrensweise liegt darin begründet, dass die Informationen lediglich Relevanz für die auf dem Data Warehouse basierenden Auswertungen besitzen. Weiterhin müssen die Daten berechtigungstechnisch personenbezogen abgegrenzt werden, was sich innerhalb des vorliegenden Architekturrahmens der dispositiven Datenhaltung realisieren lässt, ohne die zugrunde liegenden operativen Datenquellen anpassen zu müssen.

6.3.2.2 Datenmodell

Innerhalb des C-DWHs kommt im vorgestellten Modell auf physikalischer Ebene ein klassisches, relationales Datenbanksystem zum Einsatz. Somit liegt dem Umsetzungskonzept auf logischer Ebene[770] ein ROLAP-Ansatz zugrunde.[771] Die Daten selbst sind innerhalb eines Snowflake-Schemas organisiert. Allerdings kommen an dieser Stelle mehrere Faktentabellen zum Einsatz, welche auf dieselben Dimensio-

[768] Vgl. hierzu die geschilderte Vorgehensweise zur Erstellung von lokalen Dokumenten zur Fortschrittsüberwachung der Implementierung im Rahmen der Expertenbefragung aus Abschnitt 4.3.1.2.

[769] Vgl. auch den Abschnitt Implementierungsansätze innerhalb von Kapitel 2.3.4.1.

[770] Im Rahmen einer Datenmodellierung werden häufig verschiedene Phasen durchlaufen, bis ein Datenbankschema vorliegt. Gemäß den einzelnen Etappen können hierbei eine konzeptionelle, eine logische und eine physische Ebene unterschieden werden. Auf konzeptioneller Ebene werden Objekte der realen Welt inklusive ihrer Eigenschaften und Beziehungen beschrieben, auf logischer Ebene werden dann die zugehörigen Strukturen und Formate für das spätere Datenbankschema festgelegt. Die physische Ebene überführt das zuvor erzeugte Schema in die Syntax des verwendeten DBMS. Vgl. hierzu auch die Ausführungen bei Hay (1996), S. 6 f., Fowler (1997), S. 242 ff., Silverston (2001), S. 407 ff., Simsion und Witt (2005), S. 16 ff. oder Ferstl und Sinz (2012), S. 398 ff.

[771] Vgl. hierzu den Abschnitt Umsetzungskonzepte im Rahmen von Kapitel 2.3.4.2.

nen zurückgreifen.[772] Aus diesem Grund kann man hier von einer Galaxie sprechen. Innerhalb dieser sind auf relativ flexible Art und Weise komplexe Auswertungen von Zusammenhängen möglich, ohne dass die zugehörigen Daten redundant gespeichert werden müssen.

Insgesamt gesehen lässt sich das zugrunde liegende Datenmodell unmittelbar aus der Datensicht des Fachkonzepts aus Kapitel 5.3 ableiten.[773] Somit ergeben sich die in den folgenden Abschnitten beschriebenen Strukturen. Die Gliederung in die Teilkapitel *Softwareentwicklung*, *Softwaretest* sowie *Change Planung und Überwachung* orientiert sich an der bereits in der Datensicht getroffenen Unterteilung. Hierbei wurde der Abschnitt *Change* in die Beschreibung der *Change Planung und Überwachung* integriert. Grundsätzlich findet keine physische Trennung des Datenbestands statt, die Gliederung in die verschiedenen Abschnitte wurde lediglich aus Gründen der Übersichtlichkeit vorgenommen – eine Gesamtdarstellung des Datenmodells findet sich in G. Die jeweiligen Datenmodelle ergänzen das bereits illustrierte ERM um die notwendigen Attribute. Tabellen, die in mehreren Teilmodellen vorkommen, werden insgesamt nur einmal vollständig dargestellt. Ansonsten werden lediglich die zugehörigen Fremdschlüsselbeziehungen aufgeführt.

Softwareentwicklung

Ziel dieser Darstellung ist es, die Abhängigkeiten von einzelnen Objekten, die für die Softwareentwicklung eine Rolle spielen, sichtbar zu machen. Hierzu werden zunächst einmal die Entity- und Beziehungstypen als eigenständige Tabellen betrachtet, die alle notwendigen Attribute enthalten. Besteht eine 1:n Beziehung, kann diese über eine entsprechende Fremdschlüsselbeziehung aufgelöst werden. Die eineindeutige Beziehung zwischen Change Request, Change Record und dem eigentlich Change ist in diesem Modell aufgelöst. Alle relevanten Informationen werden in einer neuen Tabelle *Change Dokumentation* zusammengefasst, welche im noch folgenden Abschnitt *Change Planung und Überwachung* beschrieben wird.

[772] Vgl. die Ausführungen zu den multidimensionalen Datenräumen in Abschnitt 2.3.4.2.
[773] Siehe hierzu auch die Ausführungen zu multidimensionalen Datenräumen in Kapitel 2.3.4.2. Zur generellen Vorgehensweise bei der Ableitung eines Starschemas aus einem ERM Diagramm wird auf Kemper u.a. (2010), S. 67 ff. verwiesen.

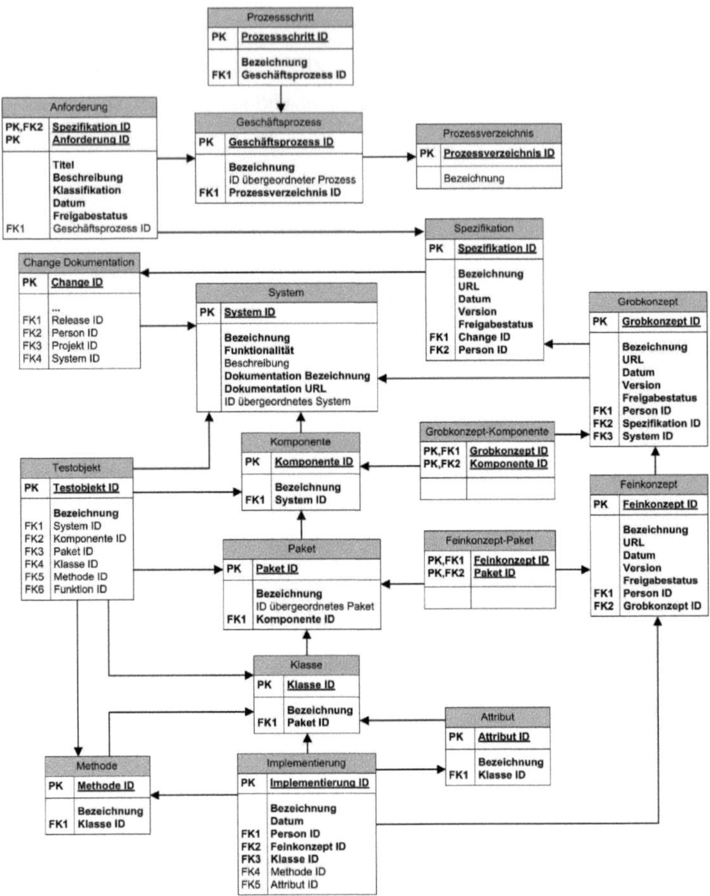

Abbildung 46: Datenmodell Softwareentwicklung

Derselbe Sachverhalt gilt ebenso für die Beziehung zwischen Architektur und System, welche sich im Datenmodell in der *System*-Tabelle wiederfindet. Die Mehrfachbeziehungen, die zwischen *Feinkonzept* und *Paket* sowie *Grobkonzept* und *Komponente* bestehen, werden hingegen in eigenen Zuordnungstabellen abgebildet.

Softwaretests

Die Softwaretests dienen dazu die Qualität für das betreffende Softwaresystem sicherzustellen. Insbesondere die Identifikation von geeigneten Testfällen spielt hierbei eine wichtige Rolle.

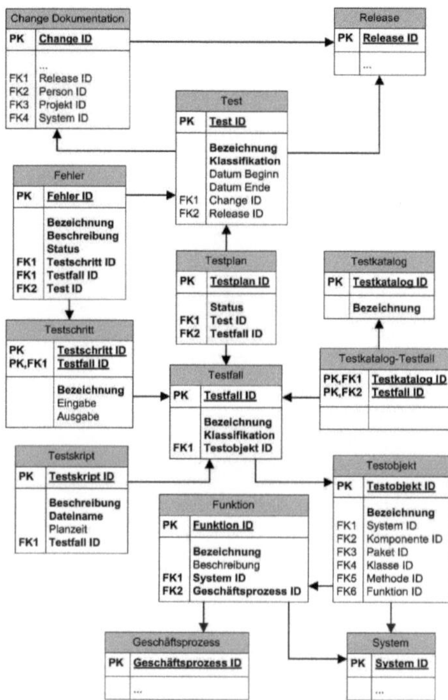

Abbildung 47: Datenmodell Softwaretests

Wie im vorherigen Abschnitt beschrieben, entstehen die Tabellen durch Überführung der Entity- und Beziehungstypen in eigene Tabellen, wobei die eindeutigen Beziehungen mit Hilfe von Fremdschlüsselbeziehungen aufgelöst werden. Die disjunkte Generalisierung der einzelnen Releases wird durch das Attribut „Klassifikation" in der Tabelle Release gekennzeichnet – was im Abschnitt Change Planung und Überwachung noch einmal dargestellt wird. Selbiges trifft auch für die verschiedenen Testarten zu. Der Entitytyp *Funktionalität* wird aufgrund der eineindeutigen Beziehung zum Entitytyp *System* in die gleichnamige Tabelle integriert. Die Mehrfach-Relation zwischen Testkatalog und Testfall bleibt bestehen und wird in einer eigenen Zuordnungstabelle widergespiegelt. Die Darstellung der jeweiligen Spalten zu den Tabellen *Geschäftsprozess* und *System* findet sich im vorangegangenen Unterkapitel zur Softwareentwicklung, der Überblick über die Tabellen *Change Dokumentation* und *Release* im direkt folgenden Abschnitt zur Change Planung und Überwachung.

Change Planung und Überwachung

Im Datenmodell für den Bereich Change Planung und Überwachung sind sämtliche Informationen hinsichtlich der Umsetzungszeitleisten sowie der geplanten und tatsächlichen Aufwände und Kosten hinterlegt.

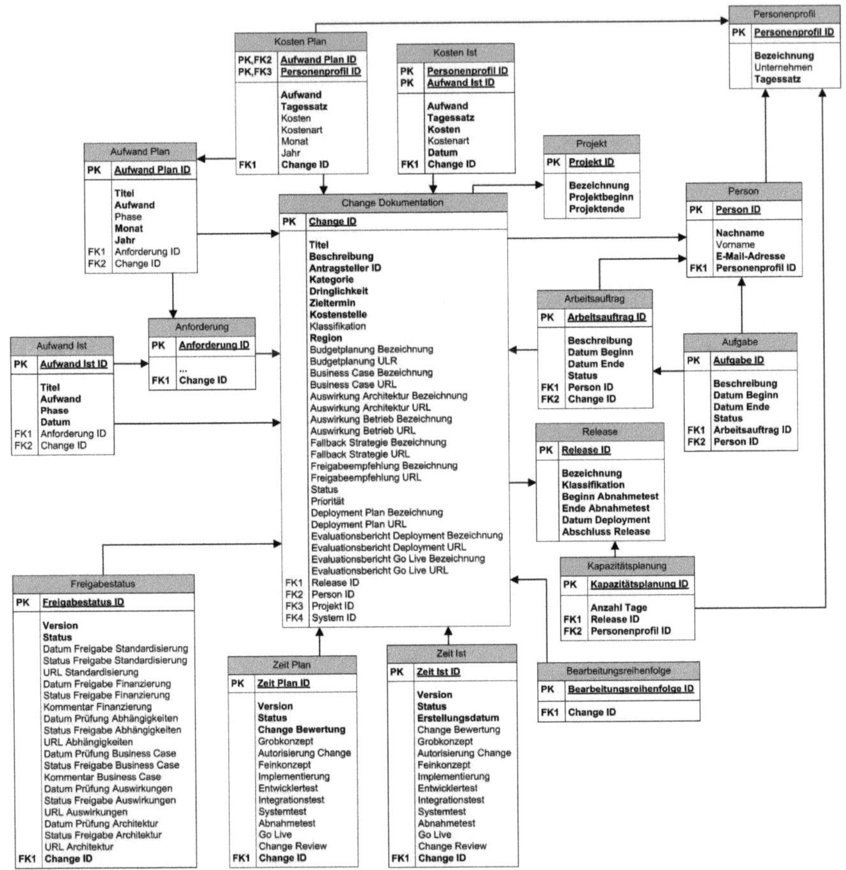

Abbildung 48: Datenmodell Change Planung und Überwachung

Wie in den vorherigen Abschnitten wurden auch für dieses Datenbankteilmodell zunächst alle Entitäten und Beziehungen des zugehörigen ERM-Diagramms in eigene Tabellen überführt. Die eineindeutige Beziehung zwischen einer Zeitplanung und einem Release wurde in die Tabelle *Release* integriert, so dass sich die Release-Zeitleisten hierin finden lassen. Für die disjunkte Generalisierung von *Zeit Plan* und

Zeit Ist im Entitytyp *Zeit* wurden separate Tabellen geschaffen, so dass keine eigene *Zeit*-Tabelle notwendig ist. Dieselbe Verfahrensweise wurde auch für *Aufwand Ist* und *Aufwand Plan* angewendet.

6.3.3 Informationsgenerierung und -distribution

Auf Ebene der Informationsgenerierung und -distribution können in diesem Kontext zwei verschiedene Analysetechniken zum Einsatz kommen. Zum einen ist dies OLAP, zum anderen auch Techniken des Data Mining.

6.3.3.1 Online Analytical Processing

Nachdem auf Ebene der Datenbereitstellung die verwendeten Speicherkomponenten sowie der zugrunde liegende ROLAP-Ansatz erläutert wurden, soll nun kurz auf die Verfahrensweise zur Analyse des existierenden Datenbestands eingegangen werden. Zur Beantwortung der aufgabenträgerspezifischen Aufgaben im IT-Change-Management sind weiterführende Analysen notwendig. Grundsätzlich steht hierbei eine Bandbreite an Analysesystemen zur Verfügung.[774] Im konkreten Fall kommt allerdings OLAP als Softwaretechnologie zum Einsatz. Damit werden schnelle und interaktive Zugriffe auf relevante sowie konsistente Informationen ermöglicht.[775]

Der hier vorgestellte BI-Ansatz sieht vor, dass zunächst einmal die Informationsbedarfe über die einzelnen Anwendergruppen erhoben werden. Darauf basierend können verschiedene Auswertungen in Form von Berichten generiert werden. Diese werden in einem BI Portal dargestellt und besitzen eine größtenteils starre Struktur. Allgemein können die Endanwender nicht direkt auf die internen Datenstrukturen zurückgreifen, um eigene Auswertungen durchzuführen. Dies liegt in erster Linie in der Benutzerstruktur begründet.[776] Somit obliegt die Erstellung von Datenauswertungen in erster Linie den Entwicklern bzw. Administratoren, die die Anforderungen gemäß den vorherrschenden Informationsbedarfen umsetzen.

[774] Vgl. hierzu auch die Ausführungen in Kapitel 2.3.4.1.
[775] Vgl. Gluchowski u.a. (2008), S. 145.
[776] Vgl. die folgenden Erläuterungen in Abschnitt 6.3.4.2.

6.3.3.2 Data Mining und Text Mining

Data Mining als Phase des KDD ist neben dem zuvor beschriebenen OLAP ein weiteres Hilfsmittel zur Durchführung von Datenanalysen.[777] Es dient dazu implizit vorhandenes Wissen aus großen Datenbeständen zu extrahieren und hierdurch sichtbar zu machen.[778] Allerdings können Methoden des Data Mining nicht auf unstrukturierte Daten angewendet werden.[779] Aus diesem Grund kommen bei der inhaltlichen Analyse von Textdokumenten Verfahren des Text Mining zum Einsatz.[780] Folglich ist es das Ziel von Text Mining, die unstrukturierten Daten so aufzubereiten, dass sie auch für BI-Anwendungen nutzbar gemacht werden können.[781] Nachdem die zur Verfügung liegenden Dokumente im ETL-Prozess entsprechend für die Analyse aufbereitet wurden,[782] können in diesem Schritt Verfahren angewendet werden, die ihren Ursprung im klassischen Data Mining haben.[783]

In diesem Kontext sind insbesondere zwei Verfahren relevant: Clusterbildung und Klassifikation. Im ersten Verfahren wird eine Segmentierung von verschiedenen Change Requests aufgrund der textuellen Änderungsbeschreibung angestrebt. Sind die entsprechenden Kategorien vorhanden, sollen neue Dokumente den einzelnen Clustern aufgrund ihrer thematischen Ähnlichkeit mit Hilfe eines Klassifikationsalgorithmus zugewiesen werden. Die konkreten Vorgehensweisen sollen nachfolgend noch einmal näher beschrieben werden.

Clusteranalyse

Die *Clusteranalyse* kommt zum Einsatz, wenn es eine Anzahl an Dokumenten gibt, die eine unbekannte Struktur aufweisen.[784] In diesem Fall können die einzelnen Cluster mit einer spezifischen Kennzeichnung versehen werden, die charakteristisch für ebenjenes Dokumentencluster ist. Es gibt vielfältige Möglichkeiten, die unterschiedlichen Segmentierungen vorzunehmen und spezifische Merkmale für die ein-

[777] Vgl. hierzu auch die Erläuterungen aus Abschnitt 2.3.4.3.
[778] Vgl. Düsing (2006), S. 242.
[779] Vgl. Chang u.a. (2001), S. 81.
[780] Vgl. Gerstl u.a. (2001), S. 38.
[781] Vgl. Halliman (2001), S. 7 ff. sowie Felden (2006), S. 284.
[782] Vgl. hierzu auch die generellen Ausführungen zum ETL-Prozess in Kapitel 2.3.3.3 sowie Abschnitt 6.3.1 für den konkreten Bezug zum im Rahmen dieser Arbeit beschriebenen Umsetzungskonzept.
[783] Vgl. Hippner und Rentzmann (2006b), S. 289.
[784] Vgl. Weiss u.a. (2005), S. 9 f.

zelnen Cluster herauszuarbeiten.[785] Dies kann eine automatisierte Lösung erschweren. Jedoch können entsprechenden Anwendern mit Hilfe einer Clusteranalyse tiefere Einblicke in die einzelnen Dokumentenklassen gegeben werden.

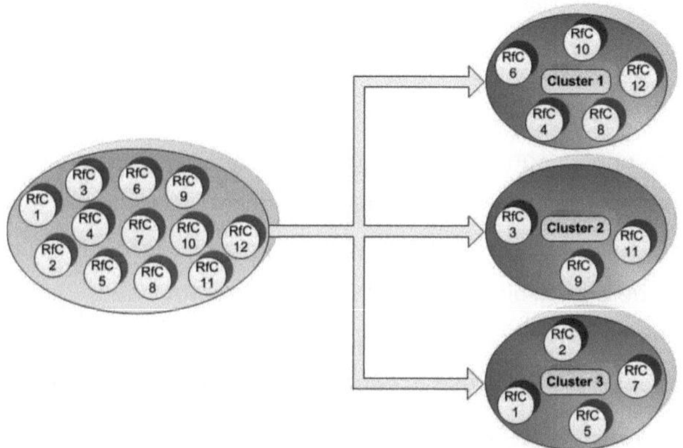

Abbildung 49: Clusteranalyse von Change Requests[786]

Dokumentenklassifikation

Die Textkategorisierung oder Dokumentenklassifikation hat zum Ziel, neue Dokumente bereits existierenden Segmenten zuzuordnen.[787]

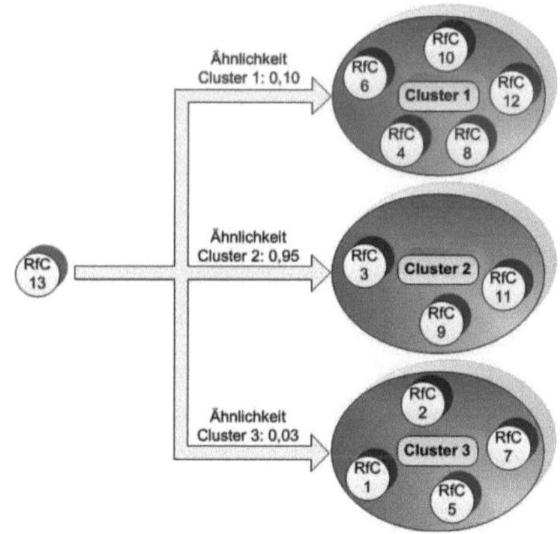

Abbildung 50: Dokumentenklassifikation von Change Requests[788]

[785] Vgl. Weiss u.a. (2005), S. 103 ff.
[786] Quelle: eigene Darstellung, in Anlehnung an Weiss u.a. (2005), S. 104.
[787] Vgl. Weiss u.a. (2005), S. 7 f.

Dies geschieht durch Abgleich der identifizierten Schlüsselwörter des neuen Dokuments mit den charakteristischen Begriffen der einzelnen Cluster. Auf diese Weise kann mit Hilfe verschiedener Algorithmen die Dokumentenähnlichkeit bestimmt werden.[789] Hieraus können dann Übereinstimmungen mit den entsprechenden Clustern ermittelt werden.

6.3.4 Informationszugriff

Nachdem die Informationsgenerierung abgeschlossen wurde, wird nun die Fragestellung beantwortet, wie die für einen jeweiligen Nutzer relevanten Informationen zur Verfügung gestellt werden können. Zum einen ist hierbei der technische Aspekt hinsichtlich der Aufbereitung und Bereitstellung der Informationen, zum anderen aber auch die Zugriffsberechtigungen für die einzelnen Personen zu berücksichtigen. Diese beiden Themenbereiche werden in den folgenden Unterkapiteln behandelt.

6.3.4.1 Informationsbereitstellung

Aus den Erkenntnissen der Experteninterviews ergeben sich die Anforderungen an die Informationsbereitstellung hinsichtlich des Aktualisierungszeitraums, der Form, der Informationsabgrenzung sowie auch der Sprache.[790] Es lässt sich grundsätzlich feststellen, dass eine einheitliche Informationsplattform gewünscht wird, die einen gewissen Umfang an vordefinierten Informationen zur Verfügung stellt, gleichzeitig aber auch noch Spielraum für eigene Analysen lässt. Ordnet man die befragten Personen den BI Anwendergruppen zu, lassen sich diese am ehesten als Informationskonsumenten oder teilweise auch Analytiker einordnen – jedoch nicht als Spezialisten.[791] Grundsätzlich eignet sich hierfür die Verwendung eines webbasierten Portals, das eine komfortable Möglichkeit bietet entscheidungsrelevante Informationen abrufen zu können.[792] Auf diese Weise können sowohl die Anforderung, vordefinierte Standardberichte zur Verfügung zu stellen, als auch der Zugriff auf verschiedene Analysewerkzeuge selbst realisiert werden. Über das *Single-Sign-On-Prinzip* steht

[788] Quelle: eigene Darstellung, auf Basis der Ausführungen bei Weiss u.a. (2005), S. 106 ff.
[789] Zur unterschiedlichen Vorgehensweise der einzelnen Algorithmen zur Bestimmung der Ähnlichkeit sei an dieser Stelle auf die einschlägige Fachliteratur verwiesen, beispielsweise Weiss u.a. (2005), S. 89 ff.
[790] Vgl. hierzu Kapitel 4.3.3.
[791] Vgl. hierzu die Ausführungen im Rahmen von Kapitel 2.3.1.4.
[792] Vgl. hierzu auch die Ausführungen im Rahmen von Kapitel 2.3.5.3.

eine komfortable Schnittstelle zu verschiedenen Endanwendungen zur Verfügung.[793] Weiterhin kann mit Hilfe der Integrationsfunktion eines Portals die Komplexität der BI-Infrastruktur verborgen werden.[794]

Aus den genannten Punkten ergibt sich der Lösungsansatz, die Analyseergebnisse auf einer webbasierten Plattform darzustellen. Auf dieser werden zum einen vordefinierte Berichte hinterlegt, welche in Webseiten eingebunden werden und von den Anwendern abgerufen werden können. Überdies können über das Push-Prinzip auch Berichtsverteilungen per E-Mail umgesetzt oder verschiedene Weiterverarbeitungsmöglichkeiten zur Kommentierung, Wiedervorlage oder Weiterleitung eingebunden werden.[795] Grundsätzlich lassen sich die erstellten Berichte auch in verschiedenen Formaten herunterladen und die Daten dann nach den Vorstellungen der Anwender weiter verarbeiten. Darüber hinaus ist es möglich, in die bestehende Infrastruktur auch weitere Analysetools zu integrieren, so dass über das Webportal ein Zugriff auf diese möglich wird. Allerdings existiert kein direkter Zugang zum CMS bzw. DMS zur eigenständigen Informationsrecherche. Die hieraus resultierenden Informationen werden nur nach Voranalysen oder über entsprechende Dokumentenverweise zur Verfügung gestellt.

6.3.4.2 Benutzerberechtigungen

Bei der Erstellung des Datenverarbeitungskonzepts werden auch die Benutzerberechtigungen zum Zugriff auf die Daten festgelegt. Die Benutzerberechtigungen bilden dabei die Verbindung von Organisation und Daten.[796]

Die Festlegung der einzelnen Berechtigungen kann gruppenbezogen über verschiedene Rollen erfolgen. Die Beschreibung der einzelnen Rollen geschieht über Metadaten. Hierfür gibt es zentrale Vorgaben, die Berechtigungsverwaltung ist eine zentrale Komponente der dispositiven Datenhaltung.[797] Vorteile einer zentralen Verwaltung sind die effiziente Kontrolle über das Berechtigungskonzept im Allgemeinen sowie die einzelnen zur Verfügung stehenden Zugriffsmöglichkeiten einzelner Perso-

---

793 Vgl. Kemper u.a. (2010), S. 13.
794 Vgl. Kemper u.a. (2010), S. 152.
795 Vgl. zu den generellen Möglichkeiten einer interaktiven Reporting-Plattform Kemper u.a. (2010), S. 128 sowie zu den konkreten Anforderungen im Kontext der Expertenbefragungen Abschnitt 4.3.3.2.
796 Vgl. Scheer (2001), S. 156.
797 Vgl. Kemper (1999), S. 221 ff.

nengruppen im Speziellen. Grundsätzlich kann eine Einzelperson jedoch mehrere definierte Rollen innehaben. Abhängig von der jeweiligen Nutzerrolle können auch die angezeigten Inhalte innerhalb des Webportals variieren.[798]

Für das hier vorgestellte Konzept lassen sich die nachfolgenden Rollen unterscheiden, die einen Zugriff auf die dargestellten Informationsinhalte des BI-Portals benötigen:[799]

- **Change Initiator:** Bei den Change Initiatoren handelt es sich um Personen, die verschiedenen Unternehmensstandorten angehören können. Aus diesem Grund sind in erster Linie diejenigen Informationen relevant, die sich auf die Änderungsanforderungen der jeweiligen Lokation beziehen. Außerdem können zentralseitig durchgeführte Softwareänderungen von Relevanz sein, sensible Informationen zu Changes anderer Unternehmensstandorte müssen jedoch abgegrenzt werden.
- **Change-Management:** Diese Benutzergruppe stellt eine zentrale Organisationseinheit dar. Aus diesem Grund benötigt sie Zugriff auf sämtliche Informationen zur Bewertung und Beurteilung der Änderungsanforderungen. Insgesamt gesehen sollte diese Personengruppe mit den umfangreichsten Zugriffsrechten auf sämtliche generierte Berichte ausgestattet werden.
- **Softwareentwicklung:** Die Softwareentwicklung benötigt primär Möglichkeiten zur Steuerung der Umsetzung einer Änderungsanforderung einschließlich der zugehörigen Entwickler- und Integrationstests. Hierzu ist ein Zugriff auf vorab definierte Standardberichte für die Aktivitäten der Softwareentwicklung in der Phase *Koordination Change Implementierung und Test* notwendig.
- **Change Advisory Board:** Für das CAB sind in erster Linie standardisierte Berichte von Belang, die während der CAB-Meetings als Diskussionsgrundlage dienen. Somit steht dieser zentralen Organisationseinheit eine vorgefertigte Liste an Informationen für alle Unternehmensstandorte zur Verfügung.
- **Administrator:** Die Aufgaben der Administratoren lassen sich durch die Pflege der Daten, der spezifischen Konfigurationseinstellungen für die verwendeten Softwarewerkzeuge sowie der Benutzergruppen beschreiben. Für die un-

[798] Vgl. Kaiser und Bernd-Ullrich (2002), S. 133.
[799] Vgl. hierzu die Anforderungen aus den Experteninterviews in Kapitel 4.3.3.3.

terschiedlichen Ebenen Datenbereitstellung, Informationsgenerierung und -distribution sowie Informationszugriff lassen sich je nach Aufgabenverteilung unterschiedliche Administratorenprofile generieren.

6.3.5 Administrationsschnittstellen

Gemäß dem beschriebenen Rollenkonzept sollen die Endanwender nicht direkt auf die dispositiven Datenbestände zugreifen können. Überdies unterliegen die bestehenden Anwendergruppen – bedingt durch Mitarbeiterfluktuation – fortlaufenden Änderungen. Demgemäß sind allgemein zur Pflege der bestehenden Infrastruktur technische als auch fachliche Administratoren notwendig, welche über definierte Schnittstellen die notwendigen Modifikationen am System bzw. den dispositiven Datenbeständen vornehmen können.[800]

6.3.6 Zusammenfassung

Die konzeptionelle Umsetzung auf Basis des generellen BI-Ordnungsrahmens kann wie in Abbildung 51 dargestellt werden. Hierbei können die Ebenen Externe Systeme/Operative Systeme, Datenbereitstellung, Informationsgenerierung und -distribution sowie Informationszugriff unterschieden werden.

Als operative Systeme können beispielsweise Ticketsysteme, Tools zur Unterstützung der Softwareentwicklung, Kostenrechnungssysteme, Qualitätssicherungssysteme oder auch Projektplanungswerkzeuge zum Einsatz kommen. Die Datenbereitstellung erfolgt in einem C-DWH mit angeschlossenen *Data Marts* für die einzelnen Rollen im Change-Management-Prozess. Für semi- oder unstrukturierte Daten wird ein CMS bzw. DMS zur Verfügung gestellt. Großteils werden die benötigten Daten aus den operativen Vorsystemen übernommen, können aber auch über den Closed-Loop-Ansatz vom Endanwender ergänzt werden. Zur Informationsgenerierung und -distribution können ROLAP- sowie Data-Mining-Ansätze genutzt werden. Der Informationszugriff erfolgt über ein webbasiertes Portal mit eigener Berechtigungsverwaltung.

[800] Vgl. hierzu auch die Ausführungen im Rahmen von Abschnitt 2.3.3.2.

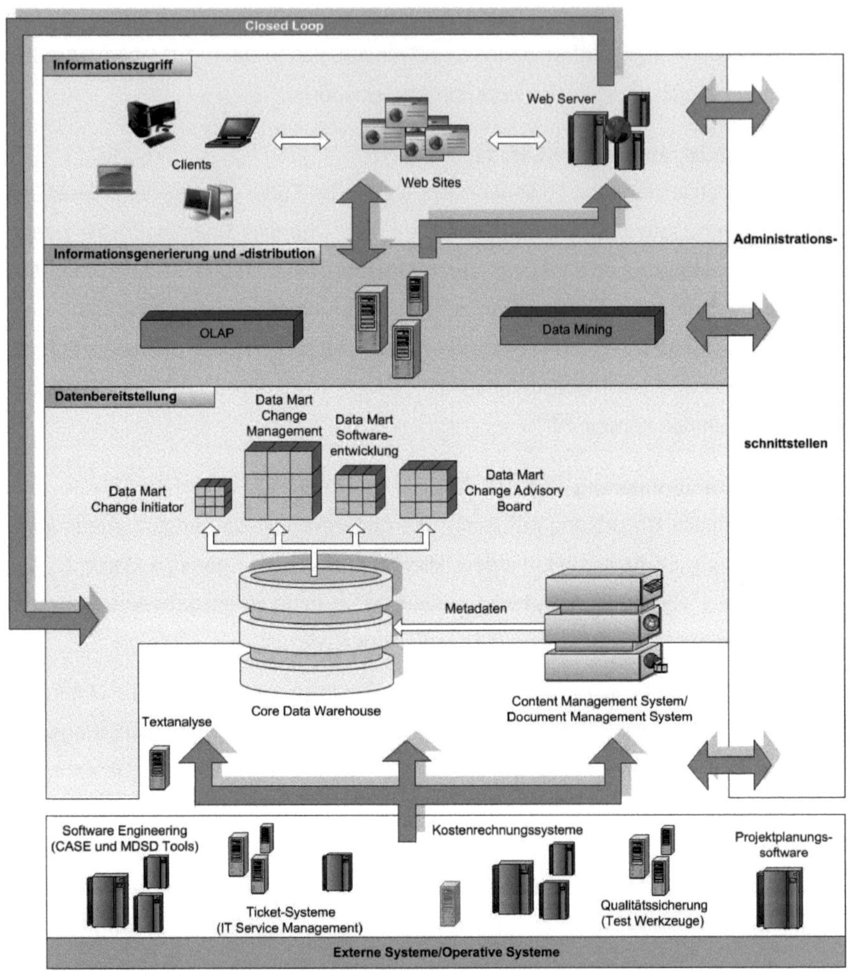

Abbildung 51: BI-Architektur für IT-Change-Management

Das Datenverarbeitungskonzept bildet die Grundlage zur IT-technischen Umsetzung. Ein konkreter Implementierungsansatz wird im folgenden Kapitel 7 dargestellt.

7 Evaluation auf Basis einer prototypischen Implementierung

Nachdem im vorangehenden Kapitel 6 ein Datenverarbeitungskonzept zur Unterstützung des IT-Change-Management-Prozesses mit Hilfe von BI vorgestellt wurde, soll dieses evaluiert werden. Hierzu erfolgt zunächst der Aufbau einer technischen Plattform, welche die unterschiedlichen Ebenen von der Datenbereitstellung über die Informationsgenerierung und -distribution bis hin zum Informationszugriff abdecken kann. Die Beschreibung des Implementierungsansatzes ist Gegenstand von Abschnitt 7.1. Im zweiten Teil dieses Kapitels soll die Umsetzbarkeit des definierten Konzepts mit Hilfe der zuvor beschriebenen technischen Plattform evaluiert werden. Zu diesem Zweck werden einige Evaluationsszenarien definiert und deren Umsetzung demonstriert. Dies erfolgt in Abschnitt 7.2.

7.1 Implementierungsansatz

Im Rahmen des Implementierungsansatzes werden zunächst die eingesetzten Technologien erläutert, bevor auf die Umsetzung innerhalb der einzelnen Ebenen Datenbereitstellung, Informationsgenerierung und -distribution sowie Informationszugriff eingegangen wird.

7.1.1 Technische Umsetzung

Zur technischen Umsetzung des Prototyps wurden insgesamt drei verschiedene Komponenten eingesetzt. Als Betriebssystem dient hierbei *Microsoft Windows Server 2012*[801]. Auf dieser Basis wurde *SQL Server 2012*[802] als Plattform für die Datenverwaltung und zur Durchführung der zugehörigen Analysen installiert. Zur bedarfsgerechten Bereitstellung der Analyseergebnisse auf einer internetbasierten Umgebung wurde *Microsoft SharePoint 2013*[803] verwendet.

7.1.2 Datenbereitstellung

Um im Rahmen eines ETL-Prozesses die notwendigen Daten der operativen Vorsysteme in das Data Warehouse zu laden, kann das Toolset *SQL Server Integration*

[801] Vgl. hierzu Joos (2013), S. 32 ff. sowie Microsoft (2014g).
[802] Vgl. Mistry und Misner (2012) sowie Microsoft (2013c).
[803] Vgl. Micka u.a. (2013) sowie Microsoft (2013b).

Services (SSIS)[804] verwendet werden. Zur Anbindung der diversen Datenquellen kann auf verschiedene Standardverbindungen für unterschiedliche Datenbanksysteme oder auch Textdateien in mehreren Formaten zurückgegriffen werden.

Im konkreten Fall werden die Tabellen des modellierten Datawarehouses in einer mehrstufigen Sequenz unter Berücksichtigung der Fremdschlüsselbeziehungen mit den Daten aus den operativen Vorsystemen gefüllt. Hierbei werden neue Datensätze erzeugt, bestehende aktualisiert oder gegebenenfalls gelöscht. Teil dieses Prozesses ist auch die Aufbereitung der Daten für das Zielformat des Data Warehouses.

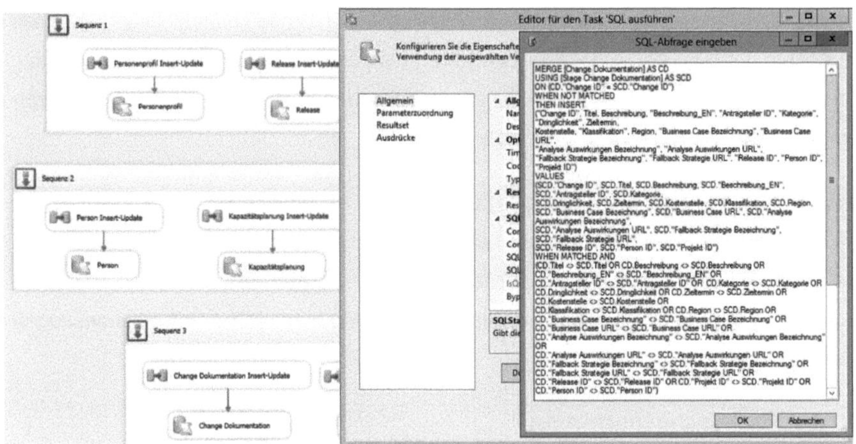

Abbildung 52: ETL-Prozess mit SSIS

7.1.3 Informationsgenerierung und -distribution

Innerhalb der erwähnten technischen Umgebung lassen sich OLAP-Modelle mit Hilfe von *SQL Server Analysis Services* (SSAS)[805] abbilden. Es können auf Basis von existierenden Datenschemata multidimensionale Datenräume inklusive der zugehörigen Fakten, Dimensionen und Hierarchien modelliert werden.

Ein Ausschnitt des im Rahmen des Prototyps verwendeten *Cubes* sowie der Zeit-Dimension sind in Abbildung 53 dargestellt.

[804] Vgl. Caesar und Friebel (2013), S. 295 ff., Jorgensen u.a. (2012), S. 695 ff. und Microsoft (2014f).
[805] Vgl. Caesar und Friebel (2013), S. 627 ff., Jorgensen u.a. (2012), S. 729 ff. und Microsoft (2014e).

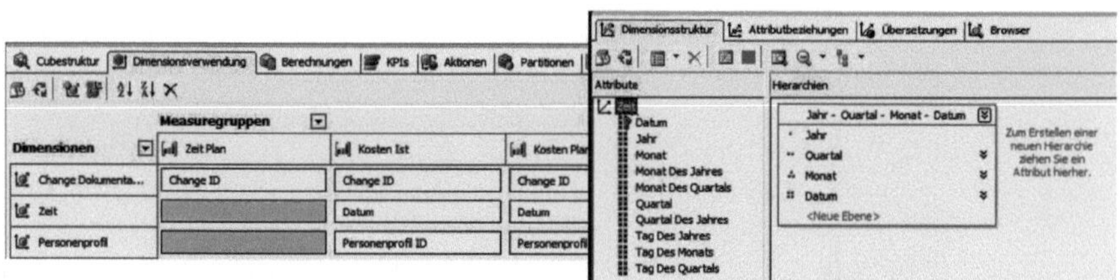

Abbildung 53: Informationsgenierung und -distribution mit SSAS

7.1.4 Informationszugriff

Die Ebene des Informationszugriffs wird durch die Komponente *SQL Server Reporting Services* (SSRS)[806] unterstützt. Mit Hilfe dieses Werkzeugs können Berichte erstellt und angezeigt werden, die auf Basis der in SSAS erstellten Datenräume erzeugt werden. Grundsätzlich existieren zwei verschiedene Konzepte, einen Berichtsserver zu installieren.[807] Dies kann im einheitlichen Modus, also als eigenständig installierter und konfigurierter Server, oder als in SharePoint integrierter Berichtsserver erfolgen. Beide Konzepte wurden innerhalb des Prototyps verwendet. Im ersten Fall des einheitlichen Servers werden die generierten Berichte auf dem Berichtsserver gespeichert und dann in eine auf SharePoint erstellte Webseite eingebunden. Im Falle eines SharePoint integrierten Servers werden Berichte und alle verwandten Elemente in SharePoint Bibliotheken hinterlegt und über sogenannte Webparts[808] in die Anwendungsseiten integriert.

Für den im Rahmen dieser Arbeit angefertigten Prototyp wurde eine eigene Websitesammlung in SharePoint kreiert. Diese enthält auf der linken Seite eine Navigationsstruktur, die den jeweiligen Rollen im Change-Management-Prozess entspricht. Hierunter sind die einzelnen Berichte zusammengefasst, die für eine Entscheidungsunterstützung bei den Tätigkeiten der jeweiligen Rolle relevant sind. Der grundsätzliche Aufbau des Reporting-Portals in SharePoint ist in der folgenden Abbildung 54 verdeutlicht.

---

806 Vgl. Caesar und Friebel (2013), S. 591 ff., Jorgensen u.a. (2012), S. 765 ff. und Microsoft (2014f).

807 Vgl. Microsoft (2013a).

808 Durch Einbinden eines Berichts-Viewer-Webparts können Berichte anzeigt werden. Die Voraussetzung hierfür ist, dass diese auf einem Berichtsserver umgesetzt werden, der für die Ausführung im integrierten SharePoint-Modus entsprechend konfiguriert ist (vgl. Microsoft (2014d)).

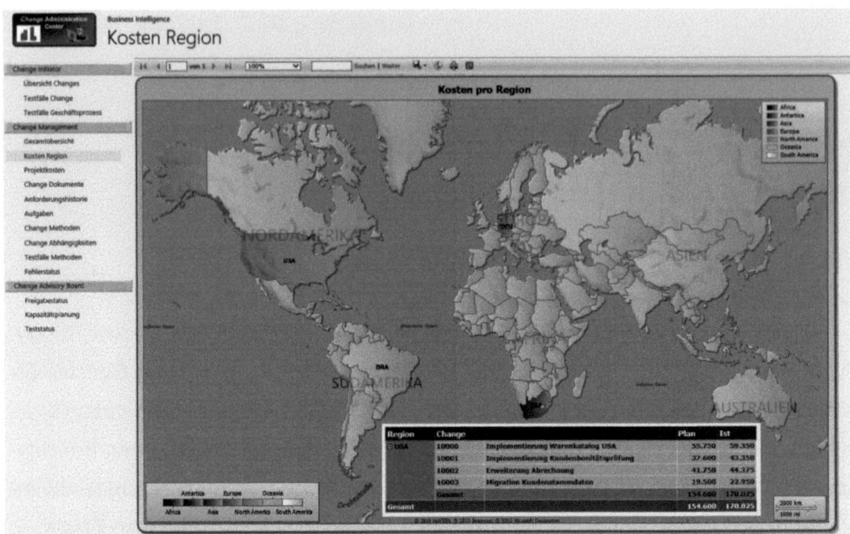

Abbildung 54: Informationszugriff über BI Portal

7.2 Evaluation

Nachdem im vorangehenden Abschnitt ein technischer Implementierungsansatz zur Umsetzung des in Kapitel 6 vorgestellten Datenverarbeitungskonzepts beschrieben wurde, wird an dieser Stelle eine Evaluation[809] desselben durchgeführt. Der Evaluationsgegenstand ist in dieser Konstellation durch das Datenverarbeitungskonzept sowie das zugrunde liegende Fachkonzept gegeben. Dabei lässt sich das zugehörige Evaluationsziel in zwei Teilziele gliedern. Zum einen soll mit Hilfe der prototypischen Implementierung die technische Umsetzbarkeit des Konzeptes demonstriert werden, zum anderen soll dessen grundsätzliche Eignung zur Erfüllung des identifizierten Informationsbedarfs überprüft werden.

7.2.1 Vorgehensweise

Um die genannte Zielsetzung erfüllen zu können, werden zunächst einige Evaluationsszenarien festgelegt. Die Evaluationsszenarien berücksichtigen wesentliche Informationsbedarfe aus dem IT-Change-Management-Prozess, die konkrete Festlegung der jeweiligen Anwendungsfälle ist Gegenstand von Abschnitt 7.2.2. Die Evalu-

[809] Vgl. noch einmal die dieser Arbeit zugrunde liegende Sichtweise einer Evaluation aus Kapitel 6.1.

ationsszenarien werden prototypisch mit Hilfe des zuvor beschriebenen technischen Implementierungsansatzes umgesetzt. Dazu werden eigene Berichte gestaltet, welche die in den Evaluationsszenarien dargestellten Informationsbedarfe berücksichtigen. In Abschnitt 7.2.3 werden anschließend die Ergebnisse aus den einzelnen Fallbeispielen präsentiert und entsprechend analysiert.

Als weiterer, ergänzender Teil der Evaluation diente die Vorstellung der Resultate im Rahmen von mehreren Fachveranstaltungen. Hier wurden die generelle Vorgehensweise, Teile des Fach- und Datenverarbeitungskonzepts sowie einige der nachfolgend beschriebenen Evaluationsszenarien vor Experten aus Forschung und Praxis präsentiert und anschließend intensiv diskutiert.[810]

Die Schlussfolgerungen aus der Evaluation werden im Rahmen von Kapitel 7.2.4 zusammengefasst.

7.2.2 Ableitung der Evaluationsszenarien

Mit Hilfe der Evaluationsszenarien werden wesentliche Anwendungsfälle aus dem IT-Change-Management-Prozess herausgearbeitet. Somit stellen diese einen Ausschnitt der Tätigkeiten dar, welche von den am Prozess beteiligten Akteuren ausgeführt werden. Hinter jedem einzelnen Szenario verbergen sich wiederum unterschiedliche Informationsbedarfe, die notwendig sind, um in der jeweiligen Situation die geeigneten Maßnahmen in die Wege leiten zu können.

Zur Definition der konkreten Szenarien werden die Tätigkeiten der Expertenbefragungen aus Kapitel 4.2 und insbesondere die in Abschnitt 4.3 identifizierten Verbesserungspotentiale hinsichtlich der Informationsversorgung ausgewertet. Außerdem dienen auch die Ergebnisse der Softwareevaluation aus Abschnitt 6.1.3 als Anhaltspunkt, in welchen Bereichen Informationsbedarfe zur Ausführung der beschriebenen Aufgaben innerhalb des IT-Change-Management-Prozesses bestehen und nicht bereits durch die operativen Vorsysteme abgedeckt werden. Konkret bedeutet dies,

[810] Die Präsentation und Diskussion der Ergebnisse fanden im Rahmen des 19. TDWI Anwenderforums am 11.10.2013 an der Universität Stuttgart sowie bei der Herbstsitzung des Forums „Management-Unterstützungs-Systeme“ am 22.11.2013 in Köln statt. Daneben wurden die Vorgehensweise und Ergebnisse intensiv als Teil eines ganztägigen Workshops zum Thema "IT Operations Management" mit internationalen Professoren am 08.06.2014 an der Recanati Business School, Universität Tel Aviv, diskutiert.

dass der Fokus auf denjenigen Aktivitäten liegt, die mit „o“ oder „+“ bewertet wurden und demzufolge ein zusätzlicher Informationsbedarf zur Ausführung dieser Aufgaben besteht.

Somit ergeben sich insgesamt 18 Anwendungsfälle aus unterschiedlichen Prozessphasen inklusive der zugrunde liegenden Informationsbedarfe. Diese werden nachfolgend beschrieben:

Evaluationsszenario	Informationsbedarf
RfC Erstellung	
Change Übersicht	Welche Change Requests wurden in der Vergangenheit bereits erstellt?[811]
Testfälle Change	Welche Testfälle können für eine Änderungsanforderung relevant sein?[812]
Testfälle Geschäftsprozess	Welche Testfälle gehören zu einem bestimmten Geschäftsprozess?[813]
Change Bewertung und Evaluation	
Change Dokumente	Welche Dokumente existieren zur Evaluation einer Änderungsanforderung?[814]
Change Cluster	Welche funktionalen Abhängigkeiten existieren zwischen Change Requests?[815]
Change Klassifikation	
Autorisierung Change Implementierung und Test	
	Welche Change Requests stehen zur Freigabe an? Wie sehen die zugehörigen Evaluationsergebnisse aus?[816]

[811] Vgl. hierzu die Punkte *Ermittlung vergleichbarer Anforderungen* in Kapitel 4.2.1.3 sowie *Change Request Historie* in Abschnitt 4.3.2.3 als Ergebnisse der Experteninterviews.

[812] Vgl. die Ausführungen hinsichtlich *Definition Testfälle* in Kapitel 4.2.1.3.

[813] Vgl. die Erläuterungen in Bezug auf die *Definition Testfälle* in Kapitel 4.2.1.3 sowie zur *Risikominimierung beim Deployment* im Rahmen von Abschnitt 4.3.2.2.

[814] Vgl. hierzu die Punkte *Evaluation Change Request* in Abschnitt 4.2.4.3 als Tätigkeit innerhalb des Change-Management-Prozesses sowie den Verbesserungsvorschlag zur *Dokumentationsbeschreibung* in Kapitel 4.3.2.3.

[815] Vgl. die Ausführungen zu den Themen *Identifikation Abhängigkeiten* im Rahmen von Kapitel 4.2.4.3 sowie *Funktionale Abhängigkeiten* in Abschnitt 4.3.2.2.

[816] Vgl. die Anmerkungen zur *Prüfung Change Evaluation* in Kapitel 4.2.5.3.

Evaluationsszenario	Informationsbedarf
Koordination Change Implementierung und Test	
Gesamtübersicht	Welchen Status hat ein Change Request in Bezug auf den bereits geleisteten Aufwand (Kosten) und hinsichtlich der geplanten Zeitleiste?[817]
Kosten Region	Wie verteilen sich die Umsetzungskosten für Change Requests auf einzelne Länder?[818]
Projektkosten	Welche Kosten sind für Systemänderungen innerhalb eines bestimmten Projektes angefallen?[819]
Anforderungshistorie	Inwieweit haben sich die ursprünglichen Anforderungen bis zum Go Live der Funktionalität verändert?[820]
Aufgaben	Welche Aufgaben lassen sich aus einem Change ableiten und wer ist jeweils für die Ausführung verantwortlich?[821]
Change Methoden	Welche Klassen und Methoden wurden als Teil einer Change Implementierung angepasst?[822]
Change Abhängigkeiten	Welche technischen Abhängigkeiten bestehen zwischen Änderungsanforderungen?[823]

[817] Vgl. hierzu die Erläuterungen zur *Überwachung Change Implementierung* in Kapitel 4.2.6.2. Daneben sind in diesem Kontext die Punkte *Zeitplanung* und *Kostenplanung* aus Abschnitt 4.3.2.1 sowie die Themenfelder *Kostenüberwachung*, *Durchlaufzeiten der Changes* und *Frühindikation* aus Kapitel 4.3.2.3 relevant.

[818] Vgl. die beschriebene Notwendigkeit zur Kostenkontrolle in den Punkten *Überwachung Change Implementierung* aus Abschnitt 4.2.6.2 sowie *Kostenplanung* aus Kapitel 4.3.2.1. Zudem hat die in Abschnitt 4.3.2.3 beschriebene *Kostenüberwachung* einen Einfluss auf den Informationsbedarf.

[819] Die Aufschlüsselung der Kosten nach Projekten stellt eine weitere Möglichkeit der Kostüberwachung dar. Somit ergibt sich der Informationsbedarf aus den bereits in Fußnote 818 aufgeführten Referenzen. Überdies spielt der Punkt *Kontrolle Finanzierungsübernahme* eine Rolle, welcher in Abschnitt 4.2.5.3 beschrieben wird.

[820] Vgl. hierzu den Punkt *Historie der Anforderungen (Scope Creep)* aus den Expertenbefragungen in Kapitel 4.3.2.3.

[821] Vgl. die Aussagen zur *Planung Change* sowie zur *Durchführung Change Implementierung* im Rahmen von Kapitel 4.2.6.2.

[822] Diese Fragestellung dient als Voranalyse zur Identifikation von technischen Abhängigkeiten. Ferner lassen sich auf diese Weise in einem nachgelagerten Schritt relevante Testfälle insbesondere für etwaige Regressionstests ableiten, da zu den einzelnen Methoden im Regelfall ein zugehöriges Testobjekt mit geeigneten Testfällen definiert werden kann. Der Informationsbedarf ergibt sich somit aus den Schilderungen zu den Punkten *Identifikation Abhängigkeiten* in Abschnitt 4.2.4.3 sowie zum Thema *Technische Abhängigkeiten* in Kapitel 4.3.2.2. Weiterhin ist hierbei die *Risikominimierung beim Deployment* aus Kapitel 4.3.2.2 relevant.

[823] Vgl. hierzu die Aussagen aus den Experteninterviews zum Punkt *Identifikation Abhängigkeiten* in Abschnitt 4.2.4.3 sowie zum Thema *Technische Abhängigkeiten* in Kapitel 4.3.2.2.

Evaluationsszenario	Informationsbedarf
Testfälle Methoden	Welche Testfälle sind bei der Anpassung einer Klassenmethode auszuführen?[824]
Fehlerstatus	Welche Fehler traten im Rahmen eines Tests auf und wie ist der Stand der Fehlerbehebung?[825]
Autorisierung Change Deployment	
Teststatus	Welche Testfälle wurden für einen bestimmten Change ausgeführt und wie ist der Status?[826]
Kapazitätsplanung	Welche Kapazitäten werden für die Umsetzung aller Change Requests in einem Release benötigt? Welche Ressourcen stehen zur Verfügung?[827]

Tabelle 12: Evaluationsszenarien

7.2.3 Ergebnisse der Evaluation

Die technische Umsetzbarkeit des Konzeptes auf Basis des zuvor beschriebenen Implementierungsansatzes ist durch die Ausführung verschiedener Berichte auf der Reporting-Plattform in SharePoint gegebenen. Somit ist der erste Teil des Evaluationsziels erreicht.

Zur Erfüllung des zweiten Teilziels können die zuvor definierten Evaluationsszenarien verwendet werden. Hierzu werden Auswertungsmöglichkeiten mit Hilfe von Berichten genutzt, um den jeweiligen Informationsbedarf für die einzelnen Aktivitäten abdecken zu können.

824 Die Antwort auf diese Frage hängt von den Klassenmethoden ab, welche als Teil eines Changes verändert wurden. Somit ist der Bericht *Change Methoden* die Basis zur Ermittlung der relevanten Testfälle (vgl. Fußnote 822). Der Bedarf hierzu lässt sich aus den Aussagen zum Thema *Testfallermittlung* in Abschnitt 4.3.2.2 ableiten.

825 Vgl. die Aussagen aus den Befragungen zur *Durchführung Entwicklertest*, zur *Koordination Systemtest* sowie zur *Koordination Abnahmetest* in Kapitel 4.2.6.2. Darüber hinaus lässt der Punkt *Testüberwachung* als in Abschnitt 4.3.2.3 identifiziertes Verbesserungspotential Rückschlüsse einen derartigen Informationsbedarf zu.

826 Diese Fragestellung ist als Ergänzung zu den in Fußnote 825 aufgeführten Referenzen zu sehen. Allerdings ist hier die primäre Zielgruppe in den CAB-Mitgliedern zu sehen, der zuvor beschriebene Informationsbedarf zum *Fehlerstatus* bezieht sich eher auf die Bedürfnisse des Change Managements.

827 Vgl. hierzu auch die Punkte *Planung Kapazitäten* in Abschnitt 4.2.7.2, *Kapazitätsplanung* in Kapitel 4.3.2.1 sowie *Kapazitätsabgleich* im Rahmen von Abschnitt 4.3.2.3.

7.2.3.1 RfC Erstellung

Zur Unterstützung der in Abschnitt 5.2.1 dargestellten Funktionen für die RfC Erstellung können die in den nachfolgenden Abschnitten beschriebenen Berichte dienen.

Change Übersicht

Zunächst einmal wurde hierbei eine Übersicht erstellt, welche eine Aufstellung sämtlicher Change Requests der Vergangenheit ermöglicht.

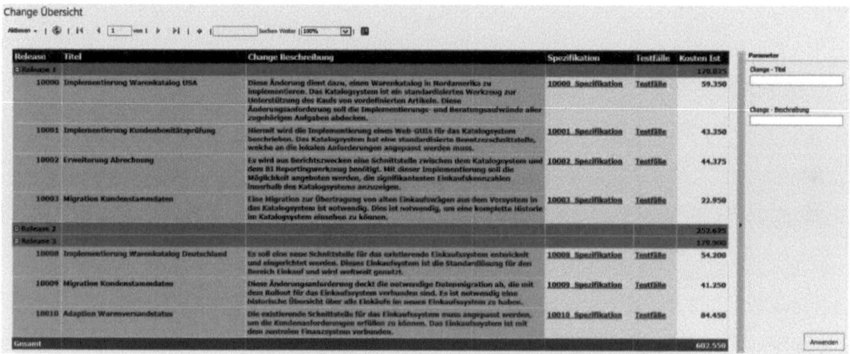

Change Übersicht

Release	Titel	Change Beschreibung	Spezifikation	Testfälle	Kosten Ist
Release 1					170.025
10000	Implementierung Warenkatalog USA	Diese Änderung dient dazu, einen Warenkatalog in Nordamerika zu implementieren. Das Katalogsystem ist ein standardisiertes Werkzeug zur Unterstützung des Kaufs von vordefinierten Artikeln. Diese Änderungsanforderung soll die Implementierungs- und Beratungsaufwände aller zugehörigen Aufgaben abdecken.	10000 Spezifikation	Testfälle	59.350
10001	Implementierung Kundenbonitätsprüfung	Hiermit wird die Implementierung eines Web-GUIs für das Katalogsystem beschrieben. Das Katalogsystem hat eine standardisierte Benutzerschnittstelle, welche an die lokalen Anforderungen angepasst werden muss.	10001 Spezifikation	Testfälle	43.350
10002	Erweiterung Abrechnung	Es wird aus Berichtszwecken eine Schnittstelle zwischen dem Katalogsystem und dem BI Reportingwerkzeug benötigt. Mit dieser Implementierung soll die Möglichkeit angeboten werden, die signifikantesten Einkaufskennzahlen innerhalb des Katalogsystems anzuzeigen.	10002 Spezifikation	Testfälle	44.375
10003	Migration Kundenstammdaten	Eine Migration zur Übertragung von alten Einkaufswägen aus dem Vorsystem in das Katalogsystem ist notwendig. Dies ist notwendig, um eine komplette Historie im Katalogsystem einsehen zu können.	10003 Spezifikation	Testfälle	22.950
Release 2					252.625
Release 3					179.900
10008	Implementierung Warenkatalog Deutschland	Es soll eine neue Schnittstelle für das existierende Einkaufssystem entwickelt und eingerichtet werden. Dieses Einkaufsystem ist die Standardlösung für den Bereich Einkauf und wird weltweit genutzt.	10008 Spezifikation	Testfälle	54.200
10009	Migration Kundenstammdaten	Diese Änderungsanforderung deckt die notwendige Datenmigration ab, die mit dem Rollout für das Einkaufssystem verbunden sind. Es ist notwendig eine historische Übersicht über alle Einkäufe im neuen Einkaufssystem zu haben.	10009 Spezifikation	Testfälle	41.250
10010	Adaption Warenversandstatus	Die existierende Schnittstelle für das Einkaufssystem muss angepasst werden, um die Kundenanforderungen erfüllen zu können. Das Einkaufsystem ist mit dem zentralen Finanzsystem verbunden.	10010 Spezifikation	Testfälle	84.450
Gesamt					602.550

Abbildung 55: Prototyp – Change Übersicht

In diesem Bericht sind zunächst einmal alle Systemänderungen innerhalb von Releases gruppiert und mit der eindeutigen Change Identifikationsnummer sowie dem Titel der Änderung aufgeführt. Eine kurze Schilderung der durchgeführten Änderungen folgt in der Spalte *Change Beschreibung*. Die Berichtsdarstellung lässt sich sowohl anhand von Stichwörtern innerhalb des Titels als auch der Kurzbeschreibung durchsuchen, so dass lediglich Änderungen zu einem bestimmten Themenbereich angezeigt werden können. Dies kann bei der Identifikation von ähnlichen Changes hilfreich sein. Die konkreten Anforderungen zum Änderungsantrag können der Spezifikation entnommen werden, welche in der nachfolgenden Spalte verlinkt ist. Die Spezifikation selbst wird in einem DMS hinterlegt. Folglich kann die existierende Spezifikation als Basis für die Erstellung ähnlicher Änderungsanforderungen verwendet werden. Die Kosten, die zur Umsetzung eines Changes notwendig waren, sind in der letzten Spalte aufgeführt und können als Grundlagen zur Bestimmung des notwendigen Budgets für weitere Änderungen herangezogen werden.

Zur Ermittlung der bei einem Change durchgeführten Testfälle dient die namensgleiche Spalte. Durch Klick auf die entsprechende Zeile kann der im folgenden Unterkapitel *Testfälle Change* beschriebene Report angesprochen werden.

Testfälle Change

Wie in Abschnitt 5.2.1 beschrieben, kann die Ermittlung der relevanten Testfälle zum einen die Qualität der Änderungsbeschreibung selbst erhöhen, zum anderen aber auch bei der IT zu einer verständlicheren Auffassung der Änderungsanforderung dienen.

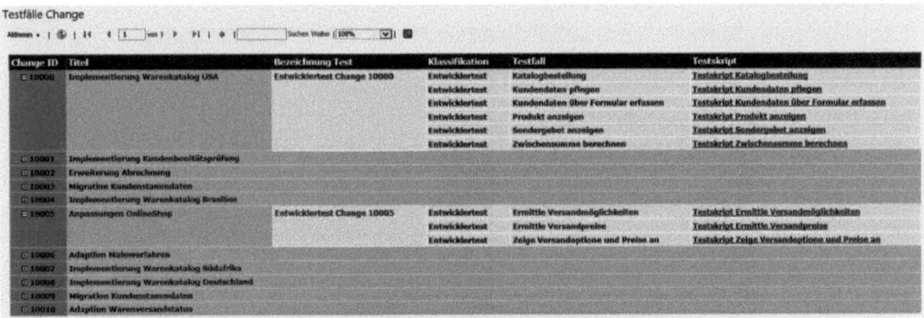
Testfälle Change

Change ID	Titel	Bezeichnung Test	Klassifikation	Testfall	Testskript
10000	Implementierung Warenkatalog USA	Entwicklertest Change 10000	Entwicklertest	Katalogbestellung	Testskript Katalogbestellung
			Entwicklertest	Kundendaten pflegen	Testskript Kundendaten pflegen
			Entwicklertest	Kundendaten über Formular erfassen	Testskript Kundendaten über Formular erfassen
			Entwicklertest	Produkt anzeigen	Testskript Produkt anzeigen
			Entwicklertest	Sondergebot anzeigen	Testskript Sondergebot anzeigen
			Entwicklertest	Zwischensumme berechnen	Testskript Zwischensumme berechnen
10001	Implementierung Kundenbonitätsprüfung				
10002	Erweiterung Abrechnung				
10003	Migration Kundenstammdaten				
10004	Implementierung Warenkatalog Brasilien				
10005	Anpassungen OnlineShop	Entwicklertest Change 10005	Entwicklertest	Ermittle Versandmöglichkeiten	Testskript Ermittle Versandmöglichkeiten
			Entwicklertest	Ermittle Versandpreise	Testskript Ermittle Versandpreise
			Entwicklertest	Zeige Versandoptione und Preise an	Testskript Zeige Versandoptione und Preise an
10006	Adaption Mahnverfahren				
10007	Implementierung Warenkatalog Südafrika				
10008	Implementierung Warenkatalog Deutschland				
10009	Migration Kundenstammdaten				
10010	Adaption Warenversandstatus				

Abbildung 56: Prototyp – Testfälle Change

Im Rahmen diese Berichts werden für jeden Change alle hinterlegten Testfälle angezeigt. Die Testfälle selbst lassen sich in die Kategorien Entwickler-, Integrations-, System- und Abnahmetests einteilen und entsprechend filtern. In der o.a. Darstellung werden beispielsweise nur die Entwicklertests und die hierzu durchzuführenden Testfälle dargestellt. Ist zu einem Testfall ein Testskript enthalten, das den automatisierten Durchlauf des Tests ermöglicht, ist dieses über einen Link in den Bericht eingebunden. Wie die zugehörige Spezifikation wird auch das Testskript in einem DMS hinterlegt.

Testfälle Geschäftsprozess

Neben der Option, die Testfälle in Bezug auf einen spezifischen Change anzuzeigen, besteht auch die Möglichkeit, diese in Abhängigkeit von definierten Geschäftsprozessen zu ermitteln. Hierbei sind die Geschäftsprozesse in einzelnen Prozessverzeichnissen organisiert, die wiederum gleichartige Prozesse enthalten. Ein Geschäftsprozess stellt eine Folge von einzelnen Aktivitäten dar, die entweder von einem Softwaresystem unterstützt oder vollständig manuell ausgeführt werden.

Den systemtechnisch gestützten Prozessen können einzelne Systemfunktionen zugewiesen werden. Den Funktionen können ihrerseits über Testobjekte verschiedene Testfälle zugeordnet werden. Dabei bestehen die Testfälle aus mehreren Testschritten, die wiederum eine Eingabe verlangen oder eine Ausgabe erzeugen. Die konkrete Ausprägung ist in Abbildung 57 dargestellt.

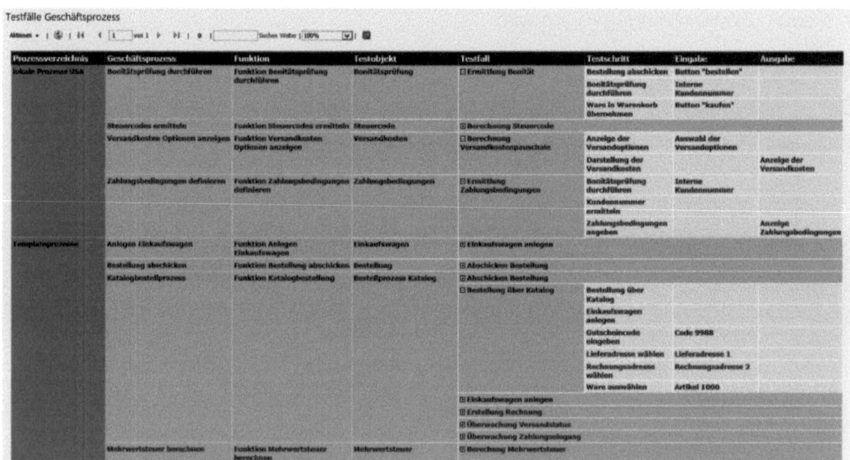

Abbildung 57: Prototyp – Testfälle Geschäftsprozess

Neben der Darstellungsform im Rahmen eines vordefinierten Berichts kann diese Art der Auswertung auch in Form eines Analysebaums durchgeführt werden. Hierbei lassen sich die einzelnen Dimensionsebenen nach eigenen Bedürfnissen erweitern oder aggregieren und so die Ergebnisse ablesen.

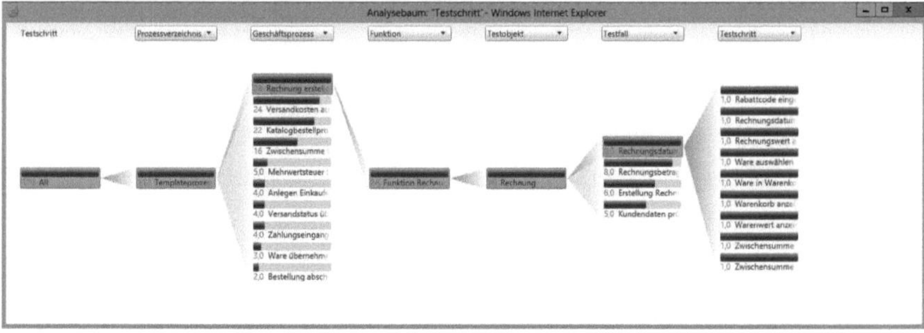

Abbildung 58: Prototyp – Analysebaum Testfälle Geschäftsprozess

7.2.3.2 *Change Bewertung und Evaluation*

Die ganzheitliche Bewertung und abschließende Evaluation eines Change Requests geschieht in mehreren Schritten, bei denen verschiedene Personengruppen ihren Beitrag leisten. Nachfolgend wird zunächst ein Bericht zur Unterstützung der Bewertungstätigkeit erläutert, bevor auf die Verwendung von Text Mining bzw. Data Mining in diesem Kontext eingegangen wird.

Change Dokumente

Der in Abbildung 59 dargestellte Bericht zeigt zunächst einmal eine Auflistung aller Changes, die für eine Change Evaluation zur Verfügung stehen.

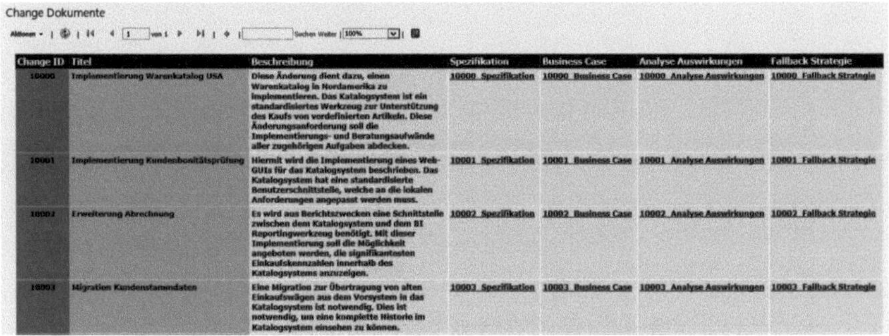

Change Dokumente

Change ID	Titel	Beschreibung	Spezifikation	Business Case	Analyse Auswirkungen	Fallback Strategie
10000	Implementierung Warenkatalog USA	Diese Änderung dient dazu, einen Warenkatalog in Nordamerika zu implementieren. Das Katalogsystem ist ein standardisiertes Werkzeug zur Unterstützung des Kaufs von vordefinierten Artikeln. Diese Änderungsanforderung soll die Implementierungs- und Beratungsaufwände aller zugehörigen Aufgaben abdecken.	10000 Spezifikation	10000 Business Case	10000 Analyse Auswirkungen	10000 Fallback Strategie
10001	Implementierung Kundenbonitätsprüfung	Hiermit wird die Implementierung eines Web-GUIs für das Katalogsystem beschrieben. Das Katalogsystem hat eine standardisierte Benutzerschnittstelle, welche an die lokalen Anforderungen angepasst werden muss.	10001 Spezifikation	10001 Business Case	10001 Analyse Auswirkungen	10001 Fallback Strategie
10002	Erweiterung Abrechnung	Es wird aus Berichtszwecken eine Schnittstelle zwischen dem Katalogsystem und dem BI Reportingwerkzeug benötigt. Mit dieser Implementierung soll die Möglichkeit angeboten werden, die signifikantesten Einkaufskennzahlen innerhalb des Katalogsystems anzuzeigen.	10002 Spezifikation	10002 Business Case	10002 Analyse Auswirkungen	10002 Fallback Strategie
10003	Migration Kundenstammdaten	Eine Migration zur Übertragung von alten Einkaufswägen aus dem Vorsystem in das Katalogsystem ist notwendig. Dies ist notwendig, um eine komplette Historie im Katalogsystem einsehen zu können.	10003 Spezifikation	10003 Business Case	10003 Analyse Auswirkungen	10003 Fallback Strategie

Abbildung 59: Prototyp – Change Dokumente

Neben dem Titel ist auch eine kurze Beschreibung der Änderungsanforderung ersichtlich. Mit Hilfe der verlinkten Spezifikation können die Details zum geschäftlichen Hintergrund dargestellt sowie auch erste Lösungsansätze im Expertengremium diskutiert werden. Der ebenfalls von diesem Report aus erreichbare Business Case beschreibt den Nutzen, der durch die Umsetzung des Changes erreicht wird. Er kann an dieser Stelle der Schätzgröße für die erwarteten Kosten gegenübergestellt werden. Sobald die im Rahmen der Change Bewertung erstellten Dokumente zur Analyse der Auswirkungen und zur Definition der Fallback-Strategie verfügbar sind, kann auf diese ebenfalls innerhalb des Berichts verwiesen werden.

Change Cluster

Zur Identifikation von Abhängigkeiten zwischen einzelnen Änderungsanforderungen aufgrund von ähnlichen Beschreibungen können Techniken des Text Mining zum

Einsatz kommen.[828] Hierzu werden zunächst einmal im Rahmen des ETL-Prozesses die anhand von festgelegten Kriterien als relevant erachteten Schlüsselwörter aus jeder Änderungsbeschreibung extrahiert und in einer Tabelle hinterlegt.[829] In dieser Tabelle werden sämtliche Schlüsselwörter samt der Häufigkeit ihres Auftretens in allen Dokumenten gespeichert.

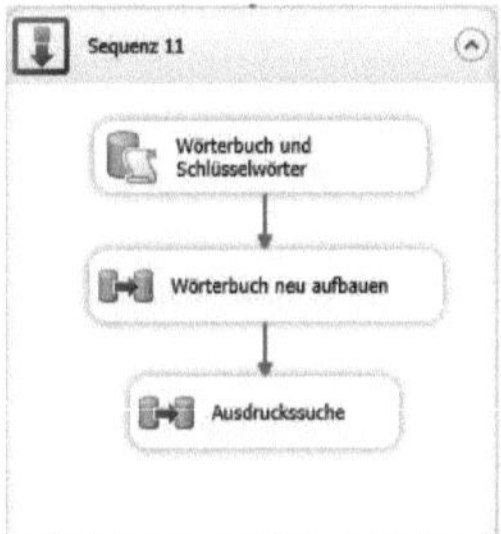

Abbildung 60: Prototyp – Text Mining im ETL-Prozess

Danach wird für jedes Schlüsselwort, das aus einer textuellen Beschreibung eines Change Requests stammt, ermittelt, ob es einem Wörterbucheintrag auf Basis der zuvor definierten Kriterien entspricht. Ist dies der Fall, wird das betreffende Schlüsselwort samt der Häufigkeit des Auftretens im Dokument der entsprechenden Änderungsanforderung zugeordnet.

Nach dieser Vorarbeit können die eigentlichen Analysen auf Basis der extrahierten Ausdrücke durchgeführt werden. So können beispielsweise unterschiedliche Cluster gebildet werden, die eine möglichst hohe Übereinstimmung an Schlüsselwörtern haben. Dies dient dazu ähnliche Änderungsanforderungen möglichst frühzeitig zu erkennen und hierdurch Synergieeffekte bei der Umsetzung generieren zu können. Für den Prototyp wurden die einzelnen Segmentierungen mit Hilfe des *Microsoft Cluster Algorithmus*[830] erstellt, der in SSAS verfügbar ist. Im vorliegenden Beispielfall lassen sich insgesamt vier verschiedene Cluster unterscheiden, denen einzelne Änderungs-

[828] Vgl. MacLennan u.a. (2009), S. 464 ff.

[829] Als Kriterien können hierzu beispielsweise die Ausdruckstypen wie Nomen oder nominale Ausdrücke, die Häufigkeit des Vorkommens eines bestimmten Schlüsselworts, die Relevanz für das Gesamtdokument oder die Unterscheidung zwischen Groß- und Kleinschreibung angegeben werden. Ebenso können Ausnahmen definiert werden, die nicht als Schlüsselwörter dienen sollen.

[830] Vgl. MacLennan u.a. (2009), S. 291 ff. sowie Microsoft (2014a).

anforderungen aufgrund ihrer Schlüsselwörter aus der textuellen Beschreibung zugeordnet werden können.

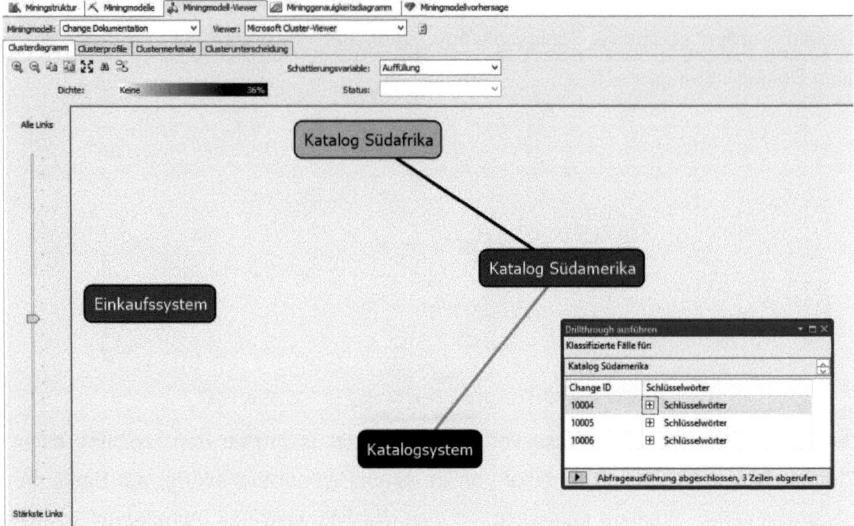

Abbildung 61: Prototyp – Clusterdiagramm

Zur tieferen Analysen der gebildeten Segmentierungen können die Clusterprofile[831] herangezogen werden.

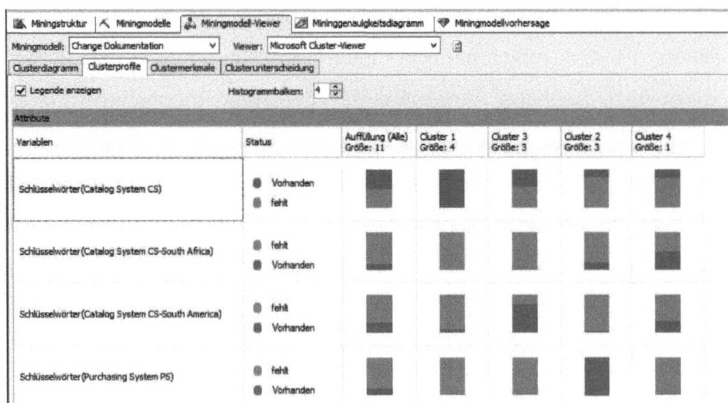

Abbildung 62: Prototyp – Clusterprofile

831 Vgl. Microsoft (2014b).

Hier wird für jedes einzelne Schlüsselwort ersichtlich, mit welcher Wahrscheinlichkeit es in einem bestimmten Cluster enthalten ist oder eben fehlt. Dies wird über die farbigen Balken gekennzeichnet, die zugehörigen Verteilungsstatistiken lassen sich ebenfalls einblenden.

Change Klassifikation

Um für neue Change Requests herauszufinden, ob sie in eines der existierenden Cluster gehören, kann die Vorgehensweise zur Dokumentenklassifikation angewendet werden. Bei diesem Verfahren werden die Schlüsselwörter einer Änderungsanforderung mit denen eines Clusters abgeglichen. Dies ist in der folgenden Abbildung 63 verdeutlicht.

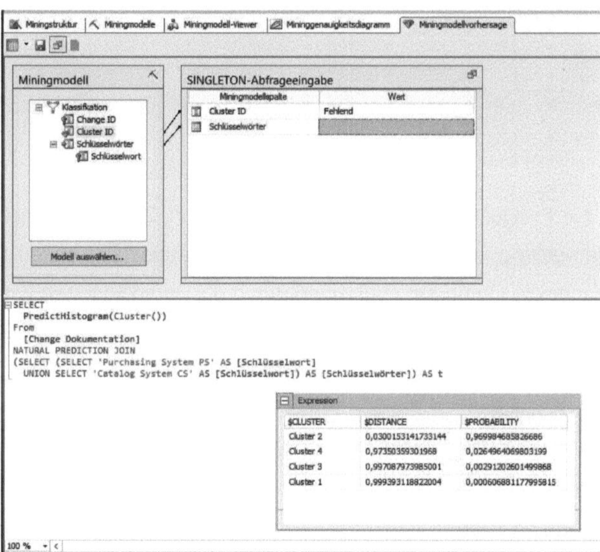

Abbildung 63: Prototyp – Change Klassifikation

Im hier dargestellten Beispiel wird für die jeweilig auftretenden Schlüsselwörter die Wahrscheinlichkeit ermittelt, die die Zugehörigkeit zu einem bestimmten Cluster angibt. Die Grundlage für die Ermittlung dieser Wahrscheinlichkeiten bildet der *Microsoft Naïve Bayes Algorithmus.*[832]

[832] Vgl. MacLennan u.a. (2009), S. 215 ff. sowie Microsoft (2014c).

7.2.3.3 *Autorisierung Change Implementierung und Test*

Bevor eine Änderungsanforderung umgesetzt werden kann, muss eine Freigabe durch das CAB erfolgen. In diesem Kontext werden u.a. die Ergebnisse der Change Evaluation besprochen sowie ein Zieltermin zur Implementierung festgelegt.

Die Change Evaluation selbst wird von den entsprechenden Fachexperten vorgenommen; die Ergebnisse werden in entsprechenden Dokumenten hinterlegt. Zur Darstellung der Evaluationsergebnisse kann der nachfolgende Bericht verwendet werden.

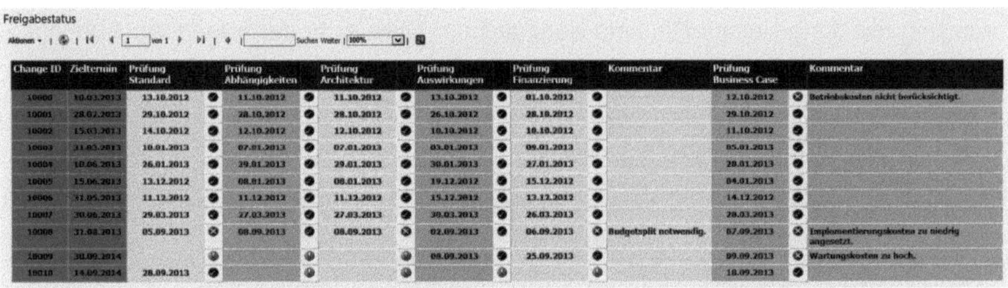

Freigabestatus

Change ID	Zieltermin	Prüfung Standard	Prüfung Abhängigkeiten	Prüfung Architektur	Prüfung Auswirkungen	Prüfung Finanzierung	Kommentar	Prüfung Business Case	Kommentar
10000	10.03.2013	13.10.2012	11.10.2012	11.10.2012	13.10.2012	01.10.2012		12.10.2012	Betriebskosten nicht berücksichtigt.
10001	28.02.2013	29.10.2012	28.10.2012	28.10.2012	26.10.2012	28.10.2012		29.10.2012	
10002	15.03.2013	14.10.2012	12.10.2012	12.10.2012	10.10.2012	10.10.2012		11.10.2012	
10003	31.05.2013	10.01.2013	07.01.2013	07.01.2013	03.01.2013	09.01.2013		05.01.2013	
10004	10.06.2013	26.01.2013	29.01.2013	29.01.2013	30.01.2013	27.01.2013		28.01.2013	
10005	15.06.2013	13.12.2012	08.01.2013	08.01.2013	19.12.2012	15.12.2012		04.01.2013	
10006	31.05.2013	11.12.2012	11.12.2012	11.12.2012	15.12.2012	13.12.2012		14.12.2012	
10007	30.06.2013	29.03.2013	27.03.2013	27.03.2013	30.03.2013	26.03.2013		28.03.2013	
10008	31.08.2013	05.09.2013	08.09.2013	08.09.2013	02.09.2013	06.09.2013	Budgetsplit notwendig.	07.09.2013	Implementierungskosten zu niedrig angesetzt.
10009	30.09.2014				08.09.2013	25.09.2013		09.09.2013	Wartungskosten zu hoch.
10010	14.09.2014	28.09.2013						18.09.2013	

Abbildung 64: Prototyp – Freigabestatus

Hier sind alle zur Freigabe durch das CAB anstehenden Changes aufgeführt, inklusive des zur Umsetzung erwarteten Zieltermins. In den anschließenden Spalten werden nacheinander die Daten der Prüfungen durch die verschiedenen Expertengremien sowie die zugehörigen Ergebnisse dargestellt. Im Einzelnen werden die folgenden Phasen und deren Fertigstellungstermine skizziert:

- **Prüfung Standard:** In diesem Schritt wird versucht herauszufinden, ob der geschäftliche Hintergrund und die zugehörigen Business Szenarien verstanden wurden und den vorgegebenen zentralseitigen Standardisierungsbestrebungen entsprechen.
- **Prüfung Abhängigkeiten:** Hier werden die funktionale und technische Abhängigkeiten zu anderen Änderungsanforderungen evaluiert.
- **Prüfung Architektur:** Innerhalb dieser Analyse werden Auswirkungen auf die bestehende Systemarchitektur beleuchtet.
- **Prüfung Auswirkungen:** Im Rahmen dieses Bearbeitungsschritts werden die Einflüsse auf den operativen Betrieb beschrieben.
- **Prüfung Finanzierung:** Durch die Prüfung der Finanzierung soll die Kostenübernahme für die Umsetzung der Systemänderung sichergestellt werden.

- **Prüfung Business Case:** In dieser Phase erfolgt eine Durchsicht des hinterlegten Business Cases, sofern dieser vorhanden ist.

Für Fragen zur Finanzierung sowie zum Business Cases können im Falle einer Ablehnung Kommentare hinterlegt werden. Generell wird der Status der Freigaben mit Hilfe von farbigen Symbolen dargestellt – hierdurch ist ersichtlich, ob das Ergebnis einer Prüfung in einer Freigabe oder Ablehnung resultiert oder die entsprechende Prüfung noch nicht durchgeführt wurde. Beim Klick auf die Freigabesymbole können die entsprechenden Evaluationsberichte, welche sich im DMS befinden, geöffnet werden.

7.2.3.4 Koordination Change Implementierung und Test

Zur Koordination der Change Implementierung und der zugehörigen Softwaretests gehören verschiedene Aufgaben.[833] Hierunter fallen insbesondere die Überwachung der entstandenen Aufwände, der resultierenden Kosten sowie auch der dahinterliegenden Projekt- oder Release-Zeitleisten über den kompletten Entwicklungszyklus hinweg. Für die anstehenden Testläufe sind die Identifikation der relevanten Testfälle sowie eine Übersicht der aufgetretenen Fehler relevant.

Gesamtübersicht

Die Gesamtübersicht soll Änderungsanforderungen über den kompletten Lebenszyklus hinweg begleiten und einen Überblick über den jeweiligen Status geben. Weiterhin gibt sie eine Frühindikation über die nächsten einzuleitenden Maßnahmen.

Um dies zu erreichen, findet sich in der obersten Tabelle eine Übersichtsdarstellung, die alle Change Requests enthält und aus der sich mit Hilfe von Filtern die zu betrachtenden Änderungsanforderungen selektieren lassen. Innerhalb der Übersichtstabelle werden zunächst einmal die bisher angefallenen Gesamtaufwände der einzelnen, an der Umsetzung beteiligten Personen aufgeführt. Hinter dem absoluten Aufwand, der in Personentagen gemessen wird, findet sich der Status der Abweichung von den ermittelten Planzahlen. Hierbei symbolisiert ein grünes Icon, dass der aktuelle Gesamtaufwand sich unterhalb von 90% der Planzahl befindet. Ist dieses Limit überschritten, ändert sich das Icon und die zugehörige Symbolfarbe wird gelb. Ein roter Status ist erreicht, sobald die Plangröße um mehr als 10% überschritten

[833] Vgl. hierzu auch noch einmal die Ausführungen in Kapitel 5.2.6.

wird. Um Plan- und Ist-Größen einander gegenüberzustellen, kann durch einen Klick auf die Statusspalte der zugehörige Unterbericht aufgerufen werden, der sich im mittleren Segment des Bildschirms öffnet. Eine analoge Vorgehensweise ist auch zur Überwachung der Kosten denkbar.

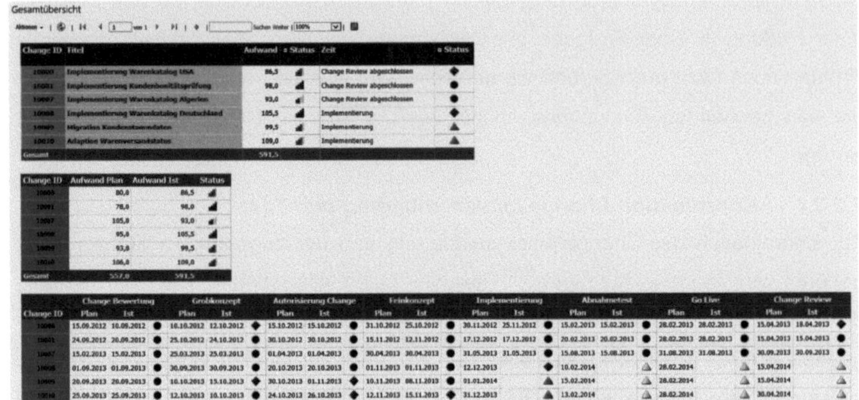

Abbildung 65: Prototyp – Gesamtübersicht

Zum Monitoring der Projektzeitleisten wurden zunächst einmal die entsprechenden Meilensteine definiert und als Plangrößen hinterlegt. Diesen Plangrößen werden die tatsächlich erreichten Zeitpunkte der Freigabe für die einzelnen Qualitätsprüfungen gegenübergestellt. In der Übersichtsdarstellung befindet sich in der Spalte *Zeit* somit zunächst einmal für jeden einzelnen Change Request der nächste definierte Meilenstein. Der Status gibt an, ob er gemäß den festgelegten Planwerten erreicht wurde. Dies wird durch ein grünes Kreissymbol gekennzeichnet. Steht der nächste Meilenstein unmittelbar bevor und ist erhöhte Aufmerksamkeit zur Durchführung der nächsten Arbeitsschritte geboten, wandelt sich dieses Symbol in ein gelbes Dreieck. Eine rote Raute indiziert, dass der letzte Meilenstein bereits überschritten wurde. Zur Darstellung der gesamten Historie sowie für eine Gegenüberstellung von Plan- und Ist-Werten einzelner Meilensteine kann der entsprechende Unterbericht, der am unteren Teil des Bildschirms sichtbar wird, aufgerufen werden.

Kosten Region

Zur Darstellung der angefallenen Kosten, untergliedert nach geographischen Regionen, kann der in Abbildung 54 gezeigte Bericht verwendet werden. Hier werden einzelne Länder, bei denen innerhalb eines global agierenden Unternehmens Änderungsanforderungen aufgetreten sind, farblich markiert und das entsprechende Länderkürzel hinzugefügt. Um detailliertere Informationen zu erhalten, kann das entsprechende Land angeklickt werden. Damit wird ein eigener Bericht generiert, der in der Lage ist die Details zu geplanten und tatsächlich angefallenen Kosten auf Ebene von einzelnen Systemänderungen anzuzeigen.

Projektkosten

Zur Darstellung aller Kosten, die zu einem Implementierungsprojekt gehören, kann der in Abbildung 66 dargestellte Bericht verwendet werden. In dieser Übersicht werden zunächst einmal alle Projekte samt ihrer Projektnummer und -bezeichnung aufgeführt. Für jedes Projekt werden die aktuellen Ist-Kosten sowie die erwarteten Planwerte dargestellt. Über einen Drilldown können die zugehörigen Changes mitsamt den Einzelkosten angezeigt werden.

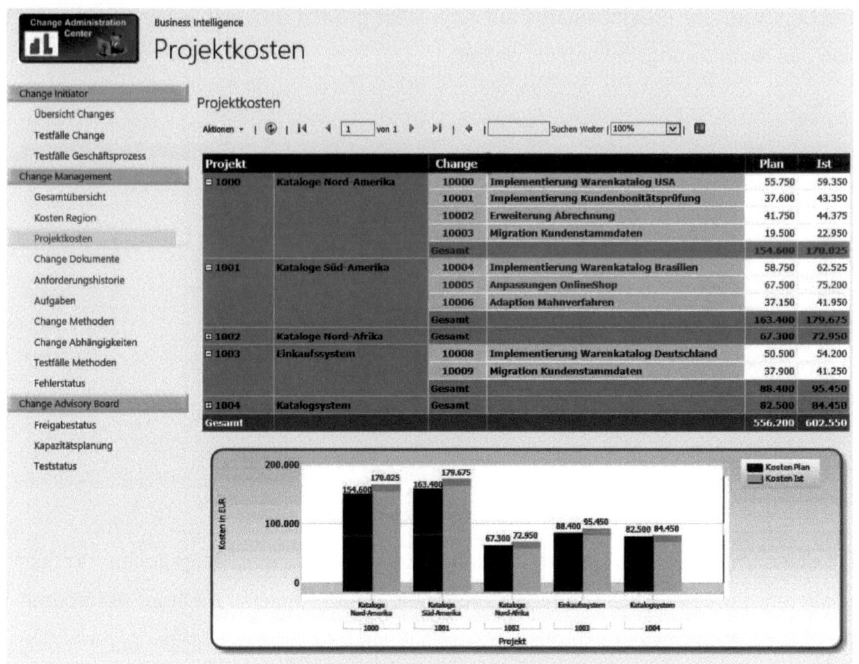

Projekt		Change		Plan	Ist
1000	Kataloge Nord-Amerika	10000	Implementierung Warenkatalog USA	55.750	59.350
		10001	Implementierung Kundenbonitätsprüfung	37.600	43.350
		10002	Erweiterung Abrechnung	41.750	44.375
		10003	Migration Kundenstammdaten	19.500	22.950
		Gesamt		154.600	170.025
1001	Kataloge Süd-Amerika	10004	Implementierung Warenkatalog Brasilien	58.750	62.525
		10005	Anpassungen OnlineShop	67.500	75.200
		10006	Adaption Mahnverfahren	37.150	41.950
		Gesamt		163.400	179.675
1002	Kataloge Nord-Afrika	Gesamt		67.300	72.950
1003	Einkaufssystem	10008	Implementierung Warenkatalog Deutschland	50.500	54.200
		10009	Migration Kundenstammdaten	37.900	41.250
		Gesamt		88.400	95.450
1004	Katalogsystem	Gesamt		82.500	84.450
Gesamt				556.200	602.550

Abbildung 66: Prototyp – Projektkosten

Im unteren Teil des Bildschirms findet sich eine graphische Darstellung der Kosten auf Projekteebene, hieraus sind etwaige Abweichungen gegenüber den Planwerten erkennbar.

Anforderungshistorie

Oftmals ergeben sich aus diversen Expertendiskussionen Änderungen von Spezifikationen. Hierbei werden neue Anforderungen aufgenommen, bestehende verändert oder komplett gestrichen. Somit entsteht auch eine Wechselwirkung mit den zugehörigen Kostenschätzungen. Um eine transparente Darstellung über die Änderungen der Spezifikation zu gewährleisten, wurde ein eigener Bericht kreiert.

Innerhalb dieses Reports werden zunächst einmal alle Projekte aufgeführt und hierunter die einzelnen Changes subsumiert. Für jeden Change sind die entsprechenden Versionen der Spezifikationen einsehbar. Jede Version enthält ein Erstellungsdatum sowie einen Freigabestatus. Sobald sich Änderungen an einer Spezifikationsversion ergeben, wird der Freigabestatus auf *Abgelehnt* gesetzt und eine neue, gültige Version des Anforderungsdokuments erstellt.

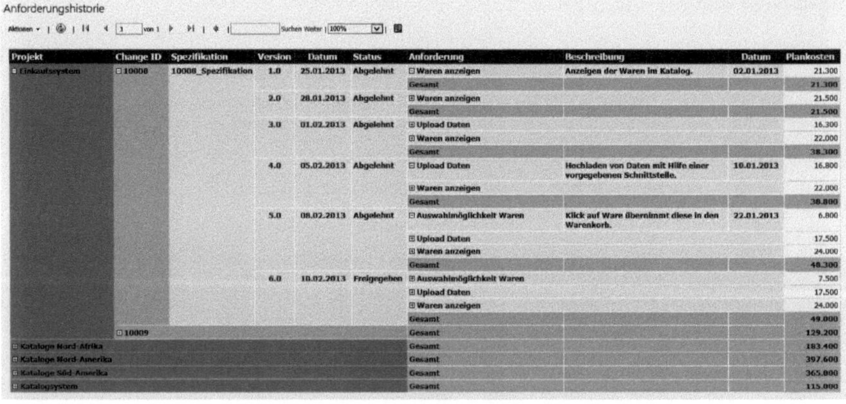

Anforderungshistorie

Projekt	Change ID	Spezifikation	Version	Datum	Status	Anforderung	Beschreibung	Datum	Plankosten
Einkaufssystem	10000	10000_Spezifikation	1.0	25.01.2013	Abgelehnt	Waren anzeigen	Anzeigen der Waren im Katalog.	02.01.2013	21.300
						Gesamt			21.300
			2.0	28.01.2013	Abgelehnt	Waren anzeigen			21.500
						Gesamt			21.500
			3.0	01.02.2013	Abgelehnt	Upload Daten			16.300
						Waren anzeigen			22.000
						Gesamt			38.300
			4.0	05.02.2013	Abgelehnt	Upload Daten	Hochladen von Daten mit Hilfe einer vorgegebenen Schnittstelle.	10.01.2013	16.800
						Waren anzeigen			22.000
						Gesamt			38.800
			5.0	08.02.2013	Abgelehnt	Auswahlmöglichkeit Waren	Klick auf Ware übernimmt diese in den Warenkorb.	22.01.2013	6.800
						Upload Daten			17.500
						Waren anzeigen			24.000
						Gesamt			48.300
			6.0	10.02.2013	Freigegeben	Auswahlmöglichkeit Waren			7.500
						Upload Daten			17.500
						Waren anzeigen			24.000
						Gesamt			49.000
	10009					Gesamt			129.200
Kataloge Nord-Afrika						Gesamt			183.400
Kataloge Nord-Amerika						Gesamt			397.600
Kataloge Süd-Amerika						Gesamt			365.800
Katalogsystem						Gesamt			115.000

Abbildung 67: Prototyp – Anforderungshistorie

Auf diese Weise kann zu jedem beliebigen Zeitpunkt nur eine freigegebene Version existieren. Zu einer solchen Spezifikation gehören im Regelfall mehrere Anforderungen. Diese können innerhalb des Berichts mit einer kurzen Beschreibung sowie dem Erstellungsdatum eingeblendet werden. Hierdurch ist es möglich, die Veränderungen der einzelnen Versionen eines Anforderungsdokuments sichtbar zu machen. Grundsätzlich können die Plankosten für entstehende Anforderungen grob abgeschätzt werden. Diesem Zweck dient die letzte Spalte des Berichts, welche die Kosten für die einzelnen Anforderungen angibt. In diesem Fall ergibt die Summe der Anforderungen allerdings nicht die Gesamtkosten für einen Change, da beispielsweise noch administrative und koordinative Aufwände zu berücksichtigen sind. Wenn für alle Anforderungen die Plankosten hinterlegt werden, sind die Abweichungen pro Version der Spezifikation sowohl auf Ebene der Anforderungen selbst als auch für die komplette Spezifikation ersichtlich. Mit Hilfe dieser Darstellung kann im Hinblick auf das zur Verfügung stehende Budget ebenfalls eine Priorisierung der Anforderungen durchgeführt werden.

Aufgaben

Aus Changes können sich Arbeitsaufträge ableiten lassen, die ihrerseits einzelne Aufgaben enthalten. Dies ist insbesondere der Fall, wenn als operatives Vorsystem zur Bearbeitung der Änderungsanforderungen ein workflowbasiertes Ticketsystem eingesetzt wird.

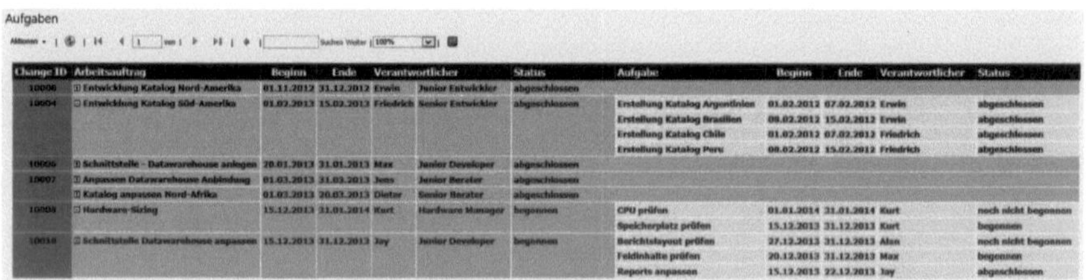

Aufgaben

Change ID	Arbeitsauftrag	Beginn	Ende	Verantwortlicher		Status	Aufgabe	Beginn	Ende	Verantwortlicher	Status
10006	Entwicklung Katalog Nord-Amerika	01.11.2012	31.12.2012	Erwin	Junior Entwickler	abgeschlossen					
10004	Entwicklung Katalog Süd-Amerika	01.02.2013	15.02.2013	Friedrich	Senior Entwickler	abgeschlossen	Erstellung Katalog Argentinien	01.02.2012	07.02.2012	Erwin	abgeschlossen
							Erstellung Katalog Brasilien	08.02.2012	15.02.2012	Erwin	abgeschlossen
							Erstellung Katalog Chile	01.02.2012	07.02.2012	Friedrich	abgeschlossen
							Erstellung Katalog Peru	08.02.2012	15.02.2012	Friedrich	abgeschlossen
10005	Schnittstelle - Datawarehouse anlegen	20.01.2013	31.01.2013	Max	Junior Developer	abgeschlossen					
10007	Anpassen Datawarehouse Anbindung	01.03.2013	31.03.2013	Jens	Junior Berater	abgeschlossen					
	Katalog anpassen Nord-Afrika	01.03.2013	20.03.2013	Dieter	Senior Berater	abgeschlossen					
10008	Hardware-Sizing	15.12.2013	31.01.2014	Kurt	Hardware Manager	begonnen	CPU prüfen	01.01.2014	31.01.2014	Kurt	noch nicht begonnen
							Speicherplatz prüfen	15.12.2013	31.12.2013	Kurt	begonnen
10010	Schnittstelle Datawarehouse anpassen	15.12.2013	31.12.2013	Jay	Junior Developer	begonnen	Berichtslayout prüfen	27.12.2013	31.12.2013	Alan	noch nicht begonnen
							Feldinhalte prüfen	20.12.2013	31.12.2013	Max	begonnen
							Reports anpassen	15.12.2013	22.12.2013	Jay	abgeschlossen

Abbildung 68: Prototyp – Aufgaben

Im hier dargestellten Report werden zu einzelnen Changes die entsprechenden Arbeitsaufträge abgebildet. Diese besitzen einen vorgegebenen Anfangs- wie auch Endtermin und einen Verantwortlichen, der mit der Umsetzung betraut ist. Zu jedem dieser Arbeitsaufträge wird der Status reflektiert, so dass eine Überwachung des Bearbeitungsfortschritts möglich ist. Sind den Arbeitsaufträgen einzelne Aufgaben zugewiesen, lassen sich diese über einen Drilldown anzeigen. Wie die Arbeitsaufträge besitzen auch die Aufgaben eigene Ansprechpartner und Bearbeitungszeitleisten sowie einen Bearbeitungsstatus. Sind alle Aufgaben eines Arbeitsauftrags abgeschlossen, ist im Regelfall auch der Arbeitsauftrag selbst erledigt.

Change Methoden

Zur Ableitung von Abhängigkeiten oder zur Ermittlung von durchzuführenden Testfällen kann es notwendig werden, die im Rahmen einer Systemanpassung neu implementierten oder geänderten Methoden anzuzeigen. In dem zu diesem Zweck verwendeten Bericht werden zunächst einmal alle Releases sowie die zugeordneten Changes aufgeführt. Sowohl die entsprechenden Releases als auch die zugehörigen Changes können über Parameter selektiert werden. Zur vollständigen Dokumentation wird zu jeder Änderungsanforderung die Spezifikation, das Grobkonzept sowie das Feinkonzept verlinkt. Innerhalb des Feinkonzepts findet sich eine Beschreibung derjenigen Klassen, die im Rahmen einer Softwareänderung neu implementiert oder entsprechend adaptiert werden. Dasselbe trifft auch auf neue oder geänderte Methoden zu.

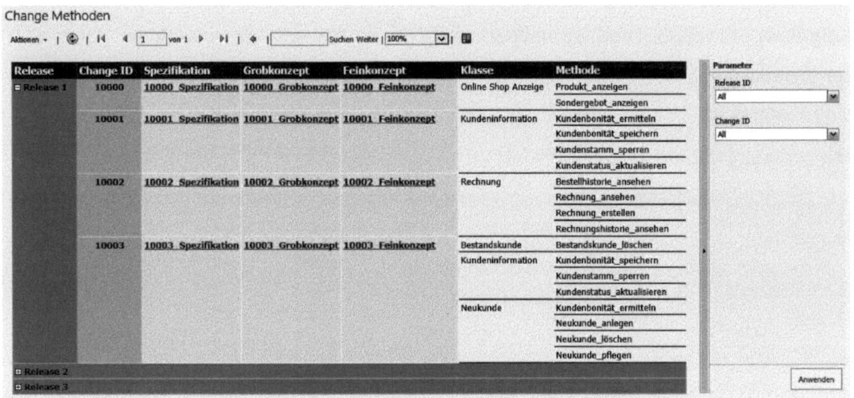

Change Methoden

Aktionen | 1 von 1 | Suchen Weiter | 100%

Release	Change ID	Spezifikation	Grobkonzept	Feinkonzept	Klasse	Methode
Release 1	10000	10000_Spezifikation	10000_Grobkonzept	10000_Feinkonzept	Online Shop Anzeige	Produkt_anzeigen
						Sondergebot_anzeigen
	10001	10001_Spezifikation	10001_Grobkonzept	10001_Feinkonzept	Kundeninformation	Kundenbonität_ermitteln
						Kundenbonität_speichern
						Kundenstamm_sperren
						Kundenstatus_aktualisieren
	10002	10002_Spezifikation	10002_Grobkonzept	10002_Feinkonzept	Rechnung	Bestellhistorie_ansehen
						Rechnung_ansehen
						Rechnung_erstellen
						Rechnungshistorie_ansehen
	10003	10003_Spezifikation	10003_Grobkonzept	10003_Feinkonzept	Bestandskunde	Bestandskunde_löschen
					Kundeninformation	Kundenbonität_speichern
						Kundenstamm_sperren
						Kundenstatus_aktualisieren
					Neukunde	Kundenbonität_ermitteln
						Neukunde_anlegen
						Neukunde_löschen
						Neukunde_pflegen
Release 2						
Release 3						

Parameter

Release ID: All

Change ID: All

Anwenden

Abbildung 69: Prototyp – Change Methoden

Mit dem Wissen, welche Methoden im Rahmen eines Changes angepasst wurden, können die Berichte der folgenden Abschnitte *Change Abhängigkeiten* sowie *Testfälle Methoden* ausgeführt werden.

Change Abhängigkeiten

Zur Planung der Change Implementierung ist es wichtig, die Abhängigkeiten einzelner Änderungen zu kennen. Dies hilft, Softwareanpassungen, die sich auf ein und dasselbe Implementierungsobjekt beziehen, zusammenfassen und dann gemeinsam entwickeln zu können. Hierdurch können Synergieeffekte sowohl bei der Implementierung als auch beim späteren Testen entstehen.

Im konkreten Fall werden als Implementierungsobjekte Methoden einzelner Klassen betrachtet. Auf diese Weise wird versucht, Abhängigkeiten zwischen einzelnen Änderungsanforderungen zu entdecken. Um dies zu erreichen, werden zunächst einmal die von einer Änderung betroffenen Methoden anhand von Selektionsparametern an den Bericht übergeben. Optional kann auch das jeweilige Release angegeben werden. Ist dies erfolgt, erscheint eine Liste der betroffenen Methoden. Zu jeder einzelnen Methode wird zunächst einmal die zugehörige Klasse ermittelt. In den letzten beiden Spalten können dann diejenigen Changes identifiziert werden, die eine Neuimplementierung oder Veränderung der jeweiligen Methode mit sich gebracht haben. Gehören zwei oder mehr Changes einem einzigen Release an, besteht das Potential zur Bündelung der beiden Softwareänderungen. Aus dieser Erkenntnis heraus kann die Planung der Umsetzung und der durchzuführenden Tests vorgenommen werden.

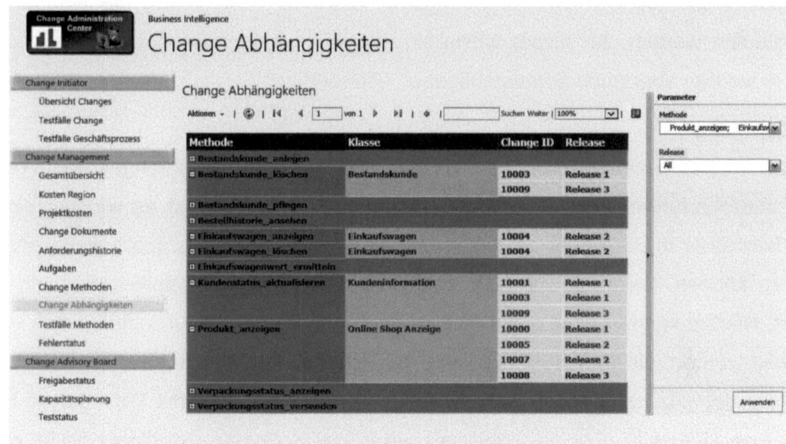

Abbildung 70: Prototyp – Change Abhängigkeiten

Testfälle Methoden

Ein weiterer Anwendungsfall, der auf dem Wissen beruht, welche Methoden im Rahmen eines Changes verändert wurden, besteht in der Ableitung der relevanten Testfälle. Diese Vorgehensweise kann auch die Risikominimierung beim *Release Deployment* unterstützen. Hierzu werden zunächst einmal die zuvor identifizierten Methoden über einen Berichtsparameter ausgewählt, danach wird die Berichtsdarstellung generiert. Darin werden zuerst die ausgewählten Methoden angezeigt. Zu jeder Methode existiert ein zugehöriges Testobjekt, welches eine definierte Anzahl an Testfällen enthält.

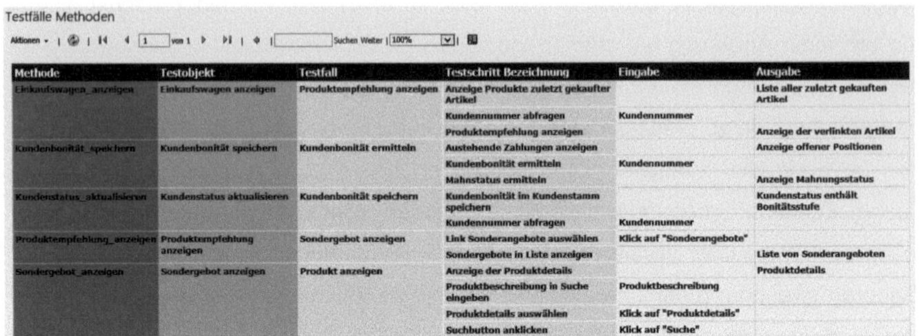
Testfälle Methoden

Methode	Testobjekt	Testfall	Testschritt Bezeichnung	Eingabe	Ausgabe
Einkaufswagen_anzeigen	Einkaufswagen anzeigen	Produktempfehlung anzeigen	Anzeige Produkte zuletzt gekaufter Artikel		Liste aller zuletzt gekauften Artikel
			Kundennummer abfragen	Kundennummer	
			Produktempfehlung anzeigen		Anzeige der verlinkten Artikel
Kundenbonität_speichern	Kundenbonität speichern	Kundenbonität ermitteln	Austehende Zahlungen anzeigen		Anzeige offener Positionen
			Kundenbonität ermitteln	Kundennummer	
			Mahnstatus ermitteln		Anzeige Mahnungsstatus
Kundenstatus_aktualisieren	Kundenstatus aktualisieren	Kundenbonität speichern	Kundenbonität im Kundenstamm speichern		Kundenstatus enthält Bonitätsstufe
			Kundennummer abfragen	Kundennummer	
Produktempfehlung_anzeigen	Produktempfehlung anzeigen	Sondergebot anzeigen	Link Sonderangebote auswählen	Klick auf "Sonderangebote"	
			Sondergebote in Liste anzeigen		Liste von Sonderangeboten
Sondergebot_anzeigen	Sondergebot anzeigen	Produkt anzeigen	Anzeige der Produktdetails		Produktdetails
			Produktbeschreibung in Suche eingeben	Produktbeschreibung	
			Produktdetails auswählen	Klick auf "Produktdetails"	
			Suchbutton anklicken	Klick auf "Suche"	

Abbildung 71: Prototyp – Testfälle Methoden

Die einzelnen Testfälle enthalten ihrerseits mehrere Testschritte, die sequentiell durchlaufen werden. An dieser Stelle sind teilweise Eingabeparameter notwendig, partiell werden aber auch Systemausgaben generiert.

Fehlerstatus

Während einer Testphase können Fehler auftreten, die auf die durchgeführten Testfälle zurückzuführen sind. Zur Überwachung einzelner Tests ist es wichtig, einen Überblick über diese Fehler zu haben und den Status der Fehlerbearbeitung anzeigen zu können. Dies wird mit Hilfe des in Abbildung 72 dargestellten Berichts erreicht. Hierbei können über einen Selektionsparameter die gewünschten Tests ausgewählt werden, als weiterer Filter kann der Fehlerstatus dienen. Nachdem die Vorauswahl der anzuzeigenden Tests getroffen wurde, lässt sich mit Hilfe dieses Reports eine Übersicht über die aufgetretenen Fehler erzeugen. An dieser Stelle werden zu jedem Test die entsprechenden Changes sowie die Projekte aufgeführt, denen ein Change möglicherweise zugeordnet wurde.

In den folgenden Spalten erfolgt eine Darstellung der Testfälle und Testschritte, bei denen ein Fehler vorgekommen ist. Eine kurze Beschreibung des Fehlers findet sich in der drittletzten Spalte, bevor der Status der Fehlerbehebung angezeigt wird. Aus dieser Übersicht lässt sich die Anzahl der aufgetretenen Fehler pro Test als auch pro Testschritt ablesen. In der unteren graphischen Darstellung werden die Fehler nach ihrem Behebungsstatus noch einmal separat aufgeführt. Dies kann ein Instrument zur Überwachung der durchgeführten Softwaretests darstellen.

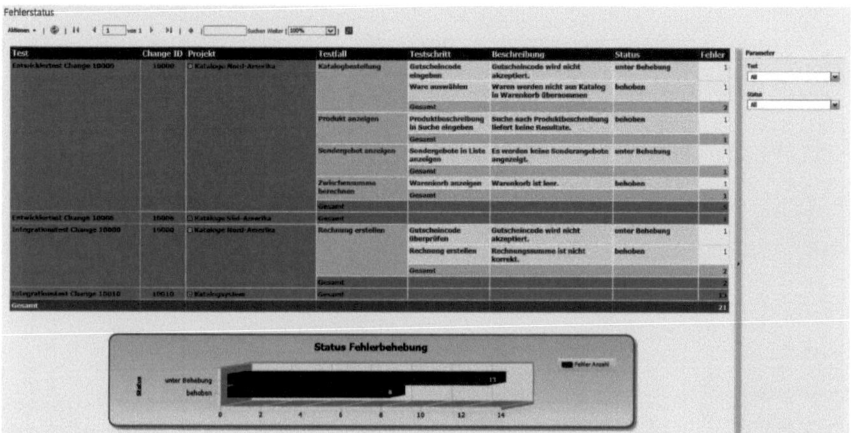

Abbildung 72: Prototyp – Fehlerstatus

7.2.3.5 Autorisierung Change Deployment

Die Aufgabe des CABs zur Autorisierung für das Change Deployment besteht in der formellen Freigabe für die Inbetriebnahme jeglicher Änderungen innerhalb eines Releases. Im Zuge der Change Evaluation sollen deshalb alle vorhergehenden Testergebnisse geprüft werden, um das Risiko für das operative System zu minimieren. Zu den Aufgaben des CABs gehört nach dem Verständnis dieser Arbeit neben den Freigaben für das aktuelle Release auch die Feststellung der benötigten Ressourcen für zukünftige Releases – aus diesem Grund wird eine Kapazitätsplanung durchgeführt.

Teststatus

Die nachfolgend dargestellte Abbildung 73 spiegelt für alle durchgeführten Tests den hieraus resultierenden Status wider. Die Tests können frei selektiert werden. Für jeden Test werden die entsprechenden Testfälle einschließlich des Changes, auf den sie sich beziehen, und das zugehörige Release aufgeführt. Anhand des Fehlerstatus ist ersichtlich, welche Testfälle erfolgreich waren, noch nicht ausgeführt wurden und bei welchen Fehler aufgetreten sind. Die Gesamtzahl der ausgewählten Tests bzw. der zugehörigen Testfälle findet sich unterhalb der Tabelle.

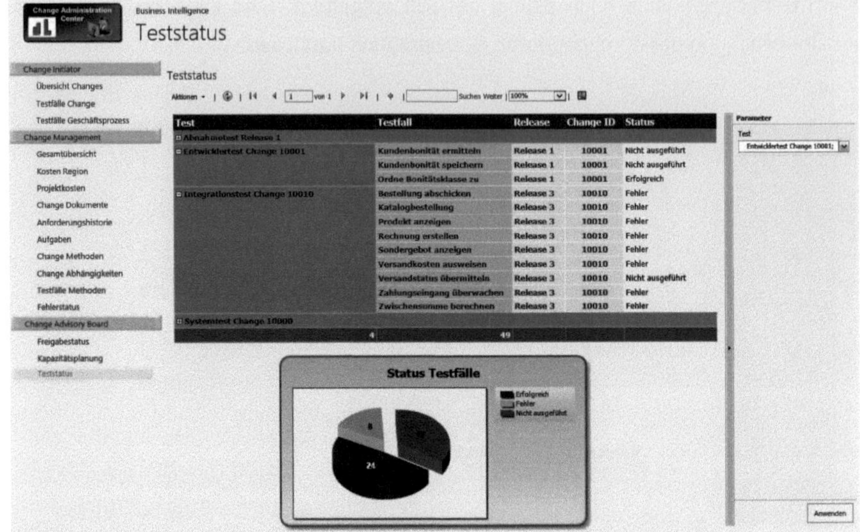

Abbildung 73: Prototyp – Teststatus

Zur Verdeutlichung des Sachverhalts und zur Entscheidungsunterstützung für die Deployment Freigabe wird eine graphische Zusammenfassung für den Status der Testfälle angezeigt.

Kapazitätsplanung

Wie eingangs erwähnt, gehört neben der Freigabe einzelner Änderungsanforderungen auch die Kapazitätsplanung einzelner Releases zu den Aufgaben des CAB. Hierdurch werden die generellen Volumina an Change Requests für ein einzelnes Release definiert.

Zur Bestimmung der Kapazitätsbedarfe muss zunächst einmal das entsprechende Release ausgewählt werden. Sobald dies erfolgt ist, werden alle hierfür verfügbaren Ressourcen sowie deren Kapazität dargestellt. Auf Basis der einem Release zugewiesenen Changes wird die Anzahl der benötigten Personentage für das jeweilige Personenprofil – beispielsweise Senior Developer – ermittelt. Die geplanten Aufwände werden im Vorhinein erfasst. Hierdurch ist eine Gegenüberstellung der benötigten und vorhandenen Ressourcen möglich. Die Statusanzeigen sowie die unter der Tabelle befindliche graphische Darstellung geben Aufschluss darüber, ob es eine Über- oder Unterdeckung für den jeweiligen Bereich gibt.

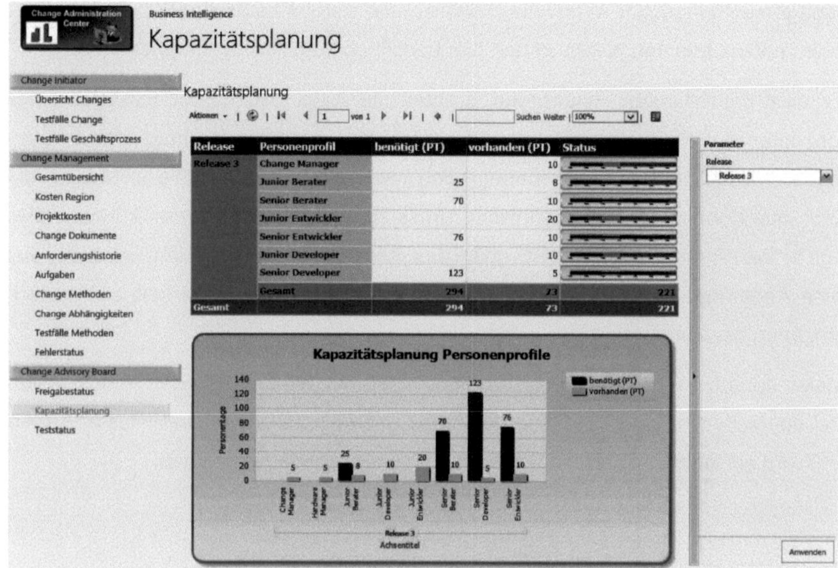

Abbildung 74: Prototyp – Kapazitätsplanung

7.2.4 Fazit

Wie eingangs beschrieben ist das Ziel der Evaluation, die Umsetzbarkeit des Konzeptes zu zeigen und die Zweckmäßigkeit zur Erfüllung der Informationsbedarfe für einzelne Aufgaben im IT-Change-Management-Prozess zu erproben. Auf Basis der Experteninterviews wurden daher 18 Evaluationsszenarien definiert, welche charakteristische Aufgaben repräsentieren sollten. Die technische Umsetzbarkeit konnte in allen Fällen mit Hilfe des vorgestellten Implementierungsansatzes nachgewiesen werden. Weiterhin ließ sich die Informationsversorgung im Hinblick auf die identifizierten Informationsbedarfe für alle Szenarien sicherstellen. Dies wird durch die implementierten Auswertungsmöglichkeiten dokumentiert.

Darüber hinaus wurden einzelne der dargestellten Szenarien sowie die grundsätzliche Problemstellung und der daraus resultierende Lösungsweg auf mehreren Fachveranstaltungen vor Experten aus Wissenschaft und Praxis vorgestellt und im Anschluss diskutiert. Das Feedback war durchweg positiv und die Vorgehensweise wurde als ein adäquater Lösungsansatz zur Entscheidungsunterstützung im Change

Management eingestuft. Wertvolle Hinweise, die sich im Laufe der Diskussionen ergeben haben, konnten iterativ in den hier beschriebenen Ansatz integriert werden.

Vor dem geschilderten Hintergrund konnten die Ziele, die mit der Evaluation des Konzeptes einhergingen, erreicht werden. Des Weiteren ist davon auszugehen, dass neben den beschriebenen Szenarien noch weitere Anwendungsfälle existieren, die durch das Konzept und die technische Umsetzung unterstützt werden können. Dies liegt in der Tatsache begründet, dass das Konzept den kompletten Lebenszyklus einer Änderungsanforderung abdeckt. Somit ist eine Übertragbarkeit auf weitere Szenarien gewährleistet.

Basierend auf den beschriebenen Erkenntnissen werden im folgenden Abschlusskapitel die Motivation und der Gang der Arbeit noch einmal zusammengefasst. Außerdem wird ein kurzer Ausblick auf weitere Forschungsbedarfe gegeben.

8 Resümee und Ausblick

Änderungen an Softwaresystemen stehen im Fokus dieser Arbeit. Derartige Anpassungen werden im Regelfall im Rahmen eines definierten Change-Management-Prozesses durchgeführt. Innerhalb eines solchen Prozesses fallen verschiedene Aktivitäten hinsichtlich der Planung, Durchführung und Überwachung von Änderungsanforderungen an, welche IT-technisch unterstützt werden können. Ziel der Arbeit war es, ein Konzept zu erstellen, welches die Informationsbedarfe der einzelnen Akteure innerhalb des Change-Management-Prozesses berücksichtigt und eine IT-basierte Lösung beschreibt, die es ermöglicht transparente, nachvollziehbare und fundierte Entscheidungen zu treffen, aus denen die entsprechenden Nachfolgehandlungen abgeleitet werden können. Wie die Erstellung des Konzepts im Detail aussieht, ist hierbei Gegenstand von Abschnitt 8.1. In Kapitel 8.2 werden die Resultate der Arbeit kritisch gewürdigt, bevor in Kapitel 8.3 auf weitere Forschungsbedarfe in angrenzenden Bereichen eingegangen wird.

8.1 Resümee

Wie erwähnt war die Intention dieser Arbeit, welche sich aus den Erkenntnissen einer Vorstudie ableiten lässt, ein Konzept zur Entscheidungsunterstützung im Rahmen von einzelnen Aktivitäten des IT-Change-Management-Prozesses zu erstellen. Zur Erreichung dieser Zielsetzung wurde der im Memorandum zur gestaltungsorientierten Wirtschaftsinformatik vorgestellte Erkenntnisprozess mit den vier Phasen Analyse, Entwurf, Evaluation und Diffusion verfolgt.[834] Für die einzelnen Phasen wurden die jeweils geeigneten Methoden identifiziert und deren Einsatz an entsprechender Stelle beschrieben.

Als Ausgangspunkt für die Problemstellung dienten die in Kapitel 1 beschriebenen Rahmenbedingungen sowie die sich hieraus ergebenden Nutzenpotentiale. Um die Zielsetzung vor dem gegebenen Hintergrund zu erreichen, wurden innerhalb von Kapitel 2 zunächst die grundlegenden Begrifflichkeiten innerhalb des bestehenden Umfelds definiert. Zu den untersuchten Bereichen gehörte zum einen das IT-Service-Management, welches sich grundsätzlich mit den von Softwaresystemen zur Verfü-

[834] Vgl. Österle u.a. (2010), S. 667 f.

gung gestellten Services befasst – und somit auch mit der Adaption derselben. Zum anderen wurde auch das Gebiet des Software Engineering motiviert, da Softwareanpassungen zwar im IT-Service-Management durch die Umgestaltung der zugrunde liegenden Services angepasst, die Änderungen im zugehörigen Programmcode jedoch in der Softwareentwicklung durchzuführen sind. Darüber hinaus wurde noch ein kurzer Einblick in den Bereich Business Intelligence gegeben, welcher im Rahmen des Datenverarbeitungskonzepts zum Tragen kommt.

Damit ein Konzept zur Entscheidungsunterstützung für Aufgaben des IT-Change Management-Prozesses erstellt werden kann, ist es wichtig, die Informationsbedarfe der am Prozess beteiligten Personen zu kennen. Aus diesem Grund wurde im Rahmen von Kapitel 3 eine Informationsbedarfsanalyse durchgeführt. Der darauf basierende Ansatz versucht aus dem zur Verfügung stehenden Informationsangebot sowie der -nachfrage, den effizienten Teil des Informationsbedarfs zu ermitteln. Somit war es das Ziel festzulegen, welche Informationen aus dem zur Verfügung stehenden Informationsangebot der zugrunde liegenden strukturierten als auch unstrukturierten Daten von den am IT-Change-Management-Prozess beteiligten Personen tatsächlich zur Entscheidungsvorbereitung oder -findung benötigt werden.

Die im Rahmen von Kapitel 4 durchgeführte Expertenbefragung bildete den Schwerpunkt der nachfrageorientierten Informationsbedarfsanalyse. Die Erkenntnisse hieraus wurden zum einen zur Ermittlung der Informationsnachfrage, zum anderen auch zur Bestimmung der Evaluationsszenarien verwendet.

Auf Basis der Informationsbedarfsanalyse sowie den gegebenen Grundlagen aus den Bereichen IT-Service-Management und Software Engineering wurde in Kapitel 5 ein Fachkonzept hergeleitet, welches dazu diente, den fachlichen Teil der Forschungsfrage zu beantworten. Das Fachkonzept selbst lässt sich auf Basis von ARIS in eine Organisations-, eine Funktions-, eine Daten- sowie eine Leistungssicht unterteilen, welche dann in der Steuerungssicht wieder vereinigt werden.

Kapitel 6 widmete sich schwerpunktmäßig der Erstellung des Datenverarbeitungskonzepts, welches versucht, den zweiten Teilaspekt der Forschungsfrage hinsichtlich der IT-technischen Umsetzung zu beantworten. Bevor dies jedoch in Angriff genommen wurde, diente eine Softwareevaluation dazu, bereits bestehende Softwareprodukte zur Unterstützung des IT-Change-Managements unter die Lupe zu nehmen. Der Fokus lag hierbei darauf, bestehende Funktionalitäten zur Deckung des Informationsbedarfs kennenzulernen sowie die bestehenden Defizite in der Informationsversorgung aufzudecken. Um diese Lücken schließen zu können, wurde ein integrierter Gesamtansatz mit Hilfe einer BI-Architektur vorgeschlagen. Die einzelnen Architekturebenen wurden danach detailliert vorgestellt und mit dem bereits erstellten Fachkonzept verknüpft.

In Kapitel 7 wurde zunächst eine prototypische Realisierung des Konzepts präsentiert, bevor eine Evaluation desselben erfolgt ist. Diese diente zum einen dazu, die technische Umsetzbarkeit der vorgestellten Lösung zu zeigen. Zum anderen sollte demonstriert werden, dass die identifizierten Informationsbedarfe erfüllt werden können.

Anhand dieser Vorgehensweise konnte verdeutlicht werden, wie die Planung, Durchführung und Überwachung von Aktivitäten im Rahmen des Change-Management-Prozesses IT-basiert unterstützt werden kann und auf diese Weise die Forschungsfrage beantwortet werden. Die Erkenntnisse aus dieser Arbeit haben gezeigt, dass Business Intelligence der richtige Weg für eine Entscheidungsunterstützung bei den unterschiedlichen Aktivitäten des IT-Change-Management-Prozesses zu sein scheint.

8.2 Kritische Würdigung der Ergebnisse

Der Ansatz, mit dem die im Rahmen dieser Arbeit vorgestellten Erkenntnisse ermittelt wurden, richtet sich nach der Vorgehensweise der qualitativen Sozialforschung. Dies ist damit zu begründen, dass die identifizierte Forschungslücke nicht bereits durch ein existierendes Konzept beschrieben ist, sondern ein neues Artefakt erstellt wurde. In derartigen Fällen haben sich Verfahren qualitativer Sozialforschung als adäquate Herangehensweise erwiesen.[835]

An dieser Stelle sollen die erzielten Ergebnisse im Hinblick auf den zugrunde liegenden Ansatz der Arbeit noch einmal kritisch reflektiert werden. Dies geschieht insbesondere in Bezug auf diejenigen Eigenschaften qualitativer Sozialforschung, die ei-

[835] Vgl. hierzu auch noch einmal Abschnitt 1.3.5.2.

nen elementaren Einfluss auf das Zustandekommen der vorliegenden Ergebnisse haben.[836]

Ein wesentliches Merkmal qualitativer Sozialforschung ist die Einzelfallbezogenheit.[837] Aus diesem Grund wurden im Rahmen dieser Arbeit eine Expertenbefragung sowie eine Softwareanalyse als Teilaspekte einer Informationsbedarfsanalyse durchgeführt, um neue Erkenntnisse über den betrachteten Untersuchungsbereich – vor dem Hintergrund der getroffenen Einschränkungen[838] – zu erzielen. Dies entspricht dem spezifischen Teil der Informationsbedarfsanalyse. Hierbei ist das Ziel, gemäß der Leitlinien qualitativer Sozialforschung, nicht in erster Linie direkt eine Verallgemeinerung des untersuchten Phänomens zu erreichen, sondern zunächst einmal die Ausgangssituation tiefgreifend zu analysieren, um anschließend Rückschlüsse auf die Allgemeinheit treffen zu können. Somit erfolgt zunächst eine konsequente Orientierung an der Praxis, bevor Erkenntnisse für die Wissenschaft abgeleitet werden können. Dies stellt insofern eine Gratwanderung dar, als dass, bedingt durch die Geheimhaltungsaspekte innerhalb eines Unternehmens, einige Details nicht wissenschaftlich expliziert werden können – wenngleich die Fakten und Daten hierzu vorliegen.

Ein weiteres Merkmal des qualitativen Paradigmas ist die Gesamtheit, welche besagt, dass ein Untersuchungsgegenstand als Ganzes untersucht werden soll und eine Einschränkung auf einzelne Teilbereiche ohne Rückbezug auf das Ganze fehlerhafte Analyseergebnisse mit sich bringen kann.[839] Dies wird dadurch begründet, dass eine Komplexitätsreduktion stattfindet, welche die Untersuchungsergebnisse möglicherweise beeinträchtigt. Die Übertragung dieser Leitlinie auf das Konzept der Arbeit wurde dadurch erreicht, dass für den betrachteten Untersuchungsgegenstand im Rahmen des spezifischen Teils der angebotsorientierten Informationsbedarfsanalyse alle unterstützenden Systeme untersucht und für die nachfrageorientierte Informationsbedarfsanalyse sämtliche Rollenprofile des zugrunde liegenden IT-Change-Management-Prozesses befragt wurden. Anschließend bestand die Aufgabe darin,

[836] Vgl. zur Darstellung der Charakteristika qualitativer Sozialforschung wiederum Abschnitt 1.3.5.2.
[837] Vgl. Mayring (2002), S. 25 ff., Wrona (2006), S. 193 oder Flick u.a. (2013), S. 23.
[838] Vgl. hierzu noch einmal Abschnitt 1.3.4.1.
[839] Vgl. Mayring (2002), S. 33 sowie Wrona (2006).

eine Verallgemeinerung der gewonnenen Erkenntnisse zu erreichen. Dies wurde insgesamt gesehen durch zwei Maßnahmen unterstützt. Im ersten Schritt wurden die Erkenntnisse – zusammen mit den generischen Teilen der Informationsbedarfsanalyse – im Rahmen des Fachkonzepts in die allgemeinen Zusammenhänge zwischen IT-Change-Management und Software Engineering eingebettet; hierbei war die Vorgehensweise explizit argumentativ.[840] Im zweiten Schritt wurde auf Basis des vorliegenden Konzepts ein Prototyp zur Evaluation der Umsetzbarkeit erstellt und somit ein weiterer Versuch zur Verallgemeinerung unternommen. Generell ist es möglich durch die Bildung von Prototypen Einzelfallbezüge aufzugeben, indem durch den Einsatz derselben Zusammenhänge zu anderen Fällen aufgezeigt und auf diese Weise existierende Forschungsergebnisse schrittweise erweitert werden können.[841] Auf diese Weise wird eine Brücke zum quantitativen Paradigma geschlagen, welches die gewonnen Erkenntnisse mit Hilfe weiterer Untersuchungen bestärken und auf diese Weise eine generelle Verallgemeinerbarkeit erreichen kann.

8.3 Ausblick

Vor dem Hintergrund des betrachteten Untersuchungsbereichs lassen sich weitere Gebiete identifizieren, auf die sich das im Rahmen dieser Arbeit entwickelte Konzept ausdehnen ließe.

8.3.1 Geschäftsprozessmanagement

Im vorgestellten Konzept befindet sich das Anwendungsfeld des Geschäftsprozessmanagements, innerhalb dessen sich die prozessualen und organisatorischen Veränderungen niederschlagen, vollständig außerhalb des Betrachtungsbereichs. Somit könnte eine integrierte Lösung untersucht werden, welche das organisatorische Change Management einbezieht. Hierbei wären wiederum zwei Wirkungsrichtungen zu berücksichtigen. Zum einen dienen organisatorische oder prozessuale Änderungen als Ausgangspunkt für Anpassungen der Softwaresysteme, zum anderen haben neue oder geänderte IT-Services einen Einfluss auf die Geschäftsprozesse.

---

[840] Vgl. Abschnitt 1.3.5.2.

[841] Vgl. Wrona (2006), S. 206 f.

8.3.2 IT-Service-Management

Innerhalb des IT-Service-Managements lag der Fokus bisher sehr stark auf dem Change-Management-Prozess. Jedoch können in diesem Rahmen noch weitere Felder identifiziert werden. Dies sind in erster Linie Themenfelder, die unmittelbar an den Change-Management-Prozess angrenzen und sich innerhalb der *Service Transition* befinden. Weiterhin könnten auch andere Bereiche des ITIL Service Lebenszyklus in die Betrachtungen mit eingeschlossen werden. Insbesondere sind an dieser Stelle die Prozesse der *Service Operation* zu nennen.

8.3.2.1 Service Transition

Im Zusammenhang mit dem Bereich *Service Transition* sind zunächst einmal die direkt mit dem Change-Management-Prozess interagierenden Bereiche *Service Asset and Configuration Management*, *Transition Planning and Support*, *Release and Deployment Management*, *Service Validation and Testing* sowie *Knowledge Management* zu berücksichtigen. Teilweise sind diese im bestehenden Konzept bereits erwähnt, jedoch liegt der Fokus auf den Informationen, die aus diesen Bereichen von den am Change-Management-Prozess beteiligten Akteuren nachgefragt werden. Die Informationsbedarfe, die in den genannten Bereichen bestehen, bleiben hiervon jedoch unberührt.

8.3.2.2 Service Operation

Die Aufgabe der *Service Operation* ist es, einen definierten Service zu betreiben und sicherzustellen, dass dieser den Anwendern zur Verfügung steht. Im Zusammenspiel mit dem Change Management können verschiedene Fragestellungen zutage treten, welche in Zusammenhang mit Softwareänderungen auftauchen. So könnte es nach dem Deployment zu einer erhöhten Anzahl von Incidents kommen, welche auf die durchgeführten Änderungen zurückzuführen sind. Demzufolge stellt sich die Frage, in welcher Form diese Zusammenhänge erfasst und ausgewertet werden können.

Ferner ergeben sich eventuell auch aus strukturellen Problemen, die sich in mehreren gleichartigen Incidents zeigen, Systemänderungen. Hierzu müssten allerdings zunächst einmal die zusammengehörigen Incidents auf möglichst einfache Weise identifiziert und dann in Form von Problem Tickets behandelt werden. Aus diesen könnten dann zu einem späteren Zeitpunkt die entsprechenden Change Requests abgeleitet werden. Solche und ähnliche Fragestellungen können in einem erweiterten Konzept abgebildet werden.

8.3.3 Software Engineering

Im Bereich Software Engineering lassen sich zunächst einmal zwei größere Themenblöcke identifizieren, auf die das bestehende Konzept erweitert werden könnte. Auf der einen Seite betrifft dies die Erkennung gleichartiger Anforderungen sowie ähnlicher Lösungsansätze. Auf der anderen Seite wird die Fragestellung thematisiert, wie die für eine Softwareänderung relevant eingestuften Testfälle für eine Testautomatisierung verwendet werden können.

8.3.3.1 Identifikation ähnlicher Anforderungen und Lösungsansätze

Entstehen Änderungsanforderungen für ein System, liegen diesen Beschreibungen zugrunde – unabhängig davon, ob dies auf formelle oder informelle Art und Weise geschieht. Mit Hilfe der existierenden Informationsbasis können auf bestehenden Komponentenmarktplätzen Softwarelösungen gesucht werden – dies kann, je nach Voraussetzung, beispielsweise mit Hilfe einer geschäftsprozessorientierten[842] oder ontologiebasierten[843] Suche erfolgen.

8.3.3.2 Testautomatisierung

Im Rahmen der Unterstützung einer Testautomatisierung ist es das Ziel, diejenigen Testfälle zu erkennen, welche zum Testen einer Softwareänderung oder eines Releases ausgeführt werden müssen. Die Identifikation der entsprechenden Testfälle ist bereits Bestandteil des hier beschriebenen Konzepts, jedoch können diese Informationen grundsätzlich auch mit einer automatisierten Ausführung von Testfällen in Verbindung gebracht werden. Zudem ist eine Darstellung der durchgeführten Testfälle mitsamt den erzielten Ergebnissen denkbar.

8.3.4 Business Intelligence

Die vorgestellte BI-Architektur beruht auf einem C-DWH sowie verschiedenen, rollenspezifischen Data Marts. Es ist dabei zu berücksichtigen, dass es in diesem Einsatzbereich jederzeit zu unvorhergesehenen Anforderungen und neuen Informationsbedarfen seitens der am IT-Change-Management-Prozess beteiligten Personen

---

842 Vgl. Teschke (2003), S. 77 ff.
843 Vgl. Sugumaran und Storey (2003).

kommen kann. Dabei ist die Fragestellung, wie diese Änderungen der Rahmenbedingungen sowohl technisch als auch organisatorisch umgesetzt werden können. Des Weiteren ist vor diesem Hintergrund auch relevant, welches Maß an Agilität[844] notwendig ist, um diese Anforderungen und die damit verbundenen Auswirkungen auf den IT-Change-Management-Prozess abdecken zu können. In diesem Zusammenhang spielt die Wechselwirkung zwischen Kosteneffizienz und dem Innovationsgrad, der durch flexible Anpassungen der BI-Lösung entsteht, eine entscheidende Rolle.

Die Geschäftswelt ist volatil. Aus diesem Grund ist eine effektive und effiziente Planung, Steuerung und Überwachung von Softwareänderungen zur Unterstützung der Geschäftsabläufe ein elementares Ziel für jede IT-gestützte Organisation. Hierbei ist die ganzheitliche Betrachtung von *IT-Service-Management* und *Software Engineering* ein wesentlicher Schlüsselfaktor zur Erreichung dieser Absichten. Nur wenn die Transparenz über die Prozessabläufe sichergestellt ist und den Entscheidungsträgern die notwendigen Informationen zu den erforderlichen Zeitpunkten im Change-Management-Prozess vorliegen, können die richtigen Maßnahmen eingeleitet werden. Auf diese Weise können die Time-to-Market reduziert, Kosten eingespart und die Grundlagen für eine effektive und effiziente IT-technische Umsetzung der Geschäftsstrategie etabliert werden. Die vorliegende Arbeit bietet demzufolge einen Ansatz diese Potentiale mit Hilfe von *Business Intelligence* auszuschöpfen.

[844] Unter Agilität wird in diesem Zusammenhang die Eigenschaft von Business Intelligence verstanden, auf unvorhersehbare oder volatile Anforderungen in Bezug auf Funktionalität oder den Inhalt einer BI-Lösung in einem vorgegebenen Zeitrahmen in angemessener Qualität zu reagieren (vgl. hierzu Zimmer u.a. (2012), S. 4191 sowie Krawatzeck u.a. (2013), S. 58). Für diese Charakteristik wurde der Begriff *Business-Intelligence-Agilität*, kurz BI-Agilität, geprägt. Agile BI kann hierbei als einer der Trends innerhalb der aktuellen Entwicklungen von BI aufgefasst werden (vgl. Krawatzeck u.a. (2013), S. 56).

Anhang

A Informationen

Die folgende Tabelle 13 fasst grundlegende Eigenschaften von Informationen auf Basis der angegebenen Quellen aus der Literatur zusammen. Generell können Informationen als Produktionsfaktor aufgefasst werden; sie besitzen jedoch einige Spezifika, welche sie von den klassischen, aus den Wirtschaftswissenschaften bekannten, Produktionsfaktoren unterscheiden. Diese Besonderheiten spielen hierbei auf der einen Seite bei der Beantwortung des dritten Teilproblems der Forschungsfrage – also der Aufgabe die benötigten Informationen zur adäquaten Informationsversorgung herauszufinden – eine wichtige Rolle. Auf der anderen Seite sind sie auch bei der Betrachtung von Nutzen und Kosten der jeweiligen Informationen zu beachten.

Somit bilden die nachfolgend dargestellten Charakteristika zusammen mit den im Rahmen von Abschnitt 3.1.1 beschriebenen Definitionen die Grundlage für alle Überlegungen zur Informationsbedarfsanalyse innerhalb des Kapitels 3.

Charakteristika als Produktionsfaktor
• Informationen sind immateriell. • Informationen werden auch durch mehrfache Nutzung nicht verbraucht. • Informationen haben unterschiedliche Qualitätsmerkmale wie Genauigkeit, Vollständigkeit und Zuverlässigkeit. • Informationen sind erweiterbar und verdichtbar. • Informationen sind leicht kopierbar, eine Überwachung der Eigentumsrechte ist schwierig.
Nutzen
• Informationen dienen der Deckung des individuellen Informationsbedarfs. • Informationen können beim Informationsverwender durch adäquates Umsetzen der Informationen in entsprechende Handlungen Nutzen stiften.

Kosten
• Informationen können einen kostenadäquaten Wert haben. • Der Wert der Information hängt vom Kontext ab. • Die Ermittlung des Wertes ist aufgrund des Informationsparadoxons[845] schwierig.

Tabelle 13: Eigenschaften von Informationen[846]

[845] Das Informationsparadoxon besagt, dass der Wert einer Information erst nach deren vollständiger Bekanntgabe bewertet werden kann. Danach besteht allerdings kein Anreiz mehr, einen Wert in Form einer Gegenleistung zu bestimmen (vgl. Grossman und Stiglitz (1980), S. 395).

[846] Quelle: eigene Darstellung, vgl. hierzu auch Strassmann (1982), S. 74 ff., Eschenröder (1985), S. 91 f., Bode (1993), S. 22 ff., Strauch (2002), S. 66 f., Picot u.a. (2003), S. 60 f., Pietsch u.a. (2004), S. 44 ff., Lehner u.a. (2008), S. 37 f. sowie Krcmar (2010), S. 21.

B IT-Change-Management

Im Kontext von Anhang B werden wesentliche Informationen aus dem Bereich des IT Change Managements zusammengefasst, welche für die Erstellung des Datenverarbeitungskonzepts eine Rolle spielen. Dies betrifft die Inhalte der Change Dokumentation, die Bestimmung der Prioritäten von Changes sowie die Ermittlung der Auswirkungen und Risiken einer Systemänderung. Weiterhin werden die in den unterschiedlichen Phasen der Service Transition erzeugten Informationen kurz skizziert.

B.1 Inhalte Change Dokumentation

In der Change Dokumentation werden sämtliche Informationen zu einem Änderungsantrag über den gesamten Lebenszyklus – also von der Erstellung des Change Requests bis zur Schließung des Changes – hinterlegt. Die nachfolgend dargestellte Abbildung 75 zeigt einige dieser Attribute auf Basis der generischen Prozessbeschreibung nach ITIL. Gemäß der unternehmensspezifischen Ausprägung des IT-Change-Management-Prozesses können weitere Informationen entstehen. Im Kontext dieser Arbeit wurden diese beispielsweise im Rahmen einer angebotsorientierten Analyse ermittelt und sind in Anhang D.1 beschrieben. Für einzelne der aufgeführten Attribute besteht eine Verbindung zum Software Engineering. Beispielsweise hat der Inhalt der Change Request Beschreibung unmittelbaren Einfluss auf die Gestaltung der Anforderungsbeschreibung im Software Engineering.[847]

Die Ermittlung der Inhalte der Change Dokumentation ist, wie in Abschnitt 3.3.1 beschrieben, Teil der angebotsorientierten Informationsbedarfsanalyse. Hieraus ergeben sich die in Abbildung 75 aufgeführten Attribute, welche im weiteren Verlauf zur Erstellung des Datenverarbeitungskonzepts herangezogen werden können. Dabei ist insbesondere die Tabelle *Change Dokumentation* relevant, welche im Zuge des Abschnitts *Change Planung und Überwachung* im Rahmen von Kapitel 6.3.2.2 beschrieben wird. Die dort aufgeführten Attribute können je nach konkreter Anforderung um die nachfolgend vorgestellten Eigenschaften erweitert werden.

[847] Vgl. hierzu Attribut 3 *Beschreibung* aus Abbildung 75 sowie die *Anforderungsbeschreibung* im Software Engineering aus Anhang C.2.

Change Dokumentation		
	Attribut	**Beschreibung**
1	Eindeutige Nummer	
2	Anstoß	Beispielsweise Problem Ticket, Fehler Record, Business Anforderungen, Gesetzgebung
3	Beschreibung	Vollständige Beschreibung der Anforderungen
4	Identität der zu ändernden Elemente	Beschreibung von Services zur Erweiterung
5	Grund für den Change	Beispielsweise Business Case
6	Folgen bei der Nichtimplementierung	Auswirkungen geschäftlicher, technischer oder finanzieller Art
7	Zu ändernde Configuration Items und Baseline-Versionen	
8	Kontaktdaten vom Antragssteller	Details zu sämtlichen Kontaktinformationen
9	Datum und Uhrzeit der Change Beantragung	
10	Change Kategorie	Beispielsweise Minor, Major oder Urgent Change
11	Prognosen	Informationen zu Zeitrahmen, Kosten, Ressourcen, Kosten und Qualität des Services
12	Priorität des Changes	Prioritätskategorie
13	Risikobewertungs- und Risikomanagementplan	Einschließlichlich vorhergesehener Business-Risiken oder finanzieller Auswirkungen
14	Backout- oder Fehlerkorrekturplan	
15	Bewertung und Evaluierung der Auswirkungen	Beispielsweise Auswirkungen auf Ressourcen, Kapazität, Kosten oder Nutzen
16	Pläne	Änderungen für Security-, Capacity- oder Testpläne
17	Change Entscheidungsgremium	
18	Entscheidung und entscheidungsbegleitende Empfehlung	Empfehlungen an das Change Entscheidungsgremium, evtl. Evaluationsbericht
19	Unterschrift zur Autorisierung	
20	Datum und Uhrzeit der Autorisierung	
21	Ziel-Release für die Implementierung	
22	Ziel-Change Pläne für die Umsetzung	
23	Geplante Implementierungsdauer	Change-Zeitfenster, Release-Zeitfenster oder Datum und Uhrzeit
24	Verweis auf Release- oder Implementierungs-Plan	
25	Kontaktperson	Details zur Person, die zuständig ist für die Change-Implementierung
26	Details zur Change-Implementierung	Informationen über Erfolg, Misserfolg oder Fehlerkorrekturen
27	Tatsächliches Implementierungsdatum	Datum und Uhrzeit
28	Review-Datum	Datum des Change Reviews
29	Review-Ergebnisse	Ergebnisse des Change Reviews einschließlich möglicher Verweise auf neue Changes
30	Abschluss	Beispielsweise Datum und Uhrzeit der Prüfung und Schließung des Change Records

Abbildung 75: Inhalte Change Dokumentation[848]

B.2 Prioritäten von Changes

Die Priorität eines Changes bestimmt die Reihenfolge, in der die Änderungsanträge bearbeitet werden. Sie ermittelt sich aus den gemeinsam beurteilten Auswirkungen eines Changes sowie der Dringlichkeit der Umsetzung wie in Abbildung 76 darge-

[848] Quelle: eigene Darstellung, modifiziert übernommen aus Rance u.a. (2011), S. 72 f.

stellt. Die Priorität einer Softwareänderung wird zunächst vom Change Initiator vorgegeben, kann aber im weiteren Prozessverlauf entsprechend verändert werden. Die Auswirkungen ergeben sich aus dem Nutzen, der durch eine erfolgreiche Change Implementierung entsteht, respektive dem Schaden, welcher durch eine gelungene Fehlerbehebung vermieden werden kann. Die Dringlichkeit eines Changes bemisst sich wiederum daran, wie lange die Umsetzung einer Änderungsanforderung verzögert werden kann.

Die aufgrund den Auswirkungen und der Dringlichkeit abgeleitete Prioritätskategorie fließt in Punkt 12: Priorität des Changes aus Abbildung 75 ein und findet auf diese Weise ebenfalls Eingang in das Datenverarbeitungskonzept.

Prioritäten von Changes		
Priorität	**Korrigierender Change**	**Erweiterungs-Change**
Dringend Einstufung als Notfall-Change	Existenzielle Gefahr Erhebliche Einnahmeausfälle oder Verlust der Fähigkeit, wichtige öffentliche Services bereitzustellen Sofortige Aktion erforderlich	Ungeeignet für Erweiterungs-Changes
Hoch Höchste Priorität für Change bei Ressourcen für Build, Testen und Implementierung	Schwerwiegende Auswirkungen für Schlüsselanwender oder eine große Zahl von Anwendern	Einhaltung gesetzlicher Anforderungen Reaktion auf kurzfristige Marktchancen oder Anforderungen der öffentlichen Hand Unterstützung neuer Business-Initiativen zum Ausbau der Marktposition des Unternehmens
Mittel	Keine schwerwiegenden Auswirkungen, Korrektur kann jedoch nicht auf nächstes geplantes Relesae oder Upgrade verschoben werden	Erhalt der Durchsetzungsfähigkeit des Business Unterstützung geplanter Business-Initiativen
Niedrig	Ein Change ist gerechtfertigt und notwendig, kann jedoch bis zum nächsten geplanten Release oder Upgrade warten	Verbesserungen der Servicenutzung Hinzufügen neuer Einrichtungen

Abbildung 76: Prioritäten von Changes[849]

B.3 Change Auswirkungen und Risikokategorisierung

Im Rahmen der Change Evaluation findet eine Risikobewertung für einen einzelnen Change oder eine Gruppe von mehreren, im selben Zeitfenster implementierten, Changes statt. Hierbei ist es das Ziel, diejenigen Faktoren herauszufinden, die einen

849 Quelle: eigene Darstellung, modifiziert übernommen aus Rance u.a. (2011), S. 76.

negativen Einfluss auf den Geschäftsbetrieb haben können. Grundsätzlich können Risikobewertungen auf verschiedene Arten durchgeführt werden.[850] Vielfach kommt allerdings eine einfache Matrix zum Einsatz, welche die Risikokategorie anhand der Auswirkungen eines Risikos auf das Business sowie der Wahrscheinlichkeit des Auftretens für ebenjenes Szenarios bestimmt. Dies ist in der folgenden Abbildung 77 skizziert:

Change Auswirkungen und Risikokategorisierung		
Auswirkung	Große Auswirkungen Geringe Wahrscheinlichkeit **Risikokategorie: 2**	Große Auswirkungen Hohe Wahrscheinlichkeit **Risikokategorie: 1**
	Geringe Auswirkungen Geringe Wahrscheinlichkeit **Risikokategorie: 4**	Geringe Auswirkungen Hohe Wahrscheinlichkeit **Risikokategorie: 3**
	Wahrscheinlichkeit	

Abbildung 77: Change Auswirkungen und Risikokategorisierung[851]

Die ermittelte Risikokategorie fließt in den Punkt 13: Risikobewertungs- und Risikomanagementplan der Change Dokumentation aus Abbildung 75 ein.

B.4 Beiträge für die Service Transition

Das Change Management ist eng mit den anderen Bereichen des ITIL Lebenszyklus verzahnt. Dies betrifft sowohl die Phasen außerhalb der *Service Transition* – also *Service Strategy*, *Service Design*, *Service Operation* und *Continual Service Improvement* –, als auch die *Service Transition* selbst. Innerhalb der *Service Transition* rücken die Bereiche *Service Asset and Configuration Management*, *Transition Planning and Support*, *Release and Deployment Management*, *Service Validation and Testing*, *Change Evaluation* sowie *Knowledge Management* in den Fokus.

Im Rahmen der nachfrageorientierten Informationsbedarfsanalyse werden in Kapitel 3.4.2 diejenigen Informationsträger ermittelt, welche von der *Service Transition* und insbesondere vom *Change Management* aus den angrenzenden Bereich nachgefragt werden, um bestimmte Prozessschritte ausführen zu können. Abbildung 78 gibt hierbei auf Grundlage der in ITIL 2011 beschriebenen Darstellungen eine Übersicht über die jeweiligen Informationen bzw. Informationsträger:

[850] Vgl. hierzu auch Rance u.a. (2011), S. 273 ff.
[851] Quelle: eigene Darstellung, modifiziert übernommen aus Rance u.a. (2011), S. 75.

Beiträge für die Service Transition je Phase des Lebenszyklus
Service Strategy
• Vision und Mission • Service Portfolio • Richtlinien • Strategien und Strategiepläne • Prioritäten • Vorschläge für Change einschließlich Erwartungen an Utility und Warranty sowie erwartete Zeitskalen • Finanzinformationen und Budgets • Beiträge zur Change Evaluation und zu den CAB Meetings
Service Design
• Service Katalog • Service Design Paket mit Details zu Utility und Warranty, Akzeptanzkriterien, Servicemodellen, Designs und Schnittstellenspezifikationen, Service Transition Plänen, Abläufenplänen und -prozeduren • RfCs zur Übergabe oder zum Deployment für neue oder geänderte Services • Beiträge zur Change Evaluation und zu den CAB Meetings • Designs für die Prozesse und Prozeduren der Service Transition • Service Level Agreements
Service Operation
• RfC zur Lösung von operativen Problemen • Rückmeldung zur Qualität der Aktivitäten im Rahmen der Service Transition • Beiträge zum operativen Testen • Informationen zur Systemperformanz • Beiträge zur Change Evaluation und zu den CAB Meetings
Continual Service Improvement
• Resultate zu Zufriedenheitsumfragen bei Kunden und Anwendern • Beiträge zu Testanforderungen • Daten, die für verschiedene Metriken, für Leistungsindikatoren - also KPIs - oder kritische Erfolgsfaktoren (Critical Success Factors, CSFs) benötigt werden • Serviceberichte • RfCs zur Implementierung von Serviceverbesserungen
Service Transition
Service Asset and Configuration Management • Aktuelle Asset und Configuration Items • Neue und aktualisierte Configuration Records • Aktualisierte Informationen über Assets • Informationen über Attribute und Beziehungen der Configuration Items • Statusberichte und andere konsolidierte Configuration Items **Relase and Deployment** • Release und Deployment Pläne • Neue oder geänderte Service Management Dokumentation • Informationen zum Release Paket • Service Transition Bericht • Neuer oder aktualisierter Service Capacity Plan basierend auf dem Business Plan • Komplette und exakte Liste mit einem Nachweis über alle Configuration Items eines Releases sowie die neuen oder geänderten Service- oder Infrastrukturkonfigurationen

Beiträge für die Service Transition je Phase des Lebenszyklus
Transition Planning and Support
• Integrierte Service Transition Pläne • Transitionsstrategie und Budget
Service Validation and Testing
• Configuration Baseline der Testaktivitäten • Testpläne • Evaluation der Services hinsichtlich tatsächlicher und vorhergesagter Service Capability und Performanz • Durchgeführte Tests einschließlich gewählter Optionen und aufgetretener Restriktionen • Testresultate • Analyse der Testresultate, z.B. Vergleich der tatsächlichen und erwarteten Ergebnisse, während der Testaktivitäten identifizierte Risiken
Change Evaluation
• Vorläufige Evaluationsberichte • Evaluationsberichte
Knowledge Management
• Daten und Informationen, die für die Erreichbarkeit und Anpassungsfähigkeit gemäß des Designs relevant sind • Bewusstsein und Verständnis über "Kursanpassungen" beim Design

Abbildung 78: Beiträge für die Service Transition[852]

[852] Quelle: eigene Darstellung. Die Beiträge zur *Service Transition* ergeben sich für die Bereiche *Service Strategy*, *Service Design*, *Service Operation* sowie *Continual Service Improvement* aus Rance u.a. (2011), S. 46. Die Inputs für das *Service Asset and Configuration Management* finden sich bei Rance u.a. (2011), S. 112, für das *Release and Deployment Management* bei Rance u.a. (2011), S. 147 sowie für die Phase *Transition Planning and Support* bei Rance u.a. (2011), S. 59. Weiterhin werden die Eingabegrößen für die Bereiche *Service Validation and Testing* bei Rance u.a. (2011), S. 172, *Change Evaluation* bei Rance u.a. (2011), S. 180 und *Knowledge Management* bei Rance u.a. (2011), S. 193 beschrieben.

C Software Engineering

In C werden Artefakte beschrieben, die im Bereich des Software Engineering – je nach verwendetem Rahmen- und Prozessmodell – entstehen. Die Ermittlung der relevanten Erzeugnisse und der damit verbundenen Informationsgrundlage ist Teil der angebotsorientierten Informationsbedarfsanalyse zum Software Engineering in Kapitel 3.3.2. Die eruierten Eigenschaften und Informationen fließen dann ganz oder teilweise in das in Abschnitt 6.3.2.2 beschriebene Datenmodell ein.

C.1 Pflichtenheft

Das Pflichtenheft, welches teilweise auch als Gesamtsystemspezifikation bezeichnet wird, enthält die funktionalen und nicht-funktionalen Anforderungen für ein zu entwickelndes System.[853] Es stellt demzufolge das zentrale Dokument für die Gesamtsystemerstellung dar. Als Teil der angebotsorientierten Informationsbedarfsanalyse aus dem Bereich Software Engineering werden in diesem Kontext die generischen Informationen ermittelt, welche im Pflichtenheft enthalten sind. Diese sind in Abbildung 79 dargestellt.

Neben den Informationen auf Kopfebene wie Autor, Version oder Erstellungsdatum werden insbesondere auch die Visionen und Ziele des zu erstellenden Systems sowie die Rahmenbedingungen wie der Anwendungsbereich oder die physikalische Umgebung des Systems im Pflichtenheft aufgeführt. Weiterhin beschreibt es den Kontext, im den das System eingesetzt wird, und bietet einen gesamtheitlichen Überblick. Wesentlich sind in diesem Zusammenhang die funktionalen Anforderungen, die an die zu entwickelnde Software gestellt werden, sowie die Qualitätsanforderungen. Diese lassen sich zum einen in Anforderungen an die Funktionalität und Sicherheit des Systems, zum anderen in Bedürfnisse hinsichtlich der Benutzbarkeit und Erlernbarkeit unterteilen. Eine wichtige Rolle innerhalb des Pflichtenhefts spielen auch die Abnahmekriterien, welche zu einer Ausgangssituation und einem Ereignis das erwartete Ergebnis beschreiben. Im letzten Abschnitt des Pflichtenhefts – gemäß der hier verwendeten Darstellung – wird die Systemstruktur detailliert.

All jene Informationen können als Attribute für die im Datenverarbeitungskonzept unter dem Punkt *Softwareentwicklung* in Kapitel 6.3.2.2 abgebildete Tabelle *Spezifika-*

[853] Vgl. hierzu und im Folgenden Balzert (2009), S. 490 f.

tion verwendet werden und diese je nach Auswertungszweck entsprechend ergänzen.

Pflichtenheft				
Version	**Autor**	**Status**	**Datum**	**Kommentar**
1.0	Werner	in Bearbeitung	01.02.2014	Basisversion
1 Visionen und Ziele				
/V10/	Vision 1 des Systems			
/V20/	Vision 2 des Systems			
…				
/Z10/	Ziel 1 des Systems			
/Z20/	Ziel 2 des Systems			
…				
2 Rahmenbedingungen				
/R10/	Anwendungsbereich 1 des Systems			
/R20/	Zielgruppe 1 des Systems			
/R30/	Physikalische Umgebung des Systems			
/R40/	Tägliche Betriebszeit des Systems			
/R50/	Ständige Beobachtung durch Bediener oder unbeaufsichtigt			
/R60/	Eingesetzte Software auf der Zielmaschine			
/R70/	Eingesetzte Hardware einschließlich Konfiguration auf der Zielmaschine			
/R80/	Organisatorische Randbedingungen und Voraussetzungen			
/R90/	Software auf dem Entwicklungssystem			
/R100/	Hardware auf dem Entwicklungssytem			
/R110/	Orgware des Entwicklungssytems			
/R120/	Entwicklungsschnittstellen			
…				
3 Kontext und Überblick				
/K10/	Kontext 1 des Systems			
…				
4 Funktionale Anforderungen				
/F10/	Funktion 1 des Systems			
/F20/	Funktion 2 des Systems			
…				
5 Qualitätsanforderungen				
/QFS10/	Qualitätsanforderung 1 zur Funktionalität/Sicherheit des Systems			
…				
/QBE10/	Qualitätsanforderung 1 zur Benutzbarkeit/Erlernbarkeit des Systems			
…				
6 Abnahmekriterien				
/AK10/	Ausgangssituation 1 Ereignis 1 Erwartetes Ergebnis 1			
…				
7 Systemstruktur				
/STR10/	Kernsystem			
/STR20/	Ausbausstufe 1			
…				

Abbildung 79: Pflichtenheft[854]

[854] Quelle: eigene Darstellung, in Anlehnung an die Ausführungen bei Balzert (2009), S. 495 f.

C.2 Anforderungsbeschreibung

Im Kontext des Software Engineering determinieren Anforderungen Erwartungen an die Eigenschaften eines zu entwickelnden Softwaresystems.[855] Sie lassen sich – unabhängig davon, ob es sich um funktionale oder nicht-funktionale Anforderungen handelt[856] – mit Hilfe von Attributen beschreiben; wesentliche Charakteristika aus der Literatur sind in Abbildung 80 aufgeführt:

	Anforderung	
	Attribut	**Beschreibung**
1	Identifikator	Dient zur eindeutigen Identifikation und Referenzierung, z.B. durch eine Nummer oder einen Bezeichner
2	Kurzbezeichnung	Eindeutige, charakterisierende Bezeichnung für die Anforderung
3	Anforderungstyp	Gibt den Typ der Anforderung wie Leistungs-, Qualitätsanforderung oder funktionale Anforderung an
4	Beschreibung	Die Anforderung kann informal, semiformal oder formal beschrieben werden, beispielsweise natürlichsprachlich oder in Form von Klassendiagrammen
5	Anforderungssicht	Angabe, ob die Statik, Dynamik oder Logik des Produkts beschrieben wird
6	Querbezug	Bezüge und Abhängigkeiten zu anderen Anforderungen
7	Status des Inhalts	Gibt an, wie vollständig die Anforderung beschrieben ist
8	Abnahmekriterien	Angaben, wie die Erfüllung der Anforderung bei der Abnahme überprüft werden soll, z.B. durch Angabe des Testszenarios
9	Schlüsselwörter	Charakteristische Schlüsselwörter, die es erlauben die Anforderung zu filtern
10	Priorität der Anforderung	Festlegung der Priorität aus Auftraggeber und -nehmersicht
11	Stabilität der Anforderung	Maß für die Wahrscheinlichkeit, dass sich die Anforderung im Entwicklungsverlauf ändert
12	Kritikalität der Anforderung	Maß für Schäden, die durch fehlerhafte Umsetzung entstehen können
13	Entwicklungsrisiko	Entwicklungsrisiko für die Umsetzung der Anforderung, z.B. in Bezug auf die Zeitleiste
14	Aufwand	Geschätzter Aufwand für die Realisierung der Anforderung
15	Konflikte	Beschreibung von identifizierten Konflikten in Bezug auf die Anforderung
16	Autor	Person, die die Anforderung beschrieben hat oder für diese verantwortlich ist
17	Quelle	Ursprung der Anforderung und Begründung, warum die Anforderung berücksichtigt wurde
18	Version	Versionsnummer der Anforderung
19	Änderungsbeschreibung	Beschreibung der Änderungen gegenüber der Vorgängerversion
20	Bearbeitungsstatus	Bearbeitungsstatus der Anforderung

Abbildung 80: Attribute Anforderung[857]

Die Ermittlung der Attribute einer Anforderung ist Teil der angebotsorientierten Informationsbedarfsanalyse. Hierbei können die abgebildeten Eigenschaften die Attribute

[855] Vgl. Balzert (2009), S. 455.
[856] Vgl. hierzu auch den Punkt *Anforderungsdokument* in Abschnitt 2.2.3.1 zur Spezifikation.
[857] Quelle: eigene Darstellung, in Anlehnung an Ebert (2008), S. 161 f., Pohl (2008), S. 257 ff., Balzert (2009), S. 479 f. sowie Rupp und die SOPHISTen (2014), S. 409 ff.

der im Datenverarbeitungskonzept in Kapitel 6.3.2.2 im Abschnitt *Softwareentwicklung* aufgeführten Tabelle *Anforderung* nach Bedarf ergänzen.

C.3 Objektorientiertes Metamodell

Das in Abbildung 81 skizzierte Metamodell enthält Elemente und Beziehungen, die für die objektorientierte Modellierung relevant sind. Im Rahmen der angebotsorientierten Informationsbedarfsanalyse für den Bereich Software Engineering dient das objektorientierte Metamodell zur Ermittlung derjenigen Elemente, welche sich im Entwurf sowie der Implementierung eines Softwaresystems wiederfinden. Einzelne der identifizierten Komponenten finden wiederum Eingang in das Datenmodell zur Softwareentwicklung in Abbildung 46.

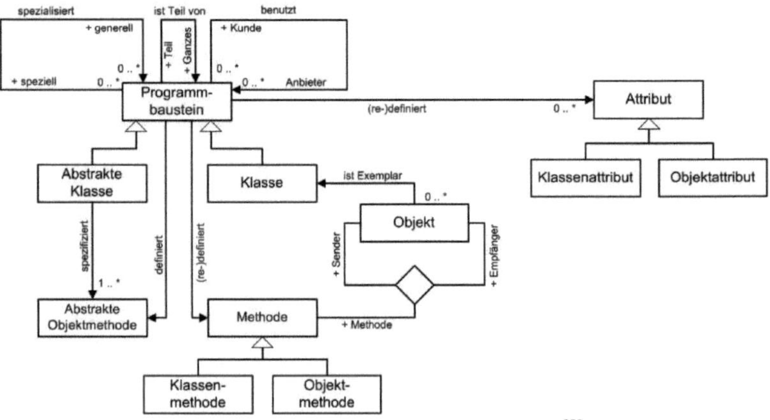

Abbildung 81: Objektorientiertes Metamodell[858]

C.4 Programmdokumentation

Die Programmdokumentation ist ein wesentlicher Bestandteil jedes lauffähigen Programms. Sie enthält Metainformationen über das Programm selbst, welche vielfach im Programmvorspann hinterlegt sind und in Abbildung 82 umrissen werden. Die dargestellten Attribute wurden im Rahmen der angebotsorientierten Informationsbedarfsanalyse ermittelt und können zur Erweiterung der im Rahmen von Kapitel

[858] Quelle: eigene Darstellung, modifiziert übernommen aus Ludewig und Lichter (2013), S. 422 vor dem Hintergrund der Begriffsdefinitionen aus Züllighoven u.a. (2005), S. 17 ff.

6.3.2.2 im Abschnitt *Softwareentwicklung* dargestellten Tabelle *Implementierung* verwendet werden.

Programmdokumentation		
	Attribut	**Beschreibung**
1	Programmname	Name, der das Programm möglichst genau beschreibt
2	Aufgabe	Kurzgefasste Beschreibung des Programms
3	Kommentar	Kommentierung des Quellcodes
4	Zeit	Informationen über die Zeit- und Speicherkomplexität des Programms
5	Autor	Name des Programmautors
6	Version	Versionsnummer
7	Datum	Erstellungsdatum der Version
8	Bearbeitungsstand	Gibt den Stand der Entwicklung bzw. Freigabe an

Abbildung 82: Attribute Programmdokumentation[859]

Darüber hinaus finden sich in einer Programmdokumentation auch die Kommentare aus dem Quellcode. Hierin werden beispielsweise die Aufgaben einer Klassenmethode oder die Bedeutung ihrer Parameter beschrieben.

C.5 Testplan

Ein Testplan ist die Basis für alle Arten von Softwaretests – unabhängig davon, ob es sich um Entwickler-, Integrations-, System- oder Abnahmetests handelt. Er stellt ein übergeordnetes Dokument dar und bezieht sich auf die Systemebene.[860] Demzufolge werden die jeweiligen Subsysteme und Komponenten als Einheit betrachtet.

Die Erstellung eines Testplans erfolgt auf Grundlage der bereits vorhandenen oder zusätzlich geforderten Systemfunktionalität. Hierbei wird versucht, den Funktionsumfang der Software in Form von Testszenarien zu beschreiben. Als Ausgangspunkt zur Ermittlung der Systemfunktionalität können hierbei Lasten- bzw. Pflichtenheft, aber auch die Entwicklungsdokumentation oder das Anwenderhandbuch herangezogen werden. Im Testplan selbst werden dann die verschiedenen Testobjekte, sämtliche zu testende Funktionalitäten, die Testaufgaben sowie die Zuordnung von Verantwortlichkeiten festgehalten. Ferner werden Zeitpläne sowie mögliche Schwachpunkte und Behebungsmöglichkeiten in Form einer Risikoabschätzung im Testplan erfasst.

[859] Quelle: eigene Darstellung, auf Basis von Balzert (2011b), S. 498.
[860] Vgl. hierzu und im Folgenden Vivenzio und Vivenzio (2013), S. 44.

Abbildung 83 zeigt die einzelnen Attribute eines Testplans im Detail. Diese wurden als Teil der angebotsorientierten Informationsbedarfsanalyse für den Bereich Software Engineering ermittelt und können die Tabelle *Testplan* aus dem Abschnitt Softwaretests in Kapitel 6.3.2.2 nach Bedarf vervollständigen.

	Testplan	
	Attribut	**Beschreibung**
1	Test Plan ID	Eindeutige Nummer zur Referenzierung
2	Einführung und Referenzen	Vorstellung des Projekts mitsamt der Testobjekte und Funktionalitäten
3	Testobjekte	Zu testende Programme und Programmteile
4	Zu testende Funktionalitäten	Erwartete Softwareeigenschaften, -funktionen und -anforderungen
5	Nicht zu testende Funktionalitäten	Auflistung der nicht zu testenden Softwareeigenschaften, -funktionen und -anforderungen inklusive der Gründe der Nichtbeachtung
6	Teststrategie	Übersicht über den Testansatz einschließlich der Erläuterung der wichtigsten Testaktivitäten und -techniken
7	Prüfkriterien der Testobjekte	Kriterien, die festlegen, ob ein Test bestanden oder verfehlt wird
8	Abbruch- und Wiederaufnahmekriterien	Merkmale, die zu einem Abbruch des Tests führen und die Festlegung, ob die Tests von einem Zwischenpunkt abgearbeitet werden können
9	Verfügbare Testdokumente	Für die Tests benötigten und zu erstellenden Dokumente sowie Eingabe- und Ausgabedaten
10	Testaufgaben	Aufgaben, die zur Planung und zur Durchführung der Tests durchgeführt werden müssen, samt den Verantwortlichen
11	Ressourcenanforderungen	Anforderungen an die Testumgebung wie Infrastruktur, Hardware oder benötigte Software
12	Verantwortlichkeiten	Auflistung einzelnen Aktivitäten im Testprozess sowie den Personen, die jeweils hierfür verantwortlich sind
13	Personal und Schulungsbedarf	Personal, das für die Durchführung der Tests notwendig ist, einschließlich Skill Level
14	Zeitplan	Übersicht über die Planung des Testgeschehens
15	Risikoabschätzung und Möglichkeiten	Risiken für Annahmen innerhalb des Testplans, mögliche Schwachpunkte und Behebungsmöglichkeiten
16	Freigabe	Bestätigung des Testplans als Richtlinie für das Projekt

Abbildung 83: Attribute Testplan[861]

C.6 Testfall

Ein Testfall stellt eine detaillierte Beschreibung eines Testszenarios dar. Hierbei werden über die Testfallbeschreibung ein detaillierter Ablauf einzelner aufeinanderfolgender Schritte veranschaulicht, die involvierten Testobjekte ermittelt sowie die relevanten Ein- und Ausgabedaten spezifiziert. Die Testfälle sollen jederzeit als Referenzen für weitere Implementierungsprojekte zur Verfügung stehen, weiterhin sollen Abhängigkeiten zwischen verschiedenen Testfällen vermerkt werden.

[861] Quelle: eigene Darstellung, vgl. hierzu die Aufstellung bei Vivenzio und Vivenzio (2013), S. 44 f. gemäß der IEEE Richtlinie 829.

Die Eigenschaften der Testfälle wurden innerhalb der angebotsorientierten Informationsbedarfsanalyse ermittelt und sind in Abbildung 84 skizziert.

Testfall		
	Attribut	**Beschreibung**
1	Testfall ID	Eindeutige Nummer zu Referenzierung
2	Testobjekte	Liste der involvierten Testobjekte
3	Eingabe	Spezifikation der Eingabedaten
4	Ausgabe	Spezifikation der Ausgabedaten
5	Ressourcen	Benötigte Ressourcen
6	Prozessanforderungen	Eventuelle spezielle Anforderungen an die Durchführung der Testprozedur
7	Abhängigkeiten	Abhängigkeiten zu anderen Testfällen

Abbildung 84: Attribute Testfall[862]

Auf Basis der hier aufgeführten Attribute können die im Rahmen des Datenverarbeitungskonzept unter dem Punkt *Softwaretests* in Kapitel 6.3.2.2 aufgeführten Tabellen *Testfall* und *Testschritt* erweitert werden. Um die Testfälle als Referenzen nutzen zu können, lassen sich diese in der Tabelle *Testkatalog* zusammenfassen.

C.7 Teststatusbericht

In einem Teststatusbericht fasst der zuständige Testmanager den aktuellen Stand der einzelnen Testergebnissen zusammen.[863]

Teststatusbericht		
	Attribut	**Beschreibung**
1	Testobjekt	
2	Teststufe	
3	Testzyklus-Datum	
4	Testfortschritt	Anzahl geplanter Tests Anzahl gelaufener Tests Anzahl blockierter Tests
5	Fehlerstatus	Anzahl neuer Fehler Anzahl offener Fehler Anzahl korrigierter Fehler
6	Risiken	neue Risiken veränderte Risiken bekannte Risiken
7	Ausblick	Planung des nächsten Testzyklus
8	Gesamtbewertung	subjektive Einschätzung bezüglich Freigabeempfehlung

Abbildung 85: Attribute Teststatus[864]

[862] Quelle: eigene Darstellung, vgl. die Testfallbeschreibung bei Vivenzio und Vivenzio (2013), S. 56 ge gemäß der IEEE Richtlinie 829.

[863] Vgl. Spillner und Linz (2012), S. 195.

[864] Quelle: eigene Darstellung. Vgl. hierzu die Darstellung zum Teststatusbericht bei Spillner und Linz (2012), S. 195. Weitere Kennzahlen zur Testüberwachung und die Darstellung innerhalb von Testberichten finden sich bei Vivenzio und Vivenzio (2013), S. 29 ff.

Dies dient zum einen dazu, den Fortschritt der Tests zu messen, zum anderen aber auch das Ende des Testzyklus vorhersagen zu können. Der Inhalt eines exemplarischen Teststatusberichts ist in Abbildung 85 dargestellt.

Der Teststatusbericht wurde als Teil der angebotsorientierten Informationsbedarfsanalyse betrachtet und dient als wertvolle Eingangsgröße zur Erstellung des Reports *Teststatus* aus Kapitel 7.2.3.5.

C.8 Fehlermeldung

Fehler, die bei Softwaretests auftreten, werden zumeist über einen definierten Fehlermanagementprozess behandelt.[865] Um die Einheitlichkeit über das gesamte Projekt zu gewährleisten, sind Fehlermeldungen nach einem vorgegeben Schema aufgebaut. Dies erleichtert auch die Möglichkeiten der Auswertung.

Fehlermeldung			
		Attribut	**Beschreibung**
Identifikation	1	Fehler ID	Eindeutige Fehlernummer
	2	Testobjekt	Bezeichnung des Testobjekts
	3	Version	Identifikation der genauen Version des Testobjekts
	4	Plattform	Identifikation der Hardware- oder Softwareplattform bzw. der Testumgebung, in der das Problem auftritt
	5	Entdecker	Identifikation des Testers (ggf. mit Teststufe), der das Problem meldet
	6	Entwickler	Name des Entwicklers, der für das Testobjekt verantwortlich ist
	7	Erfassung	Datum und Uhrzeit, an dem das Problem auftrat
Klassifikation	8	Status	Bearbeitungsfortschritt der Meldung, mit Kommentar und Datum des Eintrags
	9	Klasse	Klassifizierung der Schwere des Problems
	10	Priorität	Klassifizierung der Dringlichkeit der Korrektur
	11	Anforderung	Verweis auf die Anforderung, die wegen der Fehlerwirkung nicht erfüllt ist
	12	Fehlerquelle	Projektphase, die die Ursache für den Fehler ist - z.B. Analyse, Design, Programmierung
Problem-beschreibung	13	Testfall	Beschreibung des Testfalls inklusive dessen Name und Nummer
	14	Problem	Beschreibung der Fehlerwirkung, d.h. erwartete und tatsächliche Ergebnisse
	15	Kommentar	Stellungnahme der Betroffenen zum Meldungsinhalt
	16	Korrektur	Korrekturmaßnahmen des Entwicklers
	17	Verweis	Querverweis auf andere zugehörige Meldungen

Abbildung 86: Attribute Fehlermeldung[866]

Ein mögliches Schema einer Fehlermeldung ist in Abbildung 86 veranschaulicht – üblicherweise wird eine konkrete Definition vom Testmanager innerhalb des Softwareentwicklungsprojektes festgelegt.

[865] Vgl. hierzu und im Folgenden Spillner und Linz (2012), S. 198 ff.
[866] Quelle: eigene Darstellung, modifiziert übernommen aus Spillner und Linz (2012), S. 199.

Die Attribute einer Fehlermeldung wurden im Rahmen der angebotsorientierten Informationsbedarfsanalyse ermittelt. Sie dienen als Ausgangspunkt zur Gestaltung der Tabelle *Fehler,* welche unter dem Punkt *Softwaretests* in Abschnitt 6.3.2.2 dargestellt ist, und können diese entsprechend um weitere Eigenschaften ergänzen.

D Softwareanalyse

Die Softwareanalyse in diesem Kontext dient zur Ermittlung der von den einzelnen Systemen zur Verfügung gestellten Informationen. Hierzu wurden im Kontext des aus Kapitel 4.1.1.1 bekannten Anwendungsfalls die eingesetzten Softwarelösungen näher betrachtet und die jeweiligen Informationen beschrieben.[867] Konkret wurden in Anhang D.1 eine Standardlösung für das IT-Service-Management, in Anhang D.2 ein übliches DMS sowie in D.3 eine Eigenentwicklung zur Unterstützung des IT-Change-Management-Prozesses untersucht.

D.1 Analyse IT-Service-Management-Tool

Bei der Untersuchung des IT-Service-Management-Tools lassen sich die Ticketarten *Change Request*, *Change* und *Task* unterscheiden. Die jeweiligen Eingabeparameter hierzu werden in den nachfolgenden Unterkapiteln 0 bis D.1.3 näher vorgestellt.

D.1.1 Details Change Request

Die nachfolgende Abbildung 87 zeigt die einzelnen Datenfelder, welche im Change-Request-Ticket manuell hinterlegt werden können oder intern aufgrund von eintretenden Ereignissen gespeichert werden. Sie können zur Ergänzung der unter dem Punkt *Change-Planung und -Überwachung* in Absatz 6.3.2.2 beschriebenen Tabelle *Change Dokumentation* herangezogen werden.

IT-Service-Management-Tool – Details Change Request			
		Attribut	**Beschreibung**
Antragssteller	1	Nachname	Nachname des Antragsstellers
	2	Vorname	Vorname des Antragsstellers
	3	Telefonnummer	Telefonnummer des Antragsstellers
	4	Abteilung	Abteilung des Antragsstellers
	5	E-Mail	E-Mail Adresse des Antragsstellers
	6	User ID	Eindeutige Anwenderkennung zur Anmeldung am System
	7	Notifikation	Gibt an, ob der Antragssteller über Änderungen im Ticket informiert wird
	8	Notifikation per	Kommunikationsmedium über das die Notifikation erfolgen soll
	9	Feedback	Zeigt den aktuellen Status der Kundenrückmeldung
Ticket-eigner	10	Nachname	Nachname des Ticketeigners
	11	Vorname	Vorname des Ticketeigners
	12	Telefonnummer	Telefonnummer des Ticketeigners
	13	Kostenstelle	Kostenstelle, über die das Ticket abgerechnet werden soll

[867] Vgl. hierzu die Erläuterung zu den operativen Systemen im Rahmen der Expertenbefragungen in Kapitel 4.3.1.1.

IT-Service-Management-Tool – Details Change Request			
Ticketeigner	14	Abteilung	Abteilung des Ticketeigners
	15	Werk	Werk, zu dem der Ticketeigner gehört
	16	Lokation	Standort des Werkes
	17	Gebäude	Gebäude, in dem sich der Ticketeigner befindet
	18	Stockwerk	Stockwerke innerhalb des Gebäudes
	19	Raum	Raumnummer des Büros des Ticketeigners
	20	User ID	Eindeutige Anwenderkennung zur Anmeldung am System
	21	E-Mail	E-Mail Adresse des Ticketeigners
	22	Sprache	Sprache, in der die Kommunikation erfolgen soll
Organisation	23	Organisationskürzel	Abkürzung der Organisation, die den Change Request gestellt hat
	24	Name	Vollständiger Name der Organisation
	25	Typ	Art der Organisation wie Produktionswerk oder Handel
	26	Land	Land der Organisation
	27	Länderkürzel	Abkürzung für das Land der Organisation
	28	Sprache	Sprache der Organisation
	29	Status	Status der Organisation
	30	Postleitzahl	Postleitzahl der Organisation
	31	Stadt	Sitz der Organisation
	32	Straße	Adresse der Organisation
	33	Telefonnummer	Kontakttelefonnummer der Organisation
	34	Fax	Faxnummer der Organisation
	35	E-Mail	E-Mail Adresse unter der die Organisation kontaktiert werden kann
Ticketgegenstand	36	Ticket ID	Eindeutige Nummer des Change Requests
	37	Attribut	Gibt den Status der Ticketfreigabe an
	38	Status	Enthält den Bearbeitungsstand des Tickets
	39	Statusattribut	Gibt zusätzliche Informationen zum Bearbeitungsstand an
	40	Zugewiesen zur Gruppe	Gruppe, der das Ticket zugewiesen wurde
	41	Zugewiesen an Person	Bearbeiter, dem das Ticket zugewiesen wurde
	42	Klassifikation	Klassifikation des Tickets in Bezug auf die zugehörige Businesstransaktion
	43	Komponententyp	Systemkomponententyp, der von der Änderung betroffen ist
	44	Komponente	Betroffene Systemkomponente
Ticketdaten	45	Kurzbeschreibung	Kurzbeschreibung der durchzuführenden Änderung
	46	Details	Details der durchzuführenden Systemanpassung
	47	Logbuch	Kommentare der Bearbeiter über die durchgeführten Schritte
	48	Antragsstellergruppe	Gruppe aus der der Antrag stammt
	49	Zeitplan	Zeigt den abgestimmten Zeitplan an
	50	Startzeitpunkt SLA	Zeitpunkt, an dem das Service Level Agreement (SLA) wirksam wird
	51	Endzeitpunkt SLA	Zeitpunkt, an dem die Änderungen durchgeführt werden müssen, um das SLA einzuhalten
	52	Geplanter Start	Geplanter Start der Änderung
	53	Geplantes Ende	Geplantes Ende der Systemanpassung
	54	Quelle	Informationsquelle, aufgrund derer das Ticket kreiert wurde
	55	Priorität	Priorität für die Durchführung des Changes
	56	Extern	Externes Projekt, das mit der Änderung zusammenhängt
	57	Referenznummer	Bezug auf andere Tickets im Tickettool
	58	Motivation und Ziel	Motivation für die Durchführung der Änderung, beispielsweise neue gesetzliche Anforderung
	59	Lösungsweg	Lösungsskizze zur Durchführung der Systemanpassung
	60	Letzter Eintrag Logbuch	Letzter Kommentar aus dem Logbuch

IT-Service-Management-Tool – Details Change Request				
Prozess	61	Name		Bezeichnung des zugrunde liegenden Prozesses
	62	Schritt		Bezeichnung des Prozessschritts
	63	Phase		Phase des Prozesses, in dem sich der Change Request befindet
	64	Status		Gibt den Prozessstatus an
	65	Prozessbeschreibung		Beschreibung des jeweiligen Prozesses
	66	Schrittbeschreibung		Beschreibung des aktuellen Prozessschritts
	67	Bedingungen zur Beendigung des Arbeitsschritts		Voraussetzungen, die erfüllt sein müssen, damit der jeweilige Arbeitsschritt abgeschlossen werden kann
	68	Checkliste Arbeitsschritte		Checkliste aller durchzuführenden Aktivitäten innerhalb des jeweiligen Arbeitsschritts
		a.	Eintrag	Name der Aktivität aus der Checkliste
		b.	Beschreibung	Kurzbeschreibung zur Aktivitäten aus der Checkliste
		c.	Kommentar	Kommentar zum jeweiligen Arbeitsschritt aus der Checkliste
Anhang	69	Anhang		Beschreibung des angehängten Dokuments
		a.	Dateiname	Name der angehängten Datei
		b.	Maximale Größe	Maximale Göße der angehängten Datei
		c.	Bezeichnung	Beschreibung des Anhangs
	70	Link Anhang		Link zum angehängten Dokument
		a.	Typ	Art des Verweises
		b.	Link	URL des Links
		c.	Beschreibung	Beschreibung für den Link
Freigabe	71	Prozesse		Verfügbare Freigabeprozesse, die ausgewählt werden können
	72	Kurzbeschreibung		Kurzbeschreibung, was freigegeben werden soll
	73	Details		Detaillierte Beschreibung, was freigegeben werden muss
	74	Aktueller Prozess		Name des aktuellen Prozesses, der abgearbeitet wird
	75	Anhänge		Angehängtes Dokument mit einer zusätzlichen Beschreibung, was freigegeben werden muss
	76	Prozessschritte		Die jeweiligen Schritte eines Freigabeprozesses
		a.	Schrittnummer	Nummer des Freigabeschritts
		b.	Beschreibung	Beschreibung
		c.	Freigabegruppe	Gruppe, die den Prozessschritt freigibt
		d.	Freigabe User ID	User ID des Anwenders, der den Przssschritt freigibt
		e.	Freigabedatum	Datum und Uhrzeit der Freigabe
Kunde	77	Kundeninformationen		Verschiedene Informationen zum Kunden
	78	Fax		Faxnummer des Kunden
	79	Bemerkung		Anmerkungen zum Kunden
	80	Handynummer		Handynummer des Kunden
	81	Interne ID		Interne Kundennummer des Kunden
	82	Besucheradresse		Besucheradresse des Kunden
Berichtswesen	83	Antragssteller		Antragssteller der Änderung
	84	Erstellungsdatum		Erstellungsdatum des Tickets
	85	Ticketalter		Alter des Tickets in Tagen seit Eröffnung
	86	Zuletzt modifiziert von		User ID des letzten Bearbeiters
	87	Modifikationsdatum		Datum der letzten Modifikation
	88	Abgeleitet von		Referenznummer, falls der Change Request von einem anderen - bereits bestehenden - Ticket abgeleitet wurde
	89	Startdatum		Beginn der Ticketbearbeitung
	90	Enddatum		Abschluss der Ticketbearbeitung
	91	Gesprächszähler		Zähler für die Anzahl der geführten Kommunikationen
	92	Weiterleitung		Anzahl der Weiterleitungen des Tickets
	93	Externe System ID		Externe Identifikationsnummer für das betroffene Systems
	94	Externer Systemname		Externer Name für das betroffene System
	95	Aktivität		Beschreibung der durchzuführenden Aktivität
	96	SLA Name		Bezeichnung des SLAs

IT-Service-Management-Tool – Details Change Request				
Berichtswesen	97	Eskalationsstufe		Angabe der nächsten Eskalationsstufe
	98	Status Aktivität		Bearbeitungsstand der aktuell durchgeführten Aktivität
	99	Lebenszyklus Ticket		Beschreibung des Ticketlebenszyklus inklusive aller Schritte, Start- und Enddaten und Bearbeiter
	100	Operational Level Agreement (OLA)		Beschreibung des OLAs einschließlich der Lieferanten-Kunden-Beziehung und OLA-Zeiten
Equipment	101	Anlagennummer		Eindeutige Anlagennummer gemäß eines Anlagenverzeichnisses
	102	Virtuelle Equipmentnummer		Nummer des virtuellen Equipments
	103	Lokale ID		Eindeutiger lokaler Bezeichner für die betroffene Hardware
	104	Seriennummer		Seriennummer der betroffenen Hardware
	105	Computername		Name des betroffenen Computers
	106	Betriebssystem		Betriebssystem des Computers, für den die Änderung vorgesehen ist
	107	IP Adresse		IP Adresse des von der Änderung betroffenen Computers
	108	Subnetzmaske		Subnetzmaske des Netzwerks, in dem sich der Computer befindet
	109	Standardgateway		Standardgateway des betroffenen Netzwerkes
	110	MAC Adresse		MAC Adresses des Computers, an dem die Änderungen durchgeführt werden sollen
	111	Raum		Raum, in dem sich die Hardware befindet
	112	Telefonnummer		Telefonnummer des Raums
	113	Werk		Werksnummer des Raums
	114	Gebäude		Gebäude, in dem sich der Raum befindet
	115	Wegbeschreibung		Wegbeschreibung, um zum Gebäude zu gelangen
	116	Kostenstelle		Kostenstelle, auf die abgerechnet wird
	117	Servicenummer		Nummer des betroffenen Services aus dem Servicekatalog
	118	SLA Code		Die Nummer des zugrunde liegenden SLAs
	119	Kommentar		Kommentar zum Service
Aktivitäten	120	Aktivitäten		Aktivitäten zum Ticket
		a.	Ticket ID	Ticket ID eines mit dem Change Request verbundenen Tickets
		b.	Typ	Tickettyp des verlinkten Tickets
		c.	Attribut	Eigenschaft des verlinkten Tickets
		d.	Erstellungsdatum	Erstellungsdatum des Tickets
		e.	Eigner	Eigner der erstellten Aktivität
		f.	Kurzbeschreibung	Kurzbeschreibung des Inhalts
		g.	Priorität	Priorität des verlinkten Tickets
		h.	Status	Bearbeitungsstatus des verbundenen Tickets
		i.	Zugewiesen zur Gruppe	Gruppe, der das Ticket zugewiesen wurde
		j.	Zugewiesen an Person	Bearbeiter, dem das Ticket zugewiesen wurde
		k.	Geplanter Start	Geplanter Start der Bearbeitung
		l.	Geplantes Ende	Geplantes Ende der Bearbeitung
		m.	Art	Art der durchgeführten Aktivität, z.B. abgeleitete Tickets
Configuration Items	121	Configuration Items		Vom Ticket betroffene Configuration Items (CIs)
		a.	ID	Eindeutige Nummer des CIs gemäß des CI Katalogs
		b.	Kategorie	Kategorie des CIs
		c.	Beschreibung	Beschreibung des CIs
		d.	Kommentar	Kommentar zum jeweiligen CI
		e.	SLA Code	Anzuwendende SLA-Nummer
		f.	Klasse	Klasse, der das betroffene CI zuzuordnen ist
		g.	Status	Status der Veränderung des CIs
		h.	Anlage	Anlage, die mit dem CI zusammenhängt

IT-Service-Management-Tool – Details Change Request				
Knowledge Items	122	Knowledge Items		Mit dem Ticket verknüpfte Knowledge Items (KIs)
		a.	Knowledge Item ID	Eindeutige Nummer des KIs
		b.	Kategorie	Kategorie des betroffenen KIs
		c.	Titel	Titel des KIs
		d.	Beschreibung	Beschreibung des KIs
		e.	Klasse	Klasse, zu der das KI gehört
		f.	Status	Status der Veränderung des KIs
		g.	Sprache	Sprache, in der das KI verfasst wird
		h.	Sichtbarkeit	Abgrenzung der Sichtbarkeit für bestimmte KIs
Nachrichten	123	Nachrichten		Eingegangene oder verschickte Nachrichten zum Ticket
		a.	Typ	Anzeige, ob es sich um eine ein- oder ausgehende Nachricht handelt
		b.	Status	Status der Nachricht
		c.	Sender	Sender der Nachricht
		d.	Betreff	Betreffzeile der Nachricht
		e.	Datum	Sende- oder Empfangsdatum der Nachricht
		f.	Anhang	Anhangsdokumente zur Nachricht
Audit	124	Audit		Zusammenfassung aller Änderungen am Ticket
		a.	Modifikationsdatum	Datum der Ticketmodifikation
		b.	Modifiziert von	User ID des Bearbeiters
		c.	Audittyp	Aktivität, welche bei der Bearbeitung durchgeführt wurde
		d.	Wert	Durch die Bearbeitung veränderter Ticketwert
		e.	Erweiterter Wert	Weiterer durch die Bearbeitung veränderter Ticketwert

Abbildung 87: IT-Service-Management-Tool – Details Change Request

D.1.2 Details Change

Abbildung 88 zeigt die Inhalte, die in einem Change-Ticket gespeichert werden. Diese werden – wie auch bei den Change Requests – teilweise manuell eingegeben und teilweise über Ereignisse automatisch erfasst. Die jeweiligen Eigenschaften können wiederum die im vorherigen Abschnitt erwähnte Tabelle Change Dokumentation um die entsprechenden Attribute erweitern.

IT-Service-Management-Tool – Details Change			
		Attribut	**Beschreibung**
Antragssteller	1	Nachname	Nachname des Antragsstellers
	2	Vorname	Vorname des Antragsstellers
	3	Telefonnummer	Telefonnummer des Antragsstellers
	4	Kostenstelle	Kostenstelle, über die das Ticket abgerechnet werden soll
	5	Abteilung	Abteilung des Antragsstellers
	6	Werk	Werk, zu dem der Antragssteller gehört
	7	Lokation	Standort des Werkes
	8	Gebäude	Gebäude, in dem sich der Ticketeigner befindet
	9	Stockwerk	Stockwerke innerhalb des Gebäudes
	10	Raum	Raumnummer des Büros des Ticketeigners
	11	User ID	Eindeutige Anwenderkennung zur Anmeldung am System
	12	E-Mail	E-Mail Adresse des Ticketeigners
	13	Sprache	Sprache, in der die Kommunikation erfolgen soll

IT-Service-Management-Tool – Details Change				
Ticket-eigner	14	Name		Name des Ticketeigners
	15	Telefonnummer		Telefonnummer des Ticketeigners
	16	E-Mail		E-Mail Adresse des Ticketeigners
Ticketgegenstand	17	Ticket ID		Eindeutige Nummer des Changes
	18	Attribut		Gibt den Status der Ticketfreigabe an
	19	Status		Enthält den Bearbeitungsstand des Tickets
	20	Statusattribut		Gibt zusätzliche Informationen zum Bearbeitungsstand an
	21	Zugewiesen zur Gruppe		Gruppe, der das Ticket zugewiesen wurde
	22	Zugewiesen an Person		Bearbeiter, dem das Ticket zugewiesen wurde
	23	Mandant		Mandant des Systems, dem das Ticket zugewiesen wurde
	24	Klassifikation		Businesstransaktion
	25	Komponententyp		Systemkomponententyp, der von der Änderung betroffen ist
	26	Komponente		Betroffene Systemkomponente
Ticketdaten	27	Kurzbeschreibung		Kurzbeschreibung der durchzuführenden Änderung
	28	Details		Details der durchzuführenden Systemanpassung
	29	Logbuch		Kommentare der Bearbeiter über die durchgeführten Schritte
	30	Antragsstellergruppe		Gruppe aus der der Antrag stammt
	31	Zeitplan		Zeigt den abgestimmten Zeitplan an
	32	Quelle		Informationsquelle, aufgrund derer das Ticket kreiert wurde
	33	Priorität		Priorität für die Durchführung des Changes
	34	Extern		Externes Projekt, das mit der Änderung zusammenhängt
	35	Referenznummer		Bezug auf andere Tickets im Tickettool
	36	Motivation und Ziel		Motivation für die Durchführung der Änderung, beispielsweise neue gesetzliche Anforderung
	37	Letzter Eintrag Logbuch		Letzter Kommentar aus dem Logbuch
Ticketdetails	38	Komponenentendetails		Beschreibung zur betroffenen Systemkomponente
	39	Change Typ		Art des Changes, z.B. normaler oder Notfall Change
	40	Auswirkungen		Auswirkungen auf das System durch die Change Implementierung
	41	Risiko		Risiko, welches durch die Implementierung entsteht
	42	Fallback		Definition einer Fallback-Lösung
	43	Lösungsweg		Lösungsskizze zur Durchführung der Systemanpassung
	44	Geplanter Start		Geplanter Start der Änderung
	45	Geplantes Ende		Geplantes Ende der Systemanpassung
	46	Beginn Downtime		Voraussichtlicher Beginn der Downtime des Systems
	47	Ende Downtime		Voraussichtlichers Ende der Downtime des Systems
	48	Bestätigung Change/ Release Board		Freigabe zur Durchführung der Änderunge durch das Change bzw. Release Board
		a.	Mandant	
		b.	Name	
		c.	Datum	
Prozess	49	Name		Bezeichnung des zugrunde liegenden Prozesses
	50	Schritt		Bezeichnung des Prozessschritts
	51	Phase		Phase des Prozesses, in dem sich der Change Request befindet
	52	Status		Gibt den Prozessstatus an
	53	Prozessbeschreibung		Beschreibung des jeweiligen Prozesses
	54	Schrittbeschreibung		Beschreibung des aktuellen Prozessschritts
	55	Bedingungen zur Beendigung des Arbeitsschritts		Voraussetzungen, die erfüllt sein müssen, damit der jeweilige Arbeitsschritt abgeschlossen werden kann
	56	Checkliste Arbeitsschritte		Checkliste aller durchzuführenden Aktivitäten innerhalb des jeweiligen Arbeitsschritts
		a.	Eintrag	Name der Aktivität aus der Checkliste
		b.	Beschreibung	Kurzbeschreibung zur Aktivitäten aus der Checkliste
		c.	Kommentar	Kommentar zum jeweiligen Arbeitsschritt aus der Checkliste

IT-Service-Management-Tool – Details Change				
Freigabe	57	Prozesse		Verfügbare Freigabeprozesse, die ausgewählt werden können
	58	Kurzbeschreibung		Kurzbeschreibung, was freigegeben werden soll
	59	Details		Detaillierte Beschreibung, was freigegeben werden muss
	60	Aktueller Prozess		Name des aktuellen Prozesses, der abgearbeitet wird
	61	Anhänge		freigegeben werden muss
	62	Prozessschritte		Die jeweiligen Schritte eines Freigabeprozesses
		a.	Schrittnummer	Nummer des Freigabeschritts
		b.	Beschreibung	Beschreibung
		c.	Freigabegruppe	Gruppe, die den Prozessschritt freigibt
		d.	Freigabe User ID	User ID des Anwenders, der den Prozssschritt freigibt
		e.	Freigabedatum	Datum und Uhrzeit der Freigabe
Kosten-voranschlag	63	Kostenvoranschlag		Ermittlung der Kosten für einen spezifischen Teil der Umsetzung
		a.	Name	Bezeichnung des Kostenvoranschlags
		b.	Type	Art des Kostenvoranschlags
	64	Position		Position innerhalb des Kostenvoranschlags
		a.	Name	Name der Position
Item	65	Item		Auflistung aller betroffenen CIs
		a.	Vorlage	Beschreibung der betroffenen CIs
Equipment	66	Anlagennummer		Eindeutige Anlagennummer gemäß eines Anlagenverzeichnisses
	67	Virtuelle Equipmentnummer		Nummer des virtuellen Equipments
	68	Lokale ID		Eindeutiger lokaler Bezeichner für die betroffene Hardware
	69	Seriennummer		Seriennummer der betroffenen Hardware
	70	Computername		Name des betroffenen Computers
	71	Betriebssystem		Betriebssystem des Computers, für den die Änderung vorgesehen ist
	72	IP Adresse		IP Adresse des von der Änderung betroffenen Computers
	73	Subnetzmaske		Subnetzmaske des Netzwerks, in dem sich der Computer befindet
	74	Standardgateway		Standardgateway des betroffenen Netzwerkes
	75	MAC Adresse		durchgeführt werden sollen
	76	Raum		Raum, in dem sich die Hardware befindet
	77	Telefonnummer		Telefonnummer des Raums
	78	Werk		Werksnummer des Raums
	79	Gebäude		Gebäude, in dem sich der Raum befindet
	80	Wegbeschreibung		Wegbeschreibung, um zum Gebäude zu gelangen
	81	Kostenstelle		Kostenstelle, auf die abgerechnet wird
	82	Servicenummer		Nummer des betroffenen Services aus dem Servicekatalog
	83	SLA Code		Die Nummer des zugrunde liegenden SLAs
	84	Kommentar		Kommentar zum Service
Kunde	85	Kundeninformationen		Verschiedene Informationen zum Kunden
	86	Fax		Faxnummer des Kunden
	87	Bemerkung		Anmerkungen zum Kunden
	88	Handynummer		Handynummer des Kunden
	89	Interne ID		Interne Kundennummer des Kunden
	90	Besucheradresse		Besucheradresse des Kunden
Berichtswesen	91	Antragssteller		Antragssteller der Änderung
	92	Erstellungsdatum		Erstellungsdatum des Tickets
	93	Ticketalter		Alter des Tickets in Tagen seit Eröffnung
	94	Zuletzt modifiziert von		User ID des letzten Bearbeiters
	95	Modifikationsdatum		Datum der letzten Modifikation
	96	Abgeleitet von		Referenznummer, falls der Change Request von einem anderen - bereits bestehenden - Ticket abgeleitet wurde
	97	Startdatum		Beginn der Ticketbearbeitung
	98	Enddatum		Abschluss der Ticketbearbeitung

IT-Service-Management-Tool – Details Change				
Berichtswesen	99	Weiterleitung		Anzahl der Weiterleitungen des Tickets
	100	Externe System ID		Externe Identifikationsnummer für das betroffene Systems
	101	Externer Systemname		Externer Name für das betroffene System
	102	Aktivität		Beschreibung der durchzuführenden Aktivität
	103	Status Aktivität		Bearbeitungsstand der aktuell durchgeführten Aktivität
	104	Lebenszyklus Ticket		Beschreibung des Ticketlebenszyklus inklusive aller Schritte, Start- und Enddaten und Bearbeiter
		a.	Phase	Bezeichnung der Phase des Lebenszyklus
		b.	Startdatum	Bearbeitungsbeginn innerhalb der Phase
		c.	Enddatum	Bearbeitungsende innerhalb der Phase
		d.	Dauer	Verweildauer in der jeweiligen Phase
		e.	Gruppenname	Bezeichnung der Bearbeitergruppe
	105	Operational Level Agreement		Beschreibung des OLAs
		a.	Name	Bezeichnung des OLAs
		b.	Typ	Art des OLAs
		c.	Anbieter	Serviceanbieter für den betroffenen Service
		d.	Kunde	Nachfrager nach dem gewünschten Service
		e	OLA Zeit	Vorgabe für die Servicedauer gemäß OLA
		f.	Zeitdauer	Zeitdauer innerhalb der Phase
Anhang	106	Anhang		Beschreibung des angehängten Dokuments
		a.	Dateiname	Name der angehängten Datei
		b.	Maximale Größe	Maximale Göße der angehängten Datei
		c.	Bezeichnung	Beschreibung des Anhangs
	107	Link Anhang		Link zum angehängten Dokument
		a.	Typ	Art des Verweises
		b.	Link	URL des Links
		c.	Beschreibung	Beschreibung für den Link
Aktivitäten	108	Aktivitäten		Aktivitäten zum Ticket
		a.	Ticket ID	Ticket ID eines mit dem Change Request verbundenen Tickets
		b.	Typ	Tickettyp des verlinkten Tickets
		c.	Attribut	Eigenschaft des verlinkten Tickets
		d.	Erstellungsdatum	Erstellungsdatum des Tickets
		e.	Eigner	Eigner der erstellten Aktivität
		f.	Kurzbeschreibung	Kurzbeschreibung des Inhalts
		g.	Priorität	Priorität des verlinkten Tickets
		h.	Status	Bearbeitungsstatus des verbundenen Tickets
		i.	Zugewiesen zur Gruppe	Gruppe, der das Ticket zugewiesen wurde
		j.	Zugewiesen an Person	Bearbeiter, dem das Ticket zugewiesen wurde
		k.	Geplanter Start	Geplanter Start der Bearbeitung
		l.	Geplantes Ende	Geplantes Ende der Bearbeitung
		m.	Art	Art der durchgeführten Aktivität, z.B. abgeleitete Tickets
Configuration Items	109	Configuration Items		Vom Ticket betroffene Configuration Items (CIs)
		a.	ID	Eindeutige Nummer des CIs gemäß des CI Katalogs
		b.	Kategorie	Kategorie des CIs
		c.	Beschreibung	Beschreibung des CIs
		d.	Kommentar	Kommentar zum jeweiligen CI
		e.	SLA Code	Anzuwendende SLA-Nummer
		f.	Klasse	Klasse, der das betroffene CI zuzuordnen ist
		g.	Status	Status der Veränderung des CIs
		h.	Anlage	Anlage, die mit dem CI zusammenhängt
Know-ledge Items	110	Knowledge Items		Mit dem Ticket verknüpfte Knowledge Items (KIs)
		a.	Knowledge Item ID	Eindeutige Nummer des KIs
		b.	Kategorie	Kategorie des betroffenen KIs
		c.	Titel	Titel des KIs

IT-Service-Management-Tool – Details Change				
Knowledge Items		d.	Beschreibung	Beschreibung des KIs
		e.	Klasse	Klasse, zu der das KI gehört
		f.	Status	Status der Veränderung des KIs
		g.	Sprache	Sprache, in der das KI verfasst wird
		h.	Sichtbarkeit	Abgrenzung der Sichtbarkeit für bestimmte KIs
Nachrichten	111	Nachrichten		Eingegangene oder verschickte Nachrichten zum Ticket
		a.	Typ	Anzeige, ob es sich um eine ein- oder ausgehende Nachricht handelt
		b.	Status	Status der Nachricht
		c.	Sender	Sender der Nachricht
		d.	Betreff	Betreffzeile der Nachricht
		e.	Datum	Sende- oder Empfangsdatum der Nachricht
		f.	Anhang	Anhangsdokumente zur Nachricht
Audit	112	Audit		Zusammenfassung aller Änderungen am Ticket
		a.	Modifikationsdatum	Datum der Ticketmodifikation
		b.	Modifiziert von	User ID des Bearbeiters
		c.	Audittyp	Aktivität, welche bei der Bearbeitung durchgeführt wurde
		d.	Wert	Durch die Bearbeitung veränderter Ticketwert
		e.	Erweiterter Wert	Weiterer durch die Bearbeitung veränderter Ticketwert

Abbildung 88: IT-Service-Management-Tool – Details Change

D.1.3 Details Task

In Abbildung 89 werden die Inhalte eines Task-Tickets illustriert. Wie bei den zuvor beschriebenen Change-Request- und Change-Tickets können auch in diesem Fall teilweise Daten manuell eingegeben werden, zum Teil werden die Informationen auch automatisch generiert und angezeigt. Die angegebenen Datenfelder können die unter dem Absatz *Change Planung und Überwachung* in Kapitel 6.3.2.2 dargestellten Tabellen *Arbeitsauftrag* sowie *Aufgabe* um weitere Eigenschaften ergänzen.

IT-Service-Management-Tool – Details Task			
		Attribut	**Beschreibung**
Ticket-einreicher	1	Nachname	Nachname des Ticketeinreichers
	2	Vorname	Vorname des Ticketeinreichers
	3	Telefonnummer	Telefonnummer des Ticketeinreichers
Ticket-eigner	4	Name	Name des Ticketeigners
	5	Telefonnummer	Telefonnummer des Ticketeigners
	6	E-Mail	E-Mail Adresse des Ticketeigners
Ticketgegenstand	7	Ticket ID	Eindeutige Nummer des Change Requests
	8	Attribut	Gibt den Status der Ticketfreigabe an
	9	Status	Enthält den Bearbeitungsstand des Tickets
	10	Statusattribut	Gibt zusätzliche Informationen zum Bearbeitungsstand an
	11	Zugewiesen zur Gruppe	Gruppe, der das Ticket zugewiesen wurde
	12	Zugewiesen an Person	Bearbeiter, dem das Ticket zugewiesen wurde
	13	Mandant	Mandant des Systems, dem das Ticket zugewiesen wurde
	14	Klassifikation	Businesstransaktion
	15	Komponententyp	Systemkomponententyp, der von der Änderung betroffen ist
	16	Komponente	Betroffene Systemkomponente

IT-Service-Management-Tool – Details Task			
Ticketdaten	17	Kurzbeschreibung	Kurzbeschreibung der durchzuführenden Änderung
	18	Details	Details der durchzuführenden Systemanpassung
	19	Logbuch	Kommentare der Bearbeiter über die durchgeführten Schritte
	20	Antragsstellergruppe	Gruppe aus der der Antrag stammt
	21	Quelle	Informationsquelle, aufgrund derer das Ticket kreiert wurde
	22	Priorität	Priorität für die Durchführung des Changes
	23	Extern	Externes Projekt, das mit der Änderung zusammenhängt
	24	Referenznummer	Bezug auf andere Tickets im Tickettool
	25	Lösungsweg	Lösungsskizze zur Durchführung des Tasks
	26	Letzter Eintrag Logbuch	Letzter Kommentar aus dem Logbuch
	27	Geplanter Start	Geplanter Start des Tasks
	28	Geplantes Ende	Geplantes Ende des Tasks
Prozess	29	Name	Bezeichnung des zugrunde liegenden Prozesses
	30	Schritt	Bezeichnung des Prozessschritts
	31	Phase	Phase des Prozesses, in dem sich der Task befindet
	32	Status	Gibt den Prozessstatus an
Item	33	Item	Auflistung aller betroffenen Cis
		a. Vorlage	Beschreibung der betroffenen CIs
Equipment	34	Anlagennummer	Eindeutige Anlagennummer gemäß eines Anlagenverzeichnisses
	35	Virtuelle Equipmentnummer	Nummer des virtuellen Equipments
	36	Lokale ID	Eindeutiger lokaler Bezeichner für die betroffene Hardware
	37	Seriennummer	Seriennummer der betroffenen Hardware
	38	Computername	Name des betroffenen Computers
	39	Betriebssystem	Betriebssystem des Computers, für den die Änderung vorgesehen ist
	40	IP Adresse	IP Adresse des von der Änderung betroffenen Computers
	41	Subnetzmaske	Subnetzmaske des Netzwerks, in dem sich der Computer befindet
	42	Standardgateway	Standardgateway des betroffenen Netzwerkes
	43	MAC Adresse	durchgeführt werden sollen
	44	Raum	Raum, in dem sich die Hardware befindet
	45	Telefonnummer	Telefonnummer des Raums
	46	Werk	Werksnummer des Raums
	47	Gebäude	Gebäude, in dem sich der Raum befindet
	48	Wegbeschreibung	Wegbeschreibung, um zum Gebäude zu gelangen
	49	Kostenstelle	Kostenstelle, auf die abgerechnet wird
	50	Servicenummer	Nummer des betroffenen Services aus dem Servicekatalog
	51	SLA Code	Die Nummer des zugrunde liegenden SLAs
	52	Kommentar	Kommentar zum Service
Kunde	53	Nachname	Nachname des Kunden
	54	Vorname	Vorname des Kunden
	55	Telefonnummer	Telefonnummer des Kunden
	56	Fax	Faxnummer des Kunden
	57	Bemerkung	Anmerkungen zum Kunden
	58	Kostenstelle	Kostenstelle des Kunden
	59	Abteilung	Abteilung des Kunden
	60	Werk	Werksnummer des Kunden
	61	Handynummer	Handynummer des Kunden
	62	Lokation	Standort des Kunden
	63	Gebäude	Gebäude, in dem der Kunde seinen Arbeitsplatz hat
	64	Stockwerk	Stockwerke innerhalb des Gebäudes
	65	Raum	Raumnummer des Büros des Kunden
	66	Interne ID	Interne Kundennummer des Kunden
	67	User ID	Eindeutige Anwenderkennung zur Anmeldung am System

IT-Service-Management-Tool – Details Task				
Kunde	68	E-Mail		E-Mail Adresse des Kunden
	69	Zusätzliche Informationen		Zusätzliche Informationen zum Kunden
	70	Besucheradresse		Besucheradresse des Kunden
Berichtswesen	71	Ticketeinreicher		Ticketeinreicher des Tasks
	72	Erstellungsdatum		Erstellungsdatum des Tickets
	73	Ticketalter		Alter des Tickets in Tagen seit Eröffnung
	74	Zuletzt modifiziert von		User ID des letzten Bearbeiters
	75	Modifikationsdatum		Datum der letzten Modifikation
	76	Abgeleitet von		Referenznummer, falls der Change Request von einem anderen - bereits bestehenden - Ticket abgeleitet wurde
	77	Startdatum		Beginn der Ticketbearbeitung
	78	Enddatum		Abschluss der Ticketbearbeitung
	79	Weiterleitung		Anzahl der Weiterleitungen des Tickets
	80	Externe System ID		Externe Identifikationsnummer für das betroffene Systems
	81	Externer Systemname		Externer Name für das betroffene System
	82	Aktivität		Beschreibung der durchzuführenden Aktivität
	83	Status Aktivität		Bearbeitungsstand der aktuell durchgeführten Aktivität
	84	Lebenszyklus Ticket		Beschreibung des Ticketlebenszyklus inklusive aller Schritte, Start- und Enddaten und Bearbeiter
		a.	Phase	Bezeichnung der Phase des Lebenszyklus
		b.	Startdatum	Bearbeitungsbeginn innerhalb der Phase
		c.	Enddatum	Bearbeitungsende innerhalb der Phase
		d.	Dauer	Verweildauer in der jeweiligen Phase
		e.	Gruppenname	Bezeichnung der Bearbeitergruppe
	85	Operational Level Agreement		Beschreibung des OLAs
		a.	Name	Bezeichnung des OLAs
		b.	Typ	Art des OLAs
		c.	Anbieter	Serviceanbieter für den betroffenen Service
		d.	Kunde	Nachfrager nach dem gewünschten Service
		e	OLA Zeit	Vorgabe für die Servicedauer gemäß OLA
		f.	Zeitdauer	Zeitdauer innerhalb der Phase
Anhang	86	Anhang		Beschreibung des angehängten Dokuments
		a.	Dateiname	Name der angehängten Datei
		b.	Maximale Größe	Maximale Göße der angehängten Datei
		c.	Bezeichnung	Beschreibung des Anhangs
	87	Link Anhang		Link zum angehängten Dokument
		a.	Typ	Art des Verweises
		b.	Link	URL des Links
		c.	Beschreibung	Beschreibung für den Link
Aktivitäten	88	Aktivitäten		Aktivitäten zum Ticket
		a.	Ticket ID	Ticket ID eines mit dem Change Request verbundenen Tickets
		b.	Typ	Tickettyp des verlinkten Tickets
		c.	Attribut	Eigenschaft des verlinkten Tickets
		d.	Erstellungsdatum	Erstellungsdatum des Tickets
		e.	Eigner	Eigner der erstellten Aktivität
		f.	Kurzbeschreibung	Kurzbeschreibung des Inhalts
		g.	Priorität	Priorität des verlinkten Tickets
		h.	Status	Bearbeitungsstatus des verbundenen Tickets
		i.	Zugewiesen zur Gruppe	Gruppe, der das Ticket zugewiesen wurde
		j.	Zugewiesen an Person	Bearbeiter, dem das Ticket zugewiesen wurde
		k.	Geplanter Start	Geplanter Start der Bearbeitung
		l.	Geplantes Ende	Geplantes Ende der Bearbeitung
		m.	Art	Art der durchgeführten Aktivität, z.B. abgeleitete Tickets

IT-Service-Management-Tool – Details Task				
Configuration Items	89	Configuration Items		Vom Ticket betroffene Configuration Items (CIs)
		a.	ID	Eindeutige Nummer des CIs gemäß des CI Katalogs
		b.	Kategorie	Kategorie des CIs
		c.	Beschreibung	Beschreibung des CIs
		d.	Kommentar	Kommentar zum jeweiligen CI
		e.	SLA Code	Anzuwendende SLA-Nummer
		f.	Klasse	Klasse, der das betroffene CI zuzuordnen ist
		g.	Status	Status der Veränderung des CIs
		h.	Anlage	Anlage, die mit dem CI zusammenhängt
Knowledge Items	90	Knowledge Items		Mit dem Ticket verknüpfte Knowledge Items (KIs)
		a.	Knowledge Item ID	Eindeutige Nummer des KIs
		b.	Kategorie	Kategorie des betroffenen KIs
		c.	Titel	Titel des KIs
		d.	Beschreibung	Beschreibung des KIs
		e.	Klasse	Klasse, zu der das KI gehört
		f.	Status	Status der Veränderung des KIs
		g.	Sprache	Sprache, in der das KI verfasst wird
		h.	Sichtbarkeit	Abgrenzung der Sichtbarkeit für bestimmte KIs
Nachrichten	91	Nachrichten		Eingegangene oder verschickte Nachrichten zum Ticket
		a.	Typ	Anzeige, ob es sich um eine ein- oder ausgehende Nachricht handelt
		b.	Status	Status der Nachricht
		c.	Sender	Sender der Nachricht
		d.	Betreff	Betreffzeile der Nachricht
		e.	Datum	Sende- oder Empfangsdatum der Nachricht
		f.	Anhang	Anhangsdokumente zur Nachricht
Audit	92	Audit		Zusammenfassung aller Änderungen am Ticket
		a.	Modifikationsdatum	Datum der Ticketmodifikation
		b.	Modifiziert von	User ID des Bearbeiters
		c.	Audittyp	Aktivität, welche bei der Bearbeitung durchgeführt wurde
		d.	Wert	Durch die Bearbeitung veränderter Ticketwert
		e.	Erweiterter Wert	Weiterer durch die Bearbeitung veränderter Ticketwert

Abbildung 89: IT-Service-Management-Tool – Details Task

D.2 Analyse Dokumentenmanagementsystem

Im Umfeld der in Abschnitt 4.1.1.1 beschriebenen Fallstudie werden verschiedene Unterlagen zu Dokumentationszwecken gespeichert. Diese werden in einem hierfür vorgesehenen DMS abgelegt und den entsprechenden Tickets zugeordnet. Im Einzelnen handelt es sich hierbei um folgende Dokumente:

Dokumentenmanagementsystem		
	Dokument	**Beschreibung**
1	Anforderungsdokument	Beschreibung der Anforderungen aus Sicht des Business
2	Offene Fragen	Offene Punkte zum Geschäftsprozess und den Anpassungen
3	Grobkonzept	Grobkonzept für die Anforderungen
4	Feinkonzept	Feinkonzept für die Umsetzung
5	Testplan	Testplan für den Entwicklertest
6	Testresultate	Ergebnisse des Entwicklertests

Abbildung 90: Analyse Dokumentenmanagementsystem

D.3 Analyse IT-Change-Management-Tool

Zur Unterstützung des IT-Change-Management-Prozesses wird im Kontext des Anwendungsfalls neben dem zuvor beschriebenen IT-Service-Management-Tool auch eine Softwareeigenentwicklung eingesetzt. Dieses enthält neben den Basisdaten, die aus dem IT-Service-Management-Tool unverändert übernommen werden, auch noch weitergehende Informationen. Dies sind z.B. die offenen Fragen, die zur Umsetzung einer Änderungsanforderung zu klären sind. Weiterhin werden die Links der zum Ticket gehörigen und im DMS gespeicherten Dokumente erfasst. Einen wesentlichen Gesichtspunkt stellt auch die Meilensteinplanung für jede einzelne Änderungsanforderung dar. Darüber hinaus erfolgt eine detaillierte Betrachtung der angefallenen Aufwände und Kosten je Ressource und Change Request. Die jeweiligen Attribute hierzu sind in der folgenden Übersicht abgebildet:

IT-Change-Management-Tool			
		Attribut	**Beschreibung**
Ticketdaten	1	RfC Nummer	Eindeutige Nummer des Change Requests
	2	Lieferantennummer	Eindeutige Nummer des Lieferanten, der mit der Umsetzung der Änderung betraut werden soll
	3	Lieferantenname	Name des mit der Durchführung der Änderung betrauten Lieferanten
	4	Art der Kostenschätzung	Gibt an, ob nach Aufwand oder per Festpreis abgerechnet wird
	5	Release	Bestimmt die Releasezuweisung
	6	Kostenart	Gibt an, ob es sich um Plan- oder Ist-Kosten handelt
	7	Erstellungsdatum	Erstellungsdatum des Change Requests
	8	Status Aufwand	Gibt an, ob die Aufwandsschätzung freigegeben wurde
	9	RfC Beschreibung	Kurzbeschreibung der durchzuführenden Änderung
	10	Klassifikation	Klassifikation des Tickets in Bezug auf die zugehörige Businesstransaktion
	11	Organisation Antragssteller	Organisation, der der Antragssteller zugeordnet ist
	12	Organisation Ticketeigner	Organisation, der der Ticketeigner angehört
	13	User ID Ticketeigner	User ID, mit der sich der Ticketeigner am System anmeldet
	14	Werk Ticketeigner	Werksnummer, der der Ticketeigner zugeordnet wird
	15	Extern	Externes Projekt, das mit der Änderung zusammenhängt
	16	Komponente	Systemkomponententyp, der von der Änderung betroffen ist
	17	Priorität	Priorität für die Durchführung des Changes
	18	Verantwortlicher Business	Ansprechpartner auf Seiten des Business zur Durchführung der Änderungen
	19	Verantwortlicher IT	Änderungen
	20	Paket	Gibt an, zu welchem Paket innerhalb eines Releases der Change gehört
	21	Ticketstatus	Aktueller Stand des Tickets
	22	Freigabestatus	Stand der Freigabe des Tickets
	23	Statusattribut	Gibt zusätzliche Informationen zum Bearbeitungsstand an
	24	Prozess	Zeigt den Prozess an, der für den Change Request durchlaufen wird
	25	Anzahl offener Probleme	Anzahl der zu klärenden Fragen, die mit der Umsetzung des Tickets verbunden sind (siehe nächsten Abschnitt *Offene Fragen*)

IT-Change-Management-Tool			
Ticketdaten	26	Kosten Anforderungsanalyse	Kosten, die im Rahmen der Analyse der Ticketanforderungen aufkommen
	27	Kosten Grobkonzept	Kosten, die zur Erstellung des Grobkonzepts entstehen
	28	Kosten Testplan	Kosten, die zur Erstellung eines Testplans anfallen
	29	Kosten Kostenschätzung	Kosten, die im Rahmen der Kostenschätzung zur Umsetzung des Tickets aufkommen
	30	Kosten Feinkonzept	Kosten, die bei der Kreierung des Feinkonzepts entstehen
	31	Kosten technisches Konzept	Kosten, die während der Erstellung des technischen Konzepts anfallen
	32	Kosten Implementierung	Kosten, die bei der eigentlichen Umsetzung der Änderung aufkommen
	33	Kosten Entwicklertests	Kosten zur Durchführung der Entwicklertests
	34	Kosten Integrationstests	Kosten, die während den Integrationstests entstehen
	35	Kosten Systemtests	Kosten zur Durchführung der Systemtests
	36	Kosten Dokumentation	Kosten, die zur Erstellung der Änderungsdokumentation anfallen
	37	Kosten Deployment	Kosten, im Rahmen des Deployments der Änderung anfallen
	38	Kosten Administration	Kosten, die für die notwendigen administrativen Tätigkeiten anfallen
	39	Kosten Beratung	Kosten für Beratungsleistungen im Rahmen der Änderung
	40	Transferpreis	Interner Verrechnungspreis für die durchgeführte Systemanpassung
	41	Kostenstelle	Kostenstelle, auf die die anfallenden Kosten abgerechnet werden
	42	Innenauftrag	Innenauftrag, der als Kostensammler für Systemänderungen fungiert
	43	Verteilung	Prozentuale Verteilung der Kosten auf mehrere Kostenstellen oder Innenaufträge
	44	Prozessschritt	Prozessschritt, in dem sich die Änderungsanforderung befindet
	45	Releaseinformationen	Gibt an, ob die Beschreibung der Änderungen in die Releasedokumentation aufgenommen werden muss
	46	Trainingsmaterial	Legt fest, ob eine separate Trainingsdokumentation erstellt werden soll
	47	Change Ticket	Das Change Ticket, das aus dem Change Request abgeleitet wurde
	48	Kommentare	Kommentare, die während der Durchführung der Änderungsanforderung gegeben wurden
	49	Dokumentenlinks	Verweis auf alle zugehörigen Dokumente zu einem Change Request (siehe "Dokumentenlinks")
	50	Problemnachverfolgung	Link zum Dokument, das alle zu klärenden Fragen enthält
Offene Fragen	51	RfC Nummer	Eindeutige Nummer des Change Requests, auf den sich die offene Frage bezieht
	52	ID Frage	Eindeutige Nummer für die zu klärende Frage
	53	Beschreibung	Beschreibung des zu klärenden Punkts
	54	Status	Gibt an, ob die Frage geklärt bereits geklärt ist oder sich noch in Klärung befindet
Dokumentenlinks	55	RfC Nummer	Eindeutige Nummer des Change Requests, dem die Dokumente zuzuordnen sind
	56	Anforderungsdokument	Link zum Anforderungsdokument
	57	Grobkonzept	Verweis auf das Grobkonzept
	58	Testplan	Link zum Testplan
	59	Feinkonzept	Link zum Grobkonzept
	60	Entwicklung	Verweis auf die Dokumentation der Implementierung
	61	Systemeinstellungen	Verweis auf die Dokumentation aller veränderten Systemeinstellungen
	62	Entwicklertests	Link zur Zusammenfassung der Testergebnisse der Entwicklertests
	63	Integrationstests	Verweis auf die Testdokumentation Entwicklertests
	64	Systemtests	Link zu den Ergebnissen der Systemtests
	65	Abnahmetests	Verweis auf die Zusammenfassung der Abnahmetests
	66	Releaseinformationen	Link zur gültigen Fassung der Releasedokumentation

IT-Change-Management-Tool			
	67	Trainingsmaterial	Verweis auf die Trainingsmaterialien
	68	Sonstiges	Link zu sonstigen relevanten Dokumentationen
Release	69	Release	Eindeutige Nummer des Releases
	70	Anforderungsdokument	Stichtag für die Einreichung der Anforderungsbeschreibungen
	71	Grobkonzept	Zieldatum für die Erstellung der Grobkonzepte
	72	Testplan	Stichtag für die Erstellung der Testpläne
	73	Feinkonzept	Zieldatum für die Erstellung der Feinkonzepte
	74	Implementierung	Zieldatum für den Abschluss der Implementierungen
	75	Entwicklertests	Stichtag für die Finalisierung der Entwicklertests
	76	Integrationstests	Stichtag für den Abschluss der Integrationstests
	77	Systemtests	Zieldatum für die Beendigung der Systemtests
	78	Abnahmetests	Stichtag für die Finalisierung der Abnahmetests
Ressource	79	User ID	Eindeutige User ID der an der Entwicklung beteiligten Ressource
	80	RfC Nummer	Nummer des RfCs, für den die Aufwände erfasst werden
	81	Projekt	Zugehöriges Projekt, im Rahmen dessen der Change Request umgesetzt wird
	82	Von Datum	Startdatum, an dem mit der Bearbeitung des Change Requests begonnen wurde
	83	Von Zeit	Startzeitpunkt, an dem mit der Bearbeitung angefangen wurde
	84	Bis Datum	Enddatum, an die Bearbeitung des Change Requests unterbrochen oder beendet wurde
	85	Bis Zeit	Endzeitpunkt, an dem die Bearbeitung unterbrochen wurde
	86	Aufwand	Zeit, die zur Bearbeitung des RfCs aufgewendet wurde
	87	Kommentare	Kommentare zur jeweilig durchgeführten Aktivität

Abbildung 91: IT-Change-Management-Tool

E Expertenbefragung

Zur Durchführung der Expertenbefragungen wurden verschiedenen Interviewleitfäden entwickelt. Diese unterscheiden sich in den prozessspezifischen Fragen, die entlang der unternehmensspezifischen Implementierung des IT-Change-Management-Prozesses sowie den zugehörigen Rollen ausgerichtet sind. Hierbei sind die einführenden Segmente *Allgemeines* und *Systeme* der in den folgenden Abschnitten E.1 bis E.4 dargestellten Interviewskizzen jeweils identisch. Danach folgen die auf die Prozessschritte der einzelnen Rollen ausgerichteten Fragen, bevor im finalen Teil *Bereitstellung der Informationen* wieder über alle Leitfäden hinweg dieselbe Thematik behandelt wird.

E.1 Interviewleitfaden Change Initiator

Der nachfolgend dargestellte Fragebogen ist auf die Rolle *Change Initiator* innerhalb des IT Change-Management-Prozesses ausgerichtet. Sie deckt insbesondere den Prozessschritt *RfC Erstellung* ab.

Interviewleitfaden Change Initiator			
Allgemeines	1	Allgemeine Angaben	
		a.	Datum?
		b.	Zeit?
		c.	Ort?
	2	Angaben zum Interviewpartner	
		a.	Wie lange Berufserfahrung insgesamt?
		b.	Wie lange im selben Umfeld?
		c.	Welche Position (IT, Fachbereich, Methodenbereich)?
		d.	Seit wann in der aktuellen Position?
	3	Angaben zum Projekt	
		a.	Seit wann in diesem Projekt?
		b.	Welche Tätigkeit bzw. Rolle im Projekt?
Systeme	4	Wie viele Systeme werden momentan zur Beschaffung von Informationen benötigt und um welche Art von Systemen handelt es sich?	
	5	Enthalten diese Systeme alle notwendigen Informationen oder sind darüber hinaus noch andere Quellen notwendig zur	
		a.	Konsolidierung und Aufbereitung von Informationen (eigene Exceltabellen, Grafiken, Worddokumente etc.)?
		b.	Abfrage von Informationen (personenbezogenes Wissen)?
RfC Erstellung	6	Wie ist die generelle Vorgehensweise bei der Erstellung von Change Requests?	
		a.	Wer stellt die Anforderungen (lokaler Fachbereich, zentraler Fachbereich/Methodenbereich, IT)?
		b.	Wie detailliert sind diese Anforderungen?
		c.	Wie werden diese abgestimmt und aufgenommen?
		d.	Werden Testfälle zu diesem Zeitpunkt identifiziert und beschrieben?
	7	Werden Change Requests mit einem Bezug auf ein vorhandenes Prozessverzeichnis bzw. einer Prozessdokumentation (ARIS etc.) eröffnet?	

Interviewleitfaden Change Initiator			
RfC Erstellung	8	Wenn ein Prozessverzeichnis vorhanden ist, sind hiermit auch Standardtestfälle hinterlegt?	
		a.	Falls ja, können hieraus dann alle notwendigen Testfälle, insbesondere für Regressionstests direkt abgeleitet werden?
		b.	Falls nein, wie werden Testfälle bestimmt?
	9	Erfolgt eine Überprüfung, ob es ähnliche Anforderungen oder Lösungen aus anderen Ländern/Systemen gibt?	
		a.	Falls ja, sind die Verantwortlichen bzw. Kontaktpartner bekannt?
		b.	Falls nein, ist dies wünschenswert und wie wichtig wäre es?
	10	Kann der Status des Change Requests nachvollzogen werden (in der Umsetzung, bereits implementiert oder abgelehnt)?	
	11	Sind Abhängigkeiten zu anderen Change Requests bekannt?	
		a.	Falls ja, können diese systemseitig auch sichtbar gemacht werden?
		b.	Falls nein, werden hierzu Erkundigungen eingeholt?
		c.	Wäre es sinnvoll diese Abhängigkeiten frühzeitig darzustellen?
	12	Ist der Umfang und sind die Kosten der Change Requests zu diesem Zeitpunkt bereits abschätzbar?	
		a.	Ist ein Zugriff auf Erfahrungswerte in ähnlichen Kontexten hilfreich?
		b.	Woher kommen Informationen bezüglich Kosten für Budgetplanung?
Bereitstellung der Informationen	13	Wo ist Entscheidungsunterstützung notwendig?	
	14	Wie oft sollen die Informationen aktualisiert werden?	
	15	In welcher Form sollen die Informationen zur Verfügung gestellt werden?	
		a.	Per E-Mail in Berichtsform (PDF, Excel)?
		b.	Online/Ad hoc - Anpassbar (Filter, Spalten)? - Starre Struktur?
	16	In wie weit müssen die unterschiedlichen Reports berechtigungstechnisch abgegrenzt werden?	
		a.	Informationen technischer Natur (Abhängigkeiten)?
		b.	Informationen zu Kosten?
	17	In welcher Sprache?	

Abbildung 92: Interviewleitfaden Change Initiator

E.2 Interviewleitfaden Change-Management

Der für die Rolle *Change Management* entworfene Interviewleitfaden konzentriert sich im Wesentlichen auf die Prozessschritte *RfC Review*, *Change Bewertung und Evaluation*, *Change Planung* sowie *Koordination Change Implementierung und Test.* Die detaillierten Leitfragen sind nachfolgend abgebildet:

Interviewleitfaden Change Management			
Allgemeines	1	Allgemeine Angaben	
		a.	Datum?
		b.	Zeit?
		c.	Ort?
	2	Angaben zum Interviewpartner	
		a.	Wie lange Berufserfahrung insgesamt?
		b.	Wie lange im selben Umfeld?
		c.	Welche Position (IT, Fachbereich, Methodenbereich)?
		d.	Seit wann in der aktuellen Position?
	3	Angaben zum Projekt	
		a.	Seit wann in diesem Projekt?
		b.	Welche Tätigkeit bzw. Rolle im Projekt?

Interviewleitfaden Change Management			
Systeme	4	Wie viele Systeme werden momentan zur Beschaffung von Informationen benötigt und um welche Art von Systemen handelt es sich?	
	5	Enthalten diese Systeme alle notwendigen Informationen oder sind darüber hinaus noch andere Quellen notwendig zur	
		a.	Konsolidierung und Aufbereitung von Informationen (eigene Exceltabellen, Grafiken, Worddokumente etc.)?
		b.	Abfrage von Informationen (personenbezogenes Wissen)?
RfC Review	6	Wie erfolgt der Prüfprozess eines Change Requests?	
		a.	Wer ist verantwortlich für die Durchführung des Prüfprozesses?
		b.	Wie werden die Verantwortlichkeiten ermittelt?
		c.	Welche Personen außer dem Change Manager sind hierbei beteiligt?
	7	Welche Kriterien werden hierbei generell geprüft? Werden hierbei die Fragen beantwortet, ob	
		a.	der RfC durchführbar ist?
		b.	schon einmal abgelehnt wurde?
		c.	bereits in ähnlicher Form implementiert wurde?
		d.	das angegebene Budget für den Umfang der Änderung ausreichend ist?
	8	Welche Informationen werden zur Prüfung verwendet?	
		a.	Woher stammen die Informationen?
		b.	Werden die Informationen systemseitig abgespeichert?
		c.	Können diese Informationen mit Hilfe eines Systems ausgewertet werden?
Change Bewertung und Evaluation	9	Wie wird die Bewertung des Change Requests durchgeführt? Werden folgende Kriterien berücksichtigt?	
		a.	Raise (Einbringen): Wer hat den Change eingebracht?
		b.	Reason (Grund): Was ist der Grund für den Change?
		c.	Return (Ertrag): Welchen Ertrag soll der Change bringen?
		d.	Risk (Risiko): Welche Risiken birgt der Change?
		e.	Resources (Ressources): Welche Ressourcen sind für die Durchführung des Changes verantwortlich?
		f.	Responsible (Verantwortlich): Wer ist für den Build, das Testen und die Implementierung des Changes verantwortlich?
		g.	Relationship (Beziehung): Welche Beziehung besteht zwischen diesem Change Request und anderen Change Requests?
	10	Gibt es Analysen zu den Auswirkungen hinsichtlich	
		a.	Umsetzung der Änderungsanforderung?
		b.	Nichtimplementierung des Change Requests?
		c.	Einfluss auf das Gesamtsystem (lokale Änderung beschränkt auf bestimmte Nutzergruppen oder zentral für alle Anwender)?
		d.	Abhängigkeiten zu anderen Services?
		e.	Koordination der Tests?
		f.	benötigte Ressourcen und Zeitleisten?
	11	Wie wichtig sind solche Auswirkungsanalysen (sinnvoll, weniger sinnvoll) auch in Bezug auf den Dialog mit dem Service Manager und den Business Partnern?	
	12	Sollen diese Auswirkungsanalysen systemseitig unterstützt werden durch Bereitstellung der notwendigen Informationen?	
Change Planung	13	Wie erfolgt die Planung eines Change Requests hinsichtlich eines Zeitrahmens?	
		a.	Welche Informationen werden hierzu verwendet?
		b.	Woher stammen diese Informationen?
	14	Wird der gesamte Change in einzelne Arbeitsaufträge gegliedert?	
		a.	Falls ja, werden für einzelne Arbeitsaufträge beteiligte Personen (Ansprechpartner für Infrastruktur, Entwicklung) identifiziert?
		b.	Wo werden diese Informationen gespeichert?
	15	Wie erfolgt (bei Releasezuordnung) die Abstimmung mit der Releaseplanung?	
	16	Wird eine Fallbacklösung erstellt?	

Interviewleitfaden Change Management			
Koordination Change Implementierung und Test	17	Wie erfolgt der Abgleich zwischen Change Planung und Implementierung?	
		a.	Wie bzw. wo werden Ist- und Solldaten gespeichert (System, Excel etc.)?
		b.	Gibt es einen Abgleich zwischen Soll- und Istdaten (Verzögerungen im zeitlichen Ablauf etc., Kostenabweichung)?
		c.	Wenn ja, wie erfolgt dieser (manuell, automatisch)?
		d.	Erfolgt die Überwachung der Tests, um die Qualität der Serviceänderung überwachen und den Einfluss auf die existierende Systemlandschaft abschätzen zu können? - Entwicklertest (Unit Test)? - Funktionaler Test? - Regressionstest?
Bereitstellung der Informationen	18	Wo ist Entscheidungsunterstützung notwendig?	
	19	Wie oft sollen die Informationen aktualisiert werden?	
	20	In welcher Form sollen die Informationen zur Verfügung gestellt werden?	
		a.	Per E-Mail in Berichtsform (PDF, Excel)?
		b.	Online/Ad hoc - Anpassbar (Filter, Spalten)? - Starre Struktur?
	21	In wie weit müssen die unterschiedlichen Reports berechtigungstechnisch abgegrenzt werden?	
		a.	Informationen technischer Natur (Abhängigkeiten)?
		b.	Informationen zu Kosten?
	22	In welcher Sprache?	

Abbildung 93: Interviewleitfaden Change Management

E.3 Interviewleitfaden Change Advisory Board

Der Leitfaden für das *Change Advisory Board* legt den Fokus auf die unternehmensspezifische Ausgestaltung des Prozessschritts *Autorisierung Change Implementierung und Test*. Die zugehörigen Fragen sind in der folgenden Abbildung skizziert:

Interviewleitfaden Change Advisory Board			
Allgemeines	1	Allgemeine Angaben	
		a.	Datum?
		b.	Zeit?
		c.	Ort?
	2	Angaben zum Interviewpartner	
		a.	Wie lange Berufserfahrung insgesamt?
		b.	Wie lange im selben Umfeld?
		c.	Welche Position (IT, Fachbereich, Methodenbereich)?
		d.	Seit wann in der aktuellen Position?
	3	Angaben zum Projekt	
		a.	Seit wann in diesem Projekt?
		b.	Welche Tätigkeit bzw. Rolle im Projekt?
Systeme	4	Wie viele Systeme werden momentan zur Beschaffung von Informationen benötigt und um welche Art von Systemen handelt es sich?	
	5	Enthalten diese Systeme alle notwendigen Informationen oder sind darüber hinaus noch andere Quellen notwendig zur	
		a.	Konsolidierung und Aufbereitung von Informationen (eigene Exceltabellen, Grafiken, Worddokumente etc.)?
		b.	Abfrage von Informationen (personenbezogenes Wissen)?
	6	Was sind die Grundlagen für eine generelle Freigabe eines einzelnen Change Requests?	
		a.	Welche Informationen liegen hierfür vor?
		b.	In welcher Form liegen die benötigten Informationen vor?

Interviewleitfaden Change Advisory Board			
Change Implementierung und Test	7	Spielen die folgenden Kriterien eine Rolle bei der Entscheidungsfindung? - Wenn ja, wie wichtig sind diese? - Falls nein, wäre es sinnvoll diese zu berücksichtigen?	
		a.	Dringlichkeit?
		b.	Risiko für die Implementierung?
		c.	Risiko für die Nichtimplementierung?
		d.	Nutzen durch die Umsetzung des Changes?
		e.	Abhängigkeiten auf Seiten der Geschäftspartner aus den Fachbereichen (legale Anforderungen mit vorgegebener Umsetzungsfrist etc.)?
		f.	Technische Abhängigkeiten zur existierenden Plattform?
		g.	Architektonische Abhängigkeiten bzw. Abgleich mit Architekturrichtlinien?
	8	Welche Kriterien wären hierbei neben den oben genannten zusätzlich wünschenswert?	
	9	Wie wird eine Zuordnung zu einem Release vorgenommen?	
		a.	Spielen Abhängigkeiten zwischen Change Requests eine Rolle (Synergieeffekte, widersprüchliche Anforderungen, technische Abhängigkeiten)?
		b.	Werden hierbei benötigte Ressourcen mit vorhandenen Kapazitäten abgeglichen? - Kosten vs. verfügbares Budget? - technische Abhängigkeiten zwischen anderen Change Requests?
		c.	Gibt es einen Priorisierungsprozess für Change Requests?
		d.	Falls ja, auf Basis von - einzelnen Change Requests oder Clustern? - Kosten/Ressourcen? - Dringlichkeit des Business Partners?
		e.	Falls nein, welche Kriterien sollten hierfür relevant sein?
Bereitstellung der Informationen	10	Wo ist Entscheidungsunterstützung notwendig?	
	11	Wie oft sollen die Informationen aktualisiert werden?	
	12	In welcher Form sollen die Informationen zur Verfügung gestellt werden?	
		a.	Per E-Mail in Berichtsform (PDF, Excel)?
		b.	Online/Ad hoc - Anpassbar (Filter, Spalten)? - Starre Struktur?
	13	In wie weit müssen die unterschiedlichen Reports berechtigungstechnisch abgegrenzt werden?	
		a.	Informationen technischer Natur (Abhängigkeiten)?
		b.	Informationen zu Kosten?
	14	In welcher Sprache?	

Abbildung 94: Interviewleitfaden Change Advisory Board

E.4 Interviewleitfaden Change Management Prozesseigner

Wie bereits erwähnt nehmen die Prozesseigner des Change Management Prozesses keine operativen Aufgaben wahr. Aus diesem Grund wurden die Interviewfragen aus den prozessspezifischen Teilen der anderen Leitfäden entnommen. Sie bilden somit aus übergeordneter Perspektive einen Rahmen um die im Prozess involvierten Rollen. Ziel ist es hierbei, sich eher der Vorstellung einer idealtypischen Prozessausführung anzunähern, als die konkrete operative Durchführung zu erfragen.

Konkret werden innerhalb des Interviewleitfadens für *den Change Management Prozesseigner* die Themengebiete *RfC Erstellung*, *RfC Review*, *Change Bewertung und Evaluation*, *Change Planung*, *Autorisierung Change Implementierung und Test* sowie

Koordination Change Implementierung und Test adressiert. Allerdings werden dabei nicht alle Bereiche mit derselben Anzahl an Leitfragen behandelt wie bei den operativen Rollen des Change Management Prozesses.

Interviewleitfaden Change Management Prozesseigner			
Allgemeines	1	Allgemeine Angaben	
		a.	Datum?
		b.	Zeit?
		c.	Ort?
	2	Angaben zum Interviewpartner	
		a.	Wie lange Berufserfahrung insgesamt?
		b.	Wie lange im selben Umfeld?
		c.	Welche Position (IT, Fachbereich, Methodenbereich)?
		d.	Seit wann in der aktuellen Position?
	3	Angaben zum Projekt	
		a.	Seit wann in diesem Projekt?
		b.	Welche Tätigkeit bzw. Rolle im Projekt?
Systeme	4	Wie viele Systeme werden momentan zur Beschaffung von Informationen benötigt und um welche Art von Systemen handelt es sich?	
	5	Enthalten diese Systeme alle notwendigen Informationen oder sind darüber hinaus noch andere Quellen notwendig zur	
		a.	Konsolidierung und Aufbereitung von Informationen (eigene Exceltabellen, Grafiken, Worddokumente etc.)?
		b.	Abfrage von Informationen (personenbezogenes Wissen)?
RfC Erstellung	6	Wie ist die generelle Vorgehensweise bei der Erstellung von Change Requests?	
		a.	Wer stellt die Anforderungen (lokaler Fachbereich, zentraler Fachbereich/Methodenbereich, IT)?
		b.	Wie detailliert sind diese Anforderungen?
		c.	Wie werden diese abgestimmt und aufgenommen?
		d.	Werden Testfälle zu diesem Zeitpunkt identifiziert und beschrieben?
	7	Erfolgt eine Überprüfung, ob es ähnliche Anforderungen oder Lösungen aus anderen Ländern/Systemen gibt?	
		a.	Falls ja, sind die Verantwortlichen bzw. Kontaktpartner bekannt?
		b.	Falls nein, ist dies wünschenswert und wie wichtig wäre es?
	8	Sind Abhängigkeiten zu anderen Change Requests bekannt?	
		a.	Falls ja, können diese systemseitig auch sichtbar gemacht werden?
		b.	Falls nein, werden hierzu Erkundigungen eingeholt?
		c.	Wäre es sinnvoll diese Abhängigkeiten frühzeitig darzustellen?
	9	Ist der Umfang und sind die Kosten der Change Requests zu diesem Zeitpunkt bereits abschätzbar?	
		a.	Ist ein Zugriff auf Erfahrungswerte in ähnlichen Kontexten hilfreich?
		b.	Woher kommen Informationen bezüglich Kosten für Budgetplanung?
RfC Review	10	Wie erfolgt der Prüfprozess eines Change Requests?	
		a.	Wer ist verantwortlich für die Durchführung des Prüfprozesses?
		b.	Wie werden die Verantwortlichkeiten ermittelt?
		c.	Welche Personen außer dem Change Manager sind hierbei beteiligt?
Change Bewertung und Evaluation	11	Gibt es Analysen zu den Auswirkungen hinsichtlich	
		a.	Umsetzung der Änderungsanforderung?
		b.	Nichtimplementierung des Change Requests?
		c.	Einfluss auf das Gesamtsystem (lokale Änderung beschränkt auf bestimmte Nutzergruppen oder zentral für alle Anwender)?
		d.	Abhängigkeiten zu anderen Services?

Interviewleitfaden Change Management Prozesseigner			
Change Bewertung und Evaluation		e.	Koordination der Tests?
		f.	benötigte Ressourcen und Zeitleisten?
	12	Wie wichtig sind solche Auswirkungsanalysen (sinnvoll, weniger sinnvoll) auch in Bezug auf den Dialog mit dem Service Manager und den Business Partnern?	
	13	Sollen diese Auswirkungsanalysen systemseitig unterstützt werden durch Bereitstellung der notwendigen Informationen?	
Change Planung	14	Wie erfolgt die Planung eines Change Requests hinsichtlich eines Zeitrahmens?	
		a.	Welche Informationen werden hierzu verwendet?
		b.	Woher stammen diese Informationen?
	15	Wird der gesamte Change in einzelne Arbeitsaufträge gegliedert?	
		a.	Falls ja, werden für einzelne Arbeitsaufträge beteiligte Personen (Ansprechpartner für Infrastruktur, Entwicklung) identifiziert?
		b.	Wo werden diese Informationen gespeichert?
	16	Wie erfolgt (bei Releasezuordnung) die Abstimmung mit der Releaseplanung?	
	17	Wird eine Fallbacklösung erstellt?	
Autorisierung Change Implementierung und Test	18	Was sind die Grundlagen für eine generelle Freigabe eines einzelnen Change Requests?	
		a.	Welche Informationen liegen hierfür vor?
		b.	In welcher Form liegen die benötigten Informationen vor?
	19	Wie wird eine Zuordnung zu einem Release vorgenommen?	
		a.	Spielen Abhängigkeiten zwischen Change Requests eine Rolle (Synergieeffekte, widersprüchliche Anforderungen, technische Abhängigkeiten)?
		b.	Werden hierbei benötigte Ressourcen mit vorhandenen Kapazitäten abgeglichen? - Kosten vs. verfügbares Budget? - technische Abhängigkeiten zwischen anderen Change Requests?
		c.	Gibt es einen Priorisierungsprozess für Change Requests?
		d.	Falls ja, auf Basis von - einzelnen Change Requests oder Clustern? - Kosten/Ressourcen? - Dringlichkeit des Business Partners?
		e.	Falls nein, welche Kriterien sollten hierfür relevant sein?
Koordination Change Implementierung und Test	20	Wie erfolgt der Abgleich zwischen Change Planung und Implementierung?	
		a.	Wie bzw. wo werden Ist- und Solldaten gespeichert (System, Excel etc.)?
		b.	Gibt es einen Abgleich zwischen Soll- und Istdaten (Verzögerungen im zeitlichen Ablauf etc., Kostenabweichung)?
		c.	Wenn ja, wie erfolgt dieser (manuell, automatisch)?
		d.	Erfolgt die Überwachung der Tests, um die Qualität der Serviceänderung überwachen und den Einfluss auf die existierende Systemlandschaft abschätzen zu können? - Entwicklertest (Unit Test)? - Funktionaler Test? - Regressionstest?
Bereitstellung der Informationen	21	Wo ist Entscheidungsunterstützung notwendig?	
	22	Wie oft sollen die Informationen aktualisiert werden?	
	23	In welcher Form sollen die Informationen zur Verfügung gestellt werden?	
		a.	Per E-Mail in Berichtsform (PDF, Excel)?
		b.	Online/Ad hoc - Anpassbar (Filter, Spalten)? - Starre Struktur?
	24	In wie weit müssen die unterschiedlichen Reports berechtigungstechnisch abgegrenzt werden?	
		a.	Informationen technischer Natur (Abhängigkeiten)?
		b.	Informationen zu Kosten?
	25	In welcher Sprache?	

Abbildung 95: Interviewleitfaden Change Management Prozesseigner

F Fachkonzept

Im Fachkonzept dieser Arbeit wird ein betriebswirtschaftliches, implementierungsunabhängiges Konzept zur Beantwortung des fachlichen Teils der Forschungsfrage beschrieben. Hierbei können gemäß dem Ordnungsrahmen nach ARIS eine Organisations-, Funktions-, Daten-, Leistungs- sowie Steuerungssicht unterschieden werden. Die vollständige Herleitung und Darstellung des Fachkonzepts wurde im Rahmen von Kapitel 5 durchgeführt. Allerdings wurden in diesem Zusammenhang die Funktions-, Daten und Steuerungssicht aus Gründen der Komplexitätsreduktion und zur besseren Darstellbarkeit jeweils in Ausschnitten entwickelt und beschrieben. Um jedoch auch einen Gesamtüberblick bieten zu können, wird an dieser Stelle eine vollständige Übersichtsdarstellung der genannten ARIS-Sichten gegeben.

Zu diesem Zweck wird im Rahmen von Anhang F.1 eine Vorstellung der Funktionssicht vorgenommen, welche originär in Kapitel 5.2 beschrieben wird; Abbildung 96 bietet dabei einen kompletten Überblick über die Funktionssicht. Zur besseren Lesbarkeit wurde die Darstellung in die Ausschnitte A und B untergliedert. Diese werden anschließend in den Abbildungen 97 und 98 jeweils vergrößert dargestellt.

Im Rahmen von Anhang F.2 erfolgt eine Illustration der Datensicht, die dem Kapitel 5.3 entstammt. In Abbildung 99 werden die Einzelübersichten zu den Themenblöcken *Change*, *Softwareentwicklung*, *Softwaretests* sowie *Change Planung und Überwachung* zusammengefasst und in einer Übersichtsdarstellung konsolidiert.

Abschließend gibt Anhang F.3 die Steuerungssicht in einer Gesamtdarstellung wieder – dies wird in Abbildung 100 präzisiert. Um die Lesbarkeit zu erhöhen, lässt sich die Illustration in die Ausschnitte A bis F gliedern, welche jeweils einen zusammenhängenden Prozesspfad des IT Change Management Prozesses darstellen. In den nachfolgenden Abbildungen 101 bis 106 sind die einzelnen Ausschnitte vergrößert zu sehen.

F.1 Funktionssicht

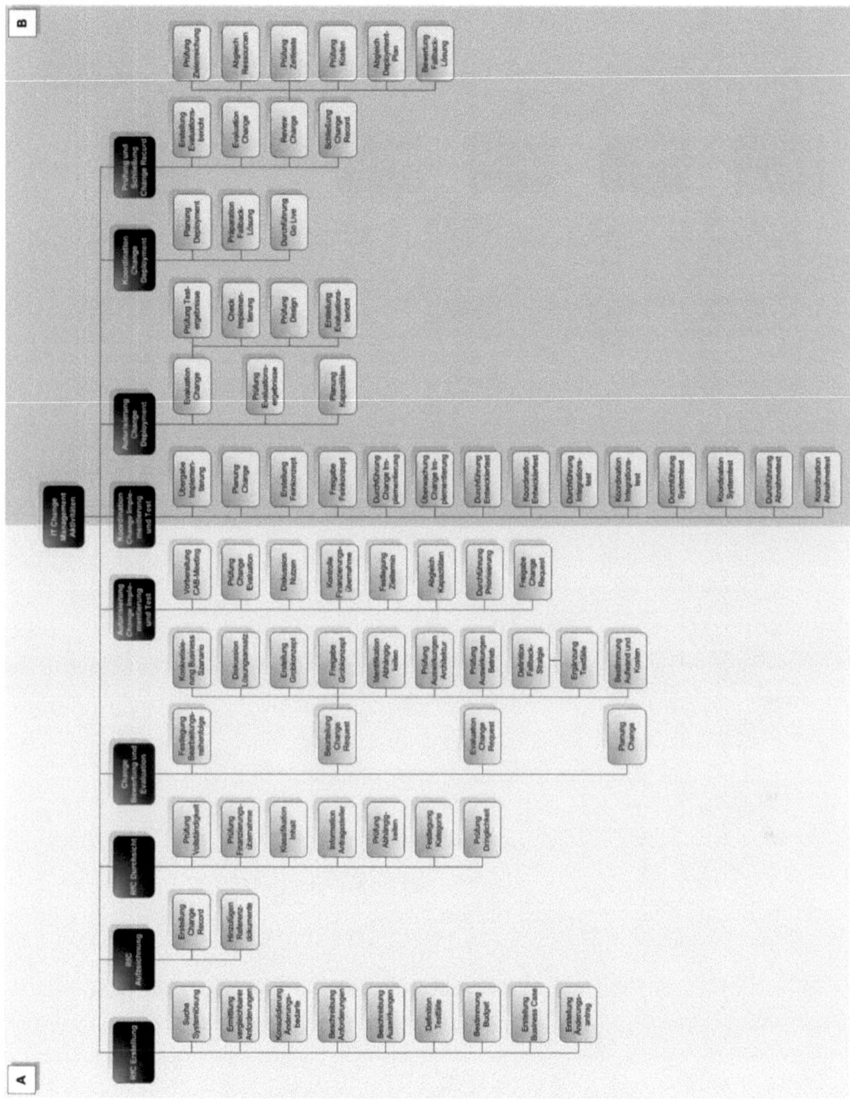

Abbildung 96: Gesamtdarstellung Funktionssicht

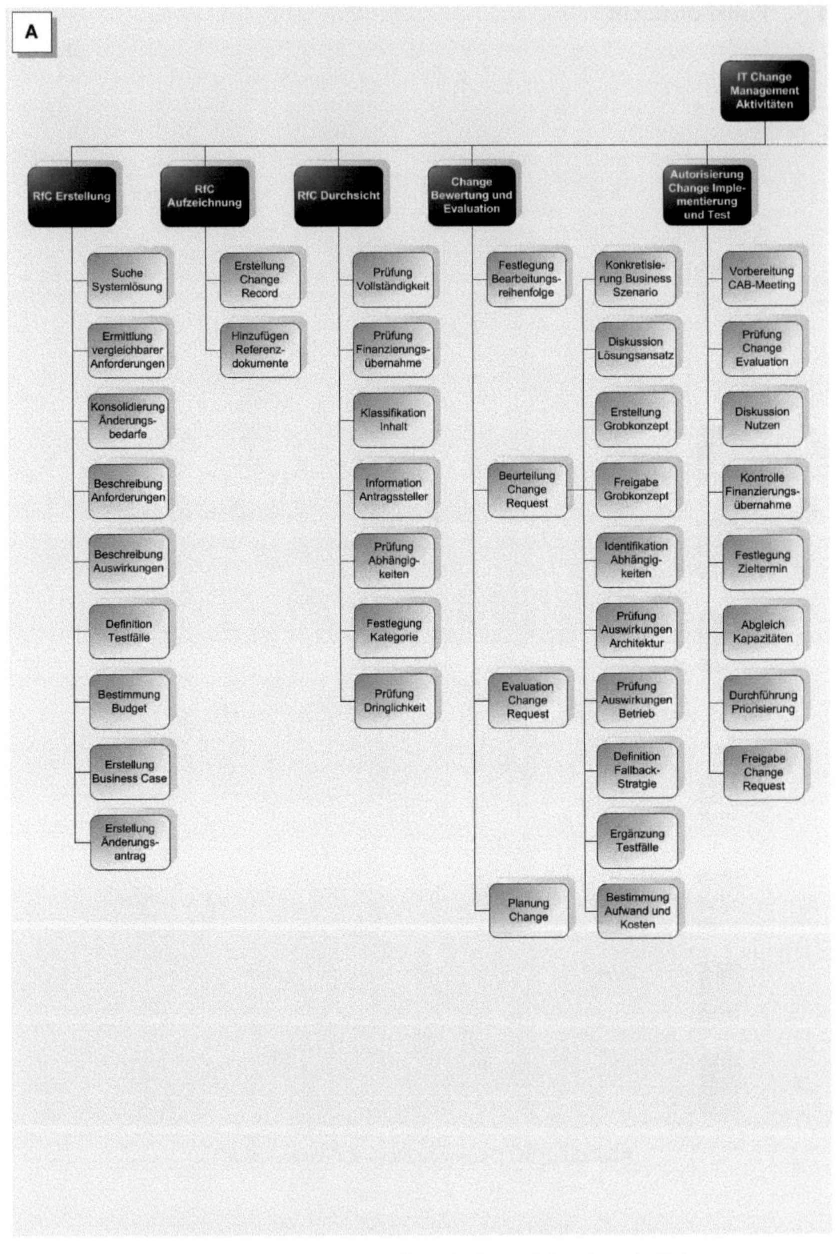

Abbildung 97: Gesamtdarstellung Funktionssicht – Ausschnitt A

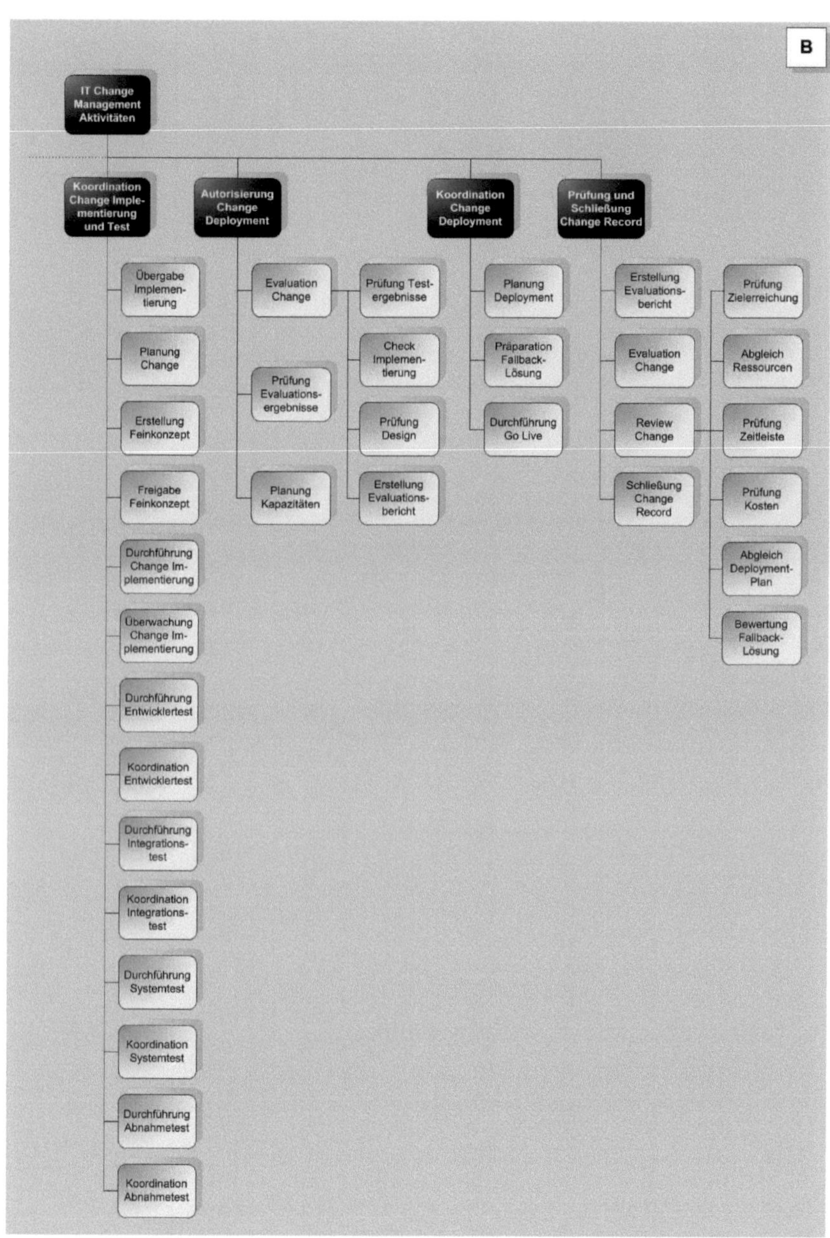

Abbildung 98: Gesamtdarstellung Funktionssicht – Ausschnitt B

F.2 Datensicht

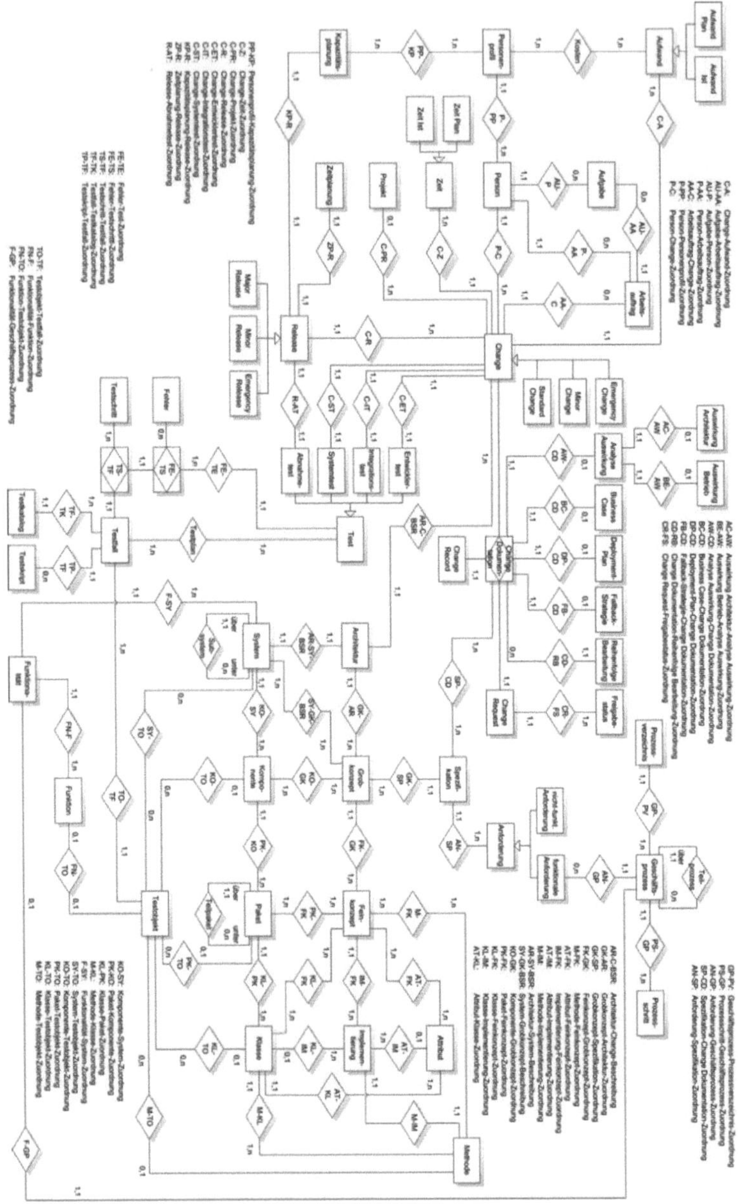

Abbildung 99: Gesamtdarstellung Datensicht

F.3 Steuerungssicht

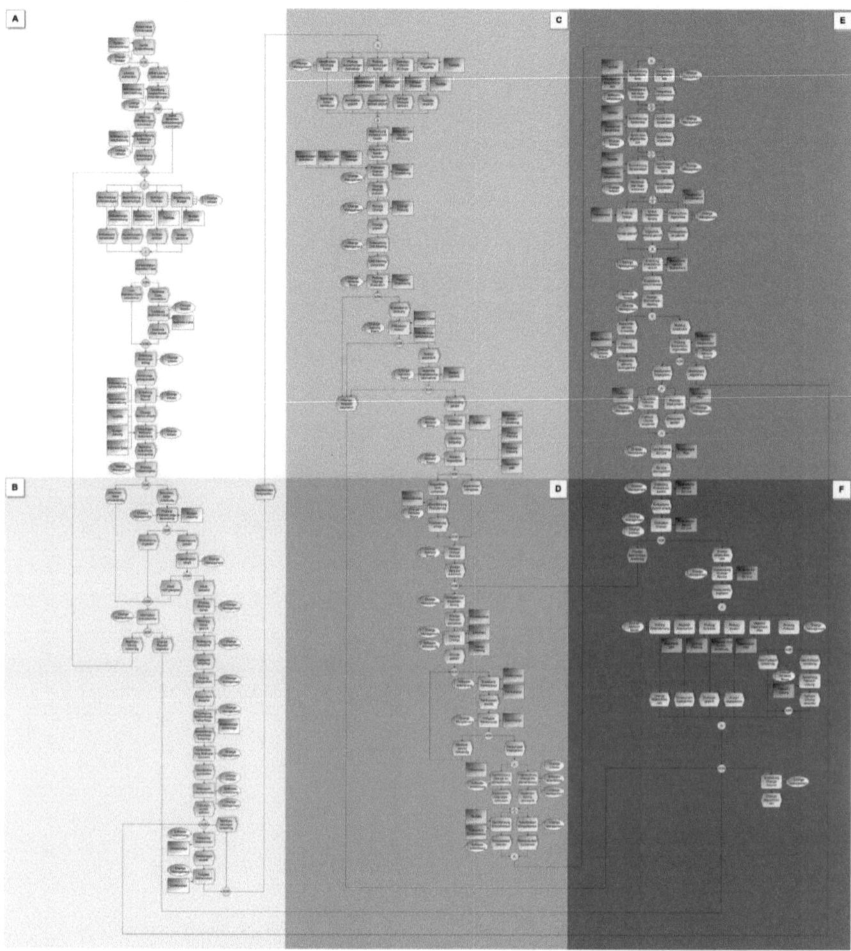

Abbildung 100: Gesamtdarstellung Steuerungssicht

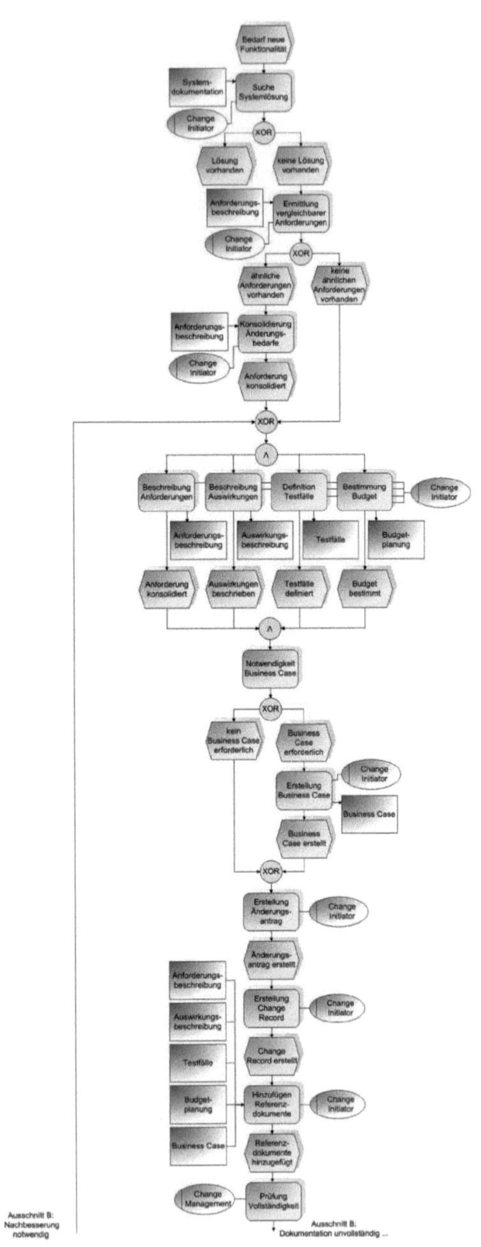

Abbildung 101: Gesamtdarstellung Steuerungssicht – Ausschnitt A

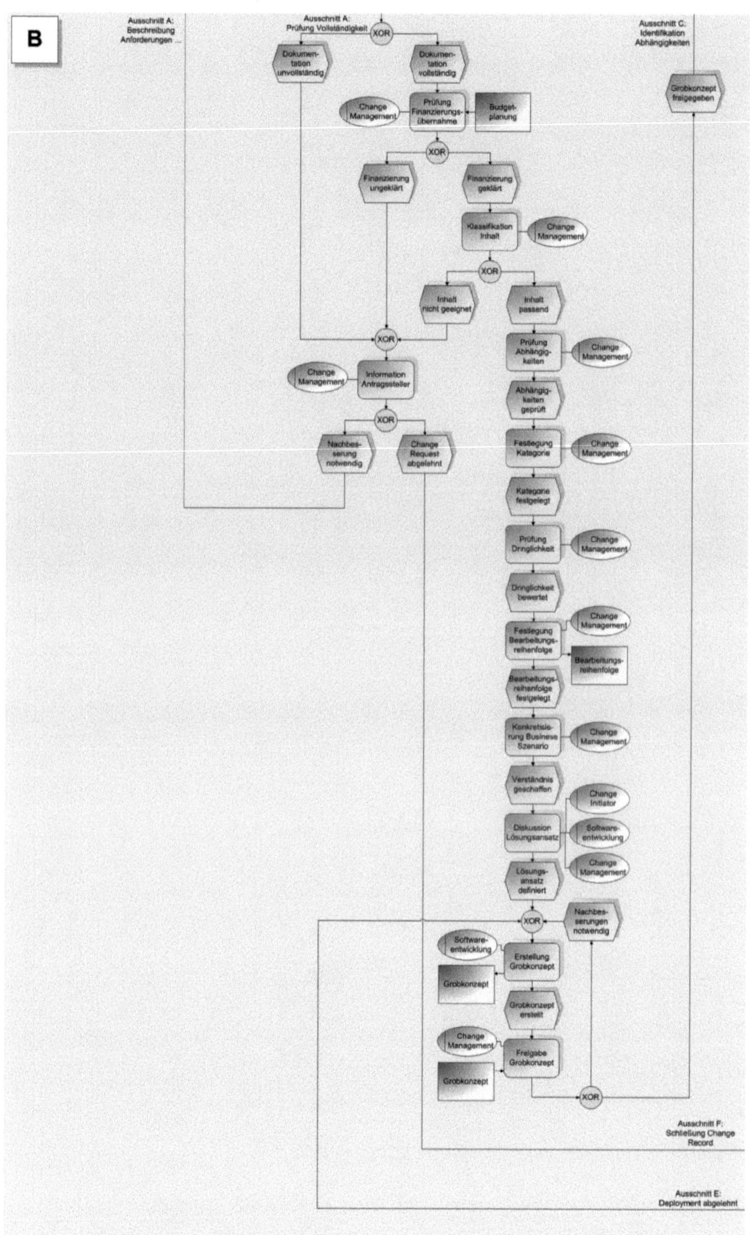

Abbildung 102: Gesamtdarstellung Steuerungssicht – Ausschnitt B

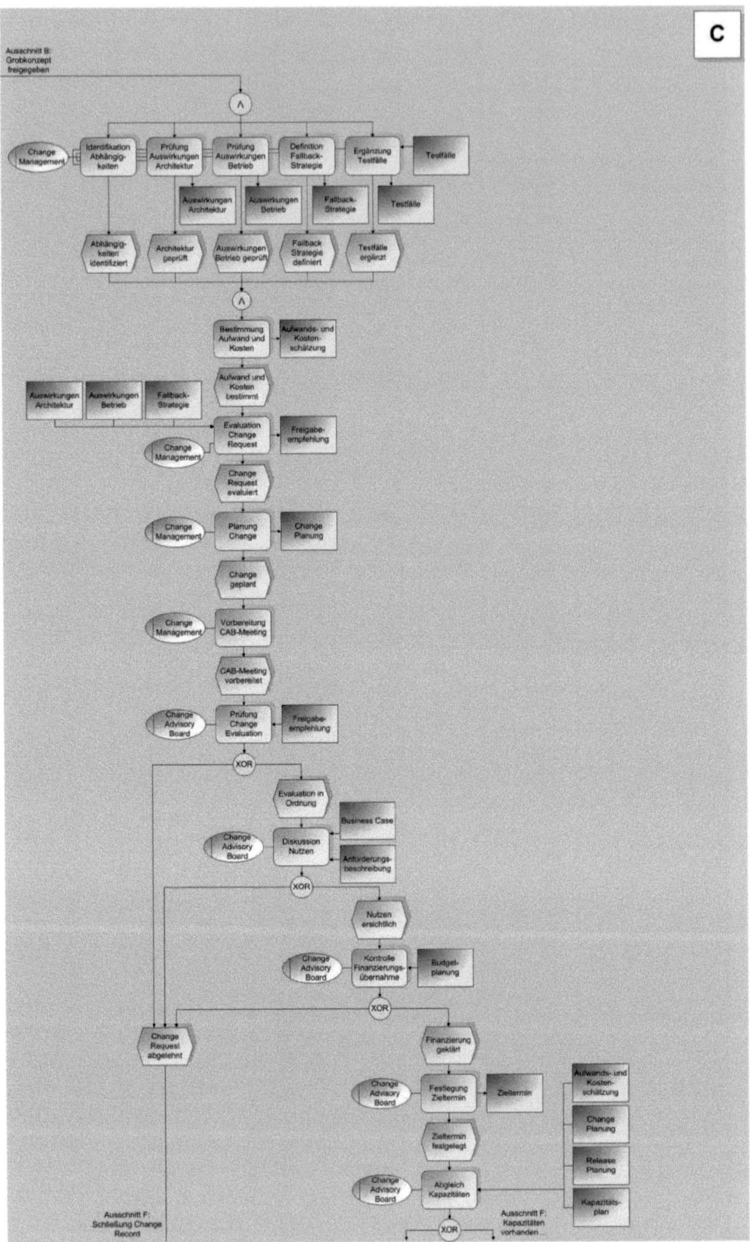

Abbildung 103: Gesamtdarstellung Steuerungssicht – Ausschnitt C

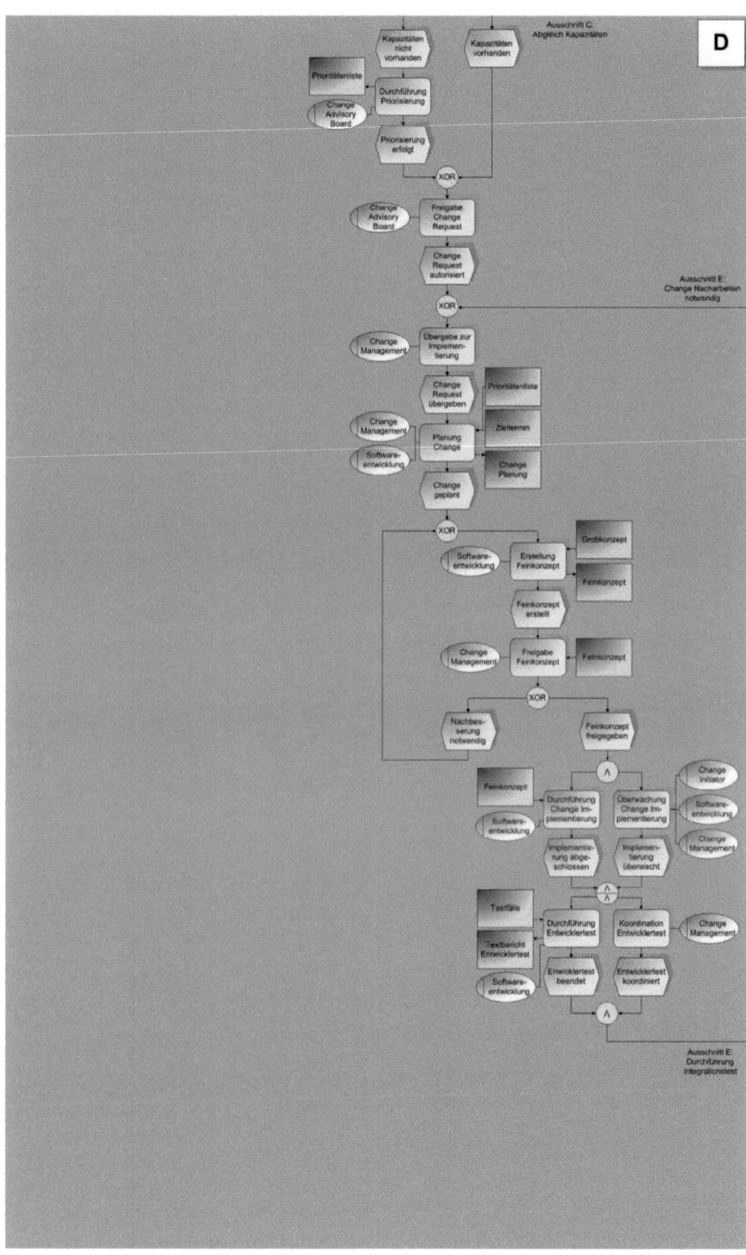

Abbildung 104: Gesamtdarstellung Steuerungssicht – Ausschnitt D

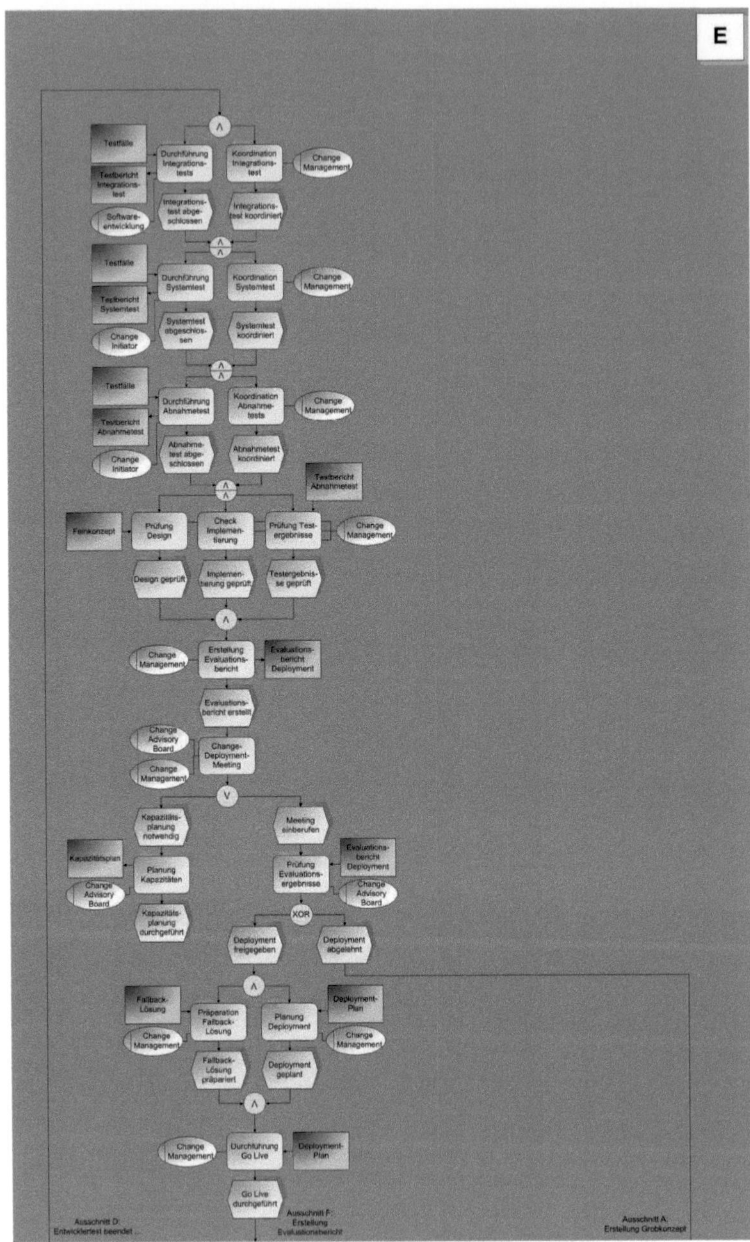

Abbildung 105: Gesamtdarstellung Steuerungssicht – Ausschnitt E

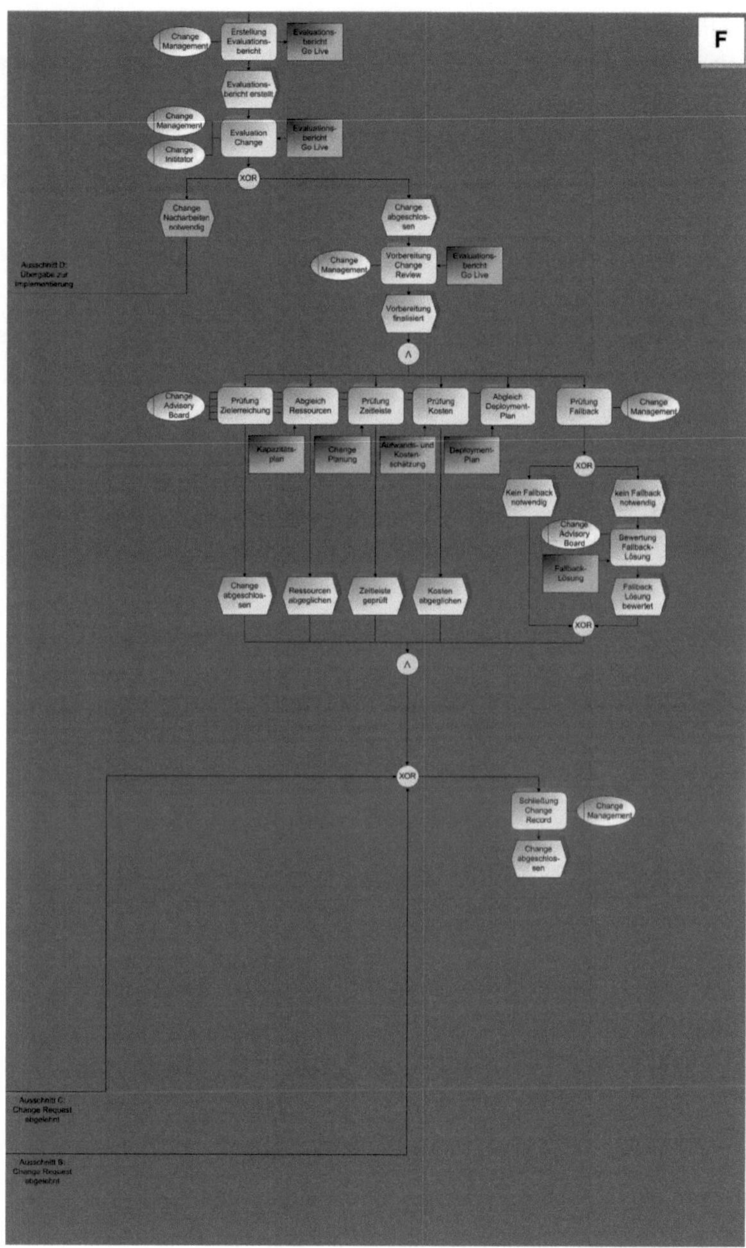

Abbildung 106: Gesamtdarstellung Steuerungssicht – Ausschnitt F

G Datenverarbeitungskonzept

Das Datenverarbeitungskonzept führt die fachliche Lösung in eine IT-technische über. Es beinhaltet u.a. das zugehörige Datenmodell, welches innerhalb des Kapitels 6.3.2.2 vorgestellt wird. Im genannten Abschnitt ist das Datenmodell aus Komplexitätsgründen in die verschiedenen Bereiche *Softwareentwicklung*, *Softwaretests* sowie *Change Planung und Überwachung* untergliedert. Die folgende Abbildung 107 führt die einzelnen Abschnitte zusammen und sorgt für eine gesamtheitliche, redundanzfreie Darstellung des Datenmodells. Es enthält alle für den Kontext der Arbeit relevanten Tabellen, deren Beziehungen zueinander sowie die zur Erfüllung des ermittelten Informationsbedarfs notwendigen Attribute. Zur besseren Lesbarkeit ist das Datenmodell in den Abbildungen 108 sowie 109 in Ausschnitten dargestellt.

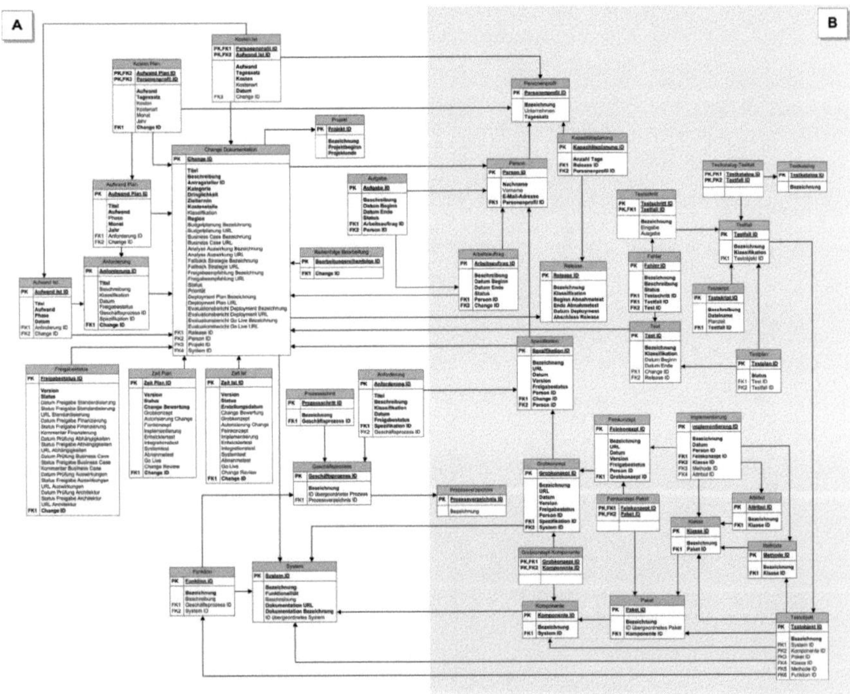

Abbildung 107: Gesamtdarstellung Datenmodell

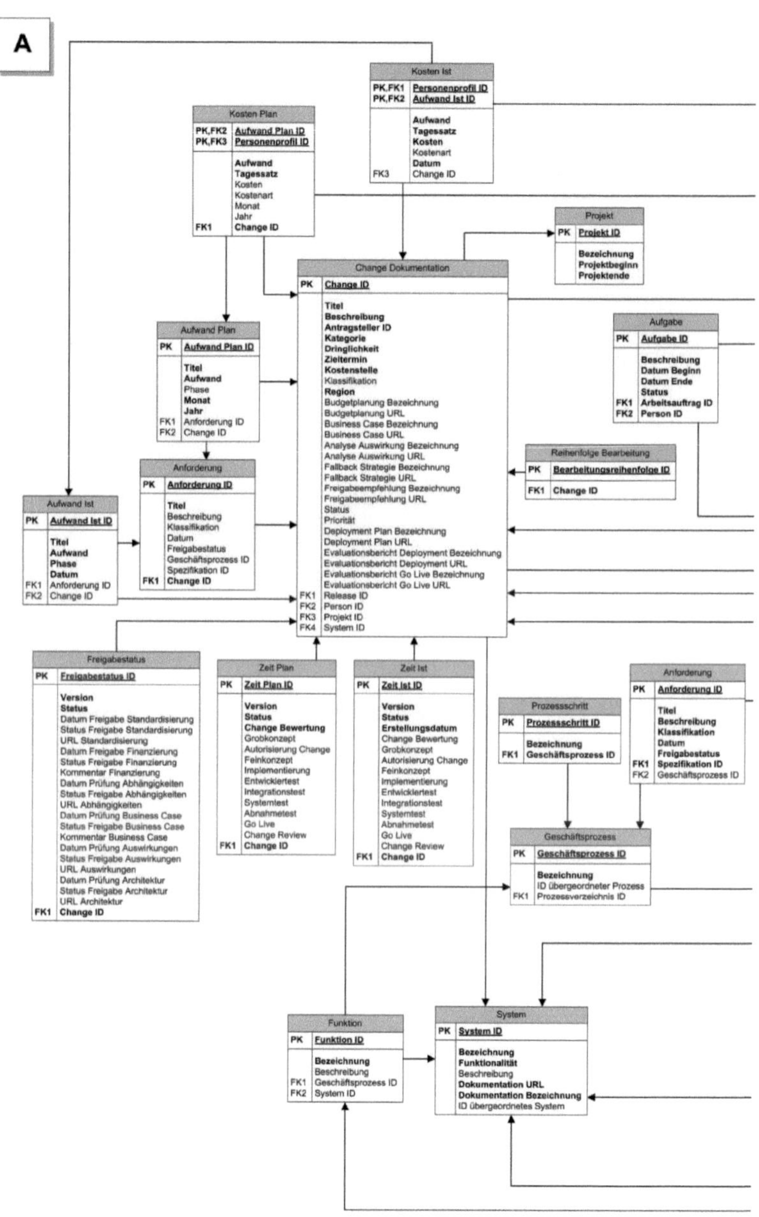

Abbildung 108: Gesamtdarstellung Datenmodell – Ausschnitt A

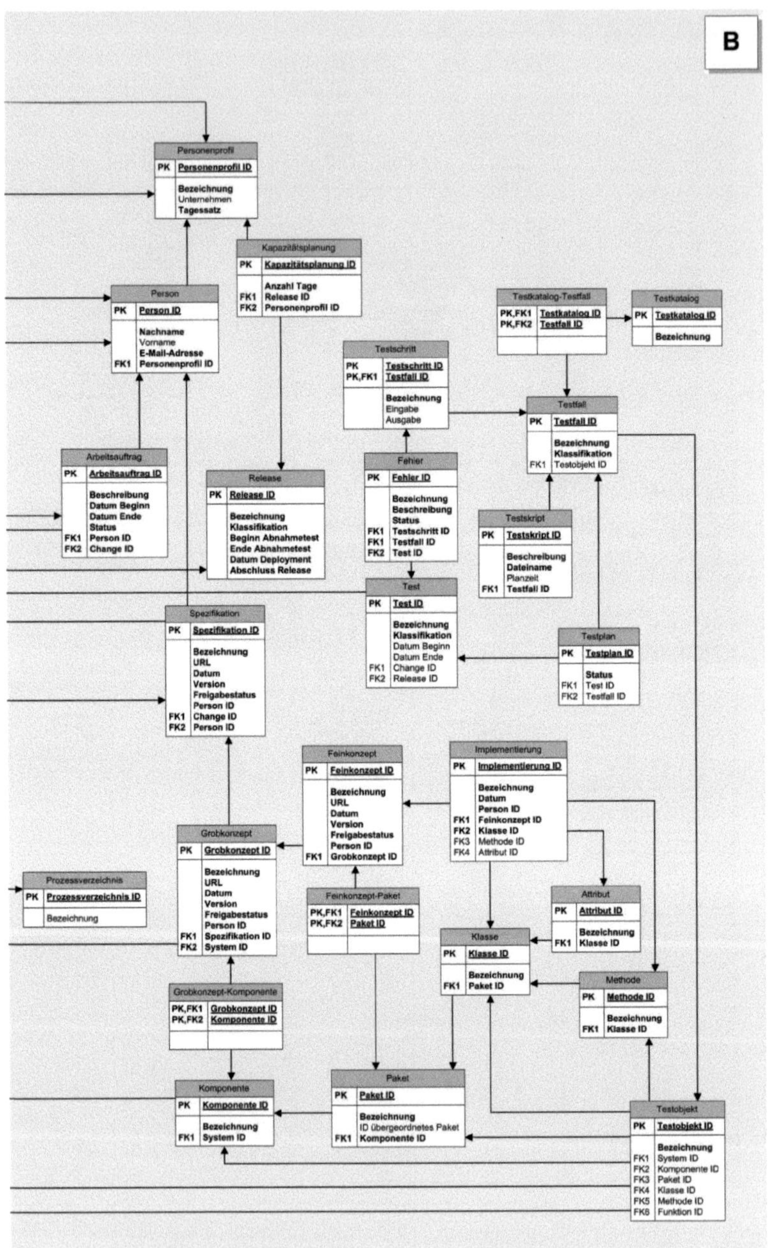

Abbildung 109: Gesamtdarstellung Datenmodell – Ausschnitt B

H Softwareevaluation

Im Rahmen von Kapitel 6.1.3 werden Ergebnisse einer Softwareevaluation vorgestellt. Das Ziel der Evaluation ist es zu eruieren, ob am Markt etablierte Softwarewerkzeuge im Bereich IT Change Management die in den Kapiteln 3 und 4 ermittelten Informationsbedarfe erfüllen können. Um dies zu erreichen, werden die Funktionalitäten von ausgewählten, marktführenden Tools[868] untersucht – genauer werden in diesem Zusammenhang die Produkte *IBM SmartCloud Control Desk*, *CA Nimsoft Service Desk*, *BMC Remedy IT Service Management Suite* und *HP Service Manager* näher betrachtet.

Die Evaluation der berücksichtigen Softwarelösungen bezieht sich in diesem Kontext auf die zur Verfügung gestellten Funktionalitäten. Dies geschieht vor dem Hintergrund, dass die Aufgabenrelevanz und -angemessenheit der untersuchten Tools bewertet werden sollen. Somit orientiert sich die Bewertung an den für den IT Change Management Prozess ermittelten Funktionen, welche in der Funktionssicht in Abschnitt 5.2 beschrieben sind und in Kapitel 5.5 in eine zeitlich, logische Abfolge gebracht werden.

Anhand der ermittelten Aufgaben werden die jeweiligen Systemfunktionalitäten der einzelnen Softwarewerkzeuge untersucht. Hierbei lassen sich die Möglichkeiten der unterschiedlichen Tools zum einen aus den zur Verfügung gestellten Dokumentationen ableiten, zum anderen auch mit Hilfe der Systeme erproben. Zu diesem Zweck wurden temporäre Testzugänge für die jeweiligen Softwarelösungen beantragt.

Die Ergebnisse und Einschätzungen zu den einzelnen IT-Service-Management-Tools sind in der nachfolgenden Übersicht detailliert – die Einschätzungen werden hierbei entlang der Prozessschritte im IT-Change-Management-Prozess vorgenommen. Werden die aufgezählten Funktionen von der jeweiligen Software unterstützt, erfolgt eine Beschreibung der Vorgehensweise. Sind die entsprechenden Felder nicht gefüllt, sind die genannten Aufgaben größtenteils manuell vorzunehmen.

[868] Vgl. hierzu u.a. Computerwoche (2013), Gartner (2014) oder CIO (2014).

Software / Prozesschritt	IBM SmartCloud Control Desk	CA Nimsoft Service Desk	BMC Remedy IT Service Management Suite	HP Service Manager
RfC Erstellung				
Suche Systemlösung				
Ermittlung vergleichbarer Anforderungen	Tickets können auf Basis von vordefinierten Kriterien identifiziert werden.	Mit Hilfe der Service Desk Search können verschiedene Suchkriterien basierend auf den Eingabedaten der Service Requests festgelegt werden, mit Hilfe derer Tickets gefunden werden können.	Die Ticketsuche basiert auf vorgegebenen Kriterien, die vom Endanwender definiert werden können.	Eine Identifikation von ähnlichen Tickets kann mit Hilfe von definierten Suchkriterien erfolgen.
Konsolidierung Änderungsbedarfe				
Beschreibung Anforderungen	Bei der Erstellung des Change Requests gibt der Change Initiator die notwendigen Informationen an. Anhand dieser soll später die Entscheidung zur Freigabe getroffen werden. Zu den benötigten Informationen gehören u.a. Auswirkungen, Dringlichkeit, Priorität, Niederlassung oder Klassifikation sowie das gewünschte Umsetzungsdatum. Weiterhin können hiervon betroffene CIs angegeben werden.	Zur Beschreibung der Anforderungen kann ein Request Katalog verwendet werden. Dieser soll sicherstellen, dass alle essentiellen Informationen im Ticket vermerkt werden.	Changes werden oftmals durch Incidents, Probleme oder als Lösungen für bekannte Fehler eröffnet. In diesen Fällen können die Change Requests aus den zuvor angelegten Tickets abgeleitet und bereits die wesentlichen Informationen übernommen werden.	Eine Änderungsanforderung kann aus einem Incident bzw. Problem oder als neuer Change auf Basis einer existierenden Anforderung abgeleitet werden. Je nachdem können unterschiedliche Change Kategorien und Templates gewählt werden. Grundsätzlich können Change Requests von einzelnen Personen oder Personengruppen erstellt werden.
Beschreibung Auswirkungen	Die Darstellung der Auswirkungen auf das bestehende System werden explizit abgefragt und können in der Software hinterlegt werden.			
Definition Testfälle				
Bestimmung Budget				
Erstellung Business Case				
Erstellung Änderungsantrag	Die Erstellung eines Änderungsantrags kann systemgestützt erfolgen.	Der Änderungsantrag kann systemseitig erfasst werden.	Änderungsanträge können direkt im System erfasst werden.	Für die Erstellung der Änderungsanträge steht das Ticketsystem zur Verfügung.

Software / Prozesschritt	**IBM SmartCloud Control Desk**	**CA Nimsoft Service Desk**	**BMC Remedy IT Service Management Suite**	**HP Service Manager**
RfC Aufzeichnung				
Erstellung Change Record	Bei der Erstellung des RfCs in der Softwareanwendung werden die Informationen eine kurze Zusammenfassung des Changes, weitere Details, der Change Typ und der Grund für den geforderten Change angegeben. Darüber hinaus werden die Auswirkungen einer Nichtimplementierung, das Risiko für Störungen durch die Implementierung sowie die Wahrscheinlichkeit für ein Fehlschlagen des Changes hinterlegt. Grundsätzlich sind verschiedene Abläufe für normale, Standard- und Notfall-Changes möglich. Weiterhin können für jeden Change manuell Arbeitspläne hinzugefügt werden, die bei der Bearbeitung einzuhalten sind. In diesem Schritt kann auch der Change Workflow gestartet werden sowie weitere Genehmiger, die nicht im Rahmen des Workflows vorhanden sind, hinzugefügt werden.	Die Erstellung von Change Requests kann auf verschiedenen Wegen erfolgen - beispielsweise aus der Ableitung aus einem Template Ticket oder über E-Mail. Hierbei müssen Informationen wie erwartete Ausfallzeit des Services, Risikobewertung für den Change, bei abgeleiteten Tickets die Referenznummer des Elternelements oder betroffene CIs angegeben werden. Weiterhin ist eine Zeitplanung für den Change vorteilhaft – hier können die Anfangs- und Enddaten, die geplanten Ausfallzeiten oder Notfallpläne hinterlegt werden. Ebenso können Business Cases, eventuelle finanzielle Risiken oder sonstige Anforderungen angefügt werden.	Die Informationen des Antragsstellers werden jeweils durch die Anwenderdaten vorbelegt, können aber auch manuell eingegeben bzw. geändert werden. Es besteht weiterhin die Möglichkeit die Auswirkungen, die Dringlichkeit und Priorität, die Klassifikation des Changes, das Risikolevel oder bei einer externen Umsetzung Informationen zum Lieferant einzutragen. Ebenso stehen verschiedene Arten von Changes zur Auswahl und es können Change Templates angelegt werden. Aus einem Task können Arbeitsaufträge abgeleitet werden. Weiterhin besteht die Möglichkeit, eine Verbindung zu existierenden CIs herzustellen.	Zur Erfassung eines Changes Requests werden Informationen hinsichtlich der betroffenen Services und CIs, der Titel des Changes, eine Beschreibung, eine Referenz zu einem externen Projekt sowie die Dringlichkeit und die Priorität hinterlegt. Ebenso wird der gewünschte Zieltermin angegeben.
Hinzufügen Referenzdokumente	Je nach Konfiguration des Service Request Tickets besteht die Möglichkeit Anhänge zuzulassen oder nicht.	Weitere Informationen in Form von Dokumenten können neben den zuvor genannten als Anhänge dem Ticket hinzugefügt werden.	Weitere Informationen können über Anhänge eingesteuert werden.	Die entsprechenden Referenzdokumente können zum Ticket hinzugefügt werden.
RfC Durchsicht				
Prüfung Vollständigkeit	Innerhalb des Workflows findet eine formale Prüfung des	Der Workflow definiert, wer den RfC zur Durchsicht und	Im Rahmen eines vorgegebenen Workflows kann definiert	Eine formale Prüfung auf Vollständigkeit wird im Rahmen des

Software / Prozessschritt	IBM SmartCloud Control Desk	CA Nimsoft Service Desk	BMC Remedy IT Service Management Suite	HP Service Manager
	Change Requests auf Vollständigkeit statt. Gemäß dieser Prüfung erfolgen die nächsten Schritte des Workflows, d.h. der Change Request geht zurück zum Antragssteller, falls Nachbesserungen erforderlich sind oder wird dem nächsten Bearbeitungsschritt zugeführt.	zur Freigabe erhält. Es können gegebenenfalls weitere Genehmiger hinzugefügt werden.	werden, ob eine Prüfung der Vollständigkeit durchgeführt werden soll und wer diese vornimmt.	Workflows unterstützt. Hier werden verschiedene Checks durchgeführt und basierend auf dem Prüfungsergebnis die nachfolgenden Schritte eingeleitet bzw. das Ticket an den entsprechenden Bearbeiter weitergeleitet.
Prüfung Finanzierungsübernahme	Arbeitsschritte wie die Prüfung der Finanzierungsübernahme können innerhalb des Workflows eingestellt werden.	Im Arbeitslauf kann eine Prüfung der Finanzierungsübernahme definiert werden.	Der Workflow ermöglicht die manuelle Prüfung einer Finanzierungsübernahme.	Innerhalb des Workflowablaufs ist es möglich, die einzelnen Arbeitsschritte zu definieren. Dies betrifft auch die Übernahme der Finanzierung.
Klassifikation Inhalt	Eine inhaltliche Klassifikation kann aufgrund der Kategorisierung gesteuert werden. Das Change Management prüft, ob der Change den geschäftlichen Richtlinien entspricht.	Über eine Zuweisung in die korrekte Bearbeitergruppe wird sichergestellt, dass eine inhaltliche Prüfung des Tickets erfolgen kann.	Das Ticket kann der korrekten Change Gruppe zugeordnet werden, so dass eine Inhaltsprüfung durchgeführt wird.	Über die Zuordnung des Tickets in die entsprechende Gruppe erfolgen die weiteren Bearbeitungsschritte.
Information Antragssteller	Die Information des Antragsstellers im Falle einer Genehmigung oder Ablehnung erfolgt über das Tool direkt. Hier werden die Gründe einer Ablehnung protokolliert oder Hinweise für die weitere Bearbeitung erfasst.	Über die Software können E-Mails verschickt und beantwortet werden. Dies wird separat protokolliert.	Die Antragssteller werden vom System informiert, wenn eine Aktion von ihrer Seite aus gewünscht wird. Dies hängt von den einzelnen Genehmigungsschritten ab.	Die Notifikation der Antragssteller erfolgt auf Basis von bestimmten Events. Dies kann beispielsweise die Ablehnung einer Änderungsanforderung sein.
Prüfung Abhängigkeiten	Über eine Auswirkungsanalyse lassen sich betroffene CIs ermitteln. Hierzu werden verschiedene Regeln definiert, die auf der CI-Konfiguration in der CMDB beruhen.	Abhängigkeiten lassen sich manuell identifizieren und die entsprechenden Tickets können dann über das Hinzufügen einer Ticketbeziehung miteinander verknüpft werden.	Grundsätzlich lassen sich Abhängigkeiten in verschiedenen Bearbeitungsphasen erkennen und im Rahmen eines Changes manuell festhalten. Hierzu zählen Abhängigkeiten zu CIs, Releases, Incidents oder Problems. Unter bestimm-	Abhängigkeiten zu betroffenen Services und CIs können manuell identifiziert und im Ticket hinterlegt werden.

Software / Prozesschritt	IBM SmartCloud Control Desk	CA Nimsoft Service Desk	BMC Remedy IT Service Management Suite	HP Service Manager
			ten Voraussetzungen können Changes auch einem übergeordneten Projekt zugeordnet werden. Abhängigkeiten können über Sequenznummer zur Bearbeitung kenntlich gemacht werden.	
Festlegung Kategorie	Es können Klassifikationen angegeben werden, die den Gesamtzweck einer Änderungsanforderung widerspiegeln.	Kategorien können im Vorhinein angelegt und dann bei der Anlage eines Change Requests über eine Auswahlliste ausgewählt werden.	Es können verschiedene Kategorien basierend auf den Vorgaben der jeweiligen Unternehmung angelegt und angegeben werden.	Die Angabe verschiedener vordefinierter Kategorien ist bei der Anlage eines neuen Change Requests möglich.
Prüfung Dringlichkeit	Die Dringlichkeit wird gemäß der Vorlage von ITIL über eine entsprechende Matrix bestimmt.	Die Endanwender können die Dringlichkeit für das Ticket vorgeben, welche später vom Change Management überprüft wird.	Ein Vorschlagswert für die Dringlichkeit wird vom Anwender hinterlegt.	Die Dringlichkeit wird über ein entsprechendes Feld im Ticket gesteuert.
Change Bewertung und Evaluation				
Festlegung Bearbeitungsreihenfolge	Es können Bewertungen für die Auswirkungen, die Dringlichkeit und die Prioritäten auf einer Skala von 1 bis 5 angegeben werden. Dies bildet die Basis für die Festlegung einer Bearbeitungsreihenfolge.	Für Änderungsanforderungen können Termine genannt werden, zu denen die Umsetzung abgeschlossen worden sein muss. Dies kann einen Hinweis auf die Bearbeitungsreihenfolge geben.	Die Informationen zum geplanten Umsetzungstermin, den Auswirkungen, der Dringlichkeit sowie zur Priorität können bei der Anlage eines Tickets hinterlegt werden. Hieraus kann später die Bearbeitungsreihenfolge abgeleitet werden.	Die Bewertungen für die Auswirkungen, die Dringlichkeit sowie die Priorität werden beim Erstellen eines neuen Tickets abgefragt. Dies kann die Basis für die Bestimmung einer Bearbeitungsreihenfolge bilden.
Beurteilung Change Request	Im Rahmen des Workflows werden einem Bewerter oder einer Bewertergruppe die relevanten Changes zugewiesen. Innerhalb einer Bewertergruppe können sich sowohl Vertreter des Business wie auch technische Ansprechpartner wiederfinden. Grundsätzlich werden die entsprechenden Bewerter im Rahmen des Ar-	Die Beurteilung des Change Requests kann über den Workflow entsprechend gesteuert werden. Zur Analyse eines von einem Incident oder Problem abgeleiteten Tickets kann eine Knowledge Datenbank verwendet werden.	Über den Lebenszyklus können die Genehmigungsschritte für einen einzelnen Change gesteuert werden. Hierbei gibt es festgelegte Genehmigungsstufen. Zusätzlich können aber auch weitere Genehmiger manuell hinzugefügt werden. Dies kann über das Change Management eingesteuert werden. Grundsätzlich sind die Geneh-	Im Rahmen der Change Bewertung können die Einflüsse auf die geschäftlichen Tätigkeiten, laufende Projekte, die Folgen einer Implementierung oder Nichtimplementierung sowie die Effekte auf existierende Services beurteilt werden.

Software / Prozesschritt	IBM SmartCloud Control Desk	CA Nimsoft Service Desk	BMC Remedy IT Service Management Suite	HP Service Manager
	beitsplans definiert, es können aber weitere Bewerter hinzugefügt werden. Diese geben ihre Analyseergebnisse an oder schreiben Implementierungshinweise auf. Die Bewertung ist nicht notwendig, falls die Changes vorab autorisiert wurden.		migungen sowohl im Tool selbst wie auch per E-Mail möglich. Die Historie der Freigaben kann im Ticket nachvollzogen werden.	
Konkretisierung Business Szenario				
Diskussion Lösungsansatz				
Erstellung Grobkonzept				
Freigabe Grobkonzept	Freigaben können über den zugrunde liegenden Workflow individuell auf die spezifischen Anforderungen einer Organisation zugeschnitten gesteuert werden.	Die Freigabe eines Change Requests kann in verschiedenen Prozessphasen notwendig werden. Hierzu kann ein Workflow definiert werden, der den Change Request durch die einzelnen Schritte führt.	Es besteht die Möglichkeit Autorisierungen in die Workflowsteuerung für Change Requests zu integrieren. Die einzelnen Genehmigungsschritte können hierbei flexibel gestaltet werden. Eine Freigabe ist sowohl im Tool direkt wie auch über E-Mail möglich.	Die Freigaben werden im Rahmen des Change Management Prozesses verankert. Hierbei können die Genehmigungsstufen variabel definiert werden. Ebenso können Delegationen für die Genehmigungen eingerichtet werden.
Identifikation Abhängigkeiten	Die technischen Bewerter identifizieren die Abhängigkeiten zu existierenden Systemkonfigurationen sowie auf die vorhandenen Ressourcen, die Vertreter der Geschäftsbereiche bewerten die Auswirkungen aus finanzieller, operativer oder regulatorischer Sicht. Es besteht weiterhin die Möglichkeit eine automatisierte Wirkungsanalyse durch-	Mit Hilfe des Softwarewerkzeugs können Verbindungen zu betroffenen CIs hergestellt werden. Ebenso können hierüber Abhängigkeiten der einzelnen CIs untereinander dargestellt werden.	Wenn eine Serie von Changes identifiziert wurde, kann diese bei der Planung berücksichtigt werden. Hierzu werden Sequenznummern verteilt, welche bei der Implementierung einzuhalten sind. Nach Durchführung der Change Planung im Rahmen der Implementierungsphase kann eine automatisierte Kollisionserkennung durchgeführt werden.	Abhängigkeiten zu anderen Changes können dargestellt werden und werden über die betroffenen CIs ermittelt.

Software / Prozessschritt	IBM SmartCloud Control Desk	CA Nimsoft Service Desk	BMC Remedy IT Service Management Suite	HP Service Manager
Prüfung Auswirkungen Architektur	zuführen, mit Hilfe derer eine vorhandene Configuration Management Database durchsucht wird und aufgrund von gespeicherten Abhängigkeiten alle betroffenen CIs ermittelt werden können. Ebenso können aber auch manuell ermittelte Auswirkungen ergänzt werden. Aufgrund der angegebenen Auswirkungen auf technische und geschäftliche Komponenten, kann der Workflow einen Auswirkungswert berechnen und die entsprechenden Reaktionspläne zuordnen.		Ein wesentliches Merkmal einer Change Beurteilung ist die Durchführung einer Risikobewertung. Hierbei werden die Risiken durch die Anzahl der betroffenen Personen, die finanziellen Auswirkungen, den Produktivitätsverlust durch System- oder Netzwerkausfälle, aber auch saisonale Gründe wie Ferienzeiten oder Wettereinflüsse berücksichtigt. Das Risiko eines Changes kann durch die Beantwortung eines Fragebogens berechnet und daraus das Risikolevel abgeleitet werden.	Zur Beurteilung der Auswirkungen auf die bestehende Infrastruktur sowie den laufenden Betrieb kann eine Risikobewertung durchgeführt und die Risikokategorie bestimmt werden. Zur Durchführung einer vollständigen Auswirkungsanalyse sollten auch die Einflüsse auf den Kapazitätsplan, den Sicherheitsplan, die Regressionstestskripte, die Daten sowie die Testumgebung bekannt sein.
Prüfung Auswirkungen Betrieb				
Definition Fallback-Strategie				Für den Fall, dass ein Change fehlschlägt wird ein Remediation-Plan erstellt.
Ergänzung Testfälle				
Bestimmung Aufwand und Kosten	Es werden die Aufwände sowie die Kosten zur Umsetzung des Changes auf Basis der Einzelbewertungen in der Gesamtzusammenfassung angezeigt. Die Bestimmung der Aufwände und Kosten kann mit Hilfe von Service Katalogen unterstützt werden.		Die Bestimmung von Aufwand und Kosten wird im Rahmen der Change Planung während der Implementierungsphase durchgeführt. Die Kosten können mit Hilfe einer separaten Dialogbox erhoben werden, sowohl was die Planzahlen als auch die tatsächlichen Werte angeht.	Die voraussichtlichen Kosten zur Umsetzung des Changes für einen neuen oder geänderten Service werden im Ticket hinterlegt.
Evaluation Change Request	Die Gesamtübersicht über die Bewertung wird angezeigt und kann als Grundlage für eine Freigabe zur Implementierung dienen.			

Software / Prozesschritt	IBM SmartCloud Control Desk	CA Nimsoft Service Desk	BMC Remedy IT Service Management Suite	HP Service Manager
Planung Change	Für Changes können zunächst einmal verschiedene durchzuführende Aufgaben definiert werden, welche ein Anfangs- und Enddatum haben. Das Ziel der Change Planung liegt nun darin, einen Zeit- und Ressourcenplan zu erstellen, mit dem die definierten Aufgaben in der richtigen zeitlichen Ablauffolge, von den korrekten Verantwortlichen und mit möglichst wenig negativem Einfluss auf die bestehende Infrastruktur durchgeführt werden. Diese Vorgehensweise wird mit Hilfe eines Schedulers unterstützt, der Change Verantwortliche übernimmt dann die konkrete Planung. Hierbei werden die CI-Blackout-Zeiträume sowie die zur Verfügung stehenden Change-Fenster, soweit bekannt, berücksichtigt (siehe den Punkt *Change Planung* in der *Koordination Change Implementierung und Test*). Die konkrete Zeitplanung wird mit Hilfe von Gantt-Diagrammen dargestellt. Weiterhin können über die automatische Konflikterkennung Überschneidungen von Aufgaben bei der Bearbeitung eines einzelnen CIs, Nichteinhaltung von Change-Fenstern	Die Details zur Change Planung wie geplantes Start- und Enddatum, die geplante Dauer des Changes sowie die tatsächlichen Implementierungsdaten können im Tickt erfasst und einander gegenübergestellt werden.	Das Zeitfenster, in dem ein Change implementiert werden soll, kann mit Hilfe eines Kalenderwerkzeugs angegeben werden. Es kann eine automatische Kollisionserkennung für Changes durchgeführt werden.	Bei der Change Planung wird zunächst einmal eine Zeitplanung erstellt und die hierdurch entstehenden Downtimes determiniert. Hierzu werden sämtliche Einzelaktivitäten beschrieben und als Tasks kreiert. Detailpläne können als Anhang an das Change-Ticket erstellt werden. Weiterhin wird festgestellt, welche Ressourcen zur Implementierung benötigt werden und ob gegebenenfalls weitere Kapazitäten oder Infrastrukturelemente vonnöten sind. Ebenso werden eventuelle Ausfallzeiten bestimmt. Mit Hilfe eines Change-Kalenders können Konflikte mit anderen Changes erkannt werden. Idealerweise wird die Umsetzung eines Changes in die existierenden Wartungsfenster gelegt. Ob dies der Fall ist, kann grafisch überprüft werden.

Software / Prozesschritt	IBM SmartCloud Control Desk	CA Nimsoft Service Desk	BMC Remedy IT Service Management Suite	HP Service Manager
	sowie Konflikte mit Blackout-Phasen erkannt werden. Vereinfachen lässt sich die Planung durch Reaktionspläne, welche auf vordefinierte Arbeitspläne zurückgreifen.			
Autorisierung Change Implementierung und Test				
Vorbereitung CAB-Meeting	Die Bewertung eines Changes kann durch die hinterlegten Bewerter im betreffenden Change-Ticket vorgenommen werden.	Das Feedback zur Bewertung eines einzelnen Change Requests wird im Ticket hinterlegt.	Änderungsanforderungen können in verschiedenen Kategorien bewertet werden. Diese Informationen werden in der Software gespeichert.	Die notwendigen Bewertungen zu einer Softwareänderung werden im Verlauf des Workflows von verschiedenen Bewertern durchgeführt und im jeweiligen Ticket gespeichert.
Prüfung Change Evaluation	Mit Hilfe des Workflows werden die entsprechenden Genehmiger kontaktiert und zur Prüfung der Change Bewertung gebeten. Hierzu werden Genehmigungsaufträge versendet, es besteht aber auch die Möglichkeit der manuellen Freigabe. Bei vorab freigegebenen Standard Changes entfällt die separate Autorisierung.	Durch die Workflowsteuerung kann eine Autorisierung der Change Implementierung initiiert werden.	Im Rahmen des Workflows werden diejenigen Personen oder Personengruppen bestimmt, die eine Autorisierung für die Change Implementierung durchführen können.	Autorisierungen zur Change Freigabe können über den Workflow und eine Freigabestrategie gesteuert werden. Grundsätzlich können Freigaben von Personen, Personengruppen oder Rollen durchgeführt werden. Weiterhin können Freigaben auch delegiert werden.
Diskussion Nutzen				
Kontrolle Finanzierungsübernahme				
Festlegung Zieltermin	Der im CAB festgelegte Zieltermin kann bei der Planung eines Changes entsprechend berücksichtigt werden.		Die Festlegung eines Zieltermins kann auf Grundlage der zuvor definierten Umsetzungszeitleiste für das Ticket erfolgen. Alle hierzu notwendigen Daten sind im Change Request hinterlegbar.	Als Teil des vordefinierten Change-Workflows wird eine detaillierte Planung mit verschiedenen Aufgaben erstellt - auf Basis dieser Informationen kann ein möglicher Zieltermin definiert werden.
Abgleich Kapazitäten				

Software / Prozesschritt	IBM SmartCloud Control Desk	CA Nimsoft Service Desk	BMC Remedy IT Service Management Suite	HP Service Manager
Durchführung Priorisierung	Zur Priorisierung können unterstützend die im Ticket hinterlegten Prioritätsstufen, die Dringlichkeit sowie die Auswirkungen als Grundlage verwendet werden.	Die Priorisierung kann aufgrund der gewünschten Fertigstellungstermine erfolgen.	Aufgrund der zuvor festgelegten Prioritätsstufen, der Dringlichkeit sowie den erwarteten Auswirkungen auf das System kann eine Priorisierung durchgeführt werden.	Die Priorisierung der Changes und die Bestimmung der Implementierungsreihenfolge erfolgt aufgrund der Auswirkungen sowie der Dringlichkeit.
Freigabe Change Request	Die formelle Freigabe kann mit Hilfe der definierten Genehmigungsstufen durchgeführt werden.	Die Freigabe wird im Ticket protokolliert und mit Hilfe des Freigabeworkflows definiert.	Durch die Workflowsteuerung kann eine Autorisierung des Change Requests angestoßen werden.	Mit Hilfe eines Arbeitsablaufs werden die notwendigen Genehmigungen eingeholt und das Ticket hierdurch freigegeben bzw. abgelehnt.
Koordination Change Implementierung und Test				
Übergabe Implementierung	Die Change Implementierung kann beginnen sobald die Berechtigung hierfür erteilt ist. Liegt der vorgesehene Startzeitpunkt des Change Plans jedoch in der Zukunft, werden die entsprechenden Arbeitsaufträge erst dann versendet, wenn das Startdatum hierfür erreicht wurde. Die einzelnen Arbeitsaufträge werden den entsprechenden Verantwortlichen zugeteilt, so dass eine sequentielle Abarbeitung aller Aufgaben möglich ist. Ändern sich durch die Umsetzung eines Changes Attribute von CIs, Anlagen oder anderen Ressourcen, kann dies jederzeit erfasst werden.	Die Übergabe zur Implementierung wird nach erfolgter Freigabe durch den Workflow gesteuert.	Die Koordination der Change Implementierung erfolgt durch das Change Management. Falls notwendige Implementierungsdetails fehlen, müssen diese hierbei noch ermittelt werden.	Autorisierte Changes werden zur Umsetzung und für die anschließenden Tests an die technischen Ansprechpartner weitergeleitet. Es können verschiedene Tasks abgeleitet werden, die unterschiedliche Aufgaben reflektieren und einzelnen Verantwortlichen zugewiesen werden können. Alle Tasks müssen abgearbeitet sein, damit der nächste Bearbeitungsschritt durchgeführt werden kann.
Planung Change	Im Rahmen der Change Implementierung können Blackout-Zeiträume definiert werden, in denen die Umsetzung	Die Planung erfolgt aufgrund der zuvor festgelegten Start- und Endzeiträume für die Change Implementierung.	Die Planung eines Changes erfolgt als Vorwärtsplanung auf Basis der avisierten Zielimplementierungsdaten. Zur	Auf Basis der Change Planung können Zusammenhänge und Überlappungen mit anderen Changes festgestellt werden.

Software / Prozesschritt	IBM SmartCloud Control Desk	CA Nimsoft Service Desk	BMC Remedy IT Service Management Suite	HP Service Manager
	eines Changes kritisch werden kann. Ebenso können aber auch Phasen definiert werden, in denen CIs außer Betrieb genommen werden können – sogenannte Change-Fenster.		Planung gehören neben dem Implementierungsdatum auch die geschätzte Projektdauer, die voraussichtlichen Ausfallzeiten des Systems, die geschäftliche Begründung für die Umsetzung sowie die abgeleiteten Arbeitsaufgaben. Ein essentieller Bestandteil der Change Planung ist auch die Identifikation von Abhängigkeiten. Hierfür sind zwei Faktoren ausschlaggebend: die betroffenen CIs sowie der geplante Zeitraum des Changes. Es erfolgt eine Warnung, wenn dasselbe CI im selben oder einem überlappenden Zeitraum von mehreren Changes geändert wird. Um dies herausfinden zu können müssen sowohl die betroffenen CIs wie auch die Implementierungsdaten im Ticket hinterlegt sein. Weiterhin werden in dieser Phase auch die Risiken und Kosten für die Umsetzung geschätzt. Sobald die Planung erstellt wurde, kann die Freigabe hierfür beantragt werden.	Hierzu werden die jeweiligen Change Zeiträume zu Beginn der Phase Change Bewertung und Evaluation festgelegt.
Erstellung Feinkonzept				
Freigabe Feinkonzept	Die Freigabe für das Feinkonzept kann ähnlich gestaltet werden wie die Freigabe für das Grobkonzept.	Die Autorisierungen für das Feinkonzept unterliegen denselben Vorgaben wie beim Grobkonzept.	Wie das Grobkonzept wird auch das Feinkonzept im Rahmen des Workflows flexibel autorisiert.	Bei der Autorisierung des Feinkonzepts gelten dieselben Rahmenbedingungen wie beim Grobkonzept.

Software / Prozesschritt	IBM SmartCloud Control Desk	CA Nimsoft Service Desk	BMC Remedy IT Service Management Suite	HP Service Manager
Durchführung Change Implementierung	Die Änderung von CIs während der Implementierung kann in der Software gespeichert werden. Somit erhalten die geänderten CIs einen neuen Status. Für Implementierungsaufgaben können entsprechende Aktivitäten kreiert werden. Konflikte bei der Implementierung sollen mit Hilfe der betroffenen CIs identifiziert und hierdurch die Ausfallzeiten minimiert werden.		Die Implementierung wird durch die Ableitung verschiedener Tasks unterstützt. Diese können separate Workflows besitzen.	Die Change Implementierung erfolgt gemäß der zugrunde liegenden Planung. Hierzu kann ein Standard-Workflow verwendet werden.
Überwachung Change Implementierung	Die Change Implementierung kann mit Hilfe von Arbeitsplänen strukturiert und hierdurch der Fortschrittsgrad in Bezug auf die Zieldaten überwacht werden. Die Aktualisierungen von Change Attributen können über die Change Historie eingesehen werden. Die Fortschrittsverwaltung ist über den Workflow einsehbar. Ebenso ist eine Übersicht über alle geplanten und tatsächlichen Kosten aufgeschlüsselt nach Kostenart verfügbar.	Der Fortschrittsgrad des Tickets kann über eine Informationstafel nachvollzogen werden. Diese wird automatisch aktualisiert, sobald sich der Status des Tickets ändert. Die Namen der Personen, die Statusinformationen zu einem Change erhalten sollen, können hinterlegt werden.	Der Status eines Changes kann zu jedem Zeitpunkt nachvollzogen werden. Hierbei sind zum einen der Implementierungsfortschritt sowie die jeweilige Bearbeitungszeit wie auch die für die einzelnen Phasen verantwortlichen Personen erkennbar. Dies gilt ebenso auch für die abgeleiteten Tasks.	Das Change Management ist verantwortlich, dass die Changes gemäß der vorliegenden Planung erstellt werden. Der Stand eines Tickets kann aus dem Status abgelesen werden. Es können weiterhin KPIs definiert werden, die eine vordefinierte Kennzahl widerspiegeln und hierdurch Statistiken zu den Changes liefern.
Durchführung Entwicklertest Koordination Entwicklertest Durchführung Integrationstest Koordination Integrationstest Durchführung Systemtest Koordination Systemtest	Die durchzuführenden Tests können aus dem zugrunde liegenden Workflow angestoßen werden. Sobald ein Test erfolgreich abgeschlossen wurde, kann der Arbeitsablauf mit den nächsten Schritten fortgesetzt werden.	Das Testen kann mit Hilfe eines definierten Arbeitsablaufs gesteuert werden. Hierdurch ist ebenfalls ersichtlich, wenn die Abnahme eines Tests erfolgt ist.	Verschiedene Testaktivitäten können durch Workflows bzw. der Ableitung von Tasks aus einem Change-Ticket angestoßen werden. Die Bestätigung der Tests erfolgt entweder mit einer Workflow-Genehmigung oder dem Abschluss eines Tasks.	Die Durchführung der Tests kann mit Hilfe eines Workflows gesteuert werden. Hierdurch wird die Freigabe eines Tests mit Hilfe verschiedener Genehmigungsschritte erreicht.

Software / Prozesschritt	IBM SmartCloud Control Desk	CA Nimsoft Service Desk	BMC Remedy IT Service Management Suite	HP Service Manager
Durchführung Abnahmetest				
Koordination Abnahmetest				
Autorisierung Change Deployment				
Change Evaluation				
Prüfung Testergebnisse				Testpläne wie auch die zugehörigen Testergebnisse müssen dokumentiert werden, um eine Freigabe zu erreichen.
Check Implementierung				
Prüfung Design				
Erstellung Evaluationsbericht				
Prüfung Evaluationsergebnisse				
Planung Kapazitäten				
Koordination Change Deployment				
Planung Deployment	Das Deployment und die zugehörigen Zeitfenster können über die Change Planung definiert werden.	Der Go Live wird innerhalb der Change Planung festgelegt	Zur Bestimmung der einzelnen Schritte beim Deployment kann die durchgeführte Change Planung herangezogen werden.	Die Festlegung der Vorgehensweise beim Deployment erfolgt über die Change Planung und die entsprechenden Wartungsfenster.
Präparation Fallback-Lösung			Um fehlgeschlagene Changes rückgängig zu machen können, kann ein Change Request den Statusgrund "Rollback" erhalten. In diesem Fall wird das System auf den Stand vor der Implementierung des Changes zurückgesetzt.	Für die Vorbereitung einer Fallback-Lösung kann ein zuvor erstellter Remediation-Plan genutzt werden.
Durchführung Go Live				
Prüfung und Schließung Change Record				
Erstellung Evaluationsbericht Evaluation Change Review Change	Nach durchgeführter Umsetzung des Changes erhält der Verantwortliche eine Benachrichtigung	Über den Workflow kann nach abschließender Implementierung, eine Genehmigung zur Schließung	In der letzten Phase des Change Request Lebenszyklus erfolgt ein Change Review, um sicherzustellen,	Nachdem ein Change abgeschlossen ist, müssen die Resultate den Change Verantwortlichen

<table>
<tr><th>Software / Prozesschritt</th><th>IBM SmartCloud Control Desk</th><th>CA Nimsoft Service Desk</th><th>BMC Remedy IT Service Management Suite</th><th>HP Service Manager</th></tr>
<tr><td>Prüfung Zielerreichung</td><td rowspan="7">des Workflows. Hierbei obliegt es ihm, den Implementierungserfolg zu bewerten. Dies kann durch Rücksprache mit den entsprechenden Stakeholdern, Anwendern oder Kunden erreicht werden. Anhand verschiedener Kriterien wie Effekt, Erreichung der vorgegebenen Zielsetzung kann das Endergebnis bewertet und im Protokoll hinterlegt werden. Bei erfolgreicher Gesamtbewertung kann der Change Record geschlossen werden. Ansonsten besteht die Möglichkeit, neue Change Aufträge oder Incidents mit Referenz auf den bestehenden Change zu eröffnen.</td><td rowspan="7">des Change Records eingeholt werden.</td><td rowspan="7">dass die Implementierungsziele erreicht wurden. Hierzu wird auch eine Bewertung angegeben. Das Change-Ticket kann nicht geschlossen werden, solange nicht alle abgeleiteten Arbeitsaufträge ebenfalls geschlossen wurden. Diese wiederum können bei der Schließung verschiedene Status wie erfolgreich, fehlerhaft oder abgebrochen haben. Je nach implementiertem Prozess ist zur Schließung eines Changes eine Freigabe notwendig, in anderen Fällen kann der Change auch nach einem gewissen Zeitraum automatisch geschlossen werden.</td><td rowspan="7">sowie den Stakeholdern berichtet werden. Hierzu gehören auch eine Übersicht über die zugehörigen Incidents oder bekannte Fehler. In der abschließenden Bewertung soll die Umsetzung hinsichtlich der Zielerreichung sowie der Zufriedenheit der Change Initiatoren beurteilt werden. Es muss ferner dargelegt werden, ob unvorhergesehene Effekte vermieden werden konnten und Lessons Learned für zukünftige Änderungen erstellt werden. Nach erfolgreicher Schließung des Changes werden die Stakeholder informiert.</td></tr>
<tr><td>Abgleich Ressourcen</td></tr>
<tr><td>Prüfung Zeitleiste</td></tr>
<tr><td>Prüfung Kosten</td></tr>
<tr><td>Abgleich Deployment-Plan</td></tr>
<tr><td>Bewertung Fallback-Lösung</td></tr>
<tr><td>Schließung Change Record</td></tr>
</table>

Tabelle 14: Details Softwareevaluation

Literaturverzeichnis

Abecker, Andreas; Hinkelmann, Knut; Maus, Heiko und Müller, Heinz J. (2001), Geschäftsprozessorientiertes Wissensmanagement – Von der Strategie zum Content: Proceedings des Workshops anlässlich der WM 2001 in Baden-Baden, 14.–16. März 2001, Baden-Baden 2001.

Abecker, Andreas; Reimer, Ulrich; Staab, Steffen und Stumme, Gerd (2003), Beiträge zur 2. Konferenz Professionelles Wissensmanagement – Erfahrungen und Visionen: WM '03, 2.–4. April 2003, Luzern, Schweiz, Bonn 2003.

Abiteboul, Serge (1997), Querying Semi-Structured Data, in: Afrati und Kolaitis (Hrsg., 1997), S. 1–18.

Abiteboul, Serge; Buneman, Peter und Suciu, Dan (1999), Data on the Web: From Relations to Semistructured Data and XML, San Francisco 1999.

Abrahamsson, Pekka; Salo, Outi und Ronkainen, Jussi (2002), Agile software development methods: Review and analysis, Espoo 2002.

Abts, Dietmar und Mülder, Wilhelm (2010), Masterkurs Wirtschaftsinformatik: Kompakt, praxisnah, verständlich – 12 Lern- und Arbeitsmodule, Wiesbaden 2010.

Acker, Heinrich B. (1966), Organisationsanalyse: Verfahren und Techniken praktischer Organisationsarbeit, 2. erweiterte Auflage, Baden-Baden und Homburg 1966.

Adriaans, Pieter und Zantinge, Dolf (1998), Data Mining, Harlow, Reading u.a. 1998.

Aerospace Computer Security Associates (1995), Proceedings of the 11th Annual Computer Security Applications Conference: ACSAC '95, December 11–15, 1995, New Orleans, Louisiana, USA, Los Alamitos 1995.

Afrati, Foto und Kolaitis, Phokion (1997), Proceedings of the 6th International Conference on Database Theory: ICDT '97, January 810, 1997, Delphi, Greece, Berlin, Heidelberg u.a. 1997.

Alan Radding (1995), Support Decision Makers with a Data Warehouse, in: Datamation, 41. Jg., 1995, Nr. 5, S. 53–56.

Al-Ani, Awni (1971), Praxis der Projektplanung mit der Netzplantechnik, Köln 1971.

Albers, Sönke; Klapper, Daniel; Konradt, Udo; Walter, Achim und Wolf, Joachim (2007), Methodik der empirischen Forschung, Wiesbaden 2007.

Albrecht, Allan J. (1979), Measuring Application Development Productivity, in: IBM (Hrsg., 1979), S. 83–92.

Albrecht, Frank (1993), Strategisches Management der Unternehmensressource Wissen: Inhaltliche Ansatzpunkte und Überlegungen zu einem konzeptionellen Gestaltungsrahmen, Frankfurt am Main, Berlin u.a. 1993.

Allweyer, Thomas (2010), Geschäftsprozessmanagement: Strategie, Entwurf, Implementierung, Controlling, 4. Nachdruck, Herdecke 2010.

Alpar, Paul; Alt, Rainer; Bensberg, Frank; Grob, Heinz L.; Weimann, Peter und Winter, Robert (2014), Anwendungsorientierte Wirtschaftsinformatik: Strategische Planung, Entwicklung und Nutzung von Informationssystemen, 7., aktualisierte und erweiterte Auflage, Wiesbaden 2014.

Alpar, Paul und Niedereichholz, Joachim (2000), Data Mining im praktischen Einsatz: Verfahren und Anwendungsfälle für Marketing, Vertrieb, Controlling und Kundenunterstützung, Braunschweig und Wiesbaden 2000.

Alpar, Paul und Niedereichholz, Joachim (2000), Einführung zu Data Mining, in: Alpar und Niedereichholz (Hrsg., 2000), S. 1–28.

Alt, Rainer und Franczyk, Bogdan (2013), Proceedings of the 11th International Conference on Wirtschaftsinformatik: WI '13, February 27–March 1, 2013, Leipzig, Germany, Leipzig 2013.

Alt, Rainer und Österle, Hubert (2013), Real-time Business: Lösungen, Bausteine und Potenziale des Business Networking, Berlin, Heidelberg u.a. 2013.

Amelingmeyer, Jenny und Strahringer, Susanne (1999), Expertensysteme als Werkzeuge für das Wissensmanagement, in: HMD – Praxis der Wirtschaftsinformatik, 36. Jg., 1999, Nr. 208, S. 80–92.

Anahory, Sam und Murray, Dennis (1997), Data Warehouse: Planung, Implementierung und Administration, Bonn, Reading u.a. 1997.

Anandarajan, Asokan; Srinivasan, Cadambi A. und Anandarajan, Murugan (2004), Historical Overview of Accounting Information Systems, in: Anandarajan u.a. (Hrsg., 2004), S. 1–19.

Anandarajan, Murugan; Anandarajan, Asokan und Srinivasan, Cadambi A. (2004), Business Intelligence Techniques: A Perspective from Accounting and Finance, Berlin, Heidelberg u.a. 2004.

Ananyan, Sergei (2005), Link analysis in crime pattern detection, in: Zanasi (Hrsg., 2005), S. 299–313.

Anderl, Reiner; Erb, Jens und Polly, Adam (1993), Methodik zur Entwicklung eines Produktmodells, in: Grabowski u.a. (Hrsg., 1993), S. 10–23.

Anderl, Reiner und Trippner, Dietmar (2000), STEP Standard for the Exchange of Product Model Data: Eine Einführung in die Entwicklung, Implementierung und industrielle Nutzung der Normenreihe ISO 10303 (STEP), Stuttgart und Leipzig 2000.

Anselstetter, Reiner (1986), Betriebswirtschaftliche Nutzeffekte der Datenverarbeitung: Anhaltspunkte für Nutzen-Kosten-Schätzungen, 2., durchgesehene Auflage, Berlin, Heidelberg u.a. 1986.

Antweiler, Johannes (1995), Wirtschaftlichkeitsanalyse von Informations- und Kommunikationssystemen (IKS): Wirtschaftlichkeitsprofile als Entscheidungsgrundlage, Köln 1995.

Arasu, Arvind und Garcia-Molina, Hector (2003), Extracting Structured Data from Web Pages, in: Zachary u.a. (Hrsg., 2003), S. 337–348.

Arlt, Martin; Endres, Michael; Katzenmaier, Jörg; Philipp, Martin und Pütter, Christian (2000), STEP, in: Anderl und Trippner (Hrsg., 2000), S. 39–126.

Ascari, Alessio; Rock, Melinda und Dutta, Soumitra (1995), Reengineering and Organizational Change: Lessons from a Comparative Analysis of Company Experiences, in: European Management Journal, 13. Jg., 1995, Nr. 1, S. 1–30.

Baars, Henning (2006), Distribution von Business-Intelligence-Wissen – Diskussion eines Ansatzes zur Nutzung von Wissensmanagement-Systemen für die Verbreitung von Analyseergebnissen und Analysetemplates, in: Chamoni und Gluchowski (Hrsg., 2006), S. 409–438.

Bach, Norbert (2000), Mentale Modelle als Basis von Implementierungsstrategien: Konzepte für ein erfolgreiches Change-Management, Wiesbaden 2000.

Baeumle-Courth, Peter und Schmidt, Torsten (2012), Praktische Einführung in C, München 2012.

Balzert, Heide (2011a), Lehrbuch der Objektmodellierung: Analyse und Entwurf mit der UML 2, 2. Auflage, Heidelberg 2011.

Balzert, Helmut (1992), CASE: Systeme und Werkzeuge, 4. Auflage, Mannheim, Leipzig u.a. 1992.

Balzert, Helmut (2008), Lehrbuch der Softwaretechnik: Softwaremanagement, 2. Auflage, Heidelberg 2008.

Balzert, Helmut (2009), Lehrbuch der Softwaretechnik: Basiskonzepte und Requirements Engineering, 3. Auflage, Heidelberg 2009.

Balzert, Helmut (2011b), Lehrbuch der Softwaretechnik: Entwurf, Implementierung, Installation und Betrieb, 3. Auflage, Heidelberg 2011.

Bange, Carsten (2004), Business Intelligence aus Kennzahlen und Dokumenten: Integration strukturierter und unstrukturierter Daten in entscheidungsunterstützenden Informationssystemen, Hamburg 2004.

Bange, Carsten (2006), Werkzeuge für analytische Informationssysteme, in: Chamoni und Gluchowski (Hrsg., 2006), S. 89–110.

Bannister, Frank und Remenyi, Dan (2000), Acts of faith: instinct, value and IT investment decisions, in: Journal of Information Technology, 15. Jg., 2000, Nr. 3, S. 231–241.

Barker, Richard (1991), Case Method: Tasks and Deliverables, Wokingham, Reading u.a. 1991.

Barrow, Craig (1990), Implementing an Executive Information System: Seven Steps for Success, in: Journal of Information Systems Management, 7. Jg., 1990, Nr. 2, S. 41–46.

Bartsch, Stefan und Schlagwein, Daniel (2010), Ein konzeptionelles Framework zum Verständnis des multidimensionalen Gegenstandes des Wertbeitrags der IT, in: Schumann u.a. (Hrsg., 2010), S. 53–54.

Bass, Len; Clements, Paul und Kazman, Rick (2012), Software Architecture in Practice, 3. Auflage, Upper Saddle River, München u.a. 2012.

Bauer, Andreas; Düsing, Roland; Heidsieck, Claudia und Unterreitmeier, Andreas (2013), Analysephase, in: Bauer und Günzel (Hrsg., 2013), S. 113–141.

Bauer, Andreas und Günzel, Holger (2013), Begriffliche Einordnung, in: Bauer und Günzel (Hrsg., 2013), S. 5–11.

Bauer, Andreas und Günzel, Holger (2013), Data-Warehouse-Systeme: Architektur, Entwicklung, Anwendung, Heidelberg 2013.

Bauer, Andreas und Schmid, Thilo (2009), Begriffsdefinition und Abgrenzung: Was macht Operational BI aus?, in: BI-Spektrum, 4. Jg., 2009, Nr. 1, S. 13–14.

Baumgarten, Bernd (1996), Petri-Netze: Grundlagen und Anwendungen, 2. Auflage, Heidelberg, Berlin u.a. 1996.

Baumöl, Ulrike (2008), Change Management in Organisationen: Situative Methodenkonstruktion für flexible Veränderungsprozesse, Wiesbaden 2008.

Becker, Jörg (1995), Strukturanalogien in Informationsmodellen: Ihre Definition, ihr Nutzen und ihr Einfluß auf die Bildung von Grundsätzen ordnungsmäßiger Modellierung GoM, in: König (Hrsg., 1995), S. 133–150.

Becker, Jörg; Holten, Roland; Knackstedt, Ralf und Niehaves, Björn (2003), Forschungsmethodische Positionierung in der Wirtschaftsinformatik: Epistemologische, ontologische und linguistische Leitfragen, Institut für Wirtschaftsinformatik, Universität Münster, Münster, 2003.

Becker, Jörg; Holten, Roland; Knackstedt, Ralf und Niehaves, Björn (2004), Epistemologische Positionierungen in der Wirtschaftsinformatik am Beispiel einer konsensorientierten Informationsmodellierung, in: Frank (Hrsg., 2004), S. 335–366.

Becker, Jörg; Knackstedt, Ralf und Serries, Thomas (2002), Informationsportale für das Management: Integration von Data-Warehouse und Content-Management-Systemen, in: Maur und Winter (Hrsg., 2002), S. 241–261.

Becker, Jörg; Krcmar, Helmut und Niehaves, Björn (2009), Wissenschaftstheorie und gestaltungsorientierte Wirtschaftsinformatik, Heidelberg 2009.

Becker, Jörg; Mathas, Christoph und Winkelmann, Axel (2009a), Geschäftsprozessmanagement, Berlin und Heidelberg 2009.

Becker, Jörg; Niehaves, Björn; Olbrich, Sebastian und Pfeiffer, Daniel (2009b), Forschungsmethodik einer Integrationsdisziplin – Eine Fortführung und Ergänzung zu Lutz Heinrichs „Beitrag zur Geschichte der Wirtschaftsinformatik“ aus gestaltungsorientierter Perspektive, in: Becker u.a. (Hrsg., 2009), S. 1–22.

Becker, Jörg und Pfeiffer, Daniel (2006), Beziehungen zwischen behavioristischer und konstruktionsorientierter Forschung in der Wirtschaftsinformatik, in: Zelewski und Akca (Hrsg., 2006), S. 1–17.

Becker, Wolfgang; Kollacks, Kristin und Ulrich, Patrick (2011), ZP-Stichwort: Business Intelligence und Business Intelligence-Tools, in: Zeitschrift für Planung & Unternehmenssteuerung, 21. Jg., 2011, Nr. 2, S. 223–232.

Beck, Kent (2000), Extreme Programming Explained: Embrace Change, Reading, Harlow u.a. 2000.

Beck, Kent; Beedle, Mike; van Bennekum, Arie; Cockburn, Alistair; Cunningham, Ward; Fowler, Martin; Grenning, James; Highsmith, Jim; Hunt, Andrew; Jeffries, Ron; Kern, Jon; Marick, Brian; Martin, Robert C.; Mellor, Steve; Schwaber, Ken; Sutherland, Jeff und Thomas, Dave (2001), Manifesto for Agile Software Development, http://agilemanifesto.org/, Zugriff am: 04.11.2014.

Beekmann, Frank und Chamoni, Peter (2006), Verfahren des Data Mining, in: Chamoni und Gluchowski (Hrsg., 2006), S. 263–282.

Behme, Wolfgang; Blaschka, Markus; Sapia, Carsten; Stock, Steffen und Lehner, Wolfgang (2013a), Relationale Speicherung, in: Bauer und Günzel (Hrsg., 2013), S. 242–265.

Behme, Wolfgang; Lehner, Wolfgang; Totok, Andreas; Vavouras, Athanasios und Zeh, Thomas (2013b), Administration, in: Bauer und Günzel (Hrsg., 2013), S. 525–537.

Behme, Wolfgang und Mucksch, Harry (1997), Die Notwendigkeit einer entscheidungsorientierten Informationsversorgung, in: Mucksch und Behme (Hrsg., 1997), S. 3–31.

Beiersdorf, Holger (1995), Informationsbedarf und Informationsbedarfsermittlung im Problemlösungsprozeß 'Strategische Unternehmensplanung', München und Mering 1995.

Bellmann, Matthias; Krcmar, Helmut und Sommerlatte, Tom (2002), Praxishandbuch Wissensmanagement: Strategien – Methoden – Fallbeispiele, Düsseldorf 2002.

Bengtsson, PerOlof; Lassing, Nico; Bosch, Jan und van Vliet, Hans (2004), Architecture-level modifiability analysis (ALMA), in: Journal of Systems and Software, 69. Jg., 2004, Nr. 1–2, S. 129–147.

Benington, Herbert D. (1987), Production of Large Computer Programs, in: Riddle (Hrsg., 1987), S. 299–310.

Bensberg, Frank und Schultz, Martin B. (2001), Data Mining, in: Das Wirtschaftsstudium (WISU), 30. Jg., 2001, Nr. 5, S. 679–681.

Berger, Michael; Chalupsky, Jutta und Hartmann, Frank (2013), Change Management – (Über-)Leben in Organisationen, 7. Auflage, Gießen 2013.

Bernus, Péter; Mertins, Kai und Schmidt, Günter (2006), Handbook on Architectures of Information Systems, Berlin, Heidelberg u.a. 2006.

Berti-Equille, Laure; Batini, Carlo und Srivastava, Divesh (2005), Proceedings of the 2nd International Workshop on Information Quality in Information Systems: IQUIS '05, June 17, 2005, Baltimore, Maryland, USA, New York 2005.

Bhatti, Rafae; Gao, Dengfeng und Li, Wen-Syan (2008), Enabling policy-based access control in BI applications, in: Data & Knowledge Engineering, 66. Jg., 2008, Nr. 2, S. 199–222.

Biethahn, Jörg; Mucksch, Harry und Ruf, Walter (2000), Ganzheitliches Informationsmanagement: Band 1: Grundlagen, 5., unwesentlich veränderte Auflage, München und Wien 2000.

Bissantz, Nicolas und Hagedorn, Jürgen (2009), Data Mining (Datenmustererkennung), in: Wirtschaftsinformatik, 51. Jg., 2009, Nr. 1, S. 139–144.

Blanco, Carlos; Fernández-Medina, Eduardo; Trujillo, Juan und Piattini, Mario (2008), Implementing Multidimensional Security into OLAP Tools, in: Jakoubi (Hrsg., 2008), S. 1248–1253.

Blanco, Carlos; Fernández-Medina, Eduardo; Trujillo, Juan und Piattini, Mario (2009), Data Warehouse Security, in: Liu und Özsu (Hrsg., 2009), S. 675–679.

Bleicher, Knut (1993), Führung, in: Wittmann u.a. (Hrsg., 1993), S. 1270–1283.

Bloem, Jaap; van Doorn, Menno und Mittal, Piyush (2005), Making IT Governance work in a Sarbanes-Oxley World, Hoboken und Chichester 2005.

Blohm, Hans (1973), Informationswesen, in: Grochla (Hrsg., 1973), S. 727–734.

Blohm, Hans (1982), Berichtswesen, betriebliches, in: Verlag moderne Industrie (Hrsg., 1982), S. 866–876.

Blohm, Hans; Beer, Thomas; Seidenberg, Ulrich und Silber, Herwig (1988), Produktionswirtschaft, 2., unveränderte Auflage, Herne und Berlin 1988.

BMC (2014a), BMC Remedy IT Service Management Suite, http://documents.bmc.com/products/documents/20/85/302085/302085.pdf, Zugriff am: 28.01.2014.

BMC (2014b), Produktbeschreibung BMC Remedy Version 8.1, https://docs.bmc.com/docs/display/public/change81/Using+BMC+Change+Mana gement, Zugriff am: 28.01.2014.

Bobrik, Annette und Trier, Matthias (2007), Modellüberblick, in: Krallmann u.a. (Hrsg., 2007), S. 89–131.

Bode, Jürgen (1993), Betriebliche Produktion von Information, Wiesbaden 1993.

Bode, Jürgen (1997), Der Informationsbegriff in der Betriebswirtschaftslehre, in: Schmalenbachs Zeitschrift für betriebswirtschaftliche Forschung, 49. Jg., 1997, Nr. 5, S. 449–468.

Boehm, Barry W. (1984), Verifying and Validating Software Requirements and Design Specifications, in: IEEE Software, 1. Jg., 1984, Nr. 1, S. 75–88.

Boehm, Barry W. (1986), Wirtschaftliche Software-Produktion, Wiesbaden 1986.

Boehm, Barry W.; Abts, Chris; Brown, A. W.; Chulani, Sunita; Clark, Bradford K.; Horowitz, Ellis; Madachy, Ray; Reifer, Donald J. und Steece, Bert (2000), Software Cost Estimation with COCOMO II, Upper Saddle River 2000.

Boehm, Barry W.; Garlan, David und Kramer, Jeff (1999), Proceedings of the 21st International Conference on Software Engineering: ICSE '99, May 16–22, 1999, Los Angeles, California, USA, New York 1999.

Böh, Andreas und Meyer, Matthias (2004), IT-Balanced Scorecard: Ein Ansatz zur strategischen Ausrichtung der IT, in: Zarnekow u.a. (Hrsg., 2004), S. 103–122.

Bohnacker, Ulrich; Dehning, Lars; Franke, Jürgen und Renz, Ingrid (2002), Textual Analysis of Customer Statements for Quality Control and Help Desk Support, in: Jajuga u.a. (Hrsg., 2002), S. 437–445.

Böhnlein, Michael und Ulbrich-vom Ende, Achim (2000), Business Process Oriented Development of Data Warehouse Structures, in: Jung und Winter (Hrsg., 2000), S. 3–21.

Bohnsack, Ralf (2014), Rekonstruktive Sozialforschung: Einführung in qualitative Methoden, 9., überarbeitete und erweiterte Auflage, Opladen, Toronto 2014.

Borchardt, Andreas und Göthlich, Stephan E. (2007), Erkenntnisgewinnung durch Fallstudien, in: Albers u.a. (Hrsg., 2007), S. 33–48.

Bortz, Jürgen und Döring, Nicola (2006), Forschungsmethoden und Evaluation: Für Human- und Sozialwissenschaftler, 4., überarbeitete Auflage, Heidelberg 2006.

Bose, Ranjit (2009), Advanced analytics: opportunities and challenges, in: Industrial Management & Data Systems, 109. Jg., 2009, Nr. 2, S. 155–172.

Böttcher, Axel und Kneißl, Franz (2012), Informatik für Ingenieure: Grundlagen und Programmierung in C, 3., überarbeitete Auflage, München 2012.

Bragg, Steven M. (2009), Controllership: The Work of the Managerial Accountant, 8. Auflage, Hoboken 2009.

Breu, Ruth; Matzner, Thomas; Nickl, Friederike und Wiegert, Oliver (2005), Software-Engineering: Objektorientierte Techniken, Methoden und Prozesse in der Praxis, München 2005.

Broadbent, Marianne; McDonald, Mark und Hunter, Richard (2003), Does IT matter? An HBR debate, in: Harvard Business Review, 81. Jg., 2003, Nr. 6, S. 10.

Brobst, Stephen A. (2002), Enterprise Application Integration and Active Data Warehousing, in: Maur und Winter (Hrsg., 2002), S. 15–22.

Brobst, Stephen A. (2005), Twelve Mistakes to Avoid When Constructing a Real-Time Data Warehouse, in: Schelp und Winter (Hrsg., 2005), S. 153–166.

Brockhoff, Klaus (1983), Informationsverarbeitung in Entscheidungsprozessen: Skizze einer Taxonomie, in: Zeitschrift für Betriebswirtschaft, 53. Jg., 1983, Nr. 1, S. 53–62.

Brooks, Frederick P. (1995), The Mythical Man-Month: Essays on Software Engineering: Anniversary Edition, Boston, San Francisco u.a. 1995.

Brown, John S. und Hagel III, John (2003), Does IT matter? An HBR debate, in: Harvard Business Review, 81. Jg., 2003, Nr. 6, S. 2–4.

Bruhn, Manfred; Lusti, Markus; Müller, Werner R.; Schierenbeck, Henner und Studer, Tobias (1998), Wertorientierte Unternehmensführung: Perspektiven und Handlungsfelder für die Wertsteigerung von Unternehmen, Wiesbaden 1998.

Brynjolfsson, Erik (1993), The Productivity Paradox of Information Technology, in: Communications of the ACM, 36. Jg., 1993, Nr. 12, S. 66–77.

Brynjolfsson, Erik und Hitt, Lorin M. (2000), Beyond Computation: Information Technology, Organizational Transformation and Business Performance, in: Journal of Economic Perspectives, 14. Jg., 2000, Nr. 4, S. 23–38.

Bucher, Tobias; Christian Riege und Saat, Jan (2009), Systematisierung von Evaluationsmethoden in der gestaltungsorientierten Wirtschaftsinformatik, in: Becker u.a. (Hrsg., 2009), S. 69–86.

Buchsein, Ralf; Victor, Frank; Günther, Holger und Machmeier, Volker (2008), IT-Management mit ITIL V3: Strategien, Kennzahlen, Umsetzung, 2., aktualisierte und erweiterte Auflage, Wiesbaden 2008.

Buchta, Dirk; Eul, Marcus und Schulte-Croonenberg, Helmut (2005), Strategisches IT-Management: Wert steigern, Leistung steuern, Kosten senken, 2. Auflage, Wiesbaden 2005.

Buhl, Hans U. und König, Wolfgang (2007), Herausforderungen der Globalisierung für die Wirtschaftsinformatik-Ausbildung, in: Wirtschaftsinformatik, 49. Jg., 2007, Nr. 4, S. 241–243.

Bullinger, Hans-Jörg und Scheer, August-Wilhelm (2006), Service Engineering: Entwicklung und Gestaltung innovativer Dienstleistungen, Berlin, Heidelberg u.a. 2006.

Bullinger, Hans-Jörg; Wörner, Kai und Prieto, Juan (1997), Wissensmanagement heute: Daten, Fakten, Trends, Stuttgart 1997.

Burger, Astrid (1997), Methode zum Nachweis der Wirtschaftlichkeit von Investitionen in die rechnerintegrierte Produktion, Paderborn 1997.

Burghardt, Manfred (2008), Projektmanagement: Leitfaden für die Planung, Überwachung und Steuerung von Entwicklungsprojekten, 8. Auflage, Erlangen 2008.

Burlton, Roger (2010), Delivering Business Strategy Through Process Management, in: vom Brocke und Rosemann (Hrsg., 2010), S. 5–37.

Burstein, Frada und Holsapple, Clyde (2008), Handbook on Decision Support Systems 1: Basic Themes, Berlin und Heidelberg 2008.

CA Nimsoft (2013), Analyst Guide CA Nimsoft Service Desk Version 7.13.8, http://docs.nimsoft.com/prodhelp/en_US/NSD/7.13.8/AnalystGuide/index.htm, Herbst 2013, Zugriff am: 26.01.2014.

CA Nimsoft (2014a), End User Guide CA Nimsoft Service DeskVersion 7.13.8, http://docs.nimsoft.com/prodhelp/en_US/NSD/7.13.8/EndUserGuide/index.htm, Herbst 2013, Zugriff am: 26.01.2014.

CA Nimsoft (2014b), Produktbeschreibung CA Nimsoft Service Desk Version 7.13.8, http://docs.nimsoft.com/prodhelp/en_US/Library/index.htm, Zugriff am: 26.01.2014.

Caesar, Daniel und Friebel, Michael (2013), Schnelleinstieg Microsoft SQL Server 2012: Für Administratoren und Entwickler, 2., aktualisierte und erweiterte Auflage, Bonn 2013.

Capgemini (2013), IT-Trends 2014: Viele CIOs erhalten erneut mehr Budget, http://www.de.capgemini.com/news/it-trends-2014-budget, 04.12.2013, Zugriff am: 25.02.2014.

Carr, Nicholas G. (2003), IT Doesn't Matter, in: Harvard Business Review, 81. Jg., 2003, Nr. 5, S. 24–38.

Casoni, Giorgio (2005), Competitive intelligence SMEs: An application to the Italian building sector, in: Zanasi (Hrsg., 2005), S. 227–235.

Chakrabarti, Soumen; Das, Sujathan; Krishnan, Vijay und Puniyani, Kriti (2009), Text Search-Enhanced with Types and Entities, in: Srivastava und Sahami (Hrsg., 2009), S. 233–278.

Chamoni, Peter und Gluchowski, Peter (2006), Analytische Informationssysteme: Business-Intelligence-Technologien und -Anwendungen, Berlin, Heidelberg u.a. 2006.

Chamoni, Peter; Gluchowski, Peter und Hahne, Michael (2005), Business Information Warehouse: Perspektiven betrieblicher Informationsversorgung und Entscheidungsunterstützung auf der Basis von SAP-Systemen, Berlin, Heidelberg u.a. 2005.

Chang, George; Healey, Marcus J.; McHugh, James A. und Wang, Jason T. (2001), Mining the World Wide Web: An Information Search Approach, Norwell 2001.

Chatterjee, Indrajit (2010), Management Information Systems, Eastern economy edition, Delhi 2010.

Chatterjee, Samir und Hevner, Alan R. (2006), Proceedings of the 1st International Conference on Design Science Research in Information Systems and Technology: DESRIST '06, February 24–25, 2006, Claremont, California, USA, Claremont 2006.

Chen, David; Vallespir, Bruno und Doumeingts, Guy (1997), GRAI integrated methodology and its mapping onto generic enterprise reference architecture and methodology, in: Computers in Industry, 33. Jg., 1997, Nr. 2–3, S. 387–394.

Chen, Peter P.-S. (1976), The Entity-Relationship Model, in: ACM Transactions on Database Systems (TODS), 1. Jg., 1976, Nr. 1, S. 9–36.

Chen, Peter P.-S. (1977), The entity-relationship model – A basis for the enterprise view of data, in: Korfhage (Hrsg., 1977), S. 77–84.

Chen, Peter P.-S. (1983), Entity-relationship Approach to Information Modeling and Analysis: Proceedings of the Second International Conference on Entity-Relationship Approach, October 12–14, 1981, Washington, D.C., USA, Amsterdam und New York 1983.

Chirkova, Rada; Dogac, Asuman; Özsu, M. Tamer und Sellis, Timos K. (2007), Proceedings of the 23rd International Conference on Data Engineering: ICDE '07, April 15–20, 2007, Istanbul, Turkey, Piscataway 2007.

Christmann, Alfred (1996), Data-Warehouse-Lösung der Stadt Köln, in: Lamersdorf (Hrsg., 1996), S. C822.01–C822.12.

Chung, H. Michael (2000), Proceedings of the 6th Americas Conference on Information Systems: AMCIS '00, August 10–13, 2000, Long Beach, California, USA, Long Beach 2000.

CIO (2014), ITSM-Tools im Überblick, http://www.cio.de/a/itsm-tools-im-ueberblick,2973551, 23.10.2014, Zugriff am: 12.09.2015.

Clacy, Ben und Jennings, Brian (2007), Service Management: Driving the Future of IT, in: Computer, 40. Jg., 2007, Nr. 5, S. 98–100.

Clements, Paul; Kazman, Rick und Klein, Mark (2008), Evaluating Software Architectures: Methods and Case Studies, Boston, San Francisco u.a. 2008.

Cockburn, Alistair (2007), Agile Software Development: The Cooperative Game, 2. Auflage, Upper Saddle River, Boston u.a. 2007.

Codd, Edgar F.; Codd, Sharon B. und Salley, Clinch T. (1993a), Beyond Decision Support, in: Computerworld, 27. Jg., 1993, Nr. 30, S. 87–89.

Codd, Edgar F.; Codd, Sharon B. und Salley, Clinch T. (1993b), Providing OLAP to User-analysts: An IT Mandate, http://www.minet.uni-jena.de/dbis/lehre/ss2005/sem_dwh/lit/Cod93.pdf, Zugriff am: 22.12.2014.

Computerwoche (2013), Die besten Tools für ITSM, http://www.computerwoche.de/a/die-besten-tools-fuer-itsm,2487481, 25.12.2013, Zugriff am: 24.01.2014.

Conner, Daryl R. (1993), Managing At the Speed of Change: How Resilient Managers Succeed and Prosper where Others Fail, New York 1993.

Connolly, Thomas M.; Begg, Carolyn E. und Strachan, Anne D. (2002), Datenbanksysteme: Eine praktische Anleitung zu Design, Implementierung und Management, München, Boston u.a. 2002.

Coyne, Edward J. (1996), Role Engineering, in: Youman u.a. (Hrsg., 1996), S. 15–16.

Croft, W. B. und Lefkowitz, Lawrance S. (1988), A Goal-based Representation of Office Work, in: Lamersdorf (Hrsg., 1988), S. 99–126.

Daenzer, Walter F. und Huber, Fritz (2002), Systems Engineering: Methodik und Praxis, Zürich 2002.

Davenport, Thomas H. und Prusak, Laurence (2000), Working Knowledge: How Organizations Manage What They Know, Boston 2000.

Davis, Noopur und Mullaney, Julia L. (2003), The Team Software Process (TSP) in Practice: A Summary of Recent Results, Carnegie Mellon Software Engineering Institute, Pittsburgh, 2003.

Davydov, Mark M. (2001), Corporate Portals and e-Business Integration, New York, Chicago u.a. 2001.

de' Rossi, Stefano (2005), Marketing intelligence system to forecast telecommunications competitive intelligence, in: Zanasi (Hrsg., 2005), S. 219–225.

DeMarco, Tom (1979), Structured Analysis and System Specification, Englewood Cliffs 1979.

DeMarco, Tom (2007), Der Termin: Ein Roman über Projektmanagement, München und Wien 2007.

Denzin, Norman K. (2009), The Research ACT: A Theoretical Introduction to Sociological Methods, New Brunswick 2009.

DIN e.V. (2010), Qualitätsmanagement und Statistik: Begriffe, Berlin, Wien u.a. 2010.

DIN e.V. (2013), Projektmanagement: Netzplantechnik und Projektmanagementsysteme; Normen, Berlin, Wien u.a. 2013.

Dittmar, Carsten und Vavouras, Athanasios (2013), Datenbeschaffungsprozess, in: Bauer und Günzel (Hrsg., 2013), S. 537–544.

Dohle, Helge; Schmidt, Rainer; Zielke, Frank und Schürmann, Thomas (2009), ISO 20000: Eine Einführung für Manager und Projektleiter, Heidelberg 2009.

Doppler, Klaus und Lauterburg, Christoph (2008), Change Management: Den Unternehmenswandel gestalten, 12., aktualisierte und erweiterte Auflage, Frankfurt am Main und New York 2008.

Doumeingts, Guy; Chen, David; Vallespir, Bruno und Fénié, Patrick (1993), GIM (GRAI Integrated Methodology) and its evolutions: A methodology to design and specify Advanced Manufacturing Systems, in: Yoshikawa und Goossenaerts (Hrsg., 1993), S. 101–120.

Doumeingts, Guy; Girard, Philippe und Eynard, Benoît (1996), Gim: Grai Integrated Methodology for Product Development, in: Huang (Hrsg., 1996), S. 153–172.

Drews, Günter und Hillebrand, Norbert (2010), Lexikon der Projektmanagement-Methoden, 2. Auflage, Freiburg, Berlin u.a. 2010.

Dumslaff, Uwe; Ebert, Jürgen; Mertesacker, Markus und Winter, Andreas (1994), Ein Vorgehensmodell zur Software-Evaluation, in: HMD – Praxis der Wirtschaftsinformatik, 31. Jg., 1994, Nr. 175, S. 89–105.

Düsing, Roland (2006), Knowledge Discovery in Databases: Begriff, Forschungsgebiet, Prozess und System, in: Chamoni und Gluchowski (Hrsg., 2006), S. 241–262.

Earl, Michael J. (1996), Information Management: The Organizational Dimension, Oxford, New York u.a. 1996.

Eberleh, Edmund; Oberquelle, Horst und Oppermann, Reinhard (1994), Einführung in die Software-Ergonomie: Gestaltung graphisch-interaktiver Systeme: Prinzipien, Werkzeuge, Lösungen, Berlin und New York 1994.

Ebert, Christof (2008), Systematisches Requirements Engineering und Management: Anforderungen ermitteln, spezifizieren, analysieren und verwalten, 2., aktualisierte und erweiterte Auflage, Heidelberg 2008.

Eckerson, Wayne W. (2007), Best Practices in Operational BI, in: Business Intelligence Journal, 12. Jg., 2007, Nr. 3, S. 7–9.

Ellermann, Horst und Röwekamp, Rolf (2013), CIO Jahrbuch 2014: Neue Prognosen zur Zukunft der IT, München 2013.

Ellringmann, Horst (2014), Vom Qualitätsmanagement zum strategischen Geschäftsprozessmanagement, in: Pfeifer und Schmitt (Hrsg., 2014), S. 68–89.

Elmasri, Ramez und Navathe, Sham (2014), Fundamentals of Database Systems, 6. Auflage, Harlow 2014.

Eppler, Martin J. (2003), Das Management der Informationsqualität – Ein Ansatz zur Steigerung des Informationswertes in wissensintensiven Produkten und Prozessen, in: Österle und Winter (Hrsg., 2003), S. 203–222.

Erlenkötter, Helmut (2008), XML: Extensible Markup Language von Anfang an, 2. Auflage, Reinbek bei Hamburg 2008.

Erzen, Kristijan (2001), Ein Referenzmodell für die überbetriebliche Auftragsabwicklung in textilen Lieferketten, Aachen 2001.

Eschenröder, Gerhard (1985), Planungsaspekte einer ressourcenorientierten Informationswirtschaft, Bergisch Gladbach 1985.

Esprit Consortium Amice (1993), CIMOSA: Open System Architecture for CIM, Berlin, Heidelberg u.a. 1993.

Esswein, Werner (1994), Das Rollenmodell der Organisation: Die Berücksichtigung aufbauorganisatorischer Regeln in Unternehmensmodellen, in: Wirtschaftsinformatik, 35. Jg., 1994, Nr. 6, S. 551–561.

Fadini, Bruno; Osterweil, Leon J. und van Lamsweerde, Axel (1994), Proceedings 16th International Conference on Software Engineering: ICSE '94, May 16–21, 1994, Sorrento, Italy, Los Alamitos 1994.

Fagan, Michael E. (1976), Design and code inspections to reduce errors in program development, in: IBM Systems Journal, 15. Jg., 1976, Nr. 3, S. 182–211.

Farbey, Barbara; Land, Frank W. und Targett, David (1993), How to Assess your IT Investment: A Study of Methods and Practice, Oxford, London u.a. 1993.

Fayyad, Usama; Piatetsky-Shapiro, Gregory und Smyth, Padhraic (1996), From Data Mining to Knowledge Discovery in Databases, in: AI Magazine, 17. Jg., 1996, Nr. 3, S. 37–54.

Felden, Carsten (2006), Text Mining als Anwendungsbereich von Business Intelligence, in: Chamoni und Gluchowski (Hrsg., 2006), S. 283–304.

Feldman, Ronen und Sanger, James (2007), The Text Mining Handbook: Advanced Approaches in Analyzing Unstructured Data, Cambridge, New York u.a. 2007.

Ferraiolo, David F.; Cugini, Janet A. und Kuhn, D. R. (1995), Role-based access control (RBAC): Features and motivations, in: Aerospace Computer Security Associates (Hrsg., 1995), S. 241–248.

Ferrari, Elena (2009), Access Control, in: Liu und Özsu (Hrsg., 2009), S. 7–11.

Ferstl, Otto K. und Sinz, Elmar J. (1990), Objektmodellierung betrieblicher Informationssysteme im Semantischen Objektmodell (SOM), in: Wirtschaftsinformatik, 32. Jg., 1990, Nr. 6, S. 566–581.

Ferstl, Otto K. und Sinz, Elmar J. (1991), Ein Vorgehensmodell zur Objektmodellierung betrieblicher Informationssysteme im Semantischen Objektmodell (SOM), in: Wirtschaftsinformatik, 33. Jg., 1991, Nr. 6, S. 477–491.

Ferstl, Otto K. und Sinz, Elmar J. (1995), Der Ansatz des Semantischen Objektmodells (SOM) zur Modellierung von Geschäftsprozessen, in: Wirtschaftsinformatik, 37. Jg., 1995, Nr. 3, S. 209–220.

Ferstl, Otto K. und Sinz, Elmar J. (2012), Grundlagen der Wirtschaftsinformatik, 7., aktualisierte Auflage, München 2012.

Few, Stephen (2013), Information Dashboard Design: Displaying data for at-a-glance monitoring, 2. Auflage, Burlingame 2013.

Feyhl, Achim W. und Fehyl, Eckhardt (2004), Management und Controlling von Softwareprojekten: Software wirtschaftlich auswählen, entwickeln, einsetzen und nutzen, 2., überarbeitet und erweiterte Auflage, Wiesbaden 2004.

Fink, Andreas; Schneidereit, Gabriele und Voss, Stefan (2005), Grundlagen der Wirtschaftsinformatik, 2., überarbeitete Auflage, Heidelberg 2005.

Fischermanns, Guido (2013), Praxishandbuch Prozessmanagement: Das Standardwerk auf Basis des BPM Framework ibo-Prozessfenster®, 11., bearbeitete Auflage, Gießen 2013.

Fleisch, Elgar und Österle, Hubert (2013), Auf dem Weg zum Echtzeit-Unternehmen, in: Alt und Österle (Hrsg., 2013), S. 3–17.

Flick, Uwe (2013), Triangulation in der qualitativen Forschung, in: Flick u.a. (Hrsg., 2013), S. 309–318.

Flick, Uwe; Kardorff, Ernst v. und Steinke, Ines (2013), Was ist qualitative Forschung? Einleitung und Überblick, in: Flick u.a. (Hrsg., 2013), S. 13–29.

Flick, Uwe; Kardorff, Ernst von und Steinke, Ines (2013), Qualitative Forschung: Ein Handbuch, Reinbek bei Hamburg 2013.

Fluck, Juliane; Deneke, Hartwig und Gieger, Christian (2005), Text mining in life sciences, in: Zanasi (Hrsg., 2005), S. 279–284.

Fortuna, Blaz; Galleguiloos, Carolina und Cristianini, Nello (2009), Detection of Bias in Media Outlets with Statistical Learning Methods, in: Srivastava und Sahami (Hrsg., 2009), S. 27–50.

Fowler, Martin (1997), Analysis Patterns: Reusable Object Models, Menlo Park 1997.

Fowler, Martin (2001), The New Methodology, in: Wuhan University Journal of Natural Sciences, 6. Jg., 2001, Nr. 1–2, S. 12–24.

Fowler, Martin und Highsmith, Jim (2001), The Agile Manifesto, in: Software Development, 9. Jg., 2001, Nr. 8, S. 28–35.

Frank, Ulrich (1997), Erfahrung, Erkenntnis und Wirklichkeitsgestaltung Anmerkungen zur Rolle der Empirie in der Wirtschaftsinformatik, in: Grün und Heinrich (Hrsg., 1997), S. 21–35.

Frank, Ulrich (2000), Die Evaluation von Artefakten: Eine zentrale Herausforderung der Wirtschaftsinformatik, in: Heinrich und Häntschel (Hrsg., 2000), S. 35–48.

Frank, Ulrich (2004), Wissenschaftstheorie in Ökonomie und Wirtschaftsinformatik: Theoriebildung und -bewertung, Ontologien, Wissensmanagement, Wiesbaden 2004.

Frank, Ulrich (2006), Towards a Pluralistic Conception of Research Methods in Information Systems Research: ICB-Research Report, No. 7, Institut für Informatik und Wirtschaftsinformatik, Universität Duisburg-Essen, Essen, 2006.

Frese, Erich (1992), Handwörterbuch der Organisation, Stuttgart 1992.

Freund, Jakob und Götzer, Klaus (2008), Vom Geschäftsprozess zum Workflow: Ein Leitfaden für die Praxis, München 2008.

Freund, Jakob und Rücker, Bernd (2012), Praxishandbuch BPMN 2.0, 3., erweiterte Auflage, München und Wien 2012.

Friedrichs, Jürgen (1990), Methoden empirischer Sozialforschung, 14. Auflage, Opladen 1990.

Fröhlich, Martin und Glasner, Kurt (2007), IT Governance: Leitfaden für eine praxisgerechte Implementierung, Wiesbaden 2007.

Fuggetta, Alfonso (1993), A classification of CASE technology, in: Computer, 26. Jg., 1993, Nr. 12, S. 25–38.

Gabriel, Roland; Chamoni, Peter und Gluchowski, Peter (2000), Data Warehouse und OLAP – Analyseorientierte Informationssysteme für das Management, in: Schmalenbachs Zeitschrift für betriebswirtschaftliche Forschung, 52. Jg., 2000, Nr. 2, S. 74–93.

Galup, Stuart D.; Dattero, Ronald; Quan, Jim J. und Conger, Sue (2009), An overview of IT service management, in: Communications of the ACM, 52. Jg., 2009, Nr. 5, S. 124–127.

Gartner (2014), Magic Quadrant for IT Service Support Management Tools, http://www.gartner.com/technology/reprints.do?id=1-20HAB2G&ct=140827, 25.08.2014, Zugriff am: 12.09.2015.

Garz, Detlef und Kraimer, Klaus (1991), Qualitativ-empirische Sozialforschung: Konzepte, Methoden, Analysen, Opladen 1991.

Gavish, Bezalel (2001), Proceedings of the 4th International Conference on Electronic Commerce Research: ICECR-4, November 8–11, 2001, Dallas, Texas, USA, o. O. 2001.

Geier, Christoph (1999), Optimierung der Informationstechnologie bei BPR-Projekten, Wiesbaden 1999.

Gemünden, Hans G. (1993), Information: Bedarf, Analyse und Verhalten, in: Wittmann u.a. (Hrsg., 1993), S. 1725–1736.

Gericke, Anke und Winter, Robert (2009), Entwicklung eines Bezugsrahmens für Konstruktionsforschung und Artefaktkonstruktion in der gestaltungsorientierten Wirtschaftsinformatik, in: Becker u.a. (Hrsg., 2009), S. 195–210.

Gerstl, Peter; Hertweck, Matthias und Kuhn, Birgit (2001), Text Mining: Grundlagen, Verfahren und Anwendungen, in: HMD – Praxis der Wirtschaftsinformatik, 38. Jg., 2001, Nr. 222, S. 38–48.

Gilb, Tom; Graham, Dorothy und Finzi, Susannah (1993), Software Inspection, Wokingham, Reading u.a. 1993.

Girtler, Roland (1992), Methoden der qualitativen Sozialforschung: Anleitung zur Feldarbeit, 3., unveränderte Auflage, Wien, Köln u.a. 1992.

Gläser, Jochen und Laudel, Grit (2010), Experteninterviews und qualitative Inhaltsanalyse: als Instrumente rekonstruierender Untersuchungen, 4. Auflage, Wiesbaden 2010.

Glinz, Martin (2008), A Risk-Based, Value-Oriented Approach to Quality Requirements, in: IEEE Software, 25. Jg., 2008, Nr. 2, S. 34–41.

Glinz, Martin und Wieringa, Roel (2007), Guest Editors' Introduction: Stakeholders in Requirements Engineering, in: IEEE Software, 24. Jg., 2007, Nr. 2, S. 18–20.

Gluchowski, Peter (2001), Business Intelligence – Konzepte, Technologien und Einsatzbereiche, in: HMD – Praxis der Wirtschaftsinformatik, 38. Jg., 2001, Nr. 222, S. 5–15.

Gluchowski, Peter; Gabriel, Roland und Dittmar, Carsten (2008), Management-Support-Systeme und Business Intelligence: Computergestützte Informationssysteme für Fach- und Führungskräfte, 2., vollständig überarbeitete Auflage, Berlin und Heidelberg 2008.

Gluchowski, Peter und Kemper, Hans-Georg (2006), Quo Vadis Business Intelligence?, in: BI-Spektrum, 1. Jg., 2006, Nr. 1, S. 12–19.

Gluchowski, Peter; Kemper, Hans-Georg und Seufert, Andreas (2009), Was ist neu an Operational BI? Innovative Prozess-Steuerung, in: BI-Spektrum, 4. Jg., 2009, Nr. 1, S. 8–12.

Goebel, Michael und Gruenwald, Le (1999), A Survey of Data Mining and Knowledge Discovery Software Tools, in: ACM SIGKDD Explorations Newsletter, 1. Jg., 1999, Nr. 1, S. 20–33.

Goeken, Matthias (2006), Entwicklung von Data-Warehouse-Systemen: Anforderungsmanagement, Modellierung, Implementierung, Wiesbaden 2006.

Golfarelli, Matteo; Maio, Dario und Rizzi, Stefano (1998), Conceptual Design of Data Warehouses from E/R Schemes, in: IEEE Computer Society (Hrsg., 1998), S. 334–343.

Golfarelli, Matteo und Rizzi, Stefano (1999), Designing the Data Warehouse: Key Steps and Crucial Issues, in: Journal of Computer Science and Information Management, 2. Jg., 1999, Nr. 3, S. 88–100.

Goll, Joachim (2011), Methoden und Architekturen der Softwaretechnik, Wiesbaden 2011.

Goode, William und Hatt, Paul K. (1975), Die Einzelfallstudie, in: König (Hrsg., 1975), S. 299–313.

Göpfert, Jochen und Lindenbach, Heidi (2013), Geschäftsprozessmodellierung mit BPMN 2.0: Business Process Model and Notation, München 2013.

Götzer, Klaus; Maier, Berthold; Schmale Ralf; Rehbock, Klaus und Komke, Torsten (2014), Dokumenten-Management: Informationen im Unternehmen effizient nutzen, 5., vollständig überarbeitete und erweiterte, Heidelberg 2014.

Grabowski, Hans; Anderl, Reiner; Polly, Adam und Warnecke, Hans-Jürgen (1993), Integriertes Produktmodell, Berlin, Wien u.a. 1993.

Graubner-Müller, Alexander (2011), Web Mining in Social Media: Use Cases, Business Value and Algorithmic Approaches for Corporate Intelligence, Köln 2011.

Graves, Todd L.; Karr, Alan F.; Marron, James S. und Siy, Harvey (2000), Predicting Fault Incidence Using Software Change History, in: IEEE Transactions on Software Engineering, 26. Jg., 2000, Nr. 7, S. 653–661.

Greschner, Jürgen und Zahn, Erich (1992), Strategischer Erfolgsfaktor Information, in: Krallmann (Hrsg., 1992), S. 9–28.

Grivel, Luc (2005), Customer feedbacks and opinion surveys analysis in the automotive industry, in: Zanasi (Hrsg., 2005), S. 249–257.

Grochla, Erwin (1973), Handwörterbuch der Organisation, Stuttgart 1973.

Grochla, Erwin (1980), Handwörterbuch der Organisation, Stuttgart 1980.

Gronau, Norbert; Bahrs, Julian; Vladova, Gergana; Baumgrass, Anne; Meuthrath, Benedikt und Peters, Kirstin (2009), Anwendungen und Systeme für das Wissensmanagement: Ein aktueller Überblick, 3., erweiterte Auflage, Berlin 2009.

Grossman, Sanford J. und Stiglitz, Joseph E. (1980), On the Impossibility of Informationally Efficient Markets, in: The American Economic Review, 70. Jg., 1980, Nr. 3, S. 393–408.

Gruhn, Volker; Pieper, Daniel und Röttgers, Carsten (2006), MDA: Effektives Software-Engineering mit UML 2 und Eclipse, Berlin, Heidelberg u.a. 2006.

Grün, Oskar und Heinrich, Lutz J. (1997), Wirtschaftsinformatik: Ergebnisse empirischer Forschung, Wien und New York 1997.

Gutenberg, Erich (1983), Grundlagen der Betriebswirtschaftslehre: Die Produktion, 24. Auflage, Berlin, Heidelberg u.a. 1983.

Haag, Stephen und Cummings, Maeve (2013), Management Information Systems for the Information Age, 9. Auflage, New York 2013.

Haberfellner, Reinhard; Nagel, Peter; Becker, Mario; Büchel, Alfred und Massow, Heinrich von (2002), Das SE-Vorgehensmodell, in: Daenzer und Huber (Hrsg., 2002), S. 29–79.

Häberle, Siegfried G. (2008), Das neue Lexikon der Betriebswirtschaftslehre: Band A–E, München 2008.

Häder, Michael (2010), Empirische Sozialforschung: Eine Einführung, 2., überarbeitete Auflage, Wiesbaden 2010.

Halliman, Charles (2001), Business Intelligence Using Smart Techniques: Environmental Scanning Using Text Mining and Competitor Analysis Using Scenarios and Manual Simulation, Houston 2001.

Hammer, Michael und Champy, James (1998), Business Reengineering: Die Radikalkur für das Unternehmen, 2., ungekürzte Taschenbuchausgabe, München 1998.

Han, Jiawei; Kamber, Micheline und Pei, Jian (2012), Data Mining: Concepts and Techniques, 3. Auflage, Amsterdam, Boston u.a. 2012.

Hansen, Hans R. und Neumann, Gustaf (2009), Wirtschaftsinformatik 1: Grundlagen und Anwendungen, 10., völlig neu bearbeitete und erweiterte Auflage, Stuttgart 2009.

Hanser, Eckhart (2010), Agile Prozesse: Von XP über Scrum bis MAP, Heidelberg, Dordrecht u.a. 2010.

Harbrecht, Wolfgang (1993), Bedürfnis, Bedarf, Gut, Nutzen, in: Wittmann u.a. (Hrsg., 1993), S. 266–280.

Harmer, Geoff (2014), Governance of Enterprise It Based on COBIT® 5: A Management Guide2014.

Hars, Alexander (1994), Referenzdatenmodelle: Grundlagen effizienter Datenmodellierung, Wiesbaden 1994.

Hart, Chris (1998), Doing a Literature Review: Releasing the Social Science Research Imagination, Los Angeles, London u.a. 1998.

Hay, David C. (1996), Data Model Patterns: Conventions of Thought, New York 1996.

Heilmann, Heidi (1999), Wissensmanagement – ein neues Paradigma?, in: HMD – Praxis der Wirtschaftsinformatik, 36. Jg., 1999, Nr. 208, S. 7–23.

Heinrich, Lutz J. (2000), Bedeutung von Evaluation und Evaluationsforschung in der Wirtschaftsinformatik, in: Heinrich und Häntschel (Hrsg., 2000), S. 7–22.

Heinrich, Lutz J. (2005), Forschungsmethodik einer Integrationsdisziplin: Ein Beitrag zur Geschichte der Wirtschaftsinformatik, in: NTM – International Journal of History and Ethics of Natural Sciences, Technology and Medicine, 13. Jg., 2005, Nr. 2, S. 104–117.

Heinrich, Lutz J. und Häntschel, Irene (2000), Evaluation und Evaluationsforschung in der Wirtschaftsinformatik: Handbuch für Praxis, Lehre und Forschung, München und Wien 2000.

Heinrich, Lutz J.; Riedl, René und Stelzer, Dirk (2014), Informationsmanagement: Grundlagen, Aufgaben, Methoden, 11., vollständig überarbeitete Auflage, München 2014.

Herzwurm, Georg (1993), Wissensbasiertes CASE: Theoretische Analyse, empirische Untersuchung, Entwicklung eines Prototyps, Braunschweig und Wiesbaden 1993.

Herzwurm, Georg (1994), Auswahl von CASE-Werkzeugen mit Hilfe der Studie ("Gebrauchsanweisung"), in: Herzwurm (Hrsg., 1994), S. 35–49.

Herzwurm, Georg (1994), CASE-Technologie in Deutschland. Orientierungshilfe und Marktüberblick für Anbieter und Anwender: Studien zur Systementwicklung des Lehrstuhls für Wirtschaftsinformatik der Universität zu Köln, Band 2, Köln 1994.

Herzwurm, Georg (2006), IT – Kostenfaktor oder strategische Waffe? Geschäftsziele und IT in Einklang bringen, Bonn 2006.

Herzwurm, Georg und Hanssen, Sven (2006), IT Business Alignment: Strategien und Konzepte, in: Herzwurm (Hrsg., 2006), S. 11–34.

Herzwurm, Georg; Mellis, Werner und Stelzer, Dirk (1995), Total Quality Management in der Softwareentwicklung: Warum die ISO 9000 für Softwareproduzenten höchstens ein Schritt, aber nicht das Ziel sein kann, in: Seibt (Hrsg., 1995), S. 259–289.

Herzwurm, Georg und Mikusz, Martin (2008), Software-Qualitätsmanagement, in: Kurbel u.a. (Hrsg., 2008).

Herzwurm, Georg und Pietsch, Wolfram (2009), Management von IT-Produkten: Geschäftsmodelle, Leitlinien und Werkzeugkasten für softwareintensive Systeme und Dienstleistungen, Heidelberg 2009.

Hesse, Wolfgang; Keutgen, Hans; Luft, Alfred L. und Rombach, Hans D. (1984), Ein Begriffssystem für die Softwaretechnik, in: Informatik-Spektrum, 7. Jg., 1984, Nr. 4, S. 200–213.

Hevner, Alan R.; March, Salvatore T.; Park, Jinsoo und Ram, Sudha (2004), Design Science in Information Systems Research, in: MIS Quarterly, 28. Jg., 2004, Nr. 1, S. 75–105.

Highsmith, James A. (2000), Adaptive Software Development: A Collaborative Approach to Managing Complex Systems, New York 2000.

Highsmith, James A. (2002), Agile Software Development Ecosystems, Boston, München u.a. 2002.

Hilbert, Andreas und Schönbrunn, Karoline (2008), Business Intelligence, in: Häberle (Hrsg., 2008), S. 162–164.

Hippner, Hajo; Küsters, Ulrich; Meyer, Matthias und Wilde, Klaus (2001), Handbuch Data Mining im Marketing: Knowledge Discovery in Marketing Databases, Braunschweig und Wiesbaden 2001.

Hippner, Hajo und Rentzmann, Rene (2006a), Text Mining zur Anreicherung von Kundenprofilen in der Bankenbranche, in: HMD – Praxis der Wirtschaftsinformatik, 43. Jg., 2006, Nr. 249, S. 99–108.

Hippner, Hajo und Rentzmann, René (2006b), Text Mining, in: Informatik-Spektrum, 29. Jg., 2006, Nr. 4, S. 287–290.

Hippner, Hajo und Wilde, Klaus (2001), Der Prozess des Data Mining im Marketing, in: Hippner u.a. (Hrsg., 2001), S. 21–91.

Hirschmeier, Markus (2005), Wirtschaftlichkeitsanalysen für IT-Investitionen, Berlin 2005.

Hirsch, Rudolph E. (1968), Informationswert und -kosten und deren Beeinflussung, in: Schmalenbachs Zeitschrift für betriebswirtschaftliche Forschung, 20. Jg., 1968, Nr. 10, S. 670–676.

Hittleman, Jason (2003), Does IT matter? An HBR debate, in: Harvard Business Review, 81. Jg., 2003, Nr. 6, S. 6.

Hochstein, Axel und Hunziker, Andreas (2004), Serviceorientierte Referenzmodelle des Informationsmanagements, in: Zarnekow u.a. (Hrsg., 2004), S. 135-152.

Holsapple, Clyde W. und Whinston, Andrew B. (1996), Decision Support Systems: A Knowledge Based Approach, St. Paul, New York u.a. 1996.

Holten, Roland (1999), Entwicklung von Führungsinformationssystemen: Ein methodenorientierter Ansatz, Wiesbaden 1999.

Holthuis, Jan (1997), Multidimensionale Datenstrukturen: Modellierung, Strukturkomponenten, Implementierungsaspekte, in: Mucksch und Behme (Hrsg., 1997), S. 137–186.

Holthuis, Jan (1999), Der Aufbau von Data-Warehouse-Systemen: Konzeption – Datenmodellierung – Vorgehen, 2., überarbeitete und aktualisierte Auflage, Wiesbaden 1999.

Hönig, Thomas (1998), Desktop OLAP in Theorie und Praxis, in: Martin (Hrsg., 1998), S. 169–189.

Hoppen, Peter und Victor, Frank (2008), ITIL® – Die IT Infrastructure Library, in: Computer und Recht, 24. Jg., 2008, Nr. 3, S. 199–204.

Hörmann, Klaus; Dittmann, Lars; Hindel, Bernd und Müller, Markus (2006), SPICE in der Praxis: Interpretationshilfe für Anwender und Assessoren, Heidelberg 2006.

Horváth, Péter (2011), Controlling, 12., vollständig überarbeitete Auflage, München 2011.

Horváth, Péter und Reichmann, Thomas (2003), Vahlens großes Controllinglexikon, München 2003.

House, Ernest R. (1993), Professional Evaluation: Social Impact and Political Consequences, Newbury Park, London u.a. 1993.

HP (2014), Dokumentation „Processes and Best Practices" HP Service Manager Version 9.33, http://support.openview.hp.com/selfsolve/manuals, Zugriff am: 31.01.2014.

Huang, George Q. (1996), Design for X: Concurrent engineering imperatives, London, Weinheim u.a. 1996.

Hübner, Heinz (1996), Informationsmanagement und strategische Unternehmensführung: Vom Informationsmarkt zur Innovation, München und Wien 1996.

Hubwieser, Peter und Aiglstorfer, Gerd (2004), Fundamente der Informatik: Ablaufmodellierung, Algorithmen und Datenstrukturen, 1, München 2004.

Hummel, Oliver (2011), Aufwandsschätzungen in der Software- und Systementwicklung kompakt, Heidelberg 2011.

Humphrey, Watts S. (1995), Introducing the personal software process, in: Annals of Software Engineering, 1. Jg., 1995, Nr. 1, S. 311–325.

Humphrey, Watts S. (1996), Using a Defined and Measured Personal Software Process, in: IEEE Software, 13. Jg., 1996, Nr. 3, S. 77–88.

Humphrey, Watts S. (1997), Introduction to the Personal Software Process, Boston, San Francisco u.a. 1997.

Humphrey, Watts S. (1998a), Three Dimensions of Process Improvement, in: CrossTalk: The Journal of Defense Software Engineering, 11. Jg., 1998, Nr. 3, S. 13–15.

Humphrey, Watts S. (1998b), Three Dimensions of Process Improvement, in: CrossTalk: The Journal of Defense Software Engineering, 11. Jg., 1998, Nr. 4, S. 14–17.

Humphrey, Watts S. (2000), Introduction to the Team Software Process, Reading, Harlow u.a. 2000.

Hunnebeck, Lou; Rudd, Colin; Lacy, Shirley und Hanna, Ashley (2011), ITIL Service Design, 2. Auflage, Edition 2011, London 2011.

IBM (1979), Proceedings of Joint Share, Guide, and IBM Application Development Symposium: October 14–17, 1979, Monterey, California, USA1979.

IBM (2014), Produktbeschreibung IBM SmartCloud Control Desk Version 7.5.1, http://pic.dhe.ibm.com/infocenter/tivihelp/v50r1/index.jsp?topic=%2Fcom.ibm.sccd.doc%2Fic-homepage.html, Zugriff am: 25.01.2014.

IEEE Computer Society (1990), IEEE Standard Glossary of Software Engineering Terminology: IEEE Std 610.12–1990, New York, 28.09.1990.

IEEE Computer Society (1998), Proceedings of the 31st Hawaii International Conference on Hawaii International Conference on System Sciences – Volume VII – Software Technology Track: HICSS '98, January 6–9, 1998, Kohala Coast, Hawaii, USA, Los Alamitos 1998.

IEEE Computer Society (1998), Proceedings of the 4th IEEE International Conference on Engineering of Complex Computer Systems: ICECCS '98, August 10–14, 1998, Monterey, California, USA, Los Alamitos 1998.

IEEE Computer Society (1998), Proceedings of the 5th International Symposium on Software Metrics: METRICS '98, March 20–21, 1998, Bethesda, Maryland, USA, Washington D.C. 1998.

IEEE Computer Society (2002), Proceedings of the 8th International Symposium on Software Metrics: METRICS '02, June 4–7, 2002, Ottawa, Ontario, Canada, Los Alamitos 2002.

IEEE Computer Society (2008), IEEE Standard for Software and System Test Documentation: IEEE 829–2008, New York, 18.07.2008.

IEEE Computer Society, Technical Council on Software Engineering; IEEE Computer Society, Technical Committee on Quantitative Methods und Centre de recherche informatique de Montréal (1997), Proceedings of the 4th International Symposium on Software Metrics: METRICS '97, November 5–7, 1997, Albuquerque, New Mexico, USA, Los Alamitos 1997.

Information Systems Audit and Control Association (2012), COBIT 5: A Business Framework for the Governance and Management of Enterprise IT, Rolling Meadows 2012.

Inmon, William H. (2005), Building the Data Warehouse, 4. Auflage, Indianapolis 2005.

Inmon, William H.; Terdeman, Robert H. und Imhoff, Claudia (2000), Exploration Warehousing: Turning Business Information into Business Opportunity, New York, Weinheim u.a. 2000.

IT Governance Institute (2003), Board Briefing for IT Governance, 2. Auflage, Rolling Meadows 2003.

Jahnke, Bernd; Groffmann, Hans-Dieter und Kruppa, Stephan (1996), On-Line Analytical Processing (OLAP), in: Wirtschaftsinformatik, 38. Jg., 1996, Nr. 3, S. 321–324.

Jahoda, Maria und Cook, Stuart W. (1975), Beobachtungsverfahren, in: König (Hrsg., 1975), S. 77–96.

Jajuga, Krzysztof; Sokołowski, Andrzej und Bock, Hans Hermann (2002), Classification, Clustering and Data Analysis: Recent Advances and Applications, Berlin, Heidelberg u.a. 2002.

Jakoubi, Stefan (2008), Proceedings of the 3rd International Conference on Availability, Security, and Reliability: ARES '08, March 4–7, 2008, Barcelona, Spain, Los Alamitos 2008.

Janssen, Holger (1997), Informationsbedarfsanalyse, in: Küpper und Weber (Hrsg., 1997), S. 149–151.

Jeckle, Mario (2004), UML 2 glasklar, München und Wien 2004.

Jerala, Slobodan (2005), Schätzverfahren im Kontext objektorientierter Prozesse, in: Breu u.a. (Hrsg., 2005), S. 261–279.

Johannsen, Wolfgang und Goeken, Matthias (2011), Referenzmodelle für IT-Governance: Methodische Unterstützung der Unternehmens-IT mit COBIT, ITIL & Co, 2., aktualisierte und erweiterte Auflage, Heidelberg 2011.

Joos, Thomas (2013), Microsoft Windows Server 2012: Das Handbuch, Unterschleißheim 2013.

Jorgensen, Adam; Wort, Steven; LoForte, Ross und Knight, Brian (2012), Professional Microsoft SQL Server 2012 Administration, Indianapolis, Indiana 2012.

Jossen, Claudio; Quix, Christoph; Staudt, Martin; Vaduva, Anca und Vetterli, Thomas (2013), Metadaten und Metamodelle beim Data Warehousing, in: Bauer und Günzel (Hrsg., 2013), S. 339–343.

Jost, Wolfram (1993), EDV-gestützte CIM-Rahmenplanung, Wiesbaden 1993.

Jung, Reinhard und Winter, Robert (2000), Data Warehousing 2000: Methoden, Anwendungen, Strategien, Heidelberg 2000.

Jung, Reinhard und Winter, Robert (2000), Data Warehousing Strategie: Erfahrungen, Methoden, Visionen, Berlin, Heidelberg u.a. 2000.

Jung, Reinhard und Winter, Robert (2000), Data Warehousing: Nutzungsaspekte, Referenzarchitektur und Vorgehensmodell, in: Jung und Winter (Hrsg., 2000), S. 3–20.

Juric, Matjaz B.; Krizevnik, Marcel; Utschig-Utschig, Clemens; Gaur, Harish und Zirn, Markus (2010), WS-BPEL 2.0 for SOA composite applications with Oracle SOA Suite 11g: Define, model, implement, and monitor real-world BPEL business processes with SOA-powered BPM, Birmingham 2010.

Juric, Matjaz B.; Mathew, Benny und Sarang, Poornachandra G. (2006), Business Process Execution Language for Web Services: An architect and developer's guide to orchestrating web services using BPEL4WS, 2. Auflage, Birmingham 2006.

Kaib, Michael (2002), Enterprise Application Integration: Grundlagen, Integrationsprodukte, Anwendungsbeispiele, Wiesbaden 2002.

Kaiser und Bernd-Ullrich (2002), Portale – Interaktive Zugangssysteme als Voraussetzung erfolgreicher Managementunterstützung bei Bayer, in: Kemper und Mayer (Hrsg., 2002), S. 121–138.

Kaldeich, Claus und Oliveira e Sá, Jorge (2004), Data Warehouse Methodology: A Process Driven Approach, in: Persson und Stirna (Hrsg., 2004), S. 536–549.

Kambayashi, Yahiko; Mohania, Mukesh und Tjoa, A. Min (2000), Proceedings of the 2nd International Conference on Data Warehousing and Knowledge Discovery: DaWaK '00, September 4–6, 2000, London, UK, Berlin, Heidelberg u.a. 2000.

Karakasidis, Alexandros; Vassiliadis, Panos und Pitoura, Evaggelia (2005), ETL Queues for Active Data Warehousing, in: Berti-Equille u.a. (Hrsg., 2005), S. 28–39.

Kaser, Owen und Lemire, Daniel (2006), Attribute value reordering for efficient hybrid OLAP, in: Information Sciences, 176. Jg., 2006, Nr. 16, S. 2304–2336.

Kazman, Rick; Barbacci, Mario; Klein, Mark; Carrière, S. J. und Woods, Steven G. (1999), Experience with Performing Architecture Tradeoff Analysis, in: Boehm u.a. (Hrsg., 1999), S. 54–63.

Kazman, Rick; Bass, Len; Webb, Mike und Abowd, Gregory (1994), SAAM: A Method for Analyzing the Properties of Software Architectures, in: Fadini u.a. (Hrsg., 1994), S. 81–90.

Kazman, Rick; Klein, Mark; Barbacci, Mario; Longstaff, Tom; Lipson, Howard und Carrière, S. J. (1998), The Architecture Tradeoff Analysis Method, in: IEEE Computer Society (Hrsg., 1998), S. 68–78.

Kecher, Christoph (2011), UML 2: Das umfassende Handbuch, 4., aktualisierte und erweiterte Auflage, Bonn 2011.

Keller, Gerhard; Scheer, August-Wilhelm und Nüttgens, Markus (1992), Semantische Prozeßmodellierung auf der Grundlage" Ereignisgesteuerter Prozeßketten (EPK)": Veröffentlichung Heft 89, Institut für Wirtschaftsinformatik (IWi), Universität des Saarlandes, Saarbrücken, 1992.

Kelle, Udo und Kluge, Susann (2010), Vom Einzelfall zum Typus: Fallvergleich und Fallkontrastierung in der qualitativen Sozialforschung, 2., überarbeitete Auflage, Wiesbaden 2010.

Kemper, Hans-Georg (1999), Architektur und Gestaltung von Management-Unterstützungs-Systemen: Von isolierten Einzelsystemen zum integrierten Gesamtansatz, Stuttgart und Leipzig 1999.

Kemper, Hans-Georg (2000), Conceptual Architecture of Data Warehouses – A Transformation-Oriented View, in: Chung (Hrsg., 2000), S. 113–118.

Kemper, Hans-Georg und Baars, Henning (2006), Business Intelligence und Competitive Intelligence, in: HMD – Praxis der Wirtschaftsinformatik, 43. Jg., 2006, Nr. 247, S. 7–20.

Kemper, Hans-Georg; Baars, Henning und Lasi, Heiner (2013), An Integrated Business Intelligence Framework, in: Rausch u.a. (Hrsg., 2013), S. 13–26.

Kemper, Hans-Georg und Finger, Ralf (2006), Transformation operativer Daten – Konzeptionelle Überlegungen zur Filterung, Harmonisierung, Verdichtung und Anreicherung im Data Warehouse, in: Chamoni und Gluchowski (Hrsg., 2006), S. 113–128.

Kemper, Hans-Georg und Janke, Alexander (2002), Wissensmanagement – Ein organisatorischer Ansatz und seine technische Umsetzung: Arbeitsbericht 1/2002, Lehrstuhl für allgemeine Betriebswirtschaftslehre und Wirtschaftsinformatik, Universität Stuttgart, Stuttgart, 2002.

Kemper, Hans-Georg und Lee, Phil-Lip (2002), Business Intelligence (BI) - Innovative Ansätze zur Unterstützung der betrieblichen Entscheidungsfindung, in: Kemper und Mayer (Hrsg., 2002), S. 11–26.

Kemper, Hans-Georg und Lee, Phil-Lip (2003), The Customer-Centric Data Warehouse – an Architectural Approach to Meet the Challenges of Customer Orientation, in: Sprague Jr. (Hrsg., 2003), S. 231–238.

Kemper, Hans-Georg und Mayer, Reinhold (2002), Business Intelligence in der Praxis: Erfolgreiche Lösungen für Controlling, Vertrieb und Marketing, Bonn 2002.

Kemper, Hans-Georg; Mehanna, Walid und Baars, Henning (2010), Business Intelligence – Grundlagen und praktische Anwendungen: Eine Einführung in die IT-basierte Managementunterstützung, 3., überarbeitete und erweiterte Auflage, Wiesbaden 2010.

Kendzia, Robert (2010), Business Intelligence für das Beschaffungsmarketing, Köln 2010.

Kimball, Ralph; Ross, Margy; Thornthwaite, Warren; Mundy, Joy und Becker, Bob (2009), The Data Warehouse Lifecycle Toolkit: Practical Techniques for Building Data Warehouse and Business Intelligence Systems, 2. Auflage, Indianapolis 2009.

Kleppe, Anneke G.; Warmer, Jos B. und Bast, Wim (2003), MDA explained: The Model Driven Architecture: Practice and Promise, Boston, San Francisco u.a. 2003.

Klesse, Mario; Melchert, Florian und Maur, Eitel von (2003), Corporate Knowledge Center als Grundlage integrierter Entscheidungsunterstützung, in: Abecker u.a. (Hrsg., 2003), S. 115–126.

Klimmer, Matthias (2011), Unternehmensorganisation: Eine kompakte und praxisnahe Einführung, 3., vollständig überarbeitete und erweiterte Auflage, Herne 2011.

Kneuper, Ralf (2007), CMMI: Verbesserung von Software- und Systementwicklungsprozessen mit Capability Maturity Model Integration (CMMI-DEV), 3., aktualisierte und überarbeitete Auflage, Heidelberg 2007.

Koch, Margarete; Lasi, Heiner und Kemper, Hans-Georg (2013), Bestimmung aufgabenträgerorientierter Informationsbedarfe in industriellen Unternehmen, in: Alt und Franczyk (Hrsg., 2013), S. 213–228.

Koch, Margarete (2014), Entwicklung eines Informationsversorgungskonzepts als Basis unternehmensspezifischer Business-Intelligence-Lösungen industrieller Unternehmen, Lohmar und Köln 2014.

Koch, Rembert (1994), Betriebliches Berichtswesen als Informations- und Steuerungsinstrument, Frankfurt am Main und New York 1994.

Kockelkorn, Michael und Scheffer, Tobias (2005), The Responsio email management system, in: Zanasi (Hrsg., 2005), S. 259–264.

Kommunale Gemeinschaftsstelle für Verwaltungsmanagement (KGSt) (1994), Das neue Steuerungsmodell: Definition und Beschreibung von Produkten, Köln 1994.

König, René (1975), Beobachtung und Experiment in der Sozialforschung, Köln 1975.

König, Wolfgang (1995), Wirtschaftsinformatik '95: Wettbewerbsfähigkeit, Innovation, Wirtschaftlichkeit, Heidelberg 1995.

Konradin Verlag (2009), Globales Sourcing und standardisierte Prozesse senken Kosten, in: Computer Zeitung2009, Nr. 15, S. 11.

Koreimann, Dieter S. (1976), Methoden der Informationsbedarfsanalyse, Berlin und New York 1976.

Korfhage, Robert R. (1977), Proceedings of the 1977 National Computer Conference: AFIPS NCC '77, June 13–16, 1977, Dallas, Texas, USA, o. O. 1977.

Kosala, Raymond und Blockeel, Hendrik (2000), Web Mining Research: A Survey, in: ACM SIGKDD Explorations Newsletter, 2. Jg., 2000, Nr. 1, S. 1–15.

Kosiol, Erich (1961), Modellanalyse als Grundlage unternehmerischer Entscheidungen, in: Zeitschrift für handelswissenschaftliche Forschung, 13. Jg., 1961, S. 318–334.

Kosiol, Erich (1976), Organisation der Unternehmung, 2., durchgesehene Auflage, Wiesbaden 1976.

Krahl, Daniela; Windheuser, Ulrich und Zick, Friedrich-Karl (1998), Data Mining: Einsatz in der Praxis, Bonn 1998.

Krallmann, Hermann (1992), Rechnergestützte Werkzeuge für das Management: Grundlagen, Methoden, Anwendungen, Berlin 1992.

Krallmann, Hermann; Schönherr, Marten und Trier, Matthias (2007), Systemanalyse im Unternehmen: Prozessorientierte Methoden der Wirtschaftsinformatik, München und Wien 2007.

Krawatzeck, Robert; Zimmer, Michael und Trahasch, Stephan (2013), Agile Business Intelligence — Definition, Maßnahmen und Herausforderungen, in: HMD – Praxis der Wirtschaftsinformatik, 50. Jg., 2013, Nr. 2, S. 56–63.

Krcmar, Helmut (2010), Informationsmanagement, 5., vollständig überarbeitete und erweiterte Auflage, Heidelberg, Dordrecht u.a. 2010.

Kromrey, Helmut (2009), Empirische Sozialforschung, 12., überarbeitete und ergänzte Auflage, Stuttgart 2009.

Küpper, Hans-Ulrich; Friedl, Gunther; Hofmann, Christian; Hofmann, Yvette und Pedell, Burkhard (2013), Controlling: Konzeption, Aufgaben, Instrumente, 6., überarbeitete Auflage, Stuttgart 2013.

Küpper, Hans-Ulrich und Weber, Jürgen (1997), Taschenlexikon Controlling, Stuttgart 1997.

Küpper, Willi; Lüder, Klaus und Streitferdt, Lothar (1975), Netzplantechnik, Würzburg und Wien 1975.

Kurbel, Karl; Becker, Jörg; Gronau, Norbert; Sinz, Elmar J. und Suhl, Leena (2008), Enzyklopädie der Wirtschaftsinformatik: Online-Lexikon, München 2008.

Kurz, Andreas (1999), Data Warehousing: Enabling Technology, Bonn 1999.

Lackes, Richard und Siepermann, Markus (2014), Datenmanipulationssprache, http://wirtschaftslexikon.gabler.de/Archiv/74675/datenmanipulationssprache-v9.html, Zugriff am: 22.09.2014.

Lamersdorf, Winfried (1988), Office Knowledge: Representation, Management, and Utilization: Selected full papers based on contributions to the IFIP TC 8/WG 8.4 International Workshop International Workshop on Office Knowledge: Representation, Management, and Utilization, IFIP '87, August 17–19, 1987, Toronto, Ontario, Canada,, Amsterdam 1988.

Lamersdorf, Winfried (1996), Data Warehousing, OLAP, Führungsinformationssysteme ... Neue Entwicklungen des Informationsmanagements, Velbert 1996.

Lamnek, Siegfried (1995), Qualitative Sozialforschung: Band 1 Methodologie, 3., korrigierte Auflage, Weinheim 1995.

Lamnek, Siegfried (2010), Qualitative Sozialforschung: Lehrbuch, 5., überarbeitete Auflage, Weinheim und Basel 2010.

Lassing, Nico; Bengtsson, PerOlof; van Vliet, Hans und Bosch, Jan (2002), Experiences with ALMA: Architecture-Level Modifiability Analysis, in: Journal of Systems and Software, 61. Jg., 2002, Nr. 1, S. 47–57.

Laudon, Kenneth C. und Laudon, Jane P. (2013), Management Information Systems: Managing the Digital Firm, 13. Auflage, Boston, Columbus u.a. 2013.

Lauer, Thomas (2010), Change Management: Grundlagen und Erfolgsfaktoren, Heidelberg, Dordrecht u.a. 2010.

Lebeth, Kai; Lorenz, Martin und Störl, Uta (2005), Text mining based knowledge management in banking, in: Zanasi (Hrsg., 2005), S. 271–278.

Lehman, Meir M. (1996), Laws of Software Evolution Revisited, in: Montangero (Hrsg., 1996), S. 108–124.

Lehman, Meir M. und Belady, Laszlo A. (1985), Program Evolution: Processes of Software Change, London und Orlando 1985.

Lehman, Meir M.; Perry, Dewayne E. und Ramil, Juan F. (1998), On Evidence Supporting the FEAST Hypothesis and the Laws of Software Evolution, in: IEEE Computer Society (Hrsg., 1998), S. 84–88.

Lehman, Meir M.; Ramil, Juan F.; Wernick, Paul D.; Perry, Dewayne E. und Turski, Wladyslaw M. (1997), Metrics and Laws of Software Evolution – The Nineties View, in: IEEE Computer Society u.a. (Hrsg., 1997), S. 20–32.

Lehmann, Frank R. (2008), Integrierte Prozessmodellierung mit ARIS, Heidelberg 2008.

Lehner, Franz (2000), Organisational Memory: Konzepte und Systeme für das organisatorische Lernen und das Wissensmanagement, München und Wien 2000.

Lehner, Franz; Wildner, Stephan und Scholz, Michael (2008), Wirtschaftsinformatik: Eine Einführung, 2. Auflage, München und Wien 2008.

Lehner, Wolfgang (2003), Datenbanktechnologie für Data-Warehouse-Systeme: Konzepte und Methoden, Heidelberg 2003.

Lessen, Tammo van; Lübke, Daniel und Nitzsche, Jörg (2011), Geschäftsprozesse automatisieren mit BPEL, Heidelberg 2011.

Levy, Yair und Ellis, Timothy J. (2006), A Systems Approach to Conduct an Effective Literature Review in Support of Information Systems Research, in: Informing Science: International Journal of an Emerging Transdiscipline, 9. Jg., 2006, Nr. 1, S. 181–212.

Liggesmeyer, Peter (2009), Software-Qualität: Testen, Analysieren und Verifizieren von Software, 2. Auflage, Heidelberg 2009.

Lindvall, Mikael und Rus, Iona (2000), Process Diversity in Software Development, in: IEEE Software, 17. Jg., 2000, Nr. 4, S. 14–18.

Lindvall, Mikael; Tesoriero, Roseanne und Costa, Patricia (2002), Avoiding Architectural Degeneration: An Evaluation Process for Software Architecture, in: IEEE Computer Society (Hrsg., 2002), S. 77–86.

Linthicum, David S. (2001), B2B Application Integration: E-Business – Enable Your Enterprise, Boston, San Francisco u.a. 2001.

Linz, Tilo (2013), Testen in Scrum-Projekten: Leitfaden für Softwarequalität in der agilen Welt, Heidelberg 2013.

Liu, Bing (2011), Web Data Mining: Exploring Hyperlinks, Contents, and Usage Data, 2. Auflage, Heidelberg, Dordrecht u.a. 2011.

Liu, Ling und Özsu, M. Tamer (2009), Encyclopedia of Database Systems, New York 2009.

Lloyd, Vernon; Wheeldon, David; Lacy, Shirley und Hanna, Ashley (2011), ITIL Continual Service Improvement, 2. Auflage, Edition 2011, London 2011.

Luca, Jeff de (2007), Wir brauchen eine Ziellinie, in: OBJEKTspektrum2007, Nr. 5, S. 73–76.

Ludewig, Jochen und Lichter, Horst (2013), Software Engineering: Grundlagen, Menschen, Prozesse, Techniken, 3., korrigierte Auflage, Heidelberg 2013.

Lusti, Markus (1998), Data Warehousing und Data Mining – Wege zur Eindämmung der Datenflut?, in: Bruhn u.a. (Hrsg., 1998), S. 285–309.

Macaulay, Linda A. (1996), Requirements Engineering, Berlin, Heidelberg u.a. 1996.

MacLennan, Jamie; Tang, Zao H. und Crivat, Bogdan (2009), Data Mining with Microsoft SQL Server 2008, Indianapolis 2009.

Mag, Wolfgang (1992), Die Funktionserweiterung der Unternehmensführung, in: Wirtschaftswissenschaftliches Studium (WiSt), 21. Jg., 1992, Nr. 2, S. 60–64.

Majchrzak, Ann; Gasser, Les und Markus, M. L. (2002), A Design Theory for Systems That Support Emergent Knowledge Processes, in: Management Information Systems Quarterly, 26. Jg., 2002, Nr. 3, S. 179–212.

Malik, Fredmund (2006), Führen, Leisten, Leben: Wirksames Management für eine neue Zeit, 13. Auflage, München 2006.

Mangler, Wolf-Dieter (2006), Prozessorganisation und Organisationsgestaltung, Norderstedt 2006.

Mangold, Werner (1960), Gegenstand und Methode des Gruppendiskussionsverfahrens: Aus der Arbeit des Instituts für Sozialforschung, Frankfurt am Main 1960.

Manwani, Sharm (2008), IT Enabled Business Change: Successful Management, Swindon 2008.

Marakas, George M. (1999), Decision Support Systems in the 21st Century, Upper Saddle River, London u.a. 1999.

March, Salvatore T. und Smith, Gerald F. (1995), Design and natural science research on information technology, in: Decision Support Systems, 15. Jg., 1995, Nr. 4, S. 251–266.

Martin, Wolfgang (1998), Data Warehousing: Data Mining – OLAP, Bonn, Albany u.a. 1998.

Martin, Wolfgang und Maur, Eitel von (2001), Data Warehouse, in: Mertens (Hrsg., 2001), S. 105–106.

Masak, Dieter (2006), IT-Alignment: IT-Architektur und Organisation, Heidelberg, Berlin u.a. 2006.

Matthes, Dirk (2011), Enterprise Architecture Frameworks Kompendium: Über 50 Rahmenwerke für das IT-Management, Berlin, Heidelberg u.a. 2011.

Maur, Eitel von und Winter, Robert (2002), Vom Data Warehouse zum Corporate Knowledge Center: Proceedings der Data Warehousing 2002, Heidelberg 2002.

Maximini, Dominik (2013), Scrum – Einführung in der Unternehmenspraxis: Von starren Strukturen zu agilen Kulturen, Berlin und Heidelberg 2013.

Mayring, Philipp (2002), Einführung in die qualitative Sozialforschung: Eine Anleitung zu qualitativem Denken, 5., überarbeitete und neu ausgestattete Auflage, Weinheim und Basel 2002.

McClanahan, David R. (1997), Data Modeling for OLAP, in: Databased Advisor, 15. Jg., 1997, Nr. 3, S. 66–70.

McFarlan, F. Warren; Ashenhurst, Robert L. und Benbasat, Izak (1984), The Information Systems Research Challenge, Boston 1984.

Meise, Volker (2001), Ordnungsrahmen zur prozessorientierten Organisationsgestaltung: Modelle für das Management komplexer Reorganisationsprojekte, Hamburg 2001.

Mellis, Werner; Herzwurm, Georg und Stelzer, Dirk (1998), TQM der Softwareentwicklung: Mit Prozessverbesserung, Kundenorientierung und Change-Management zu erfolgreicher Software, 2., verbesserte Auflage, Braunschweig und Wiesbaden 1998.

Mertens, Peter (2001), Lexikon der Wirtschaftsinformatik, Berlin, Heidelberg u.a. 2001.

Mertens, Peter (2002), Business Intelligence – ein Überblick: Arbeitspapier Nr. 2/2002, Bereich Wirtschaftsinformatik I, Universität Erlangen-Nürnberg, Nürnberg, 2002.

Mertens, Peter; Bodendorf, Freimut; König, Wolfgang; Picot, Arnold; Schumann, Matthias und Hess, Thomas (2012), Grundzüge der Wirtschaftsinformatik, 11. Auflage, Berlin, Heidelberg u.a. 2012.

Mertens, Peter und Meier, Marco C. (2009), Integrierte Informationsverarbeitung 2: Planungs- und Kontrollsysteme in der Industrie, 10., vollständig überarbeitete Auflage, Wiesbaden 2009.

Mertens, Peter und Wieczorrek, Hans W. (2000), Data X Strategien: Data Warehouse, Data Mining und operationale Systeme für die Praxis, Berlin, Heidelberg u.a. 2000.

Mertins, Kai und Jochem, Roland (1997), Qualitätsorientierte Gestaltung von Geschäftsprozessen, Berlin, Wien u.a. 1997.

Meuser, Michael und Nagel, Ulrike (1991), ExpertInneninterviews – vielfach erprobt, wenig bedacht: Ein Beitrag zur qualitativen Methodendiskussion, in: Garz und Kraimer (Hrsg., 1991), S. 441–471.

Meyer, Konrad und Eul, Marcus (2013), IT-Outsourcing-Trends – und wie Unternehmen erfolgreiche Partnerschaften gestalten, in: Rickmann u.a. (Hrsg., 2013), S. 71–89.

Meyer, Matthias; Zarnekow, Rüdiger und Kolbe, Lutz M. (2003), IT-Governance, in: Wirtschaftsinformatik, 45. Jg., 2003, Nr. 4, S. 445–448.

Michelson, Martin (2001), Betriebliche Informationswirtschaft, in: Riekert und Michelson (Hrsg., 2001), S. 19–38.

Micka, Wojciech; Trantopoulos, Markos; Elborg, Till; Keilholz, Stefan und Maddalena, Marco de (2013), Microsoft SharePoint 2013 für Administratoren: Das Handbuch, Unterschleißheim 2013.

Microsoft (2013a), Report Server Konzepte, http://msdn.microsoft.com/de-de/library/bb630404#bkmk_ReportServerConcepts, Zugriff am: 29.12.2013.

Microsoft (2013b), SharePoint 2013, http://technet.microsoft.com/de-de/sharepoint/fp142374.aspx, Zugriff am: 29.12.2013.

Microsoft (2013c), SQL Server 2012, http://www.microsoft.com/de-de/server/sql-server/2012/default.aspx, Zugriff am: 29.12.2013.

Microsoft (2014a), Cluster Algorithmus, http://msdn.microsoft.com/de-de/library/ms174879.aspx, Zugriff am: 01.01.2014.

Microsoft (2014b), Clusterprofile, http://msdn.microsoft.com/de-de/library/ms174801.aspx#BKMK_Profile, Zugriff am: 01.01.2014.

Microsoft (2014c), Naïve Bayse Algorithmus, http://technet.microsoft.com/de-de/library/ms174806.aspx, Zugriff am: 01.01.2014.

Microsoft (2014d), Reporting Services im integrierten SharePoint-Modus, http://technet.microsoft.com/de-de/library/bb326362.aspx, Zugriff am: 02.01.2014.

Microsoft (2014e), SQL Server Analysis Services (SSAS), http://technet.microsoft.com/de-de/library/bb522607.aspx, Zugriff am: 18.04.2014.

Microsoft (2014f), SQL Server Reporting Services (SSRS), http://msdn.microsoft.com/de-de/library/ms159106.aspx, Zugriff am: 18.04.2014.

Microsoft (2014g), Windows Server 2012, http://www.microsoft.com/de-de/server/windows-server/2012/default.aspx, Zugriff am: 21.06.2014.

Milic-Frayling, Natasa (2005), Text processing and information retrieval, in: Zanasi (Hrsg., 2005).

Mistry, Ross und Misner, Stacia (2012), Introducing Microsoft SQL Server 2012, Redmond 2012.

Montangero, Carlo (1996), Proceedings of the 5th European Workshop on Software Process Technology: EWSPT '96, October 9–11, 1996, Nancy, France, Berlin, Heidelberg u.a. 1996.

Moormann, Jürgen und Schmidt, Günter (2006), IT in der Finanzbranche: Management und Methoden, Berlin, Heidelberg u.a. 2006.

Mucksch, Harry (2006), Das Data Warehouse als Datenbasis analytischer Informationssysteme: Architektur und Komponenten, in: Chamoni und Gluchowski (Hrsg., 2006), S. 129–142.

Mucksch, Harry und Behme, Wolfgang (1997), Das Data Warehouse-Konzept: Architektur – Datenmodelle – Anwendungen: mit Erfahrungsberichten, Wiesbaden 1997.

Mucksch, Harry und Behme, Wolfgang (1997), Das Data Warehouse-Konzept als Basis einer unternehmensweiten Informationslogistik, in: Mucksch und Behme (Hrsg., 1997), S. 33–100.

Mucksch, Harry und Behme, Wolfgang (2000), Das Data Warehouse-Konzept: Architektur – Datenmodelle – Anwendungen: mit Erfahrungsberichten, Wiesbaden 2000.

Mucksch, Harry; Holthuis, Jan und Reiser, Marcus (1996), Das Data Warehouse-Konzept – ein Überblick, in: Wirtschaftsinformatik, 38. Jg., 1996, Nr. 4, S. 421–433.

Nagel, Kurt (1990), Nutzen der Informationsverarbeitung: Methoden zur Bewertung von strategischen Wettbewerbsvorteilen, Produktivitätsverbesserungen und Kosteneinsparungen, 2., überarbeitete und erweiterte Auflage, München 1990.

Nassi, Isaac und Shneiderman, Ben (1973), Flowchart Techniques for Structured Programming, in: ACM Sigplan Notices, 8. Jg., 1973, Nr. 8, S. 12–26.

Naumann, Jacqueline (2009), Praxisbuch eCATT, Bonn und Boston 2009.

Navrade, Frank (2008), Strategische Planung mit Data-Warehouse-Systemen, Wiesbaden 2008.

Neri, Federico (2005), Information search and classification to foster innovation in SMEs: The AREA Science Park experience, in: Zanasi (Hrsg., 2005), S. 285–291.

Neumann, Gustaf und Strembeck, Mark (2002), A Scenario-driven Role Engineering Process for Functional RBAC Roles, in: Sandhu (Hrsg., 2002), S. 33.

Nickerson, Robert C. (2001), Business and Information Systems, 2. Auflage, Upper Saddle River, London u.a. 2001.

Niessen, Manfred (1977), Gruppendiskussion: Interpretative Methodologie, Methodenbegründung, Anwendung, München 1977.

Nonaka, Ikujiro (1991), The Knowledge-Creating Company, in: Harvard Business Review, 69. Jg., 1991, Nr. 6, S. 96–104.

Nonaka, Ikujiro und Takeuchi, Hirotaka (1995), The Knowledge-Creating Company, New York und Oxford 1995.

Nonaka, Ikujirō; Takeuchi, Hirotaka und Mader, Friedrich (1997), Die Organisation des Wissens: Wie japanische Unternehmen eine brachliegende Ressource nutzbar machen, Frankfurt am Main 1997.

Nonnenmacher, Martin G. (1994), Informationsmodellierung unter Nutzung von Referenzmodellen: Die Nutzung von Referenzmodellen zur Implementierung industriebetrieblicher Informationssysteme, Frankfurt am Main und New York 1994.

Object Management Group (2014a), About OMG, http://www.omg.org/gettingstarted/gettingstartedindex.htm, Zugriff am: 07.07.2014.

Object Management Group (2014b), Business Process Model and Notation (BPMN), http://www.bpmn.org/, Zugriff am: 24.08.2014.

Object Management Group (2014c), Meta Object Facility, http://www.omg.org/mof/, Zugriff am: 12.01.2014.

O'Brien, James A. und Marakas, George M. (2011), Management Information Systems, 10. Auflage, Homewood 2011.

Olbrich, Alfred (2008), ITIL kompakt und verständlich: Effizientes IT Service Management – Effizientes IT Service Management – Den Standard für IT-Prozesse kennenlernen, verstehen und erfolgreich in der Praxis umsetzen, 4., erweiterte und verbesserte Auflage, Wiesbaden 2008.

Oppermann, Reinhard und Reiterer, Harald (1994), Software-ergonomische Evaluation, in: Eberleh u.a. (Hrsg., 1994), S. 335–371.

Österle, Hubert (1995), Business Engineering. Prozess- und Systementwicklung: Band 1: Entwurfstechniken, 2., verbesserte Auflage, Berlin, Heidelberg u.a. 1995.

Österle, Hubert; Becker, Jörg; Frank, Ulrich; Hess, Thomas; Karagiannis, Dimitris; Krcmar, Helmut; Loos, Peter; Mertens, Peter; Oberweis, Andreas und Sinz, Elmar J. (2010), Memorandum zur gestaltungsorientierten Wirtschaftsinformatik, in: Schmalenbachs Zeitschrift für betriebswirtschaftliche Forschung, 62. Jg., 2010, Nr. 6, S. 664–672.

Österle, Hubert und Winter, Robert (2003), Business Engineering: Auf dem Weg zum Unternehmen des Informationszeitalters, Berlin, Heidelberg u.a. 2003.

Otto, Boris und Österle, Hubert (2010), Relevance through Consortium Research? Findings from an Expert Interview Study, in: Winter u.a. (Hrsg., 2010), S. 16–30.

Parker, Marilyn M.; Benson, Robert J. und Trainor, H. E. (1988), Information Economics: Linking Business Performance to Information Technology, Englewood Cliffs 1988.

Partridge, Derek A. und Hussain, Khateeb M. (1995), Knowledge-based Information Systems, London, New York u.a. 1995.

Pendse, Nigel (2002), What is OLAP?, http://dssresources.com/papers/features/pendse04072002.htm, 07.04.2002, Zugriff am: 01.06.2014.

Pendse, Nigel und Creeth, Richard (1995), The OLAP Report: Succeeding with Online Analytical Processing, o. O. 1995.

Persson, Anne und Stirna, Janis (2004), Proceedings of the 16th International Conference on Advanced Information Systems Engineering: CAiSE '04, June 7–11, 2004, Riga, Latvia, Berlin, Heidelberg u.a. 2004.

Peters, Günter (2005), Media industry: how to improve documentalists efficiency, in: Zanasi (Hrsg., 2005), S. 293–298.

Peterson, James L. (1981), Petri Net Theory and the Modeling of Systems, Englewood Cliffs, London u.a. 1981.

Peters, Sönke und Brühl, Rolf (2005), Betriebswirtschaftslehre: Einführung, 12., durchgesehene Auflage, München und Wien 2005.

Petrasch, Roland und Meimberg, Oliver (2006), Model Driven Architecture: Eine praxisorientierte Einführung in die MDA, Heidelberg 2006.

Petri, Carl A. (1962), Kommunikation mit Automaten, Dissertation, Technische Hochschule Darmstadt, Darmstadt, 1962.

Pfeifer, Tilo und Schmitt, Robert (2014), Masing Handbuch Qualitätsmanagement, München und Wien 2014.

Pfeiffer, Peter (1990), Technologische Grundlage, Strategie und Organisation des Informationsmanagements, Berlin und New York 1990.

Picot, Arnold und Franck, Egon (1992), Informationsmanagement, in: Frese (Hrsg., 1992), S. 886–900.

Picot, Arnold; Reichwald, Ralf und Wigand, Rolf T. (2003), Die grenzenlose Unternehmung: Information, Organisation und Management, 5., aktualisierte Auflage, Wiesbaden 2003.

Picot, Arnold; Reichwald, Ralf und Wigand, Rolf T. (2008), Information, Organization and Management, Heidelberg und Berlin 2008.

Pieringer, Roland und Scholz, André (2013), Performanz-Tuning von Data-Warehouse-Systemen, in: Bauer und Günzel (Hrsg., 2013), S. 544–560.

Pietsch, Thomas (2003), Bewertung von Informations- und Kommunikationssystemen: Ein Vergleich betriebswirtschaftlicher Verfahren, 2., neu bearbeitete und erweiterte Auflage, Berlin 2003.

Pietsch, Thomas; Martiny, Lutz und Klotz, Michael (2004), Strategisches Informationsmanagement: Bedeutung, Konzeption und Umsetzung, 4., vollständig neu bearbeitete und erweiterte Auflage, Berlin 2004.

Poensgen, Benjamin (2012), Function-Point-Analyse: Ein Praxishandbuch, 2., aktualisierte Auflage, Heidelberg 2012.

Poe, Vidette; Klauer, Patricia und Brobst, Stephen (1998), Building A Data Warehouse for Decision Support, 2. Auflage, Upper Saddle River, London u.a. 1998.

Pohl, Klaus (2008), Requirements Engineering: Grundlagen, Prinzipien, Techniken, 2., korrigierte Auflage, Heidelberg 2008.

Politi, Alessandro (2005), A critical appraisal of text mining in an intelligence environment, in: Zanasi (Hrsg., 2005), S. 209–217.

Polyzotis, Neoklis; Skiadopoulos, Spiros; Vassiliadis, Panos; Simitsis, Alkis und Frantzell, Nils-Erik (2007), Supporting Streaming Updates in an Active Data Warehouse, in: Chirkova u.a. (Hrsg., 2007), S. 476–485.

Pomberger, Gustav und Pree, Wolfgang (2004), Software Engineering: Prototyping und objektorientierte Software-Entwicklung, 3., völlig überarbeitete Auflage, München und Wien 2004.

Poole, Charles und Huisman, Jan W. (2001), Using Extreme Programming in a Maintenance Environment, in: IEEE Software, 18. Jg., 2001, Nr. 6, S. 42–50.

Power, Daniel J. (2002), Decision Support Systems: Concepts and Resources for Managers, Westport und London 2002.

Power, Daniel J. (2008), Decision Support Systems: A Historical Overview, in: Burstein und Holsapple (Hrsg., 2008), S. 121–140.

Priebe, Torsten; Pernul, Günther und Krause, Peter (2003), Ein integrativer Ansatz für unternehmensweite Wissensportale, in: Uhr u.a. (Hrsg., 2003), S. 277–291.

Pümpin, Cuno (1990), Das Dynamik-Prinzip: Zukunftsorientierungen für Unternehmer und Manager, 2. Auflage, Düsseldorf, Wien, u.a. 1990.

Pümpin, Cuno und Amann, Wolfgang (2005), SEP – Strategische Erfolgspositionen: Kernkompetenzen aufbauen und umsetzen, Bern, Stuttgart u.a. 2005.

Rainer Jr, R. K. und Watson, Hugh J. (1995), The Keys to Executive Information System Success, in: Journal of Management Information Systems, 12. Jg., 1995, Nr. 2, S. 83–98.

Rajlich, Václav T. und Bennett, Keith H. (2000), A Staged Model for the Software Life Cycle, in: Computer, 33. Jg., 2000, Nr. 7, S. 66–71.

Rance, Stuart; Rudd, Colin; Lacy, Shirley und Hanna, Ashley (2011), ITIL Service Transition, 2. Auflage, Edition 2011, London 2011.

Rausch, Peter; Sheta, Alaa F. und Ayesh, Aladdin (2013), Business Intelligence and Performance Management: Theory, Systems and Industrial Applications, London, Heidelberg u.a. 2013.

Rautenstrauch, Claus und Schulze, Thomas (2001), Informatik für Wirtschaftswissenschaftler und Wirtschaftsinformatiker, Berlin, Heidelberg u.a. 2001.

Ray, Erik T. (2001), Einführung in XML, Beijing, Cambridge u.a. 2001.

Rechenberg, Peter und Pomberger, Gustav (2002), Informatik-Handbuch, München und Wien 2002.

Rehäuser, Jakob und Krcmar, Helmut (1996), Wissensmanagement in Unternehmen, Lehrstuhl für Wirtschaftsinformatik, Universität Hohenheim, Stuttgart, 1996.

Reisig, Wolfgang (2010), Petrinetze: Modellierungstechnik, Analysemethoden, Fallstudien, Wiesbaden 2010.

Rickmann, Hagen; Diefenbach, Stefan; Bruening, Kai T. und Brüning, Kai T. (2013), IT-Outsourcing: Neue Herausforderungen im Zeitalter von Cloud Computing, Berlin und Heidelberg 2013.

Riddle, William E. (1987), Proceedings of the 9th International Conference on Software Engineering: ICSE '87, March 30–April 2, 1987, Monterey, California, USA, Washington D.C. 1987.

Riekert, Wolf-Fritz und Michelson, Martin (2001), Informationswirtschaft: Innovation für die Neue Ökonomie, Wiesbaden 2001.

Riesenhuber, Felix (2007), Großzahlige empirische Forschung, in: Albers u.a. (Hrsg., 2007), S. 1–16.

Rising, Linda und Janoff, Norman S. (2000), The Scrum Software Development Process for Small Teams, in: IEEE Software, 17. Jg., 2000, Nr. 4, S. 26–32.

Rob, Peter; Coronel, Carlos und Crockett, Keeley (2008), Database Systems: Design, Implementation & Management, Internationale Auflage, London 2008.

Rombach, Hans D. (1993), Software-Qualität und -Qualitätssicherung, in: Informatik-Spektrum, 16. Jg., 1993, Nr. 5, S. 267–272.

Roock, Stefan (2007), Feature Driven Development, in: OBJEKTspektrum2007, Nr. 5, S. 65–66.

Rosenhagen, Klaus (1994), Informationsversorgung von Führungskräften, in: Controlling, 6. Jg., 1994, Nr. 5, S. 272–280.

Rosen, Rüdiger v. (2001), Corporate Governance: Eine Bilanz, in: Die Bank: Zeitschrift für Bankpolitik und Praxis2001, Nr. 4, S. 283–287.

Rösler, Peter; Kneuper, Ralf und Schlich, Maud (2013), Reviews in der System- und Softwareentwicklung: Grundlagen, Praxis, kontinuierliche Verbesserung, Heidelberg 2013.

Rovers, Mart und Chittenden, Jane (2013), ISO/IEC 20000:2011: A Pocket Guide, 2. Auflage, Zaltbommel 2013.

Royce, Winston W. (1987), Managing the Development of Large Software Systems: Concepts and Techniques, in: Riddle (Hrsg., 1987), S. 328–338.

Ruh, William A.; Maginnis, Francis X. und Brown, William J. (2000), Enterprise Application Integration: A Wiley Tech Brief, New York, Chichester u.a. 2000.

Runkler, Thomas A. (2009), Data Mining: Methoden Und Algorithmen Intelligenter Datenanalyse, Wiesbaden 2009.

Rupietta, Walter (1993), Organisationsmodellierung zur Unterstützung kooperativer Vorgangsbearbeitung, in: Wirtschaftsinformatik, 34. Jg., 1993, Nr. 1, S. 26–37.

Rupp, Chris und die SOPHISTen (2014), Requirements-Engineering und –Management: Aus der Praxis von klassisch bis agil, 6., aktualisierte und erweiterte Auflage, München 2014.

Sandhu, Ravi (2002), Proceedings of the 7th ACM Symposium on Access Control Models and Technologies: SACMAT '02, June 3–4, 2002, Monterey, California, USA, New York 2002.

Säuberlich, Frank (2000), KDD und Data Mining als Hilfsmittel zur Entscheidungsunterstützung, Frankfurt am Main, Berlin u.a. 2000.

Sauer, Michael (2009), Operations Research kompakt, München 2009.

Schackmann, Jürgen und Schü, Joachim (2001), Personalisierte Portale, in: Wirtschaftsinformatik, 43. Jg., 2001, Nr. 6, S. 623–625.

Schäfer, Matthias und Witschnig, Jury (2013), Auswertungsprozess, in: Bauer und Günzel (Hrsg., 2013), S. 560–572.

Scheer, August-Wilhelm (1990), EDV-orientierte Betriebswirtschaftslehre: Grundlagen für ein effizientes Informationsmanagement, 4., völlig neu bearbeitete Auflage, Berlin, Heidelberg, u.a. 1990.

Scheer, August-Wilhelm (1998), Wirtschaftsinformatik: Referenzmodelle für industrielle Geschäftsprozesse, 2. durchgesehene Auflage, Berlin, Heidelberg u.a. 1998.

Scheer, August-Wilhelm (2001), ARIS – Modellierungsmethoden, Metamodelle, Anwendungen, 4. Auflage, Berlin, Heidelberg u.a. 2001.

Scheer, August-Wilhelm (2005), Veröffentlichungen des Instituts für Wirtschaftsinformatik, Saarbrücken 2005.

Scheer, August-Wilhelm; Grieble, Oliver und Klein, Ralf (2006), Modellbasiertes Dienstleistungsmanagement, in: Bullinger und Scheer (Hrsg., 2006), S. 19–51.

Schelp, Joachim und Winter, Robert (2005), Auf dem Weg zur Integration Factory: Proceedings der DW2004 – Data Warehousing und EAI, Heidelberg 2005.

Schiefer, Helmut und Schitterer, Erik (2008), Prozesse optimieren mit ITIL®: Abläufe mittels Prozesslandkarte gestalten – Compliance erreichen und Best practices nutzen mit ISO 20000, BS 15000 & ISO 9000, 2., überarbeitete Auflage, Wiesbaden 2008.

Schienmann, Bruno (2002), Kontinuierliches Anforderungsmanagement: Prozesse – Techniken – Werkzeuge, München, Boston u.a. 2002.

Schinzer, Heiko (2000), Marktüberblick OLAP- und Data Mining-Werkzeuge, in: Mucksch und Behme (Hrsg., 2000), S. 409–436.

Schlageter, Gunter und Stucky, Wolffried (1983), Datenbanksysteme: Konzepte und Modelle, 2., neubearbeitete und erweiterte Auflage, Stuttgart 1983.

Schlagheck, Bernhard (2000), Objektorientierte Referenzmodelle für das Prozeß- und Projektcontrolling: Grundlagen – Konstruktion – Anwendungsmöglichkeiten, Wiesbaden 2000.

Schmidt, Günter (1996), Scheduling Models for Workflow Management, in: Scholz-Reiter und Stickel (Hrsg., 1996), S. 67–80.

Schmidt, Günter (1999), Informationsmanagement: Modelle, Methoden, Techniken, 2., überarbeitete und erweiterte Auflage, Berlin, Heidelberg u.a. 1999.

Schneider, Ursula (1990), Kulturbewußtes Informationsmanagement: Ein organisationstheoretischer Gestaltungsrahmen für die Infrastruktur betrieblicher Informationsprozesse, München 1990.

Scholz-Reiter, Bernd und Stickel, Eberhard (1996), Business Process Modelling, Berlin, Heidelberg u.a. 1996.

Schönenberg, Ulrich (2010), Prozessexzellenz im HR-Management: Professionelle Prozesse mit dem HR-Management Maturity Model, Heidelberg, Dordrecht u.a. 2010.

Schrefl, Michael und Thalhammer, Thomas (2000), On Making Data Warehouses Active, in: Kambayashi u.a. (Hrsg., 2000), S. 34–46.

Schumann, Matthias (1992), Betriebliche Nutzeffekte und Strategiebeiträge der großintegrierten Informationsverarbeitung, Berlin, Heidelberg u.a. 1992.

Schumann, Matthias; Kolbe, Lutz M.; Breitner, Michael H. und Frerichs, Arne (2010), Multikonferenz Wirtschaftsinformatik 2010: Göttingen, 23.–25. Februar 2010, Göttingen 2010.

Schütte, Reinhard (1998), Grundsätze ordnungsmäßiger Referenzmodellierung: Konstruktion konfigurations- und anpassungsorientierter Modelle, Wiesbaden 1998.

Schwaber, Ken (2004), Agile Project Management with Scrum, Redmond 2004.

Schwarze, Jochen (1998), Informationsmanagement: Planung, Steuerung, Koordination und Kontrolle der Informationsversorgung im Unternehmen, Herne und Berlin 1998.

Schwarzer, Bettina und Krcmar, Helmut (2004), Wirtschaftsinformatik: Grundzüge der betrieblichen Datenverarbeitung, 3., überarbeitete Auflage, Stuttgart 2004.

Schwarz, Sven; Abecker, Andreas; Maus, Heiko und Sintek, Michael (2001), Anforderungen an die Workflow-Unterstützung für wissensintensive Geschäftsprozesse, in: Abecker u.a. (Hrsg., 2001).

Schweizer, Alex (1999), Data Mining, Data Warehousing: Datenschutzrechtliche Orientierungshilfen für Privatunternehmen, Zürich 1999.

Scott Morton, Michael S. (1984), State of the Art of Research in Management Support Systems, in: McFarlan u.a. (Hrsg., 1984), S. 13–41.

Seacord, Robert C.; Plakosh, Daniel und Lewis, Grace A. (2003), Modernizing Legacy Systems: Software Technologies, Engineering Processes, and Business Practices, Boston, San Francisco u.a. 2003.

Seibt, Dietrich (1995), Kommunikation, Organisation & Management: Ergebnisse der BIFOA-Forschung, Braunschweig 1995.

Seidenschwarz, Bärbel (2003), Informationsbedarfsanalyse, in: Horváth und Reichmann (Hrsg., 2003), S. 286–288.

Seidl, Martina; Brandsteidl, Marion; Huemer, Christian und Kappel, Gerti (2011), UML @ Classroom: Eine Einführung in die objektorientierte Modellierung, Heidelberg 2011.

Seidlmeier, Heinrich (2010), Prozessmodellierung mit ARIS®: Eine beispielorientierte Einführung für Studium und Praxis, 3., aktualisierte Auflage, Wiesbaden 2010.

Seufert, Andreas und Oehler, Karsten (2009), Grundlagen Business Intelligence: Band 1, Stuttgart und Berlin 2009.

Sharafi, Armin (2013), Knowledge Discovery in Databases: Eine Analyse des Änderungsmanagements in der Produktentwicklung, Wiesbaden 2013.

Shaw, John C. und Atkins, William (1970), Managing Computer System Projects, New York 1970.

Shaw, Jonathan (1995), A Schema Approach to the Formal Literature Review in Engineering Theses, in: System, 23. Jg., 1995, Nr. 3, S. 325–335.

Siedersleben, Johannes (2004), Moderne Softwarearchitektur: Umsichtig planen, robust bauen mit Quasar, Heidelberg 2004.

Silverston, Len (2001), The Data Model Resource Book: Volume 1: A Library of Universal Data Models for All Enterprises, überarbeitete Auflage, New York, Chichester u.a. 2001.

Simoneit, Monika (1998), Informationsmanagement in Universitätsklinika: Konzeption und Implementierung eines objektorientierten Referenzmodells, Wiesbaden 1998.

Simsion, Graeme C. und Witt, Graham C. (2005), Data Modeling Essentials, 3. Auflage, Amsterdam, Boston u.a. 2005.

Sinz, Elmar J. (2002), Architektur betrieblicher Informationssysteme, in: Rechenberg und Pomberger (Hrsg., 2002), S. 1055–1068.

Skaistis, Bruce (2003), Does IT matter? An HBR debate, in: Harvard Business Review, 81. Jg., 2003, Nr. 6, S. 11.

Skulschus, Marco und Wiederstein, Marcus (2008), XML: Standards und Technologien, Essen 2008.

Smith, Howard; Fingar, Peter und Carr, Nicholas G. (2003), IT Doesn't Matter – Business Processes Do: A Critical Analysis of Nicholas Carr's I.T. Article in the Harvard Business Review, Tampa 2003.

Solow, Robert M. (1987), We'd Better Watch Out, in: New York Times Book Review, 36. Jg., 1987.

Sommerville, Ian (2011), Software Engineering, 9. Auflage, Boston, Columbus u.a. 2011.

Sousa, Kenneth J. und Oz, Effy (2014), Management Information Systems, 7. Auflage, Stamford 2014.

Sowa, John F. und Zachman, John A. (1992), Extending and formalizing the framework for information systems architecture, in: IBM Systems Journal, 31. Jg., 1992, Nr. 3, S. 590–616.

Spaetling, Dieter (1972), Informationskosten und Zeit in der Theorie der Unternehmung, in: Zeitschrift für Betriebswirtschaft, 42. Jg., 1972, Nr. 10, S. 693–711.

Specker, Adrian (2005), Modellierung von Informationssystemen: Ein methodischer Leitfaden zur Projektabwicklung, 2., überarbeitete und erweiterte Auflage, Zürich 2005.

Spillner, Andreas und Linz, Tilo (2012), Basiswissen Softwaretest: Aus- und Weiterbildung zum Certified Tester – Foundation Level nach ISTQB-Standard, 4., überarbeitete und aktualisierte Auflage, Heidelberg 2012.

Spinner, Helmut F. (1998), Die Architektur der Informationsgesellschaft: Entwurf eines wissensorientierten Gesamtkonzepts, Bodenheim 1998.

Sprague Jr., Ralph H. (1980), A framework for the development of decision support systems, in: MIS Quarterly, 4. Jg., 1980, Nr. 4, S. 1–26.

Sprague Jr., Ralph H. (2003), Proceedings of the 36th Annual Hawaii International Conference on System Sciences: HICSS '03, January 6–9, 2003, Waikoloa, Big Island, Hawaii, USA, Piscataway 2003.

Sprague Jr., Ralph H. (2012), Proceedings of the 45th Annual Hawaii International Conference on System Sciences: HICSS '12, January 4–7, 2012, Grand Wailea, Maui, Hawaii, USA, Los Alamitos 2012.

Spur, Günter; Mertins, Kai; Jochem, Roland und Warnecke, Hans-Jürgen (1993), Integrierte Unternehmensmodellierung, Berlin, Wien u.a. 1993.

Srivastava, Ashok und Sahami, Mehran (2009), Text Mining: Classification, Clustering, and Applications, Boca Raton 2009.

Staehle, Wolfgang H.; Conrad, Peter und Sydow, Jörg (1999), Management: Eine verhaltenswissenschaftliche Perspektive, 8., überarbeitete Auflage, München 1999.

Stahlknecht, Peter und Hasenkamp, Ulrich (2005), Einführung in die Wirtschaftsinformatik, 11., vollständig überarbeitete Auflage, Berlin, Heidelberg u.a. 2005.

Stahl, Thomas (2007), Modellgetriebene Softwareentwicklung: Techniken, Engineering, Management, 2., aktualisierte und erweiterte Auflage, Heidelberg 2007.

Stalk, George; Evans, Philip und Shulman, Lawrence E. (1993), Kundenbezogene Leistungspotentiale sichern den Vorsprung, in: Harvard Business Manager, 15. Jg., 1993, Nr. 1, S. 59–71.

Statistisches Bundesamt (2014), https://www.destatis.de/DE/ZahlenFakten/GesamtwirtschaftUmwelt/UnternehmenHandwerk/KleineMittlereUnternehmenMittelstand/KMUBegriffserlaeuterung.html, Zugriff am: 02.03.2014.

Staud, Josef (2001), Geschäftsprozessanalyse: Ereignisgesteuerte Prozessketten und objektorientiere Geschäftsprozessmodellierung für betriebswirtschaftliche Standardsoftware, 2., überarbeitete und erweiterte Auflage, Berlin, Heidelberg u.a. 2001.

Steinberg, Randy A.; Rudd, Colin; Lacy, Shirley und Hanna, Ashley (2011), ITIL Service Operation, 2. Auflage, Edition 2011, London 2011.

Steinke, Ines (2013), Gütekriterien in qualitativer Forschung, in: Flick u.a. (Hrsg., 2013), S. 319–331.

Steinle, Claus; Eggers, Bernd und Ahlers, Friedel (2008), Change Management: Wandlungsprozesse erfolgreich planen und umsetzen, München und Mering 2008.

Steinmann, Horst; Schreyögg, Georg und Koch, Jochen (2013), Management: Grundlagen der Unternehmensführung Konzepte – Funktionen – Fallstudien, 7., vollständig überarbeitete Auflage, Wiesbaden 2013.

Stelzer, Dirk (1998), Möglichkeiten und Grenzen des prozeßorientierten Software-Qualitätsmanagements, Habilitationsschrift, Universität Köln, Köln, 1998.

Stelzer, Dirk (2001), Informationsbedarf, in: Mertens (Hrsg., 2001), S. 238–239.

Stickel, Eberhard (2001), Informationsmanagement, München und Wien 2001.

Stiehl, Volker (2012), Prozessgesteuerte Anwendungen entwickeln und ausführen mit BPMN: Wie flexible Anwendungsarchitekturen wirklich erreicht werden können, Heidelberg 2012.

Strassmann, Paul A. (1982), Overview of Strategic Aspects of Information Management, in: Information Technology & People, 1. Jg., 1982, Nr. 1, S. 71–89.

Strassmann, Paul A. (1997a), The Squandered Computer: Evaluating the Business Alignment of Information Technologies, New Canaan 1997.

Strassmann, Paul A. (1997b), Will big spending on computers guarantee profitability?, in: Datamation, 2. Jg., 1997, Nr. 2, S. 75–85.

Strassmann, Paul A. (2003), Does IT matter? An HBR debate, in: Harvard Business Review, 81. Jg., 2003, Nr. 6, S. 7–9.

Strauch, Bernhard (2002), Entwicklung einer Methode für die Informationsbedarfsanalyse im Data Warehousing, Dissertation, Universität St. Gallen, St. Gallen, 2002.

Stroh, Florian (2010), Methodische Unterstützung von Informationsbedarfsanalysen für die Gestaltung und den Betrieb analytischer Informationssysteme, Hamburg 2010.

Struckmeier, Helgard (1997), Gestaltung von Führungsinformationssystemen: Betriebswirtschaftliche Konzeption und Softwareanforderungen, Wiesbaden 1997.

Sugumaran, Vijayan und Storey, Veda C. (2003), A Semantic-Based Approach to Component Retrieval, in: ACM SIGMIS Database, 34. Jg., 2003, Nr. 3, S. 8–24.

Sullivan, Dan (2001), Document Warehousing and Text Mining: Techniques for Improving Business Operations, Marketing and Sales, New York, Chichester u.a. 2001.

Szyperski, Norbert (1980), Informationsbedarf, in: Grochla (Hrsg., 1980), S. 904–913.

Teschke, Thorsten (2003), Semantische Komponentensuche auf Basis von Geschäftsprozessmodellen, Dissertation, Carl von Ossietzky Universität, Oldenburg, 2003.

Thomas Vetterli; Anca Vaduva und Martin Staudt (2000), Metadata Standards for Data Warehousing: Open Information Model vs. Common Warehouse Metamodel, in: SIGMOD Record, 29. Jg., 2000, Nr. 3, S. 68–75.

Thomas, Oliver (2005), Das Modellverständnis in der Wirtschaftsinformatik: Historie, Literaturanalyse und Begriffsexplikation, in: Scheer (Hrsg., 2005), S. 3–41.

Tissot, Florence und Crump, Wes (2006), An Integrated Enterprise Modeling Environment, in: Bernus u.a. (Hrsg., 2006), S. 539–567.

Totok, Andreas (2000), Modellierung von OLAP- und Data-Warehouse-Systemen, Wiesbaden 2000.

Uhr, Wolfgang; Esswein, Werner und Schoop, Eric (2003), Wirtschaftsinformatik 2003: Medien – Märkte – Mobilität, Heidelberg 2003.

Unger, Carsten (2011), Entwicklung eines Rahmenkonzepts für das Management von Business-Intelligence-Systemen, Lohmar und Köln 2011.

Vaduva, Anca und Vetterli, Thomas (2001), Metadata Management for Data Warehousing: An Overview, in: International Journal of Cooperative Information Systems, 10. Jg., 2001, Nr. 3, S. 273.

Vahidov, Rustam (2006), Design Researcher's IS Artifact: a Representational Framework, in: Chatterjee und Hevner (Hrsg., 2006), S. 19–33.

Vaishnavi, Vijay und Kuechler, William (2007), Design Science Research Methods and Patterns: Innovating Information and Communication, Boca Raton 2007.

van Bon, Jan (2006), ISO/IEC 20000: Das Taschenbuch, Zaltbommel 2006.

van Bon, Jan (2008), IT Service Management basierend auf ITIL V3: Das Taschenbuch, Zaltbommel 2008.

van Bon, Jan und Verheijen, Tieneke (2006), Frameworks for IT Management2006.

van der Aalst, Wil M.; Reijers, Hajo A.; Weijters, A. J.; van Dongen, Boudewijn F.; Alves de Medeiros, Ana K.; Song, M. und Verbeek, H. M. (2007), Business process mining: An industrial application, in: Information Systems, 32. Jg., 2007, Nr. 5, S. 713–732.

van der Aalst, Wil M. und Stahl, Christian (2011), Modeling Business Processes: A Petri Net-Oriented Approach, Cambridge und London 2011.

van der Aalst, Wil M. und Weijters, A. J. (2004), Process mining: a research agenda, in: Computers in Industry, 53. Jg., 2004, Nr. 3, S. 231–244.

VDI-Gesellschaft Produktion und Logistik (12/2001), VDI-Richtlinie: VDI 2519 Blatt 2 – Lastenheft/Pflichtenheft für den Einsatz von Förder- und Lagersystemen.

VDI-Gesellschaft Produktion und Logistik (12/2010), VDI-Richtlinie 3633 Blatt 1 – Simulation von Logistik-, Materialfluss- und Produktionssystemen – Grundlagen.

Venkatraman, N. V. und Zaheer, Akbar (1990), Electronic Integration and Strategic Advantage: A Quasi-Experimental Study in the Insurance Industry, in: Information Systems Research, 1. Jg., 1990, Nr. 4, S. 377–393.

Verlag moderne Industrie (1982), Management Enzyklopädie: Band 1, Landsberg am Lech 1982.

Verlag moderne Industrie (1984), Management Enzyklopädie: Band 7, Landsberg am Lech 1984.

Vernadat, François B. (1996), Enterprise Modeling and Integration: principles and applications, London, Weinheim u.a. 1996.

Vivenzio, Alberto und Vivenzio, Domenico (2013), Testmanagement bei SAP-Projekten: Erfolgreich Planen, Steuern, Reporten bei der Einführung von SAP-Banking, Wiesbaden 2013.

Völz, Horst (1994), Information verstehen: Facetten eines neuen Zugangs zur Welt, Braunschweig 1994.

vom Brocke, Jan (2003), Referenzmodellierung: Gestaltung und Verteilung von Konstruktionsprozessen, Berlin 2003.

vom Brocke, Jan und Buddendick, Christian (2006), Reusable Conceptual Models – Requirements Based on the Design Science Research Paradigm, in: Chatterjee und Hevner (Hrsg., 2006).

vom Brocke, Jan und Rosemann, Michael (2010), Handbook on Business Process Management 2: Strategic Alignment, Governance, People and Culture, Heidelberg, Dordrecht u.a. 2010.

Vonhoegen, Helmut (2013), Einstieg in XML: Grundlagen, Praxis, Referenz, 7., aktualisierte und erweiterte Auflage, Bonn 2013.

Voß, Stefan und Gutenschwager, Kai (2001), Informationsmanagement, Berlin, Heidelberg u.a. 2001.

Wagner, Karl W. und Patzak, Gerold (2007), Performance Excellence: Der Praxisleitfaden zum effektiven Prozessmanagement, München 2007.

Wallmüller, Ernest (2007), SPI – Software Process Improvement mit CMMI, PSP/TSP und ISO 15504, München und Wien 2007.

Walls, Joseph G.; Widmeyer, George R. und El Sawy, Omar A. (1992), Building an Information System Design Theory for Vigilant EIS, in: Information Systems Research, 3. Jg., 1992, Nr. 1, S. 36–59.

Watson, Hugh J. und Frolick, Mark (1992), Executive Information Systems, in: Information Systems Management, 9. Jg., 1992, Nr. 2, S. 37–43.

Webb, David und Humphrey, Watts S. (1999), Using the TSP on the TaskView Project, in: CrossTalk: The Journal of Defense Software Engineering, 12. Jg., 1999, Nr. 2, S. 3–10.

Weber, Jürgen und Schäffer, Utz (2014), Einführung in das Controlling, 14., überarbeitete und aktualisierte Auflage, Stuttgart 2014.

Webre, Neil W. (1983), An Extended Entity-Relationship Model and Its Use on a Defense Project, in: Chen (Hrsg., 1983), S. 173–193.

Weerawarana, Sanjiva; Curbera, Francisco und Leymann, Frank (2005), Web Services Platform Architecture: SOAP, WSDL, WS-Policy, WS-Addressing, WS-BPEL, WS-Reliable Messaging, and More, Upper Saddle River, München u.a. 2005.

Weill, Peter und Ross, Jeanne W. (2004), IT Governance: How Top Performers Manage It Decision Rights for Superior Results, Boston 2004.

Weiss, Sholom M.; Indurkhya, Nitin; Zhang, Tong und Damerau, Fred (2005), Text Mining: Predictive Methods for Analyzing Unstructured Information, New York 2005.

Weizenbaum, Joseph (1978), Die Macht der Computer und die Ohnmacht der Vernunft, Frankfurt am Main 1978.

Weizsäcker, Carl F. (2002), Aufbau der Physik, 4. Auflage, München 2002.

Westphal, Horst M. (1984), Nutzen, in: Verlag moderne Industrie (Hrsg., 1984), S. 261–265.

Whelan, Jonathan und Meaden, Graham (2012), Business Architecture: A Practical Guide, Farnham und Burlington 2012.

White, Colin (2005), The Next Generation of Business Intelligence: Operational BI, in: DM Review Magazine, 15. Jg., 2005, Nr. 5, S. 34.

Wieczorrek, Hans W. und Mertens, Peter (2011), Management von IT-Projekten: Von der Planung zur Realisierung, 4., überarbeitete und erweiterte Auflage, Heidelberg, Dordrecht u.a. 2011.

Wieken, John-Harry (1999), Der Weg zum Data Warehouse: Wettbewerbsvorteile durch strukturierte Unternehmensinformationen, München, Reading u.a. 1999.

Wilde, Thomas und Hess, Thomas (2007), Forschungsmethoden der Wirtschaftsinformatik, in: Wirtschaftsinformatik, 49. Jg., 2007, Nr. 4, S. 280–287.

Wild, Jürgen (1970), Input-, Output-und Prozeßanalyse von Informationssystemen, in: Schmalenbachs Zeitschrift für betriebswirtschaftliche Forschung, 22. Jg., 1970, Nr. 1, S. 50–72.

Wild, Jürgen (1971), Zur Problematik der Nutzenbewertung von Informationen, in: Zeitschrift für Betriebswirtschaft, 41. Jg., 1971, Nr. 5, S. 315–334.

Wild, Jürgen (1982), Grundlagen der Unternehmungsplanung, 4. Auflage, Opladen 1982.

Williams, Theodore J. (1992), The Purdue Enterprise Reference Architecture: A Technical Guide For CIM Planning and Implementation, Research Triangle Park 1992.

Williams, Theodore J. (1994), The Purdue enterprise reference architecture, in: Computers in Industry, 24. Jg., 1994, Nr. 2–3, S. 141–158.

Winkelhofer, Georg A. (2005), Management- und Projekt-Methoden: Ein Leitfaden für IT, Organisation und Unternehmensentwicklung, 3., vollständig überarbeitete Auflage, Berlin, Heidelberg u.a. 2005.

Winter, Robert (2008), Design science research in Europe, in: European Journal of Information Systems, 17. Jg., 2008, Nr. 5, S. 470–475.

Winter, Robert; Zhao, J. Leon und Aier, Stephan (2010), Proceedings of the 5th International Conference on Global Perspectives on Design Science Research: DESRIST '10, June 4–5, 2010, St. Gallen, Switzerland, Berlin und Heidelberg 2010.

Wittmann, Waldemar (1959), Unternehmung und Unvollkommene Information: Unternehmerische Voraussicht – Ungewißheit und Planung, Wiesbaden 1959.

Wittmann, Waldemar; Kern, Werner; Köhler, Richard; Küpper, Hans-Ulrich und Wysocki, Klaus von (1993), Handwörterbuch der Betriebswirtschaft, Stuttgart 1993.

Witt, Peter (2000), Corporate Governance im Wandel, in: Zeitschrift Führung und Organisation, 69. Jg., 2000, Nr. 3, S. 159–163.

Wives, Leandro K.; Loh, Stanley; Duizith, José L. und Moreira de Oliveira, José P. (2005), TV channel provider: mining the user feedback, in: Zanasi (Hrsg., 2005), S. 265–269.

Wöhe, Günter und Döring, Ulrich (2013), Einführung in die allgemeine Betriebswirtschaftslehre, 25., überarbeitete und aktualisierte Auflage, München 2013.

Wolf, Joachim (2008), Organisation, Management, Unternehmensführung: Theorien, Praxisbeispiele und Kritik, 3., vollständig überarbeitete und erweiterte Auflage, Wiesbaden 2008.

Wrona, Thomas (2006), Fortschritts- und Gütekriterien im Rahmen qualitativer Sozialforschung, in: Zelewski und Akca (Hrsg., 2006), S. 189–216.

Wyman, John (1985), Wyman John Technological Myopia – The Need to Think Strategically about Technology, in: MIT Sloan Management Review, 26. Jg., 1985, Nr. 4, S. 59–64.

Yoder, Cornelia M. und Schrag, Marilyn L. (1978), Nassi-Shneiderman charts an alternative to flowcharts for design, in: ACM SIGSOFT Software Engineering Notes, 5. Jg., 1978, Nr. 3, S. 79–86.

Yoshikawa, Hiroyuki und Goossenaerts, Jan (1993), Proceedings of the JSPE/IFIP TC5/WG5.3 Workshop on the Design of Information Infrastructure Systems for Manufacturing: DIISM '93, November 8–10, 1993, Tokyo, Japan, Amsterdam und London 1993.

Youman, Charles E.; Sandhu, Ravi S. und Coyne, Edward J. (1996), Proceedings of the 1st ACM Workshop on Role-Based Access Control: RBAC '95, 30 November–1 December, 1995, Gaithersburg, Maryland, USA, New York 1996.

Zachary, Ives; Papakonstantinou, Yannis und Halevy, Alon (2003), Proceedings of the 22nd ACM SIGMOD International Conference on Management of Data: SIGMOD '03, June 9–12, 2003, San Diego, California, USA, New York 2003.

Zachman, John A. (1987), A framework for information systems architecture, in: IBM Systems Journal, 26. Jg., 1987, Nr. 3, S. 276–292.

Zanasi, Alessandro (2005), Text Mining and its Applications to Intelligence, CRM and Knowledge Management, Southampton und Boston 2005.

Zanasi, Alessandro (2005a), Open sources automatic analysis for corporate and government intelligence, in: Zanasi (Hrsg., 2005), S. 237–249.

Zanasi, Alessandro (2005b), Virtual communities: human capital and other personal characteristics extraction, in: Zanasi (Hrsg., 2005).

Zarnekow, Rüdiger; Brenner, Walter und Grohmann, Helmut H. (2004), Informationsmanagement: Konzepte und Strategien für die Praxis, Heidelberg 2004.

Zelewski, Stephan und Akca, Naciye (2006), Fortschritt in den Wirtschaftswissenschaften: Wissenschaftstheoretische Grundlagen und exemplarische Anwendungen, Wiesbaden 2006.

Zimmer, Michael; Baars, Henning und Kemper, Hans-Georg (2012), The Impact of Agility Requirements on Business Intelligence Architectures, in: Sprague Jr. (Hrsg., 2012), S. 4189–4198.

Züllighoven, Heinz; Beeger, Robert F. und Bäumer, Dirk (2005), Object-Oriented Construction Handbook: Developing Application-Oriented Software with the Tools & Materials Approach, Amsterdam, Heidelberg u.a. 2005.

Zur Muehlen, Michael (2001), Process-driven Management Information Systems – Combining Data Warehouses and Workflow Technology, in: Gavish (Hrsg., 2001), S. 550–566.

Zur Nieden, Manfred (1972), Zur Anwendbarkeit von Informationswertrechnungen, in: Zeitschrift für Betriebswirtschaft, 42. Jg., 1972, Nr. 7, S. 493–512.